B

Wissenschaft und Technik im alten China

Herausgegeben vom Institut für Geschichte der Naturwissenschaften
der Chinesischen Akademie der Wissenschaften

Aus dem Chinesischen von Prof. Käthe Zhao
in Zusammenarbeit mit Prof. Dr. Hsi-lin Zhao

Birkhäuser Verlag
Basel · Boston · Berlin

Die chinesische Originalausgabe erschien 1978 beim
Chinesischen Jugendverlag.
Die englische Ausgabe erschien 1983 unter dem Titel
«Ancient China's Technology And Science»
bei Foreign Languages Press, Beijing, China.
© 1983 by Foreign Languages Press

Der Verlag dankt Herrn Dr. Jean-Pierre Voiret für die wissenschaftliche Bearbeitung der
Übersetzung, Herrn Thomas Menzel für die sprachliche Überarbeitung des Manuskriptes.

CIP-Kurztitelaufnahme der Deutschen Bibliothek

Wissenschaft und Technik im alten China/hrsg. vom Inst. für Geschichte d. Naturwiss. d.
Chines. Akad. d. Wiss. Aus d. Chines. von Käthe Zhao in Zusammenarbeit mit Hsi-lin
Zhao. – Basel; Boston; Berlin: Birkhäuser, 1989
    Einheitssacht.: Ancient China's technology and science <dt.>
    ISBN 3-7643-1951-8
NE: Zhao, Käthe [Übers.]; EST

© 1989 der deutschsprachigen Ausgabe: Birkhäuser Verlag Basel
Umschlaggestaltung und Typographie: Gregor Messmer
Printed in Germany
ISBN 3-7643-1951-8

Inhaltsverzeichnis

Vorwort

Zweitausend Jahre lang waren Wissenschaft und Technik in China auf aller-
höchstem Niveau, bis vor zwei bis drei Jahrhunderten ein Rückschritt einsetzte. Joseph Needham schreibt in seinem großartigen Werk «Science and
Civilisation in China» über die altchinesischen Entdeckungen und Erfindungen, daß diese «oft dem zeitgenössischen Europa weit voraus waren, besonders bis zum 15. Jahrhundert».[1]

Wissenschaftliche und technische Leistungen werden in den verschiedenen
Aktivitäten der Menschen äußerst lebendig widergespiegelt. Eine originelle
Idee in der Wissenschaft oder eine technische Erfindung sind keine Errungen-
schaften, wenn sie nicht in menschliche Tätigkeit umgesetzt und zur Trieb-
kraft der Geschichte werden. Die hier vorgestellten Leistungen sind in diesem
Sinne echte Errungenschaften in der eigentlichen Bedeutung des Wortes.

Von wenigen Perioden abgesehen, stellt China seit alten Zeiten eine politi-
sche Einheit dar. Die chinesische Nation hat während der vergangenen 4000
Jahre festen Fuß auf Erden gefaßt und hat sich stetig weiterentwickelt. Ein
Hauptgrund dafür ist, daß China in Wissenschaft und Technik Hervorragendes geleistet hat. Dieses Buch legt davon Zeugnis ab.

Die Auswirkungen der technischen und wissenschaftlichen Errungenschaften auf die übrige Welt waren stark. In der Frühzeit der Han-Dynastie,
seit 138 v. Chr., öffnete Zhang Qian in seiner Eigenschaft als diplomatischer
Gesandter den Weg zu den mittel- und westasiatischen Ländern, die «Seidenstraße». Andere frühe chinesische Forscher nahmen Chinas Kultur und Wissenschaft in fremde Länder mit und kehrten mit neuen Kenntnissen von dort
zurück. So unternahm der buddhistische Priester Jian Zhen der Tang-Dynastie zu Beginn des 8. Jahrhunderts mehrmals die gefährliche Seereise nach
Japan, wo er schließlich erfolgreich landete. Zheng He aus der Ming-Dynastie
führte zwischen 1405 und 1433 eine eindrucksvolle Flotte auf sieben Seefahrten nach Südostasien und Afrika.

Im 17. Jahrhundert begannen Wissenschaft und Technik des Westens über
jesuitische Missionare nach China einzufließen. Etwa 200 Jahre später, gegen
Ende der Qing-Dynastie, ersetzten die Feudalherrscher aus Angst vor fremden Kanonenbooten ihre Abgrenzung gegen das Ausland plötzlich durch

---

[1] J. Needham: *Science and Civilisation in China*, Cambridge University Press, Vol. 1, London
1954, S. 4.

blinde Anbetung alles Ausländischen. Einflußreiche Kreise ließen sich von
dieser Verblendung anstecken und traten nach der patriotischen 4. Mai-Bewe-
gung von 1919 sogar für «totale Verwestlichung» ein. Um den Preis seiner
eigenen Tradition orientierte sich China vollständig an westlicher Wissenschaft und Technik.

Das neue China nahm nach der Befreiung die Pionierarbeit Joseph Needhams wieder auf und trieb die Wiederentdeckung und Rehabilitierung der chinesischen Traditionen voran. Seit dem Abbruch der sogenannten Kulturrevo-
lution wird diese Arbeit parallel zur Modernisierung des Landes zügig weiter-
geführt. In zahlreichen Provinzen werden Ausgrabungen gemacht und
erforscht. Die vielen Objekte, die in den letzten dreißig Jahren ans Licht
gebracht wurden, werden im ganzen Land öffentlich ausgestellt, damit die
Bevölkerung ihr Wissen von der eigenen kulturellen Vergangenheit erweitern
und vertiefen kann. Alte Paläste, Tempel, Pagoden, Brücken und andere Stätten – architektonische Wunderwerke, die alle historischen Wechselfälle überstanden haben – werden restauriert und gepflegt. Wie die ausgegrabenen
Funde sind sie äußerst beredte Zeugen für die altchinesischen Leistungen in
Wissenschaft und Technik bei der Ausbildung einer der ältesten Kulturen der
Menschheit.

Besonders bemerkenswert sind die Grabgewänder aus mit Goldfäden
zusammengenähten Jade-Plättchen, die bei Mancheng in der Provinz Hebei in
den Grabstätten des Fürstenhauses Liu Sheng aus dem Jahre 113 v. Chr. gefunden wurden. Ebenso bemerkenswert ist der Leichnam eines Mannes, der vor
2100 Jahren in Jiangling, Provinz Hubei, zur Regierungszeit des Kaisers Wen
Di aus der Westlichen Han-Dynastie bestattet wurde und dessen Körper und
innere Organe besser erhalten blieben als diejenigen der Marquise Dai, seiner
Zeitgenossin aus Mawangdui nahe Changsha in der Provinz Hunan. Andere
alte Wunderwerke sind die 3000 Jahre alten, großangelegten Baustätten aus
der Westlichen Zhou-Dynastie in der Provinz Shaanxi, die Überreste des
Afang-Palastes des Ersten Kaisers von Qin (Qin Shi Huang) in Xiangyang, der
gegen Ende des 3. Jahrhunderts v. Chr. von Xiang Yü, dem Eroberer, nieder-
gebrannt wurde, sowie die Schiffsbauwerft der Qin und Han, die kürzlich bei
Guangzhou ausgegraben wurde.

Diese Überreste zeugen vom außerordentlichen und bewundernswerten
Geschick der damaligen Handwerker, das auch heute kaum übertroffen wird.
Handwerkliches Schaffen ist notwendigerweise von den benutzten Werkstof-
fen – Bronze, Eisen, Jade, Gold, Silber, Hartholz und andere – bestimmt. Die
Beschaffung und Bearbeitung dieser Stoffe erforderte die unterschiedlichsten
Fertigkeiten, von der Metallurgie über den Bergbau bis zu medizinischen und
chemischen Techniken, die heute zu großem Stolz berechtigen.

Der kulturelle Aufschwung nach der Qin- und Han-Dynastie brachte

Naturwissenschaften und Technik zur vollen Blüte. In Astronomie, Mathematik, Physik, Chemie, Meteorologie, Seismologie und verwandten Wissenschaften war China dem Westen einstmals Jahrhunderte voraus. Das von Zu Chongzhi berechnete Verhältnis zwischen dem Umfang und dem Durchmesser eines Kreises entsprach annähernd dem Wert von Pi. Zur Entwicklung der Technik trug China mit der Erfindung von Kompaß, Schießpulver, Papierherstellung, Drucktechnik und zahlreichen anderen Erfindungen bei. Von alters her bewies das chinesische Volk Erfindungsgeist und Klugheit in Wissenschaft und Technik wie auch in Politik, Ökonomie, Militärwesen, Literatur und Kunst.

In feudalistischen Zeiten war es nicht üblich, die Namen von Technikern und Handwerkern aus dem Volk für die Nachwelt festzuhalten. Die Urheber vieler hervorragender Leistungen gerieten deshalb in Vergessenheit. Trotzdem verdienen diese kreativen Menschen ihr Ruhmesblatt in der Geschichte: die Früchte ihres Schaffens haben wir ja geerntet. Die Zeit kann ihre Verdienste nicht schmälern. Ein Blick auf moderne Leistungen in Wissenschaft und Technik legt oft Spuren von Vorgängern bloß, die moderne Ziele beinahe erreichten. Das Neue wird in Wirklichkeit durch Aussieben des Alten hervorgebracht; die Fassade der Neubauten mag anders aussehen, aber die Bausteine stammen unterschiedslos aus bekannten Quellen. Selbst Wissenschaft und Technik des Westens weisen manchmal Spuren chinesischer Tradition auf. Als Beispiel für alte Techniken, die für die Gegenwart dienstbar gemacht wurden, sei die vor 1300 Jahren in der Provinz Hebei gebaute Zhaozhou-Brücke genannt. Ihre elegante Flachbogenkonstruktion, heute Zentrum eines Freiluftmuseums, blieb bis vor einem Jahrzehnt in Gebrauch; sie ist Vorbild für manche moderne Eisenbetonbrücke geworden.

Durch die Nutzung ehemaliger Leistungen als neue Triebkraft, so glauben chinesische Wissenschaftler und Techniker, kann und wird China in nicht allzu ferner Zukunft das Weltniveau in Wissenschaft und Technik wieder erreichen.

Mao Yisheng

Berichte über astronomische Ereignisse

Chen Xiaozhong

Da China eines der ersten Länder war, das mit astronomischen Forschungen begonnen hatte, ist das Land im Besitz einer Fülle von schriftlichen Dokumenten über Himmelsvorgänge, die auf vier Jahrtausende zurückgehen. Einige dieser thematisch sehr breit angelegten Dokumente sind noch heute für die Astronomie wertvoll. Der vorliegende Artikel wird sich angesichts dieser Vielfalt auf die Aufzeichnungen über Sonnenflecken, Kometen, Meteore und Novae (neue Gestirne) beschränken.

«Dunkle gasförmige Massen» in der Sonne (Sonnenflecken)

Die alten Chinesen waren ernsthafte Forscher und eifrige Beobachter, die zahlreiche detaillierte Beschreibungen von Vorgängen auf der Sonne, der Quelle von Licht und Wärme, anfertigten. Historische Aufzeichnungen bilden eine reiche Fundgrube solch genauer Berichte. Der älteste in der Welt bekannte Bericht über Sonnenflecken erschien im *Han Shu (Geschichte der Han-Dynastie)*. Darin wird ausgeführt, daß im dritten Monat des Jahres 28 v. Chr. «die Sonne bei ihrem Aufgang eine gelbliche Färbung aufwies und daß in ihrer Mitte ein dunkles Gas beobachtet wurde». Die Zeit des Ereignisses sowie die Lokalisierung der Flecken werden hier genau festgehalten.

Eigentlich hat die chinesische Berichterstattung über Sonnenflecken jedoch noch früher begonnen. Das um 140 v. Chr. verfaßte Buch *Huai Nan Zi (Buch des Fürsten von Huai Nan)* berichtete über das Auftauchen «einer in der Mitte der Sonne hockenden Krähe», was nichts anderes als ein Sonnenfleck in Form eines schwarzen Vogels war. Später, im vierten Monat des Jahres 43 v. Chr., heißt es in der *Geschichte der Han-Dynastie*, «lag schräg über der Sonne, nahe an ihrem Rand, ein schwarzer Gegenstand in der Größe eines Kügelchens».

Sonnenflecken oder dunkle Stellen auf der Sonnenoberfläche sind ständigem Wechsel unterworfen, da sie infolge der gewaltigen Bewegungen entstehen, die durch Aktivitäten auf der Sonnenoberfläche ausgelöst werden. Altchinesische Astronomen machten genaue Beobachtungen über die Erscheinungsdauer von Sonnenflecken, die in Sonderfällen von nicht mehr als einem Tag bis zu einem halben Jahr reichte, und diese Beobachtungen wurden schriftlich festgehalten. Ein Abschnitt in der *Geschichte der Han-Dynastie* berichtet, daß im ersten Monat des Jahres 188 «die Sonne orangefarbig aussah und daß in ihrer Mitte eine dunkle gasförmige Masse in Form einer fliegenden

Elster zu sehen war, die bis zu einigen Monaten danach sichtbar blieb». Nach einem Bericht des *Song Shi (Geschichte der Song-Dynastie)* «erschienen am 12. März 1131 schwarze Flecken, so groß wie eine Pflaume, und verschwanden erst drei Tage danach».

Sonnenflecken bestehen nur eine Zeitlang und verändern ihre Form. Ein zuerst kleiner schwarzer Punkt dicht am Sonnenrand wächst zu einem Sonnenfleck und spaltet sich in zwei getrennte Gruppen mit einer großen Anzahl von winzigen Flecken zwischen den Gruppen. Solche Prozesse entgingen den alten Chinesen nicht. Die oben zitierte Quelle enthält eine eindrückliche Schilderung vieler solcher Sonnenflecken. Es heißt da, daß es am 2. Mai 1112 «in der Mitte der Sonne dunkle Flecken in der Größe von Kastanien gab, manchmal zwei und dann drei».

Allein auf das Augenlicht angewiesen, waren die alten Chinesen nur dann imstande, die Sonne zu beobachten, wenn sie von Wolken oder Dunst getrübt war, oder wenn sie sich dem Horizont näherte und in Nebel gehüllt war. Ansonsten konnten sie nur auf ihr Abbild blicken, das durch Öl in einem Bassin reflektiert wurde. Trotz dieser Beschränkungen entstanden bis zum 17. Jahrhundert innerhalb eines Zeitraums von rund 1600 Jahren mehr als 100 dokumentarische Aufzeichnungen. In den historischen Schriften wurden Begriffe wie «Münzen», «Kastanien», «fliegende Elstern» u. a. benutzt, um die Form der Sonnenflecken zu beschreiben, Redewendungen wie «dauerten mehrere Monate» und «verschwanden erst drei Tage später», um ihre jeweilige Dauer anzugeben.

Da sich Sonnenflecken nach Größe, Zeit des Vorkommens und Dauer unterscheiden, konnten mangels eines Fernrohrs nur die großen und deutlich sichtbaren entdeckt werden. Deshalb wurden selten mehr als zwei oder drei Flecken auf einmal gesehen, und man entdeckte meistens nur die Flecken, die mindestens einen oder mehrere Tage lang sichtbar waren. Moderne Beobachter liefern überzeugende Erklärungen dafür. Eine Beschreibung wie «die Sonne wurde karmesinrot und trübe» war nichts anderes als eine richtige wissenschaftliche Darstellung der Umgebung, in der die jeweilige Beobachtung gemacht wurde.

Die astronomischen Beobachtungen wurden im Ausland mit Anerkennung aufgenommen. George Ellery Hale, ein amerikanischer Astronom, wies darauf hin, daß die alten Chinesen mit großem Eifer genaue astronomische Beobachtungen anstellten. Er erklärte, daß China in der Sonnenflecken-Beobachtung den westlichen Astronomen etwa 20 Jahrhunderte voraus war. Hale betonte auch die Kontinuität der Berichte, die er als zuverlässige Quellen bezeichnete.

Der 11jährige Sonnenflecken-Zyklus wurde 1843 von dem deutschen Wissenschaftler H. S. Schwabe entdeckt. Eine Analyse der altchinesischen

Berichte führte jedoch zum gleichen Ergebnis. Das Yunnan-Observatorium stellte 1975 einen vollständigen Katalog von chinesischen Berichten über Sonnenflecken für die Periode von 43 v. Chr. bis 1638 n. Chr. zusammen. Durch eine Analyse der insgesamt 106 Erscheinungen wurde ein Zyklus von 10,6 ± 0,43 Jahren festgestellt, zusammen mit zwei längeren Zyklen von jeweils 62 und 250 Jahren.

Das Zusammentreffen der Erscheinungen von Nordlicht und Sonnenflecken wurde ebenfalls in altchinesischen Schriften erwähnt. Das obengenannte Observatorium stellte in einer mit Hilfe altchinesischer Daten im Jahre 1975 gemachten Analyse fest, daß derselbe 11jährige Zyklus sowohl für Sonnenflecken als auch für Nordlichter zutrifft und daß dieses Phänomen nicht auf die letzten drei Jahrhunderte beschränkt ist. Diese Entdeckung war für die Lösung einer Reihe von geophysischen und astronomischen Problemen äußerst hilfreich.

Kometen

Beschreibungen von Kometen gab es in China schon sehr früh. Der *Chun Qiu (Frühlings- und Herbst-Annalen)*, ein historischer Bericht, vermerkt, daß im 7. Mond des Jahres 613 v. Chr. ein Komet wahrgenommen wurde, der sich in Richtung des Großen Bären bewegte. Später wurde durch eine Eintragung im *Shi Ji (Historische Aufzeichnungen)* das Jahr, wenn auch nicht das genaue Datum seiner Wiederkehr, mit 467 v. Chr. angegeben. Dieser Komet mit einem durchschnittlichen Zyklus von 76 Jahren ist der größte und hellste sichtbare Komet. Über einen Zeitraum von mehr als 2500 Jahren, vom 7. Jahrhundert v. Chr. bis zum Beginn unseres Jahrhunderts, verfaßten chinesische Astronomen bei 31 Gelegenheiten schriftliche Berichte über das Auftauchen des Halleyschen Kometen. Die in der *Geschichte der Han-Dynastie* gegebene Beschreibung aus dem Jahr 12 v. Chr. enthält die meisten Einzelheiten:

«Am 12. Tag des 7. Mondes im 1. Jahr der Regierung von Yuanyan aus der Han-Dynastie erschien zuerst ein Stern in der Dongjing[1]-Konstellation und zog dann an den Wuzhuhou[2] und an der Region nördlich der Heshu[3] vorbei. Er wurde nacheinander in Xuanyuan[4] und im Bereich von Taiwei[5]

---

[1] Dongjing, ein Himmelspalast (Xiu) mit μ im Sternbild Gemini als Referenzstern.
[2] Wuzhuhou, die fünf Sterne θ, λ, ι, γ und φ im Sternbild Gemini.
[3] Heshu, die Gruppe der sechs Sterne λ, β und ε im Sternbild Canis Major und β, α und δ im Sternbild Gemini.
[4] Xuanyuan, eine Gruppe von Sternen in den Sternbildern Leo und Leo Minor.
[5] Taiwei, ein «Gehege» von Sternen in den Sternbildern Leo, Virgo, Coma Berenices, Canes Venatici und Ursa Major.

erblickt und war sechs Grad hinter der Sonne, als er am Morgen im Osten auftauchte. Am 13. Tag war er im Westen nach Sonnenuntergang sichtbar. Sein Schweif war dann im Bereich von Ziwei[6]. Er schoß südwärts auf demselben Längengrad wie Tajiao [Arcturus] und Nieti [Muphrid]. Er bewegte sich langsamer, als er mit seinem Schweif im Zentrum jener Gruppe von Sternen den Bereich von Tianshi[7] erreichte. Zehn Tage später flog er westwärts, und nach 56 Tagen verschwand er entlang Canglong[8] von der Ekliptik.»

Der Bericht stellt eine genaue und anschauliche Beschreibung der Bahn, der sichtbaren Geschwindigkeit und der Zeit des Auftauchens und Verschwindens dieses gigantischen Kometen dar. Andere historische Aufzeichnungen enthalten ebenfalls ziemlich detaillierte Angaben über sein Auftauchen.

Um 1910 zählte man nicht weniger als 500 chinesische Berichte über Kometen, die durchaus nicht auf den Halleyschen Kometen allein beschränkt waren. Dieser Komet, dessen herrlicher Anblick so oft beobachtet wurde, war jedoch bei weitem nicht der einzige, der so klar als Komet erkannt wurde. Eine historische Notiz berichtet, daß im Jahre 676 ein Komet in den Gemini erschien, in die Region nahe Castor gelangte und «eine Länge von 3 chi[9] hatte». Er zog nach Nordosten und «wurde drei zhang[10] lang». Dann durchlief er den Bereich λ und μ Ursae Majoris und gelangte in den Bereich um θ Ursae Majoris. Dieser Bericht gibt – und das ist charakteristisch für alle chinesischen Berichte – nicht nur ein anschauliches Bild des Kometen selbst, sondern bezeichnete auch die genauen Positionen und den Namen jedes großen Sterns entlang seiner Bahn.

Darüber hinaus versuchten die alten Chinesen, den Ursprung des Kometenschweifes zu erklären. Das Buch *Jin Shu (Geschichte der Jin-Dynastie)* hatte offenbar recht mit seiner Feststellung:

«Wenn ein Komet am Morgen erscheint, ist sein Schweif nach Westen gerichtet; wenn er am Abend auftaucht, nach Osten. Sei es südlich oder nördlich von der Sonne, ein Komet wendet seinen Schweif immer von der Sonne weg, und der Schweif ist unterschiedlich hell und lang. Denn der Komet glänzt nicht selbst, sondern reflektiert bloß das Sonnenlicht.»

---

[6] Ziwei, ein «Gehege» von Sternen, von denen die meisten Zirkumpolarsterne sind.
[7] Tianshi, ein «Gehege» von Sternen in den Sternbildern Hercules, Ophiuchus, Serpens, Bootes und Corona Borealis.
[8] Canglong, der Blaue Drachen. Diese Himmelsregion umfaßt sieben Paläste: Jiao, Kang, Di, Fang, Xin, Wei, Qi. Sie deckt die Sternbilder Virgo, Libra, Scorpius und einen Teil von Sagittarius.
[9] Nach Forschungen von Yin Shitong vom Beijinger Planetarium war ein während der Tang-Dynastie (618–907) in der Astronomie benutztes chi 24,525 Zentimeter lang.
[10] 1 zhang = 10 chi.

Die alten Chinesen berichteten auch über das Zersplittern von Kometen. Laut *Xin Tang Shu (Neue Geschichte der Tang-Dynastie)* sah man im 10. Monat des Jahres 896 zwischen Equuleus und Pegasus drei «herabstürzende Sterne, von denen einer größer als die anderen zwei war. Sie schossen zusammen ostwärts, mal dicht aneinander, mal weiter voneinander entfernt, als ob sie in einen Kampf verwickelt seien. Drei Tage später verschwand der große Stern und dann die zwei anderen.» Nach dieser ausführlichen Beschreibung waren die herabstürzenden Sterne mit Sicherheit ein sich spaltender Komet.

Obwohl ihr Interesse in erster Linie der Astrologie galt, leisteten die altchinesischen Kometen-Beobachter durch ihre beständige Arbeit und ihre systematisch geschriebenen Mitteilungen große Beiträge zu späteren Forschungen. Beim Studium der Umläufe und Zyklen der Kometen greifen europäische Wissenschaftler häufig auf chinesische Dokumente zurück, wobei die frühe Mitteilung über den Halleyschen Kometen nur einer von vielen Berichten ist.

Zu Beginn des 20. Jahrhunderts verglichen die britischen Astronomen Andrew Claude de la Cherois Crommelin und Herbert Philipp Cowell ihre eigenen Berechnungen des Periheliums des Halleyschen Kometen und seines Zyklus mit den chinesischen Angaben von 240 v. Chr. und stellten weitgehende Übereinstimmungen zwischen den zwei Zahlenangaben fest.

In den letzten Jahren machte der amerikanische Wissenschaftler Joseph L. Brady bei seinen Forschungen über die Bewegung des Kometen von 1682 bis in unser Jahrhundert ebenfalls Gebrauch von den chinesischen Informationen. Seine Untersuchungen drehten sich um die vorausgesagte Wiederkehr des Kometen im Jahre 1986 und um die mögliche Existenz eines zehnten, größeren Planeten, der in seinen Umlauf eingreift.

Der chinesische Astronom Jiang Tao (T. Kiang), der im Dunsink-Observatorium in Irland arbeitet, untersuchte ebenfalls die Bewegung des Kometen. Sein Artikel *Der frühere Umlauf des Halleyschen Kometen* wurde 1972 in den *Memoirs of the Royal Astronomical Society* veröffentlicht.

Ein anderer chinesischer Astronom, Zhang Yuzhe (Y. C. Chang), Leiter des Purpurberg-Observatoriums in Nanjing, China, gab 1978 einen Artikel über die Entwicklung der Umlaufbahn des Halleyschen Kometen und seine frühere Geschichte heraus. Er zitierte Angaben aus alten chinesischen Schriften und benutzte einen Computer zur Bestimmung der Parameter der Umlaufbahnen des Kometen. Eines der Resultate, das er beim Vergleich der Daten fand, wurde zum Schlüssel für die Lösung einiger Probleme in der chinesischen Chronologie. Es ist ganz offensichtlich, daß die altchinesischen Angaben über Kometen heute noch von Bedeutung sind.

Der französische Astronom F. Baldet zog in den fünfziger Jahren, als er die Umlaufbahnen von 1428 Kometen untersuchte, die Schlußfolgerung, daß die chinesischen Berichte über Kometen zu den besten der Welt gehören.

Meteoriten-Schauer

Auch die ältesten Aufzeichnungen über Meteoriten-Schauer stammen aus China.

In einem detaillierten Bericht des *Zuo Zhuan (Zuo Qiumings Chroniken)*, einem Geschichtswerk, heißt es, daß um Mitternacht eines bestimmten Tages im vierten Mond des Jahres 687 v. Chr. «Sterne verschwanden und Meteore in einem Schauer herniederfielen». Das ist die früheste schriftliche Erwähnung der Lyriden überhaupt.

In chinesischen Schriften finden sich insgesamt etwa 180 derartige Berichte, von denen neun die Lyriden behandeln, ein Dutzend die Perseiden und sieben die Leoniden. Diese Daten spielen bei Untersuchungen über die Entwicklung der Spuren von Meteoriten-Schwärmen eine wichtige Rolle.

Meteoriten-Schauer sind beeindruckend anzusehen. Die alten Chinesen beschrieben sie sehr anschaulich, wie die folgende Schilderung der Lyraiden zeigt:

> «Im dritten Mond ... des fünften Jahres von Daming [461] überschattete der Mond die Sterne in der Xuanyuan-Konstellation..., Millionen über Millionen von herabschießenden Sternen verschiedener Größe und Länge zogen zusammen westwärts, und dieser Anblick dauerte bis zur Morgendämmerung» *(Song Shu [Buch der Liu-Song-Dynastie])*.

Die Perseiden waren jedoch nicht weniger eindrucksvoll:

> «In der Nacht des ersten Tages im fünften Mond des zweiten Jahres von Kaiyuan [714] zog ein Strom von herabschießenden Sternen nach Nordwesten. Darin gab es sowohl größere Sterne in der Größe von Töpfen oder Bechern als auch unzählige kleinere. Der Strom floß durch den Pol, und alle Sterne am Himmel erzitterten. Dieser Anblick währte bis Tagesanbruch» *(Xin Tang Shu [Neue Geschichte der Tang-Dynastie])*.

Auch die Tatsache, daß auf die Erde herabfallende Meteore zu steinernen oder eisernen Meteoriten wurden, war von den alten Chinesen bemerkt worden. Die *Shi Ji (Historische Aufzeichnungen)*, ca. 100 v. Chr. geschrieben, enthalten die Feststellung: «ein gefallener Meteor ist ein Stein». Und Shen Kuo aus dem 11. Jahrhundert ging noch weiter, indem er darauf hinwies, daß bei einigen Meteoriten Eisen den Hauptbestandteil bildete. In seinen *Meng Xi Bi Tan (Traumstrom-Essays)* heißt es:

«Eines Abends [im Jahre 1064] wurde in Changzhou ein Lärm wie Blitz und Donnerschlag gehört. Er kam von einem großen Stern, der durch den südöstlichen Himmelsraum schoß, dem Mond an Größe gleich. Später wurde eine weitere Explosion vernommen, und der Stern war im Südwesten. Mit ohrenbetäubendem Lärm fiel er in den Garten einer gewissen Familie Xu im Kreis Yixing, Provinz Jiangsu. Sogar aus der Ferne war der Glanz sichtbar... An jener Stelle wurde ein sehr tiefes Loch, so groß wie ein Trinkbecher, entdeckt. Leute blickten in das Loch und fanden darin den noch leuchtenden Stern. Dann wurde er dunkel, aber die Hitze blieb. Nach längerer Zeit grub man dort und fand in einer Tiefe von drei *chi* einen runden Stein. Er hatte die Größe einer Faust und fühlte sich warm an. Auf einer Seite war ein kleiner Buckel. Er hatte die Farbe von Eisen und war so schwer wie Eisen.»

Der älteste, heute in China vorhandene Meteorit ist der aus Longchuan, Provinz Sichuan. Einige Zeit vor dem 17. Jahrhundert auf die Erde niedergegangen, wurde er 1716 ausgegraben. Er wiegt 58,5 Kilogramm und wird im Geologischen Institut von Chengdu aufbewahrt.

«Gast-Sterne» (Novae)

In altchinesischen Schriften wird der Begriff «Gast-Stern» gelegentlich für einen Kometen verwendet, meistens bezeichnet er aber eine Nova (einen neuen Stern), weil sie ihrem Verhalten nach einem Gast ähnelt, d. h. unauffällig, zuerst sogar unsichtbar ist. Allmählich wird eine Nova jedoch tausend oder gar millionen Male, eine Supernova sogar viele millionen Male heller. Schließlich wird sie allmählich wieder dunkler, und nach einigen Jahren oder nach einem Jahrzehnt ist sie so blaß wie zuvor.

Berichte über Novae wurden in Inschriften auf Schildkrötenpanzern aus dem 16. Jahrhundert v. Chr. gefunden. Der älteste uns bekannte, systematisch geschriebene Bericht geht auf das zweite Jahrhundert v. Chr. zurück. Nach der *Geschichte der Han-Dynastie* erschien im 5. Mond des Jahres 134 v. Chr. «ein Gast-Stern im Himmelspalast von Fang», d. h. im Kopf des Skorpions. Dieselbe Nova ist in historischen Aufzeichnungen verschiedener Länder erwähnt, aber nur in der chinesischen Fassung wird der Monat ihres Auftauchens und ihre Position am Himmel angegeben. Der französische Astronom des 19. Jahrhunderts, Jean-Baptiste Biot, plazierte auf Grundlage der chinesischen Angaben diese Nova an die Spitze seiner Zusammenstellung von neuen Sternen.

Eine Gesamtzahl von rund 90 Novae wurde in chinesischen Schriften vom 15. Jahrhundert v. Chr. bis 1700 n. Chr. erwähnt, deren eindrucksvollste die im Jahre 1054 nahe ϱ Tauri gesehene Nova war, die zwei Jahre später verblaßte und verschwand. Im *Song Hui Yao (Verwaltungsstatuten der Song-Dynastie)* heißt es, daß im Jahre 1056 «die Astronomen das Verschwinden eines Gast-Sternes berichteten und das als ein Zeichen, das den Weggang eines Gastes ankündigt, interpretierten». Der Stern erschien zuerst im Jahre 1054, ging im Bereich von ϱ Tauri im Osten auf «und wurde sogar bei Tageslicht gesehen. Er glich der Taibai (Venus), weiße Strahlen aussendend. Sein Glanz dauerte 23 Tage an.»

Ein Beobachter des späten 18. Jahrhunderts entdeckte mit seinem Fernrohr eine Nebula in Gestalt einer Krabbe nahe ϱ Tauri und nannte sie Krabben-Nebula. Im Jahre 1921 stellte sich heraus, daß die Nebula sich erweiterte. Auf dem Ausmaß ihrer Ausdehnung beruhende Berechnungen enthüllten, daß die Nebelbildung vor neun Jahrhunderten erfolgt war und daß sie das Ergebnis der Zersplitterung einer Supernova war. Die Krabben-Nebula ist die Quelle von Licht- wie auch von Radioimpulsen und sendet X- und Gamma-Strahlen aus. Diese Strahlungen haben eine sehr kurze Impulsdauer von annähernd 0,033 Sekunden. Umfassende Studien führten zu dem Ergebnis, daß dieser Nebel ein Neutronenstern, d. h. der Rest des Kerns einer explodierten Super-nova ist. Diesen Prozeß, das letzte Stadium der Entwicklung von Fixsternen, hatte man nur hypothetisch angenommen, bis er durch die chinesischen Unterlagen bestätigt wurde.

Die im Jahre 1572 in der Cassiopeia erschienene Nova war mittags, auf dem Höhepunkt ihrer Helligkeit, mit dem bloßen Auge sichtbar. Im *Ming Shi Lu (Wahrhaftige Berichte der Ming-Dynastie)* wird festgestellt:

> «Am Dritten des 10. Mondes ... erschien ein Gast-Stern, so groß wie eine Gewehrkugel im Nordosten ... Nach 19 Tagen wuchs er zu der Größe eines Bechers und sandte orangefarbige Strahlen aus ... Während des 10. Mondes wurde er sogar mittags gesehen.»

Eine andere Nova, beobachtet im Jahr 1604, glich der Venus an Helligkeit. Am 10. Oktober jenes Jahres wurde im Schweif des Scorpions, laut *Ming Shi (Geschichte der Ming-Dynastie),* «am südwestlichen Himmel ein Stern von der Größe einer großen Gewehrkugel sichtbar. Er war im nächsten Mond nicht mehr zu sehen.» Am 3. Februar 1605 tauchte die Nova wieder auf und befand sich «am südöstlichen Himmel, aber im gleichen Himmelspalast. Sie blieb dort bis zum 8. Mond des nächsten Jahres.»

Astronomen aus der ganzen Welt zeigen heute, da sich die Radio-Astrono-mie sehr schnell entwickelt, großes Interesse an den altchinesischen Aufzeich-nungen über Novae und Supernovae, von denen sie Aufschlüsse über die Bedeutung der Supernovae im Zusammenhang mit den galaktischen Strah-lungsquellen erwarten. In den fünfziger Jahren dieses Jahrhunderts begannen chinesische Astronomen, systematische Sammlungen der altchinesischen Literatur über Novae und Supernovae anzulegen. Man stellte fest, daß von dem Dutzend altchinesischer Berichte über Supernovae acht oder neun den heutigen Strahlungsquellen entsprechen. Die genauen Beobachtungen aus früherer Zeit erweisen sich hier als äußerst hilfreich für die moderne Wissenschaft.

Astrometrie und astrometrische Instrumente

BO SHUREN

Die Astrometrie untersucht zu wissenschaftlichen und praktischen Zwecken die Mittel, die zur Lokalisierung von Himmelskörpern oder zur Bestimmung des Zeitpunktes, zu dem ein bestimmter Himmelskörper in einer bestimmten Position steht, dienen. Dazu gehört auch, die Instrumente und Geräte, die zu solchen Untersuchungen gebraucht werden, sowie deren Anwendung genau zu kennen. Die Astrometrie war schon früh ein wichtiger Zweig der Astronomie in China gewesen, seit es nämlich das Amt des *huo-zheng* (Beobachter des Antares) gab, der verantwortlich für die Ankündigung der Jahreszeiten gemäß dem Aufgang und Untergang jenes Sternes war.

Der Sternkatalog von Shi Shen – einer der ältesten in der Welt

In der Reihe der in China verfaßten Sternkataloge ist der von Shi Shen, eines während des 4. Jahrhunderts v. Chr. tätigen Astronomen, der erste und deswegen besonders wichtig.

Shi war der Verfasser eines wertvollen achtbändigen Buches mit dem Titel *Tian Wen (Astronomie)*, von späteren Astronomen allgemein als *Shi Shi Xing Jing (Shis klassisches Werk über Sterne)* bezeichnet. Nur Fragmente davon existieren noch als Zitate in einem astronomischen Werk des 8. Jahrhunderts mit dem Titel *Kai Yuan Zhan Jing (Astrologie-Klassiker der Kaiyuan-Regierungszeit)*. Die Untersuchung dieser Fragmente ermöglichte es, Shis Katalog mit den äquatorialen Koordinaten von insgesamt 115 Sternen[1] zu rekonstruieren – einschließlich der Referenzsterne aller 28 Himmelspaläste *(Xiu)* und anderer Sterne.

In diesem Katalog sind die äquatorialen Koordinaten in zwei getrennte Kategorien unterteilt. Zur ersten Kategorie, die sich auf den Referenzstern jedes einzelnen Himmelspalastes bezieht, gehören *judu* und *qujidu. Judu* ist der Abstand zwischen zwei Referenzsternen, in Graden auf dem Himmelsäquator berechnet, während *qujidu* (Abstand zum Nordpol) das Deklinations-«Komplement» eines Sternes ist. Die zweite Kategorie von Koordinaten bezieht sich auf die anderen Sterne als die Referenzsterne der Himmelspaläste. Dazu gehört das *ruxiudu* eines Himmelskörpers oder der Winkelabstand zum

---

[1] Die Sternennummern im *Astrologie-Klassiker der Kaiyuan-Regierungszeit* deuten auf eine Gesamtzahl von 121 Sternen hin; die Namen von sechs Sternen sind aber verlorengegangen.

Referenzstern des Himmelspalastes, zu dem der Körper gehört, und wiederum sein Abstand vom Nordpol.

Abb. 1
Diagramm der altchinesischen äquatorialen Koordinaten.
I   äquatorialer Kreis
II   Kreis des Horizontes
P   Nordpol
A und B   Referenzsterne von zwei
       benachbarten Himmelspalästen
ab   *judu* des bestimmenden Sternes
S   ein gegebener Himmelskörper
as   *ruxiudu* von S
SP   Der Abstand von S zum Nordpol

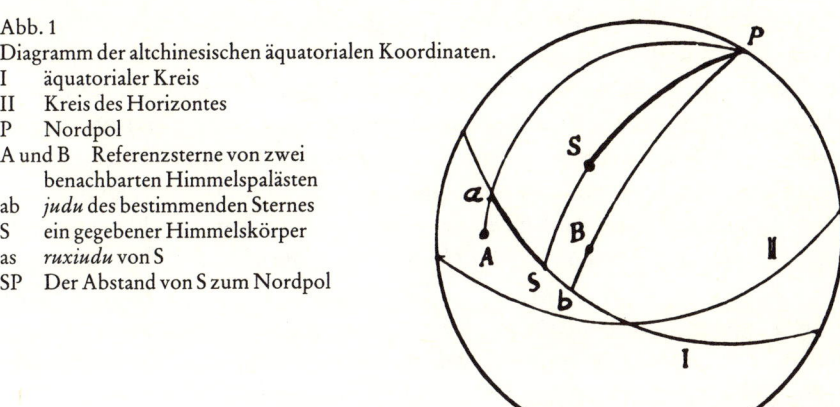

Jede der oben erwähnten Koordinatenkategorien stimmt mit dem in der modernen Astronomie meist verwendeten äquatorialen Koordinatensystem überein.

Infolge der jährlichen Präzession verändern sich die Äquatorialkoordinaten aller Sterne nach und nach. Präzessionsberechnungen aufgrund der Abweichung zwischen alten und modernen Koordinaten erlauben es daher, das Jahr zu bestimmen, in welchem die Koordinaten aufgestellt wurden. Solch eine Untersuchung der in Shis Katalog angegebenen Daten hat gezeigt, daß einige von ihnen tatsächlich im 4. Jahrhundert v. Chr. aufgestellt wurden, während die übrigen im 2. Jahrhundert n. Chr. berichtigt wurden.

Der älteste griechische Sternkatalog wurde von dem Astronom Hipparchus im 2. Jahrhundert v. Chr. verfaßt. Zwei andere Astronomen vor Hipparchus versuchten, die relativen Positionen einer Reihe von Sternen zu ermitteln; das geschah jedoch nicht vor dem 3. Jahrhundert v. Chr.

Shis Katalog diente als Grundlage der Astrometrie für spätere Generationen. Seine Angaben über den Abstand zwischen je zwei Himmelspalast-Referenzsternen blieben weiterhin nützlich für die Beobachtung der Bewegung der Sonne, des Mondes und der Planeten. Sie bildeten eine wichtige Datensammlung für die chinesischen Kalenderberechnungen.

Sternkarten

Eine Sternkarte ist eine visuelle Aufzeichnung astronomischer Beobachtungen und zugleich Hilfsmittel zur Identifikation und Positionierung von Sternen. Für die Astronomie ist sie so unverzichtbar wie eine Landkarte für die Geographie.

China hat eine lange Tradition in der Herstellung von Sternkarten. Erste wissenschaftliche Sternkarten mit genauer Positionsangabe von Sternen gab es bereits vor dem 1. Jahrhundert v. Chr.

Die chinesische Sternkartenherstellung hatte ihren Ursprung in einem alten Schema von einer Kuppel, das auf der Grundlage einer «halbsphärischen Kuppel-Theorie» (oder *gaitian*-Theorie[2]) entstanden war. Ähnlich einer drehbaren Sternkarte, wie man sie heutzutage beim Astronomie-Unterricht benutzt, hatte die ganze Kuppelanlage eine vollständige Sternkarte als Hintergrund. Gemäß dem *Zhou Bei Suan Jing (Klassisches Rechenhandbuch der Gnomoi und Kreisbahnen)*, geschrieben im 1. Jahrhundert v. Chr., konnte diese Himmelskuppel mit Hilfe eines Satzes konzentrischer Kreise beschrieben werden; das Ganze hieß «Diagramm der sieben Deklinationskreise». Der Himmelsnordpol war das gemeinsame Zentrum. Der kleinste der Kreise entsprach dem modernen Sommersonnenwendekreis, der in der Mitte dem Himmelsäquator und der größte dem Wintersonnenwendekreis. Zwischen den Sonnenwendekreisen lag ein beide Kreise berührender dritter Kreis, der sich auf die Ekliptik bezog, und in deren Nähe sich sowohl die Himmelspalast-Referenzsterne wie auch andere wichtige Sterne befanden. Hielt man das Diagramm hinter ein Stück dünne Seide, das einen schwarzen Kreis als Umrandung des Beobachtungsfeldes hatte, und drehte man die Karte gegen den Uhrzeigersinn, so konnte man verschiedene Himmelsbilder eines Tages oder eines Jahres erblicken.

Nach dem 2. Jahrhundert geriet das Diagramm der halbsphärischen Kuppel mit der veralteten *gaitian*-Theorie allmählich in Vergessenheit. Die Hintergrund-Karte überlebte jedoch und entwickelte sich zu einer Sternkarte, die ein wichtiges Dokument der Astronomie wurde.

Im Laufe ihrer Weiterentwicklung verzeichneten die Sternkarten eine wachsende Anzahl von Sternen. Eine im *Han Shu (Geschichte der Han-Dynastie)* enthaltene Information zeigt, daß zu Beginn des 1. Jahrhunderts die chinesischen Sternkarten insgesamt 118 Sterngruppen enthielten; jedes dieser Sternbilder trug einen besonderen Namen und bestand aus einem oder mehreren Sternen – insgesamt 783 an der Zahl.

Chen Zhuo, Königlicher Astronom des Königreiches Wu, übertraf seine Vorgänger durch seine eigene originelle Sternkarte. Er verglich die von Shi,

---

[2] Die *gaitian*-Theorie, vertreten von einer alten Schule der chinesischen Astronomie, hatte angenommen, daß das Himmelsgewölbe eine halbkugelige Kuppel sei, gleich einer umgekehrten Schale, mit dem Großen Bären und dem Polarstern als Zentrum, um das sich die Sonne, der Mond und die Sterne drehen sollten.

Gan und Wu Xia (drei Schulen von Astronomen des 4. Jahrhunderts v. Chr.) benannten Sterne und stellte daraus eine vollständige Karte her, die 1464 Sterne in 283 Gruppen aufwies. Sein Werk wurde von späteren Astronomen als Vorbild hochgeschätzt.

In der Technik der Sternkartenherstellung erfolgte bald eine weitere Entwicklung. Das System der sieben Deklinationskreise wurde durch drei konzentrische Kreise ersetzt, von denen der kleinste als «Kreis der fortwährenden Wiederkehr» oder als innerer Kreis bezeichnet wurde. Sein Radius entsprach der geographischen Breite des Beobachtungsorts. Sterne innerhalb dieses Kreises waren das ganze Jahr hindurch sichtbar. Der Himmelsäquator wurde, wie auf anderen Karten auch, durch einen weiteren Kreis in der Mitte dargestellt. Der äußere Kreis, derjenige des Bereiches der ständigen Unsichtbarkeit, war als Grenze eingetragen, jenseits deren sich nie ein Stern über den Horizont erhob. Der Abstand zwischen dem jeweils inneren oder äußeren Kreis und dem Äquator war der gleiche. Dieses System, zuerst von Cai Yong im 1. Jahrhundert als «Amtliche Sternkarte» in seinem *Yue Ling Zhang Ju (Anmerkungen zu den monatlichen Riten)* erwähnt, wurde typisch für die konventionelle altchinesische Sternkartenkonzeption.

Die ältesten solcher Sternkarten wurden auf einem Paar Steintafeln gefunden, die man aus den Gräbern eines Königs des Staates Wu Yue (10. Jahrhundert) bzw. aus dem Grab seiner Konkubine ausgegraben hat. Auf den Tafeln sind Karten der Sterne in den verschiedenen Himmelspalästen eingeritzt. Jede einzelne dieser äußerst wertvollen Karten zeigt 180 ziemlich genau plazierte Sterne.

Die planisphärische Sternkarte aus Suzhou, Provinz Jiangsu, eine andere, vielen Astronomen der ganzen Welt bekannte Darstellung dieses Typs, wurde 1190 entworfen und 1247 auf Stein übertragen. Obwohl kleiner als die oben erwähnten Sternkarten auf Stein, hat diese Karte einen Durchmesser von 83 Zentimetern. Die Milchstraße ist darin gekennzeichnet, und die Himmelslänge des Referenzsterns jedes Himmelspalastes ist zwischen dem inneren und dem äußeren Kreis eingezeichnet. Auf Grund der Erosion des Steines stimmen die Wissenschaftler über die genaue Anzahl der angegebenen Sterne nicht überein. Eine neuere, notwendigerweise ungenaue Zählung gibt die Gesamtzahl mit 1434 an.

Wissenschaftler bestätigten, daß die Suzhou-Sternkarte auf Beobachtungen basiert, die zwischen den Jahren 1078 und 1085 gemacht wurden. Durch ihre einmalige Erfassung des Sternenhimmels stellt sie einen von Chinas bedeutsamsten archäologischen Funden dar, der die altchinesische Sternkunde hervorragend dokumentiert.

Die hemisphärischen Karten können auch als planisphärische Karten bezeichnet werden, da sie auf Polar-Koordinaten beruhen. Auf solchen Karten kann der Abstand eines Sternes vom Nordpol leicht gemessen werden, ebenso wie die Winkeldistanz eines Sternes zu dem Referenzstern eines jeweiligen Himmelspalastes. Solche Karten geben die genaue relative Position der Zirkumpolarsterne an; diese Genauigkeit nimmt jedoch mit wachsender Entfernung vom Pol deutlich ab.

Eine andere Technik der altchinesischen Sternkartenherstellung beruhte deshalb auf rechtwinkligen Koordinaten. Hierbei wurden die Himmelslängen als horizontale und die Himmelsbreiten als vertikale Achsen benutzt. Unter Voraussetzung der gleichen Maßeinheit war eine solche Karte rechtwinklig und wies eine Grundlinie auf, die doppelt so lang wie die Höhe war; deshalb wurden Karten dieses Typs «horizontale Karten» genannt. Die noch vor dem 7. Jahrhundert von Gao Wenhong geschaffene und im *Sui Shu (Geschichte der Sui-Dynastie)* erwähnte Sternkarte ist ein Beispiel für diesen Typ von Sternkarten.

Auf einer solchen Karte ist die Ungenauigkeit hinsichtlich der relativen Position von Sternen in der Nähe des Äquators vernachlässigbar. Für die Region des Pols dagegen war die Disproportion groß. Während die Abweichung im Südpolgebiet für die Chinesen kein ernsthaftes Problem bedeutete, hatten die Angaben für das Nordpolgebiet sehr große Bedeutung. Es wurde dann eine neue Methode entwickelt, nach der man eine Planisphäre für die Himmelsregion des inneren Kreises einzeichnete und eine «horizontale» rechtwinklige Karte für die Zone zwischen den inneren und äußeren Kreisen. Diese Methode deckt sich weitgehend mit den Theorien der modernen Sternkartenherstellung.

Die älteste Kartendarstellung solch eines noch erhaltenen kombinierten Typs wurde in Dunhuang gefunden. Vielleicht in der frühen Tang-Dynastie (618–907) gezeichnet, zeigt sie über 1350 Sterne. Die zirkumpolaren Sterne sind in eine Planisphäre plaziert, die anderen Sterne in 12 getrennte, rechtwinklige Diagramme verteilt, die entlang des Himmelsäquators in der Reihenfolge der scheinbaren jährlichen Bewegung der Sonne angeordnet sind. Die Darstellung stimmt mit der Information der *Yue Ling (Monatliche Riten)* im *Li Ji (Buch der Riten)* überein, im Gegensatz zu den Angaben aus der frühen Tang-Zeit über die ekliptische Position der Sonne und den Namen des Sternes, der in jedem Monat am Abend oder am Morgen im Zenit vorkommen soll. Das zeigt, daß die Darstellung nur eine Reproduktion einer früheren Karte war. Dennoch war es die früheste umfassende Sternkarte der Welt.

Eines der Kennzeichen der Dunhuang-Sternkarte ist das Fehlen von Koordinaten-Linien sowohl für den inneren Kreis in der Planisphäre und für den Äquator wie auch für die Längen in den 12 getrennten rechtwinkligen Diagrammen. Es fehlt dieser Karte an Genauigkeit; dieser Mangel deutet an, daß die Karte eine Kopie war. Vom englischen Archäologen Aurel Stein im Jahre

1907 aus dem Lande geschafft, ist die Karte nun im Besitz des Britischen Museums in London.

Später schuf der Astronom Su Song (1020–1101) in seinem *Xin Yi Xiang Fa Yao (Neuer Entwurf für eine Armillarsphäre)* seine eigene Karte, die auf der Kombination einer Planisphäre und zweier horizontaler Karten beruhte und genauer war. Seine Planisphäre wurde als *Karte der Sterne im Bereich Ziwei* bezeichnet, und seine zwei horizontalen Karten, *Diagramme der Sterne der Inneren und Äußeren Gruppen des Nordostens* und *Diagramme der Sterne der Inneren und Äußeren Gruppen des Südwestens*, zeigten den Himmel der zwei Jahreshälften – von der Herbst-Tagundnachtgleiche bis zur Frühlings-Tagundnachtgleiche und umgekehrt. Diese Karte beruhte auf zahlreichen, von 1078 bis 1085 durchgeführten Beobachtungen.

Ein anderes Hilfsmittel zur Behebung der ungenauen Darstellung der relativen Position von Sternen bestand darin, die Himmelssphäre am Äquator in zwei gleiche Teile zu trennen, einen mit dem Nordpol und den anderen mit dem Südpol als Zentrum. Solch ein Modell wurde ebenfalls in dem obenerwähnten Werk von Su Song gefunden. Jenes Buch, zwischen 1094 und 1096 geschrieben, sollte Erklärungen für die wasserbetriebene astronomische Turmuhr liefern, die unter Su Songs Anleitung gebaut wurde. Die Karten waren nur Reproduktionen des eigentlichen Himmelsglobus. So entwickelten Su und seine Mitarbeiter zwei getrennte Systeme zur Sternkartenherstellung, als sie den Versuch unternahmen, die Himmelskugel auf eine Ebene zu projizieren.

Messung des Meridians

Die Länge jedes Grades des Meridians – eine für die Geographie, die Geodäsie und die Astronomie grundlegende Angabe – wurde bereits im 3. und 1. Jahrhundert v. Chr. von griechischen Astronomen gesucht, die es jedoch versäumten, Feldvermessungen vorzunehmen, und sich allein auf die Schätzungen von Karawanen und Schiffen verließen.[3]

Eine umfassende Untersuchung des Meridians wurde im 8. Jahrhundert von chinesischen Astronomen unternommen, deren Tätigkeit auf Initiative von Yi Xing im Jahre 724 als Teil seiner Bemühungen um Schaffung eines neuen Kalenders erfolgte.

Neben der Festsetzung der Jahre, Monate und Tage betrachteten die altchinesischen Kalendermacher die Voraussage der Sonnen- und Mond-Eklipsen,

---

[3] Der chinesische Autor vergißt hier, daß Eratosthenes (276–196 v. Chr.) seine Meridianmessung durch Schattenlängenvergleiche an verschiedenen, in Alexandria und Syene aufgestellten Gnomoi vornahm (Anmerkung des Bearbeiters).

die Fixierung der 24 Solarperioden und die Vorausberechnung der Tageslängen als ihre Aufgabe. Um diese Aufgaben befriedigend zu erfüllen, war es notwendig, die genaue geographische Breite der Stelle zu bestimmen, wo die Beobachtungen erfolgen sollten. Astronomische Untersuchungen zu diesem Zweck wurden im 8. Jahrhundert an verschiedenen Orten in China durchgeführt.

Insgesamt wurden 12 Orte ausgewählt. Zu den Beobachtungsobjekten gehörten die Höhe des Polarsterns und die Schattenlänge eines 8 chi[4]-Gnomons zur Mittagszeit an den Tagen der zwei Tag- und Nachtgleichen und der zwei Sonnenwenden.

Die von Nangong Yue und seinen Mitarbeitern gemachten Beobachtungen in vier Städten des Gebietes, das jetzt ein Teil der Provinz Henan ist, waren wichtiger als die der anderen Beobachtergruppen. Außer den Höhen des Polarsterns und den Schattenlängen vermaßen sie den Abstand zwischen je zwei der vier Beobachtungsorte Baima, Xunyi, Fugou und Shangcai, die mit unbeträchtlichen Abweichungen auf dem gleichen Längengrad liegen.

Auf der Grundlage von Feldbeobachtungen stellte Yi Xing fest, daß die Schattenlängen der Gnomoi, die jeweils in Baima und Shangcai errichtet waren, und die 526 li und 270 bu[5] voneinander entfernt standen, ein wenig mehr als zwei cun[6] betrugen. So widerlegte er die lang gehegte Annahme, daß die Schattenlänge sich für je 1000 li um einen cun verändere. Der Astronom He Chengtian hatte bereits im Jahre 442 eine Widerlegung jener Überlieferung veröffentlicht; jedoch war er der Meinung, daß der Abstand zwischen zwei Orten, wo dieselbe Schattenlänge beobachtet wurde, der gleiche sein müsse. Diese Meinung war falsch, da sie voraussetzte, daß die Erde flach sei. Im frühen 7. Jahrhundert bemerkte Lin Zhuo den Unterschied im Verhältnis zwischen der Schattenlänge und dem Abstand zwischen zwei Orten, und Li Chunfeng erkannte im gleichen Jahrhundert ebenfalls die Abweichung dieses Verhältnisses. Jedoch konnte erst Yi Xing die Entdeckungen seiner Vorgänger endgültig bestätigen, indem er die Schattenlängenberechnungen zugunsten von Polarhöhenberechnungen aufgab. Einfache Berechnungen anhand der in Feldbeobachtungen gesicherten Zahlen ergaben, daß der Nordpol einen chinesischen Grad[7] höher sein würde für einen Ort, der sich 351 li und 80 bu nördlich von einem anderen befand; das war nichts anderes als der Wert eines chinesischen Grades auf dem Meridian. In modernen Einheiten ausgedrückt, entspricht das einem Wert von 129,22 Kilometer pro meridionalen Grad,

---

[4] 1 astronomisches chi zur Zeit der Tang-Dynastie = 24,525 Zentimeter.
[5] 1 li = 300 bu und 1 bu = 5 chi.
[6] 1 cun = 1/10 chi.
[7] 365,25 chinesische Grade = 360°.

die Abweichung beträgt also im Vergleich zum heute berechneten Wert (111,2 Kilometer) 13,9 Prozent.

Trotz dieses Fehlers stellt Yi Xings Werk die erste systematische Feldmessung eines Meridians in der Welt dar. Sie eröffnete den Weg für weitere Forschungen durch Feldbeobachtung, setzte den traditionellen Fehlannahmen ein Ende und kombinierte zum ersten Mal die Messung der geographischen Breite mit der Messung der geographischen Distanzen. So erschloß Yi den Weg für einen moderneren Kalender und legte den Grundstein für die spätere astronomische Geodäsie.

Yi Xings Bemühungen überzeugten ihn selbst davon, daß ein durch Untersuchungen in einem beschränkten Raum oder Umfang gewonnenes Gesetz zu einem Trugschluß werden kann, wenn es blindlings ohne Begrenzung verallgemeinert wird. Die alte Annahme, daß ein Schatten – bei zusätzlichen 1000 *li* in nördlicher Richtung – einen *cun* länger sei, war falsch, weil sie willkürlich eine Theorie, die aus Bodenvermessungen innerhalb eines beschränkten Bereiches gewonnen worden war, auf weitere Gebiete oder sogar ins Unendliche ausdehnte. Dank der Widerlegung der althergebrachten Fehlannahme durch Yi Xing machte die Wissenschaft einen großen Sprung nach vorn. Er bewies zudem die Notwendigkeit der Anwendung sphärischer Geometriekonzepte, sobald die Geodäsie größere Bereiche erfassen muß.

Nautische Astronomie

Chinesische Seeleute, die schon vor Jahrtausenden Seefahrt betrieben, entwikkelten eine ganze Reihe von nautischen Techniken, unter denen die astronomische Navigation eine sehr wichtige Stelle einnahm.

Ein Abschnitt im *Huai Nan Zi (Buch des Fürsten von Huai Nan)*, einem im 2. Jahrhundert v. Chr. kompilierten enzyklopädischen Werk, lautet: «Seeleute, die ihre Richtung verloren haben, werden den Nordpol lokalisieren, wenn sie den Großen Bären finden» – offensichtlich eine aus langer Erfahrung gewonnene Erkenntnis.

Chinesische Hochseeschiffe besuchten bereits im 3. Jahrhundert v. Chr. die Küsten des Indischen Ozeans und Inseln im südlichen Asien. Als der Buddhist Fa Xian (ca. 337–442) im Jahre 412 von Indien und Sri Lanka per Schiff zurückkehrte, schrieb er folgende Zeilen in seinem Bericht über diese Seereise:

«In dem grenzenlosen Meer konnten wir den Osten nicht vom Westen unterscheiden. Wir segelten mittels Beobachtung der Sonne, des Mondes und der Sterne. Wir wußten nicht, wo wir uns befanden, wenn uns an bewölkten oder regnerischen Tagen der Wind getrieben hatte ... Nur wenn sich der Himmel aufklärte, fanden wir wieder unsere Richtung und konnten den richtigen Kurs wieder aufnehmen.»

Ein blühender Außenhandel, gestützt auf eine wachsende Produktion, förderte die Entwicklung der nautischen Techniken. Die Einführung des Kompasses und anderer Instrumente in die Seefahrt gaben den Anstoß zu bedeutenden Fortschritten.

Das älteste noch vorhandene Dokument, das genaue Daten über astronomische Navigation enthält, ist das *Zheng He Hang Hai Tu (Seekarten von Zheng Hes Seereisen)*, ein verlorenes Werk des frühen 15. Jahrhunderts, das aber im *Wu Bei Zhi (Abhandlung über Waffentechnik)*, verfaßt von Mao Yuanyi im 16. Jahrhundert, wiedergegeben ist.

Die Sammlung besteht aus 20 Seiten nautischer Karten und vier Sternkarten. Durch die Seekarten wissen wir, daß Zheng sich einzig und allein auf den Kompaß stützte, als er sich im Hafen von Liujiagang nahe Suzhou, Provinz Jiangsu, einschiffte. Er verließ die Mündung des Changjiang (Yangtse-Fluß), segelte entlang der chinesischen Küstenprovinzen Zhejiang und Fujian und vorbei an den chinesischen Inseln des Südchinesischen Meeres, um den nördlichen Teil von Sumatra zu erreichen. Auf seinem weiteren Weg nach Ceylon (heute Sri Lanka) begann er, die astronomische Navigation zu nutzen. Er legte größeres Gewicht auf die Beobachtung von Sternen und die Verwendung des Kompasses, als er von Ceylon zu den westasiatischen und afrikanischen Küsten segelte. Die Karten gaben die Höhen des Polarsternes und acht anderer Sterne im Kleinen Bären an, beobachtet an 64 Orten seiner Seefahrt. Diese Sternkarten, «Sternpeilungskarten zur Überquerung der Ozeane» genannt, enthielten Angaben über die Azimute und Höhen vieler an verschiedenen Stellen des Indischen Ozeans beobachteter Sterne.

Die Existenz dieser Karten zeigt, daß die altchinesischen Seeleute die Technik der Sternpeilung kannten und benutzten. Das Werkzeug für diese Technik, ein Satz von Sternpeilungsplatten, ist im 16. Jahrhundert von dem Gelehrten Li Xu in seinem *Jie An Lao Ren Man Bi (Essays des alten Mannes von Jie An)* beschrieben worden. Der Satz bestand aus 12 viereckigen Ebenholztafeln, von denen die größte 12 Fingerbreiten maß. Die kleinste maß nur eine Fingerbreite. Jede Tafel war größer als die vorhergehende, der Unterschied zwischen den jeweiligen Seitenlängen war konstant. Es gab ein Elfenbeintäfelchen mit einer Spalte auf jeder Ecke, wobei die Spalten jeweils eine halbe, eine achtel, eine viertel und eine dreiviertel Fingerbreite angaben.

Neuere Untersuchungen seitens der Forschungsgruppe für Nautische Astronomie, gefördert von vier Institutionen einschließlich des Beijing-Observatoriums und der Pädagogischen Hochschule von Südchina, zeigen, wie der Satz verwendet wurde: Der Beobachter wählte eine Platte aus, hielt sie so, daß ihre Ebene vertikal zur Meeresfläche lag, ihre obere Seite in Richtung auf den zu beobachtenden Himmelskörper ausgerichtet war und ihre untere Seite mit dem Horizont zusammentraf. War das Beobachtungsobjekt höher

als der Plattenrand, so wählte der Beobachter eine größere Platte und las die
Höhe des Sternes auf der Gradeinteilung an der Seite der Tafel ab. Am unteren
Rand der Tafel war eine Schnur befestigt, mit welcher der Beobachter die Tafel
in konstanter Entfernung von seinen Augen hielt. Gewöhnlich wählte er die
Zeit, in der sich der angepeilte Stern am Himmelsmeridian befand. Die folgende Gleichung zeigt die Beziehung zwischen der Höhe des Objektes *(H)*
über dem Horizont, seiner Deklination *(D)* und der geographischen Breite *(B)*
der Stelle, an der die Beobachtung erfolgte:

$$B = 90° + D - H$$

Der Wert 90° + *D* für einen gegebenen Stern kann innerhalb eines ziemlich
langen Zeitraums als konstant angenommen werden. Der Beobachter kann
den Breitengrad seiner Schiffsposition einfach feststellen, indem er die Höhe
dieses Sternes, ausgedrückt in Fingerbreiten und Vierteln, im Moment seines
Meridiandurchgangs bestimmt. Die Fingerbreiten-Maßeinheit wurde von
den Beobachtern offensichtlich schon seit dem 2. Jahrhundert v. Chr. benutzt.
Ein Zitat im *Astrologie-Klassiker der Kaiyuan-Regierungszeit* aus einem Buch
mit dem Titel *Wu Xian Zhan (Astrologie von Wu Xian)*, das in jenem Jahrhundert verfaßt wurde, bezeichnet den Unterschied zwischen den Breiten der
Venus und des Mondes mit 5 Fingerbreiten, was in modernen Maßeinheiten
9,4° entspricht. Der Wert der Fingerbreite lag jahrhundertelang bei 1,9°, einer
Zahl, die mit der in den *Seekarten von Zheng Hes Seereisen* übereinstimmt.

Die altchinesische nautische Astronomie und ihre speziellen Techniken
spielten bei der Entwicklung der Genauigkeit in der Navigation und der
Sicherheit in der Übersee-Schiffahrt Chinas eine entscheidende Rolle.

Die Armillarsphäre und das Äquatorial-Torquetum

Das populärste Gerät, mit dem die altchinesischen Astronomen die Himmels-
koordinaten bestimmten, war die Armillarsphäre. Im Gegensatz zu dem alt-
griechischen Armillargerät basierte das chinesische Gerät auf den äquatorialen
Koordinaten. Das griechische Gerät dagegen war seinem Wesen nach an ekliptischen Koordinaten orientiert. Es gibt keine schriftlichen oder materiellen
Zeugnisse vom Ursprung der chinesischen Armillarsphäre. Wissenschaftler,
die Daten aus Shis Sternenkatalog studierten, zogen die Schlußfolgerung, daß
diese Angaben durch Gebrauch eines Armillargerätes gewonnen worden
waren.

Höchstwahrscheinlich bestand die älteste chinesische Armillarsphäre aus
vier Ringen, die in zwei Sätzen ineinandergefügt waren. Der äußere Satz hatte
drei sich überschneidende konzentrische Ringe mit gleichem Durchmesser.
Der eine Ring war der natürlichen Himmels-Äquatorialebene parallel, der

andere der Horizontebene. Der dritte war ein Doppelring mit einem Zwischenraum von etwa einem Zoll zwischen den zwei Gliedern, der parallel zur Himmelsmeridianebene lag. Der innere Satz hatte nur einen Doppelring, dessen Zentrum auch mit dem der Ringe im äußeren Satz zusammenfiel. Eine als Durchmesser dieses Ringes dienende Stange und der Achsenschenkel, um den er sich drehte, waren an beiden Enden am dritten Ring im äußeren Ringsatz befestigt, parallel zur Achse der Erdumdrehung; mit anderen Worten, der Doppelring war parallel zur Meridianebene. Der Kreis in dem Zwischenraum zwischen den zwei Gliedern des doppelten Ringes im inneren Ringsatz gab somit die Deklination an. Ein bewegliches Visierrohr war an diesem Doppelring befestigt. Der Beobachter drehte diesen Ring und richtete das Visierrohr auf sein Objekt, um so auf dem Ring die Zahl für die Entfernung des Sternes vom Pol abzulesen. Die Rektaszension konnte auf dem Äquatorialring im äußeren Ringsatz abgelesen werden. Um die Distanz eines Sternes vom nächsten Himmelspalast-Referenzstern – d. h. sein *ruxiudu* – zu bestimmen, konnte der Beobachter den inneren Deklinationsring in eine Position drehen, die den Referenzstern durch den Zwischenraum zwischen seinen zwei Gliedern sichtbar machte. Der Beobachter konnte so die Zahlenangabe für dessen Rektaszension ablesen und den Unterschied zwischen diesem Wert und dem der Rektaszension des Objektes berechnen.

Die früheste Beschreibung eines solchen Modells findet sich in der *Geschichte der Sui-Dynastie*, im Bericht über das Armillargerät, das von dem kaiserlichen Astronomen Kong Ting im Jahre 323 konstruiert wurde. Danach soll diese Armille auf einem älteren Modell beruht haben. Eine sorgfältige Untersuchung aller Teile dieses Gerätes, wie sie in diesem Buch beschrieben sind, hat gezeigt, daß jeder Teil wichtig und unerläßlich für eine brauchbare Äquatorial-Armillarsphäre war. Wir können also annehmen, daß die frühen Armillarsphären, einschließlich der von Luoxia Hong im späten 2. Jahrhundert v. Chr. gebauten, der Struktur nach ähnlich waren.

Innerhalb der nachfolgenden zehn Jahrhunderte entwickelte sich das Armillargerät von einfachen zu komplizierteren Formen und wurde schließlich wieder vereinfacht. Außer der täglichen äquatorialen Bewegung der Himmelskugel hat die Sonne ihre jährliche ekliptische Bewegung und der Mond seine Bewegung auf seiner eigenen Bahn. Äquatoriale Koordinaten waren offenbar für die Erforschung dieser Bewegungen unangemessen. Laien-Astronomen des 1. Jahrhunderts v. Chr. und des 1. Jahrhunderts n. Chr. änderten die traditionelle Armillarsphäre ab, indem sie ihr einen ekliptischen Ring hinzufügten. Im Jahre 633 erfand der kaiserliche Astronom Li Chunfeng, beauftragt vom Kaiser Tai Zong der Tang-Dynastie, den Ring für die Mondbahn als weitere Ergänzung.

Da die Sonnenbahn (die sog. Ekliptik) und die Mondbahn ihre tägliche

Bewegung mit der täglichen Umdrehung der Himmelskugel ausführen, sollte
der diese Umläufe kennzeichnende Ring entsprechend beweglich sein. Es gibt
jedoch keine Markierungen auf der natürlichen Himmelskugel, ein Mangel,
der einem Beobachter bei der Einstellung seines ekliptischen Ringes auf die
reale Ekliptik große Schwierigkeiten bereitete. Als Ergänzung konstruierte
deshalb Li Chunfeng das *sanchenyi* (Komponente der drei Zeitangeber), einen
Satz von drei sich überschneidenden Ringen, jeweils parallel zur Sonnenbahn,
zur Mondbahn und zum Äquator. Diese Ringe waren zwischen dem äußeren
Ringsatz der Sphäre und dem Rektaszensionsring des inneren Ringsatzes plaziert, und konnten in zirkumpolare Drehungen versetzt werden. Der Äquatorialring des *sanchenyi* trug Markierungen zur Angabe der äquatorialen Position des Referenzsternes von jedem Himmelspalast. Wenn der Beobachter
diesen Ring drehte und ihn auf die Referenzsterne einstellte, kamen die anderen zwei Ringe dieses Ringsatzes automatisch in Übereinstimmung mit der
jeweiligen Sonnen- und Mondbahn. Außerdem waren 249 Paar Löcher zur
Einstellung des Mondbahnrings in den Ekliptikring gebohrt. Da der Knoten
der ekliptischen und der Mondbahn längs der Ekliptik zurückwich, konnte
der Beobachter den Mondbahnring bewegen und ihn an einem anderen Loch-
paar auf dem Ekliptikring am Ende jedes Knoten-Monats befestigen, damit
der Mondbahnring besser mit dem natürlichen Mondumlauf selbst überein-
stimme.

Li Chunfengs Armillarsphäre sowie die von Yi Xing, Liang Lingzan und
ihren Mitarbeitern 90 Jahre später konstruierte – ein Armillargerät mit einem
ekliptisch montierten Himmelsbreitenring – kennzeichneten den Höhepunkt
in der Entwicklung zu komplexeren Konstruktionen. Die letztere war ein
kompliziertes Gerät, das aus nicht weniger als sieben verschiedenen Ringen
bestand. Die Folge davon war eine unvermeidliche Verengung des Gesichts-
kreises für den Beobachter, der durch das an den inneren Ringsatz angeschlos-
sene Visierrohr blickte. Da sich die Position der Sonnen- oder Mondbahn
natürlich veränderte, stellte der Beobachter außerdem fest, daß er schon zeit-
lich im Rückstand war, wenn er sein Visierrohr zu benützen begann, selbst
wenn er seine Armillarsphäre mit Hilfe des *sanchenyi* neu eingestellt hatte.
Dies machte die Beobachtungen ungenau. Mit dem Fortschritt in der Mathematik gelang es den Astronomen, die Umrechnung zwischen den zwei Koor-
dinatensätzen – die äquatorialen Koordinaten einerseits und die ekliptischen
Koordinaten andererseits – zu meistern.

Zwischen dem 10. und dem 13. Jahrhundert erfolgte eine weitere Verbesserung in der Technik der Umrechnung. Es wurde immer klarer, daß es besser
war, eine leicht ablesbare äquatoriale Zahlenangabe in eine ekliptische umzu-
rechnen, als sich die Mühe zu machen, diese Zahlen direkt mit Hilfe des Gerätes herauszufinden. Ein hervorragender, im 11. Jahrhundert tätiger Astro-

nom, Shen Kuo, war ein Pionier dieser neuartigen und besseren Methode. Er vereinfachte das Armillargerät, indem er als erstes den Mondbahnring wegließ, dessen Gebrauch schwieriger gewesen war und der weniger genaue Resultate ergeben hatte als die anderen Teile. Der auf diese Weise begonnene Prozeß der Vereinfachung stimmte übrigens mit modernen astronomischen Methoden überein, die auf der Umwandlung von verschiedenen Koordinaten beruhen.

In den drei Jahren nach 1276 gelang Guo Shoujing der Durchbruch in dem Prozeß der Armillar-Vereinfachung. Den Ekliptikring und den doppelten Meridianring im äußeren Ringsatz weglassend, trennte er den Horizontring von dem Gerät ab und konstruierte einen Sonderteil, *liyunyi* genannt, zur Bestimmung der horizontalen Koordinaten. Er wandelte den Äquatorring des *sanchenyi*-Teils in ein Glied des äquatorialen Doppelrings im Außenteil um. Dieser Ring war mit vier Rollen versehen, um die leichte Drehung der Ringe des äußeren Ringsatzes zu gestatten. Er plazierte im übrigen den äquatorialen Doppelring in den Süden des Achsenschenkels des Rektaszensionsrings und stützte den Nordpol-Achsenschenkel mit zwei Rahmenteilen. Der Rektaszensionsring war nun hoch über allen anderen Teilen und konnte unbehindert benutzt werden. Dieses neuartige Gerät, das sogenannte äquatoriale Torquetum (äquatorial drehbare Himmelskugel), war von einfacher Struktur und wurde deshalb auch «vereinfachtes Instrument» genannt. Das Äquatorial-Torquetum war mit nur 0,05° Abweichung beispiellos in seiner Genauigkeit. Auf beiden Enden seines Visierrohrs verlief eine Linie durch das Zentrum, die senkrecht zur Ebene des Rektaszensionsrings war. Dies war tatsächlich ein Vorläufer des Kreuz-Fadens in Fernrohren. Der am Südende des beweglichen Achsenschenkels befestigte Äquatorring, eine von Guo Shoujing für dieses Gerät entworfene Vorrichtung, ist jetzt weitgehend von modernen Teleskop-Herstellern akzeptiert. Johan Ludwig Emil Dreyer, der dänische Astronom, der den *New General Catalogue of Nebulae and Clusters of Stars* verfaßte, betonte in seinem Kommentar die Wichtigkeit von Guos Äquatorial-Torquetum: «...das chinesische Volk gelangte in den Besitz von großartigen Erfindungen oft viele Jahrhunderte früher, als die westlichen Nationen sie genossen.»

Eine Armillarsphäre und ein Äquatorial-Torquetum, die zwischen 1437 und 1442 gebaut wurden und im Purpurberg-Observatorium in Nanjing aufbewahrt werden, sind der materielle Beweis für die hervorragenden Leistungen altchinesischer Astronomen.

Abb. 2
Die Armillarsphäre des Purpurberg-Observatoriums.

Die wasserangetriebene astronomische Turmuhr

Ein Synchronantriebssystem ist für jedes moderne Äquatorial-Teleskop unerläßlich. Eine vor ungefähr neun Jahrhunderten von einer Arbeitsgruppe unter Leitung des Astronomen Su Song gemachte Erfindung kann wohl als Vorläufer solch einer Apparatur angesehen werden: Es war die wasserangetriebene astronomische Turmuhr, eine Weiterentwicklung einer früheren wasserangetriebenen Himmelskugel.

Der erste chinesische Himmelsglobus existierte bereits im 1. Jahrhundert v. Chr. Im 2. Jahrhundert baute der berühmte Astronom Zhang Heng, nach-

Abb. 3
Das Äquatorial-Torquetum des Purpurberg-Observatoriums.

dem er den Gebrauch gewöhnlicher wasserangetriebener Apparate beobachtet hatte, eine bewegliche Himmelskugel, die er mit Hilfe eines von einer Was-
seruhr regulierten Wasserstromes antrieb. Sein wasserangetriebener Globus
drehte sich so gemäß der täglichen Bewegung der natürlichen Himmelskugel.

Yi Xing und Liang Lingzan fügten im 8. Jahrhundert jenem Gerät eine Art
Uhr hinzu, eine Kombination, die nicht nur als astronomisches Gerät diente,
sondern auch als Zeitmesser, der mehrere Jahrhunderte hindurch ständige
Verbesserungen erfuhr. Dies kann man als frühes Modell der modernen Uhr
betrachten.

Das beste Beispiel solcher Geräte war die wasserangetriebene Turmuhr, die
im Jahre 1088 von Han Gonglian, gefördert von seinem Vorgesetzten Su Song,
damals Personalminister, entworfen und gebaut wurde. Glücklicherweise
sind die Anweisungen zu dieser Anlage mit dem Titel *Xin Yi Xiang Fa Yao*
(Neuer Entwurf für eine Armillarsphäre), die von Su Song selbst verfaßt wurden, für unsere umfassende Untersuchung dieser komplizierten Apparatur
erhalten geblieben. In den fünfziger Jahren hat Wang Zhenduo sie eingehend

erforscht und eine Gruppe von Mitarbeitern des Museums der chinesischen Geschichte geleitet, die eine Kopie erstellten. Ihre Turmuhr, die ein Fünftel der Größe des 900 Jahre alten Modells besitzt, steht heute im genannten Museum.

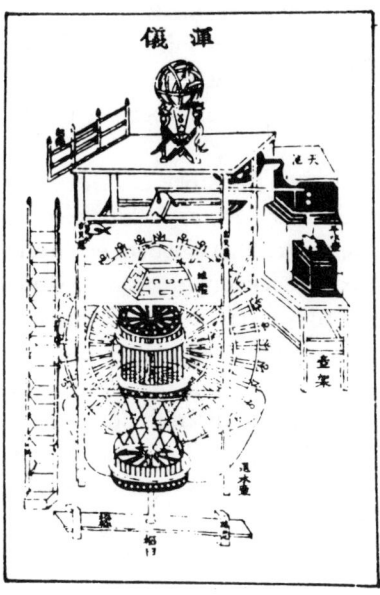

Abb. 4
Die wasserangetriebene astronomische Turmuhr, wie sie in Su Songs Buch *Xin Yi Xiang Fa Yao* *(Neuer Entwurf für eine Armillarsphäre)* abgebildet ist.

Hans wasserangetriebene astronomische Turmuhr bestand aus einem Holzgebäude von 12 Metern Höhe. Auf der oberen Plattform war in einer Kammer mit einem entfernbaren Dach – der Kuppel eines modernen Observatoriums nicht unähnlich – eine Armillarsphäre untergebracht. Diese Apparatur war durch Zahnräder mit dem Antrieb der gesamten Anlage verbunden, was es ihr ermöglichte, der täglichen Bewegung der natürlichen Himmelskugel zu folgen. Wenn der Beobachter das Visierrohr auf die Sonne richtete, so hielt die mechanische Bewegung des Armillarsystems die Sonne eine relativ lange Zeit im Gesichtskreis. Obwohl primitiv und grob im Vergleich zu einem modernen Synchronantriebssystem, war dieser Mechanismus dennoch in gewissem Sinne ein bedeutsamer chronometrischer Vorläufer und wurde von späteren Generationen sehr bewundert.

Der erste Stock des Gebäudes beherbergte den Himmelsglobus, der sich mechanisch drehte, um der Umdrehung der natürlichen Himmelskugel zu folgen. Der Beobachter in dem Gebäude kannte dank dieses beweglichen Globus die wirkliche Position jeder Konstellation. Unterhalb dieser Kammer befanden sich das Antriebsrad, die Wasseruhren und der Apparat zur Zeitangabe. Das Treibrad mit einem Durchmesser von mehr als drei Metern war mit Wasserschaufeln ausgerüstet. Wenn das Wasser aus den Clepsydras einen der Schaufelbecher füllte, geriet das Rad aus dem Gleichgewicht. Ein mechanisches Gerät regulierte die Bewegung des Rades, so daß es zu drehen aufhörte, bis der nächste Tank gefüllt war. Die Funktion dieses Gerätes war der Hemmung einer Uhr vergleichbar. Das gesamte Antriebssystem übertrug die Triebkraft von dem Rad auf das Zeitangabegerät, den Himmelsglobus und die Armillarsphäre.

Das Zeitangabegerät war ein fünfstöckiges Gestell, welches an der Südseite des Turms untergebracht war. Der erste Stock erzeugte die Klänge: Eine Holzpuppe in der Mitteltür schlug bei jedem *ke* ihre Trommel, während eine Puppe in der linken Tür zu jeder *shi*[8] ihre Glocke läutete. Schlug diese Puppe eine größere Glocke an, so war das die Mitte einer *shi*. Die 24 Puppen in der Kammer im zweiten Stock erschienen nacheinander vor der Tür und hielten jede ein Täfelchen, auf dem jeweils eine *xiaoshi* angegeben war. Der Kasten im dritten Stock enthielt 96 Puppen, die außer den Vierteln, Hälften und Dreivierteln das *ke* ansagten, indem sie der Reihe nach ihre eigenen Täfelchen zeigten. Die Hauptpuppe des vierten Stocks spielte ihr Saiteninstrument zu jedem *geng* und *chou*[9] der Nacht. Der Name des *geng* und *chou* wurde von jeder der anderen 25 Puppen mit ihrem eigenen Täfelchen angezeigt.

Die wasserangetriebene Turmuhr zeugt vom hohen Niveau der mechanischen Technik im alten China. Da die Hemmung der Schlüsselmechanismus einer mechanischen Uhr ist, schätzen ausländische Gelehrte noch heute diese wasserangetriebenen Uhren, vor allem Han Gonglians Installationen, und bezeichnen sie, wie der Engländer Joseph Needham, als möglichen Vorgänger der astronomischen Uhren des mittelalterlichen Europas.

---

[8] In der altchinesischen Zeitmessung war ein Tag eingeteilt in 12 *shichen*, von denen jede aus zwei *xiaoshi* oder Stunden bestand. Die *shichen* waren nach den irdischen Zweigen des Sechzigjahr-Zyklus benannt. Also fiel die Mitte der *shichen zi* auf Mitternacht und die der *shichen wu* auf Mittag.

Die altchinesischen Zeitmesser teilten einen Tag zusätzlich zu dem *shichen*-System in 100 *ke* ein. *Ke* Null fiel auf Mitternacht und *ke* 50 auf Mittag, während der Beginn von vier aus allen 100 *ke* mit der Mitte von 4 *shichen* zusammentraf. Nur der Beginn von 96 *ke* mußte deshalb angesagt werden.

[9] Ein *geng* war ein Fünftel einer Nachtlänge und ein *chou* ein Fünftel der Länge eines *geng*. Die Länge von jedem *geng* und jedem *chou* war also abhängig von dem jahreszeitlichen Wechsel der Nachtlänge selbst. Im Mechanismus der Uhr mußten deshalb Regulierungen zur Anpassung an die verschiedenen Jahreszeiten vorgenommen werden.

Kalender

Chen Jiujin

Aus seinen eng mit der Natur verknüpften Tätigkeiten lernte der Mensch, die Zeit gemäß den regelmäßigen Veränderungen zu messen, die in der Natur beobachtet werden können. So wurden das Wendekreisjahr, das die jährlichen Jahreszeitenwechsel anzeigte, der synodische Monat, der auf dem Wechsel der Mondphase beruhte, und der Sonnentag, der in seiner Länge variierte, zu passenden chronometrischen Einheiten. Ein Kalender, der auf diesen Faktoren beruht, wird «lunisolar» (Sonne-Mond-Kalender) genannt; während der Sonnenkalender nur die Veränderungen im tropischen Jahr berücksichtigt und der Mondkalender jedes Jahr unveränderlich auf zwölf synodische Monate festlegt, kombiniert er die verschiedenen Faktoren.

Die Geschichte der chinesischen Kalenderwissenschaft ist lang. Die ältesten Kalender, von denen nur Fragmente erhalten sind, werden immer noch untersucht. Der systematische Kalender, der seinen Ursprung in dem im 3. und 4. Jahrhundert v. Chr. benutzten Kalender mit einer Jahreslänge von 365 Tagen und ein Viertel (365,25 Tage[1]) hat, erfuhr mehr als hundert Reformen, wodurch er einen hohen Grad an Exaktheit erreichte. Auch waren die alten chinesischen Kalender nicht auf die Festsetzung der Jahre, Monate und Tage beschränkt. Sie umfaßten die Voraussage der scheinbaren Bewegung der Sonne, des Mondes und der fünf sichtbaren Planeten, die Vorhersage von Sonnen- und Mondfinsternissen und die Bestimmung von Solarperioden. Kalenderreformen bedeuteten vor allem die Entwicklung neuer Theorien, die Entdeckung genauer astronomischer Daten und die Verbesserung der Berechnungstechnik. Die traditionelle chinesische Kalenderwissenschaft nimmt einen wichtigen Platz in der Geschichte der Weltastronomie ein. Das Folgende ist eine Einführung in einige der Hauptaspekte jenes Zweiges der weltweiten Kalenderforschung.

Untersuchungen über die scheinbare Sonnenbewegung

Da sich die Erde um eine Achse dreht, die nicht vertikal zu der Ebene ihrer Planetenbahn ist, und da es einen Winkel von 23,5° zwischen der Ekliptik und dem Äquator gibt, wechselt die Höhe der Sonne an einem gegebenen Standort

---

[1] Dies entspricht unserem sogenannten Julianischen Jahr (Anmerkung des Bearbeiters).

regelmäßig, was eine zyklische Veränderung im lokalen Wetter bewirkt. Für Kalenderhersteller sind daher Untersuchungen über die scheinbare Bewegung der Sonne notwendig, die im Altertum nach zwei verschiedenen Methoden erfolgen konnten. Die eine war die Messung des Schattens eines Gnomons zur Mittagszeit. Auf solchen Messungen beruhte die Ankündigung der Jahreszeiten und die Bestimmung des tropischen Jahres. Die andere Methode untersuchte die jährliche Änderung der scheinbaren Sonnengeschwindigkeit und ermittelte die jährliche Änderung des Wintersonnenwendepunktes. Dies geschah mit Hilfe von Apparaturen wie dem Armillargerät durch Beobachtung der Sonnenposition vor dem Hintergrund der Sterne.

Die Ermittlung der Wintersonnenwende und des tropischen Jahres

Die präzise Ankündigung der Jahreszeiten war unmöglich ohne genaue Identifizierung der Wintersonnenwende (sog. Wintersolstitium). Da in bezug auf die Wintersonnenwende mehrere präzise Zahlenangaben erforderlich waren, um das tropische Jahr festzulegen, legten die altchinesischen Kalenderverfasser großen Wert auf die Bestimmung des genauen Zeitpunkts des Solstitiums. Die frühesten Angaben über die Schattenlänge des Gnomons am Tage der Wintersonnenwende sind uns aus der Periode von 655–522 v. Chr. bekannt.

Theoretisch sollten Daten über zwei aufeinanderfolgende Wintersonnenwenden für die Berechnung des tropischen Jahres genügen, aber in der Praxis war das nicht so. Der Grund dafür ist, daß die durch einfache Beobachtung der Schattenlänge gewonnenen Angaben Abweichungen bis zu mehreren Tagen ergeben konnten. Außerdem erfolgte die Sonnenwende nicht unbedingt um Mittag, wenn die Schattenlänge des Gnomons abgelesen wurde. Um diesen Fehler zu korrigieren, benutzten die alten Kalenderhersteller die Daten von möglichst vielen Wintersonnenwenden.

Im 5. Jahrhundert v. Chr. führte China einen Kalender ein, dessen «tropisches» Jahr einfach 365,25 Tage betrug, zu jener Zeit der genaueste Kalender der Welt. Er setzte sieben Schaltmonate oder 235 Mondphasen für je 19 Jahre fest, während der synodische Monat auf 29,53085 Tage festgelegt war, eine Zahlenangabe von bemerkenswerter Genauigkeit.

Mit der Entwicklung von Gesellschaft und Wissenschaft wurden die Kalender immer genauer. Im Laufe der Zeit hielt man den 365,25-Tage-Kalender nicht mehr für übereinstimmend mit den konkreten astronomischen Beobachtungen. Der Taichu-Kalender von 104 v. Chr. und der revidierte 365,25-Tage-Kalender aus dem Jahre 85 stellten versuchsweise Revisionen dar. Im Laufe der Zeit stellte man jedoch fest, daß häufige Revisionen des Kalenders keine langfristige Lösung ergaben. Tiefergehende Nachforschungen über die Theorie der Kalenderherstellung führten Liu Hong zu Beginn des 3. Jahrhunderts zu der Erkenntnis, daß die ungenaue Zahlenangabe für das tropische Jahr im 365,25-Tage-Kalender an den Fehlern schuldig war. Liu Hong verkürzte deshalb das Jahr auf einen genaueren Wert und schuf damit einen besseren Kalender.

Spätestens vom 2. Jahrhundert v. Chr. an wurde das Gnomon von acht *chi*[2] zum Messen des Schattens am Tag der Wintersonnenwende benutzt. Das Ablesen war jedoch durchaus nicht befriedigend. Zu Chongzhi, der zur Zeit der «Südlichen und Nördlichen Dynastien» zu den Astronomen gehörte, die nach einem genaueren Wert des tropischen Jahres strebten, verbesserte die Beobachtungstechnik. Die Schwierigkeit bei der Beobachtung war, daß es keinen deutlich messbaren Unterschied in der täglichen Änderung der Schattenlänge gab, der leicht am Tag der Wintersonnenwende gemessen werden konnte, und daß es nicht möglich war, die genaue Stunde der Sonnenwende festzustellen. Um für dieses Problem eine Lösung zu finden, erweiterte Zu seine Schattenmessung auf eine Zeitspanne von etwa 24 Tagen, um so einen mittleren Wert zu erlangen. Die Feststellung, daß größere – also leichter zu messende – Änderungen in der Schattenlänge an weiter von der Wintersonnenwende entfernten Tagen zu beobachten waren, trug zum Erfolg von Zus neuer Technik bei. Sein Daming-Kalender setzte für das tropische Jahr 365,242 Tage fest, eine Zahlenangabe, deren Genauigkeit nicht angezweifelt wurde, bis 1604 mit dem Erscheinen des Mingtian-Kalenders sich die Praxis einbürgerte, Beobachtungen an mehreren und verschiedenen Orten zu machen.

Guo Shoujing, ein Wissenschaftler des 13. Jahrhunderts, der wichtige Beiträge zur Mathematik und Astronomie leistete und neue Apparate erfand, schuf in jener Zeit ein als «Schattenbestimmer» bezeichnetes Gerät, das eine spürbar klarere Sicht der Schattenspitze ermöglichte: Er konzentrierte das Sonnenlicht durch ein Nadelöhr, «nicht größer als ein Reiskorn» an der Spitze des Schattens auf dem Maßstab. Dieses Gerät machte den Weg für die Verwendung von längeren Gnomoi zwecks höherer relativer Genauigkeit frei. Der Turm zur Schattenmessung, der jetzt im Kreis Dengfeng in der Provinz Henan steht, ist sozusagen ein Riesen-Gnomon. Es ist eine Ming-Kopie des von Guo im Jahre 1278–79 gebauten bronzenen Riesengnomon. Mit einer Höhe von 13,33 Metern war er viermal größer als die bis zu jener Zeit verwendeten Gnomoi. Von seinen eigenen sorgfältigen Beobachtungen ausgehend und unter Verwendung der bisher seit 462, als Zu Chongzhis Daming-Kalender eingeführt wurde, bei sechs Beobachtungskampagnen gewonnenen Daten setzte Guo Shoujing das tropische Jahr auf 365,2425 Tage fest, was die Forschungen

---

[2] 8 *chi* = 1,84 Meter.

von Yang Zhongfu, der im Jahre 1199 den Tongtian-Kalender entworfen hatte, bestätigte.

Der Astronom Xing Yünlu (1573–1620), der Guo nachfolgte, errichtete einen 20 Meter hohen Gnomon und legte damit den Wert von 365,242190 Tagen für ein tropisches Jahr fest, zu jener Zeit die genaueste Angabe, die von der modernen Berechnung um nicht mehr als 0,000027 eines Tages abweicht.

Die Bestimmung des Wintersonnenwendepunkts und die Bestimmung der Präzession

Der Ort der Wintersonnenwende (Wendepunkt) wird durch die relative Position der Sonne vor dem Hintergrund der Sterne am Tag der Wintersonnenwende angegeben. Die moderne Astronomie bestimmt diese Position durch die Rektaszension und die Deklination der Sonne. Altchinesische Astronomen verwendeten den Wert des Unterschieds zwischen der Rektaszension der Sonne und jener des Referenzsternes eines bestimmten Himmelspalastes.

Zwischen dem 5. und 3. Jahrhundert v. Chr., als der 365,25-Tage-Kalender in Gebrauch war, wurde der Wintersonnenwendepunkt beim Eintritt in den Qianniu-Himmelspalast (oder in den Giedi-Bereich, d. h. β Capricorni) festgelegt. Ebenso verfuhr der Zhuanxu-Kalender von 221 v. Chr. Das ist möglicherweise die früheste derartige Angabe, die durch tatsächliche Beobachtungen in China erlangt wurde.

Da es nicht möglich war, die relative Sonnenposition durch direkte Beobachtung festzustellen, nahmen die alten Astronomen indirekte Mittel zu Hilfe. Sie stellten den Tag der Wintersonnenwende fest, ermittelten seine Mitternacht durch Verwendung der Clepsydra und bestimmten den Abstand des Sternes am Zenit zu dem nächsten Himmelspalast-Referenzstern. Auf diese Weise konnten sie die Stelle der Sonne angeben, die jenem Stern direkt gegenüber lag. Die erlangten Daten waren aber unvermeidlich ungenau, da die Clepsydra kaum ein zuverlässiger Chronometer war.

Die chinesischen Astronomen waren sich bis zum 3. Jahrhundert über die Präzession im Unklaren. Zuvor dachten sie, die Sonne beschreibe zwischen den Wintersonnenwenden einen exakten Rundlauf entlang ihrer Bahn in der Himmelskugel. Deshalb legten sie das tropische Jahr auf 365,25 Tage fest und teilten die natürliche Himmelskugel in ebenso viele Grade ein. Nach ihrem Wissensstand war der Wintersonnenwendepunkt fixiert, und es blieb die Vorstellung bestehen, daß der Punkt in dem Bereich von Giedi liege. Die Hersteller des Taichu-Kalenders von 104 v. Chr. stützten sich im wesentlichen auf dieselben Angaben. Im Jahre 7 v. Chr. notierte Liu Yin die ungefähre Schwankung des Wintersonnenwendepunktes. Es war im Jahre 85 n. Chr., als Jia Kui zum ersten Mal verkündete, daß der Punkt 21,25° entfernt von φ Sagittarii läge.

Obgleich noch ohne Kenntnis der Präzession, beobachteten jene Astronomen das Vorhandensein von Veränderungen des Wintersonnenwendepunktes. Jiang Ji entwickelte im 5. Jahrhundert die glänzende Idee, die Sonne durch eine Berechnung, die auf den Daten der Mondbewegung bei Mondfinsternissen beruhte, zu lokalisieren. Mit Hilfe solcher Information konnte jeder Astronom die Sonnenposition am Tag der Wintersonnenwende feststellen. Jiangs relativ präzise Untersuchungen setzten den Wintersonnenwendepunkt bei 17° zu φ Sagittarii fest.

Wegen der Präzession bewegt sich der Wintersonnenwendepunkt mit einer Geschwindigkeit von 50,3 Sekunden pro Jahr oder einem Grad innerhalb eines Zeitraums von 71 Jahren und 8 Monaten. Nach den altchinesischen Messungen rechnete man mit einem Grad alle 70,64 Jahre.

Ungefähr im Jahr 330 n. Chr. bestätigte Yü Xi, nachdem er die über den Wintersonnenwendepunkt vorhandenen Daten verglichen hatte, zum ersten Mal das Vorrücken des Wendepunkts. Da er erkannt hatte, daß die «Himmelsbewegung» der Sonne von ihrem «jährlichen Umlauf» verschieden war, schlug er die Methode vor, «den Himmel als Himmel und das Jahr als Jahr zu behandeln». Er benutzte als erster den Ausdruck «Vorrücken» (Präzession) und setzte dessen Geschwindigkeit auf ein Grad für 50 tropische Jahre fest. Nahezu 450 Jahre später als Hipparchus gelangte Yü zu einer etwas genaueren Angabe als der griechische Astronom, dessen Präzessionswert ein Grad pro Jahrhundert betrug.

Nicht lange nach Yü kam die Vorstellung der Präzession zur praktischen Anwendung bei der Kalenderherstellung. He Chengtian stellte ca. 450 ebenfalls Untersuchungen über die Präzession an und setzte deren Vorrücken auf ein Grad in 100 Jahren fest; er machte allerdings von diesem Wert keinen Gebrauch, als er den Yuanjia-Kalender entwarf. Erst Zu Chongzhi verwendete erstmals die Angabe über die Präzession bei der Formulierung des Kalenders. Er verglich seine Daten über den Wintersonnenwendepunkt (15° von φ Sagittarii) mit jenen Jiangs und ermittelte als Geschwindigkeit des Vorrückens ein Grad in 45 Jahren plus 11 Monaten. Obgleich diese Angabe nicht ganz genau war, wurde Zu Chongzhi so zum Erneuerer der Kalenderherstellung.

Liu Zhuo, Verfasser des Kalenders von 604, veränderte die Geschwindigkeit und setzte sie auf ein Grad für 75 tropische Jahre fest, was für jene Zeit sehr präzis war. Lius Angabe wurde bis 1199 benutzt, bis die Verfasser des neuen Tongtian-Kalenders die weniger genaue Zahl von einem Grad für 66 tropische Jahre plus 8 Monate annahmen.

Die Entdeckung der ungleichförmigen Bewegung
der Sonne auf der Ekliptik

Es gibt eine geringe Exzentrizität der Erdbahn, welche die Schwankungen der scheinbaren Bewegung der Sonne entlang der Ekliptik bewirkt. Bis zum 4. Jahrhundert war es den chinesischen Astronomen mangels passender Geräte nicht möglich, diese Schwankungen zu entdecken. Infolgedessen und auch wegen ihrer Unkenntnis der Präzession legten sie ein Jahr auf 365,25 Tage fest und unterteilten die Himmelskugel in entsprechend viele Grade. Das würde bedeuten, daß die Sonne sich jeden Tag genau um einen Grad bewegte. Die Zeitspanne zwischen zwei Solarperioden wurde als eine Konstante von 15,2 Tagen angegeben. Spätere Astronomen bezeichneten ein solches Vorgehen als die Methode der «mittleren Solarperioden» oder «konstanten Solarperioden». Nach vielen Jahren der Beobachtung im letzten Teil des 6. Jahrhunderts entdeckte Zhang Zixin die Ungleichförmigkeit der scheinbaren Sonnenbewegung und vermerkte, daß «die Sonne sich nach der Frühlings-Tagundnachtgleiche mit geringerer, nach der Herbst-Tagundnachtgleiche mit größerer Geschwindigkeit bewegt». Diese Behauptung stimmte weitgehend mit den Tatsachen zu einer Zeit überein, als der Wintersonnenwendepunkt nur 10° hinter dem Perigäum der Ekliptik war. Um das 13. Jahrhundert stimmten diese zwei Punkte vollständig überein.

Zhangs Entdeckung wurde bald von den Kalenderherstellern übernommen. Liu Zhuo und seine Mitarbeiter schlugen im 7. Jahrhundert das System von 24 Perioden für die Gesamtbewegung der Sonne in einem tropischen Jahr vor. Die Zeit, welche die Sonne zum Durchlauf einer einzelnen Solarperiode benötigt, variiert wegen der Ungleichförmigkeit ihrer Geschwindigkeit. Liu setzte daher die Länge einer Solarperiode auf 14,718 Tage in der Nähe der Wintersonnenwende und auf 15,732 Tage nahe der Sommersonnenwende fest. Er vermerkte, daß es von der Herbst-Tagundnachtgleiche 88 Tage bis zur Wintersonnenwende und von der Frühlings-Tagundnachtgleiche 93 Tage bis zur Sommersonnenwende waren.

Seine Zahlenangaben waren jedoch ungenau, und es blieb im 8. Jahrhundert Yi Xing überlassen, angemessene Verbesserungen vorzunehmen. Dieser buddhistische Mönch, der den Dayan-Kalender entwarf, beobachtete, daß die scheinbare Geschwindigkeit der Sonne in den zwei Wochen vor der Wintersonnenwende am höchsten war – was mit den Realitäten jener Zeit übereinstimmte, als das Perihelium der Erde der Wintersonnenwende um 9° voran war. Yi Xings Kalender gab die Gesamtlänge der sechs Solarperioden, von der Wintersonnenwende bis zur Frühlings-Tagundnachtgleiche mit 88,89 Tagen an (diese Zeit benötigte die Sonne, um einen Quadranten entlang der Ekliptik zu schaffen). Die Gesamtlänge der folgenden sechs Solarperioden oder die

Zeit, welche die Sonne für den nächsten Quadranten benötigte, betrug 91,73 Tage. Die für die andere Hälfte des Jahres vor und nach der Herbst-Tagundnachtgleiche angegebenen Zahlen waren jeweils mit diesen identisch.

Guo Shoujing, der den Kalender des Jahres 1281 schuf, bestätigte dann, daß die Wintersonnenwende diejenige Zeit sei, wo die Sonne sich mit höchster Geschwindigkeit bewegte. Seine Angaben waren äußerst genau, da das Perihelium der Erde damals weniger als ein Grad hinter der Wintersonnenwende war. Guo, der sich auf aktuelle astronomische Beobachtungen stützte, vermerkte zudem, daß jeder Quadrant nach dem dritten Tag hinter der Herbst-Tagundnachtgleiche eine Länge von 88,91 Tagen hatte, während die entsprechende Zeit zum Durchlauf des anderen Quadranten 93,71 Tage betrug.

Diese Tatsachen führen uns zu dem Schluß, daß es seit dem Jahr 729 immer genauere Berechnungen der Ungleichförmigkeit der Sonnenbewegung auf der Ekliptik gegeben hatte. Die Länge der 24 Solarperioden hatte man jedoch bis zum 17. Jahrhundert weiterhin als konstant angegeben, außer bei der Berechnung des tatsächlichen Vorrückens der Sonne auf der Ekliptik und der die Ekliptik und die Mondbahn verbindenden Knoten.

Forschungen über die Mondbewegung

Forschungen über die Bewegung des Mondes spielten eine wichtige Rolle in der altchinesischen Astronomie. Sie dienten als Grundlage, auf der die Kalenderverfasser die Monate berechneten und die Eklipsen (Finsternisse) voraussagten. Der synodische Monat, wie er von den Verfassern des 365,25-Tage-Kalenders des 8. Jahrhunderts v. Chr. benannt wurde, ergab Ungenauigkeiten bis zu einem Tag schon innerhalb eines Zeitraums von 300 Jahren. Der synodische Monat wurde jedoch bis zum 6. Jahrhundert als Grundlage der Kalenderherstellung angenommen. Der Tag des Neumondes wurde zum ersten Tag jedes Monats erklärt. Es gab abwechselnd längere Monate mit 30 Tagen und kürzere Monate mit 29 Tagen. Etwa alle 17 Monate folgten zwei längere Monate aufeinander. Dieses System paßte gut zu dem wirklichen Wert eines synodischen Monats von etwas mehr als 29,5 Tagen.

Der Unterschied zwischen dem synodischen Monat und dem siderischen Monat war den chinesischen Astronomen seit alten Zeiten bekannt. Das Buch *Huai Nan Zi (Buch des Fürsten von Huai Nan)*, im 2. Jahrhundert v. Chr. verfaßt, hatte erklärt, daß der Mond sich $13\frac{7}{19}$ Grad entlang seiner eigenen Bahn bewege, während die Sonne um einen Grad vorrücke. Das würde bedeuten, daß es in einem siderischen Monat 27,3219 Tage gab.

Wie die Erdbahn um die Sonne, so ist die Mondbahn um die Erde exzentrisch, was periodische Schwankungen der Geschwindigkeit jenes Satelliten hervorruft. Der Mond bewegt sich mit höherer Geschwindigkeit, wenn er sich in Perigäumnähe – wo der Abstand zur Erde minimal ist – befindet, und er bewegt sich langsamer, wenn er sich in Apogäumnähe – in maximaler Entfernung zur Erde – befindet. Der anomalistische Monat, die Zeit, die der Mond für seine Rückkehr zum Apogäum braucht, unterscheidet sich der Länge nach vom synodischen Monat. Die periodischen Veränderungen der Mondphasen sind daher von verschiedener Dauer. Der sogenannte synodische Monat stellt deswegen einen Durchschnitt jener variablen Dauer dar.

Shi Shen war sich im 4. Jahrhundert v. Chr. der Schwankungen in der Mondbewegung bewußt, aber die von ihm hinterlassenen Schriften zu diesem Thema sind recht spärlich. Liu Xiang, der um 25 v. Chr. lebte, erwähnt in seinen Anmerkungen zu den Klassikern ein Diagramm der «neun Bahnen des Mondes», was auf die Schwankungen in der Bewegung des Satelliten hinweist. Dasselbe Phänomen wurde von Jia Kui im 1. Jahrhundert beschrieben, der es der Exzentrizität der Mondbahn zuschrieb und weitergehend darauf hinwies, daß das Apogäum in jedem anomalistischen Monat um 3° vorrückte. Diese Angabe würde bedeuten, daß das Apogäum 9,18 Jahre für einen vollständigen Zyklus benötigen würde und daß ein anomalistischer Monat 27,55081 Tage beträgt.

Das Verfahren, sich auf das Diagramm der «neun Bahnen des Mondes» zu stützen, gewann die Unterstützung des Wissenschaftlers Zhang Heng im späten 1. Jahrhundert. Es beweist das Vorhandensein eines rudimentären Wissens über die Verschiebung des Apogäums. Kalenderhersteller, die dieser Technik folgten, sahen die Abfolge von drei längeren Monaten oder von zwei kürzeren vor. Obgleich diese Technik noch sehr primitiv war, gewährleistete sie doch eine bis dahin unerreichte Genauigkeit. Liu Hong, der Astronom, der gegen 206 für den Entwurf des Qianxiang-Kalenders verantwortlich war und der als erster die Kenntnis von der Schwankung der Mondbewegung bei der Kalenderherstellung berücksichtigte, rechnete mit 27,55336 Tagen für einen anomalistischen Monat. Diese Zahl kommt den 27,55445 Tagen, die man durch moderne Beobachtungen und Berechnungen gewonnen hat, sehr nahe und wurde unter Berücksichtigung eines Vorrückens des Perigäums um 3$\frac{1}{19}$ Grad pro anomalistischer Monat berechnet. Liu und seine Mitarbeiter maßen zuerst das tägliche Vorrücken des Mondes entlang seiner Bahn, berechneten die Differenz zwischen diesem Wert und seiner durchschnittlichen Geschwindigkeit und ermittelten die Gesamtzahl dieser Differenzen. Die Summe des Durchschnitts plus die Gesamtsumme aller in der Zeit vom letzten Perigäum bis zum Vortag eines festgesetzten Tages gemessenen Differenzen ergab den Wert für das Vorrücken des Mondes am entsprechenden Tage. Lius Formel ermöglichte es, die himmlische Länge des Neumondes oder des Vollmondes festzuhalten und, was mehr bedeutet, die Sonnen- und Mondfinsternisse vorauszusagen – ein Bestreben, das diese Gruppe von Kalender-Experten als ihre Hauptaufgabe ansah.

Altchinesische Astronomen untersuchten auch die Länge des drakonistischen Monats für die Voraussage der Finsternisse. Im Jahre 462 gab Zu Chongzhi für einen drakonistischen Monat – die Zeit zwischen zwei Durchgängen des Mondes durch den aufsteigenden Mondbahnknoten – die Zahl von 27,21223 Tagen an. Diese Zahl unterschied sich nur um 0,00001 Tag von jener, die moderne Astronomen erhalten haben. Indem sie sich auf diese Leistungen stützten, erarbeiteten Kalenderverfasser späterer Generationen eine hohe Genauigkeit bei ihren Forschungen über den Wert des drakonistischen Monats.

Zhang Zixins im 6. Jahrhundert erfolgte Entdeckung von der Ungleichmäßigkeit der Sonnengeschwindigkeit erleichterte weiterhin die Untersuchung der Dauer einer Mondphase. Liu Zhuo und Zhang Zhouxuan begannen im 7. Jahrhundert eine bedeutsame Reform der Kalenderwissenschaft, indem sie die Schwankungen in der Umlaufzahl der Sonne und des Mondes in Betracht zogen, als sie die wirklichen Positionen zu ermitteln suchten, um den ersten Tag des Monats zu bestimmen.

He Chengtian verfaßte den im Jahre 443 veröffentlichten Yuanjia-Kalender und regte an, den Tag des Erscheinens von Sonne und Mond auf demselben Längengrad zum ersten Tag jedes Monats zu machen, statt sich auf den mittleren Wert eines synodischen Monats zu stützen. Sein Vorschlag wurde jedoch nicht beachtet. Obwohl es von den Verfassern des Wuyin-Kalenders von 619 angenommen worden war, wurde dieses Prinzip bis ins Jahr 664 nicht offiziell akzeptiert. In diesem Jahr kam der Linde-Kalender in Gebrauch, was eine zwei Jahrhunderte während Debatte beendete.

Der buddhistische Astronom Yi Xing des 8. Jahrhunderts vervollkommnete die im Jahre 604 von Liu Zhuo für die Festsetzung des ersten Monatstages vorgeschlagene Formel. Später, im 13. Jahrhundert, bezweifelte Guo Shoujing die Hypothese von Liu, daß sowohl die Sonne als auch der Mond sich innerhalb einer kurzen Zeitdauer mit einer symmetrisch beschleunigten Geschwindigkeit bewegen. Er veröffentlichte auf Grundlage der traditionellen Mathematik seine eigene Hypothese, die besagte, daß die Bewegung der Sonne oder die des Mondes eine Zeitfunktion zweiten Grades statt einer ersten Grades sein könnte und daß der «Gewinn», den diese zwei Gestirne in ihrer Geschwindigkeit erhielten, eine Zeitfunktion dritten Grades sein könne.

Untersuchungen über Finsternisse

Kenntnisse über Sonnen- und Mondfinsternisse lassen sich bis in sehr frühe Zeiten zurückverfolgen. Das *Yi Jing (Buch der Wandlungen)*, vermutlich im 2. Jahrhundert v. Chr. verfaßt, stellt fest: «Es gibt keine Mondfinsternis außer bei Vollmond.» Zwei Zeilen eines unbekannten Dichters des 6. Jahrhunderts v. Chr. lauten:

Was die Verfinsterung des Mondes angeht,
stets wird sie von einem Gesetz beherrscht.

Shi Shen, ein Astronom des 4. Jahrhunderts v. Chr., notierte, daß eine Sonnen-
finsternis nur am Tage des Neumondes erscheine. Im 1. Jahrhundert v. Chr.
bestätigte Liu Xiang in seinen Anmerkungen zu den Klassikern: «Es ist der
Mond, der die Sonne verdeckt, um eine Sonnenfinsternis hervorzurufen.»
Gegen Ende des 1. Jahrhunderts n. Chr. hatte der Wissenschaftler Zhang
Heng in seinem Buch *Ling Xian (Die geistige Struktur des Kosmos)* klar die
Ursache der Mondfinsternis erklärt. Er sagt dort, daß der Mond, da er den Sonnenschein reflektiere, verfinstert wird, wenn er sich in den von der Erde
geworfenen Schatten bewegt. Shen Kuo, Verfasser der *Meng Xi Bi Tan*
(Traumstrom-Essays), vermerkte im 11. Jahrhundert, daß die Erdbahn und die
Mondbahn nicht auf der gleichen, sondern auf voneinander getrennten Ebenen liegen und daß es keine Finsternis gibt, außer wenn die beiden sich auf
demselben Längengrad – und ungefähr demselben Breitengrad – befinden,
wenn ihre Bahnen sich also schneiden. Shen betonte ferner, daß es von der
Genauigkeit des Schnittes abhängt, ob es eine totale oder eine teilweise Finsternis sein wird.

Schon vor dem 3. Jahrhundert v. Chr. kannten die chinesischen Kalenderhersteller ein die Finsternisse bestimmendes Gesetz. Unter Benutzung ihrer
originellen Methoden zur Ermittlung des Zyklus gelangten sie zu Zahlenangaben, die in ihrer Genauigkeit wegweisend waren. Die Zahl für den Zyklus der
Finsternisse – das gemeinschaftliche Vielfache des synodischen Monats und
des drakonistischen Jahres – wurde von den Verfassern des Santong-Kalen-
ders aus dem Jahre 7 v. Chr. auf 135 synodische Monate festgesetzt. Im Jahre
1199 kamen chinesische Astronomen durch eigene Forschung zu der Zahl, die
im Westen als *saros* (223 synodische Monate) bekannt war. Im Wuji-Kalender
aus dem 8. Jahrhundert bestimmten sie den genaueren Wert von 358 synodischen Monaten, was genau das Zweifache der Newcomb-Periode ist.

Altchinesische Astronomen begnügten sich nicht mit allgemeinen Voraussagen der Finsternisse, sondern machten sich daran, eine systematische
Berechnungsmethode zu entwickeln, um genauere Voraussagen zu liefern.
Wissenschaftler, die den Qianxiang-Kalender von 206 schufen, kamen zu dem
Wert von 6° für den Schnittwinkel zwischen der Erdbahn und der Mondbahn,
einem Wert von beträchtlicher Genauigkeit für jene Zeit. Sie sagten auch voraus, daß eine Sonnenfinsternis nur erfolgen könne, wenn sich der Mond dem
nodalen Punkt um mindestens 15° nähere. Diese Formel wurde von den späteren Astronomen übernommen und ergab den Begriff der sogenannten Fin-
sternis-Grenze. Da die Untersuchungen über die Sonnen- und Mondbewegung Fortschritte machten, wurden die Finsternis-Voraussagen immer

genauer. Der Jingchu-Kalender, von Yang Wei im Jahre 237 verfaßt, beinhaltete als erster mit den Eklipsenvoraussagen den voraussichtlichen Verfinsterungsgrad sowie die Daten der Berührungspunkte. Zu Beginn des 7. Jahrhunderts verbesserte Liu Zhuo die Voraussagen, indem er die durch die Entfernung des Beobachters vom Erdmittelpunkt entstehende Parallaxe berücksichtigte. Das 8. Jahrhundert wurde Zeuge von Yi Xings Experimenten über die Voraussage einer Finsternis von verschiedenen Stellen aus. Guo Shoujing übernahm und verbesserte dieses jahrhundertealte Wissen, um noch genauere Voraussagen zu machen. Sein Verfahren war eines der besten der Welt.

Solarperioden und Schaltmonate

Die Solarperioden und Schaltmonate spielten in Chinas traditioneller Kalenderwissenschaft eine wichtige Rolle. Die alten Kalender waren gewöhnlich Sonne-Mond-Kalender. Für die Anpassung zwischen dem unmeßbaren tropischen Jahr, dem synodischen Monat und dem Tag war es notwendig, Schaltmonate zu haben. Mit anderen Worten, die Periode von 12 synodischen Monaten ist nicht identisch mit dem tropischen Jahr, sondern 11 Tage kürzer als dieses. Das *Shang Shu (Buch der Geschichte)* führt die Einführung von Schaltmonaten auf den Kaiser Yao zurück, der im 21. Jahrhundert v. Chr. regiert haben soll. Das System der Solarperioden, eine unerläßliche Ergänzung zum System der Schaltmonate, wurde später formuliert und regte wiederum die genauere Berechnung der Schaltmonate selbst an.

Vor der Abfassung des einfachsten Kalenders, nämlich des 365,25-Tage-Kalenders, maßen schon die Alten die Jahreszeiten durch Beobachtung der Morgen- und Abendsterne und paßten so das System der rein synodischen Monate an. Sie schalteten einen Monat ein, wenn ein offensichtlicher Unterschied beobachtet wurde. Bücher wie das *Yue Ling (Monatliche Riten)* und das *Xia Xiao Zheng (Kleiner Kalender der Xia-Dynastie)* liefern Informationen darüber. Die Sterne am Zenit und die Tatze des Großen Bären wurden als Hauptkennzeichen verwendet. Es wurde jedoch keine bestimmte Regel aufgestellt, denn Ungenauigkeiten waren unvermeidlich, wenn die Beobachter sich nur auf das bloße Auge verlassen konnten. Das Einschalten eines Zusatzmonats erfolgte, wenn es gerade als notwendig empfunden wurde, aber der Einfachheit halber wurde der Schaltmonat gewöhnlich an das Jahresende angehängt. Zusätzliche Kenntnisse über die Anpassung zwischen dem synodischen Monat und dem tropischen Jahr wurden durch Erfahrung erworben. Gegen das 7. Jahrhundert v. Chr. begannen die chinesischen Kalenderhersteller, das Prinzip der sieben Schaltmonate pro 19 Jahre anzuwenden, ein der westlichen Welt erst 200 Jahre später bekanntes System.

Der Taichu-Kalender aus dem Jahre 2 v. Chr. sah vor, daß ein Monat, der zu keinem *zhongqi* (mittlere Solarperiode) paßt, als Schaltmonat (d. h. Zusatz-monat) hinzugefügt werden sollte. Diese Maßnahme ermöglichte es, Schalt-monate nach einem wissenschaftlich vernünftigeren Prinzip einzufügen und das Maß der Abweichung dadurch auf einen halben Monat zu beschränken. Das System von sieben Schaltmonaten für 19 tropische Jahre erleichterte sehr die Verbesserung des 365,25-Tage-Kalenders, und so blieb diese Anpassungs-methode bis zum 6. Jahrhundert ein wichtiger Faktor der Kalenderberech-nung. Beständige Forschungen in der Zeit vom ersten bis zum sechsten Jahr-hundert führten zu größerer Genauigkeit bei den Berechnungen der Länge des tropischen Jahres, des siderischen Jahres und des synodischen Monats. Sie machten es auch notwendig, neue Methoden einzuführen. Tatsächlich machte die Addition eines Schaltmonats, wann immer der Vergleich zwischen dem System synodischer Monate und dem der 24 Solarperioden es erforderte, die alte Anpassungsmöglichkeit überflüssig. Eine führende Rolle beim Übergang zu dem neuen Verfahren spielte im 7. Jahrhundert Li Chunfeng.

Die Erfindung des Solarperioden-Systems ist nicht zuletzt den Beobach-tungen chinesischer Bauern zu verdanken. Da diese Perioden auf die eklipti-schen Positionen der Sonne Bezug nehmen, stellen sie gute Jahreszeitenindi-katoren dar; deshalb werden sie von den chinesischen Bauern bis auf unsere Tage hochgeschätzt.

Von den insgesamt 24 Solarperioden wurden der Anfang der zwei Sonnen-wendenperioden und der Anfang der Tagundnachtgleichenperioden als erste festgesetzt. Heute noch verfügbare Dokumente lassen vermuten, daß die Solarperioden um das 3. Jahrhundert v. Chr. allmählich anerkannt wurden. Das *Lü Shi Chun Qiu (Meister Lüs Frühlings- und Herbst-Annalen)*, verfaßt in jenem Jahrhundert, führt die meisten jener Begriffe auf, obgleich erst in dem Buch *Huai Nan Zi*, 120 v. Chr., zum ersten Mal alle erwähnt worden sind. Ein weiterer Anhaltspunkt ist die Festsetzung der Frühlings-Tagundnachtgleiche – d. h. des Anfangs der entsprechenden Solarperiode – als Jahresbeginn im Zhuanxu-Kalender aus dem Jahr 221 v. Chr. Wir können daher annehmen, daß das genannte System vor 221 v. Chr. auftauchte – dem Jahr, als China zu einem Kaiserreich vereinigt wurde.

Nachfolgend eine Liste der 24 Solarperioden:

Chinesischer Name	Übersetzung	Beginn
Lichun	Frühlingsanfang	4. Februar
Yushui	Regenwasser	19. Februar
Jingzhe	Erwachen der Insekten	6. März
Chunfen	Frühlings-Tagundnachtgleiche	21. März
Qingming	Lichte Klarheit	5. April
Guyu	Regen auf die Saat	20. April
Lixia	Sommerbeginn	6. Mai
Xiaoman	Kornbildung	21. Mai
Mangzhong	Volle Ähren	6. Juni
Xiazhi	Sommersonnenwende	22. Juni
Xiaoshu	Leichte Hitze	7. Juli
Dashu	Starke Hitze	23. Juli
Liqiu	Herbstbeginn	8. August
Chushu	Ende der Hitze	23. August
Bailu	Weißer Tau	8. September
Qiufen	Herbst-Tagundnachtgleiche	23. September
Hanlu	Kalter Tau	9. Oktober
Shuangjiang	Frostbeginn	24. Oktober
Lidong	Winterbeginn	8. November
Xiaoxue	Leichter Schneefall	23. November
Daxue	Starker Schneefall	7. Dezember
Dongzhi	Wintersonnenwende	22. Dezember
Xiaohan	Leichte Kälte	6. Januar
Dahan	Starke Kälte	21. Januar

Von den 24 Solarperioden werden 12 als *jieqi* (terminale Solarperioden) bezeichnet, während die übrigen *zhongqi* (mittlere Solarperioden) genannt werden. Auf «Leichte Kälte», die erste in der *jieqi*-Gruppe, folgt «Frühlings-anfang» als nächste in derselben Gruppe. Der Frühling kommt 30 Tage später als «Leichte Kälte», das heißt 30° Länge in bezug auf die ekliptische Position der Sonne. Die Zeitspanne zwischen jeder der anderen 10 Perioden in dieser Serie ist gleich groß. Die Wintersonnenwende führt die in gleicher Weise ange-ordnete *zhongqi*-Serie an. Wie erwähnt, wird ein Monat, der keine Periode der zweiten oder *zhongqi*-Serie enthält, als Schaltmonat betrachtet. Die Anfangspunkte von 8 Perioden – die Tagundnachtgleichen, die Sonnenwenden und der Beginn der vier Jahreszeiten – sind wichtiger als die anderen. Jeder von ihnen ist von den folgenden durch ein Intervall von ca. 46 Tagen getrennt.

Die «Neunmal-neun-Tage-Perioden» und die «Dreimal-zehn-Tage-Perioden» waren wesentliche Ergänzungen zu dem traditionellen chinesischen Kalender, die ihn für den alltäglichen Gebrauch beliebt machten. Sie sind direkt oder indirekt auf die ekliptische Position der Sonne bezogen. Die «Neunmal-neun-Tage-Perioden» beginnen mit der Wintersonnenwende; die Frühlings-Tagundnachtgleiche folgt bald, nachdem die insgesamt 81 Tage vorüber sind. Die Zehn-Tage-Perioden beginnen mit dem dritten *geng*-Tag in der Zehn-Tage-Serie des sechzigjährigen Zyklus nach der Sommersonnenwende. Eine volkstümliche Redewendung lautet: «Die strengste Kälte kommt während der dritten Neun-Tage-Periode nach der Wintersonnenwende und die glühende Hitze während der zweiten Zehn-Tage-Periode nach der Sommersonnenwende.» Zu Geng versuchte im 6. Jahrhundert zu ergründen, weshalb der kälteste bzw. der heißeste Tag nicht der Tag der jeweiligen Sonnenwende war, sondern später folgte. Er fand heraus, daß dieser eine Folge der «Anhäufung von Kälte und Hitze sei».

Das einzigartige System der 24 Solarperioden zeugt ebenso vom hohen Niveau der chinesischen Kalenderberechnungen wie die hohe Genauigkeit der Kalender und die adäquaten Mittel, welche von den chinesischen Astronomen erfunden wurden, um die synodischen Monate an das tropische Jahr anzupassen. Die traditionelle chinesische Kalenderforschung hat hier einen wichtigen Beitrag zur Forschung in diesem Zweig der Astronomie geleistet.

Einige wichtige Kalender im alten China

Name	Entworfen von	Erschienen im Jahre	Tropisches Jahr (Tage)	Synodischer Monat (Tage)	Benutzt in der Periode
Zhuanxu	–	221 v. Chr.	365,2500	29,53085	221–104 v. Chr.
Taichu	Deng Ping	104 v. Chr.	,2502	,53086	104 v. Chr.–84 n. Chr.
Sifen (Viertelrest-Kalender)	Bian Xin	85 n. Chr.	,2500	,53085	85–220; 221–263 im Schu-Reich; 220–236 im Wei-Reich
Qianxiang	Liu Hong	206	,2462	,53054	223–280 im Wu-Reich
Jingchu	Yang Wei	237	,2469	,53060	237–265 im Wei-Reich, 265–420 in der Jin-Dynastie, 420–444 in der Liu-Song-Dynastie, 386–451 in der Nördlichen Wei-Dynastie
Sanji	Jiang Ji	384	,2468	,53060	387–517 im späteren Qin-Reich
Yuanshi	Zhao Fei	412	,2443	,53060	412–439 im Nördlichen Liang-Reich, 452–522 in der Nördlichen Wei-Dynastie
Yuanjia	He Chengtian	443	,2467	,53059	445–479 in der Liu-Song-Dynastie, 479–503 in der Qi-Dynastie, 502–509 in der Liang-Dynastie
Daming	Zu Chongzhi	462	,2428	,53059	510–557, 557–589
Daye	Zhang Zhouxuan	597	,2430	,53059	597–618
Huangji	Liu Zhuo	604	,2445		
Wuyin	Fu Renjun	619	,2446	,53060	619–664
Linde	Li Chunfeng	665	,2448	,53060	665–728
Dayan	Yi Xing	728	,2444	,53059	729–761
Mingtian	Zhou Zong	1064	,2436	,53059	1065–1067
Jiyuan	Yao Shunfu	1106	,2436	,53059	1106–1127, 1133–1135
Verbesserter Daming	Zhao Zhiwei	1182	,2436	,53059	1182–1234 in der Kin-Dynastie, 1215–1280
Tongtian	Yang Zhongfu	1199	,2425	,53067	1199–1207
Shoushi	Guo Shoujing	1281	,2425	,53059	1281–1383, 1383–1644
Shixian	Schall von Bell	1645	,2422	,53059	1645–1723

Klassische mathematische Werke

Du Shiran

Das alte China erbrachte große Leistungen in der Mathematik, wie eine Anzahl bekannter, klassischer Werke zeigt. Die ältesten, das *Zhou Bei Suan Jing (Klassisches Rechenhandbuch der Gnomoi und Kreisbahnen)* und das *Jiu Zhang Suan Shu (Neun Kapitel der Rechenkunst)*, wurden kurz vor Beginn der christlichen Zeitrechnung vor etwa 2000 Jahren geschrieben. Allein die Existenz und die kontinuierliche Verwendung und Verbreitung der zum großen Teil vollständig überlieferten Texte sind an sich schon eine beachtliche Leistung.

Mathematik wurde zunächst mittels handschriftlich kopierter Lehrbücher studiert und gelehrt. Die Entwicklung der Druckkunst in der Nördlichen Song-Periode (960–1127) führte gedruckte Bücher über Mathematik ein, die wahrscheinlich die ältesten der Welt waren. Heutzutage werden einige gedruckte Kopien von fünf klassischen Werken der Mathematik aus der Südlichen Song (1127–1279), einschließlich des *Zhou Bei Suan Jing* und des *Jiu Zhang Suan Shu* als wertvolles kulturelles Erbe in den Bibliotheken von Peking und Shanghai sowie in der Bibliothek der Peking-Universität aufbewahrt.

Klassische Werke über Mathematik erschienen nacheinander in der Han-, Tang-, Song- und Yuan-Dynastie (206 v. Chr. bis 1368 n. Chr.). Sie waren entweder traditionelle chinesische Kommentare zu vorhandenen mathematischen Werken, die die darin abgehandelten Themen mit neuen Standpunkten und Methoden bereicherten, oder neue Arbeiten mit neuartigen Theorien und Ideen.

Die zehn mathematischen Hauptwerke

Die sogenannten *Suan Jing Shi Shu (Zehn mathematische Handbücher)* sind die in dem Jahrtausend zwischen der Han- und der Tang-Dynastie (206 v. Chr. bis 907 n. Chr.) geschaffenen zehn mathematischen Hauptwerke. Sie wurden als Lehrbücher in der mathematischen Fakultät der Kaiserlichen Akademie vom 6. bis zum 10. Jahrhundert benutzt. Ihre Titel sind: *Zhou Bei Suan Jing (Klassisches Rechenhandbuch der Gnomoi und Kreisbahnen), Jiu Zhang Suan Shu (Neun Kapitel der Rechenkunst), Hai Dao Suan Jing (Rechenhandbuch der Meeresinsel)*, geschrieben im 3. Jahrhundert; *Wu Cao Suan Jing (Mathematisches Handbuch der fünf Regierungsabteilungen)* aus dem 6. Jahrhundert; *Sun Zi Suan Jing (Meister Suns Rechenhandbuch)* aus dem 4. Jahrhundert; *Xia Hou Yang Suan Jing (Xiahou Yangs Rechenhandbuch)* aus dem 8. Jahrhundert; *Zhang Qiu Jian Suan Jing (Zhang Qiujians mathematisches Handbuch)* aus dem 5. Jahrhundert; *Wu Jing Suan Shu (Rechenhandbuch der fünf Klassiker)* aus dem 6. Jahrhundert; *Ji Gu Suan Jing (Fortsetzung alter Rechenkunst)* aus dem 7. Jahrhundert und *Zhui Shu (Verbesserungskunst)* aus dem 5. Jahrhundert.

Das älteste dieser zehn Handbücher ist das *Zhou Bei Suan Jing*, dessen Verfasser nicht bekannt ist. Forscher nehmen an, daß dieses Buch nicht später als 100 v. Chr. geschrieben wurde. Es ist kein Buch über Mathematik im strengen Sinne, sondern ein astronomisches Werk der «halbsphärischen Kuppel-Theorie», die sich den Himmel als eine Halbkugel über der Erde vorstellte. Als mathematisches Werk beschreibt es das rechtwinklige Dreieck *(gougu)*, wie es bei der primitiven astronomischen Berechnung zum Messen von Höhe und Abstand mit Hilfe von Proportionen benutzt wurde. Das erforderte teilweise komplizierte Bruchrechnungen; diese Berechnungsmethoden müssen also vor 100 v. Chr. bekannt gewesen sein. Aus den vorhandenen historischen Quellen erweist sich jedenfalls das *Zhou Bei* als das älteste Werk.

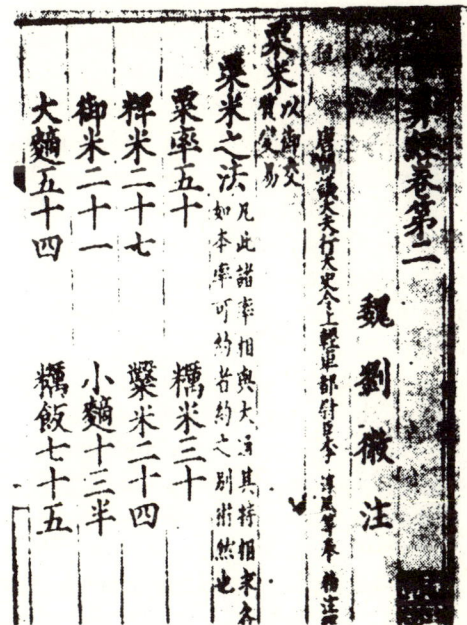

Abb. 5
Eine Seite aus dem *Jiu Zhang Suan Shu (Neun Kapitel der Rechenkunst)*, gedruckt in der Südlichen Song-Dynastie.

Das wichtigste der zehn mathematischen Handbücher ist das *Jiu Zhang Suan Shu*, eine umfangreiche Abhandlung über traditionelle chinesische Mathematik. Sein Einfluß auf die nachfolgende Entwicklung der traditionellen chinesischen Arithmetik ist nicht weniger tiefgehend als der von Euklid auf die westliche Geometrie. Das *Jiu Zhang* wurde als mathematisches Lehrbuch mehr als 1000 Jahre vor der Einführung westlicher Gelehrsamkeit verwendet; zudem wurde es auch in anderen Ländern als Lehrbuch benutzt.

Der Verfasser des *Jiu Zhang* ist ebenfalls unbekannt. Wir wissen jedoch, daß hier Hinzufügungen und Streichungen durch hervorragende Mathematiker wie Zhang Cang und Geng Shouchang in der Frühzeit der Westlichen Han (206 v. Chr.–24 n. Chr.) gemacht wurden. Dennoch ist das *Jiu Zhang* im *Han Shu (Geschichte der Han-Dynastie)*, verfaßt um 100 n. Chr., nicht erwähnt, obwohl das bibliographische Kapitel des *Han Shu* das *Suan Shu (Rechenkunst)*, das von Xu Shang und Du Zhong in der Westlichen Han-Zeit geschrieben wurde, aufführt. Einige Gelehrte sind deshalb der Meinung, daß Xu und Du Beiträge zum *Jiu Zhang* leisteten. Auf jeden Fall hat das *Jiu Zhang* seine endgültige Form in einer langen Periode von wiederholten Überarbeitungen gewonnen, und einige der darin enthaltenen Methoden könnten sogar schon vor der Westlichen Han-Dynastie zum ersten Mal erschienen sein. Das Werk bringt insgesamt 246 Probleme und Lösungen, die in neun Gruppen zerfallen; diese neun Gruppen bilden die im Titel erwähnten neun Kapitel des Buches.

An mathematischen Problemen und Verfahren werden im *Jiu Zhang* die Regeln der vier grundlegenden Rechenoperationen (Addition, Subtraktion, Multiplikation und Division), die Regeln des Rechnens mit Brüchen und die Regeln der Proportionalität behandelt. Außer der sorgfältigen Ausarbeitung der Eigenschaften des rechtwinkligen Dreiecks für verschiedene, im *Zhou Bei* bereits erwähnte Rechenaufgaben beweist das *Jiu Zhang*, wie Flächen von verschiedenen Formen zu berechnen sind. Seine wichtigste Leistung besteht jedoch in algebraischen Neuerungen: Seine Methoden zur Berechnung von Quadrat- und Kubikwurzeln basieren auf der Grundlage der numerischen Lösungen von Gleichungen zweiten Grades unter der Voraussetzung, daß der Koeffizient des quadratischen Ausdrucks nicht negativ ist. Ein ganzes Kapitel der *Jiu Zhang* ist den linearen Gleichungssystemen gewidmet, 1500 Jahre früher als in der westlichen Mathematik. Das gleiche algebraische Prinzip wird heute noch in Gymnasien gelehrt. Die Regeln der Addition und Subtraktion von positiven und negativen Zahlen finden sich ebenfalls in diesem Kapitel. Zum ersten Mal in der Weltgeschichte der Mathematik werden dort negative Zahlen behandelt.

Einige der im *Jiu Zhang* benutzten Methoden, die Bruch- und Proportionenrechnungen zum Beispiel, könnten zuerst nach Indien übermittelt worden sein, und dann über die arabische Welt in das mittelalterliche Europa gekommen sein. Die Methode des *yingbuzu*, nämlich die Regel von doppelten irrealen Positionen, ist in alten arabischen und europäischen mathematischen Werken als die «chinesische Methode» zitiert. Wegen seines Rufs als mathematischer Klassiker wurde das *Jiu Zhang* übrigens in viele Sprachen übersetzt.

Das dritte der *Zehn mathematischen Handbücher* ist das *Hai Dao Suan Jing*. Von Liu Hui während der Zeit der Drei Reiche (220–280) verfaßt, handelt dieses Buch ausschließlich vom Höhe- und Distanzmessen mittels einer Meßlatte. Zur Bestimmung eines unbekannten Meßwertes werden beim Vermessen gewöhnlich zwei, drei oder sogar vier Meßlatten an verschiedenen Stellen benutzt. Dieses Vermessungshandbuch schuf das mathematische Fundament für die altchinesische Kartographie.

Viele mathematische Leistungen von Weltrang sind in den anderen sieben der *Zehn mathematischen Handbücher* zu finden, wie etwa das Problem der «Unbekannten Anzahl von Dingen» (einschließlich linearer Kongruenz) im *Sun Zi Suan Jing* oder das Problem der «Hundert Hühner» (einschließlich der Unbestimmtheitsanalyse) im *Zhang Qiu Jian Suan Jing*. Die Lösung von Gleichungen dritten Grades im *Ji Gu Suan Jing* und vor allem das geometrische Problem, von dem die Gleichungen abgeleitet wurden, sind ebenfalls wegen ihrer chinesischen Eigentümlichkeiten bekannt.

Das *Zhui Shu*, geschrieben von dem berühmten Mathematiker Zu Chongzhi, ging unglücklicherweise um das 10. Jahrhundert herum verloren. Als die *Zehn mathematischen Handbücher* in der Song-Dynastie (960–1279) in Druck gingen, fehlte das *Zhui Shu* bereits und mußte durch das *Shu Shu Ji Yi* (*Erinnerung an einige Traditionen der mathematischen Kunst*) ersetzt werden, dessen Verfasser nicht eindeutig feststeht.[1]

Die in den *Zehn mathematischen Handbüchern* gebrauchten mathematischen Begriffe, wie *fenzi* (der Zähler in einem Bruch), *fenmu* (der Nenner), *kaipingfang* (das Ziehen der Quadratwurzel), *kailifang* (das Ziehen der Kubikwurzel), *zheng* (das Positive), *fu* (das Negative), *fangcheng* (lineare Gleichung, später auch für Gleichungen höheren Grades verwendet) u. a. sind noch heute in Gebrauch. Einige haben eine Geschichte von nahezu 2000 Jahren.

Mathematische Werke in der Song- und Yuan-Dynastie

Gegen das 10. Jahrhundert war die chinesische Mathematik nach mehr als tausendjähriger Entwicklung weitgehend zu einer systematischen Wissenschaft

---

[1] Der inzwischen verstorbene Professor Qian Baocong vertrat die Meinung, daß das *Shu Shu Ji Yi* von Zhen Luan im 6. Jahrhundert unter dem Namen eines Han-Schriftstellers geschrieben worden sein könnte; siehe Qian Baocong: *Eine Geschichte der chinesischen Mathematik*, Wissenschaftlicher Verlag, Beijing 1964, S. 93.

geworden. Sie fand ihre Krönung während den Song- (960–1279) und Yuan-
(1271–1368) Dynastien, der glänzendsten Periode in Chinas Mathematikge-
schichte, in der eine große Anzahl von Werken auf hohem akademischem
Niveau entwickelt werden konnte.

In der zweiten Hälfte des 13. Jahrhunderts traten innerhalb weniger Jahr-
zehnte vier großartige Mathematiker in Erscheinung: Qin Jiushao, Li Ye,
Yang Hui und Zhu Shijie. Was man Song-Yuan-Mathematik nennt, wird
hauptsächlich durch die Werke dieser vier repräsentiert; dazu gehören:

Qin Jiushaos *Shu Shu Jiu Zhang (Mathematische Abhandlung in neun Teilen)*, 1247; Li Yes *Ce Yuan Hai Jing (Umfassender Spiegel der Kreismessung)*,
1248, und *Yi Gu Yan Duan (Neue Schritte in der Kunst des Rechnens)*, 1259;
Yang Huis *Xiang Jie Jiu Zhang Suan Fa (Detaillierte Analyse der mathematischen Regeln in den ‹Neun Kapiteln›)*, 1261; *Ri Yong Suan Fa (Rechenmethode für den täglichen Gebrauch)*, 1262 und *Yang Hui Suan Fa (Yang Huis
Rechenmethode)*, 1274–75; Zhu Shijies *Suan Xue Qi Meng (Einführung in die
Mathematik)*, 1299 und *Si Yuan Yu Jian (Jadespiegel der vier Elemente)*, 1303.

Das *Shu Shu Jiu Zhang* von Qin Jiushao löst Probleme mit Gleichungen
höheren Grades sowie verschiedene Kongruenzprobleme. Die Lösung letzterer, als «Chinesischer Restsatz» bezeichnet, wurde mehr als 500 Jahre früher
gefunden als ihr Gegenstück in der westlichen Mathematik. Ein Problem in
Qins Werk erfordert die Lösung von Gleichungen 10. Grades; einige Probleme ergeben 180 Antworten. Li Yes *Ce Yuan Hai Jing* und *Yi Gu Yan Duan*
leiten eine weitere große Leistung der Song-Yuan-Mathematik ein:
tianyuanshu, eine Art Matrix, gebildet durch Reihen von Zählstäben, um alle
Koeffizienten in einer Gleichung höheren Grades darzustellen und um die
Gleichung zu lösen. Li Ye entwickelt auch den Begriff der Beziehung zwischen der Hypotenuse, der Höhe, der Grundlinie des rechtwinkligen Dreiecks und dem Durchmesser seines eingeschriebenen Kreises. Lis Methode zur
Lösung geometrischer Probleme mittels Algebra ist eine Eigentümlichkeit der
chinesischen Mathematik.

Yang Huis Werke bieten eine weitere Facette der Song-Yuan-Mathematik:
die angewandte Mathematik und die Vereinfachung der arithmetischen Operationen mittels Zählstäben durch eine Anzahl von Gedächtnisreimen. Zhu
Shijies *Suan Xue Qi Meng* ist eine Einführung, die vom Einfachen ausgeht, um
zum Komplizierten zu gelangen. Das *Si Yuan Yu Jian* vereinigt zwei epoche-
machende Leistungen: die Lösung von simultanen Gleichungen höheren Grades in mehreren Variablen sowie von arithmetischen Reihen höherer Ordnung
und die Methode von endlichen Differenzen höherer Potenzen. Diese
wurden bei altchinesischen Berechnungen des Kalenderjahres und für andere
astronomische Berechnungen viel verwendet.

Wenn man die Leistungen der Song- und der Yuan-Dynastie mit denen der

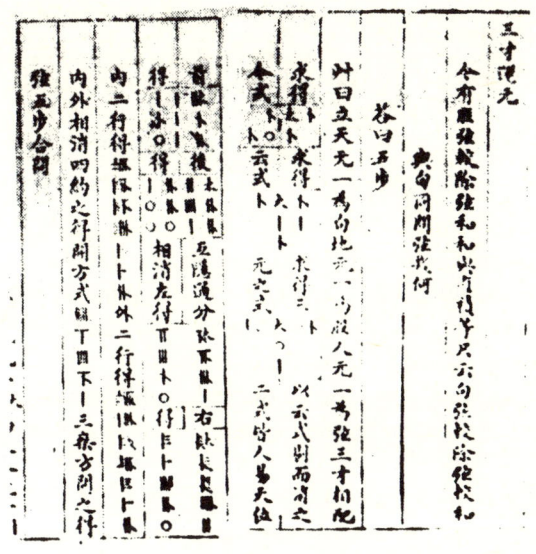

朱世杰四元术算草
（采自罗士琳《四元玉鉴细草》）

Abb. 6
Eine Seite aus dem *Si Yuan Yu Jian (Jadespiegel der vier Elemente)*.

westlichen Mathematik vergleicht, so ist man erstaunt über das Ausmaß des Vorsprungs, den die chinesische Mathematik gegenüber dem Westen – mit Ausnahme der in China schwach vertretenen Geometrie – hatte. Die Lösung von Gleichungen höheren Grades, von verschiedenartigen Gleichungssystemen in mehreren Variablen sowie von Problemen über Potenzen endlicher Differenzen erschien in China 400 bis 500 Jahre bevor Horner, Bèzout und Newton ihre Lösungen zum ersten Mal auf den gleichen Gebieten anboten.

Auch in der Ming-Dynastie (1368–1644) und in der Qing-Dynastie (1644–1911) entstanden viele mathematische Werke; das kostbarste darunter war das *Suan Fa Tong Zong (Systematische Abhandlung der Rechenkunst)*, 1592 von Cheng Dawei aus der Ming-Dynastie geschrieben, eine vollständige Abhandlung über das Rechenbrett in seiner modernen Form, auch Abakus genannt. Chengs Buch war bei seinem Erscheinen sehr gefragt. Obgleich auch noch in der Qing-Dynastie zahlreiche mathematische Werke veröffentlicht wurden, waren sie an Kreativität nicht mit ihren Song- und Yuan-Vorgängern vergleichbar. Nach 1000 Jahren der Vorreiterrolle verlor China die Führung in der Forschung in den letzten Jahrhunderten.

Das Dezimalsystem
und die «Stäbchen- und Kugel-Rechnung»

Mei Rongzhao

Die chinesische Mathematik legte von alters her großen Wert auf praktisches Rechnen und erzielte hier beachtliche Erfolge. Erwähnenswert sind die Dezimalrechnung sowie die «Stäbchen- und Kugel-Arithmetik», die beide viel zur Förderung der Mathematik beigetragen haben.

Es hat sich gezeigt, daß chinesisches Rechnen seit Bestehen der Schriftsprache auf dem Dezimalsystem beruht. In den Orakel-Knocheninschriften der Yin-Zeit (ca. 14.–11. Jahrhundert v. Chr.) und den Bronze-Inschriften der Westlichen Zhou-Dynastie (ca. 11. Jahrhundert bis 770 v. Chr.) konnten alle natürlichen Zahlen bis Hunderttausend mit Hilfe weniger Zeichen für eins, zwei, drei, vier, fünf, sechs, sieben, acht, neun, zehn, einhundert, eintausend und zehntausend plus einigen Schriftzeichen ausgedrückt werden. Zum Beispiel wurde die Zahl Zweitausendsechshundertsechsundfünfzig auf Knochen als 午 囘 쏫 ⋂ geschrieben, und die Zahl Sechshundertneunundfünfzig auf Bronze als 龠 꿈 쭌 쭈 쳐 . Diese zwei alten Formen beruhen zweifellos auf dem Dezimalsystem. Sie würden ganz den modernen Formen gleichen, wenn die Angaben zum Stellenwert nicht vorhanden wären.

Die Frühlings- und Herbstperiode (770–476 v. Chr.) und die Zeit der Streitenden Reiche (475–221 v. Chr.) brachten China den Wechsel von der Sklavenhaltergesellschaft zur Feudalgesellschaft. In der Landwirtschaft zerfielen die regelmäßigen Neun-Quadrat-Formen (in dem Muster des Schriftzeichens 井, also Brunnen) in kleine, unregelmäßige Parzellen, die die Bodenvermessung wichtig machten. Ein genauerer Kalender erforderte exakte mathematische Berechnungen. Technische Neuerungen in Landwirtschaft und Handwerk führten zu einem Aufschwung der gesellschaftlichen Produktivität und bedingten in der Folge ein Ansteigen des Warenverkehrs und die Einführung einer Geldwährung. All das machte neue Methoden der Berechnung zu einer akuten Notwendigkeit. In dieser Zeit wurden die Rechenstäbchen und die Stäbchen-Arithmetik entwickelt, wie sich an den Stäbchen-Zahlzeichen auf den damals zirkulierenden Münzen zeigt. Auch Schriftzeichen wie *suan* und *chou* («berechnen» und «Rechenstäbchen») treten in vielen zu jener Zeit verfaßten literarischen Werken erstmals auf. Beide sind auf früheren Knochen- oder Bronze-Inschriften nicht zu finden. Viel zitiert wird ein Ausspruch von Lao Zi im *Dao De Jing (Das Buch vom Weg und von der Weisheit)* gegen Ende der

Frühlings- und Herbstperiode: «Gute Mathematiker kommen ohne die Rechenstäbchen aus.»

Der beste und älteste Bericht über die Dezimalrechnung findet sich im *Mo Jing (Mohistischer Kanon)*, geschrieben ungefähr 330 v. Chr: «Eins ist weniger als zwei, dennoch mehr als fünf. Eine Erklärung ist gegeben unter ‹Erlangen einer Position›» (die letzte «Eins» ist in einer Höher-als-eins-Position); ferner heißt es: «Es gibt Einsen in Fünf und Fünfen in Eins. Die letzte ‹Eins› ist in der nächst höheren Stelle und enthält zwei ‹Fünfen›.»

Nach der *Denkschrift auf den Kalender* im *Han Shu (Geschichte der Han-Dynastie)* waren die Rechenstäbchen runde Bambusstöckchen, 0,23 Zentimeter im Durchmesser und 13,86 Zentimeter lang. 271 dieser Stöckchen, in ein sechseckiges Bündel zusammengebunden, sind bequem in der Hand zu halten. Im 6. Jahrhundert wurden die Stäbchen kürzer und im Querschnitt quadratisch oder rechteckig wie das *Shu Shu Ji Yi (Erinnerung an einige Traditionen der mathematischen Kunst)* aus dem 6. Jahrhundert, und auch das *Sui Shu (Geschichte der Sui-Dynastie)* berichten. Die Veränderungen hatten sich ergeben, da kürzere Stäbchen bei komplizierten Rechenoperationen weniger Platz einnahmen. Die quadratische oder rechteckige Form verhinderte, daß sie wegrollten. Außer aus Bambus wurden die Stäbchen aus Holz, Gußeisen, Jade oder Elfenbein angefertigt und in einer Tasche oder einem Behälter aufbewahrt. In der Tang-Dynastie (618–907) waren alle Zivilbeamten und Offiziere verpflichtet, immer eine solche Tasche mit Rechenstäbchen bei sich zu tragen. Bei neueren archäologischen Ausgrabungen wurde eine Anzahl alter Rechenstäbchen gefunden, beispielsweise mehr als 30 Stäbchen aus Knochen im August 1971 im Kreis Qianyang, Provinz Shaanxi, die auf die Regierung des Kaisers Xuan Di (73–49 v. Chr.) in der Westlichen Han-Dynastie zurückdatiert werden konnten. Ein im Jahre 1975 im Han-Grab Nr. 168 in Fenghuanshan im Kreis Jiangling, Provinz Hubei, ausgegrabenes Bündel Rechenstäbchen ist aus Bambus, wobei die Stäbchen etwas länger sind als die aus Shaanxi. Sie stammen aus der Regierungszeit des Kaisers Wen Di (179–157 v. Chr.).

In der «Stäbchen-Arithmetik» konnten die Stäbchen entweder aufrecht ⏐ ⏐⏐ ⏐⏐⏐ ⏐⏐⏐⏐ ⏐⏐⏐⏐⏐ 丅 丅丅 丅丅丅 丅丅丅丅 oder horizontal — ⹀ ☰ ☰ ☰ ⊥ ⟂ ⯂ ⯂ gelegt werden (beides = 1–9 in arabischen Zahlen). Tatsächlich wurden die Stäbchen-Ziffern immer aufrecht oder horizontal gelegt, um beim Ablesen Verwirrung zu vermeiden. Die aufrechten standen für Einer und Hunderter, die horizontalen für Zehner und Tausender; 6708 beispielsweise sah dann so aus: ⊥ 丅丅 丅丅丅 , wobei der leere Raum für «null» steht. Alle arithmetischen Operationen und sogar das Ziehen von Quadrat- und Kubik-Wurzeln konnten so mit Stäbchen ausgeführt und Schritt für Schritt abgelesen werden. Ein und dasselbe Stäbchen-Zeichen hatte verschiedene absolute Werte, entsprechend seiner jeweiligen Position. So bedeutete ⹀ ⏐⏐ ⹀ ⏐⏐ die Zahl 2222. Das ganze

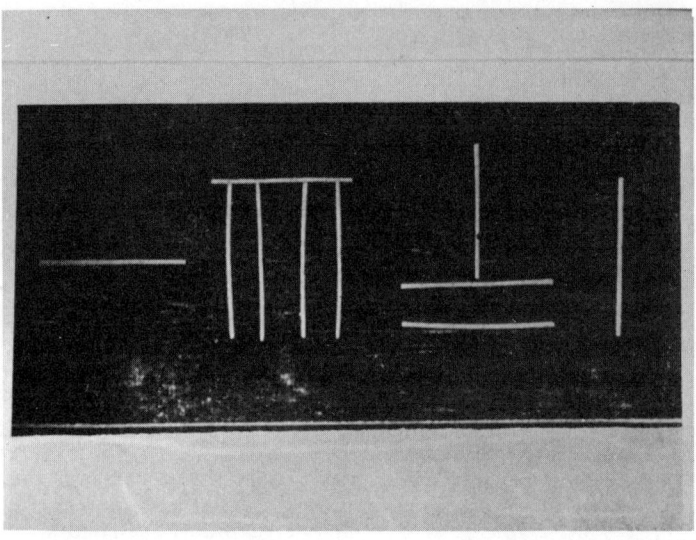

Abb. 7
Rechenstäbchen, die die Zahl 1971 bezeichnen.

System entsprach, abgesehen von den verschiedenen Zeichen, dem modernen System. Beim praktischen Rechnen wurden die Stäbchen ebenso bewegt wie die Kugeln auf dem späteren Abakus. Systematische Abhandlungen über «Stäbchen-Arithmetik» waren das *Sun Zi Suan Jing (Meister Suns Rechenhandbuch)*, geschrieben im 4. Jahrhundert; das *Xia Hou Yang Suan Jing (Xiahou Yangs Rechenhandbuch)*, im 5. Jahrhundert verfaßt, und das *Shu Shu Ji Yi*, geschrieben im 6. Jahrhundert. Im 1. Jahrhundert wurden negative Zahlen bei Berechnungen durch schwarze negative Stäbchen im Gegensatz zu den roten positiven Stäbchen dargestellt. Später wurde die «Stäbchen-Arithmetik» zur Lösung von algebraischen linearen, quadratischen, kubischen und höheren Gleichungen mit zwei, drei, vier oder mehr Unbekannten weiterentwickelt und damit endgültig in das Gebiet der Algebra übertragen. Die Rechenstäbchen stellten eine wichtige und unverzichtbare mechanische Rechenhilfe dar. Bei dem Versuch, das Verhältnis eines Kreisumfangs zu seinem Durchmesser zu finden, gab Zu Chongzhi den Wert von π bis auf sechs Stellen nach dem Komma genau an. Dazu mußte er die Länge der Seiten eines einem Kreis einbeschriebenen 12 228-Ecks berechnen und die Quadratwurzeln von neunstelligen Zahlen 22mal ziehen. Zu wäre das kaum gelungen, hätte er nicht die Hilfe der Dezimalrechnung und der «Stäbchen-Arithmetik» gehabt.

Abb. 8
Rechenstäbchen der Westlichen Han-Dynastie, aus Tierknochen hergestellt, ausgegraben im Kreis Qianyang, Provinz Shaanxi.

Die Rechenweise der alten Babylonier nutzte ebenfalls den Positionswert von Ziffern, bezog sich aber auf Potenzen zu 60, was die Berechnung sehr kompliziert machte. Im alten Ägypten gab es nur zwei Zahlzeichen für die Zahlen von eins bis zehn, und nur vier für die Zahlen von 100 bis 10 000 000. Zudem wurden alle altägyptischen Zahlenzeichen in Bilderschrift geschrieben. So wurde beispielsweise die Zahl 100 000 durch die Skizze eines Vogels bezeichnet. Trotz der hoch entwickelten Kultur im alten Griechenland war das Rechnen dort nicht entwickelt, da zwar großer Wert auf Logik und Geometrie gelegt wurde, nicht aber auf praktisches Rechnen. Alle Zahlen von eins bis zehntausend wurden mit dem griechischen Alphabet bezeichnet. Falls die Buchstaben nicht ausreichten, wurden Zeichen davorgesetzt. Eintausend war "α" und zweitausend "β" usw. Die in der ganzen Welt übliche moderne Zählweise wurde zuerst in Indien entwickelt, wo jedoch vor dem 3. Jahrhundert sowohl die griechische als auch die römische Zählweise in Gebrauch gewesen waren, beide ohne Positionswerte der Ziffern. Ein wirkliches Dezimalsystem kam hier erst am Ende des 6. Jahrhunderts auf.

Obwohl die Rechenstäbchen in China lange in Gebrauch waren und eine wichtige Rolle in der Produktion, bei wissenschaftlichen Experimenten wie auch im Alltagsleben des chinesischen Volkes spielten, und obwohl die Schwierigkeiten einiger Funktionen, wie das Lösen algebraischer Gleichungen, auch beim späteren Abakus noch auftraten, waren ihre Mängel offensichtlich. Unbequem war vor allem ihre Benutzung im Freien. Auch nahmen sie viel Raum ein, wenn die Berechnungen ein wenig kompliziert wurden. Oft gab es Fehler, wenn die Stäbchen zu hastig bewegt wurden. Mit zunehmender Entwicklung der Gesellschaft wurden diese Mängel im Laufe der Zeit unerträglich. Verbesserungen an den Stäbchen erfolgten zwar ständig, dennoch waren gut 700 Jahre nötig, bis sie wenigstens teilweise durch den modernen Abakus ersetzt wurden. (Algebraische Berechnungen wurden später mit Hilfe chinesischer Zahlworte auf Papier durchgeführt.) Verbesserungen des «Stäbchen-Rechnens» wurden in der Mitte der Tang-Dynastie (ungefähr im 7. Jahrhundert) in kaufmännischen Kreisen vorangetrieben. Während der Dynastien der Song und Yuan, vom 10. bis zum 14. Jahrhundert, kamen Rechengedächtnisreime auf, die zur Vereinfachung der Handhabung beitragen sollten, aber erst in der Ming-Dynastie (1368–1644) wurde der Abakus ein alltäglicher Gegenstand. Nach dem *Xin Tang Shu (Neue Geschichte der Tang-Dynastie)*, 1060 geschrieben, und dem *Song Shi (Geschichte der Song-Dynastie)*, geschrieben von 1343–1345, wurden während dieser 700 Jahre des Übergangs von Stäbchen zu Kugeln zahlreiche mathematische Werke abgefaßt. Leider gingen die meisten dieser Bücher verloren. Die noch vorhandenen Fragmente bezeugen, daß der Übergang nicht durch die Erfindung neuer mechanischer Hilfsgeräte bewirkt wurde, sondern durch Abkürzungen und Beschleunigung der «Stäbchen-Rechnung» mit Hilfe von Gedächtnisreimen.

Unbestritten ist die «Stäbchen-Arithmetik» die Vorläuferin der «Kugel-Arithmetik». In der «Stäbchen-Arithmetik» war ein einziges senkrechtes Stäbchen fünf anderen Stäbchen gleichwertig, die waagerecht darunter lagen. Ein oberes Querstäbchen entsprach fünf senkrecht darunterliegenden. Auf dem Abakus ist deshalb jede der Kugeln oberhalb der langen Querstange, die den Abakus teilt, den fünf Kugeln in derselben vertikalen Reihe darunter gleichwertig. Für die Multiplikation und besonders die Division mittels der «Stäbchen-Arithmetik» war es manchmal nötig, eine Zahl gleich oder größer als 10 an einer einzigen Ziffernstelle anzugeben, weil das Übertragen einer 10 auf die nächsthöhere Ziffernstelle unpraktisch gewesen wäre. Zum Beispiel bestünde bei $26\,532 \div 8$ der erste Schritt gemäß dem Teilungsreim darin, zur zweiten Ziffer von links im Dividenden[1] eine 4 zu addieren, so daß die zweite Ziffer von links $6 + 4 = 10$ wäre. Es wäre aber unpraktisch, ein Stäbchen der ersten Ziffer von links zuzufügen (da es zu Verwirrung bei den folgenden Schritten führen könnte). 10 müßte also an zweiter Stelle angegeben werden,

---

[1] Der Reim verkürzt die Schritte der Stäbchen-(und Kugel-)Division. Shen Kuo (1031–1095) erwähnt in seinem *Meng Xi Bi Tan (Traumstrom-Essays)* die *zengcheng*-Methode für Division, nämlich die Methode, beim Teilungsprozeß das Defizit *(zeng)* auszugleichen und den Überschuß *(cheng)* zu deponieren. Wenn der Divisor an einer Ziffernstelle größer ist als der Dividend, so wird die Differenz zwischen dem zehnmaligen Dividenden und dem Produkt des Dividenden und des Divisors ein «Defizit» genannt, das durch Addition mit der nächstniederen Ziffer ausgeglichen werden sollte. In unserem besonderen Falle: $10 \times 2 = 20$; $20 - (2 \times 8) = 4$; 4 sollte deshalb zu der 6 an der zweiten Ziffernstelle von links addiert werden. Früher mußten die Stäbchen bei der Stäbchen-Arithmetik in drei Reihen gelegt werden: Quotient, Dividend und Divisor. Durch die *zengcheng*-Methode konnte die Rechenoperation auf eine einzige Reihe vereinfacht werden.

das heißt ‖ ⊥ ‖‖‖ ☰ ‖ müßte umgruppiert werden zu ‖ ō ‖‖‖ ☰ ‖. Aus diesem Grund gibt es beim modernen chinesischen Abakus zwei obere Kugeln in jeder vertikalen Reihe.

Für das «Stäbchen-Rechnen» wurde ursprünglich eine ganze Reihe von Zählreimen verfaßt, vor allem im 13. und 14. Jahrhundert. Yang Hui schreibt in seinem Buch *Cheng Chu Tong Bian Ben Mo (Ursprünge und Einzelheiten verschiedener Methoden in Multiplikation und Division)* von 1274: «Alle Berechnungen werden ausgeführt, indem man die Stäbchen querlegt.» Bei Zhu Shijie heißt es in seinem *Suan Xue Qi Meng (Einführung in die Mathematik)* von 1299: «Man lese die Zahlen genau gemäß den senkrechten oder querliegenden Rechenstäbchen.» Später gab es Rechenreime, wie jene im *Ding Ju Suan Fa (Ding Jus arithmetische Methoden)* von 1355, in He Pingzis *Xiang Ming Suan Fa (Erklärungen zur Arithmetik)* von 1373 und in Jia Hengs *Suan Fa Quan Neng (Unübertreffliche Rechenmethoden)*, das etwa um 1373 geschrieben wurde. Alle geben ziemlich umfassende gereimte Gedächtnisstützen für Multiplikation und Division; keiner erwähnt jedoch den Abakus. Im Gegenteil, in He Pingzis *Erklärungen zur Arithmetik* sind Berechnungsentwürfe mit Stäbchen-Darstellungen durchgeführt. Die zunehmende Popularität der Stäbchen-Reime zeigte jedoch immer deutlicher die Mängel der Rechenstäbchen. Ein bequemeres mechanisches Hilfsgerät wurde notwendig.

Eine Beschreibung des Abakus wird im *Lu Ban Mu Jing (Lu Bans Tischlerei-Handbuch)*, geschrieben in der Mitte des 15. Jahrhunderts, gegeben: «... Länge des Abakus ein *chi*[2] und zwei *cun*[3]; Breite vier *cun* und zwei *fen*[4]; Höhe neun *fen*; Dicke der Rahmenstangen sechs *fen*... Die oberen und unteren Rahmenstangen sind durch Stöckchen verbunden, die eine Anzahl von parallelen Reihen bilden. Auf jede der senkrechten Reihen sind sieben leicht abgeflachte Kugeln aus Holz aufgereiht. Ein Querdraht ist ein *cun* und ein *fen* von der oberen Stange entfernt gespannt. Dieser Draht unterteilt die sieben Kugeln auf jeder Reihe, zwei oberhalb des Drahtes und fünf darunter.»

Alle Gedächtnisreime aus der Zeit nach dem 15. Jahrhundert sind für den Abakus bestimmt, Xu Xinlus *Pan Zhu Suan Fa (Arithmetische Zählrahmenmethoden)* von 1573, Ke Shangqians *Shu Xue Tong Gui (Regeln der Mathematik)* von 1578, Zhu Zhaiyus *Suan Xue Xin Shuo (Eine neue Abhandlung über die Rechenlehre)* von 1584 und Cheng Daweis *Zhi Zhi Suan Fa Tong Zong (Systematische Abhandlung über Arithmetik)* von 1592. Dieses letztere Buch von Cheng Dawei fand die größte Verbreitung von allen. Der Abakus wurde auch in Dramen und anderen literarischen Werken erwähnt, die in der

---

[2] 1 *chi* zu dieser Zeit = 0,321 Meter.
[3] 1 *cun* = $\frac{1}{10}$ *chi*.
[4] 1 *fen* = $\frac{1}{10}$ *cun*.

zweiten Hälfte der Yuan-Dynastie (1271–1368) geschrieben worden sind. Ein besonders kurzes Gedicht über den Abakus wurde von Liu Yin im *Jing Xiu Xian Sheng Wen Ji (Gesammelte literarische Werke von Meister Jingxiu)* im Jahre 1279 verfaßt. Tao Zongyi klagt in seinem *Zhui Geng Lu (Gespräche in den Pausen des Pflügens)* von 1366, seine Dienerinnen seien «so faul wie die Kugeln auf einem Abakus, die sich nur bewegen, wenn man sie herumstößt». Im *Yuan Qu Xuan (Ausgewählte Yuan-Dramen)* findet man «Meister Pangs Torheit, anderen ein Darlehen für Jahre in seinem nächsten Leben vorzuschießen», worin Meister Pang seinen Nutznießer bittet, einige von den Jahren seines nächsten Lebens auf dem Abakus zu streichen. Die Erwähnung des Abakus in der Literatur ist wohl dem Umstand zu verdanken, daß dieser noch eine Neuheit und doch schon ziemlich populär war. Jedenfalls läßt sich mit Bestimmtheit sagen, daß der Abakus ein Produkt des 14. Jahrhunderts ist, das gegen Ende der Yuan-Dynastie sehr beliebt geworden war und seit der Ming-Dynastie allgemein in Gebrauch war.

Einige Gelehrte außerhalb Chinas vertreten die Ansicht, daß der Abakus und die «Kugel-Arithmetik» zuerst in der Han-Dynastie aufkamen (das heißt vor 220). Diese These beruht auf dem obenerwähnten Buch *Shu Shu Ji Yi*. Früher glaubte man, dieses Buch sei von einem gewissen Xu Yue in der Han-Dynastie geschrieben worden und im 6. Jahrhundert von Zhen Luan aus der Nördlichen Zhou-Dynastie (557–581) mit Anmerkungen versehen worden. Genauere Untersuchungen[5] haben jedoch ergeben, daß *Shu Shu Ji Yi* in Wirklichkeit vom Herausgeber Zhen Luan selbst unter dem Pseudonym eines angeblichen Schriftstellers der Han-Dynastie verfaßt wurde. Das Buch ist daher äußerst fragwürdig. Numerische Berechnungen wurden in der Nördlichen Zhou-Dynastie noch mit Stäbchen durchgeführt. Multiplikation und Division waren mit den in drei Reihen angebrachten Stäbchen sehr kompliziert. Es gibt keinerlei Beweise für damals vorhandene Gedächtnisreime, geschweige denn für den Abakus in seiner modernen Form. Die von Zhen Luan erwähnte «Kugel-Arithmetik» war daher wahrscheinlich eine mechanische Gedächtnishilfe oder wurde höchstens für einfache Additionen und Subtraktionen benutzt. Sie konnte weder als Gerät noch als Rechenoperation schon das gewesen sein, was beide 800 Jahre später waren.

Abakus und «Kugel-Arithmetik» wurden schon früh nach Korea und Japan übermittelt und spielten dort eine gewisse Rolle bei der Entwicklung von Rechentechniken. In der Mitte des 17. Jahrhunderts entfernten die Japaner die zweite Kugel aus dem oberen Teil des Abakus und gaben allen Kugeln eine Rhombus-Form.

---

[5] Vgl. Qian Baocung: *Eine Geschichte der chinesischen Mathematik,* Wissenschaftlicher Verlag, Beijing 1964, S. 93.

Das «Außen-Innen-Ergänzungsprinzip»

Wu Wenchun

Die altchinesische Geometrie bildet mit ihrer langen Geschichte und ihren vielfältigen Leistungen eine Schule von eigenem Wert, die systematisch von Euklids Geometrie unterschieden ist. Vieles bleibt noch zu untersuchen, doch das «Außen-Innen-Ergänzungsprinzip» durchzieht sie wie ein roter Faden und ist in den folgenden, bis heute überlieferten Hauptklassikern klar definiert: *Zhou Bei Suan Jing (Klassisches Rechenhandbuch der Gnomoi und Kreisbahnen)*, abgekürzt *Zhou Bei; Jiu Zhang Suan Shu (Neun Kapitel der Rechenkunst)*, abgekürzt *Jiu Zhang; Jiu Zhang Suan Shu Zhu (Anmerkungen zu den Neun Kapiteln über die Rechenkunst)* von Liu Hui, abgekürzt *Liu Zhu; Hai Dao Suan Jing (Rechenhandbuch der Meeresinsel)*, abgekürzt *Hai Dao; Ri Gao Tu Shuo (Illustrierte Theorie der Sonnenhöhe)*, abgekürzt *Ri Gao Shuo;* und *Gou Gu Yuan Fang Tu Shuo (Illustrierte Theorie des rechtwinkligen Dreiecks mit Benutzung von Kreisen oder Quadraten)*, abgekürzt *Gou Gu Shuo*, beide von Zhao Shuang.

Wie überall sonst, so entstand auch in China die Geometrie aus Bodenmessung und astronomischer Beobachtung. Diese Praktiken führten in alten Zeiten zur Berechnung von ebenen Flächen und Vermessungsmethoden, die auf den Eigenschaften des rechtwinkligen Dreiecks beruhen. Später kamen auch feste Körper hinzu, was zu einer Volumentheorie führte. Eines der Kennzeichen altchinesischer Geometrie ist ihre hohe Abstraktionsfähigkeit bei der Formulierung des anscheinend gewöhnlichen «Außen-Innen-Ergänzungsprinzips», das aus verschiedenartigen Erfahrungen entstand. Es ist jedoch zur Lösung der verschiedensten Probleme erfolgreich angewandt worden.

Einfache Anwendungen und die Proportionstheorie

Das Wesen des sogenannten «Außen-Innen-Ergänzungsprinzips» besteht aus der Annahme folgender offensichtlicher Tatsachen: 1. Die Fläche einer ebenen Figur bleibt dieselbe, wenn die Figur auf eine andere Stelle der Ebene verschoben wird. 2. Wenn eine ebene Figur in mehrere Teile zerschnitten wird, so ist die Summe der Teilflächen gleich der Fläche der ursprünglichen Figur. Daraus folgt, daß die Flächen der betreffenden verschiedenen Teile vorher und nachher einfache arithmetische Beziehungen besitzen. Das Prinzip ist auch auf Körperfiguren im Raum anwendbar.

Dieses Prinzip ist leicht zur Erlangung der Formel anzuwenden, bei der die Fläche eines beliebigen Dreiecks gleich dem halben Produkt einer Seite und der dazugehörigen Höhe ist. Daraus kann die Fläche jedes beliebigen Vielecks berechnet werden.

Eine weitere einfache Anwendung ist im Diagramm wie folgt dargestellt:

Wenn das Dreieck *ACB* als das verschobene Dreieck *ACD* betrachtet wird und I′ und II′ als verschobene Fläche von I und II, dann muß III der Fläche nach gemäß dem «Außen-Innen-Ergänzungsprinzip» gleichfalls III′ sein.

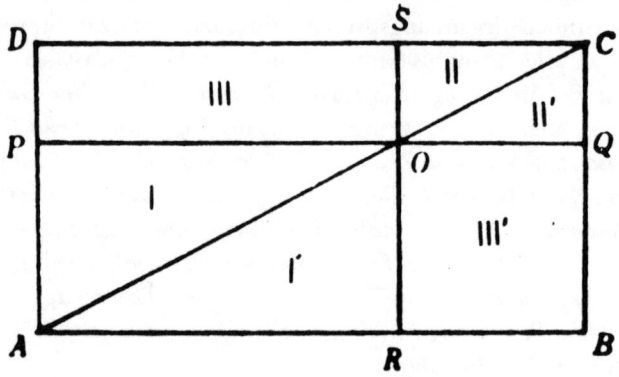

Abb. 9
Figur zur Illustration des «Außen-Innen-Ergänzungsprinzips».

Hieraus wissen wir:

$$OP \times OS = OR \times OQ, PQ \times QC = RB \times BC, \ldots$$

Deshalb: $AR:OQ = OR:CQ, AB:OQ = BC:QC, \ldots$

Folglich sind die entsprechenden Seiten der rechtwinkligen Dreiecke *ARO* und *OQC* sowie die von *ABC* und *OQC* proportional zueinander. Daraus können wir schließen, daß andere entsprechende Teile auch proportional zueinander sind.

Obwohl diese einfachen Resultate im *Jiu Zhang* nicht ausdrücklich erwähnt werden, so sind sie doch immer wieder bei der Lösung verschiedener Probleme in Erscheinung getreten (vgl. *Liu Zhu*).

Gnomon («Schattenstab»), Schatten und Doppeldifferenzen

Eine Methode zur Benutzung von zwei Gnomonen, um die Höhe der Sonne festzustellen, wird im *Zhou Bi* beschrieben. Die Formel lautet wie folgt:

$$\text{Höhe der Sonne} = \frac{\text{Höhe des Gnomons} \times \text{Distanz zwischen den Gnomonen}}{\text{Differenz zwischen den Längen der Schatten der zwei Gnomone}} + \text{Höhe des Gnomons}$$

Dies ist im unten abgebildeten Diagramm dargestellt: *A* ist die Position der Sonne, *BI* stellt die Bodenhöhe dar, *ED* und *GF* sind die zwei Gnomone, während *DH* und *FI* die zwei auf den Boden projizierten Schatten sind.

Im *Hai Dao* wird dieselbe Methode zur Messung der Höhe einer Insel vom Ufer aus verwendet. In demselben Diagramm unten ist *AB* nun die Höhe der Insel, *H* und *I* sind die Positionen des Beobachters, der von dort die Spitze des Gnomons und die Spitze der Insel auf gleicher Linie sieht. Die Formel lautet dann:

$$\text{Höhe der Insel} = \frac{\text{Höhe des Gnomons} \times \text{Distanz zwischen den zwei Gnomonen}}{\text{Differenz zwischen den Distanzen des Beobachters von den Gnomonen}} + \text{Höhe des Gnomons}$$

Liu Huis Originalentwurf und -diagramm sind verlorengegangen. Aber mit Hilfe von Anregungen aus anderen Quellen sowie der im *Ri Gao Shuo* vorhandenen Fragmente läßt sich das Diagramm ungefähr so rekonstruieren, wie es nachfolgend abgebildet ist:

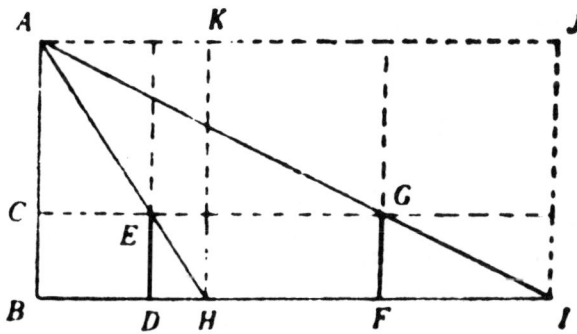

Abb. 10
Höhenmessungen mit Hilfe von zwei Gnomonen.

Gemäß dem «Innen-Außen-Ergänzungsprinzip» wissen wir:

$$\square JG = \square GB \qquad\qquad (1)$$
$$\square KE = \square EB \qquad\qquad (2)$$

(1) − (2) $\square JG - \square KE = \square GD$

Deshalb $(FI - DH) \times AC = ED \times DF.$

Das bedeutet in Worten:

$$\begin{pmatrix} \text{Differenz zwischen} \\ \text{den Distanzen des} \\ \text{Beobachters von den} \\ \text{zwei Gnomonen} \end{pmatrix} \times \begin{pmatrix} \text{Höhe} & & \text{Höhe} \\ \text{der} & - & \text{des} \\ \text{Insel} & & \text{Gnomons} \end{pmatrix} = \begin{pmatrix} \text{Höhe} \\ \text{des} \\ \text{Gnomons} \end{pmatrix} \times \begin{pmatrix} \text{Distanz zwischen} \\ \text{den zwei} \\ \text{Gnomonen} \end{pmatrix}$$

Damit haben wir die Formel für die Inselhöhe.

Im *Hai Dao* sind insgesamt neun praktische Probleme verzeichnet, die alle mit dem Messen von Höhen und Abständen zu tun haben. In allen neun gegebenen Formeln werden die aus zwei Beobachtungen erfolgenden Differenzen gewöhnlich in den Nenner genommen. Wahrscheinlich kommt von dort der Begriff «Doppeldifferenz». Die anderen acht können alle gleichfalls mit dem «Außen-Innen-Ergänzungsprinzip» bewiesen werden.

Einige der Probleme, die im *Si Yuan Yu Jian (Jadespiegel der vier Elemente)* enthalten sind, das 1100 Jahre später als das *Hai Dao* von Zhu Shijie aus der Yuan-Dynastie geschrieben wurde, sind im wesentlichen dieselben wie die im *Hai Dao.* Zhu muß sich stark auf die Arbeit seiner Vorläufer gestützt haben. Eine sorgfältige Analyse von Zhus Methode, wie sie im *tianyuanshu* gezeigt wird, zeigt, daß Lius Beweis der Meeresinsel-Formel etwas eleganter ist als der oben aufgeführte. Daher schlagen wir vor, daß der folgende alternative Beweis als Lius «Original»-Beweis angesehen werden möge:

Nach dem «Außen-Innen-Ergänzungsprinzip» haben wir außer (1) und (2) auch

$$\square PG = \square GD \text{ in Abb. 11.} \qquad\qquad (3)$$

Aus (1), (2) und (3) erhalten wir

$$\square JN = \square EB = \square KE,$$
$$\text{deshalb } IM = DH, \qquad\qquad (4)$$

$FM = FI - IM = FI - DH =$ Differenz zwischen den Distanzen vom Beobachter zu den zwei Gnomonen. Aus (3) erhalten wir die Formel für die Meeresinsel.

Gemäß der euklidischen Geometrie sollte natürlich zur deutlichen Beweisführung eine Hilfslinie GM' parallel zu AH gezogen werden, wie in dem Diagramm gezeigt wird. Das übrige kann dann durch Anwendung der ähnlichen Dreiecke und der Proportionstheorie bewiesen werden. Tatsächlich ist der Beweis für die Formel vor kurzem von Mathematikhistorikern in China und

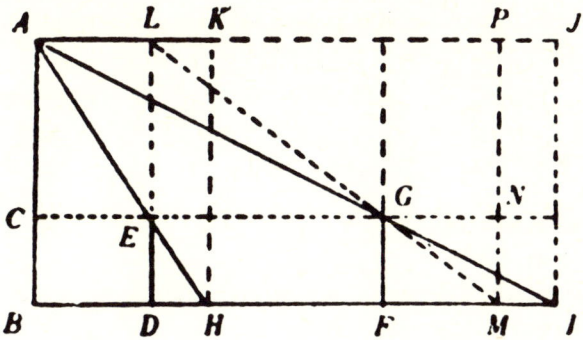

Abb. 11
Illustration von Lius «Original»-Beweis.

anderswo so geführt worden, wie auch von Li Huang in der Qing-Dynastie (1644–1911). Doch dies ist sicherlich nicht die Originalmethode von Liu Hui, denn sie widerspricht vollkommen dem Geist altchinesischer Geometrie. Man beachte: GM' parallel zu AH ergibt $FM' = DH$ (vgl. Abb. 12). Der hier konstruierte Punkt M' und der für die Gleichung (4) angegebene Punkt M sind verschieden, jeder ist typisch für eine selbständige Geometrie-Schule.

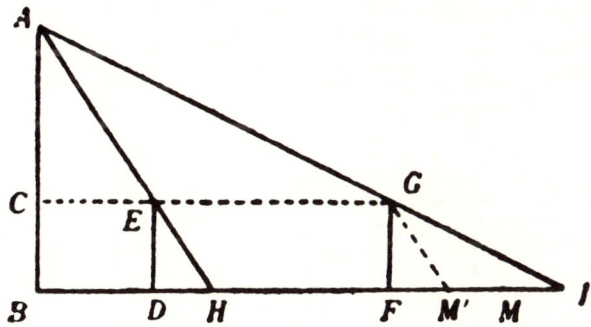

Abb. 12
Ausschnitt aus Abb. 10 zur Veranschaulichung der Beweisführung von Li Huang.

Der italienische Priester Matteo Ricci, der gegen Ende der Ming-Dynastie (1368–1644) nach China kam, betrachtete die euklidische Geometrie als eine seiner akademischen Missionen. In dem von ihm diktierten Buch *Methode und Theorie der Vermessung* taucht ein Problem auf, das dem Meeresinsel-Problem fast entspricht. Statt es jedoch mit Hilfe der euklidischen Methode zu beweisen, nimmt er ohne Begründung einen Punkt *M* auf *FI*, um die Forderung von (4) oben zu erfüllen, und beweist die Formel ebenfalls durch Proportionen. Das widerspricht der euklidischen Geometrie, stimmt aber mit der chinesischen Tradition überein. Warum Matteo Ricci in dieser Form gegen seine Prinzipien handelte, läßt sich nicht sagen.

Das *Gougu*-Theorem

Der pythagoreische Lehrsatz wird in der traditionellen chinesischen Geometrie als der *gougu*-Lehrsatz bezeichnet und sowohl im *Zhou Bei* als auch im *Jiu Zhang* genau beschrieben: Multipliziere die den rechten Winkel einschließenden kürzeren und längeren Seiten mit ihren jeweiligen eigenen Werten und addiere die Quadrate; die Summe ist gleich der Hypotenuse, multipliziert mit ihrem eigenen Wert; also: $gou^2 + gu^2 = xuan^2$. Obwohl der Originalbeweis seit langem verloren ist, können wir ihn noch aus den Texten von *Gou Gu Shuo, Liu Zhu*, vor allem aus den wenigen hinterlassenen Diagrammen von Zhao Shuang nachweisen. Dort ist festgehalten, daß der Beweis auf dem «Außen-Innen-Ergänzungsprinzip» beruht; er könnte also etwa so aussehen:

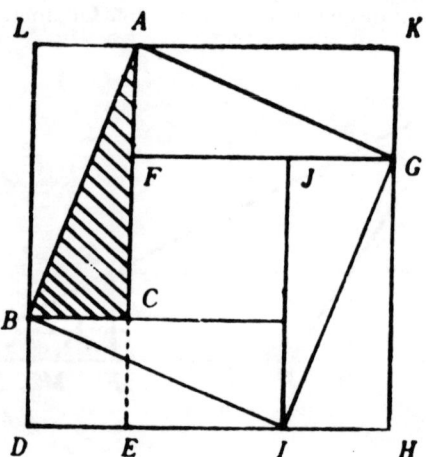

Abb. 13
Illustration des *gougu*-Theorems.

In dem obenstehenden Diagramm ist *ABC* das rechtwinklige Dreieck. *BCDE* ist das Quadrat auf der *gou* (der kürzeren Seite), während *EFGH* dem Quadrat auf der *gu* (der längeren Seite) gleich ist. In der ebenen Fläche *DBCFGH*

schneide man das Dreieck △ *BDI* weg und bewege es zu der Position von △
ABC; man schneide △ *GHI* weg und bewege es zu der Position von △ *AFG.*
Wir haben dann *ABIG* gleich dem Quadrat auf der Hypotenuse *AB,* woraus
das *gougu*-Theorem folgt.

In Euklids *Elemente der Geometrie* ist der pythagoreische Lehrsatz so
bewiesen, wie es in dem Diagramm unten dargestellt wird.

Es ist klar, daß vor dem Beweis des Satzes von Pythagoras eine Menge Vor-
bereitungsarbeit geleistet werden muß. Als erstes müssen einige Theoreme
hinsichtlich identischer Dreiecke und dreieckiger Flächen festgestellt werden.
Aus diesem Grunde wird der pythagoreische Lehrsatz in dem ersten Band der
Elemente der Geometrie ganz am Schluß des Buches erwähnt. Euklids Buch
gibt praktisch keine Anwendungen des Theorems, im alten China jedoch
wurde das ganze Theorem bereits im *Jiu Zhang* in verschiedenen Anwendungen benutzt.

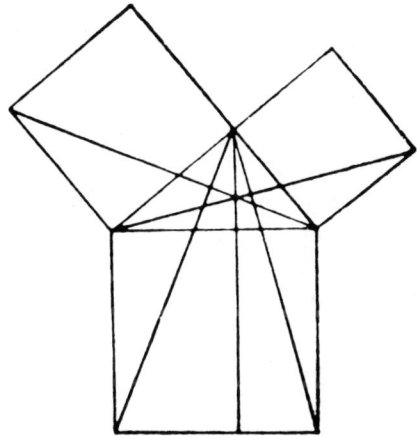

Abb. 14
Beweis des pythagoreischen Lehrsatzes, wie er in Euklids *Elemente der Geometrie* geführt wird.

Mehr als 2000 Jahre lang war es ein wichtiger Ausgangspunkt für chinesische
Mathematiker (vergleiche das Schema am Ende dieses Artikels). So spielte der
gleiche Lehrsatz in den östlichen und westlichen Systemen antiker Geometrie
eine ganz unterschiedliche Rolle.

Gou, Gu, Xuan, ihre Summen und Differenzen
sowie ihre Bestimmungsmethoden

Die Summen und die Differenzen zwischen jeweils zwei aus *gou, gu* und *xuan* ergeben neun Werte. Man kann die Unbekannte mit Hilfe von zwei Bekannten finden. Jede der drei Seiten kann also unter der Voraussetzung gefunden werden, daß die anderen zwei bekannt sind. Das hauptsächliche Problem besteht im Ziehen einer Quadratwurzel. Die Summe oder die Differenz zwischen zwei Seiten wird häufiger zur Lösung praktischer Probleme benutzt, wie z. B. der in dem *gougu*-Kapitel des *Jiu Zhang* angegebenen:

1. Gegeben ist die Differenz zwischen *xuan* (der Hypotenuse) und *gu* (der längeren Seite) sowie *gou* (der kürzeren Seite); finde *xuan* und *gou.* Fünf Probleme sind aufgeführt.

2. Gegeben ist die Differenz zwischen *gou* und *gu* sowie *xuan;* finde *gou* und *gu.* Ein Problem.

3. Gegeben ist die Differenz zwischen *xuan* und *gou* sowie zwischen *xuan* und *gu;* finde *gou, gu* und *xuan.* Ein Problem.

4. Gegeben ist die Summe von *xuan* und *gu* sowie *gou;* finde *gu* und *xuan.* Ein Problem.

Die Formeln für die aufgeführten Probleme sind im *Jiu Zhang* gegeben. Die Angaben im *Gou Gu Shuo* sind etwa die gleichen. Im *Liu Zhu* sind die Beweise der Formeln unter Benutzung des «Außen-Innen-Ergänzungsprinzips» ausgearbeitet, manchmal auch mittels der Theorie der Proportionen, beispielsweise das Problem Nr. 13 in dem *gougu*-Kapitel, das Problem des «Gebrochenen Bambus»:

Die Höhe des Bambus (*gu* plus *xuan*) ist bekannt. Wenn sie gebogen ist, berührt die Spitze den Boden in einer bekannten Distanz vom Stamm *(gou).* Finde die Höhe der Bruchstelle *(gu).*

Die Formel ist im *Jiu Zhang* wie folgt gegeben:

$$xuan - gu = \frac{gou^2}{xuan + gu} \; ;$$

$$xuan, gu = \frac{(\text{Summe von } xuan \text{ und } gu \pm \text{Differenz zwischen } xuan \text{ und } gu)}{2} \; .$$

Das *Liu Zhu* liefert eine andere Formel:

$$gu = \frac{(\text{Summe von } xuan \text{ und } gu)^2 - gou^2}{2 \times \text{Summe von } xuan \text{ und } gu} \; .$$

Um die ältere Formel zu beweisen, vgl. Abb. 16:

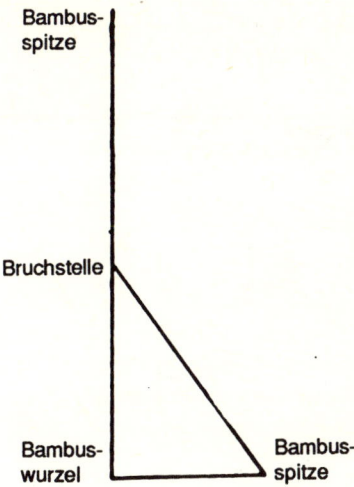

Abb. 15
Das Problem des «Gebrochenen Bambus».

Die Seite des Quadrats *ABCD* oder *AEFG* ist jeweils gleich dem *xuan* oder *gu* des rechtwinkligen Dreiecks. Gemäß dem *gougu*-Theorem ist die Fläche von *EBCDGF* gleich *gou*². Verschiebe □ *FD* zu der Position von □ *CH*, dann ist gemäß dem «Außen-Innen-Ergänzungsprinzip» die Fläche von □ *BH* gleich *gou*², während die längeren und kürzeren Seiten dieses Rechtecks gleich der Summe von *xuan* und *gu* sowie der jeweiligen Differenz zwischen ihnen sind. Hieraus erhalten wir die ältere Formel.

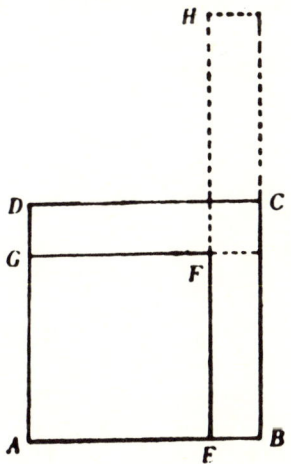

Abb. 16
Diagramm zur Verdeutlichung des Problems des «Gebrochenen Bambus».

Liu Huis Beweis für die zweite Formel wird ebenso geführt, vgl. Abb. 17:

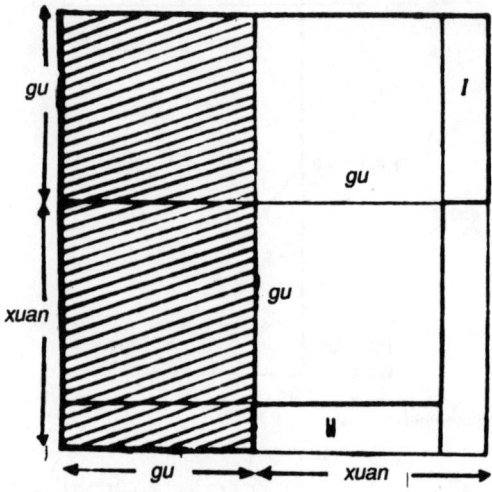

Abb. 17
Illustration der Formel aus dem *Liu Zhu*.

Die Fläche der umgekehrt L-förmigen Figur in der unteren rechten Ecke ist
gleich *gou²* gemäß dem *gougu*-Theorem. Die von den zwei Linien begrenzte
Fläche ist gleich *(xuan + gu)² − gou²*. Verschiebe I zu der Position von II, und
wir sehen gemäß «Außen-Innen-Ergänzungsprinzip», daß diese Fläche zweimal die schraffierte Fläche ist, das heißt 2 × *gu* × *(xuan + gu)*. Die Formel ist
dadurch bewiesen.

Qin Jiushaos Formel[1]

In Qin Jiushaos *Shu Shu Jiu Zhang*[2] (*Mathematische Abhandlung in neun Tei-len*) von 1247 gibt es das Problem, die Fläche eines schiefwinkligen Dreiecks zu finden. Gegeben sind die drei ungleichen Seiten des Dreiecks *da, zhong, xiao* (die längste, die mittlere und die kürzeste). Qin Jiushaos Lösung kann wie folgt formuliert werden:

$$\text{Fläche}^2 = \frac{1}{4}\left[xiao^2 \cdot da^2 - \left(\frac{da^2 + xiao^2 - zhong^2}{2}\right)^2\right].$$

Qin sagt nichts über die Herkunft dieser Formel. Der Beweis der Formel ist ebenfalls verloren. Unter Benutzung der Resultate und Methoden im *Liu Zhu* können wir den verlorenen Beweis ungefähr folgendermaßen rekonstruieren:

Abb. 18
Der Beweis von Qin Jiushaos Formel.

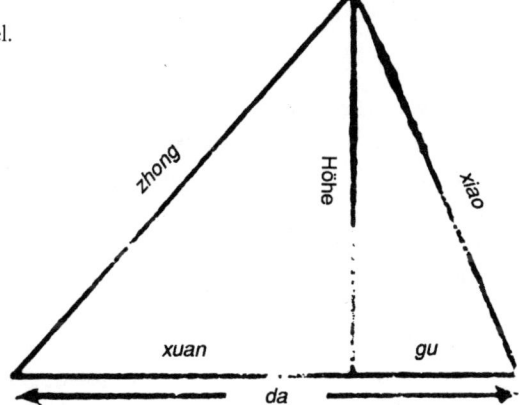

Man ziehe eine Höhe des Dreiecks senkrecht zu *da*, diese teilt *da* in zwei Teile. Der längere und der kürzere Teil sei das *xuan* bzw. *gu* des rechtwinkligen Dreiecks. Aus dem *Jiu Zhang* wissen wir, daß die Fläche eines Dreiecks ½ × Höhe × *da* ist, deshalb ist es unsere Aufgabe, die Höhe zu finden; ferner ergibt sich dann, das *gu* jenes rechtwinkligen Dreiecks zu finden. Da

$$xuan + gu = da,$$
$$gou^2 = xuan^2 - gu^2 = zhong^2 - xiao^2,$$

---

[1] Qin Jiushao war einer der größten chinesischen Mathematiker des 13. Jahrhunderts.

[2] Ein sehr wichtiger mathematischer Klassiker, geschrieben von Qin, vor allem berühmt wegen seiner Behandlung von numerischen Gleichungen höheren Grades.

ist unser Problem dasselbe wie jenes, *gu* zu finden, wobei *gou* und die Summe von *xuan* und *gu* gegeben ist. Aus Liu Huis Formel haben wir:

$$gu = \frac{(xuan + gu)^2 - gou^2}{2 \times (xuan + gu)} = \frac{da^2 - (zhong^2 - xiao^2)}{2 \times da} \, .$$

$$\text{Höhe}^2 = xiao^2 - gu^2 = xiao^2 - \left[\frac{(da^2 + xiao^2 - zhong^2)}{2 \times da} \right]^2 .$$

Daraus erhalten wir Qins Formel.

Qins Formel sieht allerdings ziemlich seltsam aus. Aber der oben durchgeführte Beweis ist ganz einfach und stimmt völlig mit der altchinesischen Tradition überein. Wir können ihn sogar für den Originalbeweis halten.

Herons Formel der westlichen Geometrie ist jedoch der Form nach eleganter:

$$\text{Fläche eines Dreiecks} = \frac{1}{4} \sqrt{(a + b + c)(b + c - a)(c + a - b)(a + b - c)} \, ,$$

wobei *a*, *b*, *c* die drei Seiten des Dreiecks sind.

Anscheinend wurde Qins Formel nicht von Herons abgeleitet, sondern ist einheimischen Ursprungs und entstand unabhängig von Herons Einfluß.

Das Ziehen der Quadrat- oder Kubikwurzel

Um die Hypotenuse aus den zwei den rechten Winkel einschließenden Seiten in einem rechtwinkligen Dreieck zu finden, addieren wir die zwei Quadrate der Seiten und ziehen die Quadratwurzel der Summe. So führt die Anwendung des *gougu*-Theorems zum Ziehen der Quadratwurzel. Tatsächlich werden im *Zhou Bei* die Quadratwurzeln von vielen konkreten Zahlen geliefert. Ausführliche Schritte beim Quadratwurzelziehen sind im *Jiu Zhang* angegeben. Die Methode ist geometrisch und beruht auf dem «Außen-Innen-Ergänzungsprinzip». Man nehme zum Beispiel an, die Quadratwurzel der Zahl 55 225 sei zu finden. In der Geometrie bedeutet das, die Seite eines Quadrats zu finden, dessen Fläche 55 225 beträgt. Man beachte dabei, daß das Dezimalsystem in China lange in Gebrauch gewesen ist. Als erstes müssen wir bestimmen, wie viele Ziffern die Wurzel haben soll. Die Quadratwurzel einer fünfstelligen Zahl hat drei Ziffern. Also ist es unsere Aufgabe, die erste, zweite und dritte Ziffer nacheinander festzustellen. Da unsere Zahl zwischen 40 000 und 90 000 liegt, muß ihre Quadratwurzel zwischen 200 und 300 liegen. Unsere erste Ziffer ist daher eine 2. (Im *Jiu Zhang* wird diese Feststellung *yi*[3] genannt, das heißt «vermuten».) In dem folgenden Diagramm sei $ABCD$ das Quadrat, dessen Fläche 55 225 ist. Auf einer Seite AB nehmen wir einen Punkt E an und lassen AE gleich 200 sein. Man zeichne dann das Quadrat $AEFG$ und schneide $AEFG$ von $ABCD$ weg. Die Fläche der verbliebenen umgekehrt L-förmigen Figur ist deshalb $55\,225 - 200^2 = 15\,225$.

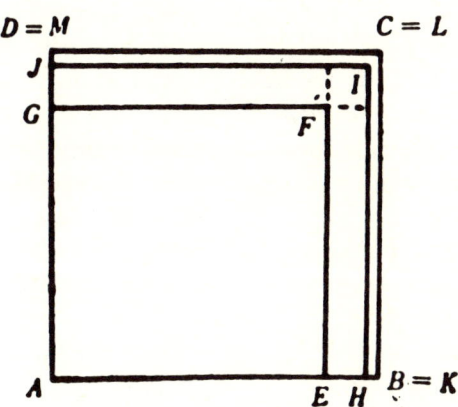

Abb. 19
Die Anwendung des *gougu*-Theorems zum Ziehen der Quadratwurzel.

Wir nehmen dann an, die zweite Ziffer sei eine 3. Auf EB nehmen wir wieder einen Punkt H an und setzen EH gleich 30. Dann zeichne man das Quadrat $AHIJ$ und schneide die umgekehrt L-förmige Figur in drei Teile: $\square\,FH$, $\square\,FJ$, $\square\,FI$. Ihre Flächen sind jeweils $30 \times EF$, $30 \times FG$, 30^2. Aber $EF = FG = 200$, so daß die Fläche der verbliebenen umgekehrt L-förmigen Figur gleich ist zu

$$15\,225 - (2 \times 30 \times 200 + 30^2) = 2325.$$

Nehmen wir dann an, daß die dritte Ziffer eine 5 sei, und auf HB nehmen wir einen Punkt K mit HK gleich 5 an. Dann zeichne man das Quadrat $AKLM$. Die Fläche der verbliebenen umgekehrt L-förmigen Figur muß jedenfalls sein

$$2325 - (2 \times 5 \times 230 + 5^2) = 0.$$

In jedem Falle müssen K und B zusammenfallen, und die Quadratwurzel von 55 225 ist 235.

Dieselbe Methode wird zum Ziehen der Kubikwurzel benutzt. Es ist natür-

---

[3] Einige meinen, das Schriftzeichen bedeute «diskutieren, erörtern».

lich komplizierter, einen Kubus zu zerschneiden, aber das Prinzip ist ein geo-
metrisches und noch immer dasjenige des «Außen-Innen-Ergänzungsprinzips». Die Methode dafür ist eingehend im *Jiu Zhang* beschrieben.

Diese Methoden zum Ziehen der Quadrat- und Kubikwurzel gehen in
China auf sehr alte Zeiten zurück. Sie sind eindeutig geometrisch und wegen
des Dezimalsystems in der angewandten Berechnung überlegen.

Mitte des 11. Jahrhunderts hatten chinesische Mathematiker bereits die
Methoden des Ziehens von Quadrat- und Kubikwurzeln zur Lösung von
Gleichungen höheren Grades weiterentwickelt. Dies wird als *zeng zheng kai
fang fa* bezeichnet (Methode des Ziehens von Gleichungswurzeln durch aufeinanderfolgende Additionen und Multiplikationen). Auch gab es ein Diagramm, durch welches die einzelnen Koeffizienten der verschiedenen Glieder
in den Formeln für binomische Potenzen höheren Grades dargestellt wurden,
welches *kai fang zuo fa ben yuan tu* genannt wurde (Diagramm zur Erläuterung von Ursprung und Methode der Berechnung der Wurzeln einer Gleichung). Die geometrische Eigenart und der Einbezug von Gleichungen höheren Grades im *zeng zheng kai fang fa* zeigen, daß chinesische Mathematiker in
alten Zeiten bereits einfache Vorstellungen von Hyperkuben und Hypergeo-
metrie gehabt haben könnten.

Quadratische Gleichungen

Beim Ziehen der Quadratwurzel machen wir Gebrauch von dem Diagramm
der Abb. 16 auf Seite 73. 2 × *EF* in dem Diagramm wird das *dingfa* genannt.
Nachdem *AE* erhalten ist, machen wir uns daran, *EB* aus der bekannten Fläche
der umgekehrt L-förmigen Figur *EBCDFG* zu ermitteln. Man verschiebe □
DF zu der Position von □ *CH*, da gemäß dem «Außen-Innen-Ergänzungsprinzip» □ *BH* dasselbe ist wie dasjenige der umgekehrt L-förmigen Figur.
Man beachte, daß die Differenz zwischen den längeren und kürzeren Seiten
von □ *BH* gleich 2 × *EF (dingfa)* ist, was ebenfalls bekannt ist. *EB* zu finden,
bedeutet also verallgemeinert:

(A) die längeren und kürzeren Seiten eines rechtwinkligen Dreiecks zu finden,
wenn seine Fläche und die Differenz zwischen den zwei Seiten gegeben sind.

Umgekehrt kann die Lösung des Problems (A) auf die des zweiten Schrittes
in der Methode des Quadratwurzelziehens reduziert werden, die im *Jiu Zhang*
als *kai dai cong ping fang fa* bezeichnet ist. Die Lösung von (A) im *Jiu Zhang* ist
mit den folgenden Worten wiedergegeben:

(B) «Man nehme die Fläche des rechtwinkligen Dreiecks als *shi* an und die
Differenz der Länge und Weite als *congfa*, dann liefert *kai fang chu zhi* [wört-
lich ‹Ziehen der Quadratwurzel›], was hier *kai dai cong ping fang* bedeutet,
und die Wurzel ist die Weite.»

Der Ausdruck *congfa* kommt von *dingfa* beim Quadratwurzelziehen. Der Ausdruck *kaifang* (Wurzelziehen) zeigt seine Herkunft.

Das folgende Problem ist aus dem *Jiu Zhang* entnommen. In Abb. 20 ist *ABCD* eine quadratisch ummauerte Stadt. An Punkt *G* steht ein Baum mit bekannter Entfernung (gemessen in Schritten) nordwärts des Nordtores (abgekürzt Nordschritte). Ein Mann macht eine bestimmte Anzahl Schritte südwärts aus dem Südtor heraus (abgekürzt Südschritte), wendet sich dann nach Westen und zählt seine Schritte, bis er den Baum sehen kann (abgekürzt Westschritte). Zu ermitteln ist nun die Länge jeder Seite der quadratischen Stadt. Die im *Liu Zhu* gegebene Antwort lautet gemäß dem «Außen-Innen-Ergänzungsprinzip»: $\Box\,EJ = 2\,\Box\,EG = 2\,\Box\,KG = 2 \times$ Nordschritte $\times$ Westschritte. In $\Box\,EJ$ ist die Differenz zwischen der Länge und der Breite gleich der Summe von Nordschritten und Südschritten. Das Problem ist also auf eines der Form von (A) oben reduziert. Nach dem *Jiu Zhang* hat es folgende Lösung: Man nehme $2 \times$ Nordschritte $\times$ Westschritte als *shi* und die Summe von Nordschritten und Südschritten als *congfa, kai ping fang chu zhi,* und erhält damit die Länge einer Seite der Stadt, wie durch *EI* in dem Diagramm dargestellt ist.

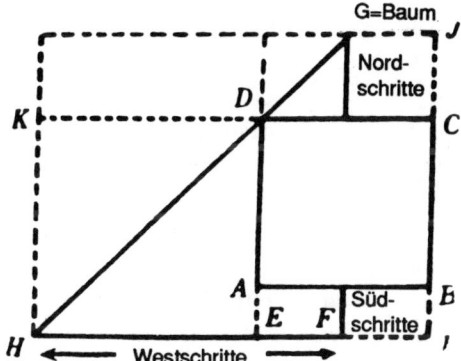

Abb. 20
Das Problem der «Quadratischen Stadt».

Der numerische Wert von Problem (A) kann nicht nur mittels der Methode *kai dai cong ping fang fa* gefunden werden, sondern durch das «Außen-Innen-Ergänzungsprinzip» läßt sich auch ein genauer Ausdruck der Lösung von (A) ermitteln. Wenn wir in einem rechtwinkligen Dreieck die Weite als das *gou* und die Länge als das *gu* nehmen, dann wird Problem (A) in Wirklichkeit das folgende:

(C) Gegeben ist das Produkt von *gou* und *gu* sowie die Differenz zwischen ihnen in einem rechtwinkligen Dreieck; zu finden sind *gou* und *gu*.

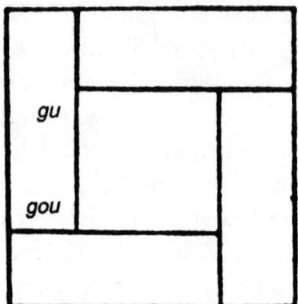

Abb. 21
Das Diagramm von
Zhao Shuang.

Untersuchen wir ein von Zhao Shuang hinterlassenes Diagramm, in welchem es zwei Quadrate gibt, deren Seiten jeweils der Summe sowie der Differenz zwischen *gou* und *gu* des rechtwinkligen Dreiecks gleich sind. Wir haben deshalb

$$(gou + gu)^2 = 4\,(gou \times gu) + (gu - gou)^2.$$

Daraus erhalten wir die Summe von *gou* und *gu*, und infolgedessen *gou* und *gu*. Ähnlich können *gou* und *gu* gefunden werden, wenn ihre Summe und ihr Produkt gegeben sind. Der Nachweis der letzten Behauptung wird im *Gou Gu Shuo* erbracht.

In der Song- und der Yuan-Dynastie (10. bis 14. Jahrhundert) wurde der Begriff der Unbekannten in die traditionelle chinesische Mathematik eingeführt. Damals wurde *x* *tianyuanyi*[4] genannt, während die *tianyuan*-Bezeichnung von den Song-Algebraikern für den Ausdruck von numerischen Gleichungen höheren Grades gebraucht wurde. Es ist dies eine Art der Anordnung von Rechenstäbchen auf Rechenbrettern, die «Matrix»-Charakter hat. Verschiedene Ausdrücke werden zur Unterscheidung von Zahlen auf verschiedenen «Stockwerken» benutzt, mit dem konstanten Glied auf dem untersten und dem Koeffizienten der höchsten Potenz auf dem höchsten Stockwerk. Wenn nun x für die Weite des rechtwinkligen Dreiecks steht, ist unser Problem (A) in gleicher Weise zu lösen wie eine quadratische Gleichung der Form

$$x^2 + bx = c, \text{ mit } b \text{ als } congfa \text{ und } c \text{ als } chi.$$

Altchinesische Mathematiker lieferten sowohl numerische als auch exakte Lösungen für quadratische Gleichungen des obigen Typs (mit *b* und *c* positiv).

---

[4] *Tianyuanyi* hat viele Bedeutungen in den Werken von Mathematikern der Song- und der Yuan-Dynastie.

Während der Song- und der Yuan-Dynastie wurde die *kaifangshu* (Methode des Wurzelziehens) zur Lösung numerischer Gleichungen höheren Grades erweitert. Was die Methode exakter Lösungen von Gleichungen höheren Grades betrifft, sind die historischen Spuren schon lange verloren. Nach dem, was Wang Xiaotong in der Frühzeit der Tang-Dynastie (618–907) schrieb und aufgrund von historischen Kommentaren über Zu Chongzhi (429–500) können wir die Möglichkeit nicht völlig ausschließen, daß mit einigem Erfolg geometrische Methoden zur exakten Lösung von kubischen Gleichungen versucht worden sind.

Im 9. Jahrhundert hat der arabische Mathematiker Al-Khowārizmi in seinem klassischen Werk über Algebra (829) genaue Lösungen für quadratische Gleichungen verschiedener Art gegeben, deren Methode, dem Geiste nach geometrisch, der chinesischen ähnlich war. Später arbeiteten italienische Mathematiker im 16. Jahrhundert Lösungen für kubische Gleichungen aus, deren Methoden ebenfalls geometrisch waren.

Die Theorie des Rauminhalts und Liu Huis Prinzip

Da die Fläche eines rechtwinkligen Dreiecks die Hälfte des Produkts seiner Länge und Breite ist, kann man folgern:

1. Die Fläche eines Dreiecks ist die Hälfte seiner Höhe × seiner Grundlinie. Weiterhin lassen sich die Formeln für Flächen von Vielecken ableiten. All diese gehören in die Kategorie der Geometrie der Flächen. Obwohl wir wissen, daß das Volumen eines Quaders gleich seiner Länge × seiner Breite × seiner Höhe sein muß, ist es in der Geometrie der Körper keineswegs sicher, ob wir gemäß dem «Außen-Innen-Ergänzungsprinzip» schließen können, daß

2. das Volumen eines Tetraeders gleich ⅓ seiner Höhe × seiner Grundfläche ist, und daraus eine Theorie für den Rauminhalt des Tetraeders zu bilden ist. Tatsächlich ergibt das ein äußerst schwieriges Problem der Geometrie, das im Jahre 1900 von dem berühmten David Hilbert auf einem Internationalen Mathematiker-Kongreß als eines der ungelösten 23 Probleme dargestellt wurde. Dieses Problem ist von Max Dehn gelöst worden. Er bewies, daß zwei Polyeder nur dann in eine Anzahl gegenseitig kongruenter kleinerer geschnitten werden können, wenn sie von gleichen Volumen sind und zudem gewisse weitere Bedingungen erfüllt werden. Diese Bedingungen wurden seitdem Dehns Bedingungen genannt. Im Jahre 1965 bewies der Schweizer Mathematiker Sydler, daß Dehns Bedingungen auch hinreichend sind. Dennoch scheint dieses Problem noch nicht befriedigend gelöst zu sein. Dehns Bedingungen sind zu kompliziert, um als endgültig angenommen zu werden.

Eine Untersuchung, in welcher Weise das Problem von altchinesischen Mathematikern behandelt wurde, könnte vielleicht weiterführen.

Sowohl im *Jiu Zhang* wie auch im *Liu Zhu* ist es der Ausgangspunkt zur Lösung von Polyeder-Problemen, einige regelmäßige Polyeder in mehrere grundlegend feste Figuren zu schneiden. Ein Quader kann diagonal durch zwei diagonal gegenüberliegende Ecken hindurch in zwei

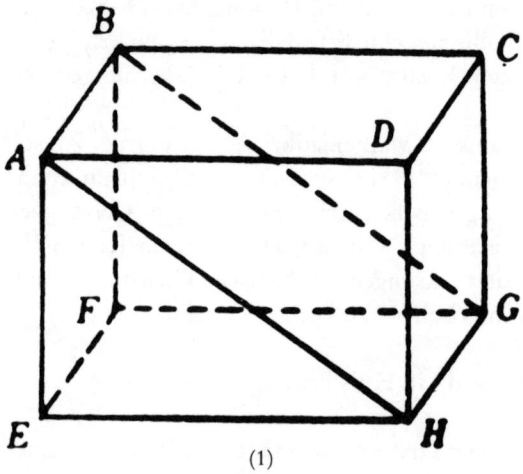

(1)

Abb. 22
Die Figuren 1–4 veranschaulichen
Liu Huis Prinzip.

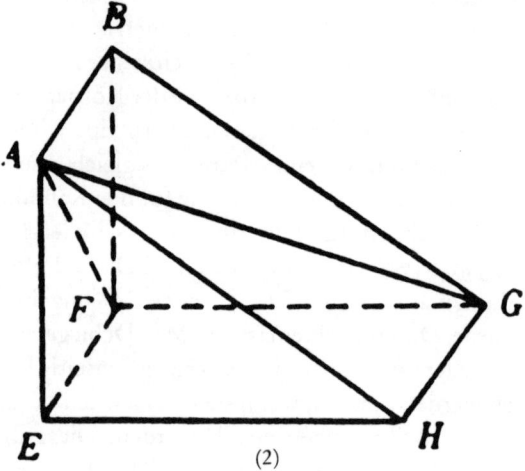

(2)

qiandu (rechtwinklig dreieckige Prismen) geschnitten werden, wie in den Figuren (1) und (2) gezeigt wird. Ein *qiandu* wiederum kann in ein *yangma* (Pyramide) und ein *bienao* (tetrahedrischer Keil) geschnitten werden, wie in

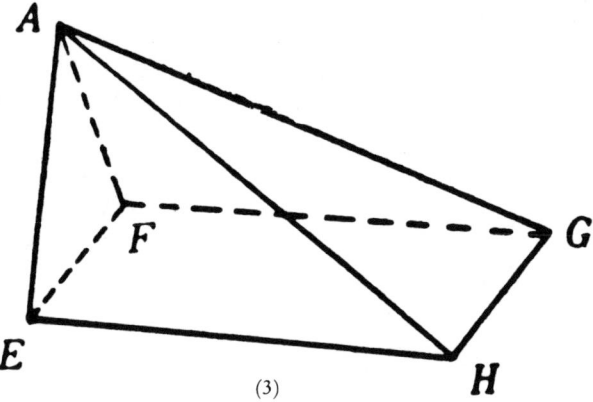

(3)

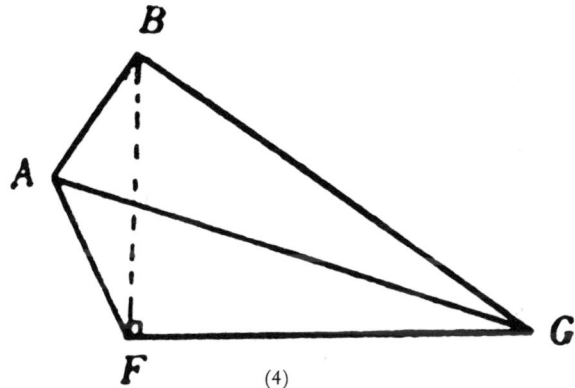

(4)

(3) und (4) gezeigt wird. Die wesentlichen Eigenschaften eines *bienao* sind, daß *AB* senkrecht zu der Ebene *BFG* ist und *FG* senkrecht zu der Ebene *ABF,* wie in dem Diagramm abgebildet ist. Da jedes Polyeder in Tetraeder geschnitten werden kann und jedes Tetraeder in sechs *bienao,* wie in Abb. 23 gezeigt, konzentriert sich das ganze Problem darauf, die Volumen des so produzierten *bienao* (und des *yangma*) zu finden.

Nach Liu Huis eigenen Worten sind *yangma* und *bienao* die «grundlegenden

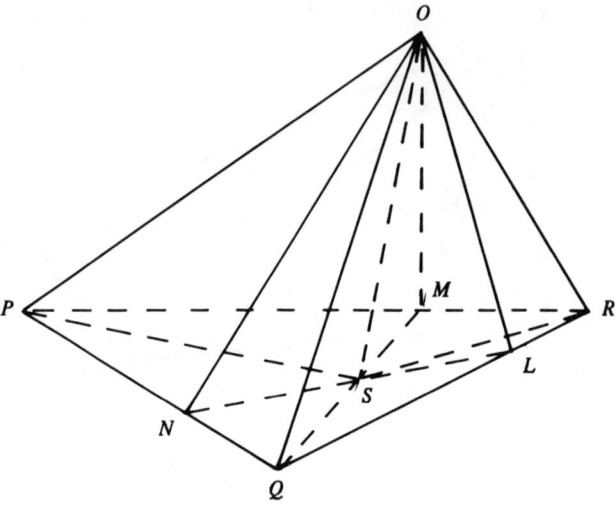

Abb. 23
Ein in sechs *bienao* geschnittenes Tetraeder.

Figuren für die ganze Theorie und Praxis, Volumen von Polyedern betreffend».

Wir kommen dann zu dem Problem, die Volumen von *yangma* und *bienao* zu finden. Wenn unser Quader zu einem Würfel vereinfacht wird, kann man leicht sehen, daß das aus dem Prisma geschnittene Volumen der Pyramide zweimal dasjenige des tetrahedralen Keils ist. Liu Hui bewies in einer langen Abhandlung, daß dies nicht nur in dem *qiandu* aus einem Würfel, sondern für alle *qiandus* zutrifft. In Liu Huis Worten: «In einem *quiandu* ist das Volumen des *yangma* immer zweimal dasjenige des *bienao*.» Man könnte diese Behauptung Liu Huis Prinzip nennen. In moderner Sprache: «Wenn ein beliebiger Quader diagonal in zwei Prismen geschnitten wird und die Prismen weiterhin in Pyramiden und Tetraeder, so ist das Verhältnis der Volumen der so erzeugten Pyramide und des Tetraeders immer 2 : 1.»

Von diesem Prinzip aus kann man leicht zu den Formeln für *yangma*- und *bienao*-Volumen gelangen. Es ist dann kein Problem, die Formel in (2) zu beweisen. Die ganze Theorie für Polyeder-Volumen kann dann auf die Prinzipien Liu Huis und des «Außen-Innen-Ergänzungsprinzips» gestützt werden.

Liu Huis lange und detaillierte Abhandlung ist der Beweis für sein Prinzip, der sich auf einige Grenzwertbetrachtungen stützt. Was von Hilbert und seinen Anhängern klargestellt worden ist, kann dahingehend formuliert werden, daß Volumen und ebene Flächen verschieden sind und das bloße

«Außen-Innen-Ergänzungsprinzip» für eine befriedigende Theorie unzureichend ist. Tatsächlich muß es durch ein Axiom oder ein Prinzip der Kontinuität ergänzt werden. Obwohl Shatunowsky 1903 die Einwendung machte, das
Prinzip der Kontinuität könne weggelassen werden und die Begründung der
Vielflächen-Theorie könne auf die Formel in (2) gestützt werden, ist dennoch
ein Beweis der Unabhängigkeit der Wahl von Höhe und Basis erforderlich, der
durchaus nicht trivial ist. Im Vergleich zu der Ausschöpfungs-Methode der
alten Griechen und der in Legendres *Eléments* angewandten Methode ist Liu
Huis Behandlung von Polyeder-Volumen auf sein eigenes Prinzip gestützt.
Das «Außen-Innen-Ergänzungsprinzip» kann sicherlich als das natürlichste
betrachtet werden, das alle anderen an Einfachheit und Eleganz übertrifft.

Anscheinend bleibt dennoch viel auf dem Gebiet der Polyeder zu beweisen
übrig. Es mag dabei hilfreich sein, wenn die Vorstellungen und Methoden altchinesischer geometrischer Versuche zu Rate gezogen werden.

Das *Xianchu*-Theorem

Der Ausdruck *xianchu* (ein Keil mit trapezförmiger Basis und zwei schrägen
Seiten, vgl. Abb. 24) sowie andere seltsame Bezeichnungen für Polyeder sind
aus der Architektur und dem Bergbau des alten China abgeleitet worden.

Im *Jiu Zhang* sind Polyeder-Volumen nach dem «Außen-Innen-Ergänzungsprinzip» sowie nach den *yangma*- und *bienao*-Formeln berechnet.

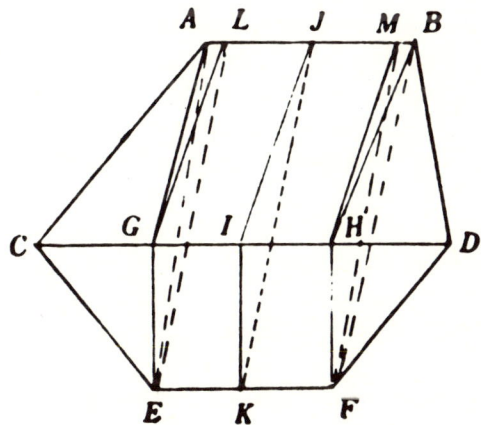

Abb. 24
Ein *xianchu*.

Nehmen wir das *xianchu* in Abb. 24 als Beispiel. *ABCD* bildet ein Trapez auf der Grundfläche. *CDEF* ist ein weiteres Trapez senkrecht zur Grundfläche. *ABEF* ist eine Abschrägung. Das ganze Gebilde *ABCDEF* in der Form eines Tunnels ist *xianchu*. Die Ebene *IJK* ist senkrecht zum Boden wie auch zu der Ebene *CDEF*. Sie halbiert *xianchu* in zwei symmetrische Teile. *EG, FH* und *KI* zeigen die Tiefe von *xianchu*. *IJ* ist die Länge von *xianchu* auf dem Boden. *CD, EF* und *AB* werden die obere Breite, die untere Breite und die hintere Breite von *xianchu* genannt. Die im *Jiu Zhang* gegebene Formel für das Volumen von *xianchu* lautet folgendermaßen:

$$\text{Volumen von } xianchu = \frac{1}{6}\left(\frac{\text{obere}}{\text{Breite}} + \frac{\text{untere}}{\text{Breite}} + \frac{\text{hintere}}{\text{Breite}}\right) \times \text{Tiefe} \times \text{Länge}.$$

Um dies zu beweisen, schneidet Liu Hui in seinem Buch *Liu Zhu* das *xianchu* in mehrere Teile und nimmt *CD > AB > EF* an, wie in dem obigen Diagramm. *Xianchu* wird deshalb angesehen als zusammengesetzt aus einem *qiandu* *EFGHLM*, zwei kleinen *bienao AGEL* und *BFHM* sowie zwei großen unregelmäßigen *bienao ACEG* und *BDFH*. Aus Formel (2) oben und den Formeln für *qiandu* und *bienao* wird daher die Formel für das Volumen von *xianchu* abgeleitet. Dieselbe Methode ist im *Jiu Zhang* zur Berechnung des Volumens von *chumeng* (Keil mit rechteckiger Grundfläche und zwei schrägen Seiten), *chutong, panchi, minggu* (drei Varianten eines Pyramiden-Stumpfes mit achteckiger Grundfläche von ungleichen Seiten) und von anderen Polyedern angewandt worden.

Die Formel des *xianchu*-Volumens ist besonders wichtig, da die Hälfte des aufrecht auf der rechtwinklig dreieckigen Grundfläche *IJK* stehenden *xianchu* einem rechtwinkligen Prisma entspricht, das am oberen Ende schräg geschnitten ist (vgl. Abb. 25). Sein Volumen ist einfach das Produkt der Höhe und der rechtwinklig dreieckigen (*gougu*-Form) Basis. Nun kann ein an der Spitze durch eine gekrümmte Oberfläche begrenzter Pfeiler wie ein aus solchen schräg zugespitzten Prismen zusammengesetzter betrachtet werden. Deshalb kann die Näherungs-Formel für das Integral einer Funktion $f(x, y)$ im Falle einer Fläche unter einer Krümmung analog zur Simpsonschen Regel erschlossen werden. Das beweist die besondere Bedeutung der *xianchu*-Formel.

In der westlichen Mathematik erschien die früheste Formel für das Volumen eines schräg an der Spitze geschnittenen Pfeilers im Jahre 1794 in Legendres *Eléments de géométrie* und ist seitdem Legendres Formel genannt worden. Legendres Buch ist das Werk, das Euklids *Elemente* ersetzt hat. Der Beweis seiner Formel beruht auch auf dem Volumen des Tetraeders, aber mit einer Zergliederungs-Methode, die sich von der im *Liu Zhu* unterscheidet.

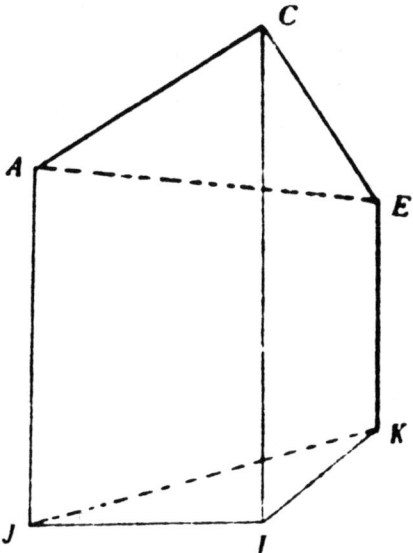

Abb. 25
Ein halbiertes *xianchu* ist ein rechtwinkliges Prisma.

Das Volumen der Kugel und das Prinzip von Zu Geng

Innerhalb der etwa 300 Jahre, die zwischen dem *Jiu Zhang* und dem *Liu Zhu* liegen, ist eine relativ vollständige Theorie über Volumen von Polyedern entstanden. Dennoch waren die altchinesischen Mathematiker in jener Zeit rückständig in bezug auf Körper, die von begrenzten Oberflächen begrenzt werden. Besonders das Problem des Rauminhalts von Kugeln blieb ungelöst, bis Zu Geng im 5./6. Jahrhundert ein berühmtes, nach ihm benanntes Gesetz entwickelte. In Zu Gengs eigenen Worten lautet es wie folgt:

«Wenn die *mi* (Querschnitte, Flächen) auf der gleichen *shi* (Höhe) dieselben sind, können die *ji* (gesamten Volumen) nicht verschieden sein.»

Dasselbe Gesetz wurde in Europa im 16. Jahrhundert unter dem Namen Cavalieris Prinzip bekannt und bildete eine wichtige Voraussetzung zur Einführung der Infinitesimalrechnung.

Zu Gengs Beweis für seine Formel sphärischer Volumen ist ausführlich in einer Anmerkung von Li Chunfeng (etwa um 656) zum *Jiu Zhang* enthalten. Die Argumente folgen sehr klar in drei aufeinanderfolgenden Schritten:

1. Man zeichne zwei Zylinder in entgegengesetzte Richtungen in einen Kubus ein. Jener den zwei Zylindern gemeinsame Teil wird *mou he fang gai* (wörtlich «gemeinsame Quadrat-Decke») genannt. Man schneide dann einen

kleinen Kubus von ⅛ Größe des ursprünglichen Würfels. Gemäß Zu Gengs
Prinzip erhält man folgende Proportion:

$$\text{⅛ Kugelvolumen}: \text{⅛} \textit{fanggai} = \pi : 4.$$

2. Der Teil von *fanggai* innerhalb des ⅛ Kubus ist das innere *qi*, jene drei
Teile innerhalb des kleinen Kubus und außerhalb des *fanggai* sind das äußere
qi. Aus dem kleinen Kubus schneide man ein umgekehrtes *yangma*. Dann
beweise man durch das *gougu*-Theorem, daß der Querschnitt des *yangma*,
wenn wir das *yangma* in einer gewissen Höhe von der Basis horizontal schneiden, der Fläche nach den gesamten Querschnitten des auf gleicher Höhe
geschnittenen äußeren *qi* gleich ist.

3. Man beweise nach Zu Gengs Prinzip, daß das gesamte Volumen des
äußeren *qi* demjenigen des *yangma* gleich ist.

Daraus geht unmittelbar die Formel für das Kugel-Volumen hervor. Der
Begriff des *mou he fang gai* wurde zuerst von Liu Hui eingeführt. Der erste
Schritt Zu Gengs war tatsächlich auch schon von Liu ausgearbeitet worden. Er
hatte im *Liu Zhu* immer wieder von dem Gebrauch gemacht, was man später
Zu Gengs Prinzip zum Finden des Volumens der von gekrümmten Oberflä-
chen begrenzten festen Körper genannt hatte wie zum Beispiel des Zylinder-
Volumens aus dem polygonalen Pfeiler, des Kegels aus der Pyramide, des
Kegelstumpfes aus dem Pyramidenstumpf u. a. Zu Gengs Verdienste bestehen
nicht nur in der tatsächlichen Lösung der Volumen von *mou he fang gai* und
der Kugel, sondern auch in seiner Zusammenfassung von praktischen Erfah-
rungen in Form eines allgemeinen Prinzips. Ob das Prinzip als das Liu-Zu-
Prinzip bezeichnet werden sollte, um Liu Hui gebührend zu ehren, wäre der
Erörterung wert.

Andere Anwendungen

Das *Jiu Zhang* ist so umfassend, daß – abgesehen von anderen Themen – das
«Außen-Innen-Ergänzungsprinzip» durchaus nicht bloß auf die verschiedenen obigen Probleme angewandt wird. Das Problem des in ein rechtwinkliges
Dreieck eingeschriebenen Kreises, im *Jiu Zhang* nach diesem Prinzip behandelt, hat man seitdem weiterentwickelt. Es wurde vollständig im *Ce Yuan Hai
Jing* (*Umfassender Spiegel der Kreismessung*, 1248) von Li Ye behandelt. In
den Werken von Qin Jiushao und Li Ye ist das obige Problem der «Quadratischen Stadt» durch das Problem einer «Kreisförmig ummauerten Stadt»
ersetzt worden, was über den Horizont der alten Meister hinausging. Die
Erfindung solcher Methoden wie *tianyuanshu* in der Song- und der Yuan-
Dynastie löste nicht nur zuvor unlösbare Probleme, sondern vereinfachte
auch viele alte Probleme. Verglichen mit den älteren Methoden ergeben die

neuen Methoden Resultate mit viel weniger Aufwand. Das Wesentliche der neuen Methoden und Theoreme liegt in der Algebraisierung der Geometrie, was den Weg für die analytische Geometrie sowie die moderne Algebra bahnte.

Schlußfolgerung

Das «Außen-Innen-Ergänzungsprinzip» bezeugt zusammen mit den Prinzipien von Liu Hui und Zu Geng die beträchtliche Fähigkeit altchinesischer Meister zu wissenschaftlicher Abstraktion. Diese zogen tiefgehende Folgerungen aus objektiven Tatsachen und faßten sie zu kurzgefaßten Prinzipien zusammen. Diese Prinzipien sind umfangreich anwendbar und bilden einen Wesenszug der altchinesischen Mathematik. Ihr Akzent hat stets auf der Bewältigung konkreter Probleme und auf einfachen, leicht einleuchtenden Prinzipien und Methoden gelegen. Dieser Geist durchdringt auch hervorragende Leistungen wie die Algebraisierung der Geometrie und das Dezimalsystem der Zahlen. Die westliche Mathematik legt im Gegensatz dazu Wert auf abstrakte Begriffe und die logischen Beziehungen zwischen ihnen.

Die Mehrzahl der altchinesischen mathematischen Klassiker ist später in Vergessenheit geraten, ein beklagenswerter Verlust. Auch Zu Gengs Beiträge wären verlorengegangen, wären sie nicht durch die eher zufällige Eintragung von Li Chunfeng in seinen Anmerkungen zum *Jiu Zhang* gefunden worden. Nach dem zu urteilen, was noch vorhanden ist, hat die altchinesische Mathematik ihre Anfänge in Verbindung mit menschlichen Produktionstätigkeiten gehabt und gelangte vor dem 15. Jahrhundert in ihrer eigenen, selbständigen Weise zur Blüte, was auch die folgenden zwei Diagramme verdeutlichen:

Diagramm I

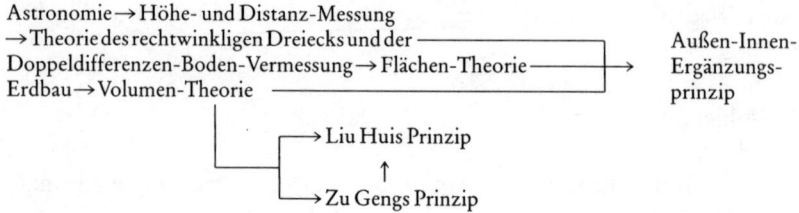

Diagramm II

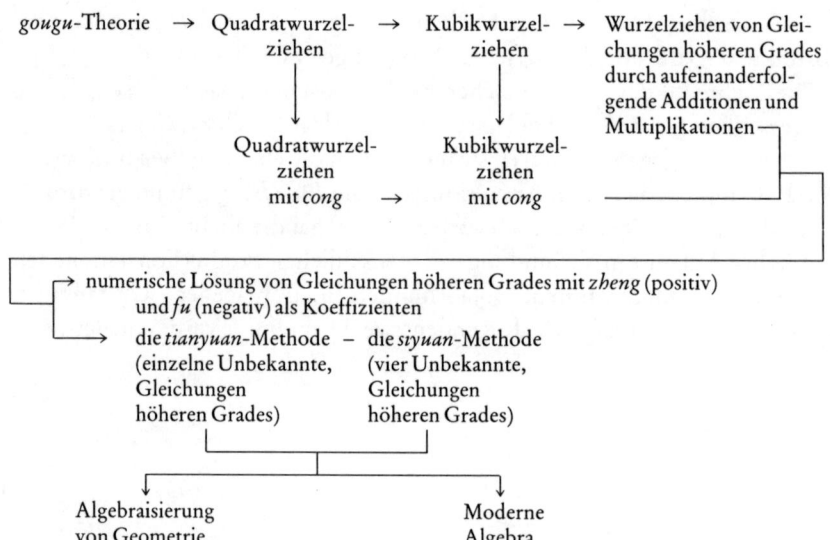

Die Methode zur Bestimmung des Flächeninhalts von Segmentflächen und die Berechnung von π

He Shaogeng

Die Liu-Hui-Methode zur Segmentflächenbestimmung

Bei der Berechnung des Umfangs oder der Fläche eines Kreises oder des Volumens einer Kugel ist das Verhältnis des Umfangs zum Durchmesser des Kreises eine unerläßliche Konstante. Heute wird sie gewöhnlich mit 3,1415926535 ... angegeben, ein unendlicher, nicht periodischer Dezimalbruch. Die moderne Mathematik hat bewiesen, daß dieses Verhältnis eine transzendent irrationale Zahl ist, die nicht durch endliche arithmetische Operationen ausgerechnet werden kann, noch als Wurzel einer algebraischen Gleichung beliebigen Grades dargestellt werden kann.

Die allgemeine Praxis vor der Han-Dynastie (206 v. Chr.–220 n. Chr.) in China war, das Verhältnis einfach als 3 anzunehmen, was offensichtlich eine sehr grobe Annäherung ist, die bei praktischen Berechnungen zu beträchtlichen Fehlern führt. Ein genauerer Wert wurde gesucht, als sich Gesellschaft und Wissenschaft weiter entwickelten. Den frühesten Versuch gibt eine Inschrift auf einem bronzenen zylindrischen Standardmeßgerät wieder, das *Lü Jia Liang Hu*, gegossen auf amtlichen Befehl im 1. Jahrhundert. Nach den in die Bronze eingezeichneten Dimensionen kann die Proportion als 3,1547 berechnet werden.

Im frühen 2. Jahrhundert schrieb Zhang Heng, ein Astronom der Östlichen Han-Dynastie, ein Buch mit dem Titel *Ling Xian (Die geistige Struktur des Kosmos)*, welches das Verhältnis durch den Bruch $^{730}/_{232}$, also mit 3,1466 wiedergibt. Zhangs Formel für das Volumen einer Kugel berechnet jedoch das Verhältnis mit $\sqrt{10}$, also 3,1622.

Zur Zeit der Drei Reiche (220–280) berechnete Wang Fan aus dem Staat Wu $^{142}/_{45}$, also 3,1556 als Proportion, wie im *Hun Tian Xiang Shuo (Abhandlung über uranographische Formen)* berichtet ist. All diese Werte sind natürlich viel genauer als 3, jedoch waren alle empirisch gewonnen. Eine Theorie zur Berechnung der Proportion war noch nicht entwickelt.

Wenig später vollbrachte Liu Hui hervorragende Leistungen auf jenem Gebiet. Im Jahre 263 betont er in seiner Anmerkung zum *Jiu Zhang Suan Shu (Neun Kapitel der Rechenkunst)*, daß 3 in einem Kreis nicht das Verhältnis des Kreisumfangs, sondern dasjenige des Umfangs eines eingezeichneten regelmäßigen Sechsecks zum Durchmesser ist. Die bis dahin angenommene Kreisfläche, meint er, hat in Wirklichkeit die Fläche eines eingezeichneten regelmäßigen 12seitigen Vielecks. Liu Hui erkennt, daß je mehr Seiten ein eingezeichnetes regelmäßiges Vieleck hat, sich sein Umfang desto mehr dem Umfang des Kreises nähert. Er sucht daher genauere Werte für dieses Verhältnis durch Einzeichnen von Vielecken mit möglichst vielen Seiten in den Kreis zu erlangen, in dem Versuch, die so gebildeten restlichen Flächen der Segmente zu «erschöpfen». In der Theorie ist sein Weg ziemlich genau.

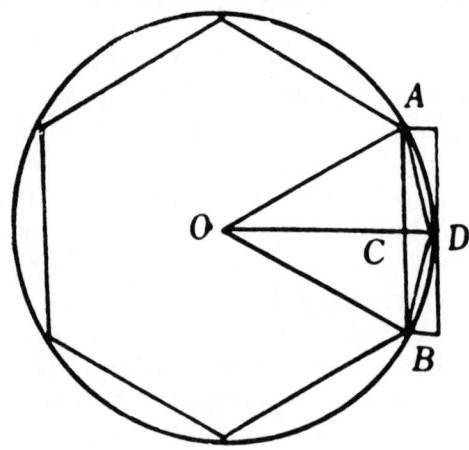

Abb. 26
Liu Huis Methode zur Segmentflächenbestimmung.

Aussagen gemäß Liu Hui:

1. Die Länge jeder Seite eines eingezeichneten regelmäßigen Sechsecks ist gleich derjenigen des Radius des Kreises.

2. Beruhend auf den Eigenschaften des rechtwinkligen Dreiecks (den *gougu*-Eigenschaften), kann die Länge jeder Seite eines eingezeichneten $2n$-seitigen regelmäßigen Vielecks aus der Länge jeder Seite eines eingezeichneten n-seitigen regelmäßigen Vielecks berechnet werden.

3. Die Fläche eines eingezeichneten $2n$-seitigen regelmäßigen Vielecks ist direkt durch Multiplizieren der Radius-Länge mit dem Umfang eines eingezeichneten n-seitigen regelmäßigen Vielecks und durch Dividieren des Produktes durch 2 gegeben.

4. Die Fläche S des Kreises genügt den Ungleichungen:

$$S_{2n} < S < S_{2n} + (S_{2n} - S_n).$$

In dem obigen Diagramm erhalten wir, wenn die Flächen der zwei rechtwinkligen Dreiecke mit AD und DB als Hypotenusen zu der Fläche des Dreiecks $\triangle$

OAB addiert werden, die gesamte Fläche des Vierecks $OADB$. Aber wenn eine Fläche, gleich derjenigen der oben genannten zwei rechtwinkligen Dreiecke, wiederum zu derjenigen des Vierecks $OADB$ addiert wird, so wird die gesamte Fläche über die Fläche des Sektors OAB hinausgehen.

5. «Je feiner wir die Segmente schneiden», sagt Liu Hui, «desto geringer wird der Verlust in unserer Berechnung der Kreisfläche sein. Die genaue Fläche des Kreises wird erlangt, wenn solche so geschnittenen Segmente unendlich kleine Größen werden.» Mit anderen Worten, die Fläche eines Kreises wird als Grenzwert für die zunehmenden Flächen der eingezeichneten Vielecke betrachtet; da die Seitenzahl der Vielecke wächst, nähern sich ihre Flächen zunehmend der Kreisfläche an. Ähnlich wird der Umfang eines Vielecks, wenn die Seitenzahl der eingezeichneten Vielecke gegen unendlich wächst, zum Kreisumfang des Kreises werden.

Ausgehend von einem in einen Kreis eingezeichneten regelmäßigen Sechseck, dessen Radius 1 ist, gibt Liu Hui die Fläche eines 192seitigen Vielecks als 3,14 $^{64}/_{625}$ (3,141024) an. Aus Bequemlichkeit nennt er einen Annäherungswert $^{157}/_{50}$, also 3,14, verfeinert dann seine Annäherungsmethode, um die Fläche eines eingezeichneten Vielecks von 3072 Seiten zu erhalten, was als Resultat $^{3927}/_{1250}$, also 3,1416 ergibt.

Ein Meilenstein in der Geschichte der Mathematik, legte Liu Huis Ausschöpfungs-Methode zur Bestimmung von Segmentflächen eine gute Grundlage für die spätere Berechnung von π (Das Verhältnis des Kreisumfangs zum Durchmesser. In einem Kreis, in dem der Radius gleich 1 ist, ist π numerisch gleich der Kreisfläche). Liu Hui war seinen Zeitgenossen weit überlegen. Er berücksichtigte nur die eingezeichneten Vielecke, ließ aber die kreisumschreibenden außer acht, was ihm sehr zustatten kam und seine Berechnungen viel einfacher als die von Archimedes machte. Seine Annäherungsmethode und seine Vorstellung von der dialektischen Einheit von Bogen und Sehne war vor 1500 Jahren tatsächlich ein großartiger Fortschritt.

Der Wert π, berechnet von Zu Chongzhi

Während der Südlichen und Nördlichen Dynastien (420–589) berechnete Zu Chongzhi (429–500) den Wert von π mit $^{355}/_{113}$, ein wahrhaft denkwürdiges Ereignis in der altchinesischen Mathematik. Nach den Astronomie- und Kalender-Kapiteln des *Sui Shu (Geschichte der Sui-Dynastie)* gab Zu einen «Defizit-Wert» für π von 3,1415926 und einen «Überschuß-Wert» von 3,1415927 an.

Der wirkliche Wert muß zwischen den beiden liegen. Das heißt

$$3,1415926 < \pi < 3,1415927.$$

Für den praktischen Gebrauch gab Zu zwei Werte für π an: einen «ungenauen Wert» *(yuelü)* ²²/₇ und einen «genauen Wert» *(milü)* ³⁵⁵/₁₁₃.

Erst 1000 Jahre später wurde Zus Ergebnis von dem arabischen Mathematiker Al-Kāshī und dem französischen Mathematiker Vièta verbessert.

Zus Berechnung von π wurde in seinem Buch *Zhui Shu (Verbesserungskunst)* mitgeteilt, doch leider ist dieses Buch seit langem verloren. Hätte Zu die Methode von Liu Hui benutzt, so hätte er mit Vielecken von 12 288 und 24 576 Seiten mühevoll probieren müssen, um jeweils seine «Defizit»- und «Überschuß»-Werte zu erhalten.

Abb. 27
Zu Chongzhis Berechnung des Wertes von π ist im *Sui Shu (Geschichte der Sui-Dynastie)* verewigt wurden.

Bevor Dezimalzahlen in China üblich wurden, waren chinesische Mathematiker gewohnt, Bruchzahlen für die Annäherungswerte von gewissen Konstanten zu benutzen. ³⁵⁵/₁₁₃ ist der beste Bruchwert für π mit jeweils Zähler und Nenner unter 1000. In Europa wurde ³⁵⁵/₁₁₃ erst 1000 Jahre später von dem Deutschen Otto und dem Holländer Antonisz berechnet, daher ist er in der westlichen Mathematik als der «Antonisz-Wert» bekannt.

π hat heute einen sehr weitreichenden praktischen Gebrauch. In alten Zeiten jedoch, als die Wissenschaft weniger entwickelt war, war es sehr kompliziert und schwierig, π auszurechnen. Es ist daher der Vorschlag gemacht worden, daß das Verhältnis $^{355}/_{113}$ zu Ehren dieses großartigen chinesischen Mathematikers nach Zu benannt werde.

Die Bestimmung von Segmentflächen und die Benutzung von unendlichen Reihen zur Darstellung von π

In der Frühzeit der Qing-Dynastie (1644–1911) schrieb Ming Antu (?–1765), ein mongolischer Mathematiker, sein *Ge Yuan Mi Lü Jie Fa (Schnelle Methode zur Bestimmung von Segmentflächen)*. Mit Hilfe seiner Methode bewies er unabhängig neun Formeln (bzw. leitete sie ab) von unendlichen Reihen einschließlich einiger Ausdrücke trigonometrischer Funktionen durch Potenzreihen sowie einen Ausdruck für π. Mings Arbeiten zur Bestimmung dieser Formeln durch eine traditionelle chinesische Methode wirkten wegweisend.

Zu Mings Zeit war China im Bereich der Naturwissenschaften und Technologie bereits in Rückstand geraten. Chinesische Mathematiker wie Ming fühlten eine vitale Einwirkung westlicher Ideen auf den stagnierenden chinesischen Geist. Sie strebten nach westlichen Leistungen wie trigonometrischen Funktionen und Logarithmen. Aber infolge unvollständiger oder unangemessener Vermittlungsmedien hatten sie von dem, was sie zu erreichen suchten, oft nur eine grobe Vorstellung. Sie waren zu Beweis und Ableitung von Formeln auf ihre eigenen Quellen angewiesen. Zwar flackerte das Prometheus-Feuer, aber es mußte von ihnen selbst angefacht werden. Eine Formel wurde ihnen 1667 durch Gregory vorgegeben:

$$\sin x = x - \frac{1}{3!}\,x^3 + \frac{1}{5!}\,x^5 - \cdots\,;$$

eine andere von Newton im Jahre 1676:

$$\frac{\pi}{3} = 1 + \frac{1^2}{4\cdot 3!} + \frac{1^2\cdot 3^2}{4^2\cdot 5!} - \cdots$$

Als diese zwei Formeln in China eingeführt wurden, begleiteten sie keine Methoden zu ihrer Ableitung und ihrem Beweis. Ming Antu benötigte nahezu die Hälfte seines Lebens, bevor es ihm schließlich gelang, nicht nur diese Formeln zu beweisen, sondern auch neue trigonometrische Funktionen und ihre Umkehrfunktionen in Potenzreihen zu entwickeln. Ming Antus Methode ist durch ein Diagramm in seinem Buch dargestellt (Abb. 28):

1. Der Bogen *ACD* hat als Sehne *AD*; die Länge von *AD* ist *L*. Man teile *ACD* in *m*-gleiche Teile. Jeder Teil des Bogens hat eine sich abwärts neigende Sehne $L_{1/m}$.

2. Wenn $m = 2$ (oder eine beliebige gerade Zahl), kann *L* in der Form einer unendlichen Potenzreihe ausgedrückt werden, die $L_{1/m}$ als Variable hat. Um

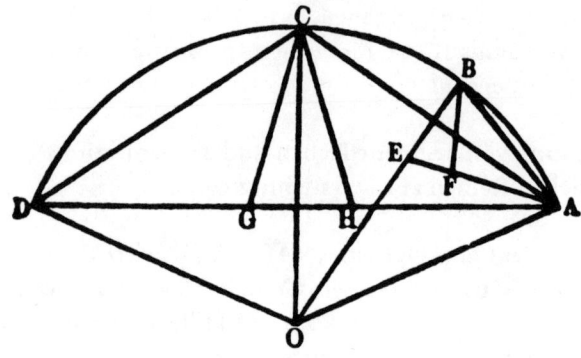

Abb. 28
Ming Antus Methode zur Bestimmung von Segmentflächen.

dieses zu beweisen, macht Ming Antu die folgenden Schritte: Da das Verhältnis entsprechender Seiten in zwei ähnlichen Dreiecken dasselbe ist, formuliert
er das Verhältnis zwischen der Sehne eines Bogens und der Sehne eines Teils
jenes Bogens wie gezeigt in dem Diagramm:

$$AD = 2\,AC - \frac{AC \cdot BE}{OA}.$$

3. Wenn $m = 5$ (oder eine beliebige gerade Zahl), so kann L ein Polynom in
$L_{1/m}$ sein. Ming Antu übernimmt dies von der westlichen Mathematik.

4. Aus dem zweiten und dem dritten Schritt findet Ming Ausdrücke für L in
der Form von Potenzreihen von Variablen $L_{1/10}$, $L_{1/100}$, $L_{1/10000}$ ... (mittels $\frac{1}{2} \times$
$\frac{1}{5} = \frac{1}{10}$, $\frac{1}{10} \times \frac{1}{10} = \frac{1}{100}$, $\frac{1}{100} \times \frac{1}{100} = \frac{1}{10000}$ usw.).

Ming Antu verschafft sich im folgenden eine Reihe von Ergebnissen, die sich
dem gewünschten Resultat annähern. Er approximiert die Bogenlänge, indem
er versucht, die Längen von unendlich kleinen Sehnen zu summieren, die sich
als unendlich kleine Teile jenes Bogens gegenüberliegen. Was Ming erwartet,
ist in moderner mathematischer Diktion dies: Nähert sich m gegen unendlich,
so ist

$$ACD = \lim_{m \to \infty} m L_{1/m}.$$

Da r (Radius des Kreises) $= OA$, $\frac{1}{2} = r \sin \alpha$ ($\sphericalangle \alpha = \sphericalangle AOC$) in dem Diagramm, setzt Ming das erstere für das letztere in seine Reihe ein und erhält die
Beweise von Gregorys und Newtons Formeln.

Ming macht ferner Fortschritte bei der Methode zur Bestimmung von Segmentflächen. Liu Hui suchte den richtigen Wert von π, indem er Vielecke in

Kreise einzeichnete, um die so gebildeten Restflächen auszuschöpfen. Ming Antu wendet die Methode an, um die Formeln unendlicher Reihen abzuleiten und zu beweisen. Für Ming ist die Vorstellung der Summation von unendlich kleinen Größen zwecks Annäherung an einen gewissen Wert nicht darauf beschränkt, den Umfang eines Kreises zu finden. Er geht einen Schritt weiter, um trigonometrische Funktionen in Potenzreihen zu entwickeln. Ming sieht eine dialektische Einheit nicht nur von Bogen und Sehne innerhalb eines Kreises, sondern von Krümmung und gerader Linie im Allgemeinen. Das bereitete in der folgenden Zeit den Weg für Xiang Mingda in Xiangs *tuo yuan qiu zhou shu* (Methode zum Finden des Umfangs einer Ellipse), eine Methode, die im 19. Jahrhundert erschien.

Xiang Mingdas Methode zur Berechnung des Umfangs einer Ellipse

Xiang Mingda (1789–1850), ein weiterer Mathematiker der Qing-Dynastie, betrieb ebenfalls fruchtbare Forschungen zur Entwicklung von trigonometrischen Funktionen in Potenzreihen. In seinem Buch *Xiang Shu Yi Yuan (Gemeinsamer Ursprung von Form und Zahl)* leitet Xiang eine Formel für den Umfang einer Ellipse her:

$$P = 2\pi a \left(1 - \frac{1}{2^2} e^2 - \frac{1^2 \cdot 3}{2^2 \cdot 4^2} e^4 - \cdots \right),$$

worin $\qquad e^2 = \frac{a^2 - b^2}{a^2};$

e sei dabei die Exzentrizität der Ellipse; a und b jeweils die halbe Länge der Haupt- und Nebenachse.

Xiang leitet auch eine Formel für $\frac{1}{\pi}$ her:

$$\frac{1}{\pi} = \frac{1}{2} \cdot \left(1 - \frac{1}{2^2} - \frac{1^2 \cdot 3}{2^2 \cdot 4^2} - \cdots \right).$$

Xiang konnte die Ausarbeitung seiner «Methode zur Berechnung des Umfangs einer Ellipse» (die einen Anhang zu Band 6 des *Xiang Shu Yi Yuan* bildet) nicht beenden, da er erkrankte und starb. Später zeichneten Xiangs Freunde Diagramme zur Darstellung seiner Methode:

Man teile den Kreis über der großen Achse der Ellipse in n gleiche Teile, dann ziehe man Linien von den Teilungspunkten auf dem Kreis parallel zu der kleinen Achse der Ellipse. Die Linien schneiden die Ellipse ebenfalls in n Teile, aber in Teile von ungleicher Länge. Durch Verbinden der Punkte, in denen die parallelen Linien die Ellipse schneiden, erhält man eine Anzahl von Sehnen, die unter den Bögen, die den Umfang der Ellipse insgesamt bilden, zu liegen kommen. Durch Addition der Sehnenlängen erhält man ein dem Ellipsen-Umfang sich annäherndes Resultat; wenn die Sehnen der Anzahl nach mehr werden, jede der Länge nach unendlich klein, dann wird ihre Gesamtsumme der Umfang der Ellipse sein.

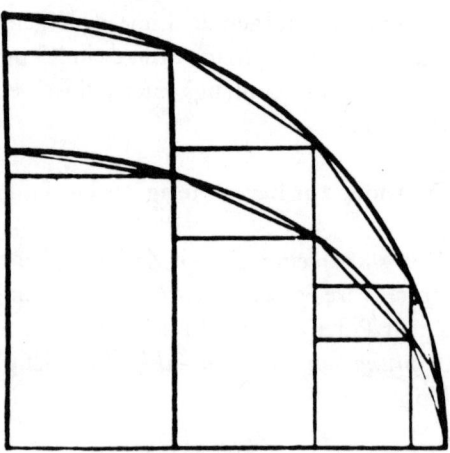

Abb. 29
Xiang Mingdas Methode zur Berechnung des Umfangs einer Ellipse.

Ming Antus und Xiang Mingdas Methoden schmecken nach Differential- und Integralrechnung. Sie tendierten zwar in jene Richtung, aber sie blieben doch hinter ihnen zurück.

Auf jeden Fall halfen sie, chinesische Mathematiker auf die neue Ära von Descartes, Newton und Leibniz vorzubereiten, auf einen Sprung vorwärts von der Konstante zur Variablen, die das Wesen moderner Mathematik ist.

Der Chinesische Restsatz

LI WENLIN UND YUAN XIANGDONG

In China sind seit altersher viele mathematische Spiele in Form von volkstümlichen Reimen überliefert worden. Zu den beliebtesten davon gehören *Ge Qiang Suan (Rechnungen hinter der Mauer)*, *Jian Guan Shu (Methode zur Schneidung der Röhrenlängen)* und *Qin Wang An Dian Bing (Des Prinzen von Qin Methode, Soldaten auswendig zu zählen)*. Ein Volkslied mit der Überschrift *Sun Zi Ge (Meister Suns Lied)*[1], das auch in Japan bekannt ist, lautet folgendermaßen:

> *Nicht unter allen Personen ist eine dreimal 20 und 10 alt,*
> *auf fünf Pflaumenbäumen bleiben nur 21 Zweige übrig,*
> *alle fünfzehn Tage begegnen sich die sieben Gelehrten,*
> *unsre Lösung kriegen wir, wenn wir immer wieder 105 abziehen.*

Die Übersetzung des Liedes scheint wenig sinnvoll, seine Bedeutung kann nicht wörtlich aus dem Text konstruiert werden. Tatsächlich sind die Zeilen Gedächtnisreime, die auf das Lösungsverfahren für das berühmte Sun-Zi-Problem hinweisen, das zuerst im *Sun Zi Suan Jing (Meister Suns Rechenhandbuch)* aus dem 4. Jahrhundert abgedruckt wurde:

> «Es gibt eine unbekannte Zahl von Dingen. Wenn mit drei gezählt wird, haben sie einen Rest von zwei; wird mit fünf gezählt, einen Rest von drei, mit sieben, einen Rest von zwei. Rate die Zahl der Dinge.»

Die moderne Zahlentheorie betrachtet das Problem als eines von linearen Kongruenzen, gleichwertig dem Finden von Lösungen (positiver ganzer Zahlen N) für die folgenden simultanen unbestimmten Gleichungen ersten Grades:

$$N = 3x + 2, N = 5y + 3, N = 7z + 2,$$

---

[1] Das *Sun Zi Ge*, auch bekannt als *Han Xin Dian Bing (General Han Xins Methode, Soldaten zu zählen)*. Han Xin war vor 2200 Jahren ein wohlbekannter General. Das Lied erscheint im *Suan Fa Tong Zong (Systematische Abhandlung der Rechenkunst)*, 1592 von Cheng Dawei aus der Ming-Dynastie verfaßt; in Wirklichkeit war es lange vorher unter dem gemeinen Volk allgemein bekannt. Obwohl der Text ein wenig anders gewesen sein mag, waren die Zahlen dieselben geblieben.

was in moderner Form folgendermaßen geschrieben werden kann:

$$N \equiv 2 \,(\text{mod}\,3) \equiv 3 \,(\text{mod}\,5) \equiv 2 \,(\text{mod}\,7),$$

wo die kleinste Zahl für N verlangt wird.[2]

Das *Sun Zi Suan Jing* gibt als Lösung 23, was offenbar durch Probieren errechnet werden kann, da das Problem einfach ist. Im *Sun Zi Suan Jing* ist die Lösung nicht auf diese Weise enthalten, dort ist das folgende Verfahren vorgeschlagen:

Wenn wir mit Drei rechnen und den Rest 2 haben, dann nehmen wir die Zahl 70 und multiplizieren sie mit 2: $70 \times 2 = 140$.

Wenn wir mit Fünf rechnen und den Rest 3 haben, dann nehmen wir die Zahl 21 und multiplizieren sie mit 3: $21 \times 3 = 63$.

Wenn wir mit Sieben rechnen und den Rest 2 haben, so nehmen wir die Zahl 15 und multiplizieren sie mit 2: $15 \times 2 = 30$.

Man addiere die drei Produkte und bekommt 233. Dann subtrahiere man zweimal 105 und erhält das Resultat:

$$N = 70 \times 2 + 21 \times 3 + 15 \times 2 - 2 \times 105.$$

Hier ist 105 das kleinste gemeinsame Vielfache der Moduli 3, 5 und 7. Offenbar ist die im *Sun Zi Suan Jing* gegebene 23 die kleinste Zahl, die für unsere Lösung geeignet ist. Andere Reste als 2, 3 und 2 setze man an die Stelle der 2, 3 und 2 in dem obigen Verfahren. Man lasse jeweils R_1, R_2, R_3 die anderen Reste sein, dann ist die Formel nach dem *Sun Zi Suan Jing*

$$N = 70 \times R_1 + 21 \times R_2 + 15 \times R_3 - p \times 105 \;(p \text{ eine ganze Zahl}).$$

Das größte Problem der Sun-Zi-Methode ist, die drei Schlüsselzahlen 70, 21 und 15 zu finden, die genau jene sind, die in den ersten drei Zeilen von *Meister Suns Lied* enthalten sind. Im *Sun Zi Suan Jing* gibt es keine Erklärung dafür, wie die Zahlen gewonnen werden. Jedoch finden wir etwas Ungewöhnliches in ihnen, das wie folgt ausgedrückt werden kann:

$$70 = 2 \times \frac{3 \times 5 \times 7}{3} \equiv 1 \,(\text{mod}\,3);$$

$$21 = 1 \times \frac{3 \times 5 \times 7}{5} \equiv 1 \,(\text{mod}\,5);$$

$$15 = 1 \times \frac{3 \times 5 \times 7}{7} \equiv 1 \,(\text{mod}\,7).$$

---

[2] Wenn die beiden ganzen Zahlen A und R durch eine gegebene ganze Zahl m geteilt werden und sich derselbe Rest ergibt, sagen wir, A ist kongruent zu R modulo m. Der ganze Vorgang wird in der Form geschrieben: $A \equiv R \,(\text{mod}\,m)$.

Das bedeutet auch, daß die drei Zahlen 70, 21 und 15 erhalten werden können, indem man das kleinste gemeinsame Vielfache 105 jeweils durch die drei Moduli 3, 5 und 7 teilt und die Quotienten mit den drei ganzen Zahlen 2, 1 und 1 multizipliert. Es sei $k_1 = 2$, $k_2 = 1$ und $k_3 = 1$, dann können wir durch Auswahl einer Reihe von ganzen Zahlen k_i ($i = 1, 2, 3$) drei Zahlen so erhalten, daß der Rest, geteilt durch ihre jeweiligen Moduli, immer 1 ergibt.[3] Aus dem Obigen wissen wir, daß das Folgende, wenn die Reste jeweils R_1, R_2 und R_3 sind, so abgeleitet werden kann:

$$R_1 \times k_1 \times \frac{M}{3} = R_1 \times 2 \times \frac{3 \times 5 \times 7}{3} \equiv R_1 \,(\mathrm{mod}\,3);$$

$$R_2 \times k_2 \times \frac{M}{5} = R_2 \times 1 \times \frac{3 \times 5 \times 7}{5} \equiv R_2 \,(\mathrm{mod}\,5);$$

$$R_3 \times k_3 \times \frac{M}{7} = R_3 \times 1 \times \frac{3 \times 5 \times 7}{7} \equiv R_3 \,(\mathrm{mod}\,7).$$

Zusammengezählt ergeben sie:

$$R_1 \times 2 \times \frac{3 \times 5 \times 7}{3} + R_2 \times 1 \times \frac{3 \times 5 \times 7}{5} + R_3 \times 1 \times \frac{3 \times 5 \times 7}{7} \begin{array}{l} \equiv R_1 \,(\mathrm{mod}\,3) \\ \equiv R_2 \,(\mathrm{mod}\,5) \\ \equiv R_3 \,(\mathrm{mod}\,7). \end{array}$$

Da $M = 3 \times 5 \times 7$, was ohne Rest durch jeden seiner drei Faktoren geteilt werden kann, erhalten wir

$$\left(R_1 \times 2 \times \frac{3 \times 5 \times 7}{3} + R_2 \times 1 \times \frac{3 \times 5 \times 7}{5} + R_3 \times 1 \times \frac{3 \times 5 \times 7}{7} \right) - pM \begin{array}{l} \equiv R_1 \,(\mathrm{mod}\,3) \\ \equiv R_2 \,(\mathrm{mod}\,5) \\ \equiv R_3 \,(\mathrm{mod}\,7). \end{array}$$

Hier ist p eine ganze Zahl. Das beweist die Methode im *Sun Zi Suan Jing*.

Die Sun-Zi-Methode kann verallgemeinert werden, wenn gemäß dem Obigen gefolgert wird. Eine Zahl N werde geteilt durch n Divisoren $a_1, a_2 \ldots a_n$ (wobei die Divisoren paarweise teilerfremd sind) und die Reste seien jeweils $R_1, R_2 \ldots R_n$; das heißt:

$$N \equiv R_i \,(\mathrm{mod}\,a_i)\,(i = 1, 2, \ldots n);$$

---

[3] Das heißt, wenn wir mit Drei rechnen, dann wählen wir unter jenen Zahlen, die einen Rest 1 ergeben können, 70 aus, da dies durch 5 und 7 ohne Rest geteilt werden kann. Wenn wir mit Fünf rechnen, so wählen wir unter jenen Zahlen, die einen Rest 1 ergeben können, 21 aus, da dies ohne Rest durch 3 und 7 geteilt werden kann. Wenn wir mit Sieben rechnen, wählen wir unter jenen Zahlen, die einen Rest 1 ergeben können, 15 aus, da dies ohne Rest durch 3 und 5 geteilt werden kann.

dann ist alles, was wir zu tun haben, eine Gruppe von Zahlen k_i zu finden, die
die Kongruenzen

$$k_i \frac{M}{a_i} \equiv 1 \,(\text{mod } a_i)\,(i = 1, 2, \ldots n)\, \text{erfüllen};$$

dann ist die kleinste positive ganzzahlige Lösung dieses Problems linearer
Kongruenzen gegeben durch

$$N = \left(R_1 k_1 \frac{M}{a_1} + R_2 k_2 \frac{M}{a_2} + R_3 k_3 \frac{M}{a_3} + \cdots + R_n k_n \frac{M}{a_n} \right) - pM$$

(p ist eine ganze Zahl, $M = a_1 \times a_2 \times \ldots \times a_n$); d. h.

$$N = \sum_1^n R_i k_j \frac{M}{a_1} - pM.$$

Dieses Verfahren ist in der modernen Zahlentheorie als Chinesischer Restsatz
bekannt. Obwohl es dort nicht so deutlich erklärt und verallgemeinert wurde,
enthält schon die Lösung des Problems der «Unbekannten Zahl von Dingen»
im *Sun Zi Suan Jing* dieses Verfahren.

Das Erscheinen des Sun-Zi-Problems in einem mathematischen Klassiker
im frühen 4. Jahrhundert war kein Zufall. Die Untersuchung von Problemen
linearer Kongruenzen war Erfordernis mathematischer Berechnungen in der
altchinesischen Astronomie und Kalenderherstellung und daher schon seit
langem notwendig geworden. Dies galt vor allem für die Berechnungen, die
sich auf die Jahre beziehen, die seit *liyuan* (der Beginn des Kalenders) oder
shangyuan (der Große Beginn) verstrichen waren, was im alten China auch
shang yuan ji nian genannt wurde. Beweise dafür finden sich in altchinesischen
Dokumenten zu Astronomie und Kalenderforschung. Alle Kalender benötigen einen bestimmten Zeitpunkt in der Vergangenheit als Anfang für ihre
Berechnungen. Zum Beispiel nahm der Jing-Chu-Kalender, eingeführt im
3. Jahrhundert während der Wei-Dynastie, als Ausgangspunkt den Zeitpunkt, zu dem die Wintersonnenwende zum letzten Mal genau auf den Beginn
eines Mondmonats gefallen war, was zufällig auch die Mitternacht des ersten
Tages eines 60tägigen Zyklus war, im alten China *jia zi* genannt. Bezeichnen
wir die Anzahl von Tagen in einem Wendekreisjahr mit a, die Anzahl von
Tagen in dem synodischen Monat mit b, mit R_1 die zyklische Tageszahl der
Wintersonnenwende (das heißt die Anzahl von Tagen in dem 60tägigen
Zyklus zwischen der Wintersonnenwende und dem letzten *jia zi* davor), mit
R_2 die Anzahl von Tagen zwischen der Wintersonnenwende und dem Beginn

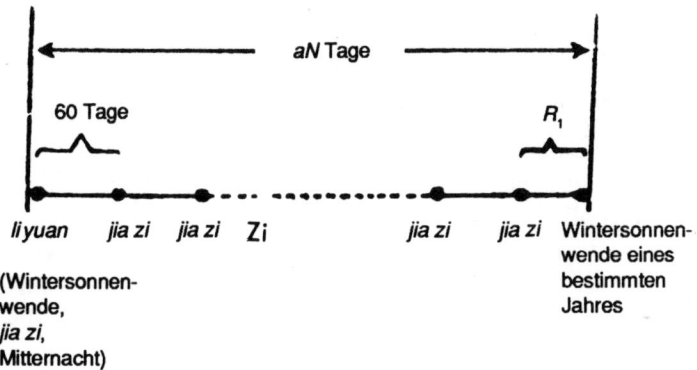

Abb. 30
Das Diagramm veranschaulicht die Berechnungen der altchinesischen Kalenderforschung.

des Mondmonats, dann kann N, d. h. die Anzahl von Jahren seit dem Großen Beginn berechnet werden aus den linearen Kongruenzen

$$aN \equiv R_1 \, (\mathrm{mod}\, 60) \equiv R_2 \, (\mathrm{mod}\, b).[4]$$

Während der Südlichen und Nördlichen Dynastien (420–589) erforderte der Daming-Kalender, zusammengestellt von dem berühmten mathematischen Astronom Zu Chongzhi (und eingeführt im Jahre 462), daß der Große Beginn mit dem Beginn des *jia zi*-Jahres (60jähriger Zyklus) anfangen sollte, wenn also die Sonne, der Mond und die fünf Planeten in derselben Richtung sein würden. Außerdem sollte der Mond in Erdnähe und im Aufstiegsknoten sein. Um die seit solch einem Großen Beginn vergangenen Jahre zu berechnen, müßten die Kalender-Fachleute eine Reihe von linearen Kongruenzen lösen. Astronomische und Kalender-Data sind kompliziert. Zwischen dem 3. und dem 6. Jahrhundert, als das *Sun Zi Suan Jing* erschien, waren chinesische Mathematiker sicherlich schon lange fähig gewesen, Probleme der indeterminaten Analysis zu lösen, die viel komplizierter waren als jene der «Unbekannten Anzahl von Dingen». Möglicherweise haben sie ein allgemeines Verfahren

---

[4] Aus der Definition von *liyuan* oder *shangyuan* kennen wir die Zahl N von Wendekreisjahren genau. Eine Gesamtzahl von $a \times N$ Tagen war bis zu der Wintersonnenwende eines gewissen Jahres in der Vergangenheit (gewöhnlich des Jahres, in welchem ein neuer Kalender eingeführt wurde) verstrichen. Der 60tägige Zyklus nahm den ersten Tag des Wendekreisjahres als Ausgangspunkt. Um aN durch 60 zu teilen, sollte der Rest die Anzahl von Tagen seit dem letzten *jia zi* zuvor sein. Daraus erhielt man $aN \equiv R_1 \, (\mathrm{mod}\, 60)$. Die alten Kalender-Experten gelangten nach dem gleichen Prinzip zu der zweiten Kongruenz.

in der Form beherrscht[5], wie es in den im *Sun Zi Suan Jing* angegebenen praktischen Problemen und ihren Lösungen widergespiegelt ist. Aber gewiß war die innere Logik des Verfahrens niemals wirklich erklärt oder gemeistert worden. Jedoch drängte die weitere Anwendung des Verfahrens zur Berechnung des *shang yuan ji nian* zu dessen intensiverer Untersuchung. Schließlich gelang im 13. Jahrhundert dem großartigen Mathematiker Qin Jiushao die erste allgemeine Formulierung zur Lösung linearer Kongruenzen, wodurch er die mathematische Forschung auf eine neue Höhe der Abstraktion erhob.

Qin Jiushao interessierte sich seit seiner Kindheit für Mathematik. Nach langen Jahren eifrigen Studiums vollendete er die Abfassung seines Werkes *Shu Shu Jiu Zhang (Mathematische Abhandlung in neun Teilen)* im Jahre 1247. Als Meisterwerk mathematischer Forschung berichtet das *Shu Shu Jiu Zhang* über schöpferische Arbeiten auf vielen Gebieten, einschließlich *da yan qiu yi shu* (Die große Erweiterung der Suche nach Einheit) in der indeterminaten Analysis und *zheng fu kai fang shu* (Methode numerischen Ziehens von positiven Wurzeln algebraischer Gleichungen). Hier werden wir jedoch nur Qin Jiushaos Beitrag zu linearen Kongruenzen besprechen.

Im *Shu Shu Jiu Zhang* erforscht Qin scharfsinnig und systematisch das Verfahren zur Lösung von Problemen linearer Kongruenzen. Qins Methode ist das, was wir jetzt den Restsatz nennen, welcher das Problem linearer Kongruenzen darauf reduziert, eine Reihe von Zahlen k_i zu finden, die der Formel $k_i \frac{M}{a_i} \equiv 1$ (mod a_i) genügen. Qin bezeichnet k_i als *chenglü* (multiplizierende Ausdrücke). In Band 1 des *Shu Shu Jiu Zhang*, betitelt *Da Yan Zong Shu (Allgemeine Methode der Großen Erweiterung)*, erklärt er eingehend die Methode, k_i zu finden, und nennt diese Methode *da yan qiu yi shu*, die *dayan*-Methode. Wir wollen zeigen, wie k_i herausgefunden wird. Wenn $G_i = \frac{M}{a_i} > a_i$, teilt Qin zuerst G_i durch a_i und erhält den Rest $g_i < a_i$; dann ist $G_i \equiv g_i$ (mod a_i) und $k_i G_i \equiv k_i g_i$ (mod a_i). Da $k_i G_i \equiv 1$ (mod a_i), schrumpft die Methode zum Finden von k_i zusammen, so daß $k_i g_i \equiv 1$ (mod a_i). Qin nennt a_i *dingshu* (feste Zahl) und g_i *qishu* (ungerade Zahl). Qins *da yan qiu yi shu* soll, in moderner mathematischer Sprache ausgedrückt, den Divisions-Algorithmus

---

[5] Die Berechnung des *shang yuan ji nian* wurde in der Han-Dynastie fortgesetzt. Die Experten des Han-Kalenders fanden, indem sie von vorhandenen astronomischen Angaben Gebrauch machten, daß die Zahl des *shang yuan ji nian* durch Lösung von einer oder zwei ziemlich einfachen linearen Kongruenzen erhalten werden konnte. So können wir beweisen, daß, als der Santong-Kalender im 1. Jahrhundert v. Chr. eingeführt wurde, der erhaltene Wert für die Form $145 \times 4617 \times p \equiv 135$ (mod 1728) nur dann genügt, wenn p eine ganze Zahl ist und *shang yuan ji nian* $x = 4617 \times p$. Diese Lösung hätte allerdings auch durch Probieren erlangt werden können. Nach dem 3. Jahrhundert wurden astronomische Vermessungstechniken raffinierter, was kompliziertere lineare Kongruenzen bei der Berechnung des *shang yuan ji nian* zur Folge hatte. Diese hatten die Kalender-Experten gezwungen, eine allgemeine Regel für die indeterminate Analysis auszuarbeiten.

(euklidischen Algorithmus) auf g_i und a_i anwenden, so daß die Quotienten q_1, $q_2 \ldots q_n$ und die Reste $r_1, r_2 \ldots r_n$ erhalten werden. Dabei berechnete Qin die Werte von c wie in der rechten Reihe unten:

	Quotienten	Reste	c-Werte
a_i/g_i	q_1	r_1	$c_1 = q_1$
g_i/r_1	q_2	r_2	$c_2 = q_2 c_1 + 1$
r_1/r_2	q_3	r_3	$c_3 = q_3 c_2 + c_1$
$\vdots$	$\vdots$	$\vdots$	$\vdots$
r_{n-2}/r_{n-1}	q_n	r_n	$c_n = q_n c_{n-1} + c_{n-2}$

Qin verweist darauf, daß das beim letzten Schritt erhaltene c_n das erforderliche k_i ist, wenn $r_n = 1$, während n eine gerade Zahl ist. Falls n eine ungerade Zahl ist, kann man den Divisions-Algorithmus auf r_{n-1} und r_n anwenden; formal sei $q_{n+1} = r_{n-1} - 1$, so daß der Rest r_{n+1} noch 1 sein wird. Dann finden wir $c_{n+1} = q_{n+1} c_n + c_{n-1}$. Diesmal ist $n + 1$ eine gerade Zahl, und c_{n+1} ist deshalb das verlangte k_i. Auf jeden Fall wird beim letzten Schritt der Rest 1 sein, und das ganze Verfahren endet dort. Qin nennt dies die Methode der «Einheitssuche». Hinsichtlich der Bedeutung von «Große Erweiterung» sagt er in seinem Vorwort zum *Shu Shu Jiu Zhang*, daß der Ausdruck aus dem *Yi Jing (Buch der Wandlungen)* stammt und fügt hinzu, daß das, was er mit dem Ausdruck im *Shu Shu Jiu Zhang* meint, genau dasselbe ist wie im *Yi Jing*. Hier scheint Qin ein wenig von seinem Thema abzuschweifen. Doch der von Qin in seinem Buch erläuterte Restsatz erweist sich als völlig korrekt und logisch.[6]

Wenn $r_n = 1$, während n eine gerade Zahl ist (wenn n eine ungerade Zahl ist, können wir die Situation immer umändern, um unsere Forderung zu erfüllen, den Rest zu einer Einheit zu machen, wie im Obigen gezeigt wurde); offenbar haben wir $r_{n-1} = l_{n-1} a_i - c_{n-1} G_i$; $r_n = c_n g_i - 1_n a_i = l$, das ist $c_n g_i \equiv 1 \pmod{a_i}$. Dies beweist, daß c_n das verlangte k_i ist.

In Qin Jiushaos Zeit wurden alle Berechnungen mit Rechenstäben ausgeführt. Auf einem Rechenbrett setzt Qin die ungerade Zahl g in die obere rechte Ecke und die feste Zahl a in die untere rechte Ecke. In die obere linke Ecke setzt er 1 (was er *tianyuan* 1 [Himmlische Monade Eins] nennt). Dann teilt Qin

---

6 Tatsächlich, wenn $l_2 = q_2$, $l_3 = q_3 l_2 + 1$, $l_4 = q_4 l_3 + l_2 \ldots l_n = q_n l_{n-1} + l_{n-2}$, dann $r_1 = a_i - g_i q_1 = a_i - c_1 g_i$;
$\quad r_2 = g_i - r_1 q_2 = g_i - (a_i - c_1 g_i) q_2 = c_2 g_i - l_2 a_i$;
$\quad r_3 = r_1 - r_2 q_3 = (a_i - c_1 g_i) - (c_2 g_i - l_2 a_i) q_3 = l_3 a_i - c_3 g_i$.
$\quad$ usw.

innerhalb der rechten Reihe die größere Zahl durch die kleinere Zahl, multipliziert die Quotienten mit der oberen (oder unteren) linken Zahl und addiert das Produkt zu der unteren (oder oberen) linken Zahl, bis 1 in der oberen rechten Ecke erscheint. Es folgt eine Darstellung von Qins Rechenstäbchen-Rechnung in Symbolen. Rechts ist ein Beispiel in Zahlen ($g = 20$, $a = 27$, $k = c_4 = 23$):

Tianyuan 1	ungerade	g_i	
	feste	a_i	

1,	20
	27

1	g_i	
$c_1 = q_1$,	r_1	
	(q_1)	

1,	20
1,	7

$c_2 = c_1 q_2 + 1$,	(q_2)
	r_2
c_1,	r_1

3,	6
1,	7

$\cdot$
$\cdot$
$\cdot$

c_{n-2},	r_{n-2}
$c_{n-1} = c_{n-2}q_{n-1} + c_{n-3}$,	r_{n-1}
	(q_{n-1})

3,	6
4,	1

	(q_n)
$c_n = c_{n-1} q_n + c_{n-2}$,	1
c_{n-1},	r_{n-1}

23,	1
4,	1

Im *Shu Shu Jiu Zhang* lehrt Qin, wie er eine Reihe von praktischen Problemen für Kalenderberechnungen, Maschinenbau, staatliche Steuern und Dienstabgaben und sogar für Militärangelegenheiten gelöst hat. Dazu gehört die Berechnung der Anzahl von Jahren, Monaten und Tagen der Konjunktion des Sonnenjahres, des Mondmonats und des 60jährigen Zyklus gemäß den veralteten Kalendern, der verschiedenen Erträge beim Bau von Erdwällen, erbracht von verschiedenen Arbeitergruppen aus verschiedenen Präfekturen mit verschiedenen Graden der Produktivität; ferner die Berechnung der zurückgelegten Distanz und der von verschiedenen Boten damit verbrachten Tage, Nachrichten von einer Armee an der Kampffront zur Hauptstadt zu senden, die Mengen von beim Bau benötigten Ziegeln verschiedenartiger Größe, u. a. Bei der Berechnung macht Qin einen Unterschied zwischen dem, was er *yuanshu* nennt (a_i als ganze Zahlen), *shoushu* (a_i als Dezimalzahlen) und *tongshu* (a_i als Brüche), und entwirft eine Methode, alle drei zu behandeln. Durch die *dayan*-Methode verwandelt er Dezimalzahlen und Bruchzahlen in ganze Zahlen. Bei praktischen Problemen sind die Moduli in den dazugehörigen Kongruenzen manchmal Zahlen, die nicht paarweise teilerfremd sind. In solchen Fällen wählt Qin passend die *yuanshu*-Faktoren aus, um *dingshu* zu sein, und reduziert die Probleme zu denjenigen, die paarweise teilerfremde Moduli liefern.[7] Qins Formulierungen in diesen Punkten, genau und systematisch hinsichtlich der Theorie, erfinderisch und tiefgehend im Denken, sind auch nach modernen mathematischen Maßstäben großartige Leistungen.

Die *dayan*-Methode war höchstwahrscheinlich Qins Zusammenfassung der Berechnungsmethode für *shang yuan ji nian*. Jedoch war seine Tätigkeit der seiner Zeitgenossen so überlegen, daß sein Buch nach der Mitte der Ming-Dynastie (nach 1500 etwa) fast vergessen und verloren war. Als es während der Qing-Dynastie wiederentdeckt wurde, erregte es das Interesse vieler Mathematiker, die auf Erläuterungen, Vereinfachungen und Verbesserungen der *dayan*-Methode viel Mühe verwandten. Einer von ihnen, Huang Zongxian, gibt in seinem *Qiu Yi Shu Tong Jie (Gründliche Erklärung der Methode der Einheitssuche)* eine viel einfachere Methode bei der Behandlung von Moduli, die nicht paarweise teilerfremde Zahlen sind. Aber Huangs Buch erschien erst gegen Ende des 19. Jahrhunderts.

Die Beiträge altchinesischer Meister zu linearen Kongruenzen, von der Lösung des Problems der «Unbekannten Zahl von Dingen» im *Sun Zi Suan Jing* bis zur *dayan*-Methode von Qin Jiushao, waren glänzende Leistungen in der Geschichte der Mathematik. Der früheste europäische Versuch mit linearen Kongruenzen erfolgte in Italien durch Qins Zeitgenossen Leonardo Pisano (Fibonacci), der in seinem *Liber Abbaci* (1202) zwei Probleme präsentiert, die in ihrer Art ähnlich wie das Problem der «Unbekannten Zahl von Dingen» im *Sun Zi Suan Jing* sind, aber kaum glänzender als das letztere gelöst wurden. Erst im 18. und 19. Jahrhundert hatten zwei gelehrte europäische

---

[7] Qins Methode besteht darin, den gemeinsamen Faktor unter den *yuanshu* a_i durch einen bestimmten Prozeß zu beseitigen, so daß in jeden *yuanshu* ein Faktor t_i erhalten wird und $m = t_1 \times t_2 \times \ldots \times t_n$. Man beachte, daß m das kleinste gemeinsame Vielfache der a_i ist und die t_i paarweise teilerfremd sind. Qin nimmt dann t_i als *dingshu* und findet k_i nach der Methode *dayan qiu yi shu*.

Mathematiker, L. Euler (1743) und C. F. Gauss (1801), bei der Erforschung
linearer Kongruenzen Erfolg und entwickelten ein ähnliches Theorem wie
Qin Jiushao. Euler und Gauss gelangten zu einem überzeugenden Beweis für
die Eigenart von paarweise teilerfremden Moduli. Offensichtlich wußten
beide nichts von Qin Jiushaos Werk. Im Jahre 1852 veröffentlichte der englische Missionar A. Wylie seine *Jottings on the Science of the Chinese: Arithmetik*, worin er das Problem der «Unbekannten Zahl von Dingen» im *Sun Zi Suan
Jing* und Qin Jiushaos Methode erörterte, was sogleich die Aufmerksamkeit
europäischer Mathematiker erregte. Im Jahre 1876 betonte ein deutscher
Gelehrter, L. Matthiessen, die Gleichheit von Qins Methode mit der Gauss-
Formel. Moritz Cantor, ein großer deutscher Historiker der Mathematik, las
Matthiessens Artikel und lobte die *dayan*-Methode als eine Schöpfung des
«glücklichsten Scharfsinns» der chinesischen Mathematiker. Sogar heutzu-
tage bleibt die *dayan*-Methode zur Lösung von Kongruenzen ein äußerst
interessantes Thema unter westlichen Mathematik-Historikern. Ulrich Lib-
brecht, ein belgischer Mathematiker und Sinologe, schreibt in *«Chinesische
Mathematik im 13. Jahrhundert»*, 1973 veröffentlicht: «Wenn wir die frühe
Zeit von Ch'ins[8] Arbeit auf dem Gebiet der indeterminaten Analysis in
Betracht ziehen, können wir erkennen, daß Sarton[9] nicht übertrieb, als er
Ch'in Chiu-shao ‹einen der größten Mathematiker seiner Rasse, seiner Zeit
und tatsächlich aller Zeiten› » nannte.

Alte Mathematiker Indiens leisteten ebenfalls wichtige Beiträge für lineare
Kongruenzen. Zwischen dem 6. und 12. Jahrhundert, mehrere Jahrhunderte
nach dem *Sun Zi Suan Jing*, entwickelten sie ihre eigene *Kuttaka*-Methode zur
Lösung unbestimmter Gleichungen ersten Grades.[10] Probleme, ähnlich denjenigen der «Unbekannten Zahl von Dingen», wurden in den Werken von
Brahmagupta (7. Jahrhundert) und Máhavîra (9. Jahrhundert) behandelt. Wir
behaupten nicht, daß die *Kuttaka*-Methode von den Chinesen inspiriert war.
Aber die Behauptung von L. Van Hees, daß die chinesische *dayan*-Methode
aus der *Kuttaka*-Methode Indiens stamme, ist unrichtig. L. Van Hees argu-
mentierte, daß indischer Einfluß auf die Chinesen durch das Schreiben numerischer Ziffern horizontal von links nach rechts bewiesen werde – eine Praxis,
die anscheinend im Gegensatz zu der altchinesischen Schreibweise senkrecht
von rechts nach links steht. Aber Van Hees wußte nicht, daß Rechenstäbchen

---

[8] Qin Jiushao wurde in alten Veröffentlichungen in englischer Sprache vor Einführung des chinesischen phonetischen Alphabets als Ch'in Chiu-shao buchstabiert.
[9] G. Sarton ist ein amerikanischer Gelehrter, spezialisiert auf Wissenschaftsgeschichte. Libbrecht
zitiert aus Sartons *«Einführung in die Wissenschaftsgeschichte»* (1927).
[10] Unbestimmte Gleichungen ersten Grades sind eng verwandt mit linearen Kongruenzen. Um
zum Beispiel die integralen Lösungen von $by - ax = c$ zu finden, erhalten wir $by = ax + c$. Das ist
gleich $by \equiv c \pmod{a}$.

in China lange vor der Zeit der Streitenden Reiche (475–211 v. Chr.) erschienen waren und daß alle Rechenstäbchen-Ziffern nach einer Dezimalstellen-Grundlage horizontal von links nach rechts angeordnet wurden, wie durch die auf alte Münzen aus dem 3. Jahrhundert gegossenen Ziffern zu belegen ist. Die Studien altchinesischer Mathematiker über lineare Kongruenzen und besonders die *dayan*-Methode stehen also zu Recht in dem Ruf, mit dem Chinesischen Restsatz das Theorem zur Lösung linearer Kongruenzen entwickelt zu haben.

Die numerische Lösung von Gleichungen höheren Grades und die *Tianyuan*-Methode

Guo Shuchun

Im alten und mittelalterlichen China wurde die Methode zur Lösung algebraischer Gleichungen *kaifangshu*[1] genannt, was in der Song-Dynastie (960–1279) zu *zeng cheng kai fang fa* weiterentwickelt wurde, das heißt zur Methode der Berechnung der Wurzeln einer Gleichung durch aufeinanderfolgende Additionen und Multiplikationen. Weiterhin wurden *tianyuanshu* und *siyuanshu* erfunden. *Tianyuanshu* war eine Methode, eine Gleichung höheren Grades aufzubauen, indem man das *tianyuan* als die Unbekannte annahm; *siyuanshu* war eine Methode zur Lösung eines Systems von Gleichungen höheren Grades. Diese Methoden bildeten originale Beiträge des mittelalterlichen Chinas zur Mathematik.

Das Jia-Xian-Dreieck – numerische Hinweise für *Kaifangshu*

Eine wichtige Leistung für die Algebra war in der Song-Dynastie *kai fang zuo fa ben yuan tu* (Grundschema zur Lösung von Gleichungen), eingeführt von Jia Xian, einem Mathematiker, der in der ersten Hälfte des 11. Jahrhunderts lebte, in seinem Buch *Huang Di Jiu Zhang Suan Fa Xi Cao* (*Lösungen zu den Problemen der neun Mathematikkapitel des Gelben Kaisers*). Das schematische Diagramm ordnet tabellarisch die Binominalkoeffizienten bis zur 6. Potenz und hat als Exponenten positive ganze Zahlen.

Dasselbe Diagramm ist in Europa als das Pascalsche Dreieck bekannt, das Blaise Pascal 1654, mehr als 600 Jahre nach Jia Xian gefunden hat. Im Jahre 1527 erschien das gleiche Dreieck auf der Titelseite der *Arithmetik*, geschrieben von dem deutschen Mathematiker Petrus Apianus, der allerdings auch mehr als 500 Jahre später als Jia lebte, ein Grund dafür, das Diagramm als das Jia-Xian-Dreieck zu bezeichnen.

Die ersten drei Sätze einer Anmerkung unter dem Jia-Xian-Dreieck erklären die Struktur des Dreiecks und die Rollen, welche die Zahlen beim Lösen von

---

[1] Im alten und mittelalterlichen China war *kaifangshu* nicht auf das Wurzelziehen von Gleichungen in der Form von $x^n = N$ beschränkt, was der chinesische Ausdruck jetzt bezeichnet. Die Methode hatte die viel weitere Anwendung, die positiven Wurzeln von numerischen Gleichungen zu finden. Der Ausdruck *fangcheng* bedeutete damals simultane lineare Gleichungen, nicht eine Gleichung mit einer einzigen Variablen.

Gleichungen spielen. Die Zahlen auf der $n + 1$. Reihe zeigen die Koeffizienten der entwickelten Ausdrücke der binominalen Gleichung $(a + b)^n$, die n positive ganze Zahlen darstellen. Die Zahlen auf den linken und rechten äußeren Schräglinien, das ji (a^n) und das $yusuan$ (b^n) genannt, sind jeweils Koeffizienten des ersten und des letzten Ausdrucks. Die inneren Zahlen «2», «3, 3», «4, 6, 4»... auf der 3., 4., 5.... Reihe, die $lian$ genannt, sind Koeffizienten der inneren (außer dem ersten und dem letzten) Ausdrücke, wenn binominale Gleichungen des zweiten, dritten, vierten... Grades entwickelt werden. Die Ausdrücke ji, yu und $lian$ haben ihren Ursprung in der alten $kaifangshu$.[2] Dem Diagramm ist eine Liste von «Methoden der Koeffizienten-Berechnung durch Additionen und Multiplikationen» *(zeng cheng kai fang qiu lian fa cao)* hinzugefügt, die von Jia Xian «die Grundmethode zum Finden der Koeffizienten» *(qiu lian ben yuan)* genannt wurden.

Das Jia Xian-Dreieck war zuerst bloß für das Wurzelziehen gedacht, und seine Benennung deshalb *kai fang zuo fa ben yuan tu* (wörtlich: Die Grundmethode zum «Wurzelziehen»). Die letzten zwei Sätze in der Anmerkung fassen die Methode des Wurzelziehens des n-ten Grades mit Hilfe der Koeffizienten zusammen. Das heißt: die Koeffizienten auf der $n + 1$. Reihe mit einem angenommenen Wert für die Wurzel multiplizieren; dann subtrahiere man die n-te Potenz dieser Wurzel von shi (der Konstanten, deren Wurzel gezogen werden soll). Man teile die Differenz durch das Produkt des angenommenen Wertes und des Koeffizienten, und ein zusätzlicher Wert für die Wurzel ist erhalten. Zum Beispiel erhält man beim Ziehen der Quadratwurzel von N

$$(x_1 + x_2)^2 = x_1^2 + 2x_1x_2 + x_2^2 = x_1^2 + (2x_1 + x_2)x_2$$

aus der 3. Reihe des Jia-Xian-Dreiecks. Ein primärer Wert x_1 für die Wurzel wird durch Probieren gewonnen. Ein zusätzlicher Wert x_2 wird durch das Dividieren von $N - x_1^2$ durch $2x_1$ angenommen. Man addiere x_2 zu $2x_1$ und multipliziere die Summe mit x_2. Zuletzt subtrahiere man das Produkt von

---

2 Das Ziehen der Quadrat- oder Kubikwurzel wurde im alten China mit geometrischen Zeichen dargestellt. Das Quadrat- oder Kubikzeichen des $chushang$ («primäre Überlegung») ist ein großes Quadrat (a^2) oder ein großer Kubus (a^3), das ji oder das $fang$ genannt. Das Quadrat- oder Kubikzeichen des $cishang$ («zusätzliche Überlegung») für die Wurzel ist ein kleines Quadrat (b^2) oder ein kleiner Kubus (b^3), was eine kleine Ecke in der ganzen Figur $(a + b)^2$ oder $(a + b)^3$ einnimmt, daher das yu (wörtlich «Ecke») genannt. Das Resultat der primären wie der zusätzlichen Überlegung ist ein Rechteck (ab) oder ein rechtwinkliges Parallelepiped oder flaches quadratisches Parallelepiped (a^2b oder ab^2), das seine Stelle längs einer oder zwei Seiten der ganzen Figur hat und so das $lian$ («Seite») genannt wurde. Zum Ziehen einer Quadratwurzel müssen wir bei jedem Schritt für zwei Rechtecke rechnen, wie auf der 3. Reihe in dem Jia Xian-Dreieck gezeigt wird. Um eine Kubikwurzel zu ziehen, haben wir bei jedem Schritt für drei rechteckige Parallelepipedons und drei flache quadratische Parallelepipedons zu rechnen, was in der 4. Reihe in dem Jia Xian-Dreieck dargestellt ist.

Abb. 31
Jia Xians «Grundschema zur Lösung von Gleichungen», reproduziert aus dem *Yong Le Da Dian (Große Enzyklopädie der Yongle-Regierung)*.

$N - x_1^2$. Ähnlich wird die Kubikwurzel von N mittels der Koeffizienten 1, 3, 3, 1 auf der 4. Reihe des Dreiecks gezogen.

Offensichtlich kann das gleiche Verfahren zum Ziehen der Wurzel n-ten Grades von N mittels der Koeffizienten auf der $n + 1$. Reihe in dem Jia-Xian-Dreieck angewandt werden. Die Methode des Quadrat- oder Kubikwurzel-ziehens, die mehr als 1000 Jahre lang vor Jia benutzt worden war, wurde zum Ziehen einer beliebigen Wurzel höheren Grades erweitert. Das war eine große Verbesserung der alten Methode.

Das Jia-Xian-Dreieck bahnte in China den Weg für die Mathematiker der Song- und der Yuan-Dynastie (10. bis 14. Jahrhundert). In der Frühzeit der Yuan-Dynastie (1271–1368) wurde das Dreieck bis zur 9. Reihe (der 8. Potenz) von Zhu Shijie erweitert, wodurch die Entwicklung der begrenzten Differenzen und die Zusammenfassung arithmetischer Reihen höherer Ordnung stark vereinfacht wurde. Das grundlegende Verfahren des Addierens und Multiplizierens zum Finden der Koeffizienten in dem Dreieck führte zu einer neuen Methode der Lösung numerischer Gleichungen höheren Grades – *zeng cheng kai fang fa*. Auf das Jia-Xian-Dreieck wurde sogar weitgehend noch in der Ming-Dynastie (1368–1644) und der Qing-Dynastie (1644–1911) zurückgegriffen.

Zeng Cheng Kai Fang Fa

In der modernen Mathematik ist das sehr einfache Verfahren von Qin Jiushao als Methode zur Lösung höherer algebraischer Gleichungen bekannt. In Wirklichkeit wurde dieses Verfahren von Jia Xian in der Nördlichen Song-Dynastie (900–1127) eingeführt, von Qin Jiushao in der ersten Hälfte des 13. Jahrhunderts während der Südlichen Song-Dynastie (1129–1279) nur zur Reife gebracht. Eine ähnliche Methode wurde von William George Horner im Jahre 1819 geschaffen, nahezu 600 Jahre nach Qin und mehr als 700 Jahre nach Jia. Das Qin-Jiushao-Verfahren kennzeichnete eine neue Epoche in der Algebra numerischer höherer Gleichungen.

Zeng cheng kai fang fa war nicht nur ein Rechenschritt unter Benutzung der Koeffizienten in dem Dreieck. Vielmehr wurde für dasselbe Resultat eine Methode von aufeinanderfolgenden Multiplikationen und Additionen angewandt. Befolgen wir diese Methode und versuchen, x in $x^4 = N$ zu finden. Zuerst wird das Diagramm 1 (früher mit Rechenstäbchen) hergestellt:

1. *shang* (Wurzel); 2. *shi* (Konstante); 3. *fang* (Koeffizient von x); 4. *shang-lian* (Koeffizient von x^2); 5. *xialian* (Koeffizient von x^3); 6. *yu* (Koeffizient von x^4, dem niedrigsten Divisor).

1.		x_1		x_1
2.	N	$N - x_1 x_1^2 = N - x_1^4$		$N - x_1^4$
3.	0	$x_1 \cdot x_1^2 + 0 = x_1^3$		$x_1 \cdot 3x_1^2 + x_1^3 = 4x_1^3$
4.	0	$x_1 \cdot x_1 + 0 = x_1^2$	$\rightarrow$	$x_1 \cdot 2x_1 + x_1^2 = 3x_1^2$
5.	0	$x_1 \cdot 1 + 0 = x_1$		$x_1 \cdot 1 + x_1 = 2x_1$
6.	1	1		1
	(1)	(2)		(3)

Chushang (primärer Wert für die Wurzel) wird durch Probieren als x_1 angenommen. Man multipliziere *yu* mit x_1 und addiere das Produkt zu *xialian*. Multipliziere *xialian* mit x_1 und addiere das Produkt zu *shanglian*. Multipliziere *shanglian* mit x_1 und addiere das Produkt zu *fang*. Zuletzt multipliziere man *fang* mit x_1 und subtrahiere das Produkt von *shi*, und wir erhalten das Diagramm 2, wie oben gezeigt. Wenn es keinen Rest gibt, so ist x_1 die Wurzel. Falls es einen Rest gibt, beginne man die Rechenoperation von neuem, und zwar in Diagramm 2 durch Multiplizieren des Ausdrucks in der unteren Reihe mit x_1 und addiere das Produkt zu dem Ausdruck in der nächsten Reihe darüber. Man beginne bei *yu* und fahre fort bis zur Reihe von *fang*. Dann erhält man das Diagramm 3. Man wiederhole die Operation in Diagramm 3 und später in Diagramm 4 und 5. Dabei ist zu beachten, daß in jeder Runde genau in der Reihe eingehalten wird, die unmittelbar neben derjenigen Reihe liegt, bei der die vorhergehende Runde von Multiplikationen und Additionen beendet wurde. Diagramm 5 ist eine reduzierte Gleichung aus

$$x^4 + 4x_1x^3 + 6x_1{}^2x^2 + 4x_1x = N - x_1{}^4.$$

In Diagramm 5 nimmt man ein *cishang* an (zusätzlicher Wert für die Wurzel) und beginnt die Operation nochmals. Wenn die Subtraktion von *shi* keinen Rest läßt, so ist $x_1 + x_2$ die Wurzel. Falls es einen Rest gibt, wiederhole man die Operation in Diagramm 3 und danach in Diagramm 4 und 5; man finde eine Lösung für die zweite reduzierte Gleichung und so weiter, bis das erforderliche Resultat erhalten ist.

x_1	x_1
$x_1{}^4$	$N - x_1{}^4$
$4x_1{}^3$	$4x_1{}^3$
$x_1 \cdot 3x_1 + 3x_1{}^2 = 6x_1{}^2$	$6x_1{}^2$
$x_1 \cdot 1 + 2x_1 = 3x_1$	$x_1 \cdot 1 + 3x_1 = 4x_1$
1	1
(4)	(5)

Im Vergleich zu früheren Methoden des Wurzelziehens war die obige Methode geschickt und einfach. Sie konnte für beides, Wurzelziehen und Lösung jeglicher numerischen höheren Gleichung verwendet werden. Tatsächlich enthält die in Diagramm 5 gezeigte reduzierte Gleichung nicht nur die höchste Potenz von x, sondern auch niedere Potenzen von x. Es gibt eine Darstellung des Wurzelziehens vierten Grades in Jia Xians Werken, laut Yang Hui ist sie aus dem 13. Jahrhundert.

Diese von Jia Xian entwickelte Methode des Wurzelziehens durch aufeinanderfolgende Additionen und Multiplikationen bildete einen Meilenstein in der Geschichte der Mathematik. Doch blieb Jias Anwendung seiner Methode auf die Lösung monominaler Gleichungen in der Form von $x^2 = N, x^3 = N$ und $x^4 = N$ beschränkt. Die Koeffizienten der Unbekannten und die Konstanten in altchinesischen algebraischen Gleichungen waren bis zu Jia Xian immer positive Zahlen gewesen. Laut Yang Hui rechnete erst Liu Yi im 12. Jahrhundert mit negativen Zahlen. In Lius Buch *Yi Gu Gen Yuan* (*Abhandlung über die alten Quellen*) erwähnt er jeweils die negativen Koeffizienten von x und x^2 (*fufang* und *yiyu*) in quadratischen Gleichungen, das heißt Gleichungen in der Form von $x^2 - ax = b$ und $-x^2 + ax = b$, wobei a und b größer sind als Null. Liu gibt mehrere Methoden zur Lösung solcher Gleichungen. Erwähnenswert unter ihnen sind *yijishu* (Methode des Zunehmens der Konstante) und *jian-*

congshu (Methode des Verminderns des Koeffizienten von x). *Yijishu* ist so benannt, weil es, nachdem *chushang* x_1 bestimmt ist, jeweils ax_1 mit der *fufang*-Gleichung vermehrt oder x_1^2 mit *yiyu* und x_1^2 oder ax_1 davon subtrahiert. *Jiancongshu* hat seinen Namen, da es, nachdem *chushang* x_1 festgelegt ist, *jiancong* $x_1 - a$ mit *fufang* erwirbt oder $a - x_1$ mit *yiyu*, und $(x_1 - a)x_1$ oder $(a - x_1)x_1$ von der Konstanten abzieht. Die zwei Methoden wurden nicht von *zeng cheng kai fang fa* abgeleitet. Die Methode des «Verminderns des Koeffizienten des x-Gliedes oder seiner Beseitigung» war jedoch der *zengcheng*-Methode ähnlicher als die andere. Beide Methoden Liu Yis können als die ersten zwei Bindeglieder in der Gedankenkette betrachtet werden, die zur Lösung von Gleichungen n-ten Grades mit einem negativen Koeffizienten für entweder x^n oder eine niedere Potenz von x mit Hilfe der *zengcheng*-Methode führten. Im *Yi Gu Gen Yuan* gibt es folgende Gleichung 4-ten Grades:

$$- ax^4 + bx^3 + cx^2 = N \, (a, b, c, N > 0),[3]$$

die gelöst wird durch *zeng cheng kai fang fa*. So wurde der Weg frei für den Gebrauch von *zeng cheng kai fang fa* zur Findung positiver Wurzeln von numerischen Gleichungen aller Grade mit negativen Koeffizienten – ein Verfahren, das Qin Jiushao vervollkommnete, wie 100 Jahre später im *Shu Shu Jiu Zhang (Mathematische Abhandlung in neun Teilen)* berichtet wurde.

Da alle algebraischen Gleichungen im alten und mittelalterlichen China aus praktischen Problemen entstanden, hatten Mathematiker vor Qin Jiushao *shi* immer als eine praktisch bekannte Größe angesehen. *Shi* war stets der positive konstante Ausdruck gewesen, den man auf die rechte Seite der Gleichung setzen mußte. Qin Jiushao jedoch hielt es für besser, *shi* auf die Seite der unbekannten Ausdrücke zu setzen, so daß die ganze Gleichung Null ergibt. In einer so angeordneten Form konnten die Multiplikationen und Additionen nach der *zengcheng*-Methode bis zum Ende durchgeführt werden. In seinen Werken macht Qin deshalb den konstanten Ausdruck stets negativ. Seine Wurzelziehform wird

$$f(x) = a_0 x^n + a_1 x^{n-1} + a_2 x^{n-2} + \ldots + a_{n-1} x + a_n = 0,$$

wobei $a_n < 0$, $a_0 \neq 0$. Die Koeffizienten außer der Konstanten in solch einer Gleichung können entweder positiv oder negativ sein, ganze Zahlen oder Dezimalzahlen. Das heißt, Qin war fähig, die positiven Wurzeln aller numerischen Gleichungen zu finden. Qin nennt seine Methode *zheng fu kai fang shu*, die Methode des Lösens von Gleichungen mit «positiven-negativen» Koeffizienten. Wenn der erste Koeffizient $a_0 \neq 1$, nennt Qin seine Methode «das Zie-

---

[3] Die Gleichung lautet tatsächlich: $- 5x^4 + 52x^3 + 128x^2 = 4096$.

hen der verzweigten n-ten Wurzel» *(kai lian zhi mou cheng fang).* Wenn eine
Gleichung nur gerade Potenzen von x enthält, nennt Qin seine Methode «das
Ziehen harmonisch abwechselnder n-ter Wurzeln» *(kai ling long mou cheng
fang).* Während der Operation des Wurzelziehens nähert sich die Konstante
der reduzierten Gleichung oft stetig an Null an. Manchmal wechselt der konstante Ausdruck das Vorzeichen, von Qin als *huangu* (wörtlich «gewechselte
Knochen») bezeichnet. Manchmal bleibt ein negativer konstanter Ausdruck
negativ, aber sein absoluter Wert erhöht sich, von Qin *toutai* (wörtlich «wie-
dergeboren») genannt. Wenn eine irrationale Wurzel erhalten wird, entwik-
kelt Qin ferner die Idee von *weishu* (winzigen Zahlen), die Liu Hui bereits im
3. Jahrhundert eingeführt hatte. Qin erweitert das Wurzelziehen auf den
Dezimalteil der Wurzel, um einen Annäherungswert der Wurzel zu erlangen.
Liu Huis Idee von *weishu* war die von Dezimalzahlen in der Knospe. Qin Jiushao scheint der erste gewesen zu sein, der dies begriffen hat.

Tianyuan-Bezeichnung

Die *zengcheng*-Methode des Findens von positiven Wurzeln in Gleichungen
höheren Grades reifte mit der Zunahme von *tianyuanshu* – Aufstellen einer
Gleichung auf dem Rechenbrett und Anordnen der Stäbchen zur Lösung der
Gleichung. Eine Unbekannte anzunehmen und dafür eine algebraische Gleichung zu schreiben, erfordert heute nur mathematische Grundkenntnisse.
Aber vor der Erfindung der *tianyuan*-Bezeichnung war dies eine große Aufgabe. Um eine kubische Gleichung in Gedanken auszudrücken, mußte Wang
Xiaotong, ein großer Mathematiker der frühen Tang-Dynastie (618–907), zu
wörtlicher Umschreibung Zuflucht nehmen. Das machte seinen Stil natürlich
schwerfällig und seine Denkweise für andere schwer verständlich. Immer
kompliziertere Gleichungsformen ließen ihre Schreibweisen immer schwieriger werden. Man suchte dringend nach einer einfachen und schnellen Formulierung der Gleichungen. Unter solchen Umständen kam es zur Entstehung
der Bezeichnung *tianyuan*.

   Aus der Geschichte ist bekannt, daß es in Nordchina in den Dynastien von
Kin und Yuan (1115–1368) eine Unmenge Bücher über *tianyuan* gab. Leider
sind fast alle verloren, einschließlich des *Huang Di Jiu Zhang Suan Fa Xi Cao*
und des *Yi Gu Gen Yuan.* Unter den wenigen vorhandenen Werken über das
Thema sind das *Ce Yuan Hai Jing (Umfassender Spiegel der Kreismessung)*
von 1248, das *Yi Gu Yan Duan (Neue Schritte in der Kunst des Rechnens)*, 1259
von Li Ye verfaßt, das *Suan Xue Qi Meng (Einführung in die Mathematik)* von
1299 und das *Si Yuan Yu Jian (Jadespiegel der vier Elemente)*, 1303 von Zhu
Shijie geschrieben.

   Die *tianyuan*-Methode begann mit dem Festsetzen einer Unbekannten auf

dem Rechenbrett als *tianyuanyi* (ein Einheitssymbol, als Stellenindikator die-
nend). Dann wurden zwei gleiche Polynome in Ausdrücken der Unbekannten
gebildet, um den Anforderungen eines besonderen Problems zu entsprechen.
Ein Polynom wurde von dem anderen abgezogen, um eine Gleichung zu
erhalten, die gleich Null war. Zuletzt wurde die positive Wurzel der Gleichung
nach der *zengcheng*-Methode gezogen. Offenbar gibt es keinen Unterschied
zwischen *tianyuan* und der Weise, wie eine moderne algebraische Gleichung
aufgestellt wird. Die *tianyuan*-Bezeichnung hatte sich jedoch unabhängig von
der altchinesischen *kaifangshu* entwickelt, während in Europa die moderne
algebraische Gleichung und ihre Lösung erst im 16. Jahrhundert erschienen.

Allerdings ging die Entwicklung von der altchinesischen *kaifangshu* zu der
tianyuan-Bezeichnung nicht glatt vor sich. Zuerst benutzte man neun Schriftzeichen von *tian* (Himmel) bis *xian* (Gott) und neun weitere von *di* (Erde)
bis *gui* (Geist), um jeweils die positiven und negativen Potenzen der Unbekannten anzugeben, während *ren* (Mensch) zur Bezeichnung des konstanten
Ausdrucks verwendet wurde. Später wurden die Symbole auf *tianyuan* und
diyuan für die jeweiligen positiven und negativen Potenzen reduziert, während die Konstante durch *tai* (das Absolute) ausgedrückt wurde. Es war Li Ye,
der die Bezeichnung weiter vereinfachte und nur das *tianyuan* für die Potenzen der Unbekannten gebrauchte. Im *Ce Yuan Hai Jing* befolgte Li die uralte
Regel, die positiven Potenzen über die negativen und den konstanten Ausdruck zu setzen. Später kehrte er im *Yi Gu Yen Duan* die Regel um, indem er
die negativen Potenzen über die positiven und die Konstante setzte, in Übereinstimmung mit der traditionellen Anordnung von *kaifangshu*. Manchmal
wurde die Unbekannte als *yuan* (das Primäre) bezeichnet, manchmal die Konstante als *tai*, weil ein einziger Stellenindikator ausreichend war. Für negative
Zahlen gab es einen diagonalen Strich quer über die Einheitsziffer. Li machte es
im Gegensatz zu Qin Jiushao nicht zur Regel, daß die Konstante negativ sein
muß. Sein konstanter Ausdruck konnte entweder positiv oder negativ sein. Lis
Anordnungen wurden in dieser Hinsicht von späteren Mathematikern wie
Zhu Shijie und Guo Shoujing befolgt. Zum Beispiel wurde die Gleichung

$$25x^2 + 280x - 6905 = 0$$

auf dem Rechenbrett entweder dargestellt als

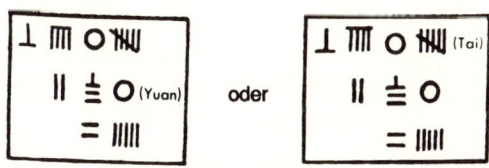

Li Yes Werke zeigen, daß die vier arithmetischen Grundoperationen der Addition, Subtraktion, Multiplikation und Division in der ersten Hälfte des 13. Jahrhunderts geschickt für Polynome angewandt wurden. Nur in der Division war der Divisor der einzige Ausdruck für die Unbekannte. Alle *tianyuan*-Gleichungsausdrücke, außer der Konstanten, mußten aus Unbekannten zusammengesetzt sein, deren Exponenten positive ganze Zahlen waren. Wurzeln und Brüche wurden als erstes beseitigt, indem sie vor dem Versuch, die Gleichung zu lösen, erhöht oder mit einem gemeinsamen Vielfachen der Nenner multipliziert wurden.

Siyuanshu

Schon früh in der Westlichen und Östlichen Han-Dynastie (206 v. Chr.–220 n. Chr.) waren chinesische Mathematiker imstande, Systeme linearer Gleichungen zu lösen, die Methode dafür wurde *fangchengshu* genannt. Die Anwendung der *tianyuan*-Bezeichnung auf die Gleichungssysteme brachte nacheinander hervor: *eryuanshu* (Lösen eines Systems von Gleichungen höheren Grades mit zwei Variablen), *sanyuanshu* (Lösen eines Systems von Gleichungen höheren Grades mit drei Variablen) und schließlich *siyuanshu*.

Das *Si Yuan Yu Jian*, geschrieben von Zhu Shijie, war ein Meisterwerk über *siyuanshu*.

Siyuanshu war eine Anordnung von vier Gleichungen mit vier Variablen, jeweils durch *tian* (Himmel), *di* (Erde), *ren* (Mensch) und *wu* (Materie) dargestellt. Die Anordnungen sind in dem folgenden Diagramm mit x, y, z und u gezeigt und vertreten jeweils die vier Variablen.

$$
\begin{array}{ccccccc}
\vdots & \vdots & \vdots & \vdots & \vdots & \vdots & \vdots \\
\cdots y^3u^3 & y^2u^3 & yu^3 & u^3 & zu^3 & z^2u^3 & z^3u^3\cdots \\
\cdots y^3u^2 & y^2u^2 & yu^2 & u^2 & zu^2 & z^2u^2 & z^3u^2\cdots \\
\cdots y^3u & y^2u & yu & u & zu & z^2u & z^3u\cdots \\
 & & & \boxed{yz} & & & \\
\cdots y^3 & y^2 & y & Tai & z & z^2 & z^3\cdots \\
 & & \boxed{xu} & & \boxed{xyz} & & \\
\cdots xy^3 & xy^2 & xy & x & xz & xz^2 & xz^3\cdots \\
\cdots x^2y^3 & x^2y^2 & x^2y & x^2 & x^2z & x^2z^2 & x^2z^3\cdots \\
\cdots x^3y^3 & x^3y^2 & x^3y & x^3 & x^3z & x^3z^2 & x^3z^3\cdots \\
\vdots & \vdots & \vdots & \vdots & \vdots & \vdots & \vdots
\end{array}
$$

«Himmel» (x) ist unter den konstanten Ausdruck gesetzt, der durch *tai* bezeichnet ist, so daß die Potenz von x ansteigt, wenn x sich abwärts bewegt; «Erde» (y) ist zur Linken der Konstanten gesetzt, so daß die Potenz von y sich erhöht, wenn y sich nach links bewegt; «Mensch» (z) ist zur Rechten der Konstanten gesetzt, so daß die Potenz von z ansteigt, wenn z sich nach rechts bewegt; und «Materie» (u) ist über die Konstante gestellt, so daß die Potenz von u zunimmt, wenn u sich aufwärts bewegt. Die Produkte von linearen Ausdrücken, Quadraten, Kuben und höheren Potenzen von zwei benachbarten Unbekannten wie xy, x^2z und y^3u^3 sind an Punkten gezeigt, wo vertikale und horizontale Linien zusammentreffen und die jeweiligen Potenzen darstellen. Die Produkte von nicht benachbarten Unbekannten, wie xu, yz und xyz sind an Stellen zwischen den Linien gezeigt. Zum Beispiel sind die gleichzeitigen Gleichungen

$$-x-y-xy^2-z+xyz = 0, \tag{1}$$
$$x-x^2-y+z+xz = 0, \tag{2}$$
$$x^2+y^2-z^2 = 0 \tag{3}$$

in den folgenden Formen dargestellt:

 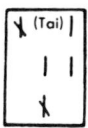 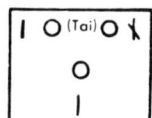

Die ersten Schritte von *siyuanshu* waren Reduktionen. Vier Gleichungen mit vier Variablen wurden auf drei Gleichungen mit drei Variablen reduziert, dann auf zwei Gleichungen mit zwei Variablen und schließlich auf eine Gleichung mit einer Variablen, die geeignet zum Wurzelziehen nach der *zengcheng*-Methode war. Das gesamte Verfahren war dem heute zur Lösung von Gleichungssystemen angewandten sehr ähnlich. Dennoch erfolgte die systematische Behandlung der Reduktionsregel beim Lösen von Gleichungssystemen erst im Jahre 1775 durch einen französischen Mathematiker – Etienne Bézout.

Die alte und mittelalterliche Algebra legte nur Wert auf praktische Probleme und vernachlässigte das Studium der Theorie, vor allem der der Gleichungseigenschaften. So hat die negative Zahl ihre längste Geschichte und früheste Anwendung in China, aber fast 2000 Jahre lang war die Lösung einer Gleichung auf die positive Wurzel beschränkt, die negative wurde ignoriert. Es gab weder Forschungen über die Beziehung zwischen dem Grad einer Gleichung und der Anzahl ihrer Wurzeln noch über diejenige zwischen den Wurzeln und den Koeffizienten. Die Lösungen für zwei benachbarte Probleme ergeben tatsächlich die zwei Wurzeln derselben quadratischen Gleichung, doch weder Liu Yi noch Yang Hui bemerkten dies. Überdies war *siyuanshu* immer auf die Möglichkeiten des zweidimensionalen Rechenbretts beschränkt. Es wurde von den alten Meistern wie Jia Xian, Liu Yi, Qin Jiushao, Li Ye und Zhu Shijie kein Versuch unternommen, Probleme in Angriff zu nehmen, die mehr als vier Variable in sich schlossen. Erst gegen Ende des 18. bzw. zu Beginn des 19. Jahrhunderts wurden diese Probleme von chinesischen Mathematikern wie Li Rui, Wang Lai, Jiao Xun und Luo Shilin untersucht. Li Rui fand heraus, daß eine Gleichung zwei negative Wurzeln und mehrfache Wurzeln haben kann. Er führte eine Methode zur Kennzeichnung der Wurzeln und Koeffizienten einer Gleichung ein. Wenn ein Polynom einen Vorzeichenwechsel hat, kann es nur eine positive Wurzel haben. Hat es zwei Vorzeichenwechsel, kann es zwei positive Wurzeln haben, bei drei Vorzeichenwechseln drei oder eine Wurzel. Hat ein Polynom vier Vorzeichenwechsel, hat es vier oder zwei positive Wurzeln. Diese Schätzungsmethode ist dieselbe wie die von René du Perron Descartes im Jahre 1637 eingeführte Vorzeichen-Regel.

Mechanik

Dai Nianzu

Alle Objekte in der Natur sind ständig in mechanischer Bewegung, und die Mechanik als Wissenschaft dieser Bewegung ist daher sehr umfangreich. Das alte China hatte umfassende Kenntnisse über die Mechanik, die im folgenden zusammengefaßt werden.

Schwerpunkt und Hebelgesetz

Seit alten Zeiten haben die Kenntnisse über den Schwerpunkt in China praktische Anwendung gefunden. Ein beim Dorf Banpo nahe Xian ausgegrabener und zur spätneolithischen Yangshao-Kulturstufe gehörender Wasserkrug kippt auf dem Wasser um, wenn er leer ist, richtet sich aber wieder auf, wenn er gefüllt ist. Zum Wasserschöpfen in den Brunnen geworfen, beweist sein Selbstaufrichtungsmechanismus die weitreichenden mechanischen Kenntnisse, die den Banpo-Menschen schon zu eigen waren. Aus der Praxis hatte der Mensch seit undenklichen Zeiten gelernt, den Schwerpunkt von Gegenständen sowie die Beziehung zwischen dem Metazentrum und der Stabilität eines schwimmenden Körpers zu nutzen.

Zur Zeit der Qin-Dynastie (221–207 v. Chr.) wurde dieser Krugtyp zu einem sich neigenden Gefäß weiterentwickelt. «Es neigt sich auf eine Seite, wenn es leer ist, richtet sich auf, wenn die gewünschte Wassermenge eingedrungen ist, und kippt um, wenn diese Menge überschritten ist», wird in einem Kapitel des *Xun Zi (Buch des Meisters Xun)* berichtet, das aus dem 3. Jahrhundert datiert ist. Die Ursache dieser Bewegungen ist offenbar der Schwerpunkt, der in dem leeren Gefäß ziemlich hoch liegt, so daß es sich nicht im Gleichgewicht befindet. Wenn eine gewisse Wassermenge in das Gefäß eindrang, veranlaßte der tiefer gesunkene Schwerpunkt das Gefäß, sich aufzurichten. Mehr Wasser jedoch trieb den Schwerpunkt hoch und kippte das Gefäß um. Dieser Typ eines «Neigungsgefäßes» wurde bis zur Tang-Dynastie (618–907) hergestellt.

Die Vorstellung von Kraft und Drehmoment hat sich lange Zeit hindurch aus der praktischen Erfahrung des Menschen entwickelt. Die alten Chinesen wendeten diese Vorstellung für den Gebrauch einfacher Geräte wie Schnellwaage, Flaschenzug, Rad und Achse, Ziehbrunnen (mit Gegenzug-Schöpfeimer) und Winde an. Ein informativer Bericht darüber findet sich im *Mo Jing (Mohistischer Kanon)* aus dem 4.–5. Jahrhundert v. Chr. Mo und seine Schüler waren bekannt für ihre Askese, ihre harte Arbeit, ihr ernsthaftes Experimen-

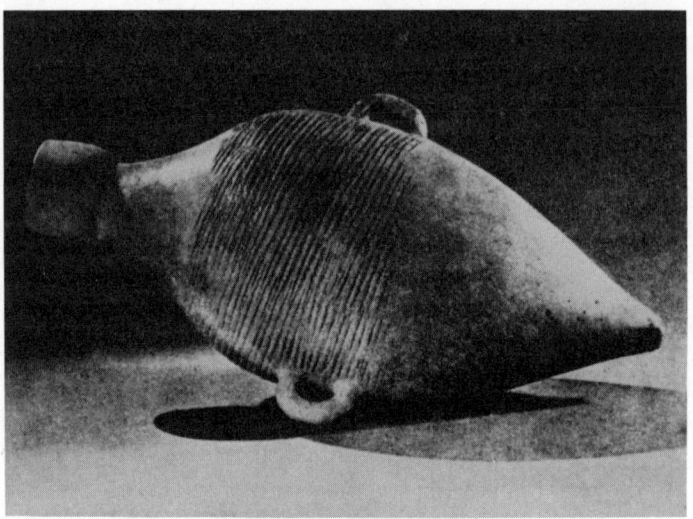

Abb. 32
Ein beim Dorf Banpo nahe Xi'an ausgegrabener Wasserkrug.

tieren, ihre große Tapferkeit und ihre Kriegskunst. Viele ihrer Werke beschäftigen sich mit naturwissenschaftlichen Fragen.

Im *Mo Jing* wird die Definition von Kraft aus der Stärke des menschlichen Körpers abgeleitet, die in dem Buch *xing* genannt wird, während Heben, Halten, Werfen, Schlagen etc. eines Objektes durch den menschlichen Körper als *fen* oder «Anstrengung» bezeichnet wird. «Kraft», nach dem *Mo Jing*, «ist dasjenige, was die ‹Form› veranlaßt, sich anzustrengen». Mit anderen Worten: Kraft ist das, was den menschlichen Körper befähigt, ein Ding zu bewegen, oder anders gesagt, jene Kraft ist dem Gewicht gleich. Es gibt ein Beispiel für Kraft als das, was den menschlichen Körper ein Gewicht heben läßt.

Bei der Erörterung des Hebelgesetzes an einer Balkenwaage und einer Schnellwaage gibt das *Mo Jing* eine Vorstellung des Drehmoments in mohistischen Begriffen (vgl. Abb. 34). Der Abstand zwischen dem Hebelpunkt und dem Punkt, an dem das Maßgewicht aufgehängt ist, wird *ben* genannt, und der zwischen dem Stützpunkt und dem Punkt, an dem das Schiebegewicht aufgehängt ist, *biao:*

«Wenn die Masse schwerer ist als das Schiebegewicht, ist der Hebel horizontal ausgeglichen, eben weil *ben* kürzer ist als *biao*. Wenn nun an beiden Aufhängepunkten das gleiche Gewicht hinzugefügt wird, muß die *biao*-Seite sinken. Zusammengefaßt heißt das, je schwerer eine Masse und je weiter sie vom Stützpunkt entfernt ist, desto mehr neigt sie zum Sinken; je

Abb. 33
Abbildung im *Wang Zhen Nong Shu (Wang Zhens landwirtschaftliche Abhandlung)*, die einen
Ziehbrunnen darstellt.

leichter eine Masse und je näher beim Stützpunkt, desto mehr neigt sie zum
Steigen.»

Wichtig bei dieser Auffassung von Gleichgewicht und Bewegung ist: Nicht
nur die verschiedenen Größen der Kraft und des Gewichtes, sondern auch die
verschiedenen Abstände der beiden Größen vom Stützpunkt sind zu berücksichtigen. Die von den Mohisten *biao* und *ben* genannten Abstände sind die
Hebelarme von «Anstrengung» und Belastung. Obwohl es im *Mo Jing* keine
zahlenmäßige Angabe über die Beziehung zwischen den Größen bei einem
Gleichgewichtshebel gibt, so zeigt es doch, daß die Mohisten schon vor Archimedes (ca. 287–212 v. Chr.) bemerkt hatten, daß das Gleichgewicht eines
Hebels viel mit seinen zwei «Armlängen» zu tun hatte.
    In der frühen Han-Dynastie (206 v. Chr.–220 n. Chr.) war die Wichtigkeit
des Stützpunktes im Hebelgesetz in China allgemein bekannt. Das *Huai Nan
Zi (Das Buch des Fürsten von Huai Nan)*, ein Kompendium der Naturphiloso-
phie, verfaßt von der Gelehrtengruppe um den Fürsten Liu An ca. 120 v. Chr.,
berichtet über die Beobachtung, daß

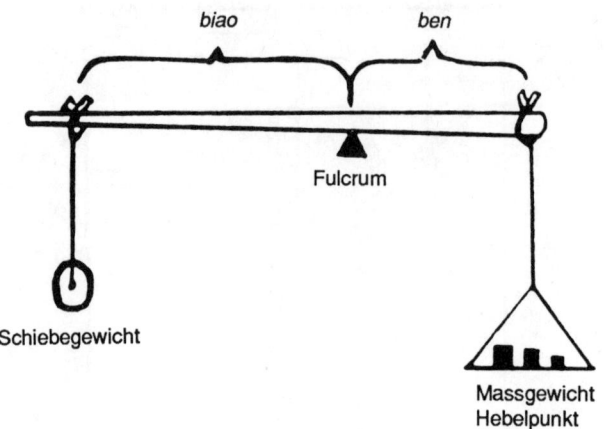

Abb. 34
Die Schnellwaage.

«eine Holzsäule mit einem Umfang, der 20 mal die Spanne zwischen den Spitzen des Daumens und des Zeigefingers ausmacht, ein Dach im Gewicht von 1000 *jun*[1] abstützen kann und daß ein Türriegel von fünf *cun*[2] Länge eine Tür verriegeln kann. Das bedeutet nicht, daß die Säule und der Riegel auf jeden Fall den gesamten Druck aufnehmen können, der von dem Dach und der Tür auf sie ausgeübt werden; vielmehr ist das ein Ergebnis der Drehpunktstellungen, in denen sie sich befinden und in denen der Druck am geringsten ist.»

Wenn eine Tür oben oder unten statt an einer geeigneten Stelle in der Mitte verriegelt ist, so braucht es tatsächlich viel weniger Anstrengung, sie gewaltsam zu öffnen.

Spannung und Verformung von Körpern

Von alters her lernte der Mensch die Eigenschaften von verschiedenen Stoffen durch seine Bautätigkeit und durch die Herstellung von Waren kennen.

Das *Xun Zi* sagt: «Starke und harte Stoffe eignen sich zur Herstellung von Säulen, während biegsame und zähe Stoffe zum Zusammenbinden von Din-

---

[1] 1 *jun* = 15 Kilogramm.
[2] 1 *cun* zur Zeit der Han-Dynastie = 2,3 Zentimeter.

gen geeignet sind.» Diese Schlußfolgerung ergab sich zwangsläufig aus der praktischen Erfahrung des Menschen.

Seit alten Zeiten hat man gelernt, daß sich Stoffe beim Gebrauch oder während der Verarbeitung verformen können. Bei der Analyse der Verformung von Holzbalken stellt das *Mo Jing* fest:

> «Wenn ein Querbalken unter einer Last gerade bleibt, ist der Balken stark genug, die Last zu tragen. Wenn eine weitere Last auf den Balken gelegt wird und er kein Anzeichen von Biegung gibt, so bedeutet das, daß der Balken für Belastungen sehr geeignet ist. Aber wenn ein Seil waagerecht gehalten wird, so biegt es sich unter seinem eigenen Gewicht. In dieser Lage sind Seile ziemlich nutzlos und daher für eine senkrechte Belastung ungeeignet.»

Moderne Werkstoffmechanik lehrt uns, daß harte Balken biegefest sind, während Seile nur Zugkraft widerstehen können. Die verschiedenen Eigenschaften von Holzbalken und Seilen in dieser Hinsicht sind im *Mo Jing* richtig vermerkt. Obwohl sich ein hölzerner Querbalken unter einer Last auch verformt, ist die Verformung mit dem bloßen Auge nicht sichtbar.

Das *Xun Zi* erklärt, daß einige Stoffe ihre Verformung selbst dann behalten, wenn die äußerliche Kraft, die sie verformte, nicht mehr existiert.

Ein pfeilgerader Holzstab kann geglüht und in einen Ring gebogen werden, der seine Form sogar behält, wenn er durch Gebrauch schrumpft.

Diese Eigenschaft von Stoffen wird in der modernen Mechanik als Plastizität bezeichnet. Das *Kao Gong Ji (Aufzeichnungen des Handwerkers)*, um das 5. Jahrhundert v. Chr. geschrieben, berichtet über die Verformungen und die Stärke von Leder. Es erklärt, daß Leder vor dem Gebrauch gestreckt werden sollte, damit man sehen kann, ob es glatt und gerade ist. Ist dies nicht der Fall, muß ein Mißverhältnis der Spannung innerhalb des Leders bestehen. Der Teil, an dem sich größere Anzeichen von Dehnung zeigen, zerreißt leicht beim Gebrauch.

Vielleicht die beste Erörterung über die in Körpern herrschende Spannung ist die über das Aufhängen eines Gewichtes an einem Haar. Ursprung dieser Erörterung ist möglicherweise die Benutzung geflochtenen Haares als Seil. Einige Haare reißen leicht, andere dagegen nicht, und das *Mo Jing* behauptet, das hänge davon ab, ob die Kohäsionssubstanz in einem Haar über die ganze Länge gleichmäßig verteilt sei und ob die Last, wenn das Haar straff gespannt ist, gleichmäßig von der ganzen Länge ohne ein schwaches Glied getragen würde. Die gleiche Erklärung findet sich in einer Abhandlung mit dem Titel *Tang Wen (Kaiser Tangs Fragen)* im *Lie Zi (Buch des Meisters Lie)*, das zwischen dem 5. und 1. Jahrhundert v. Chr. verfaßt wurde. Zhang Zhan aus der Jin-Dynastie (265–420) bemerkt zum *Lie Zi:*

«Ein Haar, wenn es auch dünn und zart ist, erträgt eine Belastung, ohne zu
zerreißen, wenn seine Zugfestigkeit von einer gleichmäßigen Struktur her-
rührt. Doch einige Haare reißen leicht, weil sie nicht gleichmäßig geformt
sind und schwache Stellen in sich haben.»

Das *Lie Zi* zitiert eine Reihe von Autoren zu diesem Thema. Gongsun Long,
einer der Logiker in der Spätperiode der Streitenden Reiche (475–221 v. Chr.)
stützte sich auf die mohistische Erklärung der Zugfestigkeit eines Haares und
stellte sich vor: «Ein Haar kann einer Zugbelastung von tausend *jun* widerstehen» *(Essay über Konfuzius, Lie Zi)*. Mou, Sohn eines Feudalfürsten, äußerte
sich bald danach eingehender: «Sollte ein Haar in seiner homogenen Struktur
vollkommen sein, so daß es jegliche Anspannung gleichmäßig aufs vollkom-
menste aushalten könnte, dann wäre das Haar imstande, eine Zugbelastung
von 1000 *jun* auszuhalten» *(Kaiser Tangs Fragen, Lie Zi)*. Die letzten zwei
Behauptungen sind offensichtlich sogar theoretisch übertrieben, da die Stärke
eines jeden Stoffes eine Grenze hat, jenseits deren er brechen wird. Für ein einziges Haar ist es gewiß unmöglich, einer Zugbelastung von 15 000 Kilogramm
zu widerstehen. Dennoch stimmt die Beobachtung: «Je gleichmäßiger ein
Stoff der Struktur nach ist, desto größere Belastung kann er ertragen.» Darin
ist bereits die moderne Belastungs- und Spannungstheorie der Mechanik ausgedrückt.

Schwimmkraft und spezifisches Gewicht

Einige Eigenschaften der Flüssigkeiten sind dem Menschen von alters her
bekannt. «Wasser hat keine stetige Form», sagt Sun Wu, der große Stratege, in
seinem Artikel *Das Falsche und das Wahre* im *Sun Zi Bing Fa (Meister Suns
Kriegskunst)*, das vermutlich 345 v. Chr. geschrieben wurde. Zhuang Zhou,
ein großer Philosoph zur Zeit der Streitenden Reiche, erklärt im *Zhuang Zi
(Buch des Meisters Zhuang)* gegen 290 v. Chr.: «Wasser glättet sich, wenn es
ruhig ist.» Dies sind die ältesten uns erhaltenen Erklärungen über Eigenschaften von Flüssigkeiten.

Im *Mo Jing* findet sich folgender Bericht über die Schwimmkraft:

«Wenn ein sehr großer Körper auf Wasser schwimmt und nur ein sehr kleiner Teil dieses Körpers untergetaucht ist, so bedeutet das, daß sich das konstante Gleichgewicht zwischen dem untergetauchten Teil und dem ganzen
Körper schon hergestellt hat. Das läßt sich mit dem Warenaustausch auf
einem Markt vergleichen: Einige Sachen sind nur gegen fünf andere ein-
tauschbar.»

Diese mohistische Behauptung enthält einen schweren Fehler, da sie nicht erkennt, daß der untergetauchte Teil des Körpers genau das Volumen des verdrängten Wassers hat und daß das Gewicht jenes Wassers genau dem Auftrieb entspricht, der den Körper schwimmen läßt. Es ist eben ein Gleichgewicht zwischen der Spannkraft und dem Gewicht des schwimmenden Körpers hergestellt und nicht dasjenige zwischen dem Körper und seinem untergetauchten Teil. Dennoch verweist die Behauptung darauf, daß zwischen dem untergetauchten Teil und dem ganzen schwimmenden Körper eine Beziehung besteht. Der untergetauchte Teil muß aber als ein gewisses Volumen verdrängten Wassers aufgefaßt werden, während das Gleichgewicht nach Gewicht und nicht nach Volumen berechnet werden muß. Die mohistische Formulierung nähert sich der von Archimedes.

Die Schwimmkraft wurde im alten China erfinderisch genutzt. Es gibt eine amüsante Anekdote über Cao Chong von Wei zur Zeit der Drei Reiche (220 – 280), worin ein Elefant in Ermanglung anderer Wiegegeräte durch Ermittlung der Wasserverdrängung gewogen wird. Auf Caos Vorschlag hin wurde der Elefant auf ein ausreichend großes Boot geführt und der Wasserstand auf dem Boot markiert. Dann wurde der Elefant ans Ufer gebracht und das Boot mit Steinen beladen, bis es zu der markierten Höhe sank. Die Steine wurden einzeln gewogen, und ihr Gesamtgewicht betrug genau das Gewicht des Elefanten.

Abb. 35
Cao Chong wiegt einen Elefanten.

Oberflächenspannung und ihre Anwendung

Die Oberflächenspannung ist eine den Flüssigkeiten eigentümliche Eigenschaft, die durch ungleiche molekulare Kohäsionskräfte nahe der Oberfläche der Flüssigkeit bewirkt wird. In China ist die Oberflächenspannung seit undenklichen Zeiten genutzt worden.

Eine Methode zum Testen der Qualität von Tungöl wird im *You Huan Ji Wen (Gesehenes und Gehörtes auf meinen Dienstreisen)* erwähnt, das von Zhang Shinan im Jahre 1233 in der Song-Dynastie (960–1279) geschrieben wurde. Ein aus einem dünnen Bambusstreifen gemachter Ring wird in das Öl getaucht. Wenn eine sehr dünne Ölschicht den Ring überzieht, so ist das Öl rein. Verunreinigtes Öl bildet kein Ölhäutchen. Dieser Test ist vermutlich noch viel älter als der Bericht darüber.

Die Bildung einer dünnen Flüssigkeitsschicht über solch einem Ring hängt vor allem von der besonderen Oberflächenspannung der Flüssigkeit ab. Wenn diese nicht rein ist, werden die Verunreinigungen die Oberflächenspannung verringern.

Wasser hat eine ziemlich schwache Oberflächenspannung. Wenn aber ein feiner Gegenstand wie eine Nähnadel behutsam auf die Wasseroberfläche gelegt wird, insbesondere wenn es viele Bläschen im Wasser gibt, so wird die Nadel aufgrund der Oberflächenspannung des Wassers nicht sinken. Unter jungen chinesischen Frauen war dies seit altersher ein festlicher Brauch und ein Weissagungsritual, das nach dem Mondkalender am siebten Tag des siebten Monats durchgeführt und *diuzhen* (Nadelwerfen) genannt wurde. Im *Di Jing Jing Wu Lu (Beschreibung von Dingen und Sitten in der kaiserlichen Haupt-stadt)*, verfaßt von Liu Tong und anderen um 1638, wird das Phänomen des *diuzhen* erklärt: «Da es auf Wasser ein unsichtbares Häutchen gibt, ist es dieses Häutchen, das die Nadeln vor dem Untergehen bewahrt.» Alle diese Hinweise zeigen, daß die physikalische Wirkung der Oberflächenspannung von Flüs-sigkeiten schon lange beobachtet wurde.

Siphons und atmosphärischer Druck

Zu den Siphons gehörten im alten China die *zhuzi* oder Wein-Pipetten, *pianti* oder Henkelkrüge, *kewu* oder «durstiger Sonnengott» und *guoshandong* oder «Wasserdrachen, quer auf einem Berg liegend». Der *kewu* zur Bewässerung tauchte zuerst gegen Ende der Östlichen Han-Dynastie (25–220) auf. Später (ca. 450) wurde er in den von dem Taoisten Li Lan aus der Nördlichen Wei-Dynastie (386–534) entworfenen Ausgleichs-Wasseruhren gebraucht. Die nationalen Minderheiten in Südchina trinken manchmal noch Wein aus langen Bambusrohren, die man auch als Siphons bezeichnen kann. Im *Wu Jing Zong Yao (Sammlung der wichtigsten Militärtechniken)*, zusammengestellt von Zeng Gongliang im Jahre 1044, wird ein Siphon in Form eines langen Bambus-rohres empfohlen, um Flußwasser über einen Hügel zu leiten, der sonst einen Abfluß verhindert.

Pumpen waren seit sehr alten Zeiten weit verbreitet. Mehrere Militärschriften erwähnen Wasserpumpen als wichtige Feuerlöscher im Krieg. Das vierte Kapitel des *Dong Po Zhi Lin (Tagebuch und Vermischtes von Dongpo)* von Su Shi (1037–1101) enthält einen Bericht über die Bambusrohr-Eimerketten, mit denen man in der Provinz Sichuan Salzwasser vom Boden eines Sole-Brunnens heraufzuziehen pflegte:

«Der Eimer hat keinen festen Boden und besitzt oben eine Öffnung. Ein Stück Leder, das mehrere *cun* groß ist, ist am Boden befestigt und bildet ein Ventil. Wenn der Eimer in die Sole heruntergelassen wird, öffnet die Flüssigkeit beim Eindringen in den Eimer das Ventil. Jeder Eimer bringt einige *dou*[3] Sole herauf.»

Pumpen zum Wassersprengen werden im *Zhong Shu Shu (Buch der Aufforstung)* erwähnt, das in der Ming-Dynastie (1368–1644) geschrieben wurde. Der atmosphärische Druck setzte die Siphons und Pumpen in Betrieb. Der weitverbreitete Gebrauch dieser Geräte im alten China veranlaßte natürlich ihre Benutzer zur Untersuchung des betreffenden Prinzips.

In einem Artikel mit dem Titel *Jiu Yao (Neun Drogen)* aus dem *Guan Yin Zi (Buch des Meisters Guan Yin),* verfaßt in der Zeit der Südlichen und Nördlichen Dynastien (420–589), befindet sich diese interessante Beschreibung einer «Flasche mit zwei Öffnungen»:

«Man fülle die Flasche mit Wasser und kehre sie um, das Wasser wird aus einer einzigen Öffnung kommen. Wenn aber eine der Öffnungen mit einem Finger bedeckt wird, dann wird das Wasser nicht aus der anderen Öffnung kommen. Denn wenn etwas nicht aufwärts geht, dann wird etwas anderes nicht abwärts gehen können.»

Die Ursache hierfür ist, daß Luft in eine Öffnung eindringen konnte, um Wasser aus der anderen Öffnung ausfließen zu lassen, als beide Öffnungen offengelassen wurden. Atmosphärischer Druck hinderte das Wasser am Ausfließen aus der anderen Öffnung, als diese geschlossen war. Obwohl Meister Guan Yin verabsäumte, dieses Phänomen dem atmosphärischen Druck zuzuschreiben, ist sein dialektisches Vorgehen anregend.

In einer Anmerkung zu einem Text aus dem *Su Wen (Fragen und Antworten)* faßte Wang Bing aus der Tang-Dynastie die physikalische Erscheinung des atmosphärischen Drucks deutlicher:

---

[3] 1 *dou* = 10 Liter.

«Tauche eine leere Röhre in Wasser und lasse sie sich mit Wasser füllen. Verschließe die obere Öffnung mit einem Finger und ziehe die Röhre heraus. Das Wasser in der Röhre wird nicht ausfließen, da die Röhre zu eng ist, um Luft durch die untere Öffnung hinein und aufwärts gehen zu lassen. Es ist schwierig, Wasser durch eine einzige Öffnung zu gießen, weil die Luft innerhalb der Flasche nicht leicht entweichen kann.»

In der Song-Dynastie berichtete ein Gelehrter namens Yu Yan in seinem Buch mit dem Titel *Xi Shang Fu Tan (Gesprächsbrocken auf einer Matte)*:

«In meiner Jugend zeigte mir ein taoistischer Priester einen Trick. Ein Stück Papier wurde innen in einer leeren Flasche entzündet, die dann schnell mit ihrer Öffnung nach unten in die dünne Schicht Wasser einer Silberschüssel gestürzt wurde. Das Wasser wurde sofort mit einem gurgelnden Geräusch eingesogen. Die Ursache liegt in der Rolle, die das Feuer und die Luft spielten. Mit dem gleichen Verfahren wurde die Flasche umgekehrt auf den Bauch eines Mannes gestellt. Sie saugte sich an seinem Bauch so fest, daß sie nur schwer wieder entfernt werden konnte.»

Ein weiterer solcher Bericht ist im *Nei Pian (Esoterisches Kapitel)* des *Shu Qu Zi (Buch des Hanfsamen-Meisters)* enthalten, das von Zhuang Yuanchen im 16. Jahrhundert verfaßt wurde: «Wenn ein leerer Flaschenkürbis umgekehrt ins Wasser gesteckt wird, so wird das Wasser wegen des inneren Luftwiderstandes nicht eindringen können.»

Das Wunder der «Fischschüssel»

Die im folgenden beschriebene Schüssel besteht aus Bronze, kann aber auch aus Töpferton hergestellt werden. Sie ist wie eine gewöhnliche Waschschüssel geformt, auf dem inneren Boden sind einige Fische oder Drachen eingegossen. Deshalb wird sie «Fischschüssel» oder «Drachenschüssel» genannt. Sie wurde zum ersten Mal in der Tang- oder in der Song-Dynastie gefertigt. Das Wunder der Schüssel besteht darin, daß sie, wenn ihre beiden Griffe langsam und rhythmisch mit der Hand gerieben werden, wie eine angeschlagene Glocke vibriert. An den Seiten schießen Springbrunnen so hoch wie die Griffe empor, als ob sie aus den Fischmäulern sprudelten. Mit etwas Geschick kann man den Sprudel einen Meter hoch in die Luft schießen lassen. Bei voller Vibration bedeckt sich das Wasser mit einem sehr komplexen Wellenmuster, wobei die Wellen, die Springbrunnen und die glitzernden Fischbilder äußerst beeindruckend aussehen. Die Schüssel ist offensichtlich mit gewissen Kenntnissen über die Verwandlung metallischer Vibrationen in Wellen konstruiert worden.

Kristalle

Die Untersuchung von Kristallen bildet ein Hauptgebiet der Festkörperphysik. Die auffälligsten Merkmale im Aussehen und in den geometrischen Formen gewisser Kristalle, vor allem derjenigen von Schneeflocken, wurden in China sehr früh bemerkt. Gegen Beginn des 1. Jahrhunderts fand man heraus, daß Schneeflocken aus winzigen sechseckigen Kristallen bestehen. Dasselbe wurde im Westen, mehr als 1500 Jahre später, im Jahre 1611 durch Johannes Kepler entdeckt.

Aber die Beschreibung von Kristallformen in altchinesischen Klassikern geht über die von Schnee und Eis hinaus. In mehreren chinesischen pharmazeutischen und alchimistischen Schriften sind die Kristalle und Kristallformen von über 100 verschiedenen Substanzen umrissen. Sogar die Prozesse und Bedingungen der Bildung von gewissen Kristallen sind in einigen Büchern wiedergegeben. Das ist bemerkenswert, da die Bücher lange vor der Geburt der modernen Naturwissenschaft geschrieben wurden.

Eine Art von weißem Quarz wurde von Tao Hongjing zur Zeit der Südlichen und Nördlichen Dynastien (420–589) beschrieben. Tao schreibt: «Er ist einen Finger breit und etwa zwei oder drei *cun* lang. Seine sechs Facetten sind so glatt wie sorgsam geschnitten. Er glänzt durchsichtig mit weißem Schein.» Die kristalline Form eines anderen Minerals, Selenit, eine Abart von Kalziumsulfat $CaSO_4 \cdot 2H_2O$, wird im *Meng Xi Bi Tan (Traumstrom-Essays)* von Shen Kuo im Jahre 1086 beschrieben:

«Selenit bildet sich in der Sole der Salzsümpfe bei Xiezhou (nahe Yuncheng, Provinz Shanxi) und kann aus der vom Boden der Gräber ausgegrabenen Erde extrahiert werden. Die Größe der Kristalle schwankt von der eines Aprikosenbaumblattes bis zu der von Fischschuppen. Alle Kristalle haben die Gestalt eines regelmäßigen Sechsecks, wie man es auf Schildkrötenpanzern sehen kann. Eine nähere Untersuchung zeigt, daß die Kristalle winzige Flanschen haben, die vorne überlagern und auf der Hinterseite nach unten geschlagen sind, so daß sich die Kristalle überdecken. Sie hängen aneinander wie die Schuppen eines Pangolin[4] und sehen wie ein Schildkrötenpanzer aus. Die Farbe ist durchsichtig smaragdgrün; wenn der ‹Panzer› zerschlagen wird, zerbricht er in längliche Teilchen mit leuchtendem Glanz. An den Rißstellen entstehen Zickzack-Linien durch die Seiten der winzigen Sechsecke. Wenn er verbrannt wird, zerfällt der ‹Panzer› in dünne, schneeweiße und liebliche Flöckchen.»

---

[4] Ein Pangolin ist ein Ameisen fressendes Säugetier aus Malaysia (Anmerkung des Bearbeiters).

Im *Ben Cao Gang Mu (Abriß der Arzneimittelkunde)*, kompiliert von Li Shi-
zhen im Jahre 1578, sind die Facetten, Winkel und Prismen aller verzeichneten
Mineralkristalle genau beschrieben. Das *Huang Di Jiu Ding Shen Dan Jing Jue
(Kanon des Neun-Kessel-Geistigen-Elixiers des Gelben Kaisers)*, verfaßt zu
Beginn der Tang-Dynastie, beschreibt eine Methode zur Herstellung von
Kaliumsulfat-Kristallen aus *puxiao* (Natriumsulfat oder Glaubersalz) und
xiaoshi (Kaliumnitrat):

> «Die zwei Bestandteile in ihrem groben Kristallzustand werden zuerst pul-
> verisiert, gemischt und mit heißem Wasser gespült. Die Lösung wird dann
> abgegossen und eine Weile über leichtem Feuer gesiedet. Danach wird sie
> vom Feuer genommen und an der Luft abgekühlt, bis sie lauwarm ist, wor-
> auf sie in eine kleine Schüssel gegossen und, in kaltem Wasser stehend, wei-
> ter abgekühlt wird. Am folgenden Morgen werden sich in der Schüssel
> weiße und längliche Kaliumsulfat-Kristalle finden.»

Dieses sehr frühe Werk beschreibt nicht nur die Form der Kristalle, sondern
auch das Verfahren und die Bedingungen ihrer Herstellung.

Einige klassische Werke verzeichnen sogar die optischen und mechanischen
Eigenschaften von gewissen Kristallen.

Bewegung

Verschiedene Arten der Bewegung und ihre Beziehungen, Probleme von Zeit
und Raum, die Bewegung eines sphärischen Körpers und sein labiles Gleichgewicht, die Belastung und Beanspruchung bei Wagen und Achse sowie die
geneigte Ebene u. a. werden im *Mo Jing*, das im 4. Jahrhundert v. Chr.
geschrieben wurde, behandelt. Von jener Zeit an bis zum Ende der Ming-
Dynastie wurde eine große Anzahl von Werkzeugen und Maschinen in China
erfunden, die jeweils ihrer Zeit entsprechend auf den Prinzipien einfacher
mechanischer Bewegungen oder Bewegungskombinationen beruhten.

Die Trägheit beweglicher Körper wurde früh bemerkt und in der späteren
Frühlings- und Herbstperiode (770–476 v. Chr.) verzeichnet. Das *Kao Gong
Ji* äußert sich über die Trägheit eines beweglichen Pferdegespanns mit folgenden Worten: «Wenn sich ein Wagen, gezogen von einem Pferd, vorwärts
bewegt, aber das Pferd plötzlich angehalten wird, so hat der Wagen selbst noch
die Neigung, sich eine gewisse Strecke vorwärts zu bewegen.» Die Trägheit
wurde genutzt, als Zhang Heng (78–139) im Jahre 132 einen Seismographen
erfand.

Eine Vorrichtung zum Wasserheben, die das Prinzip des Parallelogramms
der Kräfte demonstrierte und als *hudou* bezeichnet wird, erschien schon zwi-

schen dem 14. und dem 11. Jahrhundert v. Chr. Das *hudou* wird zwischen zwei Seilen befestigt, die gemeinsam von zwei getrennt am Ufer stehenden Personen gezogen werden. Auf diese Weise wird Wasser aus einem Fluß oder Teich geschöpft und in ein darüberliegendes Feld entleert.

Abb. 36
Der *hudou* in Betrieb – eine Nachbildung aus dem *Wang Zhen Nong Shu (Wang Zhens landwirtschaftliche Abhandlung)*.

Andere Anwendungen des Hebelgesetzes und der zusammengesetzten Kräfte finden sich beim Segel und beim Steuerruder. Das Kapitel über Boden- und Wasserfahrzeuge im *Tian Gong Kai Wu (Werke der Natur und der Arbeit)*, im Jahre 1637 von Song Yingxing verfaßt, ist eine gehaltvolle Abhandlung über dieses Thema. Darin wird ausführlich dargelegt, wie Segel und Steuerruder eines Schiffes gehandhabt werden sollten, um gegen den Wind zu kreuzen, abzudrehen oder vorzurücken, oder wie eine gewünschte Geschwindigkeit zu erzielen ist.

Obwohl in altchinesischen Klassikern keine theoretische Abhandlung über die Flugbahn von Wurfgeschossen und die Geschwindigkeit von frei fallenden Körpern zu finden ist, hat man in allen altertümlichen und mittelalterlichen Schriften über die Herstellung von Geschossen schon immer die Genauigkeit

von Wurfgeschossen gepriesen. Das *Kao Gong Ji,* vor etwa 2500 Jahren
geschrieben, und das *Tian Gong Kai Wu,* verfaßt unmittelbar vor der Geburt
der modernen Naturwissenschaft, sind solche Werke. Das *Kao Gong Ji* gibt
genaue Anweisungen für die Herstellung der Spitze, des Schaftes und der
gefiederten Teile eines Pfeiles, die sogar bei starkem Sturm einen sicheren
Schuß gewährleisten. «Ein Schaft, der dem Gewicht nach ungleichmäßig, zu
leicht oder zu schwer ist, wird einen geraden Flug beträchtlich hemmen», heißt
es in diesem Buch. «Die auf einem Pfeil benutzte Federmenge wirkt auf die
Geschwindigkeit und Genauigkeit des Schusses ein.» Diese schon vor dem
2. Jahrhundert v. Chr. aufgestellten Behauptungen über die Beziehung zwischen der Struktur eines Pfeiles und seinem Flug beweisen eine sorgfältige
Beobachtung und Analyse, die im Vergleich zu derjenigen der Aristotelischen
Schule der Physik im westlichen Europa, wo man den Flug aller Geschosse in
einer geraden Linie annahm, fortgeschritten waren.

Akustik

Dai Nianzu

Das alte China verfügte über ein breites Wissen in der Akustik, von der Erkenntnis vibrierender Wellen bis zu ihrer praktischen Anwendung, von der Herstellung von Instrumenten bis zum Studium der Tonarten.

Vorstellungen von Wellen und Schwingungen

Menschen, die an Flüssen und Seen lebten, bemerkten, daß sich an der Wasseroberfläche Wellen bildeten, wenn man Steine ins Wasser warf, und wenn sie Netze flochten, sahen sie oft Seilschwingungen. Bereits im neolithischen Zeitalter wurden derartige Erscheinungen künstlerisch auf verschiedenartigen Erzeugnissen des Handwerks dargestellt. Die Abbildung auf Seite 136 zeigt ein Muster auf einer Tonvase, hergestellt während der Yangshao-Kulturperiode des neolithischen Zeitalters, das durch Steinwurf entstandene Wasserwellen darstellt. Über lange Zeit hinweg erklärte man die Verbreitung von Tönen oft in Form von Wasserwellen.

Wang Chong, berühmt in der frühen Östlichen Han-Dynastie (25–220), berichtete im *Lun Heng (Wohlerwogene Abhandlungen)*, Kapitel *Vergängliche Wandlungen:*

> «Ein von einem Balkon auf den Boden herabblickender Mann kann Ameisen nicht erkennen, noch weniger die Stimme von Ameisen wahrnehmen. Warum? Der Körper einer Ameise ist im Vergleich zum Menschen sehr klein, und der von ihrem Sprechorgan ausgesandte Ton erreicht das menschliche Ohr nicht... Ein Fisch von einem *chi*[1] Länge, der sich im Wasser bewegt, läßt das Wasser auf jeder Seite vibrieren. Das Zentralgebiet der Vibration hätte einen Durchmesser von nur wenigen *chi*. Die Ausbreitung der Schwingung würde nicht weiter als 100 Schritt reichen, und in einer Entfernung von einem *li*[2] wäre auf der Wasseroberfläche alles ruhig und still, weil der Abstand zu groß ist. Ein Mensch, der durch Lufterregung Töne erzeugt, ist wie ein Fisch, die Luftveränderung ist wie die des Wassers.»

---

[1] 1 *chi* zur Zeit der Östlichen Han-Dynastie = 0,237 Meter.
[2] 1 *li* = 1,800 *chi*.

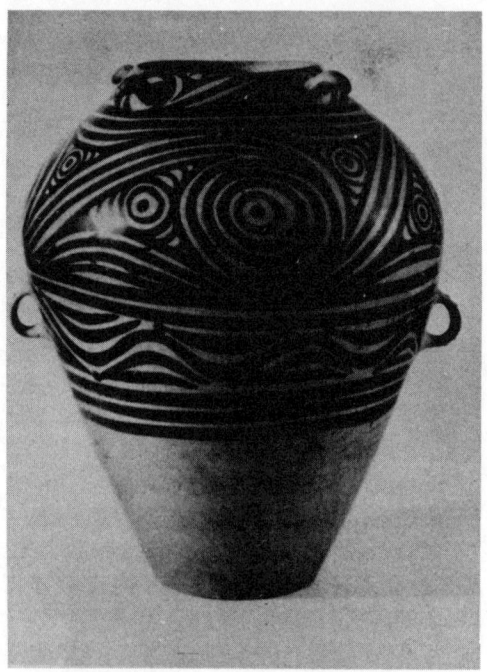

Abb. 37
Tonkrug der neolithischen Yangshao-Kulturperiode mit Wasserwellen-Dekor.

Die obige Behauptung von Wang Chong besagt, daß Töne durch Schwin-
gungen von Kehle und Zunge gebildet werden und durch das Medium der Luft
verbreitet werden. Es wird ferner die Beziehung zwischen Tonumfang und
Verbreitungsabstand erklärt. Wir wissen jetzt, daß infolge des Unterschieds
der Energie der Tonschwingung und der Schwingungsdämpfung ein Ton von
bestimmter Stärke innerhalb eines bestimmten Abstands gehört werden kann.
Die von Wang Chong gegebene Beschreibung und sein Beispiel enthalten
durchaus wissenschaftliche Ansätze.

Das *Lun Qi (Abhandlung über Pneuma)*, geschrieben von Song Yingxing in
der Ming-Dynastie (1368–1644), beschreibt im Kapitel über Luft und Schall
die Ausbreitung von Wasserwellen bewußt als analogen Vorgang zur Schall-
verbreitung in der Luft. Song schreibt:

«Luft hat Substanz ... Wenn ein Pfeil durch die Luft fliegt, wird durch die
Berührung Schall erzeugt; wenn man die Saite eines Musikinstruments
zupft, wird durch die Schwingung ein Ton erzeugt ... Wenn ein Körper
die Luft erregt, ist es so, als wenn ein Körper das Wasser erregte ... Wenn
man einen Stein ins Wasser wirft, ist die Einwurfstelle nicht größer als eine

Faust aber ringsum werden sich Wellen ausbreiten. Ebenso vibriert auch die Luft.»

Natürlich ist eine Schallwelle längs gerichtet, eine Wasserwelle hingegen verläuft quer. Es ist jedoch verständlich, daß die Alten nicht in der Lage waren, diesen Unterschied wahrzunehmen.

Erzeugung und Fortpflanzung von Schall

Viele chinesische Bücher beschreiben die verschiedenartigen physikalischen Erscheinungen der Aussendung und Fortpflanzung von Tönen wie Intensität, Tonfärbung, Resonanz u. a. m.

Das Buch *Kao Gong Ji (Aufzeichnungen des Handwerkers),* das während der späteren Frühlings- und Herbstperiode (770–476 v. Chr.) erschienen ist, erklärt: «Der Ton einer großen, aber kurzen Glocke ist scharf und kann nur auf kurze Entfernung gehört werden. Der Ton einer kleinen, aber hohen Glocke ist weich, und man kann ihn weithin vernehmen.» Das ist eine Feststellung über die Beziehung zwischen der Struktur der Glocke und ihrer Intensität (Tonumfang) sowie dem Abstand der Schallfortpflanzung. Einige Bücher vor dem 2. Jahrhundert v. Chr. bringen Berichte über die Tonqualität verschiedener Stoffe.

Es war in China sehr früh bekannt, wie man die Tonhöhe von steinernen Glockenspielen *(qing)* kontrollieren könne. In den *Aufzeichnungen des Handwerkers* heißt es: «Die Glockenhersteller werden beim Glockenstimmen ..., wenn der Ton zu hoch ist, einen kleinen Teil von der Oberfläche wegschleifen; wenn der Ton zu tief ist, einen kleinen Teil von den Enden abschleifen.»

Altchinesische Glocken wurden in der Form zusammengesetzter Dachziegel gegossen, um dadurch die Schallwellen an gegenseitiger Überlagerung zu hindern. Der Gelehrte der Song-Dynastie Shen Kuo (1031–1095) erklärte das in seinem Buch *Meng Xi Bi Tan (Traumstrom-Essays)* mit den Worten:

«Alle antiken Musikglocken sind platt wie Dachziegel; platte Dachziegel ergeben kurze Klänge, wogegen runde Glocken lange Klänge ausströmen; kurze Klänge sind jäh, lange sind wellig. Kurze und jähe Töne werden sich gegenseitig stören und Geräusche machen, aber nicht musikalische Klänge bilden. Spätere Generationen erkannten dies nicht und machten die Glocken rund. Wenn diese Glocken angeschlagen werden, geben sie zitternde Töne von sich, wobei der klare Klang nicht mehr vom dumpfen zu unterscheiden ist.»

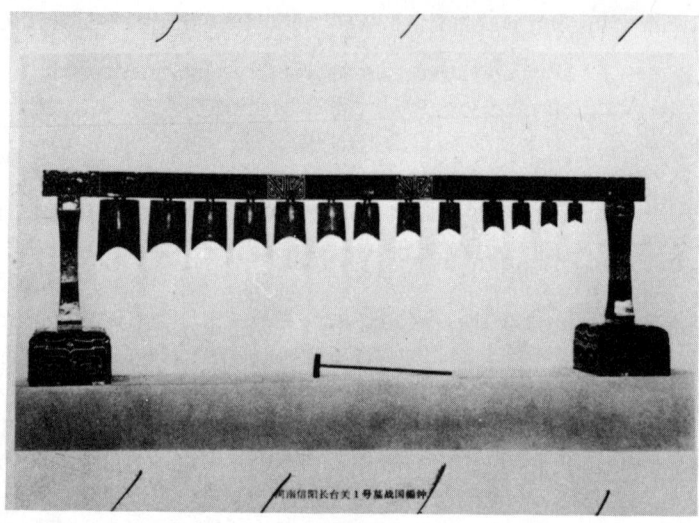

Abb. 38
Musikglocken zur Zeit der Streitenden Reiche (475–221 v. Chr.), ausgegraben in Xinyang,
Provinz Henan.

Hier stehen die Worte jäh *(jie)* und wellig *(qu)* für zwei entgegengesetzte
Klangarten. Die erste bezieht sich auf einen kurzen abgerissenen Klang, die
zweite ist relativ lang anhaltend. Jäh und kurz paßt zu den kurzen Rhythmen
einer schnellen Melodie. Es sind die anhaltenden Klänge, vereint mit den kurzen rhythmischen Anschlägen, die sich gegenseitig stören und dadurch wirren
Lärm erzeugen. Shen Kuos Analyse der von alten Musikglocken erzeugten
Klänge ist durchaus wissenschaftlich zu nennen. Das Vibrieren von Glocken
ist dem von Brettern ähnlich. Runde Bretter vibrieren anhaltender als Flächen
aus anderen Substanzen oder Formen. Wenn eine runde Glocke angeschlagen
wird, gerät die Luft in der Glocke in wirbelnde Unruhe, und die Zusammen-
pressung und Verdünnung der Luft an der Glockenöffnung braucht längere
Zeit, was den Klang verlängert. Bei einer Melodie in schnellem Tempo über-
schlagen sich die Wellen und stoßen zusammen, was die Entstehung rhythmi-
scher Musik verhindert. Wenn man Musikglocken wie zwei zusammenge-
preßte Dachziegel gießt, werden die Schallwellen an gegenseitiger Überlagerung gehindert.

Die Tonhöhe von Saiteninstrumenten wird durch drei Faktoren bestimmt:
Länge, Dichte und Spannung der Saiten. Bei der Entwicklung von Tonleitern
war den Chinesen die quantitative Beziehung zwischen Saitenlänge und Tonhöhe bekannt: je länger die Saite, desto tiefer der Ton. Sie kannten auch den
Wandel der Tonhöhe infolge der Saitendichte. Viele Bücher, die zur Zeit der

Streitenden Reiche (475–221 v. Chr.) erschienen, enthalten diesbezügliche
Angaben: «Eine dicke Saite ergibt einen tiefen Ton, eine dünne dagegen einen
hohen» *(Han Fei Zi [Buch des Meisters Han Fei]).* Man kannte auch die Wirkung der Spannung auf die Tonhöhe. Wenn eine dicke Saite zu straff befestigt
wird, so daß die Tonhöhe zu hoch ist, besteht die Gefahr, daß eine dünne Saite
auf demselben Musikinstrument reißt, wenn eine Tonhöhe reguliert wird.
Außerdem war auch bekannt, daß atmosphärische Feuchtigkeit die Saiten-
spannung beeinflußt. Wenn das Wetter feucht ist, werden straffe Saiten sich
lockern, was eine Veränderung in den Musiktönen bewirkt (siehe *Huai Nan Zi*
und *Lun Heng*).

Beschreibungen der Resonanz sind in der altchinesischen Literatur reichlich vorhanden. Wenn ein Körper mit der Vibration eines anderen mit-
schwingt, wird das Resonanz genannt. Die zwei Körper haben dieselbe innere
Frequenz oder Frequenzen im Verhältnis einfacher ganzer Zahlen. Das *Zhuang Zi (Buch des Meisters Zhuang)*, zuerst im 4. oder 3. Jahrhundert v. Chr.
erschienen, enthält eine Beschreibung der Resonanz während des Stimmens
einer *se* (Zither):

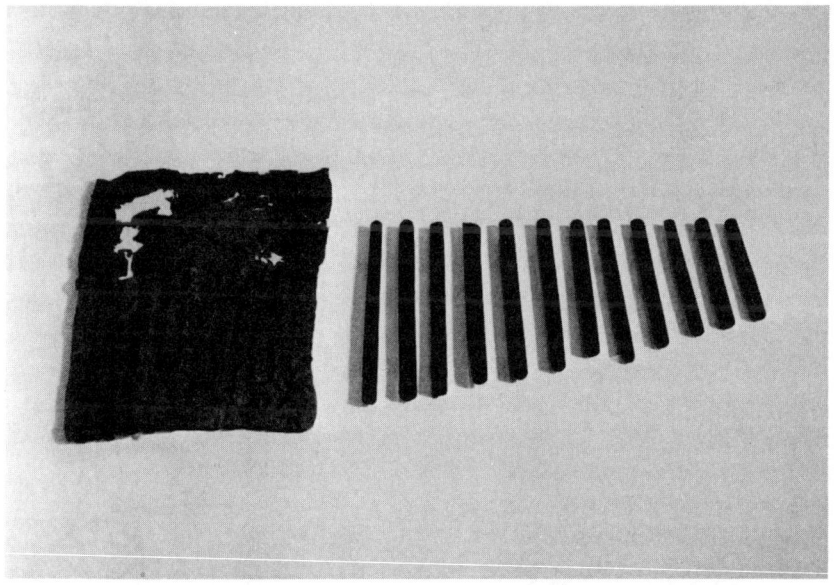

Abb. 39
Ein Beutel mit Stimmpfeifen aus dem Mawangdui-Grab, Provinz Hunan, ca. 150 v. Chr.

«Wenn man die *se* in einen ruhigen Raum stellt und sie stimmt, dann werden
die anderen *gong*-Saiten auch vibrieren, sobald man eine *gong*-Saite (die der
C-Saite entsprechende) zupft; wenn man die *jiao*-Saite (gleich der E-Saite)

zupft, so werden die anderen *jiao*-Saiten mitschwingen, weil die Töne dieselben sind. Wenn man eine Saite stimmt, die keinem der anderen Töne entspricht, dann werden alle 25 Saiten vibrieren.»

So erzeugen die Grundtöne Resonanz bei den mitklingenden Tönen (harmo-
nische Obertöne). Dies war eine sehr wichtige Entdeckung in der Geschichte
der Akustik.

Eine sehr interessante Geschichte berichtet das *Liu Bin Ke Jia Hua Lu
(Abhandlung von Liu, dem Gefährten des Fürsten)* aus der Tang-Dynastie
(618–907) über einen Mönch in der Stadt Luoyang, der in seinem Zimmer ein
Glockenspiel hängen hatte. Diese Glocken ertönten oft von selbst, und das
machte den Mönch so nervös, daß er davon krank wurde. Cao Shaokui, ein
enger Freund des Mönches, hörte dies und suchte ihn auf. Während seines
Besuches begann die Klosterglocke zu läuten, und das Glockenspiel im Zimmer tönte mit. Da sagte Cao dem Mönch, er könne ihn von seiner Erkrankung
heilen. Am nächsten Tag besuchte er den Möch abermals und brachte eine
Feile aus Stahl mit, womit er einen kleinen Teil der Glocken abfeilte. Danach
erklangen sie nie wieder von selbst. Aber der Mönch wunderte sich darüber
und fragte Cao nach der Ursache. Der erklärte ihm, daß sein Glockenspiel
ursprünglich dieselbe Tonart wie die Klosterglocke hatte, so daß bei ihrem
Schlag das Glockenspiel auch zu tönen pflegte. Der Mönch war hocherfreut
über das Gehörte und erholte sich bald von seiner Erkrankung.

Diese Geschichte beweist, daß die alten Chinesen nicht nur die Resonanz
kannten, sondern sie auch zu beseitigen verstanden. Das Abfeilen der Glocken
veränderte ihre innere Frequenz, so daß sie nicht mehr mit der Klosterglocke
mitschwangen.

Schon im 11. Jahrhundert machte der bereits erwähnte Shen Kuo aus der
Song-Dynastie mit Hilfe von Papierpüppchen Experimente mit der Resonanz. Er schnitt eine kleine Papierpuppe aus und setzte sie auf die Saite eines
Musikinstrumentes. Wurde eine mitschwingende Saite angeschlagen, so
hüpfte das Püppchen auf und ab, während es sich nicht bewegte, wenn andere
Saiten ertönten. Dieses Experiment erfolgte einige Jahrhunderte früher als ein
ähnliches in Europa. Erst im 15. Jahrhundert begann dort der Italiener Leonardo da Vinci, mit der Resonanz zu experimentieren, und erst im 17. Jahrhundert taten dies William Noble und Thomas Pigott[3] in Oxford mit gleitenden Papier-Reitern, um die Resonanz-Beziehung von Grundton und harmo-
nischen Obertönen zu beweisen.

---

[3] Vgl. Florian Cajori: *A History of Physics*, MacMillan Co., New York 1938, p. 104.

Angewandte Akustik in Architektur, Gewerbe und militärischer Aufklärung

In früheren Kriegen wurde die Resonanzwirkung oft genutzt, um Feinde zu entdecken, wie sich aus zahlreichen Berichten in chinesischen Militärschriften aus verschiedenen Zeiten schließen läßt. Der älteste Bericht erschien im *Mo Zi (Mohistischer Kanon)*, der zur Zeit der Streitenden Reiche verfaßt wurde. Die Geschichte lautet so: Unter dem Boden der Stadtmauer wurden im Abstand von einigen Schritten tiefe Schächte gegraben. Dann wurde in jedem Schacht ein Tonkrug mit einem Volumen von etwa 80 Litern plaziert. Die Öffnung des Krugs wurde mit einer Lederhaut verschlossen – so entstand eine unterirdische Resonanzkammer. Männer mit gutem Gehör wurden zum Lauschen postiert. Wenn Feinde die Mauer zu unterminieren versuchten, um die Stadt anzugreifen, wurden die Posten durch das Geräusch alarmiert und konnten Richtung und Position der Feinde beurteilen. Dann wurden zum Gegenangriff innerhalb der Stadt Gegentunnel gegraben.

Eine andere Methode der Vorwarnung bestand darin, am Boden der Stadtmauer zwei Krüge in geringer Entfernung voneinander in einem tiefen Schacht zu vergraben. Nach der Differenz des Tonumfangs konnte dann die Richtung des Feindes ermittelt werden. Im *Wu Jing Zong Yao (Sammlung der wichtigsten Militärtechniken)*, geschrieben in der Song-Dynastie (960–1279), wurden solche Krüge als «Horchkrüge» bezeichnet. Shen Kuo schrieb über einen tragbaren Schall-Detektor, der beim Lagern auf Militärmärschen benutzt wurde: «Ein hohler Pfeilköcher aus Ochsenhaut, als Kopfkissen benutzt, konnte den Lärm von feindlichen Pferden und Truppen auf einige Meilen Entfernung wahrnehmbar machen.»

Reflektion und Resonanz von Tönen wurde oft bei besonderen Bauten, wie Tempeln und Palästen, angewandt. Der Ton der alten *qin* (Flöte) war schwach und tief, und die alten Chinesen bauten deshalb sogenannte *qin*-Räume, unter welchen Tonkrüge begraben wurden, die als Resonanzkammern dienten und die Schallwirkung verstärkten. Einige Gebäude hatten Wände aus Tonkrügen, deren Öffnungen nach innen gerichtet waren, so daß der Schall nicht nach außen dringen konnte. Die Krüge dienten als Schallschlucker.

Der Himmelstempel in Beijing, der zu Beginn des 15. Jahrhunderts erbaut wurde, ist ein weltberühmtes architektonisches Prunkstück. Innerhalb des Tempels gibt es drei Bauten mit guten akustischen Eigenschaften: die «Echomauer», den «Dreifachen Schallstein» und den «Runden Erdwall».

Die «Echomauer» ist kreisförmig und etwa sechs Meter hoch, mit einem Durchmesser von etwa 32,5 Metern. Innerhalb dieser Mauer gibt es drei Bauten: der nördliche, genannt *huang qiong yu* (Kaiserliches Gewölbe), liegt der Mauer am nächsten und kommt bis auf 2,5 Meter an sie heran. Die gesamte

Rundmauer ist glatt und regelmäßig und daher ein wirksamer Schallreflektor. Zwei neben der Mauer stehende Personen können mit leiser Stimme miteinander sprechen (vgl. Abbildung 40 und 41). Wenn A im Flüsterton dicht an der Mauer nach Norden hin spricht, so kann B ihn deutlich hören. Der von B gehörte Schall kommt nicht direkt von A, sondern wird von C zurückgeworfen. Solange der Schall bei A aus einem Einfallswinkel (bezogen auf die Tangente bei A) kleiner als 22° ausströmt, werden die Schallwellen ständig von der Rundmauer reflektiert und nicht durch das Kaiserliche Himmelsgewölbe verbreitet.

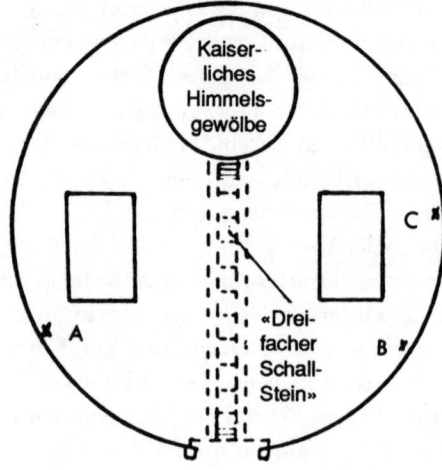

Abb. 40
Plan des «Dreifachen Schallstein» und der «Echomauer» innerhalb des Himmelstempels in Beijing.

In den südlichen Teil des Himmelsgewölbes führt ein Steinplattenweg, dessen dritte Platte das Zentrum der Rundmauer bildet. Es heißt, wenn man auf dieser Steinplatte steht und in die Hände klatscht, so schallt ein dreimaliges Echo zurück, weswegen die Bezeichnung «Dreifacher Schallstein» entstanden ist. Tatsächlich ertönt das Echo fünf- oder sechsmal, nicht nur dreimal. Dasselbe Phänomen kann in abgeschwächter Form in der Umgebung des «Dreifachen Schallsteins» wahrgenommen werden. Das mehrfache Echo entsteht, weil der Schall des Händeklatschens in gleicher Entfernung auf die Rundmauer trifft und dann zum Zentrum reflektiert wird, was das erste Echo erzeugt, das wiederum auf die Rundmauer trifft und abermals zurückgeworfen wird. Auf diese Weise geht das Echo mehrmals hin und zurück, bis seine Energie durch Reflexion und Verbreitung völlig von der Mauer und der Luft absorbiert ist.

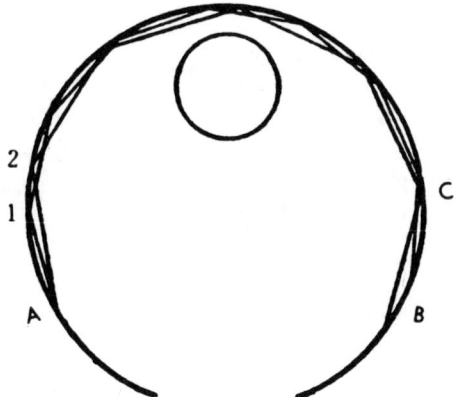

Abb. 41
Die Schallreflektion der «Echomauer» im Himmelstempel.

Im südlichen Gelände des Himmelstempels ist aus grünen Steinblöcken eine runde Terrasse errichtet, die als «Runder Erdwall» bezeichnet wird. Ihr höchster Punkt befindet sich etwa fünf Meter über dem Boden, und ihr Durchmesser beträgt ca. 11,5 Meter. Unterbrochen von vier Eingängen auf der West-, Ost-, Nord- und Südseite, ist die runde Terrasse von einer Balustrade aus grünen Steinen umringt. Die runde Plattform ist in Wirklichkeit nicht platt, sondern von der Mitte her leicht geneigt. Der ganze «Runde Erdwall» ist aus grünen Steinen und Marmor gebaut, die beide gute akustische Eigenschaften haben. Eine rufende Person, die mitten auf der Terrasse steht, wird ihre eigene Stimme lauter als gewöhnlich hören. Die Schallwellen werden nämlich von der Balustrade zu der leicht geneigten Plattform geworfen und dann zum menschlichen Ohr reflektiert. Aus diesem Grunde scheint auch der Schall von unten zu der rufenden Person in der Mitte zu kommen (vgl. Abb. 42).

Antike Bauten mit akustischen Eigenschaften von solchem Einfallsreichtum finden sich sehr selten auf der Welt. Neben solchen bemerkenswerten Leistungen der alten Chinesen sind ferner Musikinstrumente in Form von Schüsseln oder Tellern überliefert, in die verschiedene Mengen von Wasser gegossen werden konnten. Wenn diese Gefäße angeschlagen wurden, harmonisierten sie mit Saiteninstrumenten in einem Orchester – eine Anwendung der Frequenzkontrolle eines vibrierenden Körpers durch variable Wassermengen. Diese Methode kam mit Sicherheit bereits im 4. Jahrhundert zur Anwendung. Im *Shui Jing Zhu (Kommentar zu dem ‹Klassiker der Wasserwege›)*, verfaßt von Li Daoyuan (466–527) während der Nördlichen Wei-Dynastie (386–534), erschien ein Bericht des Architekten Chen Zun, der eine Annähe-

Mitte der Terrasse

Balustrade

Abb. 42
Die Schallreflektion am «Runden Erdwall».

rungsmethode zur Messung von Entfernungen mit Hilfe der Schallgeschwindigkeit erfand, welche den heutzutage angewandten Methoden im Prinzip ähnlich ist. Das in der Tang-Dynastie geschriebene Buch *Chao Ye Jian Zai (Kurzbericht über aktuelle Neuigkeiten)* berichtet über einen Handwerker, der einen hölzernen mechanischen Mönch herstellte, welcher auf den Straßen mit den einfachen Worten: *«Fushi!»* (Spendet!) betteln konnte.

Entwicklung und Untersuchung von Tonleitern

Die Entwicklung von Tonleitern reicht weit in die chinesische Geschichte zurück. Zu Beginn der westlichen Zhou-Dynastie (11. Jahrhundert bis 770 v. Chr.) hatte China bereits sein eigenes musikalisches System festgelegt: in einer Skala waren 12 Töne bestimmt, und von diesen zwölf wurden die ersten fünf (C, G, D, A, E) zur Bildung einer Tonleiter gewählt. In der Frühlings- und Herbst-Periode (770–475 v. Chr.) wurde schon die «Methode der Dreiteilung» formuliert und dazu benutzt, die Beziehung zwischen der Länge von Rohren (Tonpfeifen) und der Tonhöhe (Verdoppelung der Länge halbiert die Frequenz) zu bestimmen.

Nach der Methode der Dreiteilung geht man von einer Rohrlänge aus, die den Grundton bildet, teilt sie in drei gleiche Teile und addiert oder subtrahiert dann ein Drittel davon, um die Länge für den nächsten Ton zu bestimmen. Mathematisch gesprochen heißt das, die Länge des Rohrs fortlaufend mit $\frac{2}{3}$ oder $\frac{4}{3}$ zu multiplizieren, bis man die Rohrlänge erreicht, die eine doppelte oder eine halbe Grundtonfrequenz abgibt. Daraus ergibt sich der Quintenzirkel. Die Regel der Veränderung der Tonhöhe in Abhängigkeit der Rohrlänge wurde zuerst im *Guan Zi (Buch des Meisters Guan)* um das 6. Jahrhundert v. Chr. formuliert. Die erste ausführliche Darstellung der bestehenden Musiktheorie wurde später vom großen Historiker Sima Qian (135–93 v. Chr.) in einem Kapitel seiner berühmten *Shi Ji (Historische Aufzeichnungen)* zusammengefaßt.

Die Längen oder Frequenzunterschiede von zwei aufeinanderfolgenden Tonhöhen in der 12-Ton-Skala, berechnet nach der Regel der «Dreiteilung», sind nicht alle gleich. Die Methode wird deshalb auch als «Regel der 12 ungleichen Intervalle» bezeichnet.

Nach Berechnung aller Töne in einer Tonleiter gemäß der Regel der «Dreiteilung» wird die Frequenz, die eine Oktave höher oder tiefer ist als der Grundton, nur annähernd das Doppelte oder die Hälfte derjenigen des Grundtons erreichen. Man nehme an, die relative Frequenz des C-Grundtons sei 100; dann wird die Frequenz des eine Oktave höher stehenden nächsten C-Grundtons nach der Dreiteilungsregel nicht genau 200 sein, sondern 200,3. Es besteht also ein Unterschied von 0,3. In der langen Geschichte der Tonleiter waren über zwei Jahrtausende nötig, bis man herausfand, wie dieser Unterschied beseitigt und die Frequenz auf 200 «zurückgebracht» werden konnte.

Jing Fang (ca. 45 v. Chr.), Qian Lezhi (5. Jahrhundert) und Shen Zhong (6. Jahrhundert) hatten alle versucht, mehr Tonhöhen in eine Tonleiter einzufügen, um diesen Unterschied zu beseitigen oder zu vermindern. Jing Fang benutzte die Regel der Dreiteilung, um die Anzahl der Töne in einer Tonleiter auf 60 (entsprechend dem chinesischen Sechziger-Zyklus) zu erhöhen; Qian Lezhi und Shen Zhong hatten gar die Anzahl auf 360 (entsprechend der ungefähren Jahreslänge in Tagen) gesteigert. Dennoch konnten sie die Differenz nicht beseitigen, sondern verringerten sie nur. Da es mit der Erhöhung der Anzahl von Tönen nicht gelang, das Problem zu lösen, kam Cai Yuanding in der Song-Zeit (10.–13. Jahrhundert) zu einer Tonleiter von 18 Tönen zurück.

Um 400 erarbeitete He Chengtian eine kühne Neuerung: er teilte die Längendifferenz in 12 gleiche Teile ein und addierte dann diese, ausgehend vom Grundton, der Reihe nach zu den Tönen. Das änderte die Beziehung des Grundtons zu dem eine Oktave höher stehenden Ton genau im Verhältnis 1 zu 2 der Röhrenlänge nach. Diese Methode verteilte somit die Differenz nach Länge, nicht nach Frequenz, und erreichte damit nicht die ideale Lösung. Sie bahnte jedoch den Weg für die schließliche Vollendung der Regel der 12 gleichen Intervalle (gleichschwebende Temperatur).

Im 16. Jahrhundert (Ming-Zeit) erfand Zhu Zhaiyu endlich eine Regel der gleichschwebenden Temperatur (oder Regel der 12 gleichen Intervalle). Im Jahre 1584 benutzte er die geometrische Progression mit dem Verhältnis «12. Wurzel von 2» (d. h. $2^{1/12}$), um die Berechnung der gleichschwebenden Temperatur zu vervollständigen, und eliminierte so die von der Dreiteilungsregel resultierende Abweichung. Damit schuf er eine theoretische Grundlage zur Herstellung moderner Tasteninstrumente. Ein entsprechendes System erfanden die Europäer erst später. Die Entwicklung des Zhu Zaiyu wurde deshalb vom deutschen Physiker Hermann L. F. von Helmholz im 19. Jahrhundert hoch gelobt.

Magnetismus und der Kompaß

Lin Wenzhao

Der magnetische Kompaß wurde in China vor mehr als 2000 Jahren erfunden und wird in allen klassischen Werken erwähnt. Im folgenden sollen die Erfindung des Kompasses, die Kenntnisse des Magnetismus im alten China und die Folgen für die Menschheit kurz dargestellt werden.

Der magnetische Kompaß

Ein magnetischer Kompaß ist ein richtungweisendes Instrument, das auf dem Phänomen beruht, daß eine im magnetischen Feld der Erde frei schwingende magnetische Stange oder Nadel sich selbst ausrichtet, um in eine magnetische Nord-Süd-Position zu liegen zu kommen. Er unterscheidet sich von dem «Südwärts weisenden Wagen», denn der letztere besitzt ein Differentialgetriebe. Der Ausdruck «Kompaß» in diesem Artikel umfaßt alle verschiedenartigen Modelle verschiedener historischer Perioden, darunter das *sinan* («Südwärts weisender Schöpflöffel»), das *zhinanyü* («Südwärts weisender Fisch») und das *zhinanzhen* («Südwärts weisende Nadel»). Die genauen Zeitpunkte ihrer Erfindung sind nicht bekannt, aber es steht fest, daß ein primitives magnetisches, in Richtung Süden weisendes Instrument in China sehr früh in Erscheinung trat.

Entwicklungsstufen

Der erste primitive magnetische Kompaß war wohl das *sinan*, das etwa zur Zeit der Streitenden Reiche (475–221 v. Chr.) in Gebrauch kam. Ein Stück Magneteisenstein in Form eines Schöpflöffels, das sich frei auf einer sehr glatten «Erdtafel»[1] dreht, zeigt mit seinem «Griff» südwärts, da der Hauptteil seines Körpers nach dem magnetischen Norden weist. Das *sinan* wird in vielen klassischen Werken erwähnt, die im Zeitraum zwischen den Streitenden Reichen und der Tang-Dynastie (d. h. zwischen 475 v. Chr. und 907 n. Chr.) geschrieben wurden. So heißt es im *Han Fei Zi (Buch des Meisters Han Fei)*, verfaßt im 3. Jahrhundert v. Chr: «Die großen Kaiser der früheren Dynastien

---

[1] Die sog. «Erdtafel» war der untere Teil der «Geomantentafel» – Vorläufer des Geomantenkompasses; die untere, viereckige Tafel war die «Erdtafel», die obere die runde «Himmelstafel». Die Erdtafel trug die Kompaßrichtungen und die acht Trigramme. Die Himmelstafel trug die kalendarischen «Stämme und Äste» sowie ein Bild der Ursa Major (Anmerkung des Bearbeiters).

schufen das *sinan* zur Bestimmung der vier Himmelsrichtungen.» Ein Essay im *Gui Gu Zi (Buch des Teufelstal-Meisters)* aus dem 4. Jahrhundert v. Chr. besagt, daß die Leute des Staates Zheng, wenn sie weit weg in die Jade-Steinbrüche gingen, das *sinan* bei sich trugen, um ihre Richtung nicht zu verlieren.

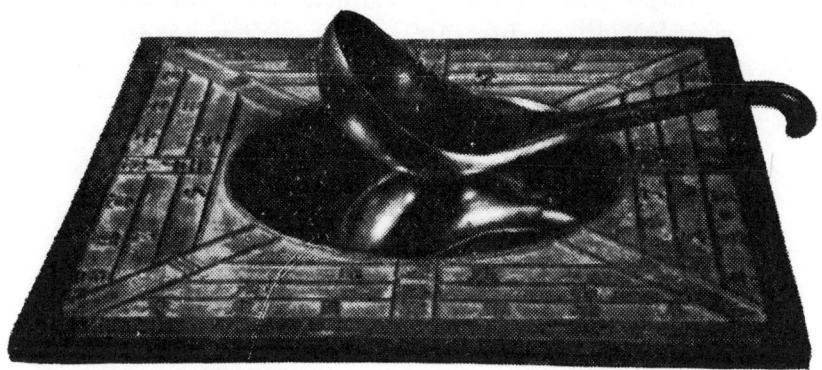

Abb. 43
Ein rekonstruiertes Modell des *sinan* («Südwärts weisender Schöpflöffel») aus der Han-Dynastie.

Magnetlöffel wurden im alten China aus Magneteisenstein geschnitzt, so wie man Jade schnitzte. Die Jade-Schnitzerei hatte bereits zur Zeit der Shang- und Zhou-Dynastien (etwa 16.–8. Jahrhundert v. Chr.) ein ziemlich hohes Niveau erreicht. In der Frühlings- und Herbstperiode (770–476 v. Chr.) wurden viele Jadewaren aus Materialien von 5–7 Mohs-Härtegraden geschnitzt. Aus Magneteisenstein mit einer Härte von 5,5–6,5 Mohs-Härtegraden ließ sich leicht die einfache Form eines Löffels schnitzen.

Es war jedoch schwierig, Löffel zu erhalten, deren Griff wirklich genau südwärts wies. Tatsächlich bewirkten die Schläge und wiederholte Erschütterungen beim Abspalten, Meißeln und Schleifen unvermeidlich, daß der Magnetstein seinen Magnetismus teilweise oder ganz verlor, so daß die Produktionsrate sehr niedrig war. Auch die beträchtliche Reibung zwischen Löffel und «Erdtafel» schränkte den Nutzen dieses magnetischen Kompasses ein, so daß er schließlich von verbesserten Modellen abgelöst wurde.

Das Bedürfnis nach einem besseren richtungweisenden Instrument wurde mit der Entwicklung der gesellschaftlichen Produktion und der Seefahrt größer. Bald wurde die künstliche Magnetisierung entdeckt, die den Weg für fortgeschrittenere Modelle des magnetischen Kompasses – den «Südwärts weisenden Fisch» und die «Südwärts weisende Nadel» – bahnte.

Diese beiden Modelle werden im *Wu Jing Zong Yao (Sammlung der wichtigsten Militärtechniken)* erwähnt, das von Zeng Gongliang im Jahre 1044 kompiliert wurde, sowie im *Meng Xi Bi Tan (Traumstrom-Essays)*, das 1086

von Shen Kuo verfaßt wurde. Ein dünnes Eisenplättchen wird in Form eines
Fisches geschnitten und im Erdmagnetfeld magnetisiert. Wenn der Fisch
Truppen auf einem Marsch den Weg weisen soll, so läßt man ihn in einer Schüs-
sel mit Wasser schwimmen. Der Kopf des Fisches weist dann südwärts. Die
«Südwärts weisende Nadel» wird hergestellt, indem man eine Nadel mit einem
Magnetstein reibt und dadurch magnetisiert, worauf sie nach Süden zeigt. Mit
den Worten von Shen Kuo: «Die Geomanten reiben die Nadelspitze mit einem
Magnetstein, was sie befähigt, nach Süden zu weisen.»

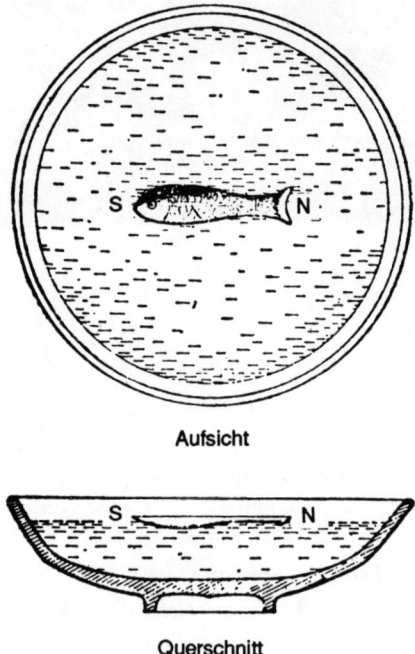

Aufsicht

Querschnitt

Abb. 44
Der «Südwärts weisende Fisch», wie er im *Wu Jing Zong Yao (Sammlung der wichtigsten Militärtechniken)* beschrieben wird.

Man beachte, daß fast alle vor dem 19. Jahrhundert (als Elektromagneten in
der Industrieproduktion aufkamen) hergestellten Kompasse in dieser Form
der künstlichen Magnetisierung gefertigt wurden. Die «Südwärts weisende
Nadel» stellte gegenüber dem «Magnetlöffel» und dem «Schwimmenden
Fisch» eine außerordentliche Verbesserung dar. Sogar der moderne
magnetische Kompaß besitzt eine künstlich magnetisierte Nadel als zentralen
Bestandteil, obwohl die Magnetisierung hier in einem elektromagnetischen

Feld erfolgt und die Nadel kunstvoller aufgehängt wird, um verschiedenen Zwecken zu dienen.

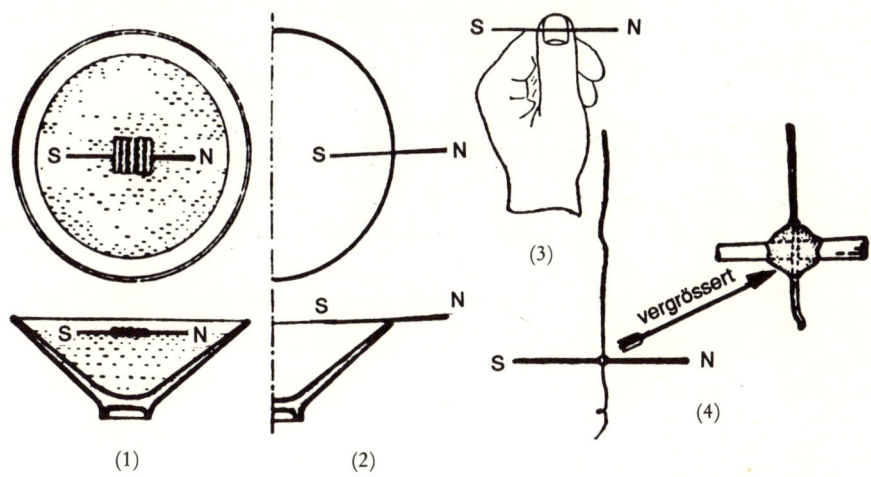

Abb. 45
Shen Kuos Experimente. Dargestellt sind vier verschiedene Arten, eine magnetische Nadel zu befestigen: (1) Nadel durch eine schwimmende Binse gestoßen, (2) Nadel auf einem Schüsselrand schwebend, (3) Nadel auf einem Fingernagel haftend, (4) Nadel an einem Faden aufgehängt.

Um die Nadel zu installieren, machte Shen Kuo vier Experimente. Er stieß sie in ein Stückchen Kork und ließ sie auf Wasser schwimmen, balancierte sie auf einem Fingernagel oder auf einem Schlüsselrand oder hängte sie an einem Faden in der Luft auf.

Zwei andere häufig angewandte Methoden zur Aufhängung der Magnetnadel werden auch im *Shi Lin Guang Ji (Durch das Dickicht der Geschäfte)* überliefert, das von Chen Yuanjing in der Zeit der Südlichen Song-Dynastie (1127–1279) verfaßt wurde: Einen hölzernen Fisch mit einem eingelegten Magneten läßt man auf Wasser schwimmen. Eine Schildkröte aus Holz, ebenfalls mit einem eingelegten Magneten, wird auf einem senkrechten Bambuszapfen aufgehängt, indem man ein kleines Loch unter ihrem Körper bohrt. Wenn die Kröte in Ruhestellung kommt, liegen Kopf und Schwanz in Nord-Süd-Richtung.

Fisch, Nadel und Schildkröte waren zunächst anscheinend nicht auf einer mit den 24 Himmelsrichtungen markierten Platte angebracht, da in Shen Kuos Buch keine derartige Platte erwähnt wird. Sehr bald jedoch fand man heraus, daß so etwas wie die zusammen mit dem Magnetstein-Löffel benutzte «Erdtafel» auch für den Fisch und die Nadel geeignet war, nur daß die viereckige Tafel durch eine runde Platte ersetzt wurde. Die Anzahl der Richtungsstriche blieb

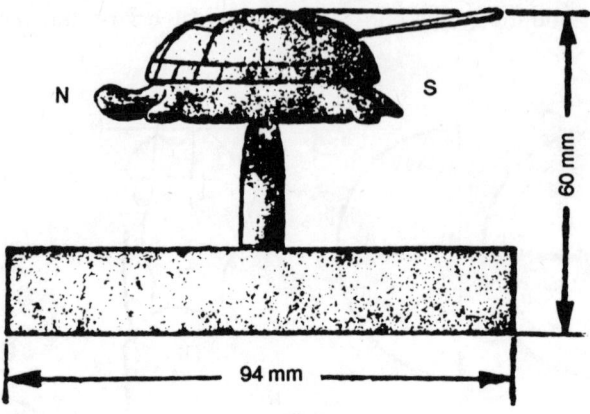

Abb. 46
Schildkröte aus Holz, wie sie im *Shi Lin Guang Ji (Durch das Dickicht der Geschäfte)* beschrieben
wird.

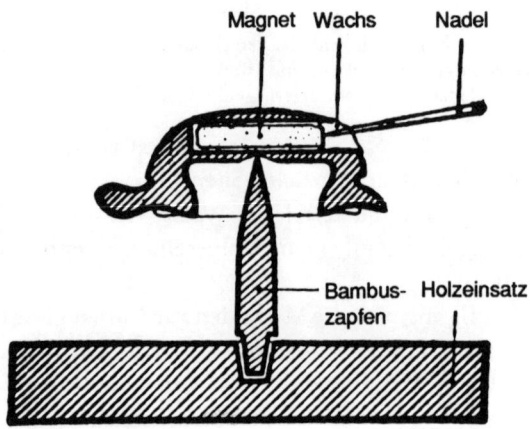

Abb. 47
Querschnitt der Schildkröte aus Holz.

bei 24, dennoch bedeutete das eine weitere wichtige Verbesserung gegenüber
den vorherigen Modellen. Eine magnetische Nadel mit einer die Richtungen anzeigenden Platte kann man bereits als Vorläufer des modernen
magnetischen Kompasses betrachten, wie ihn die Seefahrt benutzt, obwohl ein
solcher Kompaß in der Song-Dynastie hauptsächlich von Wahrsagern und

Geomanten verwendet wurde. Der älteste Bericht über eine solche als *luojing-pan* oder *diluo* bezeichnete Platte findet sich im *Yin Hua Lu (Abhandlung über die Ursachen)* von Zeng Sanyi (Südliche Song-Dynastie), der nicht lange nach Shen Kuo lebte. In seinem Buch erklärte Zeng: «Was den Gebrauch von *diluo* betrifft, so gibt es den magnetischen Nord-Süd-Kompaß, aber es gibt auch einen Kompaß, der die Nadel verwendet, um die durch den Sonnenschatten bestimmte geographische Nord-Süd-Richtung zu bestimmen.» Aus dieser Quelle wissen wir, daß Zeng und seine Zeitgenossen bereits bemerkt hatten, daß es einen Winkel zwischen der magnetischen und der geographischen Nord-Süd-Achse gibt. Dieser Winkel wird heute die magnetische Ablenkung oder Deklination genannt.

Diluo wurde zuerst mit einer schwimmenden, in ein Stück Kork gestoßenen Nadel benutzt; das ganze Instrument, *shuiluopan* genannt, entsprach einem primitiven magnetischen Flüssigkeitskompaß. Xu Jing aus der Nördlichen Song-Dynastie (960–1127) schreibt im *Xuan He Feng Shi Gao Li Tu Jing (Illustrierter Bericht einer Gesandtschaft nach Korea in der Xuanhe-Regierungszeit)* im Jahre 1124, daß die schwimmende «Südwärts weisende Nadel» von Seeleuten benutzt wurde, wenn schlechtes Wetter die Sicht auf den Sternenhimmel verhinderte. Zhu Jifang, ein Gelehrter der Südlichen Song, schrieb in einem Gedicht über eine Seereise:

> *Lote wurden versenkt*
> *zur Erkundung eines einsamen Inselchens,*
> *eine Nadel ließ man schwimmen*
> *zur Ermittlung der vier Himmelsrichtungen.*

Der erste Trockenplatten-Magnetkompaß, *hanluopan* genannt, erschien in der Jiajing-Regierungszeit (1522–1566) während der Ming-Dynastie. Neuartig an ihm war, daß man den Magneten oben auf einem Zapfen drehen ließ, so daß die Reibung auf ein Minimum reduziert wurde. Dieses neue Modell übertraf natürlich die schwimmende Nadel, da der Zapfen feststand, und führte vor allem auf See zu genaueren Resultaten als eine schwimmende Nadel, die heftig auf Bewegungen des Wassers reagierte.

Bei der Nutzung des Trockenplatten-Magnetkompasses war der Westen China voraus, obwohl das Prinzip des festen Zapfens seinen Ursprung in China hatte. Das *sinan* hatte tatsächlich einen relativ festen Drehpunkt. Shen Kuo ließ die magnetische Nadel auf einem Fingernagel oder dem Rand einer Schüssel drehen. Die von Chen Yuanjing beschriebene «Südwärts weisende magnetische Schildkröte» und die «Erdtafel» waren ein Prototyp des Trockenplatten-Magnetkompasses, nur daß die Kröte durch eine Nadel ersetzt werden mußte. Im 12. und 13. Jahrhundert mögen wohl alle Modelle des primitiven chinesischen Kompasses über den Seeweg in die arabischen Länder und durch die arabische Welt in Europa eingeführt worden sein, da Schiffahrt und Überseehandel schon gegen Ende der Song-Dynastie (1279) in Schwung gekommen waren und China mit Quanzhou und Guangzhou zwei der größten Seehäfen der damaligen Welt besaß. Im Vergleich zu ausländischen Schiffen waren die chinesischen größer, stärker, schneller und mit Kompassen ausgerüstet. Die vielen arabischen und persischen Kaufleute, die über Quanzhou und Guangzhou nach China kamen und sich dort aufhielten, segelten bevorzugt auf chinesischen Schiffen. Diese Tatsachen haben wohl die Erfindung des Trockenplatten-Magnetkompasses in Europa erleichtert.

Der primitive Trockenplatten-Magnetkompaß war stabiler als der magnetische Flüssigkeitskompaß, wenngleich eine rauhe See die Nadel stören konnte. Im 16. Jahrhundert wurde der Magnetkompaß in Europa an einem Kardansystem aufgehängt, eine einfache Kombination von zwei Kupferringen und drei Zapfenachsen, die einen Gegenstand im horizontalen Gleichgewicht hielt und ihn von Bewegungen des Schiffes und der See unabhängig machte. Dieses Gerät war in China schon verbreitet, als die Seefahrt zwischen China und dem Westen in der Han- und der Jin-Dynastie (206 v. Chr.–420 n. Chr.) ihren Anfang nahm – allerdings zu einem ganz anderen Zweck.

Ein Buch aus dem 4. Jahrhundert mit dem Titel *Xi Jing Za Ji (Vermischte Berichte von der Westlichen Hauptstadt)* erzählt von einem Weihrauch-Brenner, der von einem Handwerksmeister namens Ding Huan erfunden wurde. Dieses Gerät verschüttete nichts vom brennenden Weihrauch oder der Asche, ganz gleich, wie es gewendet wurde. Damit ließ sich das Bettzeug parfümieren, ohne daß die Sicherheit des Schläfers beeinträchtigt wurde, da der innere Behälter stets seine horizontale Lage beibehielt. Das Prinzip dieses Weihrauch-Brenners, der seit der Han-Dynastie in großen Mengen hergestellt wurde, fand in Europa bei der Aufhängung des Schiffkompasses bessere Verwendung.

Der Kompaß in der Seefahrt

Der Magnetkompaß spielte im alten und mittelalterlichen China im Militärwesen, in der Produktion, beim Vermessen und in der Astronomie eine wichtige Rolle. Seine wichtigste Anwendung fand er jedoch in der Seefahrt.

Bereits in der Qin- und der Han-Dynastie (221 v. Chr.–220 n. Chr.) fuhren die Chinesen über das Meer nach Korea und Japan. Die Schiffahrt blühte zur Zeit der Sui, der Tang und der Fünf-Dynastien (581–979), da sich der Handel zwischen China und den arabischen Ländern entwickelte. In der Song-Dynastie (960–1279) segelten viele chinesische Handelsflotten über den Stillen und den Indischen Ozean. Diese Entwicklung der Seefahrt war zum Teil der Verwendung des Kompasses zu verdanken, da man sich vorher nur nach den Himmelskörpern richten konnte. Auf den Kompaß jedoch konnte man sich bei Regen oder Sonnenschein, bei Tag und bei Nacht verlassen.

Der älteste chinesische Bericht über die Verwendung eines Kompasses auf See findet sich im *Ping Zhou Ke Tan (Pingzhou-Tischgespräche),* geschrieben 1119 von Zhu Yü aus der Nördlichen Song-Dynastie. Zhu berichtet, daß Guangzhou ein sehr reger Seehafen sei und beschreibt die Arbeitsbedingungen an Bord von Überseeschiffen. So heißt es bei ihm:

> «Die Seeleute sind bei der Schiffsteuerung sicher. Bei Nacht richten sie sich nach den Sternen, tagsüber nach der Sonne. Wenn es bewölkt ist, so verlassen sie sich auf die südwärts weisende Nadel.»

Daß der Kompaß nur dann gebraucht wurde, wenn keine Himmelskörper sichtbar waren, beweist die lange Navigationserfahrung der Seeleute zu jener Zeit und zeigt zugleich, daß sie an dieses Gerät noch nicht gewöhnt waren. Im Laufe der Zeit verließ man sich jedoch immer mehr auf die «Südwärts weisende Nadel». Wu Zimu aus der Südlichen Song-Dynastie schreibt in *Meng Liang Lu (Berichte von einem Traum der Größe)* im Jahre 1275:

> «Wenn das Wetter stürmisch oder bewölkt ist, kann man sich nur auf den Kompaß verlassen. Der Steuermann ist verantwortlich, damit nicht der geringste Fehler passieren kann. Voller Ehrfurcht gibt jedermann zu, daß das Leben aller an Bord des Schiffes von der genauen Handhabung dieses Gerätes abhängt.»

In der Yuan-Dynastie (1271–1368) war der Kompaß in der Seefahrt bereits unter allen Umständen erforderlich, da alle wichtigen Seewege kartographiert waren, mit genauen Kennzeichen auf dem Kompaß, die an verschiedenen Stellen unterwegs zu beachten waren. Diese Karten wurden *luo pan zhen lu* genannt, wie im *Hai Dao Jing (Handbuch der Segelnavigation)* und im *Da Yuan Hai Yun Ji (Berichte über Seetransporte in der Yuan-Dynastie)* aus dem 14. Jahrhundert erwähnt wird. Das *Zhen La Feng Tu Ji (Beschreibung von Kambodscha),* 1297 von Zhou Daguan verfaßt, beschreibt genau die bei der Abfahrt von Wenzhou nach Kambodscha vom Schiff vorzunehmende Kompaßpeilung und berichtet außerdem detailliert über im Ausland Geschenes und Gehörtes. «Steure das Schiff zum Segeln entlang der *dingwei*-Nadelrichtung», heißt es bei Zhou. Da Südostasien südwestlich von China liegt, müssen tatsächlich alle von Wenzhou ausfahrenden Schiffe südwärts und etwas westlich segeln. Der berühmte Seefahrer der Ming-Zeit, Zheng He, segelte mit seiner mächtigen Flotte im 15. Jahrhundert siebenmal zum «westlichen Ozean»

(d. h. Indischen Ozean), was den Handel und die Kulturbeziehungen Chinas mit den südostasiatischen und den ostafrikanischen Ländern stark förderte, freundschaftliche Beziehungen herstellte und Chinas Einfluß in der Welt steigerte. Ohne den Kompaß wäre das unmöglich gewesen. Auf der ganzen Route von Liujiagang in der Provinz Jiangsu bis zum Norden von Sumatra ließ Zheng tagtäglich seine großen Schiffe gemäß den Kompaßpeilungen (das heißt nach den *luo pan zhen lu*-Karten) steuern. Westwärts von Sumatra wurden sowohl die *luo pan zhen lu*-Karten als auch die Sterne benutzt. Der Kompaß war wichtig zum Kartographieren eines sicheren Seeweges nach Ostafrika. Die Entdeckung Amerikas durch Columbus und die Seefahrten Magellans um die Welt, beide später als Zhengs abenteuerliche Seereisen, wären ohne Kompaß ebenfalls unvorstellbar gewesen. Diese kühnen Seereisen trieben die Entstehung weltweiter Handelsbeziehungen voran und schufen so die Voraussetzungen für die historische Entwicklung des Kapitalismus.

Magnetismus

Nach den Klassikern zu urteilen, besaß das alte China umfassende Kenntnisse über den Magnetismus. Er wurde beim Abbau und der Verhüttung von Eisenerzen entdeckt, wo man auf Magnetit oder Magneteisenerz (Fe_3O_4 oder $Fe Fe_2O_4$) gestoßen war. Die früheste Erwähnung von Magnetit findet sich im *Guan Zi (Buch des Meisters Guan)*, verfaßt von Guan Zhong (und anderen Autoren), wahrscheinlich im 6. Jahrhundert v. Chr.: «Wenn es an der Oberfläche Magnetit gibt, so wird unten ‹kupferartiges Gold› zu finden sein.» Die magnetischen Eigenschaften des Magnetits lernte man allmählich bei seiner Verwendung kennen.

Die Anziehung von Eisen

Magnetit (Magneteisenstein) hat im Unterschied zu anderen Erzen die Eigenschaft, Eisen anzuziehen. Diese Eigenschaft wurde in China sehr früh bemerkt und oft mit der elektrostatischen verglichen, die sich beim «Aufheben eines Senfkorns durch ein Stück geriebenen Bernsteins» zeigt. Die alten Chinesen verglichen das mit der Anhänglichkeit zwischen Mutter und Kind. «Der Magneteisenstein ist die Mutter des Eisens. Er zieht Eisen wegen seiner mütterlichen Anhänglichkeit für das Kind an. Ein Stück Stein ohne diese Anhänglichkeit kann niemals dasselbe tun», sagt Gao You in einer Anmerkung zu dem Text von *Lü Shi Chun Qiu (Meister Lüs Frühlings- und Herbst-Annalen)* aus dem Jahre 239 v. Chr. Im *Huai Nan Zi (Buch des Fürsten von Huai Nan)* von 120 v. Chr. heißt es: «Der Magneteisenstein zieht Eisen an, aber nicht Kupfer, geschweige denn Ziegel oder anderes Steingut.» Die Anziehung zwischen

Magnetit und Eisen wurde auch von Chen Xianwei und Yu Yan in der Song-Dynastie untersucht. Sie schrieben sie einer inneren Eigenschaft von Magnetit und Eisen zu, in der Annahme, daß eine gewisse, in beiden vorhandene Form von Energie sie zusammenbringe. «Es ist eine Art Energie, die Magnetit und Eisen zusammenbringt, so wie es im Falle von *yin* und *yang* ist, sogar, wenn sie voneinander entfernt sind oder etwas zwischen ihnen ist», erklärten die zwei Song-Gelehrten. Liu Xianting (1648–1695), ein Gelehrter der Qing-Dynastie, schreibt im *Guang Yang Za Ji (Vermischte Berichte von Guangyang)*, daß eine einzigartige Eigenschaft in der Form einer «unsichtbaren Kraft Magneteisenstein und Eisen zusammenbringt». Liu erwähnt in seinem Buch sogar das Phänomen eines magnetischen Schirms: «Als ich gefragt wurde, was Eisen dagegen schützen könne, von Magneteisenstein angezogen zu werden, da antwortete mein Adoptivsohn, daß nur Eisen selbst das tun könne.» Er fügt hinzu, daß der Grund dafür nur in der Natur selbst gefunden werden könne, eine bemerkenswerte Feststellung zu einer Zeit, in der die Naturwissenschaft noch in den Kinderschuhen steckte. Lius Beharrlichkeit, Naturphänomene mittels der Natur selbst zu erklären, zeugt von seiner materialistischen Grundeinstellung.

Im alten und mittelalterlichen China kam die Anziehung von Eisen durch Magnetit zu praktischer Anwendung. In seinem Buch *Tao Shuo (Über Töpferei)* spricht Zhu Yan aus der Qing-Dynastie (1644–1911) von einer bestehenden Praktik bei chinesischen Töpferei- und Porzellan-Arbeiten: «Wenn weißes Porzellan hergestellt wird, muß die Glasur in flüssigem Zustand vor dem Auftragen durch eine Schicht von Magneteisenstein gefiltert werden, da sich sonst schwarze Flecken auf der weißen Oberfläche bilden.» Auch traditionelle chinesische Apotheken behandelten jegliche Art von Pulver, das von einer eisernen Walze oder aus einem eisernen Mörser kam, mit Magnetit, um eventuelle Eisenstäubchen zu entfernen. Lange wurde Magnetit auch in der traditionellen chinesischen Chirurgie benutzt. Im *Ben Cao Gang Mu (Abriß der Arzneimittelkunde oder Materia Medica)*, geschrieben von Li Shizhen im Jahre 1596, gibt es einen Bericht über die Anwendung von Magnetit seit der Song-Dynastie bei chirurgischen Behandlungen wie der Entfernung von Eisenteilchen aus den Augen oder aus der Kehle. Heutzutage hat sich die Magnet-Therapie zu einem modernen Zweig der Medizin entwickelt und wird beispielsweise bei Arthritis angewendet.

Künstliche Magnetisierung

Auf zwei Methoden künstlicher Magnetisierung wird in den chinesischen Klassikern hingewiesen. Shen Kuo erwähnt das Verfahren, bei dem eine Stahlnadel auf Magneteisenstein gerieben wird. In der modernen Physik wird eine eisenmagnetische Substanz als Ansammlung von kleinen Magneten, Bereiche genannt, angesehen. Wenn die Substanz nicht magnetisiert ist, sind die Bereiche zufällig angeordnet. Wenn sie magnetisiert wird, beispielsweise durch Reibung mit Magnetit, reihen sich die Bereiche innerhalb der Substanz infolge des magnetischen Feldes des Magnetits mit ihren Achsen annähernd parallel auf. Für die Kompaßnadel wurde Stahl verwendet, weil man herausfand, daß Stahl seinen Magnetismus bewahrt und daher zu einem Dauermagneten gemacht werden kann.

Eine weitere Methode der künstlichen Magnetisierung bestand darin, einen eisernen Gegenstand im magnetischen Feld der Erde zu magnetisieren, wie es in der *Sammlung der wichtigsten Militärtechniken* beschrieben wird:

«Bei der Fisch-Methode wird ein dünnes Eisenblättchen in die Form eines Fisches von zwei *cun*[2] Länge und einem halben *cun* Breite geschnitten. Kopf und Schwanz sind zugespitzt. Der Fisch wird in einem Holzkohlen-Feuer erhitzt. Wenn er rotglühend ist, wird er mit einer eisernen Zange am Kopf gepackt und so herausgenommen, daß der Schwanz des Fisches nach Norden weist. In dieser Haltung wird er in einer Wasserschüssel teilweise abgekühlt, indem der Schwanz des Fisches einige Zehntel eines *cun* untergetaucht wird. Der so behandelte Fisch wird dann in einer fest geschlossenen Büchse aufbewahrt.»

Die moderne Physik lehrt, daß bei rotglühendem Eisen (d. h. oberhalb des Curie-Punktes von 600–700° C) die kinetische Energie der Moleküle erhöht ist und die magnetisierbaren Bereiche innerhalb des Eisens nicht länger in fester Position sind. Wenn man rotglühendes Eisen in das magnetische Feld der Erde hält, so werden die magnetisierbaren Bereiche gezwungen, unter dem Einfluß des irdischen Magnetfeldes annähernd parallel zu liegen. Das schnelle Abkühlen legt sie auf diese Weise fest, so daß das Eisen dauerhaft magnetisiert ist. Da China in der nördlichen Halbkugel der Erde liegt, neigt sich das irdische Magnetfeld nach Norden. Der eiserne Fisch wurde deshalb mit dem Schwanz in Nordrichtung abgekühlt, da in dieser Haltung das Eisen am stärksten magnetisiert wurde. Das Wasser gewährleistete schnelle Abkühlung, ähnlich dem Härten von Eisen in Stahl. Diese zweite Methode des Magnetisierens beruhte ausschließlich auf Erfahrung, aber sie entsprach späteren Befunden im Geomagnetismus.

Das Magnetisieren von Eisen im irdischen Magnetfeld ist ebenfalls in mehreren Büchern aus der Ming- und Qing-Zeit beschrieben. Das *Wu Li Xiao Shi*

---

[2] 1 *cun* im 11. Jahrhundert = 3,19 Zentimeter.

(Kleine Enzyklopädie der Prinzipien der Natur), 1664 von Fang Yizhi geschrieben, zitiert einen Mann namens Teng Yi: «Wenn eine gleichförmige Eisenstange horizontal in der Luft aufgehängt wird, so daß sie sich frei um ihre Mitte dreht, wird sie in einer Nord-Süd-Position stoppen.» Im Jahre 1570 schreibt Li Yüheng im *Qing Wu Xu Yan (Einführung zu dem Blauen-Raben-Handbuch):*

«Kürzlich begegnete ich einem Geomanten namens Wang Nongwan und erfuhr von ihm, daß jede Eisenstange, dünn oder dick, wenn sie in horizontaler Lage in ihrer Mitte an einer Schnur in der Luft aufgehängt und auf diese Weise zum Drehen veranlaßt wird, stets in einer Nord-Süd-Richtung zum Stillstand kommen wird wie die Nadel eines Kompasses. Ich habe das mehrmals probiert und bin davon überzeugt.»

Das irdische Magnetfeld wird charakterisiert durch magnetische Ablenkung, magnetische Inklination und horizontale Intensität. Die magnetische Ablenkung wurde 1492 von Europäern dank der Entdeckungsfahrten von Christopher Columbus entdeckt. Die magnetische Inklination wurde in Europa sogar noch später entdeckt, während in China beides schon in der Frühzeit der Nördlichen Song-Dynastie (d. h. nicht viel später als 1000) gefunden wurde.

Die Herstellung des «Südwärts weisenden Fisches», wie sie in der *Sammlung der wichtigsten Militärtechniken* (1040) beschrieben wird, beweist Kenntnisse des Geomagnetismus und der magnetischen Inklination.

Als Shen Kuo im Jahre 1086 erklärte, daß eine Nadel durch Reiben an einem Magneteisenstein veranlaßt werden kann, nach Süden zu weisen, fügte er hinzu, daß «die Nadel oft ein wenig östlich von Süden weist und nicht genau südwärts», womit er das älteste Zeugnis über magnetische Ablenkung schuf. Shen behauptete nicht, daß dies immer der Fall sei, sondern betonte das Wort «oft». Auch in seinem Bericht über die «Südwärts weisende Nadel», die horizontal in der Luft aufgehängt wird, heißt es: «Sie weist oft nach Süden.» Kou Zongshi, der 1116 das *Ben Cao Yan Yi (Ausführungen über Materia Medica)* kompiliert hat, zitiert Shen, läßt aber wohlüberlegt die Worte «ein wenig» weg. Das Zitat lautet also: «Die Nadel weist oft südlich von Osten» und: «Sie weist oft nach Süden in die *bing*-Richtung». Shen wie auch Kuo waren äußerst sorgfältig in ihrer Wortwahl. Heute weiß man, daß die magnetische Ablenkung je nach Ort und Zeit variiert, da der magnetische Pol der Erde selbst schwankt. Shen Kuo schrieb, wahrscheinlich von seinen persönlichen Beobachtungen ausgehend, an verschiedenen Orten und über einen langen Zeitraum hinweg. Es steht fest, daß Columbus die magnetische Ablenkung auf seiner Seereise von Spanien nach Amerika im Jahre 1492 entdeckte. Im Jahre 1643 vermerkten andere Europäer, daß die von Columbus an ein und derselben Stelle registrierte Ablenkung unterschiedlich war. Diese Entdeckungen wurden detailliert berichtet, während Shens Beobachtungen vage waren. Jedoch wurde das ständige Schwanken der magnetischen Ablenkung zum ersten Mal im *Traumstrom-Essay* aus dem Jahre 1086 vermerkt.

In der Südlichen Song-Dynastie wurde die Tatsache, daß die magnetische Ablenkung schwankt, genauer betrachtet und bei der Benutzung von Kompassen einbezogen. Zeng Sanyi schrieb in der *Abhandlung über die Ursachen:* «Da Himmel und Erde genau auf dem *ziwu* [Meridian] liegen, sollte man die *ziwu*-Linie benutzen. Da es aber die sogenannte «Schiefwerdung» des Landes südlich des Yangtse-Flusses gibt, ist es dort schwer, das *ziwu*-System anzuwenden, und es wird die *bingren*-Achse vorgezogen.» Das heißt: Wo der Unterschied zwischen dem magnetischen Nord-Süden und dem geographischen Nord-Süden nicht groß ist, mag die *ziwu*-Linie benutzt werden. Da es in den Küstenprovinzen von Südostchina eine starke Abweichung zwischen magnetischem Nord-Süd und tatsächlichem Nord-Süd gibt, ist die *bingren*-Achse adäquater.

Die magnetische Ablenkung ist auf allen in der Yuan-, Ming- und Qing-Dynastie hergestellten Geomanten-Kompassen angezeigt, aber sie ist unterschiedlich orientiert. Dies kann man als ursprüngliche «Berichte» über die Schwankung der magnetischen Ablenkung an verschiedenen Orten und zu verschiedenen Zeiten verstehen.

Optik

Jin Qiupeng

Die Optik, ein wichtiger Zweig der Wissenschaft, hat ihre Nützlichkeit bewiesen, und alle Bereiche des sozialen Lebens sind von ihr durchdrungen. In seiner langen Geschichte hat das alte China bedeutsame Beiträge zu diesem Wissenschaftszweig geleistet.

Lineare Lichtverbreitung

Die Sonne versorgt die Menschheit mit Licht und Wärme, und sie ist tatsächlich des Menschen Lichtquelle. Wenn die Nacht hereinbricht, ist die Erde dunkel. Unsere Vorfahren in prähistorischen Zeiten waren hilflos gegenüber der dunklen Nacht. Wir wissen nicht, wieviele Jahrhunderte verstrichen, bevor der Mensch entdeckte, daß ihm das Feuer mit Licht und Wärme nutzbar sein könne. Der vor 500 000 Jahren lebende Peking-Mensch benutzte bereits natürliches Feuer, und vor einigen zehntausend Jahren lernte man, Feuer durch Holzbohren selbst zu erzeugen. Lange Zeit war das Feuer des Menschen einzige künstliche Lichtquelle. Später erfand er Öllampen und Wachskerzen, für die weiterhin Feuer benutzt wurde, und diese wurden erst in neuester Zeit durch die Erfindung anderer Lichtquellen ersetzt.

Nach einer langen Beobachtungsperiode von Lichterscheinungen entdeckte man, daß Sonnenstrahlen, die in einem Wald durch die Blätter drangen, Lichtstrahlen bilden, ebenso wie Sonnenschein, der durch ein kleines Fenster in einen Raum eindringt. Fortgesetzte Beobachtungen lehrten den Menschen, daß sich Licht in einer geraden Linie bewegt. Um dies zu beweisen, machten der chinesische Gelehrte Mo Zi und seine Schüler vor nahezu 2500 Jahren das erste Experiment der Welt über die Entstehung umgekehrter Bilder durch ein Nadelöhr. Obgleich sie von Schatten redeten und nicht von einem Bild, ist das zugrundeliegende Prinzip dasselbe.

Das Experiment bestand darin, daß ein Loch in die sonnenzugewandte Wand eines kleinen, dunklen Raumes gebohrt wurde. Eine Person, die draußen dem Licht gegenüber stand, warf auf die gegenüberliegende Wand einen umgekehrten Schatten. Die Mohisten erklärten dieses seltsame Phänomen damit, daß das Licht einem Pfeile gleich in gerader Richtung durch das Bohrloch schieße. Der Kopf der Person blockiert das Licht von oben, so daß der Schatten unten gebildet wird; ihr Fuß blockiert das Licht von unten, so daß der Schatten oben entsteht, was einen umgekehrten Schatten erzeugt.

Dies war die erste wissenschaftliche Erklärung der linearen Lichtfortpflanzung.

Die Mohisten wandten diese Lichteigenschaft ferner dazu an, die Beziehung zwischen einem Körper und seinem Schatten zu erklären. Der Schatten eines fliegenden Vogels scheint ebenfalls zu fliegen. Die Mohisten entdeckten, daß der Schatten, der unbeweglich bleibt, dadurch entsteht, daß das auf den Vogel fallende Licht durch diesen blockiert wird, da sich Licht in geraden Linien bewegt. Wenn ein Vogel fliegt, so ist der von der Lichtblockierung einen Augenblick lang verdunkelte Raum im nächsten Moment wieder beleuchtet. Der erste Schatten verschwindet und ein neuer Schatten entsteht durch das Licht, das nun blockiert wird. Die Mohisten folgerten daraus, daß «ein Schatten sich nicht bewegt», ein Schatten also in jedem einzelnen Augenblick bewegungslos ist. Die scheinbare Bewegung eines Schattens entsteht durch die Bewegung des Objektes, weil der Standort jedes einzelnen seiner Punkte ständig wechselt. Der Schatten des Vogels scheint diesem deshalb im Fluge zu folgen. Darüber hinaus erklärten die Mohisten auch das Phänomen der Perspektive und des Halbschattens durch das Prinzip der linearen Fortpflanzung der Lichtstrahlen.

In der Mitte des 14. Jahrhunderts untersuchte Zhao Youqin die Beziehung zwischen einem Nadelloch in einer Wand und dem Bilde, das vom Sonnenlicht, das durch dieses kleine Loch in der Wand scheint, auf einer Projektionsfläche gebildet wird. Zhao entdeckte, daß das Bild, wenn das Loch winzig ist, kreisförmig wird, auch wenn das Loch eine andere Form hat. Während einer Sonnenfinsternis erscheint zum Beispiel auf dem Abbild ein Einschnitt, der der teilweisen Bedeckung der Sonne entspricht. Und obgleich die Größe des Nadelloches variieren mag, verändert sich nur die Helligkeit, aber nicht die Größe des Abbildes. Wenn man die Projektionsfläche näher zu dem Nadelloch bewegt, dann wird das Abbild kleiner und heller. Nach sorgfältiger Untersuchung und Erwägung gelangte Zhao Youqin zu einem Gesetz, wie ein Abbild durch ein Nadelloch entsteht. Er hielt fest, daß das entstandene Abbild die Umkehrung der Lichtquelle unabhängig von der Form des Loches ist, wenn es klein genug ist; in diesem Falle beeinflußt die Größe des Loches nur die Helligkeit und nicht die Gestalt. Wenn das Loch sich vergrößert, ist das Abbild das aufrechte Bild des Loches, das heißt, es steht nicht mehr auf dem Kopf.

Um diese Schlußfolgerung zu beweisen, ersann Zhao Youqin ein weiteres Experiment. Zwei runde Gruben von etwa vier Fuß Durchmesser wurden in die Fußböden von zwei Erdgeschoßräumen gegraben. Die Grube auf der rechten Seite war vier *chi*[1] tief, die auf der linken acht *chi*. Ein Tisch von vier *chi* Höhe wurde in die Grube zur Linken gestellt, so daß die effektive Tiefe der

---

[1] 1 *chi* im 14. Jahrhundert = 0,321 Meter.

zwei Gruben zunächst dieselbe war. Zhao fertigte dann zwei runde Bretter
von vier *chi* Durchmesser und setzte 1000 Kerzen auf jedes Brett. Nachdem
alle Kerzen angezündet waren, wurde ein Brett auf den Boden der Grube zur
Rechten plaziert, das andere Brett auf den Tisch in der Grube zur Linken. Er
bedeckte die zwei Grubenöffnungen mit zwei runden Brettern von fünf *chi*
Durchmesser mit einem quadratischen Loch in der Mitte. Das Loch im linken
Brett war jedoch etwa ein *cun*[2] im Quadrat, während das Loch im rechten Brett
etwa ein halbes *cun* im Quadrat maß. Die an der Decke erscheinenden Abbilder waren beide rund, nur war das Abbild des größeren Loches heller als das
andere. Zhao Youqin benutzte das Prinzip der linearen Lichtfortpflanzung zu
der Erklärung, daß die Kerzen im Osten Abbilder im Westen bildeten und
umgekehrt, und daß das gleiche für die Kerzen im Norden und Süden gelte,
wobei jede Kerze ein entsprechendes Abbild hatte. Da die 1000 Kerzen eine
Masse von runder Gestalt bildeten, war das von den einzelnen Kerzenbildern
geformte Gesamtabbild ebenfalls rund. Das beweist, daß die Form des Abbildes unverändert bleibt, wenn Lichtquelle, Loch und Bildschirmabstand
unverändert bleiben, und daß nur die Leuchtstärke verschieden ist – das größere Loch «wird mehr Licht zulassen» und das Abbild deshalb heller sein,
während das kleinere Loch «weniger Licht zulassen wird» und das Abbild deswegen matter ist. Wenn 500 Kerzen nach Osten hin in der Grube zur Rechten
ausgelöscht wurden, dann pflegte das auf der Decke des rechtsseitigen Raumes
entstandene Abbild eine leere Stelle im Westen zu haben. Das entspricht den
während einer Sonnen- oder Mondfinsternis erscheinenden Schatten. Wenn
in der Grube zur Linken nur 20 oder 30 Kerzen angezündet, aber gleichmäßig
verteilt wurden, so entstanden im Bild einige miteinander nicht verbundene
dunkle Vierecke, obwohl das Gesamtbild nach wie vor eine runde Form aufwies; wenn nur eine einzige Kerze brannte, dann war das viereckige Loch im
Vergleich zu der Lichtquelle nicht mehr klein, so daß der so entstandene helle
Fleck viereckig wurde. Wurden alle Kerzen wieder angezündet, wurde das
Abbild zur Linken wiederum rund, und wenn zwei große Bretter als Bildschirm an der Decke parallel zum Fußboden aufgehängt wurden, verringerte
sich der beobachtete Abstand zwischen dem Schirm und dem Loch, und das
Abbild wurde kleiner und heller. Dann wurden die zwei aufgehängten Bretter
entfernt, und die Decke diente wieder als Schirm. Der Tisch auf der linken Seite
wurde weggenommen, und die Kerzen wurden auf den Boden der Grube
gestellt. Nun war die Lichtquelle der linken Grube weiter entfernt von dem
viereckigen Loch, und das Abbild auf der Decke wurde kleiner; es wurde auch
matter, weil das Kerzenlicht schwach war und sich durch den größeren
Abstand die Helligkeit verringerte.

---

[2] 1 *cun* = ⅒ *chi*.

Aus diesem Experiment leitete Zhao Youqin optische Gesetze über die Bildung von Bildern durch Blenden und über die Beziehung zwischen dem Abstand und der Helligkeit der Lichtquelle im Verhältnis zum Abstand der Blende und des Bildschirms ab. Er verwies darauf, daß das Abbild kleiner wird, wenn der Bildschirm dem Loch näher ist und umgekehrt; daß das Abbild größer wird, wenn die Kerze dem Loch näher ist, und daß das Abbild desto heller wird, je kleiner es ist und umgekehrt. Er betonte ebenfalls, daß das Abbild matt ist, wenn das Licht schwach ist, und daß das Abbild heller ist, wenn das Licht stark ist, selbst dann, wenn die Kerze weiter vom Loch weg ist.

Der letzte Schritt des Experiments bestand darin, die zwei die Gruben bedeckenden Bretter zu entfernen und an der Decke über jeder Grube ein rundes Brett von einem *chi* Durchmesser aufzuhängen, wobei das Brett zur Rechten ein vier *cun* weites viereckiges Loch und das Brett zur Linken ein gleichseitig dreieckiges Loch von fünf *cun* Seitenlänge aufwies. Dann erfolgte die Beleuchtung, das heißt, die Abstände zwischen Lichtquelle, Loch und Abbild wurden verändert. Das nun an der Decke entstandene linke Abbild war dreieckig, während dasjenige zur Rechten viereckig war, was bewies, daß die Form des entstandenen Abbildes dieselbe ist wie die Form des Loches, wenn das Loch groß ist, ferner, daß das Abbild kleiner und heller wird, wenn der Abstand zwischen Loch und Schirm kleiner wird, und daß das Bild größer und matter wird, wenn der Abstand zwischen Loch und Schirm zunimmt.

Aus seinen Experimenten zog Zhao Youqin den Schluß, daß das Abbild eines kleinen Loches (Blende) der Form der Lichtquelle und das Abbild eines großen Loches der Form des Loches entspricht. Zhaos Arbeit war zu jener Zeit der einzige experimentelle Beweis der linearen Lichtfortpflanzung und die einzige Darstellung des Prinzips der Entstehung von Bildern durch Blenden.

Chinas Schattenspiele stellten eine sehr frühe Anwendung dieser Lichteigenschaften dar. Zu Beginn der Han-Dynastie (206 v. Chr.–220 n. Chr.) schnitt Qi Shaoweng menschliche Gestalten und Gegenstände aus, um Vorführungen hinter einem Bühnenvorhang zu machen. Richtete man eine Lichtquelle auf seine Figuren, so warf sie deren Schatten auf den Vorhang und die Zuschauer erlebten die ersten Schattenspiele. Diese Schauspielart hatte ihre Blütezeit während der Song-Dynastie (960–1279) und gelangte später in den Westen, wo sie großes Aufsehen erregte.

Das Prinzip der Bildentstehung auf Spiegeloberflächen

Licht wird bekanntlich reflektiert, wenn sein gerader Weg von einem reflektierenden Objekt versperrt wird; auch das wurde in China schon früh verstanden.

Die Menschen hatten die zyklischen Veränderungen des Mondes im Laufe eines Mondmonates beobachtet. Man glaubte zunächst, daß der Mond selbst Licht ausstrahle. Etwa gegen das 4. Jahrhundert v. Chr. erkannten die Chinesen, daß dies nicht stimmte, sondern daß das Mondlicht das von der Mondoberfläche reflektierte Licht der Sonne ist. Zum Beweis vollführte der Song-Wissenschaftler Shen Kuo ein Experiment mit einer beleuchteten Kugel. Eine weitere Kugel bestreute er zur Hälfte mit weißem Pulver, um jene Seite des Mondes darzustellen, die von der Sonne beleuchtet ist. Von der Seite betrachtet, «sieht der mit weißem Pulver bestreute Teil wie ein Haken aus», sagte er, «während er von vorn wie ein Kreis aussieht». Damit erklärte er, wie der Vollmond erst zur Sichel und dann wieder rund wird.

Die Techniken zur Herstellung von Spiegeln waren im alten China hoch entwickelt. Vor mehr als 3000 Jahren stellten die Chinesen Bronzespiegel her und benutzten sie. Auch das Prinzip der Entstehung von Spiegelbildern wurde untersucht.

Bevor es Spiegel gab, betrachtete man sich im Wasser. Man wußte, daß laufendes Wasser keine scharfen Abbilder herstellen konnte. Bereits im 11. Jahrhundert v. Chr. wurden daher Bronzespiegel benutzt, und seit dem 3. Jahrhundert wurde ihre Herstellung so verbessert, daß sie auch exportiert wurden.

Besonders interessant sind die ca. 2000 Jahre alten sogenannten «Lichtdurchdringungs-Spiegel». Diese Spiegel reflektieren auf ihren polierten Oberflächen Muster, die auf ihrer Rückseite als Relief ausgeführt sind. Das Rätsel dieser Spiegel beschäftigte mehrere Jahrhunderte hindurch Gelehrte in China und anderen Ländern, bis das Geheimnis in neuerer Zeit gelüftet wurde. Die Reproduktion des Musters auf der polierten Oberfläche ist die Folge sehr kleiner Änderungen der Krümmung. Sie zeugt von großem Geschick und den bemerkenswerten Erkenntnissen der Menschen, die die Spiegel herstellten.

Im 2. Jahrhundert v. Chr. stellte China das erste Periskop der Welt her, das auf dem Prinzip der Reflexion auf flachen Spiegeln beruhte. In dem Buch *Huai Nan Wan Bi Shu (Die zehntausend unfehlbaren Künste des Fürsten von Huai Nan)*, das früh in der Han-Dynastie erschien, findet sich die folgende Passage: «Hänge einen großen Spiegel hoch oben auf, stelle eine Schüssel mit Wasser darunter, und du kannst die Leute um dich herum darin erblicken.» Diese einfache, wenn auch grobe Vorrichtung stellt im Prinzip einen Vorläufer des modernen Periskops dar.

Obwohl man im Alltag nur flache Spiegel benutzte, entdeckte man jedoch auch die merkwürdigen Phänomene, die konkav oder konvex gebogene Spiegel verursachen. Seit langem hatte man die lichtsammelnde (oder «fokusierende») Eigenschaft von konkaven Spiegeln erforscht und mit Hilfe solcher Spiegel und der Sonne Feuer entzündet. Diese Spiegel wurden deshalb *yangsui* (Sonnen-Brennspiegel) genannt, was man ungefähr mit «Gerät zur Erlangung von Feuer durch die Sonne» übersetzen kann. Erstmalig wurde hier die Sonnenenergie genutzt. Bereits im 5. Jahrhundert v. Chr. machten die Mohisten sorgfältige Untersuchungen über konkave Spiegel, deren Resultate in dem berühmten Werk *Mo Jing (Mohistischer Kanon)* festgehalten wurden. Wenn ein Objekt in der Mitte eines reflektierenden sphärischen Gebildes plaziert wird, so fanden sie heraus, dann ist sein Bild aufrecht, und je näher das Objekt dem Mittelpunkt ist, desto größer ist das Abbild, während es um so kleiner wird, je weiter das Objekt vom Mittelpunkt entfernt ist. Wenn das Objekt in den Mittelpunkt der Sphäre plaziert wird, so decken sich Objekt und Bild. Die Mohisten hatten also bereits deutlich zwischen dem Brennpunkt *zhongsui* (Zentralfeuer) und der Mitte der Sphäre unterschieden. Auch konvexe Spiegel wurden von den Mohisten untersucht; wohin auch immer das Objekt in bezug auf den Konvexspiegel plaziert ist, es wird nur ein aufrechtes Bild geben, das auf der anderen Seite der Spiegeloberfläche entsteht. Es ist ein virtuelles Bild und stets kleiner als das Objekt; je näher das Objekt dem Mittelpunkt ist, desto größer ist das Bild; je weiter entfernt es ist, desto kleiner wird es.

Die Spiegelhersteller des alten China gingen äußerst geschickt mit den Besonderheiten von konvexen Spiegeln um, indem sie große Spiegel ganz flach formten und kleine Spiegel konvex herstellten, damit diese das ganze Gesicht einer Person reflektierten. Die reflektierenden Konvexspiegel an Fahrzeugen und die großen Konvexspiegel an Straßenkreuzungen beruhen auf demselben Prinzip.

Im 11. Jahrhundert formulierte Shen Kuo das Prinzip der Bildentstehung auf Konkavspiegeln, wobei er sich auf die Forschungen seiner Vorgänger stützte. Wenn man einen Finger vor einen Konkavspiegel hält, verändert sich das Bild, wenn man den Finger vom Spiegel wegbewegt oder in dessen Nähe bringt. Shen Kuo nutzte dieses Phänomen, um die Beziehung zwischen dem vom Konkavspiegel gegebenen Bild und seinem Brennpunkt zu erklären: Wenn sich der Finger dem Spiegel nähert, ist das Bild aufrecht; wenn sich der Finger vom Spiegel entfernt, verschwindet das Bild, da am Brennpunkt eines Spiegels kein Bild entsteht. Wenn sich der Finger jenseits des Brennpunktes bewegt, entsteht ein verkehrtes Bild. Shen Kuo wies darauf hin, daß «Konkavspiegel das Licht in einem Punkt konzentrieren», den er *ai* nannte, und der dem sogenannten Brennpunkt der modernen Optik entspricht. Er erklärte die Funktion des Brennpunktes mit verschiedenen Analogien, wie z. B. dem Spalt eines Fensters, dem Drehpunkt eines Ruders oder der «Wespentaille» einer doppelten Trommel.

Heute wissen wir, daß sich parallele Lichtstrahlen, die von einem sphärischen Konkavspiegel reflektiert werden, im Brennpunkt konzentrieren. Daraus ergeben sich folgende Möglichkeiten: 1. Ist das Objekt jenseits des Zentrums der Sphäre plaziert, so ist das Bild real und umgekehrt, aber kleiner als das Objekt; 2. plaziert man das Objekt in das Zentrum der Sphäre, so sind

Objekt und Bild in derselben Position und haben dieselbe Größe, aber sind entgegengesetzt gerichtet; 3. befindet sich das Objekt zwischen Zentrum und Brennpunkt, so ist das Abbild real und umgekehrt, aber größer als das Objekt; 4. liegt das Objekt im Brennpunkt, so gibt es kein Abbild, weil von dem Brennpunkt kommende Lichtstrahlen parallel sind, wenn sie von der konkaven Oberfläche reflektiert werden; 5. ist das Objekt innerhalb des Brennpunktes angesiedelt, so ist das Bild virtuell, aufrecht und größer als das Objekt. Konvexspiegel formen keine realen Bilder, ganz gleich, wohin das Objekt plaziert wird; die Bilder werden virtuell wesensgleich, aufrecht und kleiner sein als das Objekt.

Im *Mo Jing* wird das Zentrum des Sphärischen Spiegels zur Untersuchung der Beziehung zwischen Objekt und Bild benutzt, aber es wird nichts darüber ausgesagt, was geschieht, wenn das Objekt zwischen das Zentrum des Konkavspiegels und seinen Brennpunkt plaziert wird. Das ist ein Mangel, jedoch müssen wir bedenken, daß all dies vor fast 2500 Jahren geschah, als die Optik noch in ihren Anfängen war; das, was zu jener Zeit formuliert wurde, ist immerhin recht bewundernswert.

Refraktion (Brechung) und Dispersion (Streuung) des Lichtes

Wenn Licht aus der Luft in einen anderen durchsichtigen Stoff dringt, so werden die Strahlen gebrochen. Wenn zum Beispiel ein Holzstock schräg ins Wasser gehalten wird, so erscheint er infolge der Lichtbrechung angewinkelt. Bevor man Glas herstellte, wußte man wenig über Linsen. Mit Hilfe von Eis lernte man jedoch Anwendungsmöglichkeiten von fokusierenden Konvexlinsen kennen. Vor mehr als 1000 Jahren schrieb Zhang Hua aus der Jin-Dynastie (265–420) in seinem Buch *Bo Wu Zhi (Bemerkungen zur Naturkunde)*: «Schneide ein Stück Eis zu einer Kugel, hebe sie in die Sonne und lasse ihren ‹Schatten› auf ein Stück *Moxa* [in der Moxibustion benutzte, leicht entzündbare Mischung von getrockneten Heilkräutern] fallen, so wird das Moxa entzündet.» Trotz des niedrigen Schmelzpunktes von Eis formte man es also zu konvexen Linsen, um damit Feuer zu entfachen. Wir können daraus ersehen, daß das Prinzip der fokusierenden Konvexlinsen schon früh bekannt war, daß seine praktische Anwendung jedoch erst durch wiederholte Experimente ermöglicht wurde.

Auch die Entstehung von Regenbögen wurde im alten China untersucht. Früh in der Tang-Dynastie (618–907) stellte Kong Yingda fest: «Wenn die Sonne durch dünne Wolken auf Regentropfen fällt, wird ein Regenbogen erscheinen.» Die Bedingungen für Regenbogenbildung werden damit treffend erklärt: dünne Wolken, Sonnenschein und Regentropfen. Der Regenbogen wird also als Naturerscheinung erkannt, die eintritt, wenn die Sonne auf

Regentropfen scheint. In der Mitte des 8. Jahrhunderts experimentierte sogar Zhang Zhihe mit der Erzeugung von künstlichen Regenbögen. Mit dem Rükken zur Sonne versprengte er kleine Wassertröpfchen und erzeugte damit Phänomene wie bei einem Regenbogen, was ihm bewies, daß ein Regenbogen die Folge von Sonnenlicht ist, das durch Wassertropfen hindurchscheint. Er hob hervor, daß man mit dem Rücken zur Sonne stehen muß, da gegen die Sonne nichts zu sehen ist. Auf seinem Weg nach Qidan (Khitan) in Nordchina gelangte Shen Kuo auf Grund von Beobachtungen zu derselben Schlußfolgerung. Er zitierte die Worte von Sun Yanxian: «Ein Regenbogen ist die Reflexion der Sonne im Regen; wenn die Sonne auf Regen scheint, entsteht ein Regenbogen.» Auf der Grundlage der Erfahrungen seiner Vorgänger erklärte Zhu Xi (1130–1200) aus der Südlichen Song-Dynastie, daß ein Regenbogen erscheint, wenn der Regen vorüber ist und der Himmel sich aufklärt. «Es ist nicht der Regenbogen, der den Regen beendet; wenn der Regen spärlich wird, ist es der vom Sonnenschein beleuchtete, schwache Regen, der den Regenbogen aufleuchten läßt.» Erklärungen von Shen Kuo und Zhu Xi wie «Reflexion der Sonne im Regen» und «vom Sonnenschein beleuchteter Regen» sind ungenau und sogar irreführend. Wir wissen heute, daß Regenbögen durch zweimalige Strahlenbrechung und einmalige oder zweimalige Totalreflexion von in Regentropfen zerstreutem Sonnenlicht herrühren. Dennoch ist ihre relativ moderne Erklärung des Phänomens zu jener Zeit beeindruckend.

In der Song-Dynastie führte längere Beobachtung chinesische Gelehrte zu dem Schluß, daß das rote Glühen am Morgen und am Abend das Ergebnis von schrägen Sonnenstrahlen ist. «Die sinkende Sonne erglühet rot. Der Regen zerfällt in den Regenbogen», lautet die anschauliche und poetische Beschreibung eines zeitgenössischen Dichters.

Nicht später als im 10. Jahrhundert wurde auch entdeckt, daß von Natur aus durchsichtige Kristalle bei Beleuchtung durch die Sonne ein Lichtspektrum aussenden können. Diese Kristalle wurden «fünffarbige Steine» oder «in Regenbogenfarben schillernde Steine» genannt. Später erkannte man, daß durchsichtige Kristalle sechseckig sind: «Wenn also die Sonne auf einen solchen Kristall scheint, bricht sich das Licht in fünf Farben wie im Regenbogen.» Die Lichtstreuung durch transparente Kristalle wurde so mit der Regenbogenbildung in Zusammenhang gebracht – zu Recht, wie man heute weiß.

Diese Erkenntnisse über Lichtstreuung und deren Ursachen – seien sie auch noch so rudimentär – zeugen von der Neugierde und dem Wissensdrang unserer Vorfahren gegenüber den Erscheinungen des Lichts.

Die Erfindung und Entwicklung der Papierherstellung

PAN JIXING

Mit der Erfindung des Papieres stand dem Menschen ein völlig neuartiges Schreibmaterial zur Verfügung, das die Verbreitung von Information und Wissen entscheidend verbesserte.

Vorher hatte man auf Schildkrötenpanzer, auf Knochen, Metalle, Steine, Bambusstreifen, Holztäfelchen und Seide geschrieben. Seit dem Anfang unseres Jahrhunderts hat man zahlreiche Schriftstücke gefunden, die während der Shang-Dynastie (ca. 16.–11. Jh. v. Chr.) auf Knochen oder Schildkrötenpanzer geschrieben worden waren; in jüngster Zeit fand man auch zahlreiche Bambusstreifen, beschriftete Holztäfelchen sowie Bücher und Bilder auf Seide aus der Zeit der Streitenden Reiche bis zur Qin- und zur Han-Dynastie (5. Jh. v. Chr.–2. Jh. n. Chr.). Keines dieser Materialien war jedoch zweckgemäß. Schildkrötenpanzer waren selten, Metalle und Gestein schwer zu bearbeiten, Seide kostspielig. Bambusstreifen und Holztäfelchen nahmen sehr viel Platz ein. Die Entwicklung von Chinas Wirtschaft und Kultur verlangte zunehmend nach einem billigen und leicht zugänglichen Schreibmaterial. Jahrelanges Experimentieren führte schließlich zur Entwicklung eines Pflanzenfaser-Papieres, das – laut Überlieferung – aus Hanf (wie im Seilereigewerbe), aus Lumpen und aus abgenutzten Fischernetzen bestand.

Der Historiker Fan Ye aus dem 6. Jahrhundert schrieb in seiner *Biographie von Cai Lun* im *Hou Han Shu (Geschichte der Späteren Han-Dynastie)* die Erfindung des Papieres Cai Lun (gest. 121) zu. Cai Lun, der als Eunuch am kaiserlichen Hof der Östlichen Han-Dynastie (25–220) diente, soll das Papier im Jahre 105 erfunden haben. Allerdings läßt sich in Cai Luns Biographie im *Dong Guan Han Ji (Han-Geschichte, verfaßt in Dongguan)*, die früher vollendet wurde als das *Hou Han Shu,* kein eindeutiger Hinweis dafür finden, daß Cai Lun das Papier tatsächlich erfand. Das *Dong Guan Han Ji* wurde von einer Gruppe von Historikern geschrieben, zu denen Cai Luns Zeitgenossen Liu Zhen und Yan Du gehörten. Es ist nicht glaubhaft, daß sie unterlassen haben sollten, über ein derartiges Ereignis zu berichten. Bis zur Tang-Dynastie (618–907) war das *Dong Guan Han Ji* als die offizielle Geschichte der Östlichen Han-Dynastie betrachtet worden. Cai Lun wird hier nur als ein für die Papierherstellung zuständiger Beamter in der kaiserlichen Werkstatte erwähnt *(shangfangling).* Obwohl das *Dong Guan Han Ji* nach der Song-Dynastie (960–1279) verlorengegangen ist, sind einzelne Abschnitte als Zitate in Werken von Autoren der Sui- und der Tang-Dynastie überliefert worden. Cai Lun kann deswegen nicht als der Erfinder des Papieres gelten; auch berechtigen archäologische Ausgrabungen dieses Jahrhunderts nicht zu einer solchen Annahme.

Überreste von Hanf-Papier der Westlichen Han-Dynastie aus dem Jahre 49 v. Chr. wurden 1957 in Baqiao, einer östlichen Vorstadt von Xi'an in der Provinz Shaanxi, entdeckt. Mikroskopische Untersuchungen dieser Proben durch den Verfasser weisen darauf hin, daß dem Hanf eine kleine Menge Ramie zugesetzt war. Es ist dies das älteste heute vorhandene Pflanzenfaser-Papier. In den Jahren 1973–74 wurden Proben von Hanf-Papier aus der Westlichen Han-Dynastie (206 v. Chr.–24 n. Chr.) an der alten Stätte von Jinguan gefunden, ebenso 1978 im Kreis Fufeng der Provinz Shaanxi. Diese Funde beweisen, daß das Papier in China vor mehr als 2000 Jahren erfunden wurde. Die Rolle von Cai Lun scheint eher die eines Verbesserers des groben Hanf-Papiers der Westlichen Han-Dynastie gewesen zu sein. Er legte dem Kaiser im Jahre 105 ein Papier von feiner Qualität vor, das er mit Hilfe der Ressourcen herstellen ließ, die er als *shangfangling* (Verwalter der kaiserlichen Werkstätten) des Hofes verwaltete. Die Technik der Papierherstellung verbreitete sich seit jener Zeit in alle Teile Chinas. Später wurde die Rinde vom Maulbeerbaum *(Broussonetia papyrifera)* und anderen Bäumen dem üblichen Bestand an Rohstoffen aus der Östlichen Han-Dynastie hinzugefügt. Die Rolle von Cai Lun sollte daher nicht unterschätzt werden.

Zahlreiche Proben von feinem Papier, mit Schriftzeichen aus dem 2. Jahrhundert, sind seit Beginn dieses Jahrhunderts in Xinjiang, in der Inneren Mongolei und in der Provinz Gansu ausgegraben worden. Experimente zeigen, daß das Hanf-Papier ungefähr folgendermaßen hergestellt wurde:

Rohstoffe wie Seilenden und Lumpen wurden in Wasser aufgeweicht, in Stücke gehackt und dann in Wasser gereinigt, wie die Quellen berichten. Danach wurden die Stücke in einer Lauge aus Gras-Asche und Wasser gekocht; dies kann als die älteste chemische Papierherstellungsmethode betrachtet werden. Nachdem die unreinen Bestandteile wie Holzfasern, Fruchtteile, Farbstoffe und Fett vollständig entfernt waren, wurden die Stücke in klarem Wasser gewaschen und in einem Mörser gestampft. Nach dem Stampfen wurden die feinen Fasern mit Wasser zu einer flüssigen Breimasse (sog. Pulpe) vermischt. Mit flachen Papierfiltern schöpfte man einen Teil dieser Pulpe, den man durch Entwässern und Trocknen zu Papierbögen verarbeitete. War die Oberfläche des Papiers rauh und faltig, mußten die Bögen noch gepreßt werden, bevor man sie beschreiben konnte.

Diese frühe Form der Papierherstellung aus Pflanzenfasern weggeworfener Textilien mit Hilfe chemischer und physikalischer Methoden, die Wiedergewinnung von fasrigem Abfallmaterial mit ganz einfachen Apparaturen stellen bemerkenswerte Leistungen in der Geschichte der Chemie und der Technologie dar. Technische Schwierigkeiten bereiteten vor allem die Beseitigung der nicht zellstoffhaltigen Bestandteile in den fasrigen Rohstoffen sowie das Schneiden und Zerfasern der großen Moleküle der gereinigten Fasern durch kräftiges Stampfen, ferner die Verwendung eines flachen Siebs, über das die Pulpe sich langsam setzt, wobei das Wasser zum größten Teil abtropft, die Fasern jedoch zurückbleiben. Diese verfilzten Fasern machen das Papier nach dem Trocknen besonders reißfest. Der flache «Filter» wird Sieb genannt und ist ein ferner Vorläufer der modernen Fourdrinier-Trommel-Maschinen zur Papierherstellung.

Nach der Verbreitung der Papierherstellungstechnik in ganz China während des 2. Jahrhunderts wurde Papier zu einer mächtigen Konkurrenz für Seide, Bambus und Holztäfelchen. Gegen das 4. Jahrhundert hatte es im wesentlichen diese unhandlichen Schreibmaterialien ersetzt, was die Ausbreitung und Entwicklung von Chinas Wissenschaft und Kultur beschleunigte. Während der Wei-, der Jin- und der Südlichen und Nördlichen Dynastien (2.–6. Jahrhundert) gab es zahlreiche technische Neuerungen. Maulbeerbaum- und Rattanfasern wurden zusätzlich zu Hanffasern als Rohstoffe verwendet. Die Entwicklung des flachen Schöpfsiebs mit einem beweglichen, auf einem Holzrahmen ruhenden Bambussieb machte es möglich, Tausende von feuchten Papierbögen rasch hintereinander abzuziehen und damit die Produktivität zu steigern. Durch stärkere alkalische Laugen und verstärktes Stampfen im Mörser wurde die Qualität des Papiers verbessert, und schließlich wurden veredelte Papiere wie gefärbtes Papier, überzogenes Papier und dickes Packpapier entwickelt.

Untersuchungen von Proben alten Papiers aus dieser Periode, das in den Dunhuang-Grotten und den Wüsten von Xinjiang gefunden wurde, zeigten ein weißes Papier mit glatter Oberfläche, dessen Papierfasern gleichmäßig verteilt und verwoben waren, was ein «schönes und glänzendes Aussehen» ergab. Jia Sixie widmete im 6. Jahrhundert zwei gesonderte Kapitel seines *Qi Min Yao Shu (Wichtige Fertigkeiten für die Wohlfahrt des Volkes)* der Behandlung von Papiermaulbeerbaumrinde als Rohmaterial für Papier sowie der Technik des Papierfärbens mit *huangbo (Phellodendrum amurense)* oder mit gelber Borke. Zu dieser Zeit fand die Technik der Papierherstellung auch ihren Weg zu Chinas Nachbarn Korea und Vietnam und breitete sich so weiter aus.

Während der Sui-, der Tang- und der Fünf Dynastien (6.–10. Jahrhundert) kamen in China neben den Papiersorten aus Maulbeerbaumrinde und Rattan Papiere aus Tan-Baumrinde, Daphne-Rinde, Reis- und Weizenstrohhalm sowie eine neue Art von Bambus-Papier auf. In Südchina, wo in großem Umfang Bambus angepflanzt wurde, entwickelte sich die Papierfabrikation sehr schnell.

Von diesem Bambus-Papier wurde zeitweise angenommen, daß es seinen Ursprung ebenfalls in der Jin-Dynastie (265–420) habe, aber weder Schriftstücke noch Handwerksprodukte bestätigen das. Technisch gesehen kann es Bambus-Papier erst später als Rinden-Papier gegeben haben, da die Verarbeitung von Fasern wie Bambus in der Jin-Dynastie wohl noch nicht möglich war. Wahrscheinlicher ist, daß das Bambus-Papier zwischen der Tang- und Song-Dynastie entwickelt wurde.

Papier wurde nun in allen Teilen von Nord- und Südchina hergestellt. Die Erfindung des Blockbuchstabendrucks (Xylographie oder Holzschnittdruck) und die damit verbundene Buchherstellung hatten eine zusätzliche Erweiterung der Papierindustrie zur Folge. Produktionssteigerung, verbesserte Qualität und stetig sinkende Kosten machten dem Menschen eine Vielfalt von Papierprodukten für den alltäglichen Gebrauch zugänglich. Zu den seltenen Papieren dieser Zeit gehörten das harte gelbe Papier und das Chengxintang-Papier der Tang-Dynastie. Auch Papier mit Wasserzeichen und verschiedenartig verarbeitete Papiere wurden hergestellt. Die Anzahl der auf Papier gemachten Malereien der Tang-Dynastie spiegelt die Verbesserung in der Technik der Papierherstellung während jener Zeit wider.

Vom 10. bis zum 18. Jahrhundert, während der Song-, Yuan-, Ming- und Qing-Dynastie, waren Rinden-Papiere aus Papiermaulbeerbaum, gewöhnlichem Maulbeerbaum sowie Bambus-Papiere sehr beliebt, und es bestand große Nachfrage danach. Das Sieb für das Papierschöpfen wurde gewöhnlich aus fein polierten und dicht geflochtenen Bambusstreifen hergestellt, während die Papierpulpe gründlich gestampft wurde, um gleichmäßiges Papier zu erzeugen. In der Tang-Dynastie wurde zum Streichen des Papiers im allgemeinen Stärkepaste benutzt, die auch als Füller und als Dispersionsmittel für die in dem Bottich schwebenden Fasern diente. In der Song-Dynastie wurde gewöhnlich ein klebriger Pflanzensaft, *zhiyao* (wörtlich «Papierdroge») genannt, als Dispersionsmittel hinzugefügt, um eine gleichmäßige Faserverteilung in der Pulpe zu erzielen. Die am häufigsten gebrauchten Pflanzenzusätze waren ein Einweichextrakt aus *yangtaoteng (Actinida chinensis planch)* und *huangshukui (Hibiscus abelmoschus)*. Die Verwendung von solchen Streichmitteln, die in der Tang-Dynastie begonnen hatte, wurde während der Song-Dynastie so populär, daß die Produktion mit Stärkepaste aufgegeben wurde.

Außer zur Malerei, zur Kalligraphie, zum Buchdruck und für den täglichen Gebrauch wurde Papier in China auch erstmalig zum Druck von Papiergeld benutzt. In der Song-Zeit als *jiaozi* (Tauschmittel) bezeichnet, wurde es auch in der Yuan- und in der Ming-Dynastie in großen Mengen in Umlauf gesetzt. Andere Länder folgten dem Beispiel Chinas und gaben ebenfalls Papiergeld aus.

Die Papiertapeten, Papierblumen und Papierscherenschnitte der Ming- und

Abb. 48
Schneiden und Einweichen von Bambus in einem Teich – eine Illustration aus dem *Tian Gong Kai Wu (Werke der Natur und der Arbeit)* von Song Yingxing, 1637.

der Qing-Dynastie waren äußerst reizvoll und fanden im Inland wie im Ausland großen Absatz. Die verschiedenfarbigen Buntpapiere, wie *lajian* (Wachspapier), *lengjin* («Kaltgold»-Papier), *nijin* (Sprühgold-Papier), *luowen* (Webpapier), *ni jin yin jia hui* (mit Gold oder Silber bemaltes und geflecktes Papier) sowie *yahua* (Kalendermuster-Papier) waren zumeist feudalen Herrscherklassen vorbehalten; für den gewöhnlichen Benutzer waren sie völlig unerreichbar und wurden auch nicht benötigt.

Zu dieser Zeit wurden auch Bücher über Papierherstellung verfaßt, darunter das *Zhi Pu (Papier-Handbuch)* von Su Yijian aus der Song-Dynastie im Jahre 986, das *Shu Jian Pu (Handbuch über Sichuan-Schreibpapier)* von Fei Zhu aus der Yuan-Dynastie und, besonders bemerkenswert, das *Tian Gong Kai Wu (Werke der Natur und der Arbeit)*, 1637, von Song Yingxing aus der Ming-Dynastie. In diesem letzteren Werk widmete der Verfasser das gesamte Kapitel 13 – *Sha Qing (‹Tod dem Grün› oder die Papierherstellung)* – der tech-

Abb. 49
Schöpfen von Bambuspapierbrei zum Formen eines Papierbogens – Illustration aus dem *Tian Gong Kai Wu (Werke der Natur und der Arbeit)*.

nischen Beschreibung und Illustrierung der Papierherstellung aus Bambus und Baumrinde.

Der folgende Abschnitt aus diesem Text stellt die einzelnen Stufen bei der Herstellung von Bambus-Papier vor:

«Im fünften Mond werden die Bambusse auf den Bergen in fünf bis sieben Fuß lange Stücke geschnitten. Nachdem man sie in einem Teich mehr als 100 Tage lang eingeweicht hat, werden sie sorgfältig gestampft und gewaschen, um die grobe Schale und das Grünzeug zu beseitigen. Die inneren Fasern werden dann mit einer hochgradigen Lauge vermischt und 8 Tage und Nächte lang in einem Kessel gekocht. Anschließend läßt man sie einen Tag lang abkühlen. Dann werden die Bambusfasern aus dem Kessel genommen und gründlich in klarem Wasser gewaschen, bis sie sauber sind. Am nächsten Tag werden sie in einer Lösung aus Holzasche eingeweicht und zum

Kochen in den Kessel zurückgetan. Wenn die Masse den Siedepunkt erreicht, wird sie durchgefiltert. Das wird 10 Tage lang wiederholt, wobei der Bambusbrei dann natürlich nach Verwesung riecht. Schließlich wird er herausgenommen und in einem Mörser zerstampft, bis er wie Lehm oder Teig aussieht, und dann zum Schöpfen in ein Wasserbecken gegossen.»

Song Yingxings Beschreibung der Prozedur zur Herstellung von Bambus-Papier zeigt Ähnlichkeiten mit späteren Berichten anderer Autoren.

Die Technik der Papierherstellung fand im 7. Jahrhundert über Korea ihren Weg nach Japan und wurde in der Mitte des 8. Jahrhunderts über Zentralasien nach Arabien eingeführt. Die ersten Werkstätten in Bagdad im Irak, in Damaskus in Syrien und in Samarkand in Zentralasien konnten dank der von chinesischen Handwerkern übermittelten Kenntnisse eingerichtet werden. Das früheste in Arabien aus Lumpen gemachte Hanf-Papier wurde nach Methoden und mit Ausrüstungen hergestellt, die den in China benutzten sehr ähnlich waren. Als arabisches Papier zur Massenproduktion gelangte, wurde es in großen Mengen nach Europa exportiert. Bald wurde auch die Kunst der Papierherstellung selbst in Europa eingeführt: Über Arabien fand sie ihren Weg von China bis in den Okzident. Die ersten europäischen Länder, die Papierfabriken einrichteten, waren Spanien und Frankreich im 12. Jahrhundert. Ihnen folgten im 13. Jahrhundert Italien und Deutschland. Um das 16. Jahrhundert wurde Papier auch in Europa in großem Maße benutzt und ersetzte schließlich vollständig das traditionelle Pergament und den ägyptischen Papyrus. Von da an verbreitete sich das Papier allmählich durch die ganze Welt.

Schießpulver und Schußwaffen

ZHOU JIAHUA

Schießpulver, ein Gemisch aus Salpeter, Schwefel und Holzkohle, wurde in China vor mehr als 1000 Jahren erfunden. Wegen seiner schwarzen Farbe und seines heutigen zivilen Gebrauchs wird es auch Schwarzpulver genannt. Es ist jedoch auch als Braunpulver bekannt – da sich die Farbe je nach Zusammensetzung ändert.

Im Chinesischen bedeutet der Ausdruck *huoyao* wörtlich «Feuer-Arznei», d. h. eine leicht entzündbare «Arznei». Warum jedoch spricht man von einer «Arznei»?

Salpeter und Schwefel, unerläßliche Bestandteile des Schießpulvers, sind wichtige Arzneien im *Shen Nong Ben Cao Jing (Shen Nongs Materia Medica)*, dem ersten pharmakologischen Lehrbuch Chinas, das in der Han-Dynastie verfaßt wurde. Seit seiner Erfindung ist Schießpulver in der traditionellen chinesischen Pharmakologie auch als medizinischer Stoff betrachtet worden. Li Shizhen aus der Ming-Dynastie schreibt im *Ben Cao Gang Mu (Abriß der Arzneimittelkunde)*, daß Schießpulver Hautkrankheiten heilt und als Insektenpulver, Trockenmittel und Desinfektionsmittel dienen kann. Lange Zeit hindurch wurde Schießpulver daher als ein Produkt der althergebrachten Alchimie betrachtet und wie jedes alchimistische Erzeugnis oder Reagenzmittel als «Arznei» bezeichnet.

Die Erfindung des Schießpulvers durchlief einen langen Prozeß. Zunächst möglicherweise durch Zufall entdeckt, wurde die Formel im Laufe des allgemeinen Fortschritts gezielt verbessert und weiterentwickelt. Zuallererst begriffen die alten Chinesen allmählich die Eigenschaften von Holzkohle, Schwefel und Salpeter. In den Dynastien der Shang und der Zhou (ca. 16.–3. Jh. v. Chr.) wurde Holzkohle zum Schmelzen von Metallerzen benutzt, da man herausgefunden hatte, daß sie als Brennstoff für diesen Zweck besser geeignet war als Brennholz. Schwefel, ein Naturstoff, fiel den Menschen wegen des scharfen Geruchs seiner gasförmigen Komponenten beim Schmelzen gewisser Metallerze auf und wurde auch in der Nähe heißer Quellen wahrgenommen. Seine chemischen und pharmazeutischen Eigenschaften wurden schon früh entdeckt, und er wurde bald im Bergbau gewonnen. Den Alchimisten schien der Stoff seiner Eigenschaften wegen einzigartig. In *Shen Nongs Materia Medica* heißt es, er könne «... Gold, Silber, Kupfer und Eisen verwandeln und ist deshalb ein Zauberstoff». In der modernen chemischen Ausdrucksweise bedeutet dies, daß Schwefel mit Metallen wie Kupfer und

Eisen reagiert und dabei Verbindungen bildet. Das *Zhou Yi Can Tong Qi* *(Verwandtschaft-der-Drei und das Buch der Wandlungen),* das älteste alchimistische Werk aus der Östlichen Han-Dynastie (25–220), berichtet, daß sich Schwefel und Quecksilber verbinden, um roten Zinnober zu bilden. Diese Eigenschaft des Schwefels beeindruckte die Alchimisten zutiefst, so daß sie ihm große Bedeutung zumaßen. Schwefel benutzte man in fast allen Rezepten für «flüssiges Gold» und «zyklisch verwandeltes Gold-Elixier». Bei zahlreichen alchimistischen Experimenten wurde festgestellt, daß er giftig ist und sich beim Erhitzen verflüchtigt. Bald entwickelten die Alchimisten eine Methode, «die Giftigkeit und Flüchtigkeit von Schwefel durch Feuer zu unterdrücken». Sie vermischten Schwefel mit anderen brennbaren Stoffen (gewöhnlich Salpeter) und erhitzten das Gemisch sehr vorsichtig; sobald das Erhitzen keine Flammen mehr erzeugte, betrachteten sie die Giftigkeit und die Flüchtigkeit als «unterdrückt». Mit der Beimischung von Salpeter war ein Schritt vorwärts zur Erfindung des Schießpulvers getan worden. Salpeter ist nämlich chemisch aktiv, auf rotglühender Holzkohle entzündlich, reagiert mit vielen anderen Stoffen und wurde deshalb in der Alchimie ebenfalls viel benutzt. Da er, ähnlich anderen Salzen [z. B. *puxiao* (Glaubersalz, Na_2SO_4)], weiß aussieht, lernten die Alchimisten, ihn beim Brennen durch seine besondere, violette Flamme von anderen Salzen zu unterscheiden. Tao Hongjing, Pharmazeut und Alchimist zur Zeit der Südlichen und Nördlichen Dynastien (420–589), schreibt im *Ben Cao Jing Ji Zhu (Kommentare zur Materia Medica):* «Wenn Salpeter entzündet wird, bildet sich eine bläulichrote Flamme.» Die moderne Chemie bestätigt das. Der Flammentest bahnte den Weg für die sorgfältige und umfangreiche Suche, den Abbau und die Verwendung von Salpeter.

Gegen Ende der Tang-Dynastie (618–907) hatten die Chinesen durch «wiederholtes Unterdrücken von Schwefel oder Salpeter durch Feuer» herausgefunden, daß ein Gemisch von Salpeter, Schwefel und Holzkohle explosiv ist. Im Band 5 des *Zhu Jia Shen Pin Dan Fa (Methoden verschiedener Schulen für magische Elixier-Herstellung)* gibt es ein «Verfahren für die Unterdrückung von Schwefel», von Sun Simiao, einem Pharmazeuten und Alchimisten der Tang-Dynastie, in seinem Buch *Dan Jing (Elixier-Handbuch)* gleichfalls beschrieben. Ein ähnliches Verfahren wird ebenfalls in Band 2 des *Qian Gong Jia Geng Zhi Bao Ji Cheng (Kompendium über den vervollkommneten Schatz von Blei, Quecksilber, Holz und Metall)* dargelegt. Die Entdeckung der Zünd- und Explosiveigenschaften eines Gemisches von Salpeter, Schwefel und Holzkohle war von großer wissenschaftlicher und historischer Bedeutung. Ein anderes klassisches alchimistisches Werk, das *Zhen Yuan Miao Dao Yao Lue (Wesentliches über die wahrhaft ursprünglichen Methoden)* warnt zur Vorsicht vor der leichten Entzündbarkeit eines Gemisches von Schwefel, Salpeter,

Realgar (Arsensulfid, AS_2S_3) und Honig, da es leicht zu einem Unglück für Personen und Gebäude der näheren Umgebung kommen könne. Aus verschiedenen schmerzhaften Erfahrungen lernten die alten Chinesen allmählich, Salpeter und Schwefel in Pharmazeutik und Alchimie gefahrlos anzuwenden und die gewaltigen Möglichkeiten des Schießpulvers zu nutzen, dessen weitreichende Anwendung und Bedeutung seine Erfinder allerdings noch nicht ahnten.

Schon bevor es Schießpulver gab, war Feuer in Kriegen als tödliche Waffe eingesetzt worden. Es gab verschiedene Arten von Brandwaffen, wie etwa den *huojian* (Feuerpfeil), einen gewöhnlichen Pfeil, der mit brennbaren Stoffen wie Schmieröl, Teer, Harz oder Schwefel beschmiert und vor dem Abschuß angezündet wurde. Waffenhersteller fanden später heraus, daß Schießpulver viel wirksamer benutzt werden konnte. Gegen Ende der Tang-Dynastie oder zu Beginn der Song-Zeit begannen sie, an den Pfeilen kleine Ballen mit Schießpulver zu befestigen. Damit wurde Schießpulver erstmalig im Krieg eingesetzt. Später wurden größere Ballen Schießpulver mit gezündeter Zündschnur mittels Schleuder- oder Wurfgeräten (mit denen man früher Steine geschleudert hatte) abgeschossen. Das große Potential des Schießpulvers in der Waffenkunst führte zur Erfindung von verschiedenen anderen Waffen: Tang Fu legte dem Song-Kaiser im Jahre 1000 verschiedene eigene Modelle von *huojian* (Feuerpfeilen), *huoqiu* (Feuerbällen) und *huojili* (Stachelfeuerbällen) vor. Im Jahre 1002 entwarf Shi Pu eine Anzahl von Feuerbällen und -pfeilen, die er auftragsgemäß dem Hof vorzuführen hatte.

Die Schießpulver-Waffen beschleunigten die Produktion von Brandstoffen. Im *Wu Jing Zong Yao (Sammlung der wichtigsten Militärtechniken)*, zusammengestellt von Zeng Gongliang und anderen im Jahre 1044 während der Nördlichen Song-Dynastie, wurden viele Arten von Schießpulver-Waffen beschrieben und drei Rezepte zur Herstellung von Schießpulver wiedergegeben: für *du yao yan qiu* (Schießpulverbälle, die giftigen Rauch ausstoßen) benutze man 30 *liang*[1] Salpeter, 15 *liang* Schwefel, 5 *liang* Holzkohle, dazu Kroton-Samen, Arsen, *langdu*-Wurzeln *(Euphorbia fisheriana)*, Bambus- und Hanffasern, Holzöl, Teer und andere brennbare Stoffe. Für *ji li huo qiu* (Stachelfeuerbälle) verwende man 40 *liang* Salpeter, 20 *liang* Schwefel, 5 *liang* Holzkohle plus Bambus- und Hanffasern sowie andere brennbare Stoffe. Für den *huopao* (Schießpulverbombe, die Brände entfacht sowie große Erschütterungen hervorruft) benutze man 40 *liang* Salpeter, 14 *liang* Schwefel, 14 *liang* Holzkohle mit Bindemitteln und anderen brennbaren Stoffen.

Salpeter, Schwefel und Holzkohle sind die unerläßlichen Bestandteile in

---

[1] 1 *liang* = 50 Gramm.

Abb. 50
Ein Katapult der Song-Dynastie, das zum Schleudern von Schießpulverballen benutzt wurde.

allen Rezepten, wobei die verwendete Menge Salpeter jeweils größer ist als diejenige von Schwefel und Holzkohle zusammen. Zudem ist der Anteil an Salpeter im Schießpulver weit größer als beim «Unterdrücken von Salpeter oder Schwefel durch Feuer».

Die Song-Herrscher führten zahlreiche Kriege gegen äußere Eindringlinge und aufständige Bauern im Inneren, wodurch die Produktion von Schießpulver und Brandwaffen sehr vorangetrieben wurde. Zur Verwaltung der Munitions-Industrie wurde ein gesondertes Regierungsamt eingerichtet, dem 11 große Werkstätten und mehr als 40 000 Arbeiter unterstanden. Die Schießpulverproduktion stand dabei an erster Stelle. Das *Xin Si Qi Qi Lu (Tränenreiche Berichte über die Schlacht von Qizhou)*, 1221 von Zhao Yurong geschrieben, gibt einen Eindruck vom Ausmaß der Schußwaffenproduktion während der Song-Dynastie. Es heißt dort: «... Am gleichen Tage wurden 7000 Schießpulver-Armbrustpfeile, 10 000 gewöhnliche Schießpulverpfeile, 3000 Schießpulverdrahtballen und 20 000 gewöhnliche Schießpulverballen hergestellt.»

Feuerwaffen waren auf dieser Stufe noch auf Brandwaffen beschränkt. Später wurde die Explosivkraft des Schießpulvers ausgenutzt, indem man die Zusammensetzung änderte und damit die Verbrennungsgeschwindigkeit steigerte. Die bereits entwickelten Stachelpulverballen pflegten sicher zu explodieren, obwohl die Explosion mäßig war und nur dazu diente, glühende Stacheln über Menschen und Tiere zu verstreuen. Gegen Ende der Nördlichen Song-Dynastie wurden neue Arten von Explosivwaffen entwickelt und angstvoll *pilipao* («Donnernde Explosivladung») und *zhentianlei* («Himmelerschütternder Donner») genannt. Das erstere war ein Faktor beim Entsatz der Belagerung von Kaifeng im Jahre 1126, während das letztere die Entwicklung von eisernen Splittergeschossen bedeutete. Das eiserne Geschoß (Bombe) als Schießpulverbehälter und die daraus resultierenden Splitter zeigen, daß das Schießpulver hier hauptsächlich als Explosivstoff gebraucht wurde und das ganze *zhentianlei* eine Art Splitterbombe war, die dem Feind sehr schwere Verluste zufügte. Das *Kin Shi (Geschichte der Kin-Dynastie)* beschreibt eindrücklich die tödliche Kraft der Bombe:

«Wenn sie explodierte, machte sie einen Knall wie himmelzerreißender Donner. Eine Fläche von mehr als einem halben *mu*[2] wurde versengt und Menschen, Tiere und Lederrüstungen wurden zu Boden geschleudert. Sogar eiserne Panzerhemden wurden zerfetzt.»

Ein weiterer wichtiger Fortschritt in der Waffenherstellung wurde in der Song-Dynastie durch aufständische Bauern im bewaffneten Kampf gegen Feudalherrscher erzielt, und zwar mit einer Rohrwaffe, *huoqiang* (wörtlich «Feuerlanze») genannt, die zuerst 1132 in Erscheinung trat.

Im Jahre 1259 erschien dann die *tuhuoqiang* («Feuerspeiende Lanze»). Die *huoqiang* bestand aus einem langen Bambusrohr, in das Schießpulver gefüllt wurde. Wenn es abgeschossen wurde, wurden aus dem Rohr Flammen gestoßen wie aus dem Schießrohr eines modernen Flammenwerfers. Die *tuhuoqiang* funktionierte dagegen wie eine primitive Flinte oder ein Gewehr aus einem dickeren Bambusrohr, in das *zike* (Kugeln) gepackt waren. Wenn sie abgefeuert wurde, schossen Flammen heraus, denen die Kugeln folgten.

Größere Schußkraft erfordert stärkeren Druck im Geschützrohr, was Bambus mit fortschreitender Entwicklung ungeeigneter machte. Bronzene und eiserne Geschützrohre tauchten in der Yuan-Dynastie (1271–1368) auf und wurden allgemein als *huochong* (Feuergeschütz) oder – aus Ehrfurcht – auch als *tongjiangjun* («Bronzegeneräle») bezeichnet. Das älteste, heute im Beijinger

---

[2] 1 *mu* = ¹/₁₅ Hektar.

Abb. 51
Eine *tuhuoqiang*
(«Feuerspeiende Lanze»)
aus der Song-Dynastie.

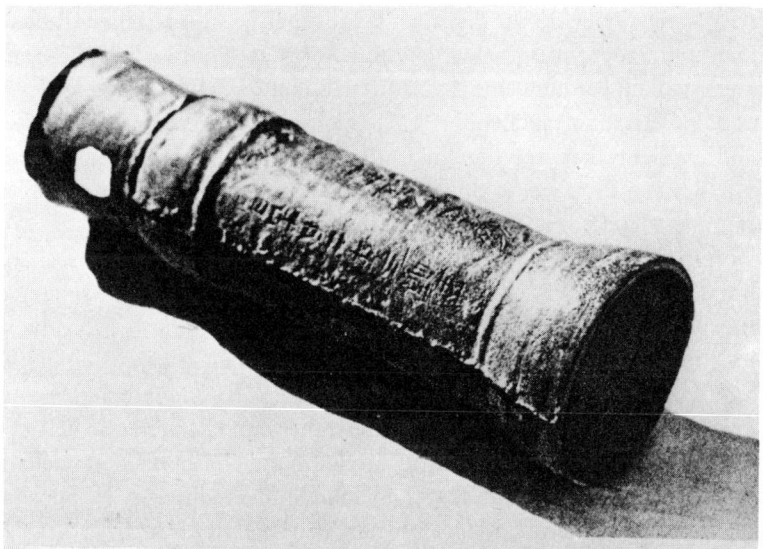

Abb. 52
Ein Kanonenrohr, aus Bronze gegossen im Jahre 1332.

Historischen Museum aufbewahrte *tongjiangjun* wurde im Jahre 1332 gegossen. Es könnte das älteste Geschütz der Welt gewesen sein.

Während der Song- und der Yuan-Dynastie wurde eine primitive Raketenwaffe entwickelt – ein Schießpulverpfeil, der durch eine getrennte Schießpulverladung getrieben wurde. Diese Waffe kam jedoch erst in der Ming-Dynastie (1368–1644) richtig zur Anwendung. Abbildungen dieser Raketenart finden sich im *Wu Bei Zhi (Abhandlung über Waffentechnik)* aus dem Jahre 1628, wo sie als *feidaojian* («Fliegender Dolchpfeil»), *feiqiangjian* («Fliegender Speerpfeil») und *yanweiqiang* («Schwalbenschwanz-Pfeil») bezeichnet werden. Diese Bezeichnungen zeigen, daß sie durch Schießpulverladungen angetrieben wurden und daß ihre Pfeilspitzen ungewöhnlich waren. Bald wurden auch Mehrfachraketenwerfer entwickelt: *huo nu liu xing jian* («Meteor-Schießpfeile»), die 10 Pfeile abfeuerten, *yiwofeng* («Hornissennest») mit 32 Pfeilen, *si shi jiu shi fei lian jian* («Hagel von 49 Flugpfeilen») mit 49 Pfeilen, *bai shi hu jian* («Hundert kurvende Pfeile») und *bai hu qi ben jian* («Hundert losgelassene Tiger») mit 100 Pfeilen.

Die «Abhandlung über Waffentechnik» beschreibt ebenfalls Prototypen von Raketen, die *fei kong ji zei zhen tian lei pao* («Himmelsflug-Antimannschaft-Raketenbombe») und *shen huo fei ya* («Magische fliegende Brandkrähe») genannt wurden. Die erstere war tödlich, die letztere brandstiftend, und beide wurden über den Köpfen des Feindes durch Zeitzünder, die mit den Triebladungen verbunden waren, zur Explosion gebracht.

In der Ming-Dynastie wurden auch Prototypen «automatischer» Raketenbomben und andere fortgeschrittene Raketenwaffen entwickelt. Besondere Aufmerksamkeit verdient eine Zweistufen-Rakete, genannt *huo long chu shui* («Aus dem Wasser auftauchender Feuerdrache»). Die erste Stufe dieser Waffe bestand aus vier Raketenpfeilen. Im Endstadium ihrer Verbrennung zündeten diese Ladungen die zweite, drachenförmige Stufe: Dieser «Feuerdrachen» schwang sich dann schneller und höher in die Luft.

Schon in der Frühzeit der Tang-Dynastie hatte China den Überseehandel mit Indien, Persien und den arabischen Ländern aufgenommen. Salpeter, der wichtigste Bestandteil des Schießpulvers, wurde durch die Weitergabe von alchimistischen und pharmazeutischen Techniken in diese Länder eingeführt. Deshalb wurde Salpeter in den arabischen Ländern als «China-Schnee» und in Persien als «China-Salz» bezeichnet. Den Arabern und Persern war anfänglich nur seine Verwendung in Metallurgie, Medizin und Glasherstellung bekannt, und erst zwischen 1225 und 1248, als Schießpulver durch Kaufleute über Indien in die arabischen Länder importiert wurde, lernten auch sie diese Verwendungsmöglichkeit kennen. Unter den Europäern waren die Spanier die ersten, die durch die Übersetzung arabischer Fachliteratur Kenntnisse über das Schießpulver erlangten. Feuerwaffen wurden zudem im Laufe der mongo-

Abb. 53
Eine *shen huo fei ya* («Magische fliegende Brandkrähe») aus der Ming-Dynastie.

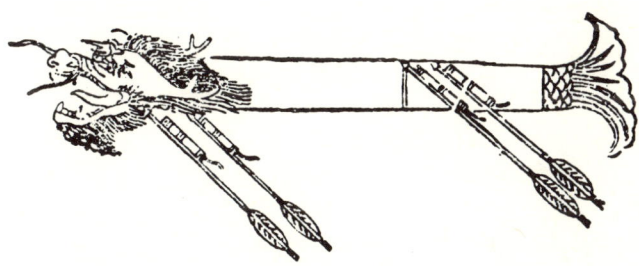

Abb. 54
Ein *huo long chu shui* («Aus dem Wasser auftauchender Feuerdrache») aus der Ming-Dynastie.

lischen Feldzüge in den Westen eingeführt. Aus der Geschichte wissen wir, daß *huojian*, *duhuoguan* («Gift-Feuerflasche»), *huopao* und *zhentianlei* durch die mongolischen Streitkräfte in den Mittleren Osten gebracht wurden. Die Araber lernten den Gebrauch und die Herstellung von Schießpulver und Feuerwaffen von den Angreifern und produzierten bald ihre eigenen. Die

Europäer erlernten die Techniken später, in Kriegen gegen die Araber. Erst im 14. Jahrhundert erschienen die frühesten Berichte über Schießpulver und Schußwaffen in England und Frankreich.

Porzellan

Hong Guangzhu

Die Erfindung des Porzellans, das auf der Grundlage von Töpferei-Techniken entwickelt wurde, läßt sich bis in die Shang-Dynastie (ca. 16.–11. Jh. v. Chr.) zurückverfolgen.

Bereits in der neolithischen Periode der Urgesellschaft vor mehr als 6000 Jahren wurden von den Vorfahren des chinesischen Volkes Töpferwaren hergestellt. Im Brennofen bei relativ niedrigen Temperaturen von etwa 500–600° C gebrannt, waren die von Hand geformten frühen Tonwaren in ihrem Gefüge ziemlich grob. In den Zeiten der Yangshao-Kultur[1] und der Longshan-Kultur[2] wurden die Verarbeitungstechniken und Brennverfahren verbessert, und man stellte bereits Tongefäße aus feingewaschenem Ton her. Die meisten Gefäße wurden noch von Hand geformt oder in Formen gepreßt, während andere schon auf der Töpferscheibe gedreht wurden. Obgleich die Oberfläche im allgemeinen glattgepreßt war, wurden einige Töpfe mit roten oder schwarzen Mustern verziert, was Archäologen als «bemalte Tonwaren» bezeichnen. Am meisten Aufmerksamkeit erregten jedoch die sogenannten «Eierschalen-Tonwaren» jener frühen Periode: Ihr völlig schwarzer Körper von beträchtlicher Härte war so dünn, daß er fast durchsichtig war. Die Verbesserung der Brennöfen gewährleistete vor allem die hohe Festigkeit dieser Tonwaren. Heizrohr, Feuer-Zug, innere Höhlung und Brennkammer kann man bei einem Töpferofen der Longshan-Kultur sehen, den man bei Miaodigou in der Provinz Henan entdeckte. Solche Öfen konnten dank leistungsfähiger Kaminrohre auf ziemlich hohe Temperaturen erhitzt werden, das Brennen war leicht kontrollierbar. Tonwaren aus jener Zeit sind nicht nur von dichtem Gefüge, sondern auch recht vielfältig – von den gewöhnlichen roten und grauen Tonwaren bis zu feinen weißen und schwarzen Produkten.

Obgleich Porzellan und Tongeschirr große Unterschiede aufweisen, ist das Brennverfahren der beiden ähnlich, so daß die Technik der Porzellanherstellung von derjenigen der Töpferei abgeleitet werden kann. Zwischen dem Späteren Neolithikum und der Shang-Dynastie wurden eingeritzte weiße

---

[1] Yangshao-Kultur des Neolithikums, deren Überreste zuerst im Jahre 1921 im Dorf Yangshao, Kreis Mianchi, Provinz Henan, ausgegraben wurden.
[2] Longshan-Kultur des Späteren Neolithikums, deren Überreste zuerst 1928 in Longshan, Provinz Shandong, ausgegraben wurden. Man hat Longshanstädte im mittleren und unteren Strombereich des Huanghe (Gelber Fluß) verstreut gefunden.

Tonwaren und harte Tonwaren mit eingeprägten geometrischen Mustern entwickelt, die aus Porzellan-Ton hergestellt und bei Temperaturen von mehr als
1000° C gebrannt waren. Aus diesen Typen entwickelte sich das einfache Porzellan.

Seit 1953 entdeckte man in China eine große Vielfalt von glasierten Tonwaren der Shang- und der Zhou-Periode (ca. 11. Jh. bis 221 v. Chr.). Bei Erligang
nahe bei Zhengzhou, Provinz Henan, in Tunxi, Provinz Anhui, in Dantu, Provinz Jiangsu, sowie in Xian und Fufeng, Provinz Shaanxi, fand man *zun*-Wein-
gefäße, Schüsseln, Vasen, Krüge und Tassen, die aus kaolinischer Tonerde
geformt und von festem Gefüge und glänzendem Aussehen sind. Da sie dem
Aussehen und den Bestandteilen nach Merkmale von frühem Porzellan aufweisen, werden diese glasierten Gebrauchsgegenstände manchmal «primitive
Seladone» oder «primitives Porzellan» genannt.

Unter «Porzellan» versteht man Gegenstände, deren geformter oder
gedrehter ungebrannter Körper aus einer Kombination von Kaolin (auch Por-
zellanerde genannt), Orthoklas (Feldspat) und Quarz besteht; die Oberfläche
ist mit einer Glasur überzogen und der Gegenstand bei einer Temperatur von
etwa 1200° C gebrannt. Das fertige Produkt weist eine sehr niedrige Porosität
und eine hohe Härte auf. Chemische Analysen der obenerwähnten glasierten
Tonwaren, die bei den Shang-Ruinen des 14.–11. Jh. v. Chr. nahe Anyang in
der Provinz Henan ausgegraben wurden, zeigten, daß Kaolinerde der Hauptbestandteil des primitiven Porzellans war, das sich deutlich von Tonwaren
unterscheidet, da es viel mehr saure Oxide wie Silikondioxid und weniger alkalische Oxide, wie Kalzium-, Magnesium- und Natriumoxide enthält. Durch
Steigerung des Säuregehaltes und Verminderung des Alkaligehaltes konnte
die Brenntemperatur dieses primitiven Porzellans auf etwa 1000° C erhöht
werden, ohne daß der Körper schmolz. Die bei dieser hohen Temperatur entstehende Porosität wird durch eine dünne Oberflächendeckung von grüner
Glasur verringert. Die Untersuchung von Gegenständen aus primitivem Porzellan, die beim Dorf Xiaotung bei Anyang ausgegraben wurden, hat bewiesen, daß die durchschnittliche porositätsbedingte Wasserabsorption nur etwa
0,4 Prozent betrug. Die Entwicklung des primitiven Porzellans der Shang-
und der Zhou-Periode kann daher mit Recht als Beginn einer neuen Ära in
Chinas keramischer Herstellungstechnik betrachtet werden. Die Verwendung von Kaolin, die Erfindung und Verbesserung der Glasuren und die Erhöhung der Brenntemperatur bereiteten den Weg für die Entwicklung des
modernen Porzellans vor.

Im Jahre 1924 entdeckte man Exemplare früher Seladone aus dem Jahre 99
v. Chr. in Legutai bei Xinyang, Provinz Henan. Seit der Gründung des neuen
China im Jahre 1949 wurden viele weitere wichtige Entdeckungen gemacht:
So fand man Seladonschalen sowie Tuschsteine aus dem Jahre 241 in Shi-

menkan bei Nanjing, ein Seladon-*shuizhu* (Wasserkrug) aus Yue-Brennöfen (hergestellt im Jahre 251 von Yuan Yi aus Shangyu) in einem Grab bei Zhaoshigang außerhalb des Guanghua-Stadttors von Nanjing, sowie sog. *aiqing*- (d. h. beifußgrüne) Gefäße aus dem Jahre 297, die als Grabbeigaben in Zhou Chus Grab bei Yixing, Provinz Jiangsu, hinterlassen worden waren. Außer ihren feinen und dichten Körpern weisen diese Seladone dicke, dunkelgrüne Glasuren auf, die sich klar von den blaßgrünen Glasuren früherer Primitivseladone unterscheiden. Die eindeutige Datierung dieser Grabbeigaben erlaubt es, die Zeit der Erfindung bzw. Vervollkommnung des eigentlichen Porzellans spätestens in der östlichen Hanperiode (25–220) zu sehen. In jener Zeit wurden auch entscheidende Fortschritte in der Glasurherstellung gemacht.

Die Schönheit von Porzellan beruht vor allem auf der ein- oder mehrfarbigen Glasur. Das sogenannte *piaoci*-«neblige» oder blaßgrüne Porzellan der Jin-Dynastie (265–420), das *qian feng cui se*- oder «tausend-Gipfel-grüne»-Porzellan der Tang-Dynastie (618–907), das *yu guo tian qing*- oder «Himmel-nach-dem-Regen»-Porzellan aus der Chai-Zhou-Zeit (954–959), das *mise*-[3] oder «Geheimfarbe»-Porzellan der Wu-Yue-Periode, das Puder- und jadegrüne-, schwarzgold-, Turteltauben- und buntscheckige Porzellan der Song-Dynastie (960–1279), das *qing hua you li hong*- oder «blauweiß-in-roter-Glasur»-Porzellan der Yuan-Dynastie (1271–1368) sind Bezeichnungen, die man den Porzellantypen zur Hervorhebung unterschiedlicher Stile bei der Glasurherstellung gab.

Die erste der in der Shang- und der Zhou-Zeit erfundenen Glasuren war die grüne Glasur. Die Glasuren wurden aus Mineralsubstanzen, hauptsächlich aus Silikat, Kalziumoxid, Boraten oder Phosphaten hergestellt und mit Eisen, Kupfer, Kobalt, Mangan, Gold, Antimon und anderen Mineralstoffen gefärbt. Die sogenannte vielfarbige Glasur der Han-Dynastie (206 v. Chr.–220 n. Chr.) erzeugte man unter Benutzung von Molysit – ein Kupfersalz – in Bleiglasur oder Bleioxid. Eisen als Glasurfärbemittel existiert in Form von zwei Eisenoxiden: Eisenoxydul FeO, das eine grüne Farbe erzeugt, und Eisenoxid Fe_2O_3, das eine dunkelbraune oder Terracotta-Farbe ergibt. Das Eisen in der Glasur wird zu Eisenoxydul, wenn es in einer reduzierenden Flamme erhitzt wird, und es wird zu Eisenoxid, wenn man es in einer oxydierenden Flamme erhitzt. Wenn der Eisenanteil der Glasur nur 0,8 Prozent erreicht, so entwickelt das gebrannte Porzellan eine blaßgrüne Farbe; bei mehr als 0,8 Prozent wird die Farbe dunkelgrün. Ein Eisengehalt von mehr als 5 Prozent macht die Reduktion schwierig, die Farbe kann auch dunkelbraun oder

---

[3] *mise*, die berühmte «geheime» oder verbotene Farbe, die so genannt worden sein soll, weil sie dem kaiserlichen Gebrauch vorbehalten war.

fast schwarz werden. Die Fortschritte in der Herstellungstechnik von Porzellan ermöglichten den Handwerkern der Tang-Dynastie, in ihren Yue-Brennöfen (nahe dem heutigen Yuyao bei Shaoxing, Provinz Zhejiang) einen annähernd konstanten Eisengehalt von 1–3 Prozent in der Glasur einzuhalten und so das berühmte *qian feng cui se*-Porzellan herzustellen. Voraussetzung dazu war nicht nur, daß der Eisengehalt ziemlich genau dosiert werden mußte; auch die Temperatur und die Ventilation im Brennofen mußten sehr präzis kontrolliert werden, damit das Porzellan in einer wirklich reduzierenden Flamme gebrannt wurde. Auf der Grundlage ständig wachsender Erfahrung wurde so die Technik der Porzellanherstellung laufend weiterentwickelt und perfektioniert.

Chinas weißglasiertes Porzellan hat seinen Ursprung in den Südlichen und Nördlichen Dynastien (420–589) und wurde in der Sui-Dynastie (581–618) verbessert. Zur Zeit der Tang-Dynastie war das weiße Porzellan aus den Xing-Brennöfen (im heutigen Neiqiu, Provinz Hebei) eines der beiden Hauptprodukte der Porzellanproduktion (das andere bestand aus blaufarbigen Waren). Während dieser Zeit nahmen auch die Weißporzellan-Öfen von Jingdezhen in der Provinz Jiangxi und von Dayi in der Provinz Sichuan den gleichen Rang ein wie die berühmten Xing-Brennöfen. Bei der Untersuchung einer Weißporzellan-Schüssel aus der Tang-Dynastie, die 1958 in Shengmeiting bei Jingdezhen ausgegraben wurde, wurde festgestellt, daß sie einen ziemlich hohen Kalziumoxidgehalt hatte und daß ihre Brenntemperatur 1200° C erreicht haben müßte. Ihr Weißegrad wurde auf 70 Prozent geschätzt. Insgesamt entsprach sie also annähernd dem Standard sehr feinen modernen Porzellans. Diese Entwicklungsstufe der Herstellungstechnik schuf die Grundlage zur späteren Entwicklung des blau dekorierten Porzellans.

Die Song-Dynastie (960–1279) brachte weitere Fortschritte und wird gerne als Zeit der ausgereiften Technik der Porzellanherstellung bezeichnet. Die Produkte aus dieser Zeit weisen neue Verbesserungen hinsichtlich Material, Glasur- und Herstellungstechnik auf. Es wurde nun arbeitsteilig produziert, wobei die einzelnen Arbeitsgänge deutlich unterschieden wurden: Es gab die Verantwortlichkeit für die Brenntemperatur, die Vorbereitung des Materials, die Gestaltung und das Glasieren. Die Produkte der Ding-, Ru-, Guan-, Ge- und Jun-Brennöfen – vielleicht die fünf bekanntesten Öfen – sowie die anderer Brennöfen der Song-Dynastie zeigen jeweils unterschiedliche Eigenarten in der Glasurfarbe und den Dekorationsmustern. Da gab es die *baijisui* oder «hundertfach gesprengelten» Produkte des Ge-Ofens bei Longquan in der Provinz Zhejiang, die mit Stoffen von verschiedenen Ausdehnungskoeffizienten glasiert waren, das *fengqing*- oder graugrüne Porzellan des Di-Ofens, die *yingbai* oder jadeweißen, die *tianbai* oder süßlich-weißen sowie «bestickte», geschnitzte und gepreßte Produkte des Ding-Ofens, die mottenfarbigen und eisenfarbigen Waren des Guan-Ofens, das mondweiße oder *yingqing*-Porzellan von Jingdezhen, das «schwarze-Hasenfell»- und «Rebhuhn-Flecken»-Porzellan des Jian-Ofens, die schwarze Glasur mit geschnitzten Mustern und das buntscheckige Porzellan des Cizhou-Ofens – alle wohlbekannt und hochgeschätzt in der ganzen Welt.

Abb. 55
Illustrationen aus dem *Tian Gong Kai Wu (Werke der Natur und der Arbeit)* von Song Yingxing, 1637.
Links: Töpferei.
Rechts: Glasieren der Waren.

Abb. 56
Illustrationen aus dem *Tian Gong Kai Wu (Werke der Natur und der Arbeit)* von Song Yingxing, 1637.
Links: Porzellan-Brennofen.
Rechts: Die Verzierung der Waren.

Unter den vielen berühmten Brennöfen der Song-Dynastie ist der Jun-Ofen im heutigen Kreis Yuxian, Provinz Henan, besonders bemerkenswert wegen seiner *yaobian* oder Variationen, die ursprünglich durch ein Versehen beim Brennen entstanden, welches die Glasur gefleckt, streifig oder gesprenkelt werden ließ. Da vielfarbig und völlig verschieden vom einfarbigen blauen oder weißen Porzellan der Vergangenheit, wirkten die Produkte des Jun-Ofens mit ihren stark erhitzten «rot und blau»-Glasuren und mit den davon abgeleiteten purpurfarbenen Waren innovativ. Die Analyse hat gezeigt, daß reduzierter Kupfer die Rotfärbung der Glasuren wie ein Jun-Ofen erzeugt, so daß in diesem Fall der Farbeffekt von Kupfer demjenigen von Eisenoxid ganz ähnlich war. Der Kupfergehalt der Rotglasur des Jun-Ofens beträgt etwa 0,33 Prozent. Obwohl kleine Mengen von anderen Mineralstoffen ebenfalls Farbwirkungen hervorbringen, ist es bemerkenswert, wie die Handwerker der Song-Dynastie Kupfersalze und kontrollierte Brennvorgänge einsetzten, um verschiedene Glasurfarben zu erzielen.

Zur Zeit der Song-Dynastie gab es auch wichtige strukturelle Neuerungen bei den Öfen. Der Longquan-Ofen zum Beispiel wurde drachenförmig an die Biegung eines Hügels gebaut. Seine ungeheure Höhle enthielt mehr als 170 Reihen mit Gegenständen, jede Reihe mit einem Fassungsvermögen von bis zu 1300 Stück, was eine Gesamtmenge von 20 000 bis 25 000 Stück bei einem einzigen Brennvorgang bedeutete. Die volle Ausnutzung der Ofenhitze wurde durch die Krümmung in der Mitte erreicht, die als Drosselstelle diente, indem sie die Geschwindigkeit der Flamme im Ofen reduzierte. Die Glasur der in solchen Öfen gleichmäßig gebrannten Produkte ist von einheitlicher Farbe. Zu jener Zeit wurde auch im Norden die Qualität der Produkte stark verbessert, da man statt direkter Holzheizung jetzt Öfen mit Holzkohle und indirekter Heizung verwandte.

Während der Yuan-Dynastie wurde das mit Hilfe von Kupfererde hergestellte Rot im Norden zur Erzeugung des rotfarbigen Unterglasurporzellans benutzt; die südlichen Handwerker von Jingdezhen entwickelten ihrerseits blauweißes Porzellan durch Verwendung von Kobalt-Zusätzen für die Unterglasurfarben.

Die weiteren Verbesserungen der Brenntechnik während der Ming-Dynastie (1368–1644) sind vor allem bei den feinen weißen Glasuren sichtbar. Wegen ihres hohen Gehalts an Aluminiumoxid und Siliziumdioxid sowie einem geringen Anteil an Lösungsmitteln hat diese Weißglasur eine jade-ähnliche Glätte und Durchsichtigkeit sowie einen Glanz und eine Farbe wie Sahne. Die Verbesserung der Weißglasur bahnte den Weg für die Entwicklung einfarbiger Glasuren und bemalten Porzellans.

Bemaltes Porzellan unterscheidet man gewöhnlich nach der Art seiner Glasur: Unterglasur bedeutet, daß die Bemalung vor dem Brennen der Glasur erfolgt; Oberglasur heißt, daß die Bemalung auf der gebrannten Glasur erfolgt und der Gegenstand anschließend nachgebrannt wird. Das berühmte chinesische Blauweiß-Porzellan hat eine Unterglasur mit blauer Bemalung auf weißem Grund. Es war das wichtigste Produkt der Ming-Porzellanindustrie. In der blauen Glasursubstanz ist Kobaltoxid enthalten, wobei der Farbton gemäß den Temperaturschwankungen, Eigenarten und Bedingungen beim Brennen stark variiert. Eine reduzierende Flamme ist erforderlich, damit die Kobaltglasur ihren schönen blauen Farbton offenbart. Ist die Temperatur nicht richtig, so verliert die Blaufärbung ihren Glanz. Deshalb muß der Brennvorgang und die Vorbereitung der Glasurbestandteile genau kontrolliert werden. Die Porzellan-Arbeiter der Ming-Dynastie schufen Wunderwerke ihres Handwerks: schon damals stellten sie hervorragend blau dekoriertes Porzellan sowohl für einheimische wie auch für ausländische Märkte her.

In der Ming-Zeit erzeugte man eine Vielfalt wunderschöner Porzellane, darunter auch solche mit einfarbiger Glasur unter Benutzung des aus Kupfererde hergestellten Rots. Da gibt es das frischrote und das smaragdgrüne Porzellan der Yongle-Zeit (1403–24), das zarte Gelb der Hongzhi-Zeit (1488–1505), die Pfauenfärbung und das mohammedanische Blau der Zhengde-Zeit (1505–21) und das Pfauenblau der Jiajing-Zeit (1522–66). Die kupferrote Glasur begann mit dem *yaobian*-Porzellan aus den Jun-Öfen während der Song-Dynastie und entwickelte sich in der Yuan-Zeit weiter. Zur Zeit der Ming-Dynastie brannte man Porzellan in Unterglasurrot mit so einzigartigen Farbtönen wie Hellrot und Rubinrot. Dies war ein Ergebnis der meisterhaften Technik des Brennens mit reduzierender Feuerung: diese erlaubt es, das Kupferoxid zu metallischem Kupfer zu reduzieren und kolloidal in der Glasurpaste zu verteilen. Mit einer Vielfalt von Malmethoden und Farben wurden die Ming-Produkte geschmückt. Die grellen Farben der Chenghua-Zeit (1465–87) und die «Fünf Farben» der Jiajing- und der Wanli-Zeit (1573–1619) sind weltberühmt. Im ersten Fall wurde Rot, Gelb, Grün oder Purpur auf den bereits blauweiß gebrannten Gegenstand gebrannt, während für die «Fünf Farben» viele Farben (nicht unbedingt genau fünf) einschließlich Rot verwendet wurden.

Das Porzellan der Qing-Dynastie (1644–1911) entwickelte sich auf der Grundlage der bemerkenswerten Leistungen der Ming und erreichte ebenfalls ein sehr hohes Niveau.

Die besten einfarbigen Glasuren waren das Himmelblau, Smaragdgrün, Blaugrün, Apfelgrün, Zartrosa sowie die Rot-, Purpur- und Grün-Mischungen, die während der Kangxi-Zeit (1662–1723) gebrannt wurden. Es gab auch die verschiedenen Song-Typ- und «Fünf-Farben»-Glasuren aus der Qianlong-Zeit (1736–96). Die Glasuren in wässerigem Rot, Ölgrün, Himmelblau und die neun Imitationen von antiken Produkten, einschließlich den Ru-,

Guan-, Jun- und Longquan-Waren, sind dank der strikten Befolgung der Rezepte und der vollkommenen Kontrolle der Brenntemperaturen genaue Duplikate der Originale.

Das Hellrot und das Rot der Lang-Öfen aus der Kiangxi-Periode der Qing-Zeit imitierten das wolkenlose Rot und die rote Unterglasur der Xuande-Periode (1426–36) der Ming-Zeit. All diese roten Glasuren gehen auf die Porzellanherstellungstechnik der Ming-Dynastie zurück.

Beim bemalten Porzellan sind besonders die einfachen dreifarbigen und fünffarbigen Produkte der Kangxi-Periode sowie die pulver- und emailfarbenen Erzeugnisse der Yongzheng- (1723–36) und der Qianlong-Periode in China und im Ausland bekannt. Die pulverigen und die Emailfarben sind Oberglasurfarben. Pulverige Farbe wird durch Beifügung von pulverisiertem Blei zum Farbstoff oder durch dessen Anwendung auf der Oberfläche erzielt und erlaubt, mittels Temperaturregelung verschiedene Farbschattierungen auf der Glasur zu erzeugen. Die pulverige Farbe wird mit ihrem gefälligen Farbton und dem gedämpften Glanz allgemein wegen ihres dreidimensionalen, die Umrisse hervorhebenden Aussehens geschätzt. Die Technik bei den emailfarbigen Produkten ist die gleiche wie bei den pulverigen; wie diese sind sie durch Material, Muster und Stil gekennzeichnet.

Eine Eigenart der blaufarbigen Glasur der Qing-Dynastie ist, daß das Weiß infolge eines ziemlich hohen Kalziumoxid-Gehaltes oft mit etwas Blau durchmischt ist. Eisenoxid im Körper und in der Glasur bewirkt diese Blaufärbung der Glasur. Tatsächlich erreicht die Menge des Eisenoxyduls in der Glasur mehr als 90 Prozent des gesamten Eisengehaltes.

Um Deformierungen des Körpers zu reduzieren, wurde in der Qing-Dynastie dem Rohmaterial ein großer Prozentsatz Kaolinerde beigemischt. Durch sehr sorgfältiges Waschen und Bearbeiten wurden die Quarzpartikel feiner und gleichmäßiger verteilt als zuvor. Das bewirkte ein günstigeres Wachstum der Silizium-Aluminiumhydridkristalle im Körper, wenn durchgehend auf stetige Temperatur sowie optimale Kontrolle des Brennens geachtet wurde. Das auf diese Weise hergestellte erstklassige Porzellan ist durchsichtig, und der Weißegrad der bemalten Teller der Yongzheng-Periode übersteigt 75 Prozent bei einer sehr hohen Brenntemperatur von 1310° C. Diese hohe Temperatur spielt zweifellos in Hinsicht auf Festigkeit und Schönheit von Körper und Glasur eine große Rolle. Mikroskopische Untersuchungen der Struktur haben gezeigt, daß die Qualität dieses Qing-Porzellans an die Normen für moderne keramische Waren hoher Härte herankommt.

Schon frühzeitig, in der Tang-Dynastie, wurde chinesisches Porzellan zur See und auf dem Landwege über die Seidenstraße zusammen mit Tee und Seide ins Ausland verkauft. Auch in den nachfolgenden Dynastien wurde es exportiert. Im 11. Jahrhundert fand Chinas Technik der Porzellanherstellung ihren

Weg nach Persien und daraufhin nach Arabien, in die Türkei und nach Ägypten. Jedoch erst 1470, nachdem es über Venedig eingeführt worden war, begann Europa mit der Herstellung von Porzellan.

Lack und Lacktechnik

PAN JIXING

Wie Porzellan stellt auch Lack eine wichtige Errungenschaft für Chinas traditionelles Kunsthandwerk dar. Nicht rostend und widerstandsfähig gegen Säuren und Alkali, ist Lack ein dauerhaftes, leichtes und ansehnliches Material, das im Alltag ebenso wie in verschiedenen Industriezweigen eingesetzt wird. Die von China exportierten verschiedenartigen Lackwaren haben einen eigenartigen Stil, der sie bis heute in der ganzen Welt beliebt macht. Der in China hergestellte Lack wird *daqi* (Großer Lack) genannt. Die Grundlage des Lacks bildet das wässrige Sekret des einheimischen Lackbaums *(Rhus vernicifera)*, dessen Hauptbestandteil Urushiol ist, das als Rohlack bezeichnet wird. Durch Rühren in der Sonne läßt man die überflüssige Feuchtigkeit verdunsten und verdickt somit diesen Rohlack zu einer klebrigen Flüssigkeit, dem weichen Lack.

Pflanzenöle wie Tungöl wurden als Trocknungsagent mit dem Lack vermischt. Aus Tungöl oder aus anderen schnelltrocknenden Ölen sowie aus Farbstoffen wurden auch verschiedene Lackfarben präpariert, welche zum Aufmalen schmückender Muster benutzt wurden, wodurch eine Lacktechnik von ausgeprägtem nationalem Stil entstand. Tungöl wird aus den Samen des Tungölbaums gepreßt und besteht hauptsächlich aus Stearinsäure $(C_{17}H_{29} \cdot COOH)$. Die Chinesen kannten die Eigenschaften des Tungöls bereits von alters her und benutzten es in Verbindung mit Farbstoffen, eine bemerkenswerte Leistung in der Geschichte der chemischen Technik.

Obwohl die Erzeugung von Lacken erst in neuester Zeit in chemischen Formeln beschrieben worden ist, wurden die mit der Herstellung von Lacken verbundenen chemischen Gesetze in China schon vor langer Zeit praktisch angewandt. Berichte bezeugen den Ursprung chinesischer Lacke vor über 4000 Jahren. Nach Darstellung der in der Zeit der Streitenden Reiche (475–221 v. Chr.) vollendeten Werke *Han Fei Zi (Buch des Meisters Han Fei)* und *Yü Gong (Tribut an Yü)* begannen die Menschen schon im Späten Neolithikum, Lack bei der Herstellung von Eß- und Opfergeräten sowie von Farben (zinnoberrote Lackfarbe) zu verwenden.

Der Lackbaum ist leicht an der glänzenden, schwarzen Farbschicht zu erkennen, die sich bildet, wenn sein Saft dem Sonnenlicht ausgesetzt ist. Die Chinesen machten sich diese Naturerscheinung zu Nutze und steigerten die Menge des aus dem Baum austretenden Saftes. Wenn dem Saft rote Farbe beigemischt wurde, ergab sich eine Lackfarbe, die schichtweise aufgetragen wer-

den konnte. Die im *Han Fei Zi* festgehaltenen Berichte sind in den vergangenen Jahren durch archäologische Ausgrabungen bestätigt worden. Die
schwarzen Töpferwaren mit Lackverzierungen, die in den fünfziger Jahren
unter den Überresten des Späten Neolithikums im Kreis Wujiang, Provinz
Jiangsu, gefunden wurden, stimmen ihrer Entstehung nach genau mit der im
Han Fei Zi berichteten Periode überein. Die in den Ruinen der Yin-Dynastie
(14.–12. Jh. v. Chr.) gefundenen lateritfarbigen, geschnitzten Möbeldekorationen sind die ältesten existierenden Lackverzierungen.

Während der Frühlings- und Herbstperiode (770–476 v. Chr.) wurde dem
Anbau von Lackbäumen große Aufmerksamkeit geschenkt. «Da es Lack in
den Bergen gibt, Kastanien in den Tälern, und ihr genug zu essen und zu trinken habt, warum spielt ihr da nicht die *se*[1]?», heißt es in dem Kapitel *Guo Feng*
im *Shi Jing (Buch der Oden)*. «Kleine Lacktische werden auch benutzt», liest
man im *Gu Ming*-Kapitel des *Shu Jing (Buch der Geschichte)*.

Farbgeschmückte und lackierte Gegenstände wie Teetische, Schreibtische,
zu (alte Opfergeräte), Trommeln, *se,* Handgriffe für Dolchäxte und Grabwächter-Tiere aus der endenden Frühlings- und Herbstperiode wurden ausgegraben und liefern Material zur Ergänzung der alten Berichte.

Lackbaum-Plantagen, die unter der Kontrolle von besonderen Beamten
betrieben wurden, gab es bereits in der Zeit der Streitenden Reiche. Über den
antiken Philosophen Zhuang Zhou (ca. 369–286 v. Chr.) wird in den *Biographien von Lao Zi und Zhuang Zhou* im *Shi Ji (Historische Aufzeichnungen)*
geschrieben, daß er Beamter einer Lackbaum-Plantage war. Darüber hinaus
wußten Handwerker bereits zur Zeit der Streitenden Reiche, daß die Farbschicht ihre Eisengeräte vor Rost schützte.

Das *Kao Gong Ji (Aufzeichnungen des Handwerkers)* stellt fest, daß Lack
eine Substanz ist, die Frost und Tau widerstehen kann. Mit Lack verzierte
Fahrzeuge, Waffengriffe, Teetische und Tische für den täglichen Gebrauch,
Tabletts, *lian* (Schmuckschatullen) sowie Musikinstrumente von der Zeit der
Westlichen Zhou (ca. 11. Jh.–770 v. Chr.) bis zu den Streitenden Reichen wurden in großen Mengen ausgegraben. Untersuchungen ergaben, daß ihr
Grundmaterial meistens Holz, Leder oder Leinenstoff war. Zum Schutz vor
Rost und vor Verwitterung wurden manche Holzbauten und Metallobjekte
mit Lack verkleidet; viele lackierte Gegenstände wurden mit farbigen Mustern
verziert. Wie der Lackhandwerker Huang Cheng aus der Ming-Dynastie
(1368–1644) es ausdrückt: «Er wird bevorzugt wegen seiner Dauerhaftigkeit
und seiner reichen Farbe.»

---

[1] Die *se* ist ein 25saitiges Zupfinstrument, das einer Zither ähnelt.

Abb. 57
Lack-*lian* (Schmuckschatulle) aus der Zeit der Streitenden Reiche (475–221 v. Chr.).

Die Lackmuster auf einigen lackierten Produkten der Streitenden Reiche wurden mit Ölfarbe aus Tungöl oder anderen Trocknungsölen verschiedenfarbig aufgemalt. Die Ölfarbe ist heller, hat aber nicht die Haltbarkeit von Lack. Die Lackherstellung konnte dafür nicht mit der von Tungöl verglichen werden, denn es war viel kostspieliger, Lack zu produzieren. Man setzte dem Lack deshalb Trockenöl als Verdünnungsmittel zu, um so die jeweiligen Mängel von Öl und Lack auszugleichen. Diese kombinierte Anwendung von einander ergänzenden Eigenschaften wird noch heutzutage fortgesetzt. Die alten Chinesen wußten z. B. auch Bescheid über die Verwendung von Eiweiß und Bleiglätte (PbO) oder von *tuzi* (das MnO_2 enthält) bzw. Tungöl als Trocknungsmittel für einen hochpolymeren Film «Großen Lacks».

Die fünf Farben (Rot, Gelb, Blau, Weiß und Schwarz) und ihre Verbindungen, die während der Streitenden Reiche für farbige Lackverzierungen verwendet wurden, enthielten wahrscheinlich Mineralfarbstoffe wie Zinnober, Steingelb, Realgar, Operment, roten oder weißen Ton und Pflanzenfarbstoffe wie Indigo.

Zur Zeit der Qin- und der Han-Dynastie (221 v. Chr.–220 n. Chr.) trat die Lacktechnik in eine neue Entwicklungsphase ein und verbreitete sich in alle Teile Chinas. Die *Biographien von komischen Charakteren* in den *Historischen Aufzeichnungen* berichten über eine «Dunstkammer», die wahrscheinlich zur Herstellung von Lack diente, da Urushiol bei Feuchtigkeit leicht zu einem Film polymerisiert. Das Härten in einer feuchten Atmosphäre beugt zudem den Rissen vor. Unter den ausgegrabenen lackierten Gegenständen der Han-Dynastie (206 v. Chr.–220 n. Chr.) befinden sich Schöpflöffel, Tabletts, Tische, *lian*, Kästen, Henkeltassen, Kissen sowie innere und äußere Särge[2], deren Grundmaterial Holz oder Hanfstoff war. Lackwaren mit Intarsien von Gold, Silber oder Kupfer werden *kouqi* genannt und waren sehr kostspielig. In seinem Bericht über die verschiedenen Arten von Lackprodukten in seinem *Yan Tie Lun (Gespräche über Salz und Eisen)* betonte Huan Kuan aus der Westlichen Han-Dynastie (206 v. Chr.–24 n. Chr.):

«Reiche Leute benutzen lackierte Geräte mit einer Silbergießröhre und Goldgriffen sowie Gold- und Jade-Schüsseln, während die mittleren Klassen jadeverzierte Lackobjekte mit Hanfgrundmaterial und mit Gold verzierte *shu*-Becher benutzen.»

Er erklärte auch: «Ein verzierter Lackbecher kann gegen zehn kupferne Becher getauscht werden.» Lackwaren mit Einlagen aus Gold oder Silber waren sicher viel wertvoller als solche mit Verzierungen.

In der Han-Dynastie wurden zur Überwachung der Lackindustrie in den Präfekturen von Shujun (jetzt Chengdu) und Guanghan, den Hauptlackzentren in der Provinz Sichuan, Beamte ernannt. Die *Biographie von Gong Yu* im *Han Shu (Geschichte der Han-Dynastie)* berichtet, daß sogar drei Beamte in einem einzigen Bezirk der Präfektur von Guanghan eingesetzt wurden, die jährlich 50 Millionen *qian* (Kupfermünzen) ausgaben und eine ungeheure Menge von Arbeitskräften und Material benötigten. Wohlhabende Familien wetteiferten miteinander im Gebrauch von lackierten Produkten. Lackierte Gegenstände mit Gold- oder Silber-Einlagen sind bei Ausgrabungen gefunden worden. Worte wie *huangtugong* (Vergolder), die auf ihnen geschrieben standen, erinnern an die an der Herstellung beteiligte Zunft.

Ein ausgegrabener Gegenstand aus der Han-Dynastie trägt noch Datum und Ort der Herstellung sowie den Namen des Handwerkers. Ebenfalls eingetragen ist eine Art Chronologie der Herstellung. Die Arbeitsteilung in einer Lack-Werkstätte war offensichtlich ziemlich kompliziert. Eine staatliche

---

2 «Innere», «äußere» Särge: in jener Zeit wurden wohlhabende, adlige Chinesen in mehreren ineinander gelegten Särgen bestattet (Anmerkung des Bearbeiters).

Abb. 58
Lackschüssel mit Griffen aus der Westlichen Han-Dynastie (206 v. Chr.–24 n. Chr.), gefunden in
Mawangdui nahe Changsha.

Lack-Werkstätte der Han-Dynastie beschäftigte folgende Arten von Arbeitern: einfache Arbeiter (die das Grundmaterial herstellten), Anstreicher (die
den Lack auftrugen), Vergolder (die das Vergolden ausführten), Maler (die
Verzierungen aus Ölfarben anbrachten), Schnitzer (welche die Inschrift
schnitzten), Reiniger (die den letzten Schliff gaben) und Konstrukteure. Auch
bei den Beamten gab es unterschiedliche Pflichten.

Außer für die staatlichen Manufakturen war die Lack-Industrie auch für
Teile des Volkes eine Verdienstmöglichkeit: In der *Geschichte von Landwirtschaft und Handel* heißt es in den *Historischen Aufzeichnungen*:

«In den Staaten Chen und Xia kommen die Einwohner, die 1000 *mu* mit
Lackbäumen besitzen, in den Staaten Qi und Lu diejenigen, denen 1000 *mu*
mit Maulbeerbäumen und Hanf gehören, und in Weichuan diejenigen, die

1000 *mu* mit Bambus besitzen, an Wohlstand einem von 1000 Familien ernährten Marquis gleich.»

Ebenso lautet eine volkstümliche Redewendung: «Wer 1000 Tungölbäume besitzt, wird niemals Hunger leiden, solange er lebt.» Die vor einigen Jahren in Mawangdui nahe Changsha, Provinz Hunan, ausgegrabenen Lackwaren sind ein Beispiel für die in der frühen Han-Dynastie geleistete ausgezeichnete Arbeit.

Die Herstellung von Standbildern aus dem Grundmaterial Hanfstoff wurde in der Jin-Dynastie und in den Südlichen und Nördlichen Dynastien (3.–6. Jh.) erfunden. Die Grundform einer solchen Statue ist eine Tonform, auf der mit Kleister und Lack eine Hülle aus Hanfstoff befestigt wird. Die Statue wird dann farbig bemalt und getrocknet, worauf die Tonform entfernt wird, so daß die fertige Statue innen hohl ist. Künstler aus jener Frühzeit fertigten schon lackierte Statuen von sechs Metern Höhe, und ihre Kunst nimmt in der alten Lacktechnik einen wichtigen Platz ein. Jia Sixie, ein Gelehrter der Nördlichen Dynastien (386–581), widmete dem Lack ein ganzes Kapitel seines *Qi Min Yao Shu (Wichtige Fertigkeiten für die Wohlfahrt des Volkes)*. Im Zusammenhang mit den Methoden zur Erhöhung der Beständigkeit von bemalten Hüllen und ihrer Erhaltung heißt es: «Ein Lackgegenstand wird faltig und beschädigt, wenn man ihn zu lange mit Salz und Essig in Berührung kommen läßt.» Auch daß er bei Feuchtigkeit schimmlig werden würde und deshalb während des regnerischen Sommers «gesonnt werden solle», betonte er. Dieser frühe Wissenschaftler vermerkte auch: «Zinnober mit Öl vermischt ergibt eine gute Sonnenschutzfarbe». Diese Kenntnis konnte nur das Ergebnis langer Praxis gewesen sein.

Aus den Lackwaren mit Gold- und Silber-Einlagen entwickelte sich das Gold- und Silber-*pingtuo*, bei dem Muster aus Gold- oder Silberfolie auf den zu lackierenden Gegenstand aufgeklebt werden, wonach dieser eine weitere Lackhülle erhält. Anschließend wird er glattgerieben und poliert, bis die hellen goldenen oder silbernen Muster sichtbar werden.

In der Tang-Dynastie (618–907) wurde der *tihong* (geschnitzter roter Lack) erfunden. Die hölzerne oder metallische Grundform der Objekte wird wiederholt mit zinnoberroter Farbe bedeckt, und nach jeder Deckschicht erfolgt das Schnitzen, wobei das Muster dreidimensional ist. *Luodian* (Perlmutter-Einlage) mit auf der Oberfläche eingelegten Muscheln oder Jade war zu jener Zeit auch sehr verbreitet. Zhu Zundu aus den Fünf Dynastien (907–960) schrieb das *Qi Jing (Buch vom Lack)*, worin er die Erfahrungen der vorangegangenen Dynastien mit der Lacktechnik zusammenfaßte. Dieses wichtige Werk, die früheste Monographie über Lacktechnik, ist leider verlorengegangen.

Das *tihong* der Tang-Dynastie blieb während der Song- und der Yuan-Dynastie (960–1368) modern. Allerdings wurden nun Edelmetalle als Grundmaterial verwendet, und die Produkte wurden als *diaohong* bezeichnet. Zhang Yingwen aus der Ming-Dynastie erklärte in seinem *Qing Mi Cang (Geheime Sammlungen)*:

«Für die meisten der von den Lack-Künstlern der Song-Dynastie für den Hof hergestellten geschnitzten roten Lackwaren wählten diese Gold oder Silber als Grundmaterial. Dieses wurde mit einer Anzahl von hellen zinnoberroten Lackschichten versehen. Das Schnitzen wurde nach jeder Beschichtung mit soviel Geschicklichkeit ausgeführt, daß die Szenen von Hügeln, Flüssen, Türmen, Pavillons, Menschen, Vögeln und anderen Tieren auf ihnen sehr lebensnah wirkten.»

Einige dieser Gegenstände sind noch heute erhalten, und sie sind tatsächlich von hervorragender Qualität.

«Rhinozeros-Haut-Lack» war eine spezielle Form der Lackierung, deren beste Produkte in der Song-Dynastie geschaffen wurden. Die Bemalung erfolgte hierbei mit schwarzen, zinnoberroten und goldenen Farben, wodurch eine der Rhinozeros-Haut ähnliche Farbwirkung entstand. In der Song-Dynastie gab Li Jie einen weitaus ausführlicheren Bericht über das Kochen und die Reinigung von Tungöl als seine Vorgänger, indem er in seinem *Ying Zao Fa Shi (Methoden der Architektur)* die Farben für das Bauwesen beschrieb.

Von den geschnitzten Lacken der Yuan-Dynastie (1271–1368) hatten die von Zhang Cheng und Yuang Mao in Jiaxing, Provinz Zhejiang, hergestellten Produkte wegen ihrer ausgezeichneten Schnitzerei den Ruf, die besten zu sein. Peng Junbao, ebenfalls aus Jiaxing, war berühmt wegen seines *chuang-jin*, einer Art *tianqi*, bei dem Goldpulver in das geschnitzte Muster auf einem *chuangjin*-Gegenstand gefüllt wird. Nach dem Polieren ergibt das einen dem Gold- und Silber-*pingtuo* vergleichbaren eigenartigen Stil. Lackprodukte mit Perlmutteinlagen von hoher Qualität wurden für die Reichen in der Yuan-Dynastie hergestellt. Außer mit Muscheln wurden sie auch mit Perlen, Edelsteinen und verschiedenfarbiger Jade verziert.

Die Lacktechnik entwickelte sich in der Ming-Dynastie (1368–1644) und in der Qing-Dynastie (1644–1911) weiter. Plantagen mit Lack- und Tungbäumen wurden in großen Mengen in Nanjing während der Hongwu-Regierungszeit (1368–98) zu Beginn der Ming-Dynastie angelegt. Während der Yongle-Regierungszeit (1403–24) wurde in Guoyuanchang bei Beijing eine staatliche Manufaktur für die Herstellung von rotem Lack zu kaiserlichem Gebrauch eingerichtet. Berühmte Künstler, unter ihnen Zhang Degang, Sohn des berühmten Lackkünstlers Zhang Cheng aus der Yuan-Dynastie, arbeiteten in dieser Werkstätte. Sie verwendeten gelben Kupfer, Holz und Zinn für die Grundformen. Die Xuande-Regierung wurde wegen ihrer *tihong* und *tianqi*-Waren besonders berühmt. Während der Longqing-Regierung (1567–72) hatten die Lackwaren von Huang Cheng, einem *tihong*-Volkskünstler in Xinan, das gleiche Niveau wie die aus der staatlichen Manufaktur Guoyuanchang.

Huang Cheng verfaßte das *Xiu Shi Lu (Berichte über Lack)*, das später von dem Lack-Handwerker Yang Ming aus Jiaxing im Jahre 1625 mit Fußnoten versehen wurde. Das Buch besteht aus zwei Teilen, von denen der erste die Materialien, Werkzeuge und Methoden der Lackproduktion behandelt sowie verschiedene Mängel der Lackarbeit und deren Ursachen aufführt. Teil II behandelt die systematische Klassifikation der Lacke sowie Dutzende von Verzierungstechniken, die bei verschiedenen Arten von Lackarbeiten benutzt worden sind. Die *Berichte über Lack* sind die einzig erhaltene und umfassende Monographie über die Lacktechnik.

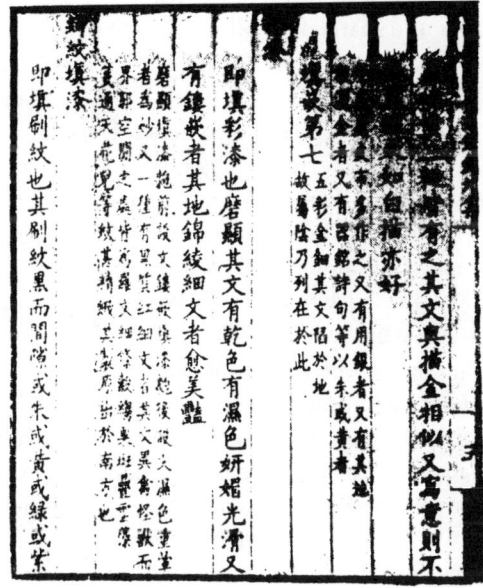

Abb. 59
Seite aus dem Buch *Xiu Shi Lu (Berichte über Lack)* von Huang Cheng aus der Ming-Dynastie (1368–1644).

In der Qing-Dynastie hat man die technische Tradition der Vergangenheit
fortgesetzt. Während der Jiaqing- und Daoguang-Regierungen (erste Hälfte
des 19. Jahrhunderts) waren die Lackkunst von Lu Kuisheng und seine Werke
typisch für diese Zeit. Einige seiner Erzeugnisse, darunter Intarsien, Schnitze-
reien und Statuen, sind bis auf den heutigen Tag erhalten geblieben. Seither gab
es in der Lacktechnik keine Fortschritte mehr; vielmehr sind sogar einige der
Methoden verlorengegangen.

Chinas Lack und Lacktechnik verbreiteten sich früh in der Han-, der Tang-
und der Song-Dynastie in andere Länder und wurden von ostasiatischen Ländern wie Korea, der Mongolei und Japan, von den südostasiatischen Ländern
Birma, Indien, Bangladesh, Kambodscha und Thailand sowie von mehreren
Ländern in Zentral- und West-Afrika übernommen. Mit der Technik der Lak-
kierungen entwickelte sich bald ein ganz besonderes asiatisches Kunstge-
werbe. Viele Stücke der *jinianming*-Lackwaren (mit aufgemalten Zeitanga-
ben), hergestellt von den staatseigenen Lack-Werkstätten der Präfektur
Guanghan, Provinz Sichuan, sind in Nordkorea gefunden worden, während
man eine ganze Anzahl von Gegenständen mit Kupferintarsien in den alten
Grabstätten von Noyin Ula in der Mongolei entdeckte. Die Kaiserliche
Schatzkammer *(Shoso-in)* bei Nara in Japan bewahrt noch eine Sammlung von
vergoldetem Lack und silbernem *pingtuo* aus der Tang-Dynastie auf.

Die Perser, Araber und später die Völker Zentralasiens brachten den chinesischen Lack schließlich westwärts. Portugiesische und holländische Kaufleute führten später den chinesischen Lack auf dem Seeweg in Europa ein, wo
er sehr geschätzt wurde. In verschiedenen Teilen Europas wurde der chinesische Lack im 18. Jahrhundert erfolgreich imitiert; so waren zum Beispiel die
Lackarbeiten des Franzosen Robert Martin zu jener Zeit wohlbekannt auf
dem europäischen Kontinent. Deutschland und Italien begannen als nächste
mit dem Aufbau einer Lackindustrie. Der Stil der frühen Produkte, den die
Europäer als Rokkoko bezeichneten, ist in Wirklichkeit eine Mischung von
chinesischem und europäischem Stil. Wie beim Porzellan wurde das Lack-
handwerk durch die chinesischen Erfindungen befruchtet.

Vom 16. Jahrhundert an wurde chinesisches Tungöl durch die Portugiesen
zusammen mit Porzellan nach Europa transportiert, obwohl die Europäer
dieses Öl schon aus den Berichten des Venetianers Marco Polo, der im
13. Jahrhundert China bereiste, kannten. Da Tungöl schneller trocknet als
Leinsamenöl, ersetzte es dieses bei der Farbherstellung in den Vereinigten
Staaten seit der zweiten Hälfte des 19. Jahrhunderts, als es aus China importiert wurde. Im Jahre 1902 begannen die Vereinigten Staaten, selbst Tungölbäume anzubauen.

Alchimie im alten China

Wang Kuike

Die heutige hochentwickelte Chemie hat nicht nur das Rätsel der Umwandlung von Materie gelöst, sondern auch eine Unzahl von Stoffen erzeugt, welche die Natur niemals hervorbrachte. Der Traum unserer Vorfahren, «dem Schöpfer seine Schaffenskraft abzuringen», ist damit sozusagen Wirklichkeit geworden.

Aber die Chemie hat sich wie andere Wissenschaften auch aus einer Vorform entwickelt – nämlich der Alchimie, die im alten China eine «Zauberlehre» zur Herstellung von Lebenselixieren war. Der Ursprung der chinesischen Alchimie kann bis in uralte Zeiten zurückverfolgt werden. Im *Zhan Guo Ce (Berichte über die Streitenden Reiche)* wurde berichtet, daß in der Frühzeit der Streitenden Reiche (475–221 v. Chr.) dem König des Staates Chu von «Zaubertechnikern» ein «Elixier der Unsterblichkeit» dargeboten wurde. Qin Shi Huang, der Erste Kaiser der Qin-Dynastie (221–207 v. Chr.), der das Land geeint und alle Feinde unterworfen hatte, stellte eine Reihe dieser «Zaubertechniker» zur Herstellung einer «Wunder-Droge zur Sicherung der Unsterblichkeit» an und entsandte Tausende von Jünglingen und Jungfrauen, geführt von einem Jünger Xu Fu zu deren Suche nach Übersee. Auf der Suche nach einem lebensspendenden Rezept nahm Liu Che, der Kaiser Wu Di (Regierungszeit 140–87 v. Chr.), in der Han-Dynastie persönlich an alchimistischen Experimenten teil und ließ im Volk danach forschen. Von Kaisern und Königen, Fürsten und Adligen gefördert, begann die Alchimie mit der Feuerbehandlung von Zinnober und anderen Mineralien ihren Aufschwung zu nehmen.

Die Praktik der Alchimie im alten China war sehr umfassend, schloß aber *neidan*, die «innere» oder physiologische Alchimie[1] aus, die auf Atem, Diät, Gymnastik und andere Körperübungen beschränkt war. Die altchinesische Alchimie bestand aus drei Bereichen: Erstens beinhaltete sie protochemische Versuche mit Metallen und anderen Mineralien zur Entdeckung eines Lebenselixiers; zweitens Untersuchungen zur metalltechnischen Erzeugung von künstlichem Gold oder Silber als «therapeutischen» Metallen; drittens pharmazeutisch-botanische Forschungen nach makrobiotischen Pflanzen.

---

[1] Gemeint ist die Makrobiotik «innerhalb» des menschlichen Körpers, im Gegenteil zu *waidan* (Labor-Alchimie oder pharmazeutische Makrobiotik), die «außerhalb» des menschlichen Körpers durchgeführt wurde.

Pyrogene Methoden

Altchinesische alchimistische Methoden zerfallen in zwei Kategorien: pyrogene und lösungstechnische. Pyrogene Methoden sind Verfahren mit direkter Erhitzung eines Stoffes (ohne Wasser als Medium), wie sie allgemein in der Metallurgie angewandt werden. Wei Boyang, ein Alchimist der Östlichen Han-Dynastie (25–220), schreibt im *Zhou Yi Can Tong Qi (Verwandtschaft-der-Drei und das Buch der Wandlungen)*, daß bis zu seiner Zeit 600 Abhandlungen über das Thema der pyrogenen Methoden verfaßt worden seien. Diese Sammlung von Essays ist jedoch seit langem verloren, so daß ihr Inhalt unbekannt bleiben muß. Gemäß dem *Kapitel der Grundprinzipien* des *Bao Pu Zi (Buch von Meister Baopu)*, geschrieben von Ge Hong (284–364), und einigen späteren Werken über Alchimie bestanden die pyrogenen Verfahren im allgemeinen aus *duan* (Glühen), *lian* (Verwandlung einer trockenen Substanz durch Kochen), *zhi* (Kalzinieren), *rong* (Schmelzen), *chou* (Destillieren), *fei* (Sublimieren), *fu* (Unterdrückung der Giftigkeit eines Stoffes durch Erhitzen) etc.

Der erste von chinesischen Alchimisten untersuchte Stoff war *dansha*, d. h. Zinnober, ein hellrotes Quecksilbersulfid, mit dem die Alchimisten pyrogene Verfahren versuchten. Sie stellten fest, daß sich Zinnober, wenn es erhitzt wird, in Schwefeldioxid und Quecksilber zersetzt. Letzteres verbindet sich direkt mit Schwefel, um wiederum Quecksilbersulfid zu bilden, das schwarze Metazinnober, das in seinen ursprünglichen Zustand sublimiert werden kann, wenn es nochmals erhitzt wird. Quecksilber ist das einzige Metall, das bei gewöhnlichen Temperaturen flüssig ist. Da es zudem silberweiß und schwer ist und sich verflüchtigt, weckte es das Interesse einfacher Leute als Wunderstoff und erregte die Aufmerksamkeit der Alchimisten. Denn man kann es mit pyrogenen Verfahren immer wieder in *huandan* verwandeln, ein zyklisch verwandeltes, wiederentstehendes Elixier, das man auch *shendan* (das «Zauberelixier») nannte. «Das Zauberelixier sichert nicht nur Langlebigkeit, sondern es ist auch fähig, andere Substanzen in Gold zu verwandeln», heißt es in dem *Kapitel über die metallischen Enchymoma* des *Bao Pu Zi*. Das bedeutet, daß man das «Zauberelixier» für ein Wundermittel hielt, das einerseits bei Einnahme langes Leben bringen konnte, und andererseits «Eisen durch Projektion in Gold verwandeln» konnte (indem ein Gran des «Zauberelixiers» in einem großen Tiegel geschmolzenem Eisen zugesetzt wurde). Um ein «neunfach zyklisch verwandeltes Elixier» zu erhalten, wiederholten die Alchimisten die pyrogene Behandlung von Zinnober immer wieder, bis sie mit dem Verfahren vertraut waren. Liu An (179–122 v. Chr.) aus der Westlichen Han-Dynastie (206 v. Chr.–24 n. Chr.) schreibt im *Huai Nan Wan Bi Shu (Die zehntausend unfehlbaren Künste des Fürsten von Huai Nan):* «Der rote Zinnober ist in

Wirklichkeit Quecksilber.» Das *Zhou Yi Can Tong Qi* liefert eine eindrückliche Beschreibung der Eigenschaften von Quecksilber: es sei flüchtig und reagiere leicht mit Schwefel. Es beschreibt auch den Prozeß der offensichtlichen Verwandlung von schwarzem Zinnober in Zinnoberrot, wenn dieser im Reaktionskessel des Alchimisten erhitzt wird. Das *Bao Pu Zi* faßt das lange erprobte Verfahren in einem Satz zusammen: «Zinnober ergibt, wenn es erhitzt wird, Quecksilber, das sich nach vielen Verwandlungen wieder in Zinnober zurückbildet.» In seinem *Jiu Huan Jin Dan Miao Jue (Wundervolle Unterweisungen über das neunfach zyklisch verwandelte Goldelixier)* beschreibt Chen Shaowei aus der Tang-Dynastie (618–907) ausführlich den Prozeß der «Metamorphose von Quecksilber» (die Verbindung von Quecksilber und Schwefel zur Bildung von Zinnober). Er gibt dabei die genauen Proportionen von Quecksilber und Schwefel an und beschreibt eingehend die Dauer, die Temperatur des Erhitzens und die genaue Abfolge bis zu dem Punkt, an dem die zwei Bestandteile «sich in ein purpurnes Pigment ohne den geringsten Verlust des Gesamtgewichtes verwandeln». Das hier beschriebene Verfahren unterscheidet sich kaum von dem in einem chemischen Laboratorium.

Es gibt zwei Arten von rotem Quecksilbersulfid, natürliches und synthetisches. Das erstere wird *dansha* (Zinnober) genannt, wie schon oben erwähnt; dem in der Provinz Hunan gewonnenen Zinnober sagt man allgemein die beste Qualität nach und nennt es *chensha* nach dem ehemaligen Ortsnamen Chenzhou. Das synthetische wird *yinzhu* (Zinnoberrot) genannt und ist wahrscheinlich eine der frühesten vom Menschen geschaffenen chemischen Verbindungen. Es kann zu den bemerkenswertesten Leistungen der Protochemie gezählt werden.

Die altchinesischen Alchimisten waren auch mit anderen Quecksilber- oder quecksilbrigen Verbindungen vertraut. Das *Tai Qing Shi Bi Ji (Berichte aus der Felskammer)*, verfaßt in der Tang-Dynastie, beschreibt das Herstellungsverfahren von *shenggong* («Quecksilber-Frost» oder ätzendes Sublimat): Erhitze Quecksilber und Zinn, bis sich ein Amalgam bildet; pulverisiere es dann und vermische es mit Kochsalz (Natriumchlorid), *tai yin xuan jing* (Selenit), *dun huang fan shi* (gewöhnlichem Gips) oder *jiangfan* (eisensulfathaltigem Gips). Bedecke das Gemisch mit *puxiao*-Pulver (Natriumsulfat) und erhitze das Ganze sieben Tage und Nächte lang. Chemisch können Quecksilber und Natriumchlorid, wenn sie lange Zeit miteinander erhitzt werden, Quecksilberchlorid bilden, welches durch Weiterreaktion mit dem überschüssigen Quecksilber dann Quecksilber(II)-Chlorid bilden könnte. Aber dieser Prozeß ist sehr langsam und kompliziert gewesen. Er ist seit der Tang-Dynastie stark vereinfacht worden.

Das «Auflösen» von anderen Metallen in Quecksilber zur Bildung von Amalgamen benutzte man im sog. *liujin*-Handwerk, der Amalgamiervergoldung, die in der Frühzeit der Streitenden Reiche schon praktiziert wurde. In den Klassikern ist nicht erwähnt, ob die *liujin*-Erfindung einen Bezug zur Alchimie hatte. Aber die Eigenschaft des Quecksilbers, als «Lösungsmittel» von Metallen zu dienen, erregte offensichtlich die Aufmerksamkeit der chinesischen Alchimisten, die sie eifrig untersuchten, wie sich in verschiedenen Schriften seit der Östlichen Han-Dynastie widerspiegelt: «Schließlich wurde ‹Goldblume› erzielt», sagt z. B. Wei Boyang, «Gold und Quecksilber vermischten sich vollständig zu einem homogenen silberweißen teigigen Stoff, der äußerst fest wurde, wenn man ihn hart werden ließ». Es gelang den Alchimisten, einen außerordentlich feinen Staub von Gold, Silber und anderen Metallen durch Amalgieren zu erzeugen. Im *Zhu Jia Shen Pin Dan Fa (Methoden verschiedener Schulen für magische Elixier-Herstellung)*, das in der Song-Dynastie (960–1279) geschrieben wurde, wird eine Methode zur Herstellung von Goldstaub durch Amalgieren angegeben: Zuerst löse man Gold in Quecksilber auf, um ein Amalgam zu bilden. Dann füge man Kochsalz hinzu. Darauf wird das Quecksilber verflüchtigt und durch Hitze «vertrieben». Zuletzt wasche man das Salz mit Wasser weg. So wird Goldstaub gewonnen.

Unter Ausnutzung anderer Eigenschaften des Quecksilbers machten die Alchimisten eine Reihe weiterer interessanter Experimente. Im *Gan Qi Shi Liu Zhuan Jin Dan (Qi-Wechselwirkungen bei der Zubereitung des sechzehnfach verwandelten Gold-Elixiers)*, ebenfalls in der Song-Dynastie verfaßt, findet sich eine Methode zur Gewinnung einer «14fach verwandelten *ziheche*» (einer rötlichbraunen festen Lösung, die aber mit der in den pharmazeutischen Abhandlungen erwähnten und gleichgenannten «placenta» nicht identisch ist):

«Zerstoße in einem Mörser vier *liang* Zinnober, vier *liang* Realgar (Arsenblende) und zwei *liang* Quecksilber zu einem feinen Pulver. Fülle das Gemisch in einen Reagenz-Tiegel und schließe diesen luftdicht ab. Erhitze den Tiegel 60 Tage hintereinander, und es wird *ziheche* gewonnen. Einige Gran von diesem *ziheche* können ein *liang* Quecksilber austrocknen (d. h. fest werden lassen), indem sie es gelb färben.»

Von diesem Verfahren wird heute vermutet, daß es möglicherweise eine rötlichbraune, feste Substanz bildete, die eventuell, wenn sie dem Quecksilber zugefügt wurde, dieses in eine andere feste Lösung von gelblicher Farbe verwandeln konnte. Gewiß wurden die Alchimisten dabei von der Illusion angetrieben, ein «wunderbares Elixier» entwickeln zu können, von dem bereits eine kleine Menge das Quecksilber in Gold verwandeln sollte. Diese vergeblichen Versuche erweiterten dennoch ihren Horizont und ihr Wissen über die Natur.

«Gold wird niemals verrosten, deshalb ist es das kostbarste aller Dinge»,
erklärte Wei Boyang. Chinesische Alchimisten hegten die Hoffnung, man
könne diese wunderbare Beständigkeit von Gold und Silber auf den Menschen
übertragen, so daß er eine ähnliche «Unveränderlichkeit» erwerben könne. Sie
versuchten daher, «pharmazeutisches Gold und Silber» durch chemische Verfahren herzustellen, in der Annahme, daß die wunderbaren, von Menschen
geschaffenen Produkte wirksamer wären als natürliche. Gold- und Silberher-
stellung wurden damit wichtiger Bestandteil der Alchimie. Seit dem Kaiser
Wu Di aus der Han-Dynastie stellten Herrscher verschiedener Dynastien
Alchimisten an, die künstliches Gold herstellen sollten. Die gewonnenen Produkte waren natürlich niemals echt, doch es gelang den Alchimisten immerhin, Legierungen zu erzeugen, die wie Gold und Silber aussahen. Das «pharmazeutische Gold oder Silber» war in Wirklichkeit eine gelbe oder weiße
Legierung aus gemeinen Metallen und Chemikalien. Nach Darstellung des
*Bao Zang Chang Wei Lun (Diskurs über den Gehalt der kostbaren Schatz-
kammer der Erde)*, das während der Fünf Dynastien (907–960) geschrieben
wurde, gab es zu jener Zeit fünfzehn Arten von «pharmazeutischem Gold»;
elf «aus Chemikalien direkt bereitete» Arten (*shuiyinjin* oder Quecksilber-
«Gold», *danshajin* oder Zinnober-«Gold», *liuhuangjin* oder Schwefel-
«Gold», *heiqianjin* oder Schwarzblei-«Gold» u. a.); vier aus Chemikalien
durch Projektion bereitete Arten (*tongjin* oder Kupfer-«Gold», *toushijin*
oder Messing-«Gold» u. a.). Daneben gab es dreizehn Arten von «pharmazeutischem Silber»; neun waren «aus Chemikalien direkt zubereitet» (*shuiyinyin*
oder Quecksilber-«Silber», *caoshayin* oder «Silber» aus Sand unter Pflanzen,
zengqingyin oder Kupfersulfat-«Silber», *liuhuangyin* oder Schwefel-«Silber»
u. a.); vier waren «aus Chemikalien durch Projektion gewonnen» (*tongyin*
oder Kupfer-«Silber», *baixiyin* oder Weißzinn-«Silber» u. a.). Einige der Produkte waren kaum von Gold oder Silber zu unterscheiden und wurden
gewöhnlich als gültige Währung angesehen. Die Gold- und Silbergewinnung
hatte ihre Blütezeit von den Dynastien der Tang und Song bis zur Ming-Dynastie (1368–1644). Aus diesem Grunde warnt Li Shizhen (1518–1593) in seinem
Ben Cao Gang Mu (Abriß der Arzneimittelkunde) vor künstlichem oder fal-
schem Gold und Silber, das aus gemeinen Metallen und Chemikalien hergestellt wurde. Die auffallenden Fortschritte, die bei der Herstellung von gelben
oder weißen Legierungen gemacht wurden, waren also offensichtlich den
alchimistischen Aktivitäten zu verdanken.

Blei und seine Verbindungen waren in China frühzeitig in allgemeinem
Gebrauch. *Hufen*, Zerussit, das natürliche Bleikarbonat, war früh bekannt.
Bleiweiß, das basische Bleikarbonat, war ein Schönheitsmittel und wurde
schon vor der Han-Dynastie hergestellt. Wei Boyang behauptete, daß *hufen*,
wenn es ins Feuer geworfen wird, «seine weiße Farbe verliert und zu Blei

wird». Dies erregte die Aufmerksamkeit der Alchimisten, die es zu einem ihrer wichtigsten Untersuchungsgebiete machten. Sie benutzten das Blei zur Lösung in Quecksilber, um ein Amalgan zu bilden, und zur Gewinnung von *qiandan*, Minium oder Bleitetroxid. Wie in dem *Kapitel über Gelb und Weiß* des *Bao Pu Zi* dargelegt wird, «ist Zerussit weiß; es wird rot, wenn es sich in Minium verwandelt, Minium ist rot, es wird weiß, wenn es zu Zerussit wird». Das heißt, Blei kann nicht nur zur Herstellung von weißem *hufen* gebraucht werden, sondern auch zur Herstellung von rotem *huangdan*. Wenn Minium ins Feuer geworfen wird, «verliert es ebenfalls seine Farbe und wird zu Blei». Spätere Generationen von Alchimisten lernten, wie man andere Bleiverbindungen herstellt. Qing Xu Zi, der «Meister der Einfachheit und Gemächlichkeit» aus der Tang-Dynastie, gibt im *Qian Gong Jia Geng Zhi Bao Ji Cheng (Kompendium über den vervollkommneten Schatz von Blei, Quecksilber, Holz und Metall)* einen Bericht über die «Methode der Elixier-Herstellung». Blei, Schwefel und Salpeter ergaben, wenn sie zusammengeschmolzen und einer Essig-Behandlung unterzogen wurden, ein Pulver, *huang dan hu fen* genannt, das wahrscheinlich aus unreinem Bleiacetat bestand.

Einige metallische und nichtmetallische Minerale wie Schwefel und Arsen sind äußerst giftig. Vor dem Gebrauch wurden sie oft einer Feuerbehandlung unterzogen, *fuhuo* genannt, um die «Giftigkeit durch Feuer zu verdrängen». Sun Simiao (581–682) aus der frühen Tang-Dynastie berichtete von einer Methode des «Verdrängens der Giftigkeit von Schwefel durch Feuer»: Man zerreibe je zwei *liang* Schwefel und Salpeter in einem Mörser zu Pulver, schütte die Pulvermischung in einen Tiegel, der direkt mit drei getrockneten Schoten vom Seifenbohnenbaum (die beim Erhitzen Kohlenstoff abgeben) erhitzt wird. Wenn die Flammen nachlassen, schütte man drei *jin*[2] Holzkohlenpulver von verschiedenem Verkohlungsgrad dazu und rühre, bis die Holzkohle auf zwei Drittel ihres ursprünglichen Volumens schrumpft.

Während der Regierung des Kaisers Xian Zong (806–820) in der Tang-Dynastie erfand Qing Xu Zi «die Methode zur Bezwingung der Giftigkeit von ‹Alaun› durch Feuer»: Zwei *liang* Salpeter und zwei *liang* Schwefel wurden mit 3½ *qian*[3] getrockneter Klematiswurzel erhitzt. Das Rezept ist fast dasselbe wie das von Sun Simiao zur Dämpfung der Giftigkeit von Schwefel: bei beiden Rezepten dient eine verbrannte Pflanze als Kohlenstoffquelle. Schwefel und Salpeter, beide sehr leicht entzündbar, hatten nach Ansicht der Alchimisten die Fähigkeit, im Feuer gegenseitig ihre Giftigkeit zu «bezwingen».

Diese Vorstellung ist vom Standpunkt der heutigen Chemie nicht leicht zu

---

[2] 1 *jin* = ½ Kilo.
[3] 1 *qian* = ¹⁄₁₀ *liang* oder ¹⁄₁₀₀ *jin*.

rechtfertigen. Die große Brand- und Explosionsgefahr, durch die die Laboratorien der Alchimisten immer wieder zerstört wurden, führte in der Tang-Dynastie jedoch zu einer wichtigen Erkenntnis: Schwefel, Salpeter und Holzkohle-Pulver bilden als Verbindung *huoyao* (wörtlich «Feuerarznei», also Schießpulver), das als Zünd- oder Explosivstoff gebraucht werden konnte. Während der Spätzeit der Tang-Dynastie wurde diese Erfahrung, zusammen mit der Rezeptur, an Militärfachleute übermittelt. Das Schießpulver war eine der vier wichtigsten Erfindungen im alten China.

Lösungstechnische Methoden

In der alchimistischen Praxis wurden metallische und nichtmetallische Mineralien nicht nur durch Feuerbehandlung in feste «Elixiere» verwandelt, sondern auch in Flüssigkeiten aufgelöst. Dabei sammelte man eine beträchtliche Menge an empirischen Kenntnissen über komplizierte Reaktionen von Mineralien in Wasserlösung.

Im *Kapitel über Grotten-Götter* des *Dao Zang (Taoistische Patrologie)* sind die «Sechsunddreißig Methoden zur Auflösung von festen Stoffen in wässerige Lösungen» aufgenommen, die wahrscheinlich vor der Jin-Dynastie geschrieben wurden. In diesem Werk sind auch die 54 Rezepte der alten Alchimisten zur Auflösung von 34 Mineralien und von zwei nichtmineralischen Substanzen in wässeriger Lösung überliefert. Ähnliche Rezepte sind in dem *Kapitel über die metallischen Enchymoma* des *Bao Pu Zi* enthalten. Diese Texte bilden gemeinsam mit Berichten, die in der Tang- und der Song-Dynastie verfaßt wurden, in skizzenhafter Form eine Zusammenfassung der chinesischen alchimistischen Methoden der Auflösung von Substanzen.

Folgende Verfahren wurden in der Alchimie benutzt: *hua* oder Auflösen (Aufschließen, Schmelzen), *lin* oder Ausspülen (um die Auflösung eines Teils einer festen Substanz zu erreichen), *feng* oder Verschließen[4], *zhu* oder Kochen (in einer großen Menge Wasser), *ao* oder Absieden (lange Zeit bei hoher Temperatur kochen), *yang* oder langsames Kochen (Brodeln), *niang* oder in Gärung bringen (lange Zeit in feuchtem Zustand oder in kohlensäurehaltiger Luft aufbewahren), *dian* oder Projezieren (Umwandlung einer großen Stoffmenge durch Hinzufügen einer kleinen Menge eines Elixiers), *jiao* (wiederholtes Ausgießen aus einem Behälter oder mehrmaliges Umrühren in einem Gefäß zum Abkühlen der heißen Flüssigkeit), *ji* oder Eintauchen (ein Gefäß

---

[4] Die Bedeutung ist unklar. Dieser terminus tecnicus findet sich in keinem der fünf bereits veröffentlichten Bände Needhams über die chinesische Alchimie. Vielleicht bezieht sich dieses Wort auf die «Herstellung von trinkbarem Gold» (100 Tage im *huachi* verschlossen, vgl. weiter unten) (Anmerkung des Bearbeiters).

zur Abkühlung der enthaltenen Flüssigkeit in kaltes Wasser tauchen), Filtrieren, Rekristallisieren usw.

Gewöhnlich ist ein Lösungsmittelbad, *huachi* genannt, zur Anwendung lösungstechnischer Methoden notwendig. Man benutzte dazu eine keramische Mulde oder einen Krug mit einer Mischung aus konzentriertem Essig, Salpeter und anderen Chemikalien. In klassischen Werken der Alchimie wird Salpeterlösung *xiaoshi* (Steinlösungsmittel) genannt, da man glaubte, sie sei imstande, «72 Arten von Steinen aufzulösen». Salpeter spielte daher eine wichtige Rolle bei den lösungstechnischen Methoden. Ähnlich wie die verdünnte Salpetersäure liefert nämlich eine saure Salpeterlösung Nitrationen, die viele metallische und nichtmetallische Mineralien oxidieren können. Indem Salpeter dem Essig beigemischt wurde, bildete er ein zweckmäßiges Lösungsmittel, worin sich viele Substanzen durch Oxidations- und Reduktionsvorgänge auflösten – ein Verfahren, das noch heute in der Chemie angewendet wird.

Einige der Reaktionen, die zur Auflösung von metallischen und nichtmetallischen Mineralien im *huachi*-Bad führen, sind sehr kompliziert, wie die folgenden zwei Beispiele beweisen:

Zur Herstellung von «trinkbarem Gold» gibt es ein Rezept im *Kapitel über die metallischen Enchymoma* des *Bao Pu Zi*. Eine der verwendeten Substanzen ist *xuan ming long gao* (mysteriöses helles Drachenfett), was nach dem *Shi Yao Er Ya (Synonymen Wörterbuch der anorganischen Stoffe)*, geschrieben von Mei Biao aus der Tang-Dynastie, Quecksilber oder Essig und rohe wilde Himbeeren bedeuten kann. Nach diesem Rezept ist Gold löslich, wenn es 100 Tage lang mit den vorgeschriebenen Substanzen im *huachi* verschlossen ist. Die moderne Chemie zeigt, daß gewöhnliche Lösungsmittel, abgesehen von folgenden Ausnahmen, bei Gold unwirksam sind:

1. Aquaregia (Königswasser), wasserfreie Selensäure oder andere stark säurehaltige Flüssigkeiten, in denen Chlor, Brom oder Jod entsteht;

2. Chlorwasser (Bildung von Goldchlorid, $AuCl_3$);

3. Quecksilber (Bildung eines flüssigen Amalgams mit weniger als 15 % Gold);

4. Verdünnte Wasserlösung von Cyaniden alkalischer Metalle unter Hinzufügung von Luft (zur Bildung von Goldcyanidionen $[Au(CN)_2\text{-}]$).

Im Rezept für «trinkbares Gold» wird weder ein Gemisch von starken Säuren wie Königswasser noch Chlorwasser gebildet. Aber wenn wir *xuan ming long gao* in der Bedeutung von Quecksilber nehmen, so ist Gold darin löslich. Nehmen wir an, der Ausdruck bedeute «rohe wilde Himbeere», so werden in der Flüssigkeit CN^--Ionen sein, die in Essigsäure eine hydrocyanidische Säure HCN bilden. Der Salpeter und andere Stoffe werden alkalische metallische Ionen wie K^+ und Na^+ liefern. In einem derartigen Lösungsmittel wird sich Gold – allerdings sehr langsam – auflösen. Um dieses Rezept zu entwikkeln und anzuwenden, müssen die Alchimisten äußerst langwierige und aufwendige Versuche gemacht haben.

Als zweites Beispiel sei die Auflösung von Zinnober genannt. Die «Zinnober-Lösung» wird im *Dao Zang* und in späteren Alchimisten-Werken erwähnt. Die Rezepte sehen gewöhnlich den Gebrauch von *shidan* (Kupfersulfat) neben Essig und Salpeter vor. «*Shidan* ist notwendig zum Auflösen von Zinnober», bemerkt das *Huang Di Jiu Ding Shen Dan Jing Jue (Kanon des Neun-Kessel-Geistigen Elixiers des Gelben Kaisers)* aus der Tang-Dynastie. Quecksilbersulfid (Zinnober) ist in einem Gemisch von Essig und Salpeter schwer löslich; bei Vorhandensein von Kupfersulfat, das die Rolle eines Katalysators spielen kann, löst es sich besser auf. Die lösungstechnischen Verfahren der Alchimie waren durchaus nicht auf die Auflösung von Metallen oder anderen Mineralien in Essig und Salpeter beschränkt, sie hatten vielmehr zahlreiche andere Anwendungen.

Die Verdrängung von metallischen Ionen war beispielsweise eine wichtige Entdeckung. Alchimisten hatten lange schon eine Theorie über «die Verwandlung [sog. ‹Transmutation›] eines Metalls in ein anderes» ausgearbeitet. Sie hegten die Illusion, daß die Verdrängung von metallischen Ionen in einer wässerigen Lösung die von ihnen lange erträumte Verwandlung sei. Im *Huai Nan Wan Bi Shu* heißt es: «*Zengqing* (Chalkantit, d. h. mineralisches Kupfersulfat) verwandelt sich in Kupfer, wenn es auf Eisen stößt.» Ge Hong vermerkte im 4. Jahrhundert allerdings: «Wenn Eisen mit *zengqing* gerieben wird, nimmt es einen kupferähnlichen rötlichen Glanz an... Obwohl das Äußere kupferfarbig ist, bleibt die innere Substanz als Eisen bestehen.» Tao Hongjing (456–536) aus den Südlichen und Nördlichen Dynastien (420–589) entdeckte, daß *jishifan* (basisches Kupferkarbonat- bzw. Kupfersulfat-Alaun) anstelle von *zengqing* bei Verfahren verwendet werden konnte, bei denen Eisen «den Glanz von bearbeitetem Kupfer annimmt». Obwohl Alchimisten verschiedene Experimente mit der Verdrängung von Metallionen machten und eingehende Berichte darüber niederschrieben, konnten sie keine befriedigende Erklärung geben. Später dienten ihre Experimente als Grundlage der *shui fa ye jin dan tong fa* (einer lösungstechnischen metallurgischen Methode zur Gewinnung von Kupfer aus *danfan* [Kupfersulfat]), die während der Song-Dynastie eingeführt wurde. Das *Huang Di Jiu Ding Shen Dan Jing Jue* gibt ein Verfahren zur Herstellung von Kaliumsulfat: Man löse ein Gemisch von *puxiao* (Natriumsulfat) und *xiaoshi* (Salpeter) in heißem Wasser auf. Dann koche man die Lösung, bis sie konzentriert ist. Man stelle das Gefäß in kaltes Wasser und belasse es dort über Nacht. Das Kaliumsulfat kann auf diese Weise auskristallisieren und abgetrennt werden. Die Prinzipien der doppelten Zersetzung und der Trennung durch getrenntes Auskristallisieren aufgrund unterschiedlicher Löslichkeit der Substanzen kamen hier auf empirische Weise zur Anwendung.

Neben den genannten Stoffen wurden im alten China auch organische Säuren, Pflanzen-Alkaloide und tierische Hormone abgetrennt und mit zum Teil erstaunlich komplizierten Verfahren erforscht.

Rohstoffe und Reagenzien in der Alchimie

Was für chemische Produkte oder Reagenzien hat die Chemie von der Alchimie übernommen? Zur Beantwortung dieser Frage sind einige Erklärungen nötig. Alchimie, traditionelle Medizin und Pharmakologie waren in China eng miteinander verbunden. Alchimisten waren oft Praktiker der traditionellen Medizin und Pharmazeutik und umgekehrt. Zwischen den Werken dieser beiden Gebiete läßt sich keine klare Grenzlinie ziehen. Das *Shen Nong Ben Cao Jing (Shen Nongs Materia Medica)*, in der Östlichen Han-Dynastie vollendet, ist das älteste noch vorhandene chinesische Arzneimittelkompendium. Obwohl es ein medizinisches Fachbuch ist, bewertet es Zinnober als das allerkostbarste Zaubermittel. Insgesamt 40 alchimistische metallische und nichtmetallische Mineralstoffe werden in diesem Buch nach ihrer Wichtigkeit in drei Stufen unterteilt. «Die Bewertung», heißt es, «schreibt den hochwertigen Stoffen die Fähigkeit zu, den Menschen gesund und langlebig zu machen, ihn sogar zum Himmel aufsteigen und unsterblich werden zu lassen...» Solche Vorstellungen finden sich, zum Teil noch ausgeprägter, auch in anderen von Alchimisten verfaßten medizinischen Werken wie Ge Hongs *Zhou Hou Bei Ji Fang (Handbuch der Medikamente für Notfälle)*, Tao Hongjings *Ming Yi Bie Lu (Zwanglose Berichte von berühmten Ärzten über Materia Medica)* und Sun Simiaos *Qian Jin Yi Fang (Nachtrag zu den tausend goldenen Rezepten)*. Es ist daher sehr schwierig zu klären, welche Stoffe vornehmlich therapeutisch wirkten und welche ausschließlich chemische Reagenzstoffe waren. Die folgende Liste beruht auf unvollständigen statistischen Angaben von Professor Yuan Hanqing und gibt einen Überblick über mehr als 60 organische und anorganische Stoffe, die von Alchimisten in deren klassischen Werken erwähnt wurden.

Die Elemente sind: Quecksilber, Schwefel, Kohle, Zinn, Blei, Kupfer, Gold, Silber usw.

Oxide: *sanxiandan* (Quecksilberoxid, HgO), *huangdan* (Bleiglätte, PbO), *qiandan* (Minium, Pb_3O_4), *pishuang* (Arsenikblüte, As_4O_6), *shiying* (Quarz, SiO_2), *zhishiying* (Amethyst, quarzhaltige Mangan-Verbindungen), *wumingyi* (Pyrolusit, MnO_2), *chishizhi* (Hämatit, Fe_2O_3), *cishi* (Magnetit, Fe_3O_4), *shihui* (ungelöschter Kalk, CaO) usw.

Sulfide: *dansha* (Zinnober, HgS), *xionghuang* (Realgar, AS_2S_2), *yushi* (Arsenkies, FeAsS) usw.

Chloride: *yan* (Kochsalz, einschließlich *rongyan*, *bingshi*, NaCl), *naosha* (Salmiak, NH_4Cl), *qingfen* (Kalomel, Hg_2Cl_2), *shuiyinshuang* (Quecksilberchlorid-Sublimat, $HgCl_2$), *luxian* ($MgCl_2$ enthaltendes Kochsalz) usw.

Nitrate: *xiaoshi* (Salpeter oder Chile-Salpeter, KNO_3 oder $NaNO_3$).

Sulfate: *danfan* (blaues Kupfervitriol $CuSO_4 \cdot 5H_2O$), *lüfan* (grünes Eisenvitriol, $FeSO_4 \cdot 7H_2O$), *hanshuishi* (Gips, $CaSO_4 \cdot 2H_2O$), *puxiao* (Glaubersalz, $Na_2SO_4 \cdot 10H_2O$), *mingfanshi* (Alaun, $K_2SO_4 \cdot Al_2(SO_4)_3 \cdot 2Al_2O_3 \cdot 6H_2O$) usw.

Karbonate: *shijian* (Soda, Na_2CO_3), *huishuang* (Pottasche, K_2CO_3), *bai'e* (Kreide, einschließlich *shizhongru* $CaCO_3$), *shizeng* (Azurit, $Cu(OH)_2 \cdot 2CuCO_3$), *kongqing* (Malachit, $Cu(OH_2 \cdot CuCO_3$), *qianbai* (Bleiweiß $Pb(OH)_2 \cdot 2PbCO_3$), *luganshi* (Galmei, $ZnCO_3$) usw.

Borate: *pengsha* (Borax, $Na_2B_4O_7$) usw.

Silikate: *yunmu* (Glimmer, $H_2KAl_3(SiO_4)_3$), *huashi* (Talk, $H_2Mg_3(SiO_3)_4$), *yangqishi* (Aktinolith, $Ca(Mg, Fe)_3(SiO_3)_4$), *changshi* (Feldspat, $K_2O \cdot Al_2O_3 \cdot 6SiO_2$), *buhuimu* (*shimian*, Asbest, $H_4Mg_3Si_2O_7$), *baiyü* (weiße Jade, $Na_2O \cdot Al_2O_3 \cdot 4SiO_2$) usw.

Legierungen: *toushi* (Messing, d. h. Kupfer und Zink), *baijin*, *baitong* (Neusilber usw., d. h. Kupfer und Nickel), *baila* (Blei und Zink) und die verschiedenen Amalgame.

Sand und Erde: *gaolingtu* (Kaolin, SiO_2, Al_2O_3 usw.), *yuyuliang* (Hämatit, Fe_2O_3 mit Sand und Erde), *shizhonghuangzi* (Feuerstein) usw.

Organische Lösemittel: *cu* (Essig, CH_3COOH), *jiu* (Alkohol, CH_3CH_2OH) usw.

Diese Angaben sind unvollständig; es fehlen nicht nur die pflanzlichen und tierischen Stoffe, auch die Anzahl der in alchimistischen Verfahren benutzten Minerale muß sehr viel größer gewesen sein. Trotzdem kann diese Liste einen skizzenhaften Eindruck vom Umfang der alchimistischen Experimente vermitteln.

Alchimistische Apparate und Ausrüstung

Mehr als zehn Arten von Apparaten und Ausrüstungen werden in den alchimistischen Klassikern erwähnt. Dazu gehören Brennöfen und Kessel, die speziell für Zwecke der Alchimie hergestellt wurden, Wasserbecken und -bäder, Sublimierkessel zum Verdampfen von Quecksilber, *huachi*-Bäder, Mörser oder Schleifer, Siebe usw.

Die Brennöfen der Alchimisten wurden *danlu* oder *danzao* genannt. Im *Dan Fang Xu Zhi (Unentbehrliches Wissen für das Alchimie-Laboratorium)*, geschrieben von Wu Wu im Jahre 1163, sind zwei Arten von Alchimieöfen genannt: der *jijilu* und der *weijilu*, das heißt Öfen mit bzw. ohne dazugehöriges Wasserbad. Die in den Brennöfen eingebaute Reaktionskammer wurde *danding* oder auch *shenshi* (Zauberkammer), *gui* (Kabinett) und *danhe* (Elixierkasten) genannt. Einige der Kessel hatten die Gestalt eines Flaschenkürbis, andere die Form eines Schmelztiegels. Manche bestanden aus Metall (Gold, Silber oder Kupfer), andere aus Porzellan. Der *xuantaiding* (aufgehängter Innenkessel) wurde im *Jin Dan Da Yao (Grundzüge der metallischen Enchymoma)* aus der Yuan-Dynastie (1271–1368) dargestellt. Das *Jin Hua Chong Bi Dan Jing Yao Zhi (Vertrauliche Hinweise über das Handbuch des himmlischen Goldenen-Blumen-Elixiers)* berichtet über ein silbernes Wasserbecken oberhalb des *shenshi*, das zur Abkühlung diente. Im *Xiu Lian Da Dan Yao Zhi (Wichtige Hinweise zur Herstellung des Großen Elixiers)* wurde ein *shuihuoding* erwähnt, wahrscheinlich ein doppelbodiger Kessel mit Wasser enthaltendem Doppelmantel. Die Reaktionskessel waren die wichtigsten Apparaturen der Alchimisten. Sie konnten auf den Öfen erhitzt werden, um die erwarteten Reaktionen oder die Sublimierung hervorzurufen.

Neben dem obenerwähnten *danding* waren die Alchimisten mit einer besonderen Apparatur zum Extrahieren von Quecksilber aus Zinnober ausgerüstet. Das im *Jin Hua Chong Bi Dan Jing Yao Zhi* erwähnte Gerät ist relativ einfach und besteht aus zwei Teilen. Der obere Teil hat die Form einer rundbodigen Flasche und wird daher der «Granatapfel-Kessel» genannt; der Unterteil ist ein kübelförmiger Heiztiegel, *ganguozi* genannt. Bei Gebrauch wird der innen mit kaltem Wasser gefüllte *ganguozi* in die Erde eingegraben. Zinnober und Holzkohle werden in den Kessel gefüllt, bevor seine Öffnung durch eine mit Eisendraht befestigte kleine Kachel bedeckt wird. Der Kessel wird dann auf den *ganguozi* gesetzt und erhitzt. Das dadurch verdampfte Quecksilber geht in den Kessel ein und wird durch die Kühlwirkung des Wassers zu flüssigem Quecksilber kondensiert. Im Jahre 1970 wurden vier silberne «Granatapfel-Kessel» unter einer Menge von pharmazeutischen und alchimistischen Kultüberresten aus der Tang-Dynastie entdeckt, die man bei dem Dorf Hejia in der südlichen Vorstadt von Xi'an ausgegraben hatte. Das zeigt, daß Alchimisten solch einfache Retorten bereits zu jener Zeit benutzten. Die im *Dan Fang Xu Zhi* (1163) vorgestellte Sublimierretorte stellt einen komplizierteren Typ dar. Obwohl keine Spezifizierung angegeben ist, zeigt eine Abbildung, daß dies ein luftdichter Kessel ist, der mit Zinnober oder mit anderen Stoffen in einem Brennofen erhitzt wurde. Ein Seitenrohr des Kessels leitete den Dampf in einen Kondensator an der Längsseite des Kessels und des Ofens. Selbst nach heutigen Maßstäben ist diese Retorte recht fortschrittlich. Westliche Wissenschaftshistoriker schrieben lange Zeit die Erfindung der Branntweinbrennerei den Arabern zu. In Wirklichkeit haben die Chinesen jedoch eine weiter zurückreichende Tradition in der Herstellung solcher Apparaturen.

Beziehungen zwischen China und dem Westen in der Alchimie

Es wird allgemein angenommen, daß die moderne Chemie sich auf der Grundlage der mittelalterlichen europäischen Alchimie entwickelte, die ihren Ursprung in der griechischen und der arabischen Alchimie hatte. Aber noch bis vor drei oder vier Jahrzehnten war kaum bekannt, daß die arabische Alchimie, die zuerst im achten Jahrhundert hervortrat, wahrscheinlich mit der chinesischen Alchimie in Verbindung stand.

Zwischen der chinesischen und der arabischen Alchimie bestanden viele Ähnlichkeiten: Die chinesische Alchimie wurde durch das Streben nach *shendan* (Zauberelixier) angeregt, von dem man glaubte, daß es dem Menschen ein langes Leben schenken sowie Eisen durch Projektion zu Gold verwandeln könne. In der arabischen Alchimie wurde das magische Elixier *aliksir* (oder Philosophenstein) genannt. Goldgewinnung bildete einen wichtigen Teil sowohl der chinesischen wie der arabischen alchimistischen Versuche. Im *Huai Nan Zi (Buch des Fürsten von Huai Nan),* geschrieben im zweiten Jahrhundert v. Chr., und in anderen klassischen Werken der chinesischen Alchimie befinden sich Theorien über die unterirdische Entstehung und Umwandlung von Metallen. Jābir ibn Hayyan, der arabische Alchimist, äußerte ähnliche Vorstellungen über die Entstehung und Umwandlung. Da die arabische Alchimie viel später in Erscheinung trat als ihr chinesisches Gegenstück und da es zwischen China und den arabischen Ländern lange kulturelle Kontakte gab, scheint die Annahme berechtigt, daß die genannten Ähnlichkeiten durch die Übermittlung der chinesischen Alchimie in den Westen zustande kam.

Bemerkenswert ist auch, daß chinesische Alchimisten schon seit langem *xiaoshi* (Salpeter) und *naosha* (Salmiak, d. h. Ammoniumchlorid) verwendet hatten, als diese im alten Griechenland und Ägypten noch unbekannt waren, in den arabischen Ländern und Persien jedoch schon benutzt wurden. Salpeter wurde in Ägypten und anderen arabischen Ländern «China-Schnee» und in Persien «China-Salz» genannt. Unter den sieben führenden Metallen, die in den arabischen und persischen Alchimie-Werken verzeichnet sind, befindet sich ein «China-Metall» oder «China-Kupfer», was die Übermittlung der chinesischen Alchimie nach Zentralasien und Ägypten bezeugt. Das arabische Wort für Alchimie ist *al-kimivā*. Es ist von Needham vermerkt worden[5], daß *kīmivā* wahrscheinlich von den zwei Schriftzeichen *jinyi* (trinkbares Gold) abgeleitet wurde. China hatte bereits in der Tang- und Song-Dynastie Kontakt mit Zentralasien aufgenommen. Vor allem während der Song-Dynastie blühte der Handel mit den arabischen Ländern; Quanzhou in der Provinz Fujian war zu jener Zeit ein wichtiger Handelshafen. Im modernen Quanzhou-Dialekt wird *jinyi* noch immer *kim-ya* ausgesprochen.

Die genannten Indizien wurden in der westlichen Wissenschaft lange vollständig ignoriert; man versuchte, die Quellen der europäischen Alchimie auf das alte Griechenland und Ägypten zurückzuführen, oder vermutete sogar, die chinesische Alchimie sei von Griechenland aus über die alten arabischen Länder exportiert worden. Seit den dreißiger Jahren sind diese Irrtümer dank den genaueren Untersuchungen einiger westlicher Wissenschaftshistoriker teilweise korrigiert worden, wie sich bei Joseph Needham nachlesen läßt: «... Eine der wichtigsten Wurzeln aller Chemie, wenn nicht die wichtigste, ist typisch chinesisch.»[6] Die chinesische Nation hat also einen wichtigen Beitrag zur Entwicklung der Chemie – wie auch anderer Naturwissenschaften – geleistet.

---

[5] *Science and Civilisation in China,* Cambridge University Press, Vol. 5; 4, London 1980, S. 352–355 (Anmerkung des Bearbeiters).
[6] *Science and Civilisation in China,* Cambridge University Press, Vol. 1, London 1954, Vorwort S. 9.

Phänologische Kalender und Erkenntnisse

Cao Wanru

Phänologie ist die Lehre der jahreszeitlich und klimatologisch bedingten Erscheinungsformen von Pflanzen und Tieren. Da sich die chinesische Landwirtschaft schon vor ca. 6000–7000 Jahren zu entwickeln begann und sich die alten Chinesen bemühten, die Landarbeit nach den Jahreszeiten zu richten, führte ihre Kenntnis der Phänologie zum frühen Auftauchen eines eigentlichen Bauernkalenders:

Das erste ausführliche Werk mit Berichen über phänologische Phänomene in China ist das *Xia Xiao Zheng (Kleiner Kalender der Xia-Dynastie*[1]*)*. Obwohl hinsichtlich der Datierung der Niederschrift verschiedene Meinungen bestehen, veranlassen uns Sprache und Inhalt zu glauben, daß dieses Werk aus der Zeit der chinesischen Sklavenhalter-Gesellschaft stammt[2].

Obwohl es nur aus etwa 400 Schriftzeichen besteht und in altertümlichem und einfachem Stil geschrieben ist, enthält dieses Dokument eine große Menge an Informationen phänologischer, meteorologischer und astronomischer Natur. Man erfährt darin auch einiges über die frühe Organisation der Landwirtschaft, und zwar von der Feldereinteilung bis zur Seidenkultur und Pferdezucht. Diese Angaben werden in der Reihenfolge der zwölf Mondmonate aufgeführt. Äußerst auffällig ist die präzise Beobachtung von phänologischen Erscheinungen, was darauf hinweist, daß Chinas Bevölkerung sehr früh seßhaft wurde und sich alsbald mit Erfolg den Aufgaben der Domestikation und Selektion von Saatgut (Hirse usw.) widmete. Die entsprechenden Erkenntnisse und Beobachtungen – mit astronomischen Beobachtungen gekoppelt – gaben so die Möglichkeit, im 3. vorchristlichen Jahrtausend die Grundlagen eines Bauernkalenders zu schaffen. Diese archaischen Kenntnisse wurden im Laufe des 1. Jahrtausends v. Chr. unter dem Titel *Xia Xiao Zheng* gesammelt.

Im folgenden werden wir als Beispiele die im *Xia Xiao Zheng* dem ersten bzw. dem neunten Mond zugeordneten phänologischen, meteorologischen und astronomischen Phänomene – sowie die dazugehörigen Arbeitsanweisungen – zitieren.

Erster Mond (entspricht ungefähr dem Februar im gregorianischen Kalender):

---

[1] Die Xia-Dynastie bestand zwischen dem 21. und 16. Jahrhundert v. Chr.
[2] Neuere Forschungen lassen es als wahrscheinlich erscheinen, daß das Xia Xiao Zheng während des megalithischen Zeitalters – der Übergangszeit vom Spätneolithikum zum Bronzezeitalter – entstanden ist (Anmerkung des Bearbeiters).

Phänologische Phänomene: Insekten erwachen aus dem Winterschlaf; Wildgänse fliegen nordwärts; Fasane trommeln und rufen; Fische tauchen unter dem Eis auf; im Garten erscheinen Lauchgewächse; Feldnagetiere sind zu sehen; Ottern suchen Fische zur Nahrung; Habichte werden zu Turteltauben[3]; auf den Weiden brechen Kätzchen hervor; Pflaume, Aprikose und Berg-Pfirsich blühen; die Zypresse steht in Blüte; die Hühner beginnen, Eier zu legen.

Meteorologische Phänomene: Zu dieser Jahreszeit wehen lindere Lüfte; obwohl noch kühl, tauen sie den gefrorenen Boden auf.

Himmelserscheinungen: Der Ju-Stern (d. h. Xu, 11. Xiu) ist jetzt sichtbar; in der Dämmerung kulminiert Shen (Orion, 21. Xiu); Doubing (der «Henkel» des Siebengestirns des Großen Bären) hängt abwärts.

Feldarbeiten: Bauern reparieren und richten ihre *leisi* (ein Feldgerät zum Pflügen) her; der Bodenwart macht sich daran, die Felder zu markieren; gelber Raps wird als Opferblume für die Ahnen gepflückt.

Neunter Mond (entspricht dem Oktober im gregorianischen Kalender, wenn das Wetter in China kälter wird):

Phänologische Phänomene: Wildgänse fliegen nach Süden; Schwalben versammeln sich zur Winterreise; Bären, Braunbären, Panther, wilde Hunde, *si* (ein Nagetier) und Wiesel beziehen ihre Höhlen; die Chrysantheme, Königin der Blumen, steht in voller Blüte; Sperlinge tauchen ins Meer und werden zu Venusmuscheln.[4]

Meteorologische Phänomene: Kein Bericht für den neunten Monat.

Himmelserscheinungen: Die Sonne steht nahe dem Stern Huo (Antares, im Zentrum von Xin), Chen (ein anderer Name für Antares) mit der Sonne in Konjunktion.

Feldarbeiten: Weizen wird gesät; aus Fellen werden Pelzgewänder für den König gearbeitet.

Obwohl die obigen Abschnitte nur einen Teil des *Xia Xiao Zheng* bilden, genügen sie, um die Reichweite der vor etwa drei Jahrtausenden von den Chinesen gemachten Beobachtungen aufzuzeigen. Auf dem Gebiet der Botanik wird zwischen Feld- und Waldpflanzen unterschieden; in der Tierwelt wird das Verhalten von Waldvögeln, wilden Tieren und Fischen vermerkt. Kurz gesagt, die Verknüpfung phänologischer Phänomene mit dem Ackerbau verdeutlicht, daß sich phänologische Kenntnisse von Anfang an parallel zu den landwirtschaftlichen Erfordernissen entwickelten.

Es muß darauf hingewiesen werden, daß das *Xia Xiao Zheng* nicht nur über das Blühen von Pflaume, Aprikose und Berg-Pfirsich im ersten Monat berich-

---

[3] Im Frühling ankommende Turteltauben hielt man irrtümlich für Habichte.
[4] Irrtümlicherweise wurde vermutet, daß Sperlinge zu Venusmuscheln geworden sind, da die Streifen auf den Schalen der letzteren den Federn der Sperlinge ähneln.

tet, sondern auch den Huaihe-Fluß[5], das Meer und chinesische Alligatoren[6] erwähnt.

Das *Shi Jing (Buch der Oden)* ist eine Sammlung von Versen aus dem Zeitraum der Sklavenhalter-Gesellschaft in China, die eine ganze Reihe von Berichten über phänologische Phänomene enthält. Auffallend sind Beschreibungen in *Qi Yue (Siebenter Monat)* und in dem Kapitel *Bin Feng (Volkslieder aus dem Staat Bin)*. Dort finden sich Zitate wie «im vierten Monat treibt das Milchkraut Ähren», «im fünften Monat zirpen Zikaden», «im sechsten Monat regen die Heuschrecken ihre Flügel», «im zehnten Monat kriechen Grillen unter mein Bett» usw. Das *Qi Yue* scheint das früheste Gedicht phänologischen Inhalts zu sein.

Beobachtungen und Berichte von phänologischen Phänomenen zu jedem *jieqi* (zweiwöchentliche Sonnenzeit) sind in China ebenfalls althergebracht. Schon in der Frühlings- und Herbstperiode (770–476 v. Chr.) gab es die Tradition, über phänologische Phänomene und Wetterzustände zu Frühjahrs- und Herbstbeginn, Sommer- und Wintersonnenwende zu berichten.

Das Kapitel *Zwölf Ji* des *Lü Shi Chun Qiu (Meister Lüs Frühlings- und Herbst-Annalen)* aus der Zeit der Streitenden Reiche (475–221 v. Chr.) befolgt durchweg ein dem *Xia Xiao Zheng* ähnliches Muster, indem es über die himmlischen und phänologischen Phänomene und über die organisatorischen Angelegenheiten der Landwirtschaft in der Abfolge der frühen, mittleren und späten Phase der vier Jahreszeiten (d. h. in der Reihenfolge der zwölf Monate des Jahres) berichtet. Der Unterschied zwischen den zwei Büchern besteht darin, daß das erstgenannte Werk auch andere Themen behandelt und die Phänologiekapitel des *Xia Xiao Zheng* der Vollständigkeit halber einfach als Zusatz übernommen hat. Allerdings wurde, insbesondere auf dem Gebiet der Meteorologie, neues Material hinzugefügt. Die Kapitel *Yue Ling (Monatliche Verordnungen)* aus dem *Li Ji (Buch der Riten)* und *Shi Ze Xun (Über Zeiten und Jahreszeiten)* aus dem *Huai Nan Zi (Buch des Fürsten von Huai Nan)* sowie einige andere in der Han-Dynastie (206 v. Chr.–220 n. Chr.) erschienene Bücher sind ebenfalls aufgrund ihrer phänologischen Berichte berühmt gewesen, doch sind sie inhaltlich fast identisch mit dem *Lü Shi Chun Qiu*.

Es ist bemerkenswert, daß die in der Han-Dynastie geschriebenen *Yi Zhou Shu (Verlorene Bücher der Zhou-Dynastie[7])* zwei Kapitel über Phänologie enthielten:

---

[5] Zehnter Monat: «Schwarze Fasane begeben sich in den Huaihe-Fluß und werden zu großen Venusmuscheln.»

[6] Für den zweiten Monat notiert das *Xia Xiao Zheng* «Alligatoren, die sich häufen». Gemeint sind chinesische Alligatoren, wie man sie im Mittel- und Unterlauf des Changjiang (Yangtse) findet.

[7] Die Zhou-Dynastie bestand zwischen dem 11. und dem 3. Jahrhundert v. Chr.

Yue Ling Jie (Bemerkungen über monatliche Verordnungen) mit fast den gleichen Inhalten wie *Yue Ling* des *Li Ji* und *Shi Yun Jie (Interpretationen von Zeiten und Jahreszeiten)*, in denen phänologische Phänomene gemäß der Reihenfolge der 24 zweiwöchigen Perioden und der 72 hou (1 hou = 5 Tage) beschrieben worden sind, was einen großen Fortschritt der chinesischen phänologischen Kalender bedeutete. In der Nördlichen Wei-Dynastie (386–534) wurde der Kalender mit 72 hou als nationaler Kalender übernommen, dem in den nachfolgenden Dynastien andere mit phänologischen Inhalten folgten, die denen in *Shi Xun Jie* des *Yi Zhou Shu* ähnelten. Im 19. Jahrhundert veröffentlichte das Himmlische Taiping-Königreich (1851–1864) einen *Himmlischen Kalender* (Sonnenkalender), um die Mängel der früheren Kalender zu verbessern, die oft die Unterschiede der phänologischen Phänomene geographisch verschiedener Regionen vernachlässigten. Dem *Himmlischen Kalender* ist ein Abschnitt mit dem Titel *Meng Ya Yue Ling (Vorläufige monatliche Verordnungen)* hinzugefügt, zusammengestellt nach phänologischen Beobachtungen, die man in Nanjing, der Hauptstadt des Himmlischen Taiping-Königreiches, gemacht hatte. Es gehören auch monatliche Beobachtungen der vorherigen Jahre als Hinweis für die Bauern dazu.

Die Fortschritte der astronomischen Almanache im Laufe der Geschichte spielten eine wichtige Rolle für die Verbesserung der landwirtschaftlichen Produktion. Das phänologische Wissen hat nämlich bei der landwirtschaftlichen Entwicklung in alten Zeiten immer eine wichtige Aufgabe innegehabt, denn es legt günstige Zeiten zum Pflügen und Säen unter Hinweis auf die entsprechenden phänologischen Phänomene fest.

Im *Fan Sheng Zhi Shu (Das Buch von Fan Shengzhi)*, einer berühmten Abhandlung der Westlichen Han-Dynastie (206 v. Chr.–24 n. Chr.), ist zum Beispiel folgende Passage über landwirtschaftliche Arbeiten im Gebiet Guanzhong, Provinz Shaanxi, zu finden: «Leichte Böden sind zu pflügen, wenn Aprikosenbäume zu blühen beginnen. Nochmals pflügen, wenn die Blüten verwelken.» Und die Bohnen-Aussaat betreffend: «Im dritten Monat, wenn Ulmenbäume Früchte tragen, säe man Sojabohnen in den Oberlandfeldern, wenn es gerade regnet. Wenn Maulbeeren dunkel werden, säe man nach dem Regen zusätzliche Bohnen.»

Nun wollen wir unsere Aufmerksamkeit auf das *Qi Min Yao Shu (Wichtige Fertigkeiten für die Wohlfahrt des Volkes)*, geschrieben von dem berühmten Agronomen Jia Sixie aus der Nördlichen Wei-Dynastie, richten. Jia sagte, daß die Leute beim Anbau von Getreide das tun sollten, was für die Jahreszeit günstig sei; dabei sollen sie die Eigenart und die Bedingungen des Bodens berücksichtigen, weil nur dann mit möglichst wenig Arbeit beste Ergebnisse zu erzielen sind. Sich auf die eigenen Vorstellungen und nicht auf die Naturordnung zu verlassen, so warnte er, würde jede Anstrengung nutzlos machen. Er teilte die

Zeit der Aussaat in drei Perioden ein, eine sehr geeignete, eine mittlere und den letztmöglichen Zeitpunkt. Da Jias Hinweise sich auf das Gebiet der nordchinesischen Ebene beziehen, waren die ersten 10 Tage des zweiten Mondmonats bis zu dem Zeitpunkt, an dem die männlichen Pflanzen stäuben und die Blattknospen der Pappeln anschwellen, die beste Zeit zur Aussaat von langjähriger Hirse. Die zweitbeste Zeit waren die ersten 10 Tage des dritten Mondmonats, bis gegen *qingming* (Fest der lichten Klarheit, im frühen April), wenn die Pfirsiche blühen; und die letzte Periode waren die ersten 10 Tage des vierten Mondmonats, die Zeit in der die Blattknospen des Brustbeerebaums anschwellen und die Maulbeerblüten abfallen.

Phänologische Berichte sind auch Bestandteil anderer alter Bücher über die Landwirtschaft, so sind einige im *Si Min Yue Ling (Monatliche Verordnungen für die vier Klassen des Volkes)* von Cui Shi (bis ca. 170) aus der Östlichen Han-Dynastie (25–220), in den *Nong Sang Ji Yao (Grundlagen von Landwirtschaft und Seidenraupenzucht)*, im *Wang Zhen Nong Shu (Wang Zhens landwirtschaftliche Abhandlung)* aus der Yuan-Dynastie (1271–1368) sowie im *Nong Zheng Quan Shu (Vollständige Abhandlung über landwirtschaftliche Verwaltung)* von Xu Guangqui (1562–1633) aus der Ming-Dynastie (1368–1644) enthalten.

In den Nördlichen (960–1127) und Südlichen (1127–1279) Song-Dynastien, der späteren Ming- und der frühen Qing-Dynastie (1644–1911) gab es weitere Fortschritte in der phänologischen Beobachtung und Untersuchung.

Aus alter Zeit sind allerdings nur sehr wenige phänologische Beobachtungen überliefert, die die Autoren selbst gemacht haben. Der früheste umfangreiche, erwähnenswerte Bericht ist das *Geng Zi Xin Chou Ri Ji (Tagebuch, geschrieben in den Jahren 1180–1181)* von Lü Zuqian, einem berühmten Literaten aus Jinhua, Provinz Zhejiang. Zwei Jahre vor seinem Tode, als Kranker zu Hause, führte er ein Tagebuch über phänologische Phänomene, die er sorgfältig jeden Tag beobachtete. Das Tagebuch beginnt am ersten Tag des ersten Monats im Jahre 1180 und endet mit dem 28. Tag des siebenten Monats im folgenden Jahr. Es beschreibt die Blütezeiten von mehr als 20 Pflanzen, einschließlich Kakifeige, Kirsche, Aprikose, Pfirsich, chinesische Rotknospe *(Cercis chinensis)*, Pflaume, chinesischer blühender Holzapfel, Birne, Rose, Stockrose *(Althea rosea)*, lohfarbene Taglilie, Lotus, Baumwollrose, Hibiscus und Chrysantheme. Lü vermerkte auch die Zeit des ersten Rufes von Frühlingsvögeln und Summens von Herbstinsekten. Da diese Berichte auf dem Mondkalender beruhen, muß das bei der Benutzung beachtet werden. Sie sind die ältesten Zeugnisse tatsächlicher Beobachtungen in der Natur.

Shen Kuo (1031–1095), ein Wissenschaftler der Nördlichen Song-Dynastie, untersuchte u. a. die verschiedenen Aspekte der Phänologie, wie den Einfluß von Höhenlage und geographischer Breite auf den Pflanzenanbau. In seinen

Meng Xi Bi Tan (Traumstrom-Essays) vermerkte er, daß entsprechend dem Unterschied in der Höhenlage Pflanzen, die im dritten Monat in der Ebene blühten, in Berggegenden erst im vierten Monat zu blühen pflegten. Er schätzte die berühmten Zeilen von Bai Juyi sehr:

> «Die meisten Blüten verwelkten in der Ebene im vierten Monat, während Pfirsichbäume im Bergtempel noch in voller Blüte stehen.»

Er meinte, diese Zeilen schlössen eine «universelle Wahrheit» der Phänologie in sich. Shen vermerkte ebenfalls, daß das Gras entlang des Nanling-Gebirges «im Winter grün bleibt», aber das Laub der Bäume im Tal des Flusses Fenhe in Shanxi «mit dem Nahen des Herbstes verwelkt und abfällt». All dies ist abhängig von Unterschieden der *diqi* (Bodentemperatur). Er analysierte die Ursachen für die verschiedenen Reifezeiten von Reissorten – «einige reifen im siebten Monat, einige im achten oder neunten Monat, wieder andere erst im zehnten Monat» infolge ihrer «verschiedenen Eigenarten». Noch wichtiger ist seine Erklärung des menschlichen Faktors (das heißt der Landwirtschaft), da er neben der Phänologie, die auf Naturfaktoren beschränkt ist, eine wichtige Rolle spielt. Shen erklärte, daß «menschliche Bemühungen nicht dasselbe sind [wie die Natur], wie können wir uns da auf einen bestimmten Monat festlegen?» Dies war die Erkenntnis, daß gezielter Ackerbau die Pflanzen früher reifen und mehr Ernte einbringen lassen kann.

Das *Ben Cao Gang Mu (Abriß der Arzneimittelkunde)* von Li Shizhen aus der Ming-Dynastie berichtet über nahezu 2000 Medikamente und viele phänologische Phänomene. Xu Xiake (1586–1641), ein Geograph und Zeitgenosse von Li Shizhen, bezieht sich in seinem *Xu Xia Ke You Ji (Die Reisen des Xu Xiake)* ebenfalls auf die phänologischen Unterschiede zwischen dem Süden und dem Norden, da es «je weiter nordwärts, desto kälter ist».

Der Geograph Liu Xianting (1658–1695) aus der frühen Qing-Dynastie hat ebenfalls gewissenhaft die phänologischen Erscheinungen von verschiedenen Orten beobachtet. Er kritisierte den zeitgenössischen Kalender, da er die 72 *hou* des alten *Yi Zhou Shu* kopiert habe. Denn er bemerkte, daß «verschiedene Orte» auch «verschiedene *hou*» hätten. «Zum Beispiel blüht die Pflaume südlich der Fünf Bergketten[8] im zehnten Monat, während Pfirsich und Pflaume in Hunan im zwölften Monat blühen...» Er schlug vor, daß phänologische Phänomene sowohl im Süden als auch im Norden genau berichtet und «späteren Generationen überliefert» werden sollten, so daß die Gesetze der Natur entdeckt werden könnten.

---

[8] Ungefähr Guangdong und Guangxi.

Vom *Xia Xiao Zheng* bis Liu Xianting sind phänologische Kenntnisse mehr als 2000 Jahre lang in China gesammelt und überliefert worden, eine großartige Leistung altchinesischer Wissenschaft.

Wasserbauprojekte und Wasserkunde

Song Zhenghai

Bewässerung ist ein Lebensquell für den Ackerbau. Seit einigen tausend Jahren schon kämpft das fleißige und erfinderische chinesische Volk unerschrocken mit den Flüssen, Seen und Meeren und hat zahllose Wasserbauprojekte zum Nutzen der Landwirtschaft errichtet und in der Hydrologie entsprechende Fortschritte gemacht.

Beispiele für größere Wasserbauprojekte

Nicht wenige der Wasserbauprojekte des alten China erlangten Ruhm in der Welt. Von den unerhörten Dimensionen abgesehen, zeichneten sich diese Bauten durch auch nach heutigen Maßstäben ausgeklügelte Konzepte aus.

Dujiangyan. Am Minjiang-Fluß gelegen, unweit des Kreises Guanxian in der Chengdu-Ebene, Provinz Sichuan, wurde dieses Wasserbauwerk unter der Führung von Li Bing errichtet, der 250 v. Chr. Gouverneur in Sichuan wurde. Dujiangyan besteht aus drei Hauptteilen, nämlich dem «Fischmaul» (Wassereinlaßbauwerk), dem Sturzbett der «Fliegenden Sande» und dem «Füllhorn»-Kanal. Das den Fluß teilende «Fischmaul» ist in der Hauptsache ein strommittiger Damm, der den Minjiang in den Inneren Fluß im Osten und den Äußeren Fluß, den Hauptarm, im Westen trennt. Der «Füllhorn»-Kanal ist der obere Abschnitt eines Kanals, der in den Jadewall-Berg hineingetrieben wurde. Das Sturzbett der «Fliegenden Sande» reguliert die in den Kanal einströmende Wassermenge.

Unterhalb des «Füllhorn»-Kanals speist der Innere Fluß das Bewässerungssystem, das die Chengdu-Ebene kreuz und quer überzieht. Die Chengdu-Ebene kam durch den Dujiangyan «in den Genuß einer gleichmäßigen Bewässerung anstelle des Wechsels von Dürre oder Überschwemmung in der Regenzeit», wie es in historischen Berichten verzeichnet wurde. Aus der Region wurde eine Kornkammer, die als das «Land des Überflusses» bezeichnet wurde.

Die Idee, die Planung und der Bau des Dujiangyan waren bemerkenswert wissenschaftlich, originell und nahezu perfekt. «Fischmaul», Sturzbett der «Fliegenden Sande» und «Füllhorn»-Kanal regulieren im Zusammenspiel den Strom sowohl während des Hoch- wie auch während des Niedrigwassers zur Vermeidung von Überschwemmungen und zur Bewässerung der umliegenden Gegend.

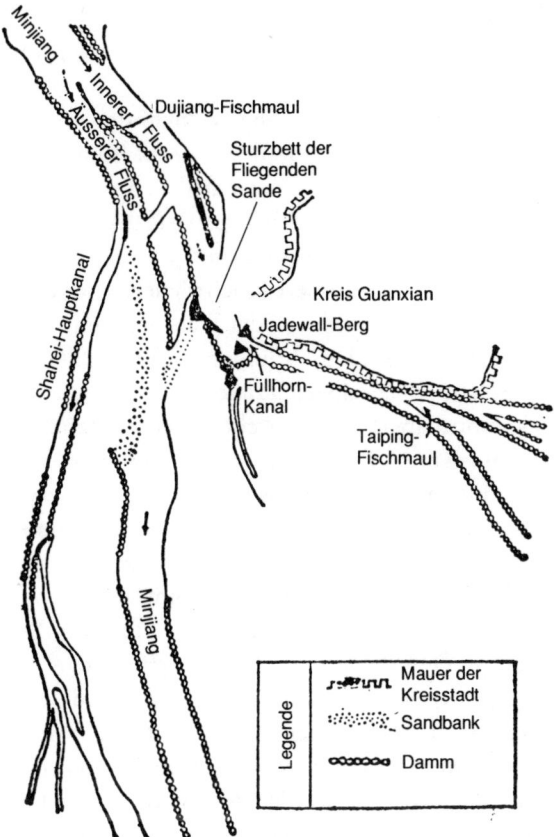

Abb. 60
Skizze von Dujiangyan.

Zur Messung und Kontrolle des Wasserstandes waren am Kanaleingang «an drei verschiedenen Stellen Steinfiguren aufgestellt, deren Füße bei Niedrigwasser nicht auftauchen und deren Schultern bei Hochwasser nicht überflutet sein sollten» («steinerne Männer»). Diese Steinfiguren stellten eine einfache Form der Wassermessung dar. Die Festlegung der Extremwasserstände waren das Ergebnis langfristiger Beobachtung wie des Studierens und Begreifens der Zusammenhänge zwischen sich ändernden Wasserständen zu Hoch- und Niedrigwasserzeiten. Die Menge des in das Kanalsystem eingespeisten Wassers wurde über den in den Inneren Fluß eingeleiteten Wasserstrom gesteuert, indem man die Wasserstände des aus «Fischmaul», Überfallwehr der «Fliegenden Sande» und «Füllhorn»-Kanal bestehenden Umlenkbauwerks regulierte. Dabei wird deutlich, daß das chinesische Volk es bereits vor 2300 Jahren verstanden hat, die «Theorie des bewehrten Abflusses» in die Tat umzusetzen bzw. einem bestimmten Abfluß einen entsprechenden Wasserstand zuzuordnen.

Am Dujiangyan wurden «auf Li Bings Geheiß fünf steinerne Flußpferde gehauen, wovon zwei im Golf aufgestellt wurden». «Golf» bedeutet in diesem Zusammenhang Innerer Fluß. Im Unterschied zu den «steinernen Männern» markierten die Flußpferdfiguren die richtige Tiefe des Flußbetts für das regelmäßige «tiefe Ausbaggern des Flusses». Damit wurde ein angemessener Flußquerschnitt erhalten, um auch größere Hochwässer sicher aufnehmen zu können, was eine beträchtliche Routine in der Wahrnehmung der gesetzmäßigen Wechselbeziehung zwischen Durchflußmenge und Querschnitt des Flußbetts ausweist. Solche Wechselbeziehungen stellen einen wichtigen Aspekt moderner Rechenformeln über die Durchflußkapazitäten dar.

Der Zheng-Guo-Kanal. Dieser Wasserweg wurde im ersten Regierungsjahr von Qin Shi Huang, des Ersten Kaisers der Qin-Dynastie, erbaut (246 v. Chr.), und zwar nach dem Plan eines Wasserbaufachmanns namens Zheng Guo, der auch die Bauausführung leitete. Ausgehend vom heutigen Kreis Jingyang in der Provinz Shaanxi, leitet der 150 km lange Kanal das Wasser des Jingshui-Flusses nach Osten in den Luoshui-Fluß zur Bewässerung der Guanzhong-Ebene. Der Bau dieses Kanals ermöglichte, was unter dem Namen der «düngenden Bewässerung» bekannt wurde: das Absetzen nämlich von fruchtbarem Schlamm aus der Trübefracht des Jingshui-Flusses. Als Ergebnis konnten 2 Millionen *mu*[1] versalzter Böden im zentralen Shaanxi in fruchtbares Land umgewandelt werden. So «wurde Zentral-Shaanxi zu einer reichen Region ohne Dürren». Ein damals beliebtes Lied in Zentral-Shaanxi ging folgendermaßen:

> *Zheng Guo im voraus,*
> *Bai Qu*[2] *im Gefolge,*
> *und jedes Maß Wasser,*
> *das sie vom Jingshui brachten,*
> *wurde zu fruchtbarem Boden im Übermaß*
> *zum Lohn unserer Mühen.*
> *Feucht und fett*
> *trägt unsere Erde üppige Frucht.*
> *Allzeit nährt und kleidet sie*
> *im Überfluß die Millionen.*

---

[1] 1 *mu* = ¹⁄₁₅ Hektar oder ca. ein Viertel Morgen.
[2] Bai Qu war ein Bewässerungskanal, der 95 v. Chr. unter Leitung des Ehrwürdigen Bai angelegt wurde. Der Kanal leitete das Wasser des Jinshui-Flusses in den Wei-Fluß.

Der «fruchtbare Boden» ist nichts anderes als der von den zwei Kanälen mit-
geführte Schlamm, der einen wichtigen Beitrag für den hochentwickelten
Landbau und die blühende Wirtschaft in der Ebene Zentral-Shaanxis darstellte.

Der Bau des am mittleren Unterlauf des Jingshuis beginnenden Zheng-
Guo-Kanals steht in der Tat im Rang einer technischen Großtat und spricht für
eine intime Kenntnis der Hydrologie. An Flußschleifen entstehen zum
Hauptstrom quer verlaufende Strömungswirbel. Das Wasser der oberen
Schicht fließt von der konvexen zur konkaven Seite des Bogens, wobei die
Strömungsgeschwindigkeit im flußabwärts gelegenen Bereich nahe beim Ufer
und direkt vor dem Einlaß in den Kanal ihren größten Wert erreicht. So wird
eine reichliche Versorgung des Kanals mit Wasser gewährleistet, welches
große Mengen Trübe mit sich führt, die bei der Bewässerung absedimentieren.
Die Querströmung in der unteren Wasserschicht fließt hingegen zum inneren
Bogen, wohin sie den gröberen Sand verfrachtet, der wegen seines höheren
Gewichts nahe am Grund bewegt wird. Auf diese Weise wird das grobe Material vom Kanal ferngehalten und die Gefahr des Versandens vermieden.

Der Longshou-Kanal («Drachenkopf»-Kanal). Eine größere Wasserstraße wurde von 10 000 Soldaten auf Befehl des Han-Kaisers Wu Di gegraben,
um das Gebiet von Zhongquan zu bewässern, das 20 km südöstlich des heutigen Kreises Pucheng in der Provinz Shanxi liegt. Die Erbauer kamen von einer
offenen Führung des Kanals um den Fuß eines Berges herum ab, weil das
Abrutschen von verwitterten Lößmassen zur Zerstörung des Kanals hätte
führen können. Statt dessen entwickelten sie die «Brunnenschacht-Bauweise,
bei der das Wasser durch untereinander verbundene Schächte weitergeleitet
wird». Diese Neuerung ermöglichte es, den «Drachenkopf»-Kanal unter dem
dreieinhalb Kilometer breiten Shangyan-Berg (heute Tielian-Berg) hindurch-
zuführen. Diese Idee wurde in Xinjiang übernommen und zur Methode der
«Schächte an den Hängen» weiterentwickelt.[3]

Der Shaopi (Anfeng-See). Von 613 bis 591 v. Chr. errichtete die Bevölkerung des Staates Chu den Shaopi im südlichen Teil des heutigen Kreises Shou-
xian, Provinz Anhui. Die Anlage wurde ausgehend von einem natürlichen See
erbaut, wobei an den niederen Ufern Deiche aufgeschüttet wurden. Um den

---

[3] Die Methode der «Schächte an den Hängen» ist ein weit verbreitetes Bewässerungssystem in den
Trockengebieten von Turpan und Hami in Xinjiang, wobei das Grundwasser über unterirdische
Kanäle abgeleitet wird. Der unterirdische Kanal nimmt seinen Ausgang von der Quelle im Berg-
land und erreicht eine Länge von 20 bis 30 Kilometern. Über dem Kanal ist eine Reihe von durch-
gehenden Schächten im Abstand von jeweils 20 bis 30 Meter angeordnet. Diese Schächte erleichtern die Herstellung des Kanals und dienen später seiner Kontrolle, Reinigung und seinem Unter-
halt. Die Tiefe der Schächte hängt von der Lage am Hang ab. Das Wasser wird am Talende des
unterirdischen Kanals in offene Gräben zur Bewässerung des Ackerlands eingespeist.

See herum sind insgesamt 36 Schleusentore und 72 Abzugskanäle angeordnet. Nach Aufnahme der Wasserfluten der Lu'an-Berge wird er zu einem Stau-
becken von über 60 km Umfang, das mehr als 100 000 *mu* Ernteland bewäs-
sert. Heute ist der Shaopi ein Teil des Pi-Shi-Hang-Bewässerungssystems
geworden.

Die großen Deiche des Gelben Flusses. Nach Durchquerung des Lößplateaus führt der Gelbe Fluß (Huanghe) gewaltige Mengen von Schlamm und
Silt. Unterhalb von Mengjin, Provinz Henan, läßt das Gefälle des Flusses
plötzlich nach, Schlamm und Silt werden ziemlich abrupt abgesetzt. Dies war
der Grund für häufige Überschwemmungen, Deichbrüche und Verlagerun-
gen des Flußbetts während der Hochwassersaison. Der Gelbe Fluß hat eine
lange Geschichte schlimmer Naturkatastrophen hinterlassen.

Seit Generationen hat das chinesische Volk Erfolge im Kampf gegen die
Überschwemmungen des Gelben Flusses errungen und dabei einen hohen
technischen Stand erreicht. Die heutigen, 500 km langen Eindeichungen längs
des Flusses sind das Ergebnis dieser Anstrengungen. Sie wurden während langer Zeitspannen errichtet und ausgebaut. Während der Frühlings- und
Herbst-Periode (770–476 v. Chr.) gab es schon kleinere Deiche am Unterlauf
des Gelben Flusses. Zur Zeit der Streitenden Reiche (475–221 v. Chr.) waren
sie bereits erweitert worden. An einigen Flußabschnitten gab es Anlagen, die
unter dem Namen «Große Steinverkleidung und Tausend-Zhang[4]-Deich»
bekannt wurden. Qin Shi Huang, der Erste Qin-Kaiser, der China unter seiner
Herrschaft einte, gab den Befehl, «alle Barrikaden niederzureißen und alle
Hindernisse hinwegzunehmen», um den ersten großen, von Staatsgrenzen
ununterbrochenen Deich zu bauen. Die Deiche am Gelben Fluß wurden dann
in den folgenden Jahrhunderten noch weiter verbessert. Vor der Ming-Dynastie (1368–1644) und der Qing-Dynastie (1644–1911), als man begann, Deiche
in der Absicht zu bauen, «den Strom zu verengen, um des Sandes Herr zu werden», dienten die Deiche allein der Verhütung von Überschwemmungen. Nun
aber ergab sich eine konstruktivere Zielsetzung, nämlich das Absetzen des
Silts zu verhindern. Dies stellte einen großen Fortschritt dar, der zum funktionellen Zusammenspiel von verschiedenen Deichtypen führte. Weiterhin wurden verschiedene Bauformen ergänzender Natur entwickelt, wie Entwässe-
rungsdämme, Paralleldeiche, mit Schleusen versehene Dämme und Rückhal-
tedämme. In kritischen Bereichen wurden die Deiche durch verschiedene
Arten von Befestigungen verstärkt.

Die großen Deiche am Gelben Fluß sollten Überschwemmungskatastro-
phen verhindern, Leben und Eigentum der Menschen schützen, wie auch der

---

[4] 1 *zhang* zur Zeit der Streitenden Reiche = 2,29 Meter.

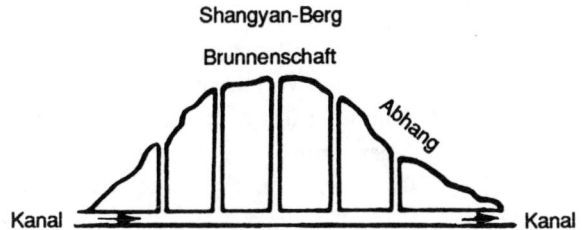

Abb. 61
Skizze des «Drachenkopf»-Kanals.

Landwirtschaft in der nordchinesischen Ebene dienlich sein. Tatsächlich aber füllte sich die Behörde oft mit den für die Flußregulierung vorgesehenen Geldern die Taschen. Die Deiche wurden schließlich nicht mehr unterhalten, sie konnten daher ihren Zweck nicht mehr erfüllen und schrieben so in das Buch der Geschichte die Erinnerung an endlose Verwüstungen durch «Chinas Sorge», den Gelben Fluß.

Die in der klassischen chinesischen Gewässerkunde bemerkenswerte Idee, «den Strom zu verengen, um des Sandes Herr zu werden», ist auch heute noch ein theoretischer Grundsatz bei der Kontrolle und Verbesserung des Deichbaus am Gelben Fluß. Pan Jixun aus der Ming-Dynastie formulierte diesen Gedanken anhand früherer Darstellungen über die Gesetzmäßigkeiten des Schlamm- und Sandtransports in Flüssen, ergänzt durch seine eigenen Erfahrungen bei der Flußregulierung. Er schrieb:

> «Wenn der Strom breit und die Strömung langsam ist, bleibt der Sand, und das Flußbett füllt sich auf ... Ist der Fluß eng und die Strömung schnell, wird der Sand mitgerissen, und das Flußbett vertieft sich ... Baut also Deiche, um den Fluß einzuengen, damit das Wasser den Sand angreift. Das Wasser, anstatt seitwärts zu verlaufen, kann nicht anders, als längs seines Betts weiterzueilen. Dies ist eine selbstverständliche Sache und der Grund, warum es besser ist, den Fluß einzuengen, statt ihn zu verbreitern.»

Dieses Zitat stammt aus dem *He Yi Bian Huo (Über Flüsse: Einige irrtümliche Darstellungen)*. Die Theorie des «Flußverengens, um des Sandes Herr zu werden», hat ihren festen Platz in der Geschichte des Wasserbaus der Welt.

Chen Huang aus der Qing-Dynastie fügte dieser Theorie den Vorschlag hinzu, zeitweilige Wasserauslässe sollten in gewissen Abständen entsprechend der Breite des Stroms eingefügt werden, um ein konstantes Wasserniveau und eine gleichbleibende Strömungsgeschwindigkeit aufrechtzu-

erhalten. «Man muß darauf achten», schrieb er, «daß die abgeführte Wassermenge dem zusätzlichen Volumen entspricht.» Um die Wasserführung zu
messen, dachte sich Chen Huang ein Verfahren aus, das auf einer damals verbreiteten Methode zur Bestimmung des Erdaushubs basierte. Indem er die
Strömung mit einem Fußgänger verglich, sagte er, ein schnell fließender Fluß
lege wie ein «Eilender» 100 km an einem Tag zurück, während ein langsam
dahinströmender Fluß wie ein «Wanderer» etwa 35 bis 40 Kilometer hinter
sich bringe. Mit einem Kubus von 10 als Einheitsvolumen errechnete er die
Wasserführung eines Flusses aus der Anzahl der Einheitsvolumen eines Tages – die älteste bekannte Methode für die Bestimmung der Abflußmenge
eines Flusses.

Die Meeresdeiche. Die erste Erwähnung von Meeresdeichen stammt aus
der Zeit der Westlichen Han (206 v. Chr.–24 n. Chr.) vor etwa 2000 Jahren und
ist im Kapitel über den Jianjiang-Fluß im *Shui Jing Zhu (Kommentar zu dem
‹Klassiker der Wasserwege›)* als Zitat aus dem *Qian Tang Ji (Anmerkungen
über den Qiantang)* enthalten. Diese «Schutzwälle gegen das Meer» gehörten
zu den größten Ufereinfassungen ihrer Zeit. Beim Bau von Meeresdeichen
wurde die Erde schon bald durch Steine ersetzt, während die Ausmaße der
Bauwerke stetig zunahmen.

Jiangsu und Zhejiang waren die Herkunftsprovinzen für Getreidetribute,
die über das Wasser in die Hauptstadt transportiert wurden. Am östlichen
Meer gelegen, waren diese Provinzen Taifunen und vernichtenden Flutwellen
ausgesetzt. Am meisten betroffen war die Gegend um Hangzhou und Jiaxing.
Der Bau von Meeresdeichen war daher in Zhejiang eine wichtige Maßnahme
bei der Wasserregulierung, und während der Dynastien der Tang (618–907),
Song (960–1279) und Yuan (1271–1368) wurden für die Errichtung der Deiche
große Anstrengungen unternommen. Später, während der Regierungszeit der
Qing-Kaiser Kangxi, Yongzheng und Qianlong, wurden viele weitere Deich-
bauprojekte in Angriff genommen.

Der 150 km lange Meeresdeich zwischen Jinshanwei in Jiangsu im Norden
und Hangzhou in Zhejiang im Süden erlangte Weltberühmtheit. Wie eine
große Mauer längs der Küste schirmt er Flutwellen ab und schützt die Weiten
der fruchtbaren Delta- und Küstenebene.

Zwei alte Schiffahrtskanäle

Abgesehen von den Wasserbauprojekten, die der Landwirtschaft unmittelbar
zugute kamen, verbanden die Chinesen auch Flüsse für die Zwecke der Schiff-
fahrt miteinander.

Der Lingqu-Kanal. Im Kreis Xingan, Guangxi, gelegen, wurde der Bau
von Shi Lu geleitet. Er erfolgte aufgrund eines Erlasses des Ersten Qin-

Kaisers, der, nachdem er die sechs anderen chinesischen Staaten erobert hatte, das Land einte und den Kanal benötigte, um seine Truppen über die natürliche Barriere der Wuling-Berge zu transportieren. Etwa 15 km lang und 5 m breit, verbindet der Kanal den Xiangjiang-Fluß, einen Nebenfluß des Changjiang (Yangtse), und den Lijiang-Fluß, einen Nebenfluß des Zhujiang (Perlfluß). Der Bau des Lingqu-Kanals begann mit der Errichtung eines Steindamms, bekannt als die sog. «Pflugschar», und Überflußwehren namens Datianping und Xiaotianping mittstroms des Xiangjiangs, um den Fluß aufzustauen. Der nördliche Kanal passierte den Xiangjiang im Norden, während der südliche Kanal, der Lingqu, zum Lijiang-Fluß, dem Oberlauf des Guijiang, führte.

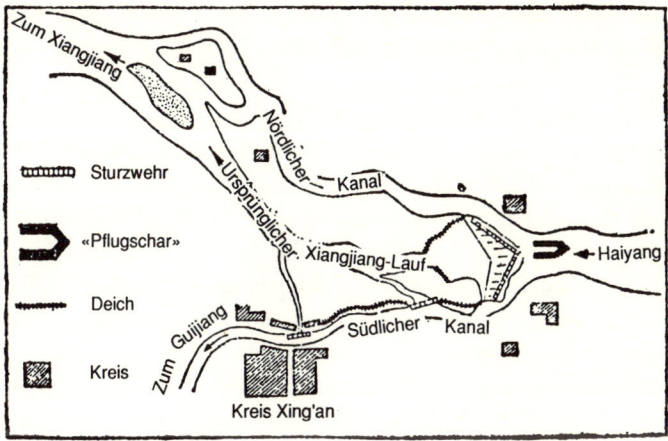

Abb. 62
Skizze des Lingqu-Kanals.

Die Strömung des Haiyang-Flusses, dem Oberlauf des Xiangjiangs, wird durch die «Pflugschar» geteilt und in die zwei Kanäle geführt. Auf diese Weise wurden der Xiangjiang und der Lijiang verbunden, die zwei großen, verschiedenen Wasserstraßensystemen angehören, wobei das erste System im eigentlichen Xiangjiang und das zweite im Zhujiang gesammelt wurde. Bei Hochwasser wird das überflüssige Wasser des Lingqu-Kanals über das Sturzwehr in das ursprüngliche Bett des Xiangjiangs geleitet und so eine Überschwemmung vermieden.

Der Lingqu-Kanal wurde an der Stelle gebaut, wo Xiangjiang und Lijiang die kürzeste Entfernung zueinander aufweisen und auch die Höhendifferenz nicht allzu groß ist. Überdies wurde der Kanal in Windungen geführt, um das Gefälle zu verringern, die Strömung zu verstetigen und auf diese Weise das Navigieren zu erleichtern.

Wissenschaftlich konzipiert und geplant, ist der Lingqu-Kanal ein Muster-
beispiel in der Weltgeschichte der Binnenschiffahrt. Nach einer Rekonstruktion in großem Ausmaß dient der Kanal noch heute zur Bewässerung und als
Wasserstraße.

Der Große Kanal. Dieser Kanal ist der älteste, der größte und der längste
von allen Schiffahrtskanälen der Welt. Von Beijing im Norden bis nach
Hangzhou im Süden hat er eine Gesamtlänge von 1794 km. Er durchquert die
fünf großen Flußsysteme des Haihe, des Gelben Flusses, des Huaihe, des
Changjiang und des Qiantang-Flusses. Mit dem Großen Kanal wurde ein
Mangel der Geographie Chinas, nämlich das Fehlen einer größeren Wasserstraße in nordsüdlicher Richtung, behoben. Der Nutzen des Kanals, ob als
Hilfsmittel für Truppentransporte zwischen Nord- und Südchina oder für
den Bau der Beijing-Guangzhou-Eisenbahn war gewaltig.

Der bereits vor 2400 Jahren gegrabene Hangou-Kanal war erster Bestandteil des Großen Kanals. Er wurde von diesem Zeitpunkt an beständig ausgebaut und verbreitert, bis der Kaiser Yang Di der Sui-Dynastie (581–618), der
die Verschiffung des Tributgetreides beschleunigen wollte, sich des Kanalbaus
annahm und ihn innerhalb von 6 Jahren über die gesamte Länge von 2400 km
fertigstellen ließ. Der Abschnitt des Großen Kanals zwischen Huaihe und
Haihe unterschied sich während der Sui-Dynastie vom heutigen Verlauf. Von
Luoyang, damals östliche Hauptstadt des Landes, führte er nach Nordosten
einerseits und nach Südosten andererseits. Die Yuan-Dynastie erklärte Beijing
zu ihrer Hauptstadt, und nach Beijing war fortan das Getreidetribut von
Jiangsu und Zhejiang zu entrichten. Um den Umweg über Luoyang zu vermeiden, wurde der Kanal begradigt. Das Resultat war der heutige Große Kanal
von Beijing nach Hangzhou.

Da der neue Kanal ein weites Gebiet mit einer Vielfalt von geographischen
Bedingungen durchquerte, bedurfte der Bau sehr ausgeklügelter Maßnahmen,
wobei das Hauptproblem in der Herbeiführung von Wasser und der Auf-
rechterhaltung des Wasserstands lag. Den Erbauern gelang es schließlich,
nachdem enorme technische Schwierigkeiten überwunden und manches
komplizierte Problem gelöst worden war, den Kanal schiffbar zu machen.

Der Kanalabschnitt durch das Hügelland von Shandong, gebaut in der
Yuan-Dynastie, stellte das größte Hindernis dar. Er war eine Schlüsselstelle
für das Befahren des Kanals, denn er blieb zunächst wegen der Wasserwirbel,
die durch den Abfall des Wasserspiegels dort, wo der Kanal den Gelben Fluß
quert, verursacht wurden, schwer passierbar. Das Problem wurde erst zur
Regierungszeit des Yongle-Kaisers der Ming-Dynastie dank des Plans eines
Untertanen namens Bai Ying gelöst. Dabei wurde die Stelle ausgesucht, wo das
Kanalbett am höchsten gelegen war. Dort wurde die gesamte Abflußmenge
des Wenhe-Flusses eingeleitet und auf diese Weise teils nach Norden, teils

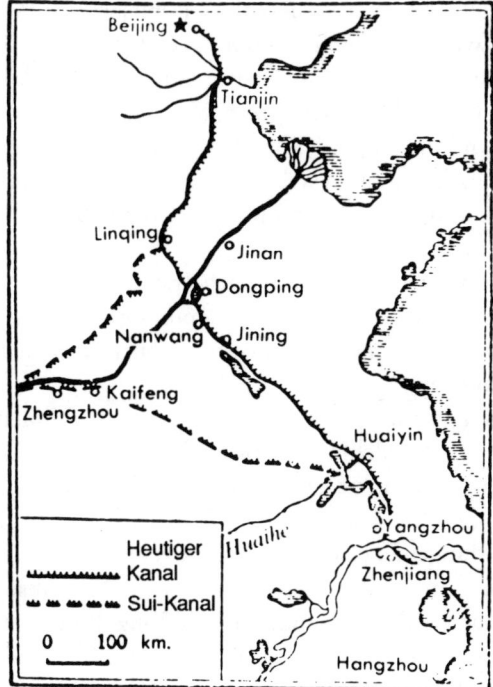

Abb. 63
Der Große Kanal.

nach Süden abgeführt. Längs des Kanals wurde, so wie es das Gelände erlaubte, eine Reihe von Rückhaltebecken angelegt, um den Wasserbedarf zu gewährleisten. Mit Hilfe von mehr als 30 Schleusen wurde die Strömung soweit verlangsamt, daß ein Befahren mit Schiffen möglich wurde. In Anbetracht der Kreuzung des Gelben Flusses an dieser Stelle sorgten die Erbauer für einen Abfluß des Kanals in den Gelben Fluß und beugten so einem Verlanden des Kanals durch Silt aus dem Gelben Fluß vor.

Der Große Kanal als Ergebnis zweier großer Bauvorhaben der Sui- und Yuan-Dynastien diente als Hauptader für den Nord-Süd-Verkehr in China. Während der Tang-Dynastie wurden jährlich über zwei Millionen Tonnen Getreide über den Großen Kanal nach Norden verschifft, eine Tonnage, die bis zur Song-Dynastie auf 7 Millionen Tonnen anwuchs. Der Große Kanal erwies sich als wichtiger Faktor für die Entwicklung der chinesischen Wirtschaft.

Überschwemmungen des Gelben Flusses verursachten Schlammablage-

rungen, in deren Folge der Große Kanal während langer Zeiträume strecken-
weise nicht schiffbar war. Jedoch versäumten es die Herrscher im Norden selten, den Schlamm beizeiten wieder ausbaggern zu lassen, da sie den Reis aus
dem Süden für ihr Auskommen benötigten. Während der Herrschaft des
Qing-Kaisers Qianlong (1736–1795), als sich der Niedergang des Feudalsy-
stems in China beschleunigte, verkamen die Deiche und Schleusentore, und
der Kanal verschlammte zusehends, was eine ernsthafte Behinderung für die
Durchfahrt bedeutete.

Im 20. Jahrhundert (insbesondere nach Inbetriebnahme der Nord-Süd-
Eisenbahnhauptstrecke) nahm die Verschlammung weiter zu, und eine durch-
gehende Passage war nicht mehr möglich, wenn auch einzelne Abschnitte weiterhin schiffbar blieben.

Im neuen China wurde das gigantische Programm «Umleiten von Wasser
des Changjiang nach Nordchina», persönlich gefördert von Premierminister
Zhou Enlai, in Angriff genommen. Dieser Plan sah vor, den Wasserüberschuß
des Changjiang-Tals für den durstigen Norden Chinas abzuzweigen, ein
unerhörtes Unterfangen, das die Natur stark verändert. Der Teil des Projek-
tes, der gegenwärtig in Ausführung ist, ist der östlichste Abschnitt. Das Wasser des Changjiang wird bei Jiangdu unweit Yangzhou abgezweigt, um die
Unterläufe des Gelben Flusses und des Haihe aufzufüllen und auf diese Weise
die vier großen Flußsysteme des Changjiang, des Huaihe, des Gelben Flusses
und des Haihe zu verknüpfen. Dieser Wasserweg wird auf der Trasse des
Großen Kanals geführt, der ausgebaggert und verbreitert wird. Nach seiner
Fertigstellung wird der Kanal nicht nur große Wassermengen vom Changjiang heranführen, sondern auch die ganzjährige Benutzung durch 1000–
2000-t-Schiffe ermöglichen. Der alte Große Kanal wird zu neuem Leben erweckt werden.

Frühe hydrologische Beobachtungen

Die Gewässerkunde, die sich parallel zur Wasserwirtschaft entwickelte, ver-
hielt sich zur Wasserwirtschaft wie die Theorie zur Praxis oder die Wissenschaft zur Technik. Abgesehen von den oben beschriebenen Wasserbauprojekten gehören zu den erwähnenswerten Leistungen der alten Gewässerkunde
der Peiling-«Steinfisch» und die Wassermarkierungstafeln am Wujiang-Fluß.

Der Peiling-«Steinfisch». Da Niedrigwasser der Schiffahrt, der Bewässerung und der Wasserversorgung immer abträglich war, hat man den Wasserständen schon früh große Beachtung geschenkt. Um die Gesetzmäßigkeiten
bei der Wiederkehr von Niedrigwasser am Changjiang zu ergründen, wurde in
den letzten Jahren eine Untersuchung der historischen Aufzeichnungen
durchgeführt. Markierungen von Niedrigwasser fanden sich an 11 Stellen ent-

lang des Flußabschnitts zwischen Chongqing in Sichuan und Yichang in
Hubei. Die wichtigsten Markierungen sind der «Lotusstein» bei Jiangjin, die
«Tafel der Reichen Ernte» bei Chongqing, der «Bergrücken des Weißen Kra-
nichs» in Peiling, der «Drachenrückenstein» bei Yunyang und die Wassermar-
kierungstafel bei Fengjie. Die besterhaltensten und die wertvollsten dieser
Inschriften finden sich auf dem «Steinfisch» am Bergrücken des «Weißen Kra-
nichs» in Peiling. Er trägt mehr als 163 Inschriften von Niedrigwasserständen
aus einem Zeitraum von 72 Jahren. Daraus ersehen wir, daß die frühesten
«Wasserstandsbeobachtungsstationen» des Landes in unserem eigenen
nationalen Stil schon vor 1200 Jahren geschaffen wurden. Archäologen haben
zudem einzelne Inschriften von Niedrigwasseraufzeichnungen bis in die
Regierungszeit des Kaisers Guang der Han-Dynastie (vor ca. 2000 Jahren)
zurückdatieren können.

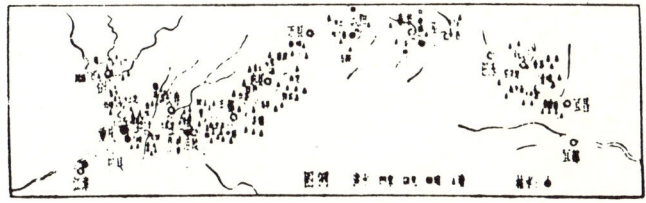

Abb. 64
Steinmale mit Hoch- und Niedrigwasserständen längs des Abschnitts Chongqing-Yichang des
Changjiang und seiner Nebenflüsse.

Die Wassermarkierungstafeln am Wujiang-Fluß. Zur Zeit der Song-
Dynastie wurden zwei Tafeln für Wasserstände am Wujiang-Fluß aufgestellt,
eine für die Wasserstandsänderungen innerhalb eines Jahres (von Monat zu
Monat und Saison zu Saison), die andere, um die Veränderungen von Jahr zu
Jahr aufzuzeichnen. Auf einer der beiden Tafeln stand folgende Inschrift:

«Sieben waagrechte Kerben markieren die verschiedenen Wasserstände. Sie
dienen als Eichmarken. Bleibt das Wasser unterhalb der ersten Kerbe, sind
sowohl die hoch- wie auch die tiefgelegenen Felder in Sicherheit. Steigt es
über die zweite Kerbe, werden die tiefen Felder überschwemmt... Übersteigt das Wasser gar die siebente Kerbe, wird selbst das höchste Land überflutet» (*Wu Jiang Kao [Bemerkungen zum Wujiang-Fluß]* von Shen Qi,
Vol. 2).

Auf der anderen Tafel findet man die Gravuren: «Das Wasser stieg im fünften
Jahr der Regierung von Shaoxi aus der Großen Song-Dynastie bis hierher»

(1194) und «das Wasser reichte bis hierhin im 23. Jahr der Zeit von Zhiyuan aus der Großen Yuan-Dynastie» (1287). Daraus wird ersichtlich, daß bereits in der Song-Dynastie ein differenziertes Beobachtungssystem der Wasserstände eingerichtet worden war, um die Überschwemmung von Ackerland während der Hochwassersaison statistisch festzuhalten. Dies kann als Prototyp der Wasserstandsstation im unmittelbaren Dienst der landwirtschaftlichen Produktion betrachtet werden.

2000 Jahre alte Karten und kartographische Regeln

Cao Wanru

Eine chinesische Legende erzählt von neun bronzenen Kesseln, die zur Zeit der Xia-Dynastie (ca. 21.–16. Jh. v. Chr.) gegossen wurden und die Kartendarstellungen der verschiedenen Regionen des Landes mit Gebirgen und Flüssen, typischen Pflanzen und Tieren als Anleitung für diejenigen zeigten, die beabsichtigten, zu Reisen nach fernen Orten aufzubrechen. Bis jetzt gibt es keinen historischen Beleg für die Existenz dieser Kessel, obwohl Kartendarstellungen auf Gebrauchsgegenständen vor 4000 Jahren und mehr durchaus im Bereich des Möglichen liegen. Allerdings haben keine solchen Karten die Unbilden dieser langen Zeiträume überstanden.

Karten finden Erwähnung in einer Reihe chinesischer Klassiker, die vor der Qin-Dynastie (221–207 v. Chr.) geschrieben wurden, wie z. B. das *Shang Shu (Buch der Geschichte)*, das *Shi Jing (Buch der Oden)*, das *Zhou Li (Riten der Zhou-Dynastie)*, das *Guan Zi (Buch des Meisters Guan)* und das *Zhan Guo Ce (Berichte über die Streitenden Reiche)*.

Im Kapitel über Karten findet sich im *Guan Zi* folgendes:

«Vor einer militärischen Operation muß der Befehlshaber die Karten sorgfältig auf steiles oder sumpfiges Gelände prüfen, das die Karren behindern oder beschädigen könnte, auf eventuelle Täler oder Pässe in unwegsamem Gebirge, auf dichte Wälder oder Dickichte, wo der Feind einen Hinterhalt legen könnte. Er muß all die notwendigen Einzelheiten erlernen, wie die Längen der Wegstrecken und die Größe und eventuellen Befestigungen von Städten; er muß selbst die Gründe für deren Erblühen oder Niedergang abschätzen lernen. Er muß sich all diese geographischen Einzelheiten einprägen und ihnen Beachtung schenken. Nur dann kann er bei militärischen Manövern und Angriffen Erfolg haben, wenn er seine taktischen und strategischen Schritte logisch entwickelt und sich die Vorteile des Geländes voll zunutze macht. Karten werden zumeist für militärische Zwecke verwendet.»

Das *Guan Zi*, etwa aus der Zeit der Streitenden Reiche, unterstreicht die Bedeutung des Kartenstudiums für Militärstrategen und -taktiker. Tatsächlich waren allen wichtigen klassischen Werken über Kriegsführung Karten beigefügt, wie z. B. dem *Sun Zi Bing Fa (Meister Suns Kriegskunst)*, ca. aus dem

5. Jahrhundert v. Chr., und im *Sun Bin Bing Fa (Sun Bins Kriegskunst)*, etwa aus dem 4. Jahrhundert v. Chr. Die militärische Verwendung der Karten verlangte zu jener Zeit vom Entwerfenden eine ziemlich klare Vorstellung von Orientierung, Distanzen und Maßstäben, um Berge und Flüsse lokalisieren und um Streckenlängen und Größe von Städten angeben zu können.

Es war ein archäologischer Glücksfall, daß 1973 aus dem Han-Grab Nr. 3 in Mawangdui bei Changsha drei Wunderwerke alter Kartenkunst ans Tageslicht kamen. Alle drei Karten sind auf Seide gemalt. Die erste ist eine topographische Darstellung der Changsha-Region zu jener Zeit, ein Marquisat in der frühen Han-Dynastie (206 v. Chr.–220 n. Chr.). Bei der zweiten handelt es sich um eine Militärkarte, die die Stationierung der Truppen im Marquisat verzeichnet. Die dritte stellt die Lage der Städte und Ortschaften im Marquisat dar. Jedoch fehlen Titel und Angaben über den Maßstab und Herstellungsda-

Abb. 65
Rekonstruktion
der topographischen Karte
aus dem Han-Grab Nr. 3
in Mawangdui bei Changsha.

ten auf allen drei Karten. Wenn man aus den archaischen Namen der dargestellten Orte Rückschlüsse zieht, können wir sicher sein, daß diese Karten in den Anfangsjahren der Westlichen Han-Dynastie (206 v. Chr.–24 n. Chr.) angefertigt wurden, vor über 2100 Jahren also. Es handelt sich um die ältesten auf tatsächlichen Vermessungen beruhenden Karten, die jemals in China gefunden wurden.

Entgegen heutiger Gepflogenheit liegt bei diesen drei Karten die Südrichtung am Blattoberrand. Der zentrale Teil der topographischen Karte wurde etwa im Maßstab 1 : 180 000 gezeichnet, während die Militärkarte in einem Maßstab zwischen 1 : 80 000 und 1 : 100 000 dargestellt ist.

Die topographische Karte, quadratisch mit etwa 96 cm Kantenlänge, stellt die südliche Changsha-Region (Tai Marquisat) dar – nach heutiger Bezeichnung das Becken des Xiaoshui-Flusses am Oberlauf des Xiangjiang. Alle Berge und Flüsse, Ansiedlungen und Wege jener Zeit sind klar auszumachen; selbst Konturen von Berghängen und unterschiedliche Höhen von Gipfeln sind zum Teil ausgewiesen. Allerdings wird die Karte in ihrem oberen Teil bei einer abrupten Verminderung des Maßstabes so unpräzise, daß die Küstenlinie des Südlichen Meers stark verzerrt dargestellt ist. Das mag daran liegen, daß der obere Teil der Karte sich jenseits der Grenze des Tai-Marquisats erstreckt und sich im Machtbereich eines anderen Fürsten befindet. Offensichtlich beschränkt sich die Kartenaufnahme auf das Gebiet innerhalb der Grenzen des Marquisats.

Die Militärkarte, 98 auf 76 cm, zeigt nur einen Ausschnitt des von der topographischen Karte dargestellten Gebiets. Sie grenzt die Garnisonsdistrikte gegeneinander ab und zeigt Burgen und Befestigungsanlagen, in welchen zu

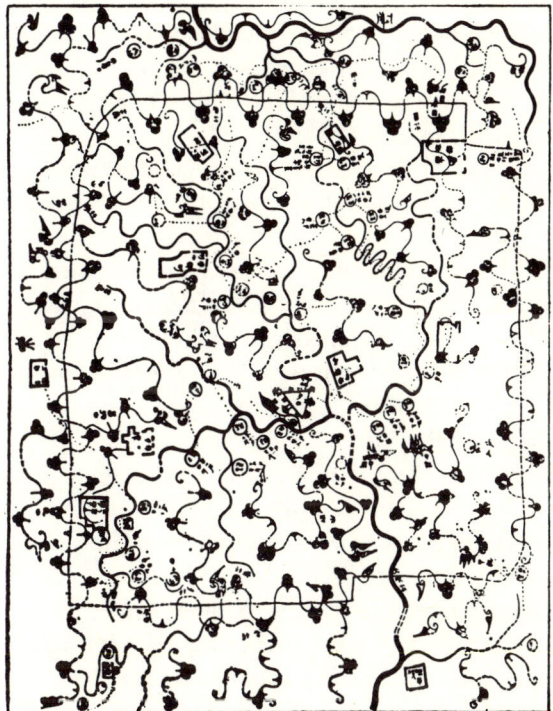

Abb. 66
Rekonstruktion der Militärkarte von Mawangdui.

jener Zeit Truppen stationiert waren. Die Karte ist von großem Nutzen, um das militärische Denken und Handeln jener Zeit zu studieren.

Wenn man die topographische Karte mit einer modernen Karte vergleicht, findet man, daß die Flußläufe, wie z. B. der Shenshui (heute Xiaoshui) und seine Zuflüsse, gut übereinstimmen. Ziemlich genau sind auch Lokalitäten wie die Kreissitze wiedergegeben, so z. B. Yingpu (heute Daoxian), Nanping (Lanshan), Chongling (Xintian) und Lengdao (Ningyuan). Die mächtige Jiuyishan-Bergkette und der sich in nordsüdlicher Richtung erstreckende Dupangling-Kamm sind ausgezeichnet abgebildet. All dies wäre vor 2100 Jahren ohne relativ genaue und beinahe wissenschaftlich zu nennende Relief-Vermessungsmethoden nicht möglich gewesen.

Die Topographie im südlichen Teil des Tai-Marquisats (heute Provinz Hunan) ist sehr kompliziert. Es ist unmöglich, Entfernungen zwischen zwei Punkten abzuschreiten, denn die Distanz zwischen zwei markanten Punkten muß durch eine Gerade dargestellt werden, die die Punkte auf gleicher Höhe verbindet. Hier mußten wahrscheinlich indirekte Messungen oder die Methode der Doppeldifferenzen aufgrund altchinesischer Mathematik-Kenntnisse der Han-Zeit (d. h. topographische Vermessungen von Entfernungen, Berghöhen, Stadtgrößen per Triangulation) zu Hilfe genommen werden. Die in Mawangdui ausgegrabenen topographischen Karten von relativ hoher Genauigkeit konnten also wahrscheinlich nur auf der Grundlage der Doppeldifferenzen hergestellt werden.

Ein eingehendes Studium der zeichnerischen Darstellung läßt erkennen, daß einheitliche Symbole verwendet wurden, um die diversen geographischen Hauptmerkmale, natürliche wie von Menschenhand geschaffene, abzubilden. Auf allen drei Karten wird eine Stadt durch einen quadratischen Rahmen versinnbildlicht, eine kleinere Stadt oder ein Dorf mittels eines Kreises, wobei der Name innerhalb des Symbols eingetragen ist. Ein Fluß wird durch eine Linie oder ein Band dargestellt, das von der Quelle bis zur Mündung allmählich breiter wird. Die Quellen des Shenshui und des Lengshui sind markiert. Bergketten werden durch geschlossene, dem ungefähren Verlauf der Berge folgende Linien wiedergegeben. Die Jiuyishan-Bergregion ist wundervoll mit Hilfe von Schraffen dargestellt, die den heute benutzten Höhenlinien ähneln und die dicker gezeichnet sind, wo sich die Hänge versteilen. Unterschiedliche Höhen von Bergen werden mit symbolischen Säulen entsprechender Länge auf den Gipfel aufgetragen. Straßen werden durch dünne Linien ohne weitere Angaben veranschaulicht. Alle Skizzierstriche wurden von einer geschickten Hand gezeichnet. Die Militärkarte ist, verglichen mit der topographischen Karte, bei der Darstellung der Berge weniger ausgearbeitet, dafür sind die Wasserwege sowie die Orte militärischer Bedeutung und die Befestigungsanlagen mit leuchtenden Farben ausgemalt, ein Merkmal, das auf der topographischen Karte fehlt.

Die Ausgrabung der 2100 Jahre alten Karten in Mawangdui ist ein großer Beitrag zur Erforschung der Geschichte der Kartographie geworden. Die

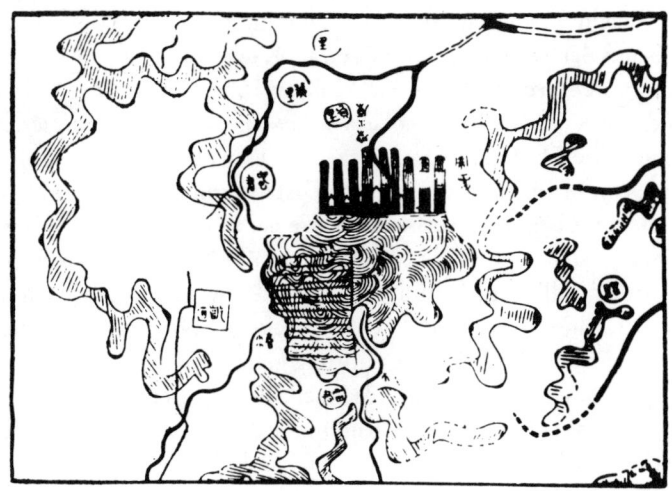

Abb. 67
Details der Jiuyishan-Bergregion auf der rekonstruierten topographischen Karte des Tai-Marquisats aus den Ausgrabungen von Mawangdui.

prachtvollen Karten vermehrten den Ruhm der Kartendarstellungen des alten China.

In der Han-Dynastie wurden natürlich nur wenige Karten mittels tatsächlicher Vermessung (wie die militärischen Zwecken dienenden) hergestellt. Die meisten grenzten Verwaltungsbezirke voneinander ab, waren aber, da ohne rechte Vermessungs-Grundlage, von schlechter Qualität. Einige dieser Karten wurden später von Pei Xiu (223–271) aus der Zeit der Westlichen Jin-Dynastie untersucht und so beurteilt: «Keine ... verwendet einen Maßstab und keine ... ist für eine Orientierung geeignet ... Man kann sich nicht auf sie verlassen.»

Im Jahre 267 wurde Pei Xiu von dem Jin-Kaiser zum Minister für öffentliche Bauten ernannt und bald mit der Zusammenstellung des *Yu Gong Di Yu Tu (Yu Gong Regionalkarten)* beauftragt. Im Vorspann zu diesem Werk faßt Pei die Erfahrungen früherer Kartographen zusammen und stellt sechs Regeln für die Kartenherstellung auf: Erstens sollte die Karte in einem einheitlichen Maßstab gezeichnet werden. Zweitens sollten die räumlichen Beziehungen der verschiedenen Teile der Karte zueinander korrekt wiedergegeben werden. Als drittes sollte die Entfernung zwischen zwei markanten Geländepunkten durch Abschreiten gemessen werden. Viertens, fünftens und sechstens müßten markante Punkte, die sich nicht auf gleicher Höhe befänden, auf dieselbe Ebene projiziert und Kurven zu Geraden reduziert werden. Pei Xius Regeln aus dem 3. Jahrhundert waren die ersten Richtlinien für die Kartenherstellung überhaupt.

Diese Regeln fanden große Anerkennung und wurden von Jia Dan (730–805) aus der Tang-Dynastie angewandt, der das *Long You Shan Nan Tu (Karte der Präfekturen Longyou und Shannan)* und *Hai Nei Hua Yi Tu (Karte der chinesischen und der barbarischen Völker innerhalb der vier Meere)* zusammenstellte. Die letztere Karte war etwa 10 m breit und 11 m hoch, wobei eine Länge von 1 *cun*[1] auf der Karte eine Distanz von 100 *li*[2] in der Natur entsprach. Diese riesige, lange verlorene Karte hat aus zwei Gründen Berühmtheit erlangt: Erstens bildete sie ein Gebiet von 30 000 *li* in ostwestlicher und 33 000 *li* in nordsüdlicher Richtung ab. Dieses Gebiet schloß neben China auch viele «barbarische» Staaten ein. Die entsprechenden Kenntnisse hatte Jia bei den Gesandten dieser Staaten in Erfahrung gebracht. Zweitens waren Änderungen der Namen der Staaten, Provinzen, Präfekturen und Bezirke sowie Veränderungen verzeichnet, die sich im Laufe der Zeit in den jeweiligen unter ihrer Gerichtsbarkeit oder Verwaltung stehenden Gebieten ergeben hatten. Jia benutzte schwarze Farbe für die veralteten Namen und Purpurrot für die gebräuchlichen – eine Praxis, die von späteren Kartographen übernommen wurde.

Shen Kuo (1031–1095) aus der Nördlichen Song-Dynastie berichtet in seinem *Meng Xi Bi Tan (Traumstrom-Essays)* über die «Karte des fliegenden Vogels» und über die Methode, wie man «die von einem fliegenden Vogel zurückgelegte Distanz» herausfindet, die so ist, «wie die Krähe fliegt», oder eben unbeirrbar gerade. Shen wandte diese Methode zur Herstellung des *Shou Ling Tu (Karte der Bezirke und Präfekturen)* an. Seine Entfernungsmessungen nach dem «fliegenden Vogel» entsprachen den letzten drei von Pei Xius Regeln.

Vor dem Fund der Karten von Mawangdui galten als größte Leistungen der alten chinesischen Kartographenkunst *Hua Yi Tu (Karte Chinas und der Barbarenstaaten)*, *Yu Ji Tu (Karte der Spuren des Großen Yu)* und *Di Li Tu (Allgemeine geographische Karte)*. Während der Südlichen Song-Dynastie (1127–1279) in Stein geritzt, sind diese Karten gut erhalten. Sie decken ein großes Gebiet ab, das die Täler des Changjiang (Yangtse), des Huanghe (Gelber Fluß) und des Zhujiang (Perlfluß) wie auch Gebiete nördlich der Großen Mauer umfaßt. Die Flüsse und Küstenlinien sind sehr präzise wiedergegeben. *Hua Yi Tu* und *Yu Ji Tu* wurden im selben Jahr (1136) auf die beiden Seiten einer Steinstele graviert. Dennoch finden sich bei diesen Karten Abweichungen voneinander, was wohl an den unterschiedlichen Meßergebnissen bei der Vermessung lag. Das *Yu Ji Tu* ist mit einem Gitternetz von 100 *li* deutlich genauer als das *Hua Yi Tu*.

---

[1] 1 *cun* zur Zeit der Tang-Dynastie = 2,94 Zentimeter.
[2] 1 *li* zur Zeit der Tang-Dynastie = 18 000 *cun*.

Zhu Siben (1273–1333) aus der Yuan-Dynastie war ein begeisterter Reisender. Seine eigenen Beobachtungen nutzte er zum Vergleich mit den von früheren Kartographen hergestellten Karten und fand viele Fehler. Er brauchte 10 Jahre, um seine eigene *Yu Di Tu (Erdkarte)*, natürlich mit einem Gitternetz, anzufertigen. Zwei Jahrhunderte später befand Zhus Nachfolger Luo Hongxian (1504–1564) Zhus Einzelkarte als zu unhandlich und ging daran, sie zu überarbeiten und, in Blätter aufgeteilt, zu vergrößern. Das von Zhu verwendete Gitternetz war natürlich für Luo eine große Hilfe, um die Originalkarte in handliche Blätter aufzuteilen. Die vergrößerten Teile betreffen vor allem die Grenzgebiete und die Flußtäler. Luos Karte wird deshalb *Guang Yu Tu (Vergrößerte Erdkarte)* genannt. Auf den Karten ist das Gitternetz deutlich zu erkennen, wie auf fast allen Karten der Ming- und der Qing-Dynastie im übrigen auch. Pei Xius Regel, Distanzen durch ein Netzwerk kleiner Quadrate anzugeben, war ein generelles Kennzeichen traditioneller chinesischer Karten geworden.

Unter dem Qing-Kaiser Kangxi (1662–1722) wurde unter Anleitung der Jesuiten eine komplette geographische Vermessung des Reiches vorgenommen, um das *Huang Yu Quan Tu (Kompletter Atlas des kaiserlichen Reiches)* vorzubereiten. Der europäische Ansatz, die Erdoberfläche als Kugel zu betrachten, wurde übernommen. Geographische Breiten und Längen wurden vermessen und Projektionen für die Anfertigung der Karten vorgenommen. Die traditionellen Regeln chinesischer Kartenherstellung, nämlich richtige Proportionen, korrekte Orientierung und exakte Entfernungsangaben, wurden auch von den Kartographen jener Tage sorgfältig beachtet.

Gesteine, Mineralien und Bergbau

Yang Wenheng

Gesteine und Mineralien

Gesteine und Mineralien spielen eine wichtige Rolle im Leben der Menschen. In über einer halben Million Jahre grauer Vorgeschichte lernten die Vorfahren der Chinesen allmählich den Gebrauch von 21 Mineralienarten und von mehr als 30 Gesteinsarten, wie archäologische Funde belegen.

Die Chinesen schürften nach Kupfererzen und verhütteten sie schon vor 4000 Jahren. Gegen Ende der Yin-Zeit (14.–11. Jahrhundert v. Chr.) wurde der *si mu wu ding*, ein 875 Kilogramm wiegender Vierfuß aus Bronze gegossen, im Auftrag eines gewissen Si zum Andenken an seine Mutter. Zinn und Blei, neben Kupfer Bestandteile der Bronze, wurden schon lange gewonnen. Meteoritisches Eisen wurde von den Chinesen bereits vor mehr als 3000 Jahren gefunden, und es wurde auch genutzt. Dies regte die Ausbeutung von Eisenerzen an. Während der Frühlings- und Herbstperiode und der Streitenden Reiche (770–221 v. Chr.) waren die Chinesen bereits Meister im Verhütten von Eisenerzen. Kohlenstoff-Stahl tauchte auf, Eisenwerkzeuge erlangten breite Verwendung bei der Feldbestellung und im täglichen Leben der Menschen. Die Entwicklung vom Steinwerkzeug zum Bronze- und Eisenwerkzeug symbolisiert die Geschichte des Schürfens, Ausbeutens und Verarbeitens einer Reihe von Erzen und nichtmetallischen Mineralien. Die *Abhandlung über Berge* im *Shan Hai Jing (Klassisches Werk über Berge und Flüsse)* sowie das *Yü Gong (Tribut an Yü)* sind die frühesten Zusammenfassungen altchinesischer Kenntnisse im Gebrauch von Gesteinen und Mineralien von der Steinzeit bis zur Eisenzeit. Die *Abhandlung über Berge*, verfaßt etwa im 5. Jahrhundert v. Chr., berichtet von 89 Erzen, nichtmetallischen Mineralien, besonderen Gesteinen oder Tonen und von 309 Orten, wo sie gewonnen wurden. Es sind ziemlich detaillierte Beschreibungen, die auf topographische Einzelheiten der Fundorte eingehen, wie etwa die Lage am Gipfel oder Fuß eines Berges, Sonnenseite oder Schattenseite, das Aussehen, die Eigenschaften eines Gesteins wie Härte, Farbe, Glanz und Morphologie (Tonknolle, Goldklumpen, eiförmige Zusammenballung, Körner, kompaktes Gestein).

Berichtet wird ebenfalls, ob die Mineralien schmelzbar sind. Ein auf den obigen Funden beruhendes Glossar verzeichnet die Namen von verschiedenen Gesteinen, wie Magneteisenerz, buntem Felsgestein, weichem Gestein, rotkörnigem Gestein, purpurrotem Gestein, weißer Jade und schwarzem

Gestein. Die *Abhandlung über Berge* geht auch auf die Paragenese und Verbindung von Mineralien ein, wie zum Beispiel von Kupfer und «Schleifstein», Eisen und Granat, Silber und «Schleifstein», Eisen, Jade und «schwarzer Kreide», Gold und Silber, Weißgold und Eisen, Gold, Silber und Eisen, «goldener Jade» und Ocker. Viele denken, daß das Werk *Über Steine*, zwischen 371–286 v. Chr. von dem griechischen Gelehrten Theophrastos verfaßt, das 16 Mineralien in die Kategorien «Metalle», «Gesteine» und «Töne» einteilt, die älteste Steinkunde der Welt ist. In Wirklichkeit aber ist die *Abhandlung über Berge* viel inhaltsreicher und hatte bereits mehr als 200 Jahre davor existiert.

Mineralogie und Pharmakologie waren im alten China eng miteinander verknüpft. In all den mehr als 30 pharmazeutischen Werken, überliefert seit undenklichen Zeiten, vom *Shen Nong Ben Cao Jing (Shen Nongs Materia Medica)* bis hin zum *Ben Cao Gang Mu (Abriß der Arzneimittelkunde)* sind eine große Anzahl von mineralischen Stoffen aufgeführt und hinsichtlich ihrer pharmazeutischen, chemischen und physikalischen Eigenschaften, ihrer Unterscheidungsmerkmale, Fundstätten und Abbaumethoden beschrieben worden. Als Ganzes bilden diese Angaben über mineralische Stoffe schon an sich ein ziemlich reichhaltiges Kompendium der Mineralogie. Das *Ben Cao Yan Yi (Ausführungen über Materia Medica)*, 1116 von Kou Zongshi aus der Song-Dynastie geschrieben, analysiert Mineralien qualitativ nach ihren chemischen Umwandlungsformen, Kristallformen, Schichtflächen und Färbungen. Das *Ben Cao Gang Mu* (1596) von Li Shizhen aus der Ming-Dynastie faßt die wesentlichen Ergebnisse älterer Pharmakologen zusammen und fügt seine eigenen gelehrten Erkenntnisse aus sorgfältigen Feldbeobachtungen hinzu. Es ist ebenfalls ein detailliertes und umfangreiches Werk über Mineralien. Von den 266 in dem Buch verzeichneten Mineralien sind mehr als 160 Metalle oder Gesteine. Li Shizhen unterteilt sie in vier Gruppen: Metalle, Steine, Jaden und Edelsteine sowie Salze. Seine eingehenden Ausführungen über Herkunft, Aussehen, Eigenschaften und Prüftests sind durch eigene Literaturuntersuchungen und Feldergebnisse belegt.

Zu den klassischen chinesischen Monographien gehören das *Yun Lin Shi Pu (Yun Lins Handbuch über Steine)* (1133) von Du Wan aus der Song-Dynastie und Teile vom *Yan Pu (Handbuch über Tuschsteine)*. Teilweise der Steinkunde gewidmete klassische Werke, wie das *Zhui Geng Lu (Gespräche in den Pausen des Pflügens)*, 1366, von Tao Zongyi und das *Tian Gong Kai Wu (Werke der Natur und der Arbeit)*, 1637, von Song Yingxing, wurden in der Ming-Dynastie geschrieben. Das *Yun Lin Shi Pu* beschreibt hauptsächlich Gesteine für Dekorationszwecke in Steingärten und Steine für Tuschsteine und Steinschnitzerei. Jede Art von Felsgestein oder Stein ist genau beschrieben nach Form, Farbe, Klang beim Schlagen, Härte, Äderung, Glanz, Kristallform, magnetischer Eigenschaft, Durchsichtigkeit, Feuchtigkeitsabsorption,

Verwitterungs- und Erosionsprozeß. Felsgestein und Steine sind in die folgenden neun Gruppen unterteilt: 1. Kalksteine von etwa 20 Arten, die durch Wasser zu bizarren Formen verwittert sind und in Steingärten verwendet werden; 2. Stalaktiten und Stalagmiten; 3. Kalk- oder Sandstein mit Feldspatgehalt; 4. Kalk- oder Sandstein mit Mangan- oder Eisengehalt; 5. relativ reine Quarzite, Sandsteine und Achate; 6. Pyrophillite, Glimmer und Kalk; 7. Schiefer und Tuschsteine; 8. Erze und Jaden; 9. Fossilien. Durch seine sorgfältige Beschreibung vornehmlich metamorpher Gesteine macht das *Yun Lin Shi Pu* seinem Namen als Werk der Steinkunde alle Ehre.

Tao Zongyi ist in seinem Buch vor allem an Edelsteinen interessiert. Das *Tian Gong Kai Wu* dagegen behandelt besonders Metalle, Salze, Tone, Kalksteine, Kohle, Alaune und andere Erze oder Mineralien, die wichtig für Industrie, Handwerk, Munitionsherstellung und das alltägliche Leben waren. Edelsteinen wird weniger Beachtung geschenkt, was die Hochschätzung des Autors für nützliche Materialien und seine Geringschätzung von Dekorativem widerspiegelt. Das Unterscheidungsmerkmal des *Tian Gong Kai Wu* ist, daß es die äußere Erscheinung und die Einteilung der Gesteine und Mineralien nicht behandelt, während es eingehend die Techniken von Schürfung, Abbau und Aufbereitung untersucht. Das *Tian Gong Kai Wu* ist ein technisches Werk in Form einer Enzyklopädie.

Mineralien werden ferner in zahlreichen regionalen Geschichten, naturwissenschaftlichen Berichten, aber auch in biographischen Aufzeichnungen erwähnt.

China gehört zu den Ländern, die Erdöl gewannen und nutzten. Das *Kapitel über Geographie* im *Han Shu (Geschichte der Han-Dynastie)*, im 1. Jahrhundert geschrieben, berichtet von bestimmten Orten, wo Erdöl entdeckt wurde und in Gebrauch kam. In der Qin-Dynastie (221–207 v. Chr.) und der Han-Dynastie (206 v. Chr.–220 n. Chr.) entdeckte man auf der Wasseroberfläche des Flusses Weishui, einem Nebenfluß des Yanhe, eine leicht entflammbare Flüssigkeit. Die Bewohner des Kreises Gaonu [jetzt Yanan] «schöpften sie ab und verwendeten sie [als Brennstoff]». Während der Östlichen Han-Dynastie (25–220) wurde *shiyou* (wörtlich «Steinöl») in einer Quelle gefunden, die an einem Berg im Kreise Yanshou, Jiuquan, entsprang. Dieses «Steinöl» veränderte sich von einem bräunlichen Gelb zu Schwarz, wenn es in einem Topf aufgefangen wurde, und wurde daher auch *shiqi* (Steinlack) genannt. Man fand heraus, daß es nach dem Anzünden mit einer äußerst hellen Flamme brannte. Es war auch ein ausgezeichnetes Schmieröl für Wagenachsen, wie im *Kapitel über Staaten und Präfekturen* des *Hou Han Shu (Geschichte der Späteren Han-Dynastie)* berichtet wurde. In der Nördlichen Wei-Dynastie (368–581) und in der Tang-Dynastie (618–907) wurde im Kreis Kuqa in Xinjiang und im Kreis Yümen der Provinz Gansu ebenfalls Erdöl entdeckt. Die

Kenntnis von seiner Gewinnung und seinen verschiedenen Anwendungsmöglichkeiten verbreitete sich rasch. In der Nördlichen Song-Dynastie
(960–1127) wurden Werkstätten zur Erdölverarbeitung gegründet. Erdöl war
ein wichtiger Rohstoff für die Herstellung von Munition.

Der Ausdruck *shiyou* wurde jedoch speziell von Shen Kuo (1031–1095) aus
der Nördlichen Song-Dynastie geprägt, der den Ruß aus Erdölflammen sammelte und Tuschstäbe daraus machte. Während der Südlichen Song-Dynastie
(1127–1279) traten sogenannte *shizhu* (Steinkerzen) in Erscheinung. Sie
bestanden aus dem vom Rohöl extrahierten festen Paraffin und wurden zur
Beleuchtung verwendet, wie der Name andeutet. Eine pharmazeutische Verwendung von Erdöl wird in Li Shizhens *Ben Cao Gang Mu* erwähnt. In der
Ming-Dynastie (1368–1644) begann eine einfache Raffinierung in den Provinzen Sichuan und Shaanxi, wie in örtlichen historischen, wissenschaftlichen
und anderen Aufzeichnungen berichtet wird.

Theorien zur Erz- und Metallsuche

Theorien über das Suchen (Prospektion) von Mineralien wurden schon sehr
früh in China aufgestellt. Ein wohlbekannter Abschnitt darüber findet sich im
Essay über Zahlenangaben hinsichtlich der Erde im *Guan Zi (Buch von Meister Guan)*. In einer Zusammenfassung der Gesetzmäßigkeit der Verteilung
von Erzen in erzhaltigen Formationen wird festgehalten, daß Erzlagerstätten
durch die Suche nach den Enden ihrer Erzgänge, durch Paragenese[1] und durch
Feststellung von verwandten Erscheinungen auffindbar sind. Es heißt dort:

> «Wenn Hämatit oben zu finden ist, wird sich Eisen darunter befinden. Ist
> Blei zuoberst, findet sich Silber in der Tiefe. Wenn oben Zinnober gelagert
> ist, wird man «Gelbgold» darunter finden. Wo es Magnetit oben gibt, liegt
> «kupferartiges Gold» darunter. Mineralablagerungen sind erkenntlich
> durch ihre jeweiligen Anzeichen auf der Oberfläche.»

Die obere Schicht von Eisenerzen ist oft weitgehend aus braunfarbigem Eisenoxid zusammengesetzt, während Blei und Silber oft in Paragenese vorhanden
sind, wie es in modernen Theorien von erzhaltigen Formationen gelehrt wird.
Der Essay stimmt im allgemeinen mit der modernen Theorie und Praxis der
Mineralogie überein, allerdings werden Kupfer und Eisensulfide mit «Gelb-
gold» und «kupferartigem Gold» verwechselt. Man sollte beachten, daß das
chinesische Schriftzeichen *jin* sowohl «Gold» als auch «Metall» bedeuten

---

[1] Die Paragenese ist die Lehre von der gesetzmäßigen Kombination von Entstehung und Vorkommen bestimmter Mineralien und Gesteine nebeneinander (Anmerkung des Bearbeiters).

kann. Der Text sollte in der letzteren Wortbedeutung verstanden werden. Die Erz- oder Metallsuche aufgrund der Erscheinungsverwandtschaft oder von paragenetischen Eigenschaften ist ein Glaubensbekenntnis chinesischer Bergleute. Weitere Beispiele dafür sind insbesondere im *Tian Gong Kai Wu* zu finden.

Eine neue Theorie der Mineraliensuche entstand etwa in der ersten Hälfte des 6. Jahrhunderts zur Zeit der Südlichen und Nördlichen Dynastien. Sie bahnte den Weg für eine neue Epoche geobotanischen und geobiochemischen Schürfens und ist in dem wohlbekannten *Di Jing Tu (Bebilderter Spiegel der Erde)* enthalten, ein Werk, das leider nur fragmentarisch überliefert ist. In dieser Theorie sind Beziehungen zwischen Pflanzen und Erzen dargelegt, eine originelle Idee, die sich über einen langen Zeitraum entwickelt hat. Schon der *Essay über ermutigende Studien* im *Xun Zi (Buch des Meisters Xun)*, ca. 240 v. Chr., stellt fest, daß «Jade gefunden werden kann in einem Berg, auf dem Bäume und Gräser üppig sprießen». Das *Bo Wu Zhi (Bemerkungen zur Naturkunde)*, zwischen 270 und 290 während der Jin-Dynastie (265–420) von Zhang Hua zu Papier gebracht, behauptet im wesentlichen dasselbe. Das *Di Jing Tu* liefert jedoch viel vollständigere und genauere Erklärungen:

> «Wenn frisch gewachsene Pflanzen schon während des zweiten Monats verwelken, gibt es dort kostbare Jade in der Tiefe. Wenn Pflanzenblätter im fünften Monat grün und kräftig, aber saftlos sind, muß es ebenfalls kostbare Jade im Untergrund geben. Auch sagt man, daß man sie auch dort im Boden findet, wo Pflanzen nach dem achten Monat verwelkt sind. Wo es in den Bergen grüne Zwiebel gibt, befindet sich Silber mit weiß leuchtendem Glanz darunter. Wo Stengel von Gräsern rot und schlank sind, gibt es Blei. Kupfer findet sich dagegen, wenn die Stengel gelb und hoch sind.»

Duan Chengshi aus der Tang-Dynastie gibt im Band XVI des *You Yang Za Zu (Vermischtes über die Youyang-Berge)*, 863 geschrieben, eine Zusammenfassung:

> «Wenn es grüne Zwiebeln in den Bergen gibt, findet sich dort Silber. Wenn es Schalotten in den Bergen gibt, liegt dort Gold in der Tiefe. Wächst Ingwer in den Bergen, so befindet sich Kupfer und Zinn darunter. Wenn der Berg kostbare Jade birgt, so lassen die Bäume ihre Zweige hängen.»

Diese Behauptungen sind zwar nicht alle unbedingt zutreffend, aber die Idee, Mineralien mit Hilfe von Pflanzen zu finden, hat sich als richtig erwiesen.

Dr. Joseph Needham, der hervorragende englische Wissenschaftshistoriker, beurteilt die altchinesische Theorie und Praxis der Mineraliensuche mit Hilfe von Pflanzen wie folgt: «Die mittelalterlichen chinesischen Beobachtungen waren die Vorläufer eines weiten und sich schnell vergrößernden Schatzes wissenschaftlicher Theorien und Praktiken.»[2]

Bergbautechniken

Die wachsende Nachfrage nach Mineralien im alten China beschleunigte die Entwicklung des Bergbaus und der Abbautechniken.

Der Bergbau von Kupfererzen

Kupfererze wurden bereits vor dem 11. Jahrhundert v. Chr. in recht großem Umfang abgebaut, wie zahlreiche Ausgrabungsfunde von Bronzegegenständen beweisen, auf denen der Zeitpunkt des Gusses oft sichtbar ist. 1974 entdeckte man ein altes Kupferbergwerk aus der Frühlings- und Herbstperiode (770–476 v. Chr.) am Tonglü-Berg in Daye, Provinz Hubei, das erste seiner Art. Mit zum großen Teil intakten Schächten und Stollen dokumentiert dieses alte Bergwerk den Prozeß des Bergbaus vor 2500–2700 Jahren und verdient weitgehende und intensive Untersuchungen. Es handelt sich um eine reichhaltige Lagerstätte, die hauptsächlich Malachit, Kupferglanz und Kuprit birgt. Hellgrün, orange und rot gefärbt, sind diese Erze leicht kenntlich und gewinnbar. Die Formation gehört zu einem kontakt-metamorphischen eisen- und kupferhaltigen Typ. Dieses alte Bergwerk wurde gefunden, als man die Deckschichten für einen modernen Tagebau abräumte. Zwei Gruppen von vertikalen Schächten, im örtlichen Dialekt *laolong* (alte Brunnen) genannt, liegen 300 Meter voneinander entfernt entlang eines schmalen, nordsüdlich gerichteten Streifens auf dem Tonglü-Berg. Die 12. Reihe dieser Schächte wurde in mehr als 40 Meter Tiefe entdeckt. Innerhalb einer Grundfläche von 50 Quadratmeter wurden acht senkrechte Schächte und ein Schrägschacht gefunden, jeder mit etwa 80 Zentimeter Durchmesser. Die verwendeten Holz-Stützbalken hatten einen Durchmesser von 5–10 Zentimeter. Die 24. Reihe wurde in einer Tiefe von mehr als 50 Meter entdeckt. Auf einer Grundfläche von etwa 120 Quadratmeter wurden fünf vertikale Schächte, ein Schrägschacht und zehn horizontale Stollen gefunden. Die Schächte haben einen Durchmesser von 110–130 Zentimeter. Die vertikalen Schächte, im Bergwerk «Aufstiege» genannt, dienten der Verbindung zwischen den verschiedenen Arbeitsstollen, der Entwässerung und dem Transport des geförderten Erzes. Alle 50 Meter

---

[2] J. Needham: *Science and Civilisation in China*, Cambridge University Press, Vol. III, London 1959, S. 680.

sind die Aufstiege durch horizontale Stollen durchschnitten. Die Holzstützbalken in den horizontalen Stollen haben einen Durchmesser von ca. 20 Zentimeter. An jeder Kreuzung, wo die Stollen auf die Aufstiege treffen, fand man
Spuren und Reste von Winden, mit denen abwechselnd Erz und mit Grundwasser gefüllte Eimer nach oben gezogen wurden. Die Stollen weisen verschiedene Abmessungen auf. Am größten ist der Stollen Nr. 2 mit 1,6 Meter
Höhe und 1,95 Meter Breite. Die anderen Stollen sind zwischen 1,3 und 1,5
Meter in Höhe und Breite. Der Schrägschacht war vielleicht für die Erkun-
dung von Erzen angelegt worden. Die Erze wurden von der tiefsten Sohle aufwärts abgebaut, und an der Abbaustelle selbst mittels einer bootförmigen
Holzschale durch Flotation grob sortiert. Unergiebige Erze und taubes
Gestein wurden dazu benutzt, die durch den vorangegangenen Abbau entstandenen Hohlräume auszufüllen. Diese Methode bewirkte, daß die geförderten Erze von höherer Qualität waren und der Arbeitsaufwand für das
Hochziehen stark reduziert wurde. Kurz gesagt, das alte Bergwerk ist mit allen
seinen Schächten und Stollen, Holzstützbalken und Querbalken sowie mit
seinen primitiven mechanischen Vorrichtungen für Entwässerung und Erz-
förderung vollständig erhalten geblieben. Die Ventilation ist interessant, da
der auf verschiedener Höhe und an verschiedenen Stellen unterschiedliche
atmosphärische Druck genutzt wurde, um den natürlichen Luftzug zu
erleichtern. Stillgelegte Stollen waren luftdicht verschlossen, so daß der Luft-
strom immer in Richtung des Abbaus erfolgte und die gewünschte Tiefe
erreichte. Eine kürzlich durchgeführte Untersuchung hat ferner ergeben, daß
dieses alte Bergwerk sehr vorteilhaft dort zwischen Felsschichtverwerfungen
angelegt war, wo die Lagerstätten wahrscheinlich recht reichhaltig waren. Es
ist tatsächlich ein ideales «Museum» der chinesischen Bergbautechnik vor
zweieinhalb Jahrtausenden.

Es sind ja wenige schriftliche Aufzeichnungen über den altchinesischen
Kupferbergbau vorhanden; immerhin heißt es im *Tan Yuan (Gespräche im
Garteneck)* von Kong Pingzhong aus der Song-Dynastie:

«Das Gebiet Censhuichang bei Shaozhou (jetzt Shaoguan) war früher reich
an Kupfer. In 20 *zhang*[3] Tiefe konnten Erze gewonnen werden. Jetzt wird
viel weniger Kupfer in dieser Gegend gewonnen, da Erze nur in Tiefen von
70 oder 80 *zhang* gefunden werden. Bergleute sagen, daß es gefährlich ist, in
solchen großen Tiefen zu arbeiten, wo auf den Menschen tödliches, ‹kaltes
Rauchgas› lauert. Eine Lampe, am Ende eines langen Bambusstabes schwebend, wird zuerst zum Boden der Grube geschoben. Wird die Flamme blau,

---

[3] 1 *zhang* zur Zeit der Song-Dynastie = 3,19 Meter.

zeigt dies das Vorhandensein von Giftgas an. Diejenigen, die davor fliehen, sind gerettet.»

Dieses «kalte Rauchgas» ist sicher Kohlenmonoxid. Kong sagt jedoch nichts über die Konstruktion des Bergwerks. Das *Tian Gong Kai Wu* stellt fest: «In Wuchang, Hupei, und Guangxin, Jiangxi, gibt es viele Kupferminen ... Erze, mit Sand und Steinen vermischt, werden aus einer Tiefe von mehreren *zhang* in den Bergen gefördert.» Das *Dian Nan Xin Yu (Neue Gespräche über Süd-Yunnan)* von Zhang Hong aus der Qing-Dynastie (1644–1911) gibt einen Bericht über die Vorbereitungsarbeiten für eine Kupfermine am Xiangyang-Berg in der Provinz Yunnan. Es werden senkrechte Schächte, waagerechte Stollen und Holzstützbalken erwähnt. «Alle zwei und mehr *chi*[4] gibt es vier Stempel, um die Stollen abzustützen, die so ein Abteil bilden. Die Länge eines Stollens wird mit Hilfe der Anzahl von Abteilen berechnet.» Diese Beschreibung ist jedoch weitaus weniger anschaulich als das tatsächlich am Tonglü-Berg gefundene Bergwerk.

Salz, Erdgas und Erdölgewinnung

Das Abteufen von Sole-Brunnen in der Provinz Sichuan soll von Li Bing zur Zeit der Streitenden Reiche (475–221 v. Chr.) veranlaßt worden sein. Li gelang es, die Ortseinwohner zum Graben einer Reihe von Sole-Brunnen und Salzwasser-Teichen zu organisieren. Es waren sehr wahrscheinlich primitive, flache, breite Brunnen. Die Dynastie der Östlichen Han (25–220) fiel in eine Zeit, in der flache und breite Sole-Brunnen angelegt wurden. Salz wurde nicht nur aus dem Untergrund gefördert, wo Anzeichen des Vorkommens auf der Oberfläche des Bodens deutlich sichtbar waren, sondern es wurde auch gewonnen, wo es keinerlei Hinweise an der Oberfläche gab. Nach der Östlichen Han-Zeit nahm die Brunnentiefe allmählich zu. Im ersten Regierungsjahr von Yong Kang (300) in der Jin-Dynastie erreichte die Brunnentiefe 100 Meter. In der Tang-Dynastie wurden 250 Meter tiefe Brunnen geteuft. Die Arbeit an Sole-Brunnen kann man auf einer Reihe von Ziegeln abgebildet sehen, die in der Han-Dynastie gebrannt wurden.

Während der Han- und der Jin-Dynastie teufte man Feuer-Brunnen (Erdgas-Brunnen) neben den Sole-Brunnen. Diese Erdgas-Brunnen reichten bis auf 200 Meter Tiefe, und das Gas wurde zum Verdampfen der Sole entflammt. Erdgas-Brunnen gab es in China mehr als 1300 Jahre früher als in England, wo der erste derartige Brunnen im Jahre 1668 angelegt wurde.

---

[4] 1 *chi* zur Zeit der Qing-Dynastie = 0,315 Meter.

Den kleinen, aber tiefen Brunnentyp nannte man «Bambusrohr-Brunnen»; er wurde zum ersten Mal zwischen 1041 und 1053, während der Regierung des Kaisers Ren Zong, in der Song-Dynastie gebohrt. Der Bohrer und die Bohrkronen bestanden aus einem Eisenschaft und abgerundeten Eisenklingen, die Tiefen von mehreren hundert Metern erreichen konnten, während der Brunnen-Durchmesser nur 20 Zentimeter betrug. Dicker Bambus wurde als Außenrohr benutzt, um das Zufließen von Süßwasser zu verhindern. Schma-

Abb. 68
Bohren eines Sole-Brunnens vor der Ming-Dynastie (1368–1644).

lere Bambusrohrabschnitte wurden als Behälter zum Transport der Sole nach oben verwendet. Das Hochziehen geschah mit Hilfe eines von Tieren angetriebenen Rades. Der Eisenschaft und die abgerundeten Schneiden, für das Tiefbohren von Brunnen unerläßlich, waren die Vorläufer der modernen Bohrwerkzeuge. Das Bohren von Sole-Brunnen ist ausführlich im *Tian Gong Kai Wu* behandelt.

Mit der zunehmenden Tiefe von Sole-Brunnen erreichte man schließlich die ölhaltige Formation im Sichuan-Becken. Im 16. Jahr der Regierung von Zhengde (1512) in der Ming-Dynastie wurde in Jiazhou (jetzt Leshan) am Fuße des Emei-Berges das erste Erdölbohrloch vollendet. Die mehrere hundert Meter tiefe Bohrung leitete eine neue Epoche des Ölbohrens in China ein, etwa 300 Jahre früher als in Europa. Während der Herrschaft von Daoguang (1821–50) in der Qing-Dynastie benutzten Bohrarbeiter aus Ziliujing in Sichuan immer noch das einfache Bohrgerüst aus Bambus und Holz sowie die einheimischen Bohrkronen mit Rundklingen; sie durchdrangen damit die wichtigste Erdgasformation des Beckens und nahmen die erste 1000 Meter tiefe Gasquelle in Betrieb. Die Gewinnung von Erdgas trat damit in ein neues Stadium.

Kohlebergbau

Kohle fand bereits früh in der Westlichen Han-Dynastie (206 v. Chr.–24 n. Chr.) zur Verhüttung von Eisenerzen Verwendung, als Kohlegruben, wie etwa in der Provinz Henan, schon in Betrieb waren. Zur Zeit der Song-Dynastie (960–1279) war die Technik des Kohlebergbaus bereits ziemlich gut entwickelt und systematisiert. Aus den Überresten einer alten Kohlegrube bei Hebi in Henan kann man noch die Anlage der Vorbereitungsarbeiten und des eigentlichen Abbaus erkennen. Ein senkrechter Hauptschacht wurde zuerst bis auf 46 Meter Tiefe abgeteuft. Querschlägige Stollen wurden dann auf verschiedenen Höhen angelegt, um die einzelnen Flöze zu erreichen. Die Stollen besitzen eine lichte Höhe von mehr als einem Meter und sind bei trapezförmi-

Abb. 69
Kohlebergbau in Südchina, abgebildet im *Tian Gong Kai Wu (Werke der Natur und der Arbeit)*.

gem Querschnitt an der Decke einen Meter und am Boden 1,4 Meter breit. Die
Fundorte der Kohle wurden in quadratische Felder unterteilt. Der Abbau
erfolgte in zwei Stufen. Im ersten Stadium wurde die Kohle von den am weitesten entfernten Stellen in Richtung Hauptschacht abgebaut. Dabei wurde
jedes zweite Feld ausgelassen, so daß jedes zweite Abbaufeld als natürliche
Stütze für die Stollendecke übrigblieb. Im zweiten Stadium wurden die übrigen Abschnitte mit großer Sorgfalt abgebaut, wiederum von den am weitesten
entfernten Orten in Richtung Hauptschacht. Das Grundwasser wurde durch
einen zweigabligen Kanal abgeleitet. Winden im senkrechten Schacht dienten
zum Transport an die Bodenoberfläche, während untere, vom vorhergehenden Abbau hinterlassene Hohlräume einen Teil des Wassers aufnahmen. Die
Techniken des Kohleabbaus sind auch im *Tian Gong Kai Wu* beschrieben:

«Erfahrene Kohlebergleute können aus der Färbung der Erdoberfläche
schließen, wo die Kohle lagert. Aber in der Regel findet man keine Kohle,
bevor man nicht ein Bohrloch bis zu einer Tiefe von ca. fünf *zhang* gegraben
hat. Man muß sich vor giftigem Gas hüten, das beim Freilegen des ersten
Kohlestoßes entweicht. Ein langes Bambusrohr, ausgehöhlt und am dünne-
ren Ende angespitzt, wird in die Kohle getrieben, um das Giftgas abzulas-
sen. Erst nachdem dies getan ist, kann die Kohle mit einer Hacke aufgebrochen werden. Die Anzahl der Stollen an einem senkrechten Hauptschacht
ist davon abhängig, wo und wie ein Flöz erreicht werden kann. Die Stollen
strahlen gewöhnlich vom Schacht aus, um die Transportwege zu verkürzen.
Holzstützbalken und Querbalken dienen dazu, die Stollen gegen mögliche
Einbrüche abzustützen.»

Dieses «Ausziehen» des Kohlenmonoxids, wie es auch im *Tan Yuan* der
Song-Dynastie beschrieben worden ist, war ein für die damalige Zeit sehr
einfallsreiches Verfahren.

Erdbebenvorhersage, Vorsichtsmaßregeln und Schutzvorkehrungen

TANG XIREN

In China hat man mit Erdbeben leben gelernt. Seit Jahrtausenden kämpft das chinesische Volk gegen die immer wiederkehrenden Erdbebenkatastrophen und hat dabei Aufzeichnungen über Beben aus lang zurückliegenden Epochen hinterlassen. Auch ist China das Land mit dem ersten «Seismographen»[1], und die Chinesen haben beim Beobachten und Niederschreiben mancher Naturerscheinungen, die auf drohende Erdbeben hinweisen, viel Erfahrung sammeln können, so daß man rechtzeitig Vorsichtsmaßnahmen treffen kann, um sich gegen die Auswirkungen von Beben zu schützen.

Bei einer Grabplünderung im Jahre 279 (d. h. während der Jin-Dynastie) entdeckte man Aufzeichnungen des *Zhu Shu Ji Nian (Die Bambus-Annalen)*, die besagen, daß während der Regentschaft des Königs Shun (2179–2140 v. Chr.) «ein Erdbeben solch tiefe Spalten aufriß, daß die Wasserquellen aufgetan wurden», während zur Zeit des Königs Jie (1763–1711 v. Chr.) der Xia-Dynastie «ein Erdstoß die Tempel einstürzen ließ». Wahrscheinlich handelt es sich bei diesen Funden um die ältesten Berichte über Erdbeben überhaupt. Das Buch *Lü Shi Chun Qiu (Meister Lüs Frühjahrs- und Herbst-Annalen)*, aufgezeichnet im 3. Jahrhundert v. Chr., notiert folgendes:

> «Im 6. Monat des 8. Jahres (1177 v. Chr.) der Herrschaft des Königs Wen der Zhou-Dynastie lag der Monarch fünf Tage lang krank darnieder. Die Erde bebte im Westen und Osten, im Norden und Süden, innerhalb der Stadt wie auch außerhalb in den Vorstadtbezirken.»

Hier liegt also eine genaue Zeitangabe sowie ein Hinweis auf die Ausdehnung des Bebens vor, was somit die erste präzise und nachprüfbare Aufzeichnung eines Erdbebens in China ist. Klassische Werke, die noch vor der Qin-Dynastie (221–207 v. Chr.) niedergeschrieben wurden, wie die Bücher *Shi Jing (Buch der Oden)*, *Chun Qiu (Frühlings- und Herbst-Annalen)*, *Guo Yu (Abhandlung der Königreiche)* und *Zuo Zhuan (Zuo Qiumings Chroniken)*

---

[1] In diesem Abschnitt wird das Wort «Seismograph» als Bezeichnung für Zhang Hengs Gerät in Anführungszeichen gesetzt, weil das Gerät das Beben nicht wirklich aufzeichnete (gr. «graphein» = schreiben). Das Beben wurde nur akustisch signalisiert; es war also eher ein Seismophon (Anmerkung des Bearbeiters)!

enthalten reiches Material über Erdstöße in früheren Zeiten. Beginnend in der Han-Dynastie wurden im *Wu Xing Zhi (Berichte über die fünf Elemente)* und in allen Chroniken der folgenden Dynastien Erdbeben als Katastrophen verzeichnet. Nach der Song-Dynastie, als die Blüte der regionalen Chroniken begann, nimmt die Anzahl der Aufzeichnungen von Beben stark zu. Auch hier wurden die Erdbeben als Katastrophen vermerkt. Abgesehen von den offiziellen Aufzeichnungen und den Gebietschroniken sind aber auch Vermerke, Kommentare, Romane und Gedichte von Einzelpersonen erhalten, die die Erdbeben in lebhaften Farben schildern. Buchreihen verschiedener Dynastien wie *Tai Ping Yu Lan (Die Taiping kaiserliche Enzyklopädie)* aus der Song-Dynastie (960–1279) und *Gu Jin Tu Shu Ji Cheng (Sammlung alter und zeitgenössischer Bücher)* der Qing-Dynastie (1644–1911) nahmen ebenfalls zahlreiche Informationen über Beben auf und bewerteten sie. Sogar Grabinschriften weisen auf Erdbebenereignisse zu verschiedenen Zeiten hin.

Bei diesen Dokumenten aus der chinesischen Geschichte handelt es sich um eine äußerst wertvolle Hinterlassenschaft. Schon vor der Gründung der Volksrepublik China begannen chinesische Historiker und Erdbebenforscher, dieses Erbe zu sammeln und zu ordnen. Gemeinsam bearbeiteten sie mehr als 8000 Manuskripte und Bücher und ermittelten mehr als 15 000 Textstellen, die auf Erdbeben Bezug nahmen. Nach der Sichtung dieses Materials wählten sie 8100 Stellen aus der Zeit von 1177 v. Chr. bis 1955 aus. Die große Zahl der Dokumente und die Zeitspanne über mehrere Jahrtausende lassen ihnen einen bedeutenden wissenschaftlichen Wert zukommen und haben die Aufmerksamkeit von Erdbebenforschern aus aller Welt erregt. Chinesische Seismologen haben dieses reiche Datenmaterial unterdessen herangezogen, um seismographische Karten anzufertigen und verschiedene statistische Auswertungen durchzuführen. Sie konnten so eine wichtige wissenschaftliche Grundlage für die Unterteilung des Landes in erdbebenaktive Zonen, für die Erdbebenvorhersage sowie für eine sinnvolle Verteilung der Aufbaukräfte der nationalen Wirtschaft erstellen.

Auf der Basis fortgesetzter Aufzeichnungen von Erdbeben und der Anhäufung von seismographischem Wissen war es dem Astronom Zhang Heng gelungen – er hatte zu seinen Lebzeiten während der Östlichen Han-Periode (25–220) selbst mehrere Erdbeben miterlebt –, den ersten «Seismographen» der Welt zu bauen. Nach den Aufzeichnungen erschütterten zwischen den Jahren 92 und 139 20 Erdbeben die damalige Hauptstadt Luoyang und die Provinz Gansu im Westen; sechs davon richteten Zerstörungen an.

Zhang Heng, geboren in Nanyang in der Provinz Henan, war zu jener Zeit in der Kapitale Luoyang tätig und konnte auf diese Weise viele Informationen aus erster Hand über diese Erdbeben sammeln. Er hatte viele Jahre lang das Amt des kaiserlichen Geschichtsschreibers inne, war offizieller Astronom und hatte auch die Aufgabe, Bodenerschütterungen in fernen Landesteilen aufzuzeichnen. Ihm war die Notwendigkeit eines Instrumentes bewußt, mit dessen Hilfe Erdbebenphänomene im ganzen Land präzise gemessen werden können, und nach vielen Jahren des Studiums erfand er schließlich im Jahre 132 den ersten «Seismographen» der Welt, ein bedeutender Beitrag im Kampf der Menschen gegen Erdbebenkatastrophen.

Im *Hou Han Shu (Geschichte der Späteren Han)* wird das Gerät wie folgt beschrieben: «Die ‹Wetterfahne für Erdbeben› ist aus feinem Bronzeguß. Ihr Durchmesser beträgt 8 *chi*[2], und mit gewölbtem Deckel ist sie wie ein Weinkrug geformt.» Im Inneren befand sich ein ausgeklügelter Mechanismus, der im wesentlichen aus einem *duzhu* (einem Pendel ähnlich) in der Mitte bestand, umgeben von *badao* (acht Gruppen von in acht Richtungen angeordneten Hebelarmen, verbunden mit dem Behälter des «Seismographen»). Acht Drachenfiguren waren an der Außenseite angebracht; im Rachen hielten sie jeweils eine kleine Bronzekugel. Unter jedem Drachen saß eine Kröte, das geöffnete Maul nach oben streckend. Ereignete sich irgendwo ein starkes Erdbeben, übertrugen sich die Erdbebenwellen auf das Gerät und lenkten das *duzhu* auf eine Seite und lösten dadurch den Hebel in einem der Drachenköpfe aus, wodurch sich der Rachen des dem Erdbeben entgegensehenden Drachens

Abb. 70
Rekonstruiertes Modell des Seismographen von Zhang Heng.

---

[2] 1 *chi* zu jener Zeit = 23,7 Zentimeter.

öffnete und die Bronzekugel in das Maul der jeweiligen Kröte fiel. Dieser «Seismograph» zeigte den Beobachtern den Zeitpunkt des Bebens sowie die approximative Richtung an, in welcher sich das Beben ereignet hatte. Zhang Hengs «Seismograph» wurde in Luoyang aufgestellt und registrierte ein Erdbeben der Stärke 6 auf der Richter-Skala, welches sich im Jahre 138 im westlichen Gansu ereignet hatte. Das Aufspüren von Erdbeben mittels wissenschaftlichen Instrumenten wurde so eingeleitet.

Das Interesse des Hofes an dieser Forschung war aber klein. Zudem war die Zeit bis zur Gründung der Sui-Dynastie (581) eine Zeit von großen politischen Wirren und zahlreichen Kriegen. So wurde das wertvolle Instrument nicht nur wenig benutzt, sondern blieb nicht einmal erhalten – ein großer Verlust für die Geschichte der Wissenschaft und Technik. Dennoch konnte Zhang Hengs «Seismograph» dank dem *Hou Han Shu* nicht in Vergessenheit geraten, und seine außerordentliche Leistung hat das Interesse der Menschen geweckt, vor allem, nachdem spätere Wissenschaftler Mechanismus und Funktionsprinzip für die Nachwelt rekonstruiert hatten. Die Erfindung Zhangs, die der Entwicklung Hautefeuilles (Erfinder des «richtigen» Seismographen) gut 1600 Jahre voraus war, hinterließ bei Wissenschaftlern auf der ganzen Welt einen tiefen Eindruck. Manche Gelehrte nehmen an, daß die Pendelanordnung von Zhang Hengs «Seismographen» während der Sui- und Tang-Dynastien (581–907) nach Persien (Iran) und Japan gelangte. Die Beschreibung des Geräts aus dem *Hou Han Shu* wurde in andere Sprachen übersetzt und in viele Teile der Welt gebracht. Einige Forscher in China wie auch im Ausland haben Nachbauten von Zhang Hengs «Seismographen» angefertigt und untersucht. Überzeugt davon, daß die Apparatur auf den Prinzipien der Trägheit beruht, glauben sie, daß die Konstruktion in Einklang mit den Gesetzen der Mechanik steht und geeignet ist, die Richtung, aus der starke Erdbebenwellen eintreffen, anzuzeigen.

Das chinesische Volk hat viele Erscheinungen, die auf bevorstehende Erdbeben hinweisen, beobachtet und aufgezeichnet, darunter das mit Beben verbundene Donnergrollen, Lichterscheinungen, Vorbeben, außergewöhnliche Veränderungen im Grundwasser, anormale meteorologische Phänomene und ungewöhnliches Verhalten von Tieren. Auf diese Weise hat man einen reichen Erfahrungsschatz für die Erdbebenvorhersage erlangt.

Seismischer Donner als wichtiges Erdbebenwarnzeichen wird in den Chroniken beschrieben. *Die Niederschrift der Vorwarnungen* im *Wei Shu (Geschichte der Wei-Dynastie)* berichtet, in der Provinz Shanxi wäre im Jahr 474 «Grollen wie Donner in Qicheng bei Yanmen zu hören gewesen; es kam aus westlicher Richtung und erschallte ein dutzend Mal. Als die Geräusche verstummt waren, ereignete sich ein Erdbeben.» Die *Berichte über die fünf Elemente* im *Jiu Tang Shu (Alte Geschichte der Tang-Dynastie)* aus dem Jahr

734 vermerken: «Im 22. Jahr der Kaiyuan-Periode, und zwar am 18. Tag des 2. Monats, ereignete sich in Qinzhou ein Erdbeben. Die Bevölkerung Qinzhous vernahm zuerst Geräusche aus der Tiefe in nordwestlicher Richtung, dann kam das Beben.»

Das *Cheng Hua Shi Lu (Tatsächliche Begebenheiten von Chenghua)*, Bd. 55, berichtet aus der Stadt Qiongzhou in der Provinz Guangdong: Am 4. April 1468, «zur 4. Stunde der Nacht, erfolgte ein Beben. Vor dem Erdstoß grollte es aus südwestlicher Richtung, dann folgte das starke Beben. Ein weiterer Stoß dauerte einen langen Moment an, bevor er abklang.»

Weiter finden sich in historischen Chroniken Beschreibungen über Lichterscheinungen, die mit Beben in Zusammenhang stehen. So wird im Band 55 des *Wan Li Shi Lu (Getreue Schilderung der Wanli-Periode)* berichtet, daß in der Provinz Hubei am 26. Mai 1509 «in Wuchang blaue Lichterscheinungen geradeso wie Blitze sechs- oder siebenmal den Himmel erleuchteten, begleitet von Geräuschen wie Donnergrollen, woraufhin sich ein Erdbeben ereignete».

Im Band 107 des *Zheng De Shi Lu (Wahre Schilderung der Zhengde-Periode)* wird erwähnt, daß am 30. Dez. 1513 im Kreis Yuejun der Provinz Sichuan «ein Feuerball am Himmel gesehen ward, von dem ein Donnerschlag ausging. Am folgenden Tag kam es zu einem Beben.»

Bei den beiden zuletzt genannten Beispielen zeigten sich seismischer Donner und seismische Lichterscheinungen vor einem Erdbeben.

Häufig ereignete sich eine Reihe von Erdstößen, Vorbeben genannt, bevor es zu einem schweren Beben kam. Darüber finden sich viele Beschreibungen in chinesischen Erdbebenberichten. Im *Er Shen Ye Lu (Berichte über Ershen)* von Sun Zhilu findet sich z. B. die Eintragung, daß im Jahre 1512 «im 5. Monat in der Provinz Yunnan sich 13 Tage lang Erdstöße zutrugen, wonach es im 8. Monat in selbiger Provinz zu einem heftigen Beben kam».

Im *Kang Xi Zhen Jiang Fu Zhi (Chronik der Präfektur Zhenjiang während der Kangxi-Ära)* wird «ein Erdbeben» beschrieben, «das sich am 25. Juli 1688 gegen 8 Uhr abends» in der Stadt Zhenjiang in der Provinz Jiangsu «ereignete»: «Ein paar Tage zuvor hatte es ein leichtes Beben gegeben, der Erdstoß an jenem Tag war aber so gewaltig, daß die Berge in den Grundfesten erschüttert wurden und daß das Wasser in den Flüssen in Wallung kam und die meisten Boote zum Kentern brachte. Zahllose Gebäude innerhalb und außerhalb der Stadt wurden zerstört.»

Oft zeigt vor einem starken Beben auch der Grundwasserspiegel ungewöhnliche Veränderungen. Aus Berichten über Tancheng in der Provinz Shandong aus dem Jahre 1668 geht hervor, daß ein Fluß an mehreren Stellen plötzlich austrocknete, woraufhin sich ein Erdbeben der Stärke 8,5 auf der Richter-Skala ereignete. Im *Min Guo Shou Guang Xian Zhi (Chronik des Kreises Shouguang zur Zeit der Republik)* wird das *Qing She Yi Wen (Erinne-*

rungen vom grünen Dorf) zitiert: Im Kreis Shouguan in der Provinz Shandong
«hörte ich einen Tag vor einem Beben grollende Geräusche vom Fluß her. Ich
schickte meinen Sohn aus, um zu sehen, was los wäre, der konnte nach seiner
Rückkunft jedoch nichts Außergewöhnliches berichten. Andere allerdings
erzählten, der Midan und andere Flüsse wären tags zuvor plötzlich ausge-
trocknet.» Im *Kang Xi Hai Zhou Zhi (Chronik der Präfektur Haizhou während der Kangxi-Periode)* wird aus dem von Ni Changxi verfaßten *Di Zhen Ji
(Aufzeichnung von Erdbeben)* über Ganyu in der Provinz Jiangsu berichtet:
«Bitter schmeckender Regen fiel einen ganzen Monat lang, bis der Kanal süd-
lich der Stadt plötzlich über seine Ufer quoll, nur um dann zum Erstaunen aller
Augenzeugen ebenso plötzlich innerhalb von 12 Stunden auszutrocknen.
Jeder, der das sah, war sehr überrascht.» Abgesehen von diesen Beobachtungen bemerkenswerter Veränderungen von Gewässern enthalten manche alte
Bücher auch Beschreibungen über Änderungen der Wasserzusammensetzung
wie auch des Wassergeschmacks vor Erdbeben. So «wurde das Wasser in
Brunnen plötzlich schlammig», «wurde das Wasser rot wie frische Farbe»,
«änderte sich der Geschmack des Brunnenwassers, Süßwasser wurde salzig,
salziges Wasser wurde süß».

In historischen Chroniken sind häufig auch Schilderungen ungewöhnlicher
Witterungserscheinungen vor Erdbeben wie übermäßig hohe Temperaturen,
starke Regenfälle und Donner, Wirbelstürme, Wolken und Nebel, Dürren
und Überschwemmungen verzeichnet. Unmittelbar bevor sich beispielsweise
ein Erdbeben der Stärke 8 auf der Richter-Skala im Jahre 1679 in den Kreisen
Sanhe und Pinggu ereignete, «war die Witterung schrecklich heiß, worunter
Mensch wie Tier litten». Dagegen berichtet das *Jia Qing She Hong Xian Zhi
(Chronik des Kreises Shehong während der Jiaqing-Periode)*, daß es am 10. Juli
1819, als es in der Provinz Sichuan zu einem Beben kam, «im 5. Monat seit 10
Tagen ununterbrochen geregnet hatte, bis am 19. zur Nachtzeit sintflutartiger
Regen einsetzte. In derselben Nacht kam es zu einem Beben, und die Flüsse
schwollen an und traten über die Ufer.» Auch gab es andere unheilvolle Anzeichen vor Erdbeben: «Wolken erfüllten die gesamte Luft» oder «die Sonne
schien nur noch trübe und gelblich. Um die Mittagszeit kam Wind auf und es
wurde dunstig, in der Nacht konnte man den Mond nicht mehr sehen». Zahlreiche solche Anmerkungen sind überliefert.

Auffälliges Verhalten von Tieren vor Erdbeben wird schon in der Tang-
Dynastie (618–907) dokumentiert. In einer dieser Chroniken, dem *Kai Yuan
Zhan Jing (Astrologie-Klassiker der Kaiyuan-Regierungszeit)* wird berichtet,
vor einem Erdbeben «liefen quiekende Mäuse durch Straßen und Gassen, und
der Erdboden brach auf». Das *Shun Zhi Deng Zhou Zhi (Chronik der Präfektur Dengzhou während der Shunzhi-Periode)* beschreibt unter dem Datum
vom 23. Januar 1556 in Dengxian und Neixiang der Provinz Henan «Wind-

und Regengeräusche, die aus nordwestlicher Richtung kamen. Vögel veranstalteten ein ungeheures Spektakel und die Tiere brüllten. Bald darauf gab es ein Erdbeben, das von donnerndem Lärm begleitet war.»

Nach einem starken Beben im Kreis Pinglu in der Provinz Shanxi im Jahr 1815 wurden die gesammelten Erfahrungen zusammengefaßt. Das *Yu Xiang Xian Zhi (Chronik des Kreises Yuxiang)* stellt fest: «Wenn Kühe und Pferde ihre Köpfe in die Höhe strecken, Hühner krähen, Hunde bellen, so sind dies Vorzeichen von Erdbeben.» Nach vielen ausgiebigen Beobachtungen von ungewöhnlichem Tierverhalten vor Erdbeben schlossen die Bewohner bestimmter Erdbebengebiete: Vor einem Erdstoß «zeigen Tiere zu Land und im Wasser ein seltsames Verhalten».

Aus dem Geschilderten ist ersichtlich, daß in der chinesischen Geschichte immer wieder über klare Anzeichen bevorstehender Erdbeben berichtet wurde und daß diese Hinweise mit Erfolg für die Erdbebenvorhersage und entsprechende Vorsichtsmaßnahmen herangezogen wurden. Ein verheerendes Beben, das im Jahr 1855 im Kreis Jinxian der Provinz Liaoning aufgetreten war, war aufgrund seismischen Donners vorhergesagt worden. Ein Bericht, der im Palastmuseum in Beijing aufbewahrt wird, teilt mit:

«Bevor sich das Erdbeben ereignete, wurde Grollen wie Donner vernommen, und die Menschen trafen entsprechende Vorkehrungen. Alle verließen ihre Häuser, und nur wenige kamen durch einstürzende Gebäude zu Tode – nur sieben Männer, Frauen und Kinder wurden getötet oder verwundet.»

Eine andere Beschreibung im *Dao Guang Zun Yi Fu Zhi (Chronik der Präfektur Zunyi während der Daoguang-Periode)* berichtet von deutlichen Vorbeben am 11. August 1809. «In Xiaoxili und Luoqianxi wurden die Berge plötzlich in Bewegung versetzt, und es kam zu Steinschlag.» Die Ortsbewohner ergriffen daraufhin Vorsichtsmaßnahmen und brachten Rinder und Schafe sowie Gerätschaften an sichere Orte. «Danach bebte die Erde, Häuser stürzten ein, und auch der Ackerboden wurde aufgeworfen.» Im Jahre 1815 wurde ein starkes Erdbeben in der Provinz Shanxi durch anormale Witterungsverhältnisse angekündigt. Die *Chronik des Kreises Yuxiang* vermerkt dazu:

«Ab dem 6. Tag des 8. Monats hielten wolkenbruchartige Regenfälle 40 Tage an. Ab dem 9. Tag des 9. Monats klarte das Wetter etwas auf und am 13. wurde es schön. Einige weise Alte im Kreis mahnten zur Vorsicht wegen der Erdbebengefahr bei heißer Witterung, die auf lang andauernde Regenfälle folgt.»

Zu dem Beben, das tatsächlich folgte, notiert die Chronik, daß «Häuser ein-
stürzten».

Die Erdbebenvorhersage in China beruhte nicht nur auf isolierten Anzeichen, sondern auch auf einer Zusammenschau von verschiedenen Vorwarnungen. Im *Yin Chuan Xiao Zhi (Kurze Chronik Yinchuans)* aus dem Jahr
1755 wird von einem in einer Regierungsbehörde arbeitenden Koch berichtet,
der Bauern befragte und deren Kenntnisse von Anzeichen bevorstehender
Erdbeben zusammenfaßte. Das Buch besagt, daß in Ningxia Erdbeben «meist
im Frühjahr und im Winter auftreten. Wenn das Brunnenwasser plötzlich
trübe wird, seismischer Donner vereinzelt oder anhaltend hallt und die Hunde
sich bellend zusammenrotten, dann sollte man Vorkehrungen gegen ein Erdbeben treffen.» Dieser Bericht läßt Verständnis für den komplexen Zusammenhang verschiedener Warnzeichen bereits vor 200 Jahren erkennen, im
Licht moderner Erkenntnis eine relativ wissenschaftliche Vorgehensweise.
Verschiedene Ansätze und Beobachtungen sollten herangezogen werden –
nicht nur eine singuläre Erscheinung –, um ein so komplexes Phänomen wie
ein Erdbeben vorherzusagen.

Die in früherer Zeit gemachten Beobachtungen und daraus abgeleiteten
Erkenntnisse versetzen das chinesische Volk in die Lage, diverse wirksame
Maßnahmen zu ergreifen, um die von Beben verursachten Verluste an Men-
schenleben und Zerstörungen zu vermeiden oder wenigstens so gering wie
möglich zu halten.

Das Bauwesen stellt ein Gebiet dar, auf dem Schutzmaßnahmen gegen Erdbeben zum Tragen kommen. In Taiwan, einer von Erdbeben heimgesuchten
Provinz Chinas, galt es beim Städtebau schon lange als Grundsatz, daß «in Taiwan kein Jahr vergeht, ohne daß sich ein Erdbeben ereignet hätte». Zu den
praktizierten Schutzvorkehrungen gehörten Holz- und Bambuseinlagen in
den Stadtmauern wie z. B. in Danshui. Diese Materialien sind in dieser Gegend
reichlich vorhanden, die Konstruktion ist also kostengünstig und bebenresi-
stent aufgrund ihres leichten Gewichts sowie ihrer Elastizität und Biegsam-
keit. Aus dem gleichen Grund wob man in der Provinz Yunnan, wo Beben
häufig sind, Brombeerzweige und andere Materialien in die Mauern.

Um Häuser, Brücken und Tempel sicher und dauerhaft zu bauen, legte man
besonders Wert auf solide Fundamente, massive Bauweise und Kompaktheit.
Alte Bauwerke lassen einen reichen Erfahrungs- und Kenntnisstand beim Entwurf und Bau von erdbebensicheren Konstruktionen erkennen. Beispiele sind
der Guanyin-Pavillon des Dule-Tempels im Kreis Jixian und der 60 Meter
hohe, hölzerne Turm im Kreis Yingxian in der Provinz Shanxi, beide erbaut in
der Liao-Zeit (916–1125), sowie die Zhaozhou-Brücke über den Xiaohe im
Kreis Zhaoxian der Provinz Hebei, die in der Sui-Dynastie erbaut wurde, alle
bereits 1000 und mehr Jahre alt. Sie sind sämtlich in bebengefährdeten Gebie-

ten des nördlichen Chinas gelegen, wo sie häufig Erdstößen unterschiedlicher Intensität ausgesetzt waren.

Auf starke Erdbeben, die Häuser zum Einsturz brachten, folgten oft Nachbeben als weitere Bedrohung menschlichen Lebens und Besitzes. Alte Schriften verzeichnen Vorsichts- und Gegenmaßnahmen, die die Bevölkerung ergriff, um Schaden abzuwenden, etwa das Errichten von Schutzhütten aus Brettern oder Stroh, aus Schilf- und Strohmatten auf offenen Plätzen. Seit der Song-Dynastie (960–1279) enthalten alle Chroniken Eintragungen wie: «Die Bewohner errichteten aus Angst, von einstürzenden Häusern begraben zu werden, Behausungen aus Rohrgeflecht», «die Leute bauten im freien Feld Verschläge für die Nacht aus mit Stroh bedeckten Holzgerüsten» und «auf dem freien Felde zimmerten die Leute zu ihrem Schutze mit Stroh bedeckte Unterstände aus Holz». Unter diesen historischen Chroniken findet sich in den Archiven des Palastmuseums in Beijing ein Bericht über ein Erdbeben der Stärke 7,5 auf der Richter-Skala, welches sich im Kreis Cixian in der Provinz Hebei am 22. Tag des 4. Schaltmonats im Jahr 1830 ereignet hatte:

> «Leichtere Nachbeben dauerten an, bis es am 7. Tag des 5. Monats zu einem starken Nachbeben kam. Alle noch stehengebliebenen Häuser stürzten ein; glücklicherweise campierten die Menschen im Freien oder in Schutzhütten, weswegen niemand zu Schaden kam.»

Diese einfachen, sicheren und wirkungsvollen Vorkehrungen werden auch heute noch angewandt.

Zusätzlich zum Wissen über Vorsichtsmaßregeln und Schutzvorkehrungen vor und nach Erdbeben lehrte der Ernstfall das chinesische Volk gewisse Notmaßnahmen, um Verletzungen zu entgehen, falls man im Innern der Häuser von einem starken Erdbeben überrascht wurde. Qin Keda, der ein heftiges Beben der Stärke 8 auf der Richter-Skala, welches sich am 23. Januar 1556 im Kreis Huaxian in der Provinz Shaanxi zugetragen hatte, überlebt hatte, verfaßte das *Di Zhen Ji (Aufzeichnung von Erdbeben)*, worin er Sicherheitsvorkehrungen für den Notfall empfahl:

> «... Die Hausbewohner sollten Fußbodenbretter als Schutz benutzen, verstärkt durch ein solides Holzbrett; kommt es zu einem überraschenden Beben, sollte man nicht sofort nach draußen laufen, sondern stilliegen und abwarten. Selbst wenn das Haus einstürzte, wäre man sicher. Wenn es nicht möglich ist, solche Vorkehrungen zu treffen, sollte man sich vorher schon einen Fluchtweg zurechtlegen, um schnell entkommen zu können.»

Auch heute noch bleiben, da die Erdbebenvorhersage immer noch nicht völlig
zufriedenstellend ist, solche einfachen Vorkehrungen wie das Schutzsuchen
unter massiven Möbelstücken unerläßliche Schutzmaßnahmen, um Verletzungen bei plötzlich auftretenden Erdbeben zu entgehen, sollte eine sofortige
Flucht unmöglich sein.

Historische Chroniken listen ferner Orte auf, die man bei einem Beben meiden sollte. Eine dieser Chroniken aus dem Palastmuseum in Beijing rät, «man
solle sich nicht in der Nähe eines Hausecks oder am Fuß einer Mauer aufhal-
ten». In seinem Bericht über das Erdbeben teilt Qin Keda mit, während einer
Erdbebenkatastrophe in Zentralchina im Jahr 1556 «wurden ganze Familien
ausgelöscht, die in Höhlen oder Schluchten wohnten; sehr wenige nur über-
lebten». Am 2. August 1733 ereignete sich ein Beben der Stärke 6,8 auf der
Richter-Skala in Dongchuan in der Provinz Yunnan. Das *Yong Zheng Dong
Chuan Fu Zhi (Chronik der Präfektur Dongchuan während der Yongzheng-
Periode)* berichtet, daß «drei Geschwister, die unterhalb einer Felsklippe
wohnten, während des Bebens erschrocken aus ihrem Haus liefen. Am Fuß
der Klippe hielten sie inne und wurden von herabstürzenden Felsbrocken
erschlagen.» Die Chronik berichtet ferner, daß Angehörige von nationalen
Minderheiten, die traditionell in Strohhütten mit hölzernem Rahmen woh-
nen, unbeschadet davonkamen, selbst wenn die Hütten zusammenfielen, und
daß diejenigen, die «am Fuß von Berghängen wohnten, während der Erdstöße
mehr Opfer durch die bebenden Berge und Steinschläge erleiden mußten als
andere». Solche Berichte behalten noch heute ihren Wert als Vorsichtsmaßregeln und Schutzvorkehrungen gegen Erdbeben.

Forschungen über Erblichkeit und Zuchtmethoden

Zhang Binglun

China ist ein großes Land, in dem viele Tiere und Pflanzen ihren Ursprung haben. Zahlreiche Haustiere und Pflanzen wurden von den Menschen in der Steinzeit aus wilden Tieren und Wildpflanzen entwickelt. Nach dieser frühen Phase haben die Menschen im alten China viele Jahrtausende lang eine große Anzahl von Tier- und Pflanzenarten gezüchtet und ihre Kenntnisse von Erblichkeit und Züchtung durch praktische Arbeit und Forschung bei der Verbesserung von Ernährung, künstlicher Auslese und Kreuzungszüchtung stark bereichert.

Kenntnisse der Erblichkeit und Variabilität in alten Zeiten

Erblichkeit und Variabilität sind im Reiche der Biologie ein universales Merkmal. Der Entwicklungsprozeß ist der Prozeß der Vereinigung von Gegensätzen zwischen Erblichkeit und Veränderlichkeit. Gerade auf dieser Grundlage wird die Vererbungszüchtung aufgebaut.

Wir beziehen uns auf erbliche Erscheinungen, wenn wir zum Beispiel sagen: «Pflanze Melonen und du wirst Melonen ernten, säe Bohnen und du wirst Bohnen erhalten» und «Gleiches erzeugt Gleiches». Die erblichen Eigenschaften der Lebewesen waren in China durch die Allgemeinheit erblicher Phänomene früh bekannt. Berichte hinsichtlich der Eigenart von Lebewesen sind in alten Schriften zu finden, in denen festgestellt wird, daß verschiedene Arten verschiedene Eigenschaften aufweisen. Viele der über die Erblichkeit handelnden Schriften untersuchen auch die enge Beziehung zwischen Vererbung und Umwelt. Um gute Ergebnisse bei Ackerbau und Tierzucht zu erlangen, sollte man sich deshalb eher «der Eigenart der Dinge anpassen und gemäß der Eignung der Jahreszeit handeln», um den Lebensbedingungen der Lebewesen gerecht zu werden, als «sich auf seine eigenen Vorstellungen zu verlassen und nicht auf die Ordnung des Himmels» zu achten.

Erblichkeit jedoch ist nicht unveränderlich, und die Menschen im alten China bemerkten von alters her Veränderlichkeit bei den Lebewesen. «Vom gleichen Baum schmecken manche Früchte sauer, während andere süß schmecken», das weist auf Veränderungen hin, ein allgemeines Phänomen. Dies läßt sich durch das Verständnis der alten Chinesen für die Verschiedenheit der Ergebnisse je nach erfolgter Veränderung darstellen. Bereits vor zwei Jahrtausenden berichtete das *Zhou Li (Riten der Zhou-Dynastie)* über Hirse mit längerer Reifezeit und Hirse mit kürzerer Reifezeit. Berichte hinsichtlich der Veränderung von Lebewesen erscheinen sogar noch häufiger im *Er Ya (Wörterbuch der korrekten Ausdrucksweisen)*. Dieses Werk hebt z. B. hervor, daß es im Falle der Pferde 36 verschiedene Arten gab. Es behandelt auch Unterschiede wie die Haarfarbe, wodurch einige Pferde schwarz-weiß gescheckt oder braun-weiß gescheckt sind. Im *Qi Min Yao Shu (Wichtige Fertigkeiten für die Wohlfahrt des Volkes)* schreibt Jia Sixie:

> «Was Getreidesorten betrifft, so reifen manche früher, andere hingegen später, manche Halme sind hoch, während andere kurz sind, einige ergeben mehr Samen, andere weniger. Manche Pflanzen sind stark, andere schwach, manche der enthülsten Samen schmecken gut, andere schlecht, und manche Samen sind gefüllt, andere leer.»

Dies ist eine Zusammenfassung der unterschiedlichen Eigenschaften von verschiedenen Getreidesorten hinsichtlich der Reifezeit, der Form, der Qualität, des Ertrags und der Ergiebigkeit enthülster Samen. Im Hinblick auf das Wissen der alten Chinesen von der Allgemeinheit der Veränderung schreibt Song Yingxing aus der Ming-Dynastie (1368–1644) in seinem *Tian Gong Kai Wu (Werke der Natur und der Arbeit)*:

> «Es gibt viele Arten von Getreide, die als Korn benutzt werden, aber nicht als Mehl. Ein Abstand von wenigen hundert *li*[1] beim Standort wird Unterschiede in Farbe, Geschmack, Aussehen und Eigenschaften der Pflanzen bewirken. Obwohl sie sich gemäß der örtlichen Umgebung unterscheiden und unendlich verschieden benannt werden, bilden sie dennoch im Grunde genommen die gleiche Art von Getreide.»

Was die Ursachen der Veränderung betrifft, wissen wir jetzt, daß Ernährung, physikalische, chemische sowie biologische Faktoren Veränderungen hervorrufen können. Obwohl dies damals nicht so vollkommen verstanden werden konnte wie jetzt, erkannten die alten Chinesen den ungeheuren Einfluß, den Umweltveränderungen auf biologische Veränderungen haben können. Während der Song-Dynastie (960–1279) bemerkte Wang Guan in seinem *Yang Zhou Shao Yao Pu (Pfingstrosen von Yangzhou)*:

---

[1] 1 *li* zur Zeit der Ming-Dynastie = ca. 578 Meter.

«Krautartige Pfingstrosen wachsen mit dem Atem von Himmel und Erde. Ihre Größe und Farbe können kontrolliert werden durch Wechsel ihrer himmel- und erdgeborenen Eigenart, so daß seltene Formen und Farben in unserer menschlichen Welt hervorgebracht werden.»

Wang Guan schrieb weiter:

«Der Farbton der Blumen und die Üppigkeit der Blätter und Staubfäden sind bestimmt durch die Art, wie die Pflanzen gedüngt und kultiviert worden sind.»

Eine ähnliche Bemerkung machte Li Shizhen in seinem *Ben Cao Gang Mu (Abriß der Arzneimittelkunde)*:

«Um ungewöhnliche Blumen zu erhalten, werden die Pflanzen im Herbst oder Winter gepfropft, mit gedüngtem Boden überdeckt und die Wurzeln mit Erde umhäuft. Im Frühling bringen sie Blüten hervor mit hundert verschiedenen Formen.»

Dies zeigt, daß Veränderungen durch Nährstoffe und durch Pfropfen bewirkt werden können.

Äußerst bemerkenswert ist die Wahrnehmung der alten Chinesen, daß die Bildung von neuen Varianten von Lebewesen durch Veränderlichkeit erfolgt. Bei der Beschreibung von 35 Varianten der Chrysantheme in seinem *Ju Pu (Buch über die Chrysantheme)* bemerkte Liu Meng aus der Song-Dynastie treffend:

«Zwar schrieben die Alten Loblieder auf die Chrysantheme, doch wie läßt sich erklären, daß sie niemals seltene Sorten wie die von mir in meinem Buch beschriebenen erwähnen? Vielleicht deshalb, weil es in alten Zeiten nicht so viele Abarten gab wie heutzutage. Wir haben jetzt doch 35 Arten. Auch höre ich von Pflanzenzüchtern, daß die Blüten solcher Pflanzen wie der Pfingstrose in Farbe und Form wechseln und daß solche Veränderungen jedes Jahr zur Erzeugung neuer Arten ausgenutzt werden. So bin ich geneigt zu denken, daß dies auch bei Chrysanthemen der Fall sei. Obwohl ich mit Sicherheit sagen kann, daß ich eine ziemlich lange Liste gegeben habe, will ich dennoch nicht behaupten, daß sie erschöpfend ist, und die Entdeckung unerwarteter Varianten wird eine Aufgabe sein für alle diejenigen, die an diesem Gebiet interessiert sind.»

Diese Bemerkung gibt gewissenhaft die wertvolle Erfahrung von Pflanzen-
züchtern wieder. Veränderung in Form und Farbe ist bei Blumen wie der
Pfingstrose üblich, und neue botanische Typen können so lange gebildet werden, wie die Varianten selektioniert und ihre Veränderlichkeit bewahrt wird.
Daraus folgert Liu Meng, daß der Reichtum an Chrysanthemen auch durch
Auslese von Varianten geschaffen wird. Die Idee, Abarten als genetisches
Material zur Schaffung vieler neuer Varianten aus wenigen Arten zu benutzen,
dient nicht nur als direkte Anleitung für die Produktionspraxis, sondern spiegelt auch die Vorstellung wider, welche die alten Chinesen über die Entwicklung von Lebewesen hatten.

Anwendung und Untersuchung der künstlichen Auslese

Die alten Chinesen verstanden die Veränderlichkeit und ihre Beziehung zur
Umwelt nicht nur im Allgemeinen, sondern waren sich auch bewußt, daß der
Mensch Veränderungen zur Züchtung neuer Abarten durch künstliche Auslese ausnutzen kann. Das Wesen der künstlichen Auswahl besteht darin,
Varianten auszuscheiden, die nicht mit den Erfordernissen und Wünschen der
Menschen übereinstimmen, die geeigneten aber zu bewahren und den nachfolgenden Generationen zu übermitteln, so daß neue Arten, die den Bedürf-
nissen der Menschen entsprechen, durch Auswahl über einen langen Zeitraum
festgehalten werden. Durch volle Ausnutzung der Abarten als «Grundmaterial» und durch weitgehende Anwendung der Samenauslesetechnik, das Gute
zu bewahren und das Schlechte in der Produktionspraxis auszumerzen, haben
die erfinderischen chinesischen Gärtner mit der Züchtung zahlloser ausgezeichneter Varianten seit undenklichen Zeiten einen großen Beitrag zur Entwicklung der Menschheit geleistet.

  Die Auslesemethoden sind zahlreich und vielfältig. Die Auswahl von Ähren
wurde zuerst im *Fan Sheng Zhi Shu (Das Buch von Fan Shengzhi)* aus dem
1. Jahrhundert v. Chr. vermerkt, wo es heißt: «Samen für Weizen wird ausgewählt, wenn er gereift ist.» Es werden Anweisungen zur Auslese und zum
Schneiden von großen und kräftigen Ähren gegeben. Diese werden in einem
Tuch zusammengebunden und aufbewahrt, bis sie in der Sonne genügend
getrocknet sind. «Im Vergleich zu gewöhnlichen Samen werden sie weitaus
bessere Ernten einbringen, wenn sie in der günstigen Jahreszeit ausgesät werden.» Weitere Berichte über künstliche Auslese erschienen während der
Nördlichen Wei-Dynastie (386–534) im *Qi Min Yao Shu.* Von gezähmten
Haustierrassen wie Schweinen, Schafen, Ziegen, Hühnern und Seidenraupen
wurden ebenso wie von kultivierten Getreidesorten (langjährige Hirse, klebrige und nichtklebrige Hirse) durch künstliche Auswahl neue Abarten
gezüchtet. In bezug auf die Züchtung von Arten, die auffallend von den

gewöhnlichen abweichen, beschreibt ein Werk aus der Song-Dynastie, das *Luo Yang Mu Dan Ji (Pfingstrosen aus Luoyang)*, eine rote Abart der Pfingstrose *(qianxi)* folgendermaßen:

«Einstmals war die Farbe ihrer Blüten purpurrot, als plötzlich einige Blüten von anderem Rot auftauchten. Ihre Propfreiser wurden im folgenden Jahr einer anderen Pfingstrose aufgepropft; die Leute in Luoyang nennen diese erhaltende Variante ‹Übertragenes Zweig-Rot›.»

Das ist eine praktische Anwendung der Auslese in der Zucht. Inzwischen ist bekannt, daß eine solche Spielart eine Zellenveränderung im Pflanzenkörper darstellt und erblich ist. Bei der Auslese von Goldfischen auf künstliche Weise wird nicht nur die Methode der Ausmerzung des Schlechten und der Bewahrung des Guten angewandt, sondern auch die Züchtung durch Isolation betrieben, d. h. ein geeigneter Fisch für die Paarung bestimmt, damit so eine neue Abart gezüchtet werden kann. Im *Zhu Sha Yu Pu (Katalog des zinnoberroten Goldfisches)*, geschrieben im Jahre 1596, heißt es:

«Das Wichtigste ist, möglichst viele Arten von Goldfischen zu halten, während ihre Auslese äußerst streng sein sollte. Man kaufe jeden Sommer mehrere Tausende auf dem Markt und lasse sie in verschiedenen Krügen aufwachsen. Unerwünschte unter ihnen beseitige man bis auf ein bis zwei Prozent. Diese werden in zwei oder drei Krüge gesteckt und mit besonderer Sorgfalt gezüchtet. Auf diese Weise wird man in Besitz von wundervollen Fischsorten gelangen.»

Das *Jin Yu Tu Pu (Illustriertes Buch über Goldfische)* beschreibt im Jahre 1848 eine weitere schöpferische Methode künstlicher Auslese und Züchtung: «Bei der Fischauswahl zur Paarung suche man einen männlichen Fisch ausgezeichneter Abart aus, der dem weiblichen in Farbe, Art und Größe entspricht.» Durch sorgfältige Auswahl, Isolationszüchtung und das Aussuchen männlicher und weiblicher Individuen von ähnlicher Veränderlichkeit für die Paarung werden also Variationen zur Bildung neuer Abarten angesammelt, die dem allgemeinen Bedarf gerecht werden. Das beweist, daß Auslese und Züchtung schöner Abarten in China schon lange vor Darwins Zeit ein relativ hohes Niveau erreicht hatten. Aus eben diesem Grunde hat Darwin in seinem Werk *The Variation of Animals and Plants under Domestication* einen Abschnitt hinzugefügt, in dem er eine systematische Beschreibung der Verfahren und Prinzipien künstlicher Goldfischauslese in China gab und ergänzte: «Die Chinesen wandten dieselben Prinzipien auf Pflanzen und Obstbäume an.» In *The Origin of Species* vermerkt Darwin ferner:

«Es ist durchaus nicht wahr, daß das Prinzip der Auslese eine moderne Entdeckung ist ... Das Prinzip fand ich in einer antiken chinesischen Enzyklopädie vor.»

Die zwei in modernen Zeiten allgemein benutzten Auswahlmethoden, die gemischte Auslese und die Einzelpflanzen-Auslese, waren im alten China ebenfalls schon zu beobachten.

Gemischte Auslese. Gemäß dem Ziel der Züchtung und unter Beachtung eines bestimmten wirtschaftlichen Zwecks soll jedes Jahr eine festgesetzte Menge von Pflanzen auf dem Acker oder im Versuchsfeld ausgewählt werden. Die unerwünschten Pflanzen werden vernichtet, die guten gedroschen, aufbewahrt und ihre Samen ausgesät. Nach mehreren aufeinanderfolgenden Jahren solcher Behandlung können ausgezeichnete Arten von gleichmäßigen Eigenschaften und Formen aus der gemischten Gruppe ausgelesen werden. Die chinesischen Bauern begannen bereits in der Westlichen Han-Dynastie (206 v. Chr.–25 n. Chr.), solche Ährenauslese zu betreiben.

In der Nördlichen Wei-Dynastie hatte die Mischauslese bereits ein hohes Niveau erreicht. Das *Qi Min Yao Shu* gibt einen ausführlichen Bericht über diese Methode:

«Samen für langjährige Hirse, für gewöhnliche und klebrige Rispenhirse und andere Hirsearten müssen jedes Jahr getrennt und selektiv gesammelt werden. Man wähle kräftige Ähren von gleicher Farbe aus, schneide sie und hänge sie zum Trocknen auf. Im nächsten Frühjahr dresche man jene ausgewählten Ähren und säe sie auf einer getrennten Bodenparzelle zur Fortpflanzung im folgenden Jahr aus. Diese Sonderparzelle sollte mit besonderer Sorgfalt und großem Fleiß bestellt werden. Wenn die Ähren gereift sind, ernte und dresche man früher als auf einem anderen Feld und bewahre die Körner in einer neu ausgehobenen Grube auf. Die Grube bedecke man mit dem beim Dreschen gewonnenen Stroh.»

Diese Methode ist der Mischauslese moderner Zeiten sehr ähnlich.

Einzelpflanzen-Auslese. Dies bedeutet Auslese und Züchtung neuer Abarten mit Hilfe einer einzelnen Pflanze oder Einzelähre mit ausgewählten Eigenschaften und Formen. Diese Methode wurde in China schon während der Regierung des Qing-Kaisers Kang Xi (1662–1722) angewandt. In einem Bericht im *Kang Xi Ji Xia Ge Wu Bian (Kangxis Untersuchung der Prinzipien der Natur, Teil 1)* wird von der zufälligen Entdeckung «einer weißen, in der Höhlung eines Baumes wachsenden Hirsepflanze» durch Bauern in Wula erzählt, die sich sehr stark von gewöhnlicher Hirse unterschied. Ihre Samen wurden danach ausgesät und «pflanzten sich fort, bis die Felder schließlich mit dieser weißen Hirse» überflutet waren, so daß im Laufe der Zeit eine ausgezeichnete Abart mit köstlichem Geschmack, zarter Eigenart und hohem Ertrag ausgelesen und gezüchtet werden konnte. Als Kang Xi in den Besitz dieser guten Abart gelangte, befahl er seinen Untertanen, mit dieser Züchtung in seinem Berghaus Versuche anzustellen. Es stellte sich heraus, daß «Halm, Blätter und Ähre» dieser Variante «tatsächlich viel größer waren und früher reiften als andere Sorten». Wurde sie gekocht, war diese Hirse außerdem «so weiß wie klebriger Reis und sogar glatter und geschmackvoller». Dies ist ein relativ früher Bericht, der den mit Einzelpflanzen-Auslese beschäftigten Forschern wohlbekannt ist. Es ist jedoch möglich, daß die Einzelpflanzen-Auslese schon lange vor Kang Xis Zeit praktiziert wurde. Im *Kang Xi Ji Xia Ge Wu Bian* wird auch behauptet:

> «Ich neige auch zu der Annahme, daß das Gleiche mit verschiedenen ausgezeichneten Getreiden in der Urzeit der Fall gewesen sein muß. Auch sie existierten zuerst nicht und wurden erst in einer späteren Periode geschaffen. In landwirtschaftlichen Büchern werden sie die Lücken ausfüllen.»

Kang Xi zog noch weiteren Nutzen aus der Einzelpflanzen-Auslese. Er bzw. seine Arbeiter erzielten durch die Auslese eine ertragreiche, frühreifende, «duftende und fetthaltige» gute Reisabart, die als «kaiserlicher Reis» bezeichnet wurde. Die Geschichte dazu lautet im *Kang Xi Ji Xia Ge Wu Bian* folgendermaßen:

> «In den Fengze-Gärten sind einige Parzellen als Wasserfelder angelegt, wo der Reis in jedem Jahr im 9. Mondmonat geerntet und auf die Tenne gebracht wird. Als ich eines Tages im 6. Mondmonat auf einem Fußpfad zwischen den Feldern wanderte, bemerkte ich eine Reispflanze, welche die anderen überragte. Als ich ihre Ähren voll und reif fand, bewahrte ich sie auf. Ich wollte feststellen, ob das von ihnen erzeugte Korn im folgenden Jahr früh reif sein würde. Es zeigte sich, daß diese Samen in der Tat wieder im 6. Mondmonat reiften. Seitdem sind sie sehr gut gediehen, und meine kaiserliche Küche hat diesen Reis mehr als 40 Jahre lang als Nahrung verwendet. Er ist rötlich, langjährig, duftend und fettig. Da er auf Palastboden gewachsen ist, wird er kaiserlicher Reis genannt.»

Erfolgreich gezüchtet durch die Einzelpflanzen-Auslese, hat dieser kaiserliche Reis eine kurze Wachstumszeit und kann daher in Nordwestchina, wo die frostfreie Zeit kurz ist, eine Ernte bringen, während es in Südchina jährlich zwei Ernten gibt. Im 54. Jahr von Kang Xis Regierung (1715) wurde er daher in den Provinzen Jiangsu und Zhejiang verbreitet und angebaut, wo «den Leuten

der Anbau befohlen wurde». Im Bezirk Suzhou wurde damit im ersten Jahr
eine zweimalige Ernte erzielt. Im zweiten Jahr ergaben Experimente mit kaiserlichem Reis auf der Grundlage vorheriger Erfahrungen eine beträchtliche
Ertragssteigerung, insgesamt 520 Pfund pro mu^2 in zwei Jahreszeiten, also 120
Pfund mehr als der Ertrag einer gewöhnlichen Sorte. Nach vier Jahren betrug
der Jahresertrag von zwei Ernten 680 oder 690 Pfund pro mu, also den 2,7mali-
gen Ertrag eines gewöhnlichen Reisfeldes. Kaiserlicher Reis wurde später in
den Provinzen Anhui und Jiangxi eingeführt, wo er ebenfalls hohe Erträge
ergab. Die Einzelpflanzen-Auslese erwies sich im Falle des kaiserlichen Reises
als großer Erfolg.

Die Anwendung der Kreuzungszüchtung und die Resistenzsteigerung durch Hybridenzüchtung

Künstliche Kreuzungszüchtung ist eine Methode zur Züchtung neuartiger
biologischer Typen. Die durch Kreuzungszüchtung gebildeten neuen Typen
können die Qualitäten und Formen von zwei oder mehr Vorfahren kombinie-
ren und neue biologische Abarten von höherer Produktivität bilden, die auch
widerstandsfähiger gegen ungünstige Bedingungen sind. Die Anwendung
beider Kreuzungsmethoden – geschlechtlich und ungeschlechtlich (oder
pflanzlich) – ist im alten China bemerkenswert.

Der Maulesel ist ein typisches Beispiel der Anwendung dieser Kreuzungszüchtung. Berichte der Frühlings- und Herbstperiode (770–476 v. Chr.)
geben an, daß ein gewisser Zhao Jianzi zwei Maulesel besaß. Maultiere sind
auch im *Chu Ci (Elegien von Chu)*, verfaßt von Qu Yuan, mit der Bermerkung
erwähnt, daß die Zwitter von Pferden und Eseln mindestens bereits in der
Frühlings- und Herbstperiode existierten und daß diese neue Art, die kreuzge-
züchtet werden kann, vor langer Zeit von den chinesischen Werktätigen in der
Produktion verwendet wurde.

Das *Qi Min Yao Shu* gibt einen ausführlichen Bericht über Kreuzung von
Pferden und Eseln sowie über die Hybridenkraft:

> «Da es schwierig ist, Maulesel durch Kreuzung von Hengsten mit Eselinnen
> zu erhalten, werden gewöhnlich Stuten zur Kreuzung mit Eseln benutzt,
> um Maultiere zu erzeugen, die sehr stark gebaut und Pferden überlegen
> sind.»

Das *Ben Cao Gang Mu* betont, daß «Maulesel größer als Esel und stärker als
Pferde sind». Fang Yizhi vermerkte im *Wu Li Xiao Shi (Kleine Enzyklopädie*

---

[2] 1 mu = $\frac{1}{15}$ Hektar.

der Prinzipien der Natur), daß «der Maulesel lange Strecken laufen kann und selten krank wird». Das Maultier verbindet als Mischling zwischen Pferd und Esel die guten Eigenschaften und Formen beider: Es bekommt seine besondere Größe, Schnelligkeit und Stärke sowie Lebhaftigkeit vom Pferd und seine Trittfestigkeit, sanfte Sinnesart, Ausdauer und die Fähigkeit, mit grobem Futter auszukommen, vom Esel. Es ist ein ideales Zug- und Lasttier auf steilen Wegen wie auch in der ländlichen Ebene und daher beiden Elternteilen überlegen. Selbst in unserer Zeit sind Rassenmischlinge wie Maultiere relativ selten, dennoch haben die Chinesen bereits vor 2000 Jahren die Hybridisierung betrieben. Seitdem ist die Kreuzungszüchtung in der Produktion weitgehend genutzt worden.

Experimente mit der Mischzüchtung von einheimischen Seidenraupen in der Ming-Dynastie sind im *Tian Gong Kai Wu* so beschrieben:

«Die Kokons sind nur von zwei Farben, gelb und weiß ... Nur die gelbe Art wird in den Provinzen Sichuan, Shaanxi, Shanxi und Henan erzeugt. Wenn ein weißes Männchen mit einem gelben Weibchen gekreuzt wird, so werden die Nachkommen hellbraune Kokons spinnen. Kürzlich haben Seidenraupenzüchter ein frühreifes Männchen mit einem spätreifen Weibchen in der Hoffnung gekreuzt, eine ausgezeichnete Zucht zu schaffen.»

Die Pfropftechnik für die ungeschlechtliche Kreuzung hat ihren Ursprung ebenfalls in China, obwohl nicht bewiesen werden kann, wann sie zuerst eingesetzt wurde. Das *Fan Sheng Zhi Shu* enthält folgenden Bericht über Pfropfen durch Annäherung:

«Pflanze 10 Kürbisse und warte ab, bis sie etwa zwei *chi*[3] hoch gewachsen sind. Dann binde die 10 Ranken zusammen, wickle sie in Stoff von etwa fünf *cun*[4] und beschmiere sie mit Schlamm. In einigen Tagen werden die 10 Ranken an der Verbindungsstelle zu einer werden. Behalte die kräftigste Ranke zurück und schneide die übrigen ab. Lasse nur den verbleibenden Trieb, der die Kürbisse tragen soll, heranwachsen.»

Da die eine ausgewählte Pflanze mit den von den Wurzeln der 10 Ranken absorbierten Nährstoffen versorgt wird, werden die entstehenden Kürbisse außerordentlich groß und voll.

Nach der Han-Dynastie (206 v. Chr.–220 n. Chr.) wurde die Pfropftechnik

---

[3] 1 *chi* = 0,23 Meter.
[4] 1 *cun* = ¹/₁₀ chi.

weiterentwickelt und bei Pflanzen verschiedener Arten verwendet. Das *Qi Min Yao Shu* berichtet über die Verwendung von Bäumen verschiedener Arten zum Pfropfen, um Früchte von höherer Qualität früher zu erhalten. Birnenbäume wurden gepfropft, indem man Holzäpfelbäume als Propfunterlage und Birnensprößlinge als Pfropfreiser verwendete. Birnen von Pfropfungen auf solchen Stämmen sind groß und gut, eine Bestätigung dafür, daß Vermehrung durch Pfropfen schneller und besser einzusetzen ist als die Vermehrung durch Sämlinge. Das Buch untersucht auch verschiedene Ansatzstellen von Pfropfreisern, um direkt die Reifezeit und die Form des Baumes zu beeinflussen. Das *Wu Ben Xin Shu (Neues Buch über die Grundlagen)* verzeichnet sechs Pfropfmethoden auf Maulbeerbäumen, die während der Jin- und Yuan-Dynastien (1115–1368) zur Anwendung kamen: Stamm-, Wurzel-, Rinde-, Zweig-, Grübchen- oder Knospe- und Spleiß-Pfropfen. Das *Wu Ben Xin Shu* erläutert hinsichtlich Funktion und Prinzip des Pfropfens, daß die Chinesen in alten Zeiten auch Forschung betrieben und wußten, daß «einmal gepfropft und verbunden, die zwei ‹Atemzüge› miteinander verschmelzen, so daß Schlechtes durch Gutes ersetzt wird, während erwünschte Vorzüge doch erhalten bleiben. Der Vorteile sind einfach zu viele, um alle aufgezählt zu werden.» Im *Hua Jing (Blumenspiegel)* schreibt Chen Fuyao:

«Es ist tatsächlich eine allgemeine Wahrheit, daß Pflanzen gepfropft werden sollten. Kleine Blumen können dadurch groß werden, einzelne Blumenblätter können verdoppelt werden, Rot kann sich in Purpurrot verwandeln, aus kleinen Früchten können große werden, saure und bittere können süß werden, und schlechter Geruch kann durch Duft ersetzt werden. Die Bemühungen der Menschen können die gesamte Eigenart der Dinge wandeln. All das hängt von dem richtigen Gebrauch der Pfropftechnik ab.»

Die beste Zeit zum Pfropfen bei Bäumen liegt zwischen Frühlings- und Herbstbeginn, weil zu dieser Zeit die Rinde leichter abzutrennen ist und der Saft im Übermaß fließt.

Einige hervorragende Werke über die Landwirtschaft

Fan Chuyu

Seit undenklichen Zeiten stand in China die Landwirtschaft in Blüte. Ausgrabungsfunde von Ruinen aus der Urgesellschaft beweisen, daß das chinesische Volk vor 6000 bis 7000 Jahren bereits Reisfelder in dem fruchtbaren Tal des Changjiang-Flusses pflügte und ein Getreide wie Borstenhirse im Tal des Huanghe (Gelber Fluß) anbaute. Drei Jahrtausende alte Inschriften auf Orakel-Knochen oder Schildkrötenpanzern der Shang-Dynastie (ca. 16.–11. Jh. v. Chr.) tragen Piktogramme wie *he* (allgemeines Wort für «Getreide»), *dao* (Reis), *ji* (Hirse), *su* (Borstenhirse), *mai* (Weizen) und *lai* (Gerste) sowie auf Boden und Bodenpflege bezügliche Ideogramme wie *chou* (Ackerboden), *jiang* (Feldrain), *zhen* (Bewässerungsgraben), *jing* (Brunnen) und *pu* (Garten- oder Feldparzelle). In jener Zeit hatte der Ackerbau in China offensichtlich schon ein ziemlich hohes Entwicklungsniveau erreicht.

Im Laufe von Chinas langer Geschichte der Landwirtschaft hat sich ein großer Reichtum von Kenntnissen und Theorien über Ackerbau und landwirtschaftliche Techniken angesammelt. Eine ganze Reihe von sehr alten Monographien über Agronomie spiegeln die großartigen Leistungen der alten Chinesen in ihrem Kampf gegen die Natur wider. Die früheste landwirtschaftliche Abhandlung in Buchform, die bis heute überliefert ist, wurde vor mehr als 2000 Jahren verfaßt. Nach unvollständigen Zahlenangaben erschienen in jenen 2000 Jahren 376 Bücher über Landwirtschaft. Einige sind umfangreich, während andere entweder zerstreut worden sind oder verlorengegangen sind. Diese antiken Werke können grob in zwei Hauptgruppen unterteilt werden. Eine besteht aus umfassenden Werken über Landwirtschaft mit Getreideanbau, Gartenbau, Tierzucht und Seidenkultur als Hauptthemen und unter Betonung des Ackerbaus. Einige behandeln auch Fischzucht sowie landwirtschaftliche Geräte, Wasserwirtschaft, Präventivmaßnahmen bei Naturkatastrophen und die Verarbeitung von landwirtschaftlichen Produkten. Die andere Gruppe besteht aus Spezialwerken über die Landwirtschaft und behandelt die Anpassung an die Jahreszeiten, verschiedene spezielle Anbaumethoden und die Seidenkultur. Tierärztliche Bücher, Monographien über eßbare Wildpflanzen und die Ausmerzung von Heuschrecken gehören ferner zu dieser Gruppe.

Die umfangreichen landwirtschaftlichen Bücher können wiederum in drei Arten eingeteilt werden: 1. Bücher mit monatlichen Verordnungen über die

Verteilung der landwirtschaftlichen Tätigkeiten unter den Familienmitgliedern, die ihren Ursprung im *Si Min Yue Ling (Monatliche Verordnungen für die vier Klassen des Volkes)*[1] von Cui Shi aus dem zweiten Jahrhundert haben und denen später eine Flut von anderen Werken folgte, einschließlich des *Si Shi Zuan Yao (Überblick über die vier Jahreszeiten)*, des *Nong Sang Yi Shi Cuo Yao (Wesentliches über Ackerbau, Seidenraupenzucht, Kleidung und Ernährung)*, des *Jing Shi Min Shi Lu (Praktische Verwaltung und Wohlfahrt des Volkes)* sowie des *Nong Pu Bian Lan (Ackerbau- und Gartenbau-Handbuch)*. Diese Bücher zeichnen sich dadurch aus, daß die Verordnungen für die landwirtschaftlichen Tätigkeiten in jedem der zwölf Monate gemäß Dringlichkeit und Priorität geordnet sind. 2. Bücher, die nach dem Vorbild von Jia Sixies *Qi Min Yao Shu (Wichtige Fertigkeiten für die Wohlfahrt des Volkes)* aus dem 6. Jahrhundert mit Nachdruck auf systematisierte technische Kenntnisse hinsichtlich Ackerbau, Forstwirtschaft, Tierzucht, Nebengewerbe und Fischerei konzipiert sind. 3. Volkstümliche Bücher in der Art von Jahrbüchern oder volkstümliche Enzyklopädien für den täglichen Gebrauch. Das *Ju Jia Bi Yong Shi Lei Quan Shu (Leitfaden für häusliche Tätigkeiten)* aus der Yuan-Dynastie (1271–1368), das *Bian Min Tu Zuan (Illustriertes Sammelwerk für die Wohlfahrt des Volkes)* und das *Duo Neng Bi Shi (Verschiedene Künste im alltäglichen Leben)* aus der Ming-Dynastie (1368–1644) gehören zu diesem Typ.

Das folgende ist eine Einführung in einige landwirtschaftliche Werke, die für die Geschichte der chinesischen Landwirtschaft von Bedeutung sind.

Die ältesten landwirtschaftlichen Abhandlungen

Nach den *Yi Wen Zhi (Literarische Berichte)* des *Han Shu (Geschichte der Han-Dynastie)* existierten während der Zeit der Streitenden Reiche (475–221 v. Chr.) zwei Monographien über Landwirtschaft, *Shen Nong* und *Ye Lao*. Unglücklicherweise sind diese vor langer Zeit verlorengegangen. Chinas älteste umfassende landwirtschaftliche Abhandlungen sind die vier Essays in *Lü Shi Chun Qiu (Meister Lüs Frühlings- und Herbst-Annalen)*, nämlich *Shang Nong (Betonung des Ackerbaus)*, *Ren Di (Ertragsfähigkeit des Bodens)*, *Bian Tu (Bodenbearbeitung)* und *Shen Shi (Eignung der Jahreszeiten)*, die ausschließlich über die Landwirtschaft handeln. Das *Lü Shi Chun Qiu* wurde gemeinsam von Gelehrten geschrieben, die im Hause von Lü Buwei (?–235 v. Chr.), dem ersten Kanzler der Qin-Dynastie (221–207 v. Chr.), Gäste waren. Gemäß der Textuntersuchung wurde dieses Werk im Jahre 239 v. Chr.

---

[1] Die «vier Klassen des Volkes» zu jener Zeit waren Gelehrte, Bauern, Handwerker und Kaufleute.

zusammengestellt. Die obigen vier Essays sind unabhängige, spezialisierte Schriften über die Landwirtschaft, dennoch bilden sie zusammen ein System und eine vollständige Serie von Abhandlungen.

Während der Streitenden Reiche war es die Gutsbesitzerklasse, welche die neuen Produktionsbeziehungen verkörperte. Da sie sich der Bedeutung der landwirtschaftlichen Produktion völlig bewußt war, gab sie der Landwirtschaft den Vorrang und verfolgte die Politik des *chong ben yi mo* (die Wurzel fördern und den Zweig zurückhalten) mit der Landwirtschaft als Wurzel, mit Industrie und Handel als Zweig. Diese Theorie ist identisch mit dem Prinzip des Vorranges des Ackerbaus, das von Shang Yang (390–338 v. Chr.), Wu Qi (?–381 v. Chr.) und Han Fei (280–233 v. Chr.) vertreten wurde. Die drei Essays *Ren Di, Bian Tu* und *Shen Shi* sind ausschließlich der Agronomie gewidmet. Das *Ren Di* diskutiert die zehn wichtigen Probleme der Bodenausnutzung mit dem Ziel, Getreide wachsen zu lassen und hohe Ernteerträge zu erreichen. Es beginnt mit der Feldvorbereitung, der Bodennutzung und der Bodenverbesserung, behandelt ferner das Pflügen, die Bewahrung von Bodenfeuchtigkeit, Unkrautjäten, Ventilation und anderes. Als nächstes hebt es die Bodengegensätze hervor, wie *li* (hart) und *rou* (weich), *xi* (brachliegend) und *lao* (fortgesetzt ertragreich), *ji* (mager) und *fei* (fruchtbar), *si* (fest) und *huan* (lose), *shi* (naß) und *zao* (trocken). Diese Gegensätze können unter gegebenen Umständen umgewandelt werden. Denn Bodennutzung bedeutet die Verbesserung des Bodens durch menschliche Arbeit. Das *Bian Tu* diskutiert die Feldbearbeitung, also die Veränderung des vorhandenen Bodenzustandes durch menschliche Bemühungen, und geht konkret auf die im *Ren Di* vorgebrachten Forderungen ein. An erster Stelle stehen verschiedene Zeitanordnungen zur Kultivierung von Böden mit verschiedenen Eigenschaften. Danach behandelt dieser Essay die drei grundlegenden Fehler beim Ackerbau: zu spärliche Aussaat, fehlerhafte Sämlinge und Unkrautwucherung. Es werden darin auch Fehler wie unzeitgemäßer Anbau und ungeeignete Feldvorbereitung diskutiert, außerdem aber auch die rationellste Aussaat von Getreide zu einer Zeit, wo die Feldraine schon abgegrenzt sind. Das *Shen Shi* behandelt die Wirkung von zeitgerechter und unzeitgemäßer Kultivierung von Getreiden, besonders aber die Qualität von Sämlingen.

Die drei Essays fassen die Erfahrungen vor der Qin-Dynastie zusammen und stellen eine Widerspiegelung des wissenschaftlichen und technischen Niveaus der Landwirtschaft während der Frühlings- und Herbstperiode (770–476 v. Chr.) sowie des nachfolgenden Zeitraums der Streitenden Reiche dar.

Fan Sheng Zhi Shu (Das Buch von Fan Shengzhi)

Die *Yi Wen Zhi* aus dem *Han Shu* behaupten, es gäbe neun Bücher über Landwirtschaft vor der Östlichen Han-Dynastie (25–220). Abgesehen von den
Monographien *Shen Nong* und *Ye Lao* sind vier der übrigen sieben Bücher
völlig verlorengegangen; die drei anderen Bücher sind das *Dong An Guo* (12
Essays), *Cai Kui* (1 Essay) und *Fan Sheng Zhi Shu* (18 Essays). Liu Xiang (77–6
v. Chr.) und Ban Gu (32–92), die zur Zeit der Vereinigung der Westlichen und
Östlichen Han-Dynastien lebten, bestätigten, daß die oben erwähnten Bücher
in der Westlichen Han-Dynastie geschrieben worden seien. Die ersten zwei
sind jedoch ebenfalls verlorengegangen. Alles, was wir noch von Fans Buch
kennen, sind Fragmente von wenig mehr als 3000 Worten, zitiert und bewahrt
in mehreren Büchern, u. a. im *Qi Min Yao Shu*. Diese Fragmente widerspie-
geln dennoch das wissenschaftliche und technische Niveau der Landwirtschaft in der Westlichen Han-Dynastie (206 v. Chr.–24 n. Chr.). Das *Fan
Sheng Zhi Shu* faßt die grundlegenden Prinzipien des Ackerbaus im nördlichen China, besonders in der zentralen Shaanxi-Ebene zusammen: Wähle die
richtige Zeit, grabe den Boden um, sorge für seine Fruchtbarkeit, hacke und
ernte zur rechten Zeit. Es sind mehr als 10 landwirtschaftliche Nutzpflanzen
verzeichnet, einschließlich der Getreidesorten langjährige Hirse, klebrige
Hirse, Winterweizen und Frühlingsweizen; ferner Reis, kleine dunkelrote
Bohnen und Sojabohnen, Ölpflanzen wie weiblicher Hanf und gewöhnliche
Perilla, Faserpflanzen wie männlicher Hanf und Maulbeere, dazu sekundäre
Pflanzen wie Melone, Kürbis und Tarowurzel. Es ist eine genaue Beschreibung von jeder Pflanze, von der Samenauslese, der Aussaat, Ernte und Samen-
aufbewahrung gegeben. Hinsichtlich der Samenauswahl ist zum ersten Mal
die Ährenauslese vorgeschlagen worden, um die Reinheit von Weizen und
klebriger Hirse zu gewährleisten. Ährenauslese, die Regulierung der Wassertemperatur durch Kontrolle der Strömung und die Methode des Abschnei-
dens von Maulbeersämlingen[2] sind hervorragende Beispiele für den Fortschritt in der landwirtschaftlichen Technologie während jener Zeit. Ferner gab
es noch zwei besondere Maßnahmen in der Landwirtschaft, «Urinierung» bei
der Behandlung von Samen und «Flachgruben-Anbau» für die beste Ausnutzung von Wasser und Dünger, die für uns noch heutzutage bemerkenswert
sind.

---

2 Maulbeersämlinge des ersten Jahres werden dicht am Boden mit einer Sichel abgeschnitten, so
daß im nächsten Frühjahr Maulbeerwurzelsprossen entstehen, die im Vergleich zu ungeschnitte-
nen Pflanzen mehr Blätter tragen und von besserer Qualität sind.

Qi Min Yao Shu (Wichtige Fertigkeiten für die Wohlfahrt des Volkes)

Unter den noch existierenden klassischen Werken Chinas, die ausschließlich der Landwirtschaft gewidmet sind, ist Jia Sixies *Qi Min Yao Shu* das am besten erhaltene und umfangreichste Buch. Es wurde in den Jahren 533–534 geschrieben, und man kann aus den Berichten im *Qi Min Yao Shu* ersehen, daß die Ackerbaugeräte zur Zeit von Jia im Vergleich zu jenen der Westlichen Han-Dynastie viele Verbesserungen aufweisen und zahlreicher geworden sind. Zum Beispiel gibt es da schon fünf Arten von Geräten für die Feldarbeiten: Hacke, Harke, Rechen, *feng* (ein scharfes Gerät, einer Pflugschar ähnlich, zum Bodenumgraben) und eine Sämaschine (einen «Säpflug» mit Zugtier).

Jia Sixie verfaßte das *Qi Min Yao Shu* sehr gewissenhaft. Nach eigenen Angaben sammelte er einerseits große Mengen von Material aus klassischen Werken und zeitgenössischen Schriften, dazu viele Sprichwörter und Volkslieder, machte andererseits Nachfragen bei Sachverständigen und zog schließlich Schlußfolgerungen aus persönlichen Erfahrungen. Aus mehr als 110 000 Schriftzeichen bestehend, ist das Buch in 10 Kapitel mit 92 Abhandlungen eingeteilt und enthält ein «Vorwort» und eine vielseitige «Einführung» vor dem Haupttext.

Das Buch behandelt Ackerbau, Forstwirtschaft, Tierzucht, Nebengewerbe und Fischerei, und zwar für die Gebiete des heutigen südöstlichen Shanxi, des mittleren südlichen Hebei, eines Teils von Henan im Norden des Huanghe-Flusses und Shandong. Da diese Gebiete seit der Wei-Dynastie (220–265) und der Jin-Dynastie (265–420) stets der Wohnsitz von verschiedenen Nationalitäten gewesen war, kann das Buch auch als eine Zusammenfassung ihrer Produktionserfahrung betrachtet werden. Die Verdienste des *Qi Min Yao Shu* lassen sich wie folgt zusammenfassen:

1. Der Verfasser geht einen Schritt weiter als das *Fan Sheng Zhi Shu*, indem er die Wichtigkeit der richtigen Auswahl von Jahreszeit und Boden erkennt. Das fortgeschrittene Denken des alten China hinsichtlich der Regelung der Tätigkeiten mit Rücksicht auf Jahreszeit und örtliche Bodenbeschaffenheit ist darin wie folgt dokumentiert:

«Folge der Eignung der Jahreszeit, beachte Eigenart und Bedingungen des Bodens, nur dann wird die geringste Arbeit die besten Ergebnisse bringen. Sich auf die eigenen Vorstellungen zu verlassen – und nicht auf die Ordnung der Natur –, wird jegliche Mühe nutzlos machen.»

Gestützt auf diese grundlegenden Prinzipien, zählt Jia Sixie für den Anbau verschiedener Getreide einen sehr geeigneten und einen mittleren Zeitraum sowie einen letztmöglichen Zeitpunkt auf. Für die Aussaat von langjähriger

Hirse sind die ersten 10 Tage des zweiten Mondmonats am günstigsten, die ersten 10 Tage des dritten Mondmonats mittelmäßig geeignet und die ersten 10 Tage des vierten Mondmonats der letztmögliche Zeitpunkt. Er teilt auch den Boden in drei Klassen ein: gut, mittelmäßig und weniger günstig. Für den Anbau von langjähriger Hirse ist am besten ein Boden geeignet, der vorher kleine grüne Bohnen oder kleine dunkelrote Bohnen trug. Mittelmäßiger Boden trägt langjährige Hirse am besten nach dem Anbau von Hanf, klebriger Hirse oder Sesam, der schlechte Boden nach dem Anbau von weißen Rüben. Außerdem ist die Aussaat einer Pflanze von den Unterschieden in Ort und Jahreszeit abhängig.

2. In Nordchina, wo es zur Frühjahrszeit «immer sehr windig und trocken ist», hängt die Ertragssteigerung stark von der Erhaltung der Bodenfeuchtigkeit zur Zeit der Frühjahrsaussaat ab. Pflügen und Hacken stehen in enger Beziehung zur Bewahrung der Bodenfeuchtigkeit, und das *Qi Min Yao Shu* behandelt diesen Punkt relativ eingehend. Ferner wird die Wichtigkeit des Herbstpflügens hervorgehoben und betont, daß die Tiefe des Pflügens den Umständen nach verschieden sein muß: «erstmaliges Pflügen sollte tief sein, späteres flacher»; «im Herbst sollte das Umwenden des Bodens tief gehen, im Frühjahr und Sommer hingegen weniger tief». Beim Pflügen von hoch oder niedrig gelegenen Feldern, «ganz gleich, ob im Frühjahr oder Herbst, muß man immer auf genügend Feuchtigkeit achten; in Jahren mit ungenügendem Regenfall pflügt man am besten auf trockenem Boden, niemals auf nassem». Erfahrungen wie das Harken der Bodenoberfläche nach dem Pflügen, das Zwischenpflügen und Unkrautjäten, um Dürre zu verhindern und die Bodenfeuchtigkeit zu bewahren, deren Ausnutzung zum Pflügen, das alles wird ebenfalls von Jia zusammengefaßt.

3. Schon vor Jias Zeit wurden Äcker abwechselnd als Brache benutzt, um die Bodenergiebigkeit zurückzugewinnen, aber Jia untersuchte das Wechselsystem der Brachfeldmethode gründlich und differenzierte die übliche Regel: Als erstes unterschied er gemäß den Eigenschaften von Getreidesorten diejenigen, die wechselweise gepflanzt werden sollten, von denjenigen, bei denen dies nicht nötig war. Er faßte auch eine Reihe von Fruchtwechsel-Methoden zusammen und erläuterte, daß die Familie der Bohnen am besten zum Vorpflanzen geeignet ist. Danach hob er den gesteigerten Ertrag von Getreiden bei Verwendung von Gründünger hervor: «Zur Besserung des Bodens ist es das beste Verfahren, große Bohnen zu pflugsäen, und erst danach kleinere Bohnen und Sesam.» Anscheinend wurden schon häufiger Pflanzen als Gründünger angebaut und genutzt. Im *Qi Min Yao Shu* wurde auch das Zwischenpflanzen beschrieben, und so wurde eine neue Richtlinie für die maximale Ausnutzung von Sonnenstrahlung und Bodenbepflanzung im Verhältnis zur Ertragssteigerung je Flächeneinheit entworfen. Das Zwischenpflanzen war dagegen im

Fan Sheng Zhi Shu noch auf Gemüsepflanzen beschränkt, in der Späteren Wei-Dynastie (386–534) wurden auch Getreide zwischengepflanzt.

4. Im *Qi Min Yao Shu* werden die Getreide-Abarten besonders behandelt. Jia verzeichnet eine Gesamtheit von 86 Abarten der langjährigen Hirse und analysiert in seinem *Essay über den Anbau von Getreidepflanzen* ihre jeweiligen Vorzüge und Eigenheiten. Dies war unter den landwirtschaftlichen Büchern früherer Zeiten nicht zu finden. Darüber hinaus brachte Jia die Abarten von Pflanzen mit den günstigsten Jahreszeiten und Bodenarten in Verbindung und betonte deren regionale Unterschiede.

Abgesehen davon wird die Erfahrung der alten Chinesen in der Anlage von Sämling-Pflanzschulen für Obstbäume und Bauholzbäume, im Pfropfen und in der Frostverhinderung durch Schutzkleidung noch heutzutage genutzt. Von beträchtlichem wissenschaftlichem Wert war die Erkenntnis der Struktur des Pflanzenorganismus und die Theorie der Entwicklung von Obstbäumen in Stufen. Auf dem Gebiet der Tierzucht haben die alte Theorie über Viehrassenmorphologie sowie die Zusammenfassung von Züchtungsergebnissen China zu einem hohen Niveau verholfen. Alte Berichte bestätigen für jene Zeit auch neue Entwicklungen auf dem Gebiet der Verarbeitung von landwirtschaftlichen Produkten sowie der Nutzung von Bakterien (Gärung usw.). Das *Qi Min Yao Shu* gibt also einen ausführlichen und genauen Überblick der in China bereits vor dem 6. Jahrhundert zusammengetragenen landwirtschaftlichen Kenntnisse.

Chen Fu Nong Shu
(Landwirtschaftliche Abhandlung von Chen Fu)

Die Naturbeschaffenheit südlich des Changjiang-Flusses ist so günstig, daß stärkere Bemühungen zur Entwicklung dieser Gegend von der Wei-Dynastie (220–265), der Jin-Dynastie (265–420) sowie den Südlichen und Nördlichen Dynastien (420–550) unternommen wurden. Die landwirtschaftliche Produktion hatte dort nach der Nördlichen Song-Dynastie (960–1127) bereits einen hohen Stand erreicht. Das *Chen Fu Nong Shu*, vollendet im Jahre 1149 während der Südlichen Song-Dynastie (1127–1279), ist Chinas erste landwirtschaftliche Abhandlung, in der der Anbau von Reis ausführlich abgehandelt wird. Das Buch enthält einschließlich «Vorwort» und «Nachwort» nur etwa 12 500 Worte, aber es ist von großer Wichtigkeit. Der Akzent liegt auf Berichten und Erzählungen des Verfassers über eigene Kenntnisse des Ackerbaus, und selbst bei Zitaten aus der antiken Literatur werden die eigenen Studien des Autors mit einbezogen. Im Stil unterscheidet es sich vom *Qi Min Yao Shu*. Das dreibändige *Chen Fu Nong Shu* gibt viele neuartige landwirtschaftliche Entwicklungen im Song-China bekannt und sollte als eine der erstklassigen landwirtschaftlichen Abhandlungen Chinas eingeschätzt werden. Der erste Band behandelt hauptsächlich den Reisanbau, aber es gehören auch sekundäre Pflanzenarten wie Hanf, langjährige Hirse, Sesam, Rettich und Weizen dorthin. Der zweite Band ist dem Wasserbüffel gewidmet, das einzige Zugtier für Wasserreisfelder in der Gegend südlich des Changjiang-Flusses. Der dritte Band behandelt konzentriert die Seidenkultur und beginnt mit dem Anpflanzen von Maulbeerbäumen, endet folglich mit dem Einsammeln der Kokons.

Verglichen mit anderen landwirtschaftlichen Schriften des alten China, besitzt das *Chen Fu Nong Shu* die folgenden Eigenheiten: 1. Zum ersten Mal ist hier der systematischen Diskussion der Bodennutzung ein eigener Essay gewidmet worden. 2. Zwei grundlegende Prinzipien über den Boden werden erstmals vorgestellt: Es gibt zwar viele Bodenarten von verschiedener Qualität, jedoch können alle für den Pflanzenanbau durch Verbesserung nutzbar gemacht werden. Der Boden kann stets frisch und kräftig gehalten werden, wenn er angemessen benutzt wird. 3. Der Dünger wird in einem gesonderten Essay abgehandelt, ist aber auch in verschiedenen anderen Essays Gegenstand der Erörterung. Es werden viele Neuerungen und Entwicklungen hinsichtlich der Herkunft des Düngers, seines Nutzens für die Bewahrung des Bodenertrags und die Methoden des Düngens dargestellt. 4. Dies ist die älteste vorhandene Monographie über landwirtschaftliche Technik in der reisanbauenden Gegend südlich des Changjiang-Flusses mit einem Sonderessay über Reissämlinge in Beeten. 5. Dieses Werk weist ein relativ umfassendes theoretisches System eigener Art auf.

Wang Zhen Nong Shu
(Wang Zhens landwirtschaftliche Abhandlung)

Das *Wang Zhen Nong Shu,* aus der Yuàn-Dynastie (1271–1368) stammend, ist eine großformatige landwirtschaftliche Abhandlung. Wang Zhen war ein örtlicher Verwaltungsbeamter in den Provinzen Anhui und Jiangxi, der oft zur Inspektion in die ländlichen Gebiete reiste und sehr stark an landwirtschaftlicher Produktion interessiert war. Diese Abhandlung ist eine Zusammenfassung der Praxis der Trockenfeld-Kultivierung im Tale des Huanghe-Flusses und der Wasserreisfeld-Kultivierung in der Gegend südlich des Changjiang-Flusses. Die vorliegende, allgemein bekannte Ausgabe hat etwa 110 000 Worte und ist in drei Teile gegliedert: *Nong Sang Tong Jue (Ein allgemeiner Überblick über Ackerbau und Seidenkultur), Bai Gu Pu (Leitfaden für einhundert Getreidepflanzen)* und *Nong Qi Tu Pu (Eine Sammlung von Bildtafeln landwirtschaftlicher Geräte),* wobei dieser dritte Teil vier Fünftel des ganzen Buches einnimmt.

Der erste Teil *Nong Sang Tong Jue* ist als allgemeine Einführung in den Ackerbau gedacht. Er ist von der Vorstellung durchdrungen, daß der Ackerbau das Fundament sei und daß die gesamte landwirtschaftliche Produktion durch Wetterzustände, Bodenergiebigkeit und menschliche Bemühungen bestimmt ist. Er erklärt konkret die Ursprünge von Ackerbau und Seidenkultur, behandelt in allgemeiner Form die verschiedenen Techniken und Erfahrungen bei der Feldbestellung und in der Forstwirtschaft, bei Tierzucht, nebengewerblicher Produktion und Fischerei und bestimmt die Zusammenhänge zwischen Jahreszeit und Bodennutzung.

Der zweite Teil *Bai Gu Pu* besteht aus verschiedenen Erörterungen über landwirtschaftliche Pflanzen. Er handelt von Technik und Methode beim Anbau, von Pflanzenschutz, Ernte, Lagerung und Verwendung von Getreidepflanzen wie Hirse, Reis und Weizen, Melonen, Kürbissen, Gemüsepflanzen und Obstbäumen. Dazu gehört auch das Wachstum und die Verwertung von Waldbäumen, Faserpflanzen und medizinischen Pflanzen.

Mit seinen Illustrationen und Beschreibungen ist der dritte Teil *Nong Qi Tu*

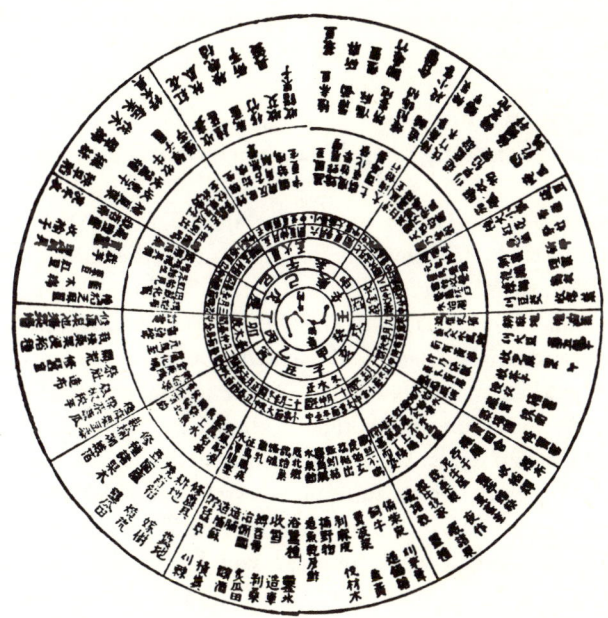

Abb. 71
Die Ackerbau-Tabelle im *Wang Zhen Nong Shu* (*Wang Zhens landwirtschaftliche Abhandlung*).

Pu ein kreatives Werk. Die meisten der 306 Abbildungen sind Darstellungen von Gebrauchsgegenständen jener Zeit. Obwohl Einzelheiten der sehr wenigen Ackergeräte «aus der fernen Vergangenheit nicht bekannt sind», hat Wang Zhen sie dennoch in sein Buch aufgenommen, nachdem er auf alle Weise danach gesucht und geforscht hatte. In Quantität wie in Qualität sind die Darstellungen beispiellos und sind in späteren Zeiten als Referenzmaterial benutzt worden.

Das *Wang Zhen Nong Shu* beinhaltet eine relativ systematische und umfassende Kenntnis der Wasserkonservierungstechniken und richtet die Aufmerksamkeit auf die vielfachen Verwendungsmöglichkeiten des Wassers. Es handelt über die Bewässerung in Verbindung mit der Schiffahrt und der Ausnutzung von Wasserkraft und Wasserprodukten. Das Buch hebt ferner auch die Bedingungen und die Erfolgsaussichten der Anlage von Wasserspeicherungsprojekten hervor.

Die umseitig abgebildete Ackerbau-Tabelle ist eine lobenswerte Schöpfung von Wang Zhen. Durch geschickt kombinierende Zusammenstellung von Zeitabläufen, Jahreszeiten, Naturanzeichen und Vorgängen der landwirtschaftlichen Produktion zu einem organischen Ganzen verbindet es alle Hauptpunkte der *nong jia yue ling (Monatliche Verordnungen für Bauern)* miteinander und faßt sie in einer kleinen Tabelle zusammen, die klar, handlich und sehr praktisch ist.

Nong Zheng Quan Shu
(Vollständige Abhandlung über die landwirtschaftliche Verwaltung)

Xu Guangqi (1562–1633), ein hervorragender Wissenschaftler der Ming-Dynastie (1368–1644), leistete viele Beiträge zur Mathematik und Astronomie, zur Kalenderforschung und zum Ackerbau. Er hinterließ der Nachwelt ein monumentales Werk, das *Nong Zheng Quan Shu*, das die traditionelle chinesische Landwirtschaft zusammenfassend darstellt.

Xus Werk enthält mehr als 700 000 Worte und benutzt 229 schriftliche Dokumente. Wegen seiner vielfältigen Tätigkeiten war es ihm unmöglich, seine Manuskripte zu seinen Lebzeiten fertigzustellen, so daß diese von Chen Zilong (1608–47) und anderen zusammengestellt und in Blockdruck herausgegeben wurden. Aus 60 Bänden bestehend, ist das Werk in 12 Kategorien aufgeteilt: 1. Landwirtschaft als Grundlage von Leben und Staat (Klassiker, Geschichte, literarische Hinweise, verschiedene Geistesschulen, vermischte Essays, Untersuchungen von den Ackerbau betreffenden Richtlinien verschiedener Dynastien); 2. Ackerboden-Systeme (Studien über das *jingtian*- oder Neun-Quadratmeter-System des Bodenbesitzes und über die verschiedenen Abbildungen des Ackerbau-Systems im *Wang Zhen Nong Shu*); 3. Ackerbau (Handhabung und Verwaltung, Bodenrückgewinnung, Ausgabe von Jahrbüchern zur Förderung, Jahreszeiten-Weissagungen, Eröffnung

militärischer Kolonien); 4. Wasserspeicherung (hydraulischer Maschinenbau, Bewässerung und Wasserspeicherung, *Tai Xi Shui Fa*[3]); 5. Ackergeräte;
6. Anbau (Getreidepflanzen, Gemüse, Obstbäume); 7. Seidenkultur;
8. Erweiterung der Seidenkultur (Seidenkokons, Ramie); 9. Anbau von wirtschaftlichen Getreidesorten; 10. Tierzucht; 11. Verarbeitung und Bauwesen
(Lebensmittel, Häuser); 12. Schutz vor Katastrophen (Vorsorge gegen Naturkatastrophen, mit den Abschnitten *Jiu Huang Ben Cao [Kräuter für Hungers-
not]* und *Ye Cai Pu [Handbuch über eßbare Wildkräuter]* im Anhang).

Das *Nong Zheng Quan Shu* unterscheidet sich von allen vorherigen landwirtschaftlichen Abhandlungen durch seine systematische und konzentrierte
Beschreibung von drei Gegenständen: Militärkolonien, großangelegte Was-
serspeicherungsprojekte (einschließlich der Bewässerungsarbeit) und Vorsorge gegen Naturkatastrophen. Letztere sind keine technischen Maßnahmen
für die landwirtschaftliche Produktion, aber sie sind unerläßlich zu ihrem
Schutz und zur Sicherung des Lebens der Bauern. Das *Qi Min Yao Shu* und das
Wang Zhen Nong Shu sind rein technische Abhandlungen über die Landwirtschaft, während das *Nong Zheng Quan Shu* ein umfassendes System der Landwirtschaft entwirft und die genannten Schwerpunkte behandelt. Von dem
Gedanken geleitet, daß ein Handwerker seine Werkzeuge schärfen muß, wenn
er seine Arbeit gut verrichten will, sind zudem im *Wang Zhen Nong Shu* viele
Abbildungen und Beschreibungen von landwirtschaftlichen Geräten aufgenommen.

Obwohl das *Nong Zheng Quan Shu* eine eigentliche Politik der Landwirtschaft anstrebt, vernachlässigt es nicht die Technik. Seit der Song-Dynastie
(960–1279) war die Anlage von Seidenkulturen in der Gegend südlich des
Changjiang-Flusses eine wichtige Produktionstätigkeit gewesen; die neuesten
Fortschritte auf diesem Gebiet wurden von Xu Guangqi ebenfalls in sein Werk
aufgenommen. Seine Heimatstadt Songjiang in jener Gegend war damals in
China auch für die Baumwolltextilindustrie der fortgeschrittenste Ort. So
berichtet er über die neue Technik des Baumwollanbaus und die Bestellung der
Baumwollfelder. Er empfahl auch besonders die nützliche Methode, die
Feuchtigkeit der Baumwolle für Spinnen und Weben zu stabilisieren. Hinsichtlich der Süßkartoffel, die nicht lange zuvor in China eingeführt worden
war, schrieb er das *Gan Shu Shu (Weiterer Kommentar über Süßwasserkartof-
feln)* auf der Basis seiner persönlichen Erfahrungen. Es wurde dem *Nong
Zheng Quan Shu* beigefügt, und er empfahl darin, die Süßkartoffel in großen

---

[3] Da er sich speziell für Bewässerung und Wasserspeicherung interessierte, übersetzte Xu
Guangqi das *Tai Xi Shui Fa (Westliche Hydraulik)*, gab es heraus und absorbierte die fortgeschrit-
tenen Methoden des Westens auf der Grundlage der Kenntnisse der Wasserwirtschaft, die China
bereits erworben hatte.

Mengen zwecks Vorsorge für Hungersnöte anzubauen. Von allen neu einge-
führten Pflanzen gab er ausführliche Beschreibungen. Kurz, das *Nong Zheng
Quan Shu* war das umfangreichste Werk über Landwirtschaft bis zu dieser
Zeit.

Es gab viele wertvolle Bücher vor der Ming-Dynastie über die Landwirtschaft. Dieser Artikel hat nur wenige davon aufgeführt. Alle sind Zusammenfassungen von landwirtschaftlichen Kenntnissen zu verschiedenen Zeiten, aus
denen ein allgemeiner Abriß der Wissenschaft von der Landwirtschaft im alten
China zu ersehen ist.

Seidenbau

WANG ZICHUN

Bei sehr vielen Menschen ist der Gedanke an China mit Seide verbunden, denn es waren die Bauern des alten China, die als erste Seidenraupen züchteten, dafür Maulbeerbäume pflanzten und dann diesen wundervollen Stoff webten. In einem langen Zeitraum wurden dieses Verfahren des Seidenbaus entwickelt, in der Produktionspraxis verbessert und von China aus in verschiedene andere Länder eingeführt.

Der legendäre Ursprung

Es heißt, daß der Seidenbau in fernen Zeiten von der Ehefrau des legendären Gelben Kaisers erfunden wurde. Das ist gewiß nicht glaubwürdig, denn die mit dem Seidenbau verbundenen Handfertigkeiten und Künste konnten nur das Ergebnis von in langen Jahren gewonnenen Erfahrungen der Bauern sein. Seide konnte auf jeden Fall nicht die Erfindung einer Einzelperson sein. Immerhin beweist diese Legende, daß der Seidenbau in China wirklich eine sehr lange Geschichte haben muß.

Nach der Gründung des neuen China fanden chinesische Archäologen unter neolithischen Ruinen Seidengewebe und Seidenfäden in einem Bambuskorb. Dazu gehörten Reste von gesponnener Seide und seidenen Bändern. Die Fundstätte war Qianshanyang bei Wuxing, Provinz Zhejiang. Dieser Fund berechtigte zu dem Anspruch, daß die Seidenkultur in China vor 4000 Jahren oder noch früher bestand, denn zu jener Zeit war sie bereits gut entwickelt. Im Jahre 1926 wurde von Archäologen in Form eines angeschnittenen Seidenkokons sogar noch älteres Material gefunden. Der Fundort lag inmitten der neolithischen Ruinen beim Dorf Xiyin im Kreis Xiaxian, Provinz Shanxi, die älteren Ursprungs sind als die Überreste von Qianshanyang. Dieser angeschnittene Kokon ist möglicherweise mit der landwirtschaftlichen Tätigkeit von Vorfahren der Chinesen in Zusammenhang zu bringen.

Seidenraupen lebten einstmals wild, und da sie sich ausschließlich von Maulbeerblättern ernährten, wurden sie als Maulbeer-Seidenraupen bezeichnet. Bereits im 14. Jahrhundert v. Chr. war der Seidenbau hochentwickelt, so daß die Chinesen lange vor jener Zeit mit der Aufzucht von Seidenraupen begonnen haben müssen. Auf vielen Bronzegegenständen der Shang-Dynastie (ca. 16.–11. Jahrhundert v. Chr.) sind Abbildungen von Seidenstoffen oder Reste von gesponnener Seide festgestellt worden. In jener Zeit war die

Seidenwebtechnik offensichtlich schon stark fortgeschritten. Es gibt viele
Fakten, die beweisen, daß Seidenwaren im gesellschaftlichen und wirtschaftlichen Leben jener Zeit zunehmend an Bedeutung gewonnen hatten und zum
Zahlungsmittel für den Warenaustausch wurden. Die sich daraus ergebende
Nachfrage nach Seidenstoffen führte folgerichtig zur Entwicklung der systematischen Seidenraupenzucht, um mehr und mehr Rohstoff liefern zu können.

Archäologen fanden lebensgetreue, aus Jade geschnitzte Seidenraupen in
Grabstätten der Shang-Dynastie in Anyang, Provinz Henan, sowie zwischen

Abb. 72
Seidenraupenverzierungen auf Bronzegegenständen der Shang-Dynastie (ca. 16.–11. Jahrhundert v. Chr.).

den Yin-Ruinen bei Subutun in der Provinz Shandong. Seidenraupen wurden
auch zur Dekoration von Bronzegegenständen der Shang-Zeit benutzt, was
ihnen in der Meinung des Volkes einen wichtigen Rang verschaffte.

In alten Schriftstücken haben wir ebenfalls Originalberichte über die
Seidenraupenzucht vorgefunden. Im *Xia Xiao Zheng (Kleiner Kalender der
Xia-Dynastie),* das Produktionstätigkeiten der späten Xia-Dynastie (ca.
21.–16. Jahrhundert v. Chr.) und der frühen Shang-Dynastie berichtet, heißt
es: «Im dritten Mondmonat müssen Maulbeerbäume beschnitten werden und
die Frauen mit der Seidenraupenzucht beginnen.» Auf einigen Inschriften auf
Orakelknochen und Schildkrötenpanzern fand man die archaischen Schriftzeichen für «Seidenraupe», «Maulbeerbaum», «Kokonseide» und «Seidenstoff», und es gibt auch intakte, den Seidenbau betreffende Orakelinschriften.
Unter diesen findet sich der Ratschlag, sich mit der Seidenraupenzucht nur
nach neun Weissagungen zu befassen. Sicherlich war Seidenkultur ein sehr
ernsthaftes und wichtiges Unternehmen geworden.

Während der Zhou-Dynastie (ca. 11. Jahrhundert bis 221 v. Chr.) blühten der Anbau von Maulbeerbäumen und die Seidenraupenzucht weithin in Nord- und Südchina. Seide war das Hauptmaterial für die Kleidung der herrschenden Klasse. Die Seidenerzeugung von der Raupe bis zum Gewebe war die Hauptproduktionstätigkeit von Frauen. Viele Strophen und Gedichte des *Shi Jing (Buch der Oden)* enthalten Schilderungen des Seidenbaus. Die Strophe *Qi Yue (Siebenter Monat)* im Gedicht *You Feng* des *Shi Jing* lautet:

An sonnigen Frühlingstagen
singen glückselig Goldamseln.
Den Korb in der Hand ziehen Frauen
in endlosem Strom den Fußpfad entlang,
zarte Maulbeerblätter für Seidenraupen zu pflücken.

Abb. 73
Bilder von Maulbeerblätter pflückenden Frauen auf einem Bronzegefäß aus der Zeit der Streitenden Reiche (475–221 v. Chr.).

In der Westlichen Zhou-Dynastie (ca. 11. Jahrhundert bis 770 v. Chr.) wurden Maulbeerbäume bereits in großen Mengen angebaut. Die Strophe *Innerhalb der zehn mu*[1] der Ode *Wei Feng* des *Shi Jing* enthält die Beschreibung: «Innerhalb der zehn *mu* mit Maulbeerbäumen gehen und kommen Pflückerinnen.» Nach Berichten von Archäologen wuchsen zwei Arten von Maulbeerbäumen in der Zhou-Dynastie, der baumartige und der strauchartige Typ. Bronzen aus der Zeit der Streitenden Reiche (475–221 v. Chr.) zeigen Frauen mit Körben beim Pflücken von Maulbeerblattern sowie die zwei Arten von Maulbeerbäumen.

Laut Berichten in den antiken Büchern *Shi Jing, Zuo Zhuan (Zuo Qiumings Chroniken)* und *Yi Li (Riten und Zeremonien)* war die Seidenraupenzucht

---

[1] 1 *mu* = ¹⁄₁₅ Hektar.

nicht nur ein häusliches Gewerbe. Es gab auch besondere Maulbeer-
baumschulen und Seidenraupenzuchtstätten sowie Geräte zur Seidenraupenzucht. Zu diesen Geräten gehörten die Seidenraupenrahmen und die
Seidenraupenmatte. Mit anderen Worten, in der Shang-Zhou-Periode verfügte China bereits über eine Reihe von relativ reifen Techniken des Seidenbaus.

Die Entwicklung der Seidenproduktion

In dem Buch *Guan Zi (Buch des Meisters Guan)* aus der Zeit der Streitenden
Reiche heißt es:

> «Jedermann, der in der Seidenkultur erfahren ist und Seidenraupenkrank-
> heiten verhindern kann, wird aufgefordert, seine Erfahrungen zu verbrei-
> ten, und erhält ein *jin* Gold und acht *shi*[2] Getreide sowie Befreiung vom
> Militärdienst zur Belohnung.»

Tatsächlich waren Seidenzüchter schöpferisch und erfinderisch in ihrem
Bereich.

Im alten China wurden viele Bücher über die Seidenkultur geschrieben.
In der Geschichte der Han-Dynastie (206 v. Chr.–200 n. Chr.) werden u. a.
folgende Werke über den Seidenbau erwähnt: *Can Fa (Methoden der Seidenraupenzucht), Can Shu (Buch der Seidenraupenzucht)* und *Zhong Shu
Cang Guo Xiang Can (Wie Bäume zu pflanzen, Früchte zu lagern und Sei-
denraupen zu beurteilen sind).* Unglücklicherweise ist uns keines dieser
Werke «in extenso» überliefert worden. In mehr als 2000 Jahren seit der
Han-Dynastie ist uns jedoch eine Anzahl von anderen alten Büchern mit
verschiedenen, den Seidenbau behandelnden Kapiteln erhalten geblieben,
darunter das *Fan Sheng Zhi Shu (Das Buch von Fan Shengzhi), Bin Feng
Guang Yi (Bemerkungen zu dem ‹Buch der Oden›), Guang Can Sang Shuo
(Abhandlung über Seidenraupenzucht), Can Sang Ji Yao (Schwerpunkte der
Seidenraupenzucht), Ye Can Lu (Informationen über wilde Seidenraupen)*
und *Chu Jian Pu (Information über Philosamia und Cynthia).* Einige davon
sind Monographien, andere widmen – wie erwähnt – dem Seidenbau einzelne Kapitel.

Die Blätter des Maulbeerbaums bilden die Hauptnahrung der Seidenraupe.
Bereits in der Westlichen Zhou-Dynastie war der Anbau von Maulbeerbäumen aus Sämlingen bekannt. Der Anbau mit Ablegern durch Verwendung

---

[2] 1 *shi* = 100 *jin* oder 50 Kilogramm.

von Seitenzweigen zwecks Fortpflanzung von Maulbeerbäumen wurde spätestens im 5. Jahrhundert praktiziert. Das *Qi Min Yao Shu (Wichtige Fertigkeiten für die Wohlfahrt des Volkes)* beschreibt diese Methode, welche die Wachstumsperiode im Vergleich zum Anpflanzen mit Sämlingen stark verkürzt. Seit der Song-Dynastie (960–1279) und der Yuan-Dynastie (1271–1368) entwickelten Seidenraupenzüchter in Südchina die Technik des Pfropfens von Maulbeerbäumen, eine weitere Verbesserung beim Maulbeerbaumanbau. Pfropfen war wichtig zur Verjüngung alter Maulbeerbäume, zur Bewahrung wünschenswerter Eigenschaften, zur Beschleunigung der Fortpflanzung von Setzlingen und zur Züchtung von Abarten. Es ist eine noch heute praktizierte Methode.

Die Qualität der Maulbeerblätter wirkt sich direkt auf die Gesundheit der Seidenraupen und die Seidenqualität aus. Das Beschneiden von Bäumen zwecks Verbesserung der Blätterqualität wurde sehr früh in China praktiziert, die *disang*-Sorte (Bodenmaulbeere) wie auch die später erwähnte *lusang*-Sorte waren bereits in der Westlichen Zhou-Dynastie bekannt. Das *Fan Sheng Zhi Shu* berichtet, wie man Bodenmaulbeerbäume pflanzen solle. Es heißt da: «Im ersten Jahr säe man eine Mischung von Maulbeersämlingen und Samen der klebrigen Hirse. Wenn die Maulbeerpflanzen so hoch sind wie die Hirse, schneide man sie mit einer Sichel bis zum Boden weg. Im nächsten Frühjahr werden Maulbeerbaumsprößlinge aus den Wurzeln sprießen. Solche Maulbeerpflanzen erlauben wegen ihrer geringen Höhe eine leichte Ernte der Blätter und sind leicht zu pflegen.» Jia Sixie preist den Bauern in seinem *Qi Min Yao Shu* die Bodenmaulbeeren an: «Einhundert *lusang* werden eine große Menge Seide ergeben. Das bedeutet, daß *lusang* von hoher Qualität ist, viel Mühe erspart und sehr geschätzt ist.» Mit dem stetigen Fortschritt beim Beschneiden hatten sich auch die Formen der Maulbeerbäume schnell von dem «natürlichen Typ» zu Abarten mit hohen, mittelgroßen oder kurzen Stämmen verwandelt, und *disang* von «faustloser Form» zur «Faust-Form». Blätter von guter Qualität können nur aus neuen Schößlingen stammen. Das Wegschneiden alter Schößlinge regt das Wachstum neuer an, die zum Aufsaugen großer Mengen von Wasser und Nährstoffen fähig sind. Die Blätter neuer Schößlinge sind dunkelgrün, saftig und groß. Beschneiden steigert nicht nur den Blattwuchs, geschickte Handhabung verbessert auch die Blattqualität. Auch dieses Hilfsmittel der Seidenraupenzucht wurde von den altchinesischen Seidebauern entwickelt.

Die Vorbereitung von Eiern der weiblichen Seidenraupen bei der Seidenraupenzüchtung ist wichtig. Es gibt einen Bericht über das «Eierbaden im Strom» im Kapitel *Ji Yi* des *Li Ji (Buch der Riten)*, was ein Beleg dafür ist, daß der Schutz von Seidenraupeneiern durch Waschen in klarem Wasser seit über 2000 Jahren bekannt ist. Zinnoberlösung, Salz- und Kalkwasser gehörten zu

den Desinfektionsmitteln, die man später für die Oberfläche von Eiern verwendete. Im *Chen Fu Nong Shu (Landwirtschaftliche Abhandlung von Chen
Fu)*, verfaßt in der Südlichen Song-Dynastie (1127–1279), heißt es: «Im Frühjahr bade man die Eier in warmem Wasser, vermischt mit fein gemahlenem
Zinnober, wenn sie gebrütet werden sollen.» Das Waschen von Eiern mit Des-
infektionslösung gerade vor dem Brüten verhindert Seidenraupenkrankheiten
durch Beseitigung von Bakterien, die in die frisch ausgebrüteten Seidenraupen
eindringen und sie schädigen könnten.

Seidenraupenzüchter schenkten der Seidenraupenauswahl schon vor mindestens 1400 Jahren ihre Aufmerksamkeit, wie z. B. im *Qi Min Yao Shu*
berichtet wird:

«Beim Sammeln von Kokons zur Fortpflanzung wähle man nur diejenigen
im mittleren Teil der Strohmatten aus, da jene am oberen Rand dünne Hüllen haben, während jene nahe dem Boden weniger Eier legen.»

Die Züchter hatten dabei zwei Ziele im Auge. Eines war, schwache oder
kranke Seidenraupen auszumerzen, das andere, gleichmäßiges Wachstum der
nächsten Generation zu sichern, um so ihre Aufzucht und Behandlung zu
erleichtern. Die Seidenraupenauswahl besteht aus vier Punkten: Auswahl der
Seidenraupen selbst, Auswahl der Kokons, Auswahl der Motten und Auswahl
der Eier. Zuerst wurde nur die Kokonauswahl betrieben, wie aus dem Zitat aus
dem *Qi Min Yao Shu* hervorgeht. Von der Späten Song-Dynastie an schritt die
Auswahl unter Einbeziehung der Raupen, der Motten und Eier fort. Die Auslese der Kokons erfolgte in Hinsicht auf Qualität, Zeit und Spinnzustand, Zeit
des Entpuppens der Motten und Körperzustand der Motten. In der Qing-
Dynastie (1644–1911) zollte man der Auslese von Seidenraupen weitere Aufmerksamkeit, wobei man der Auffassung war, daß «nur gesunde Seidenraupen
gesunden Nachwuchs erzeugen».

Die altchinesischen Seidenraupenzüchter waren sich auch der engen Beziehung zwischen der Seidenraupe und ihrer Umwelt bewußt. Bereits während
der Qin-Han-Zeit (221 v. Chr.–220 n. Chr.) war bekannt, daß genügend hohe
Temperaturen und reichliche Nahrung das Wachstum fördern und dazu beitragen, den Lebenszyklus zu beschleunigen. Daher richteten Seidenraupenzüchter vergangener Zeiten ihr Augenmerk stark darauf, Umwelt und andere
Lebensbedingungen des Raupenlebens zu kontrollieren. Das *Qi Min Yao Shu*
berichtet von der Methode, die Temperatur in der Seidenraupenzuchthütte
durch Heizen zu erhöhen.

Das *Shi Nong Bi Yong (Unentbehrliches Buch der Landwirtschaft)* hebt
ebenfalls hervor, daß mehr Wärme an der Aufzuchtstelle erforderlich ist,
solange die Raupen jung sind, da das Wetter zu jener Zeit noch kalt ist, daß aber

nach ihrer Reifung weniger Wärme nötig ist, weil das Wetter dann schon wärmer ist. Im *Wu Ben Xin Shu (Neues Buch über die Grundlagen)* heißt es:

«Sei es windig, sei es regnerisch, sei es bei Tage oder in der Nacht, man sollte Temperaturänderungen nur mit seinem eigenen Körper beurteilen.»

Ein echter Seidenraupenzüchter trägt stets nur ein einziges Kleidungsstück.

«Wenn er sich kalt fühlt, müssen sich die Raupen auch kalt fühlen. In jenem Falle sollte dem Feuer Brennstoff zugegeben werden. Wenn er sich heiß fühlt, müssen sich die Raupen auch heiß fühlen; dann sollte er das Feuer angemessen drosseln.»

Gewöhnlich ist eine Umwelttemperatur, die dem menschlichen Körper angenehm ist, auch für Seidenraupen geeignet, und so ist dieser Ratschlag ganz vernünftig. Cui Shi (?–ca. 170) schreibt in seinem *Si Min Yue Ling (Monatliche Verordnungen für die vier Klassen des Volkes)*:

«Am Tag des Qingming-Festes im dritten Mondmonat werden Seidenraupenzüchterinnen angewiesen, die Seidenraupenzuchthütten in Ordnung zu bringen, Risse und Löcher zu verstopfen sowie die Rahmen, Matten und Körbe gebrauchsfertig zu machen.»

Das bedeutet Reparieren und Reinigen der Zuchthütten und der Geräte vor Beginn der Brutzeit. Das Ausräuchern der Hütten wurde in alten Zeiten ebenfalls zur Desinfektion der Zuchthütten praktiziert, und zweifellos halfen diese Maßnahmen sehr bei der Verhütung von Raupenkrankheiten und bei der Ausmerzung von Schädlingen. Die schnelle Beseitigung von Raupenmist und das Sterilisieren der Seidenraupengeräte während des gesamten Prozesses des Brütens sind im *Nong Sang Yao Zhi (Grundlagen der Landwirtschaft und der Seidenraupenzucht)* vorgeschrieben, worin es heißt, daß «zwei Bodenmatten» für den Seidenraupenstand gelegt werden sollten, und an jedem Tag, «nachdem die Seidenraupen ausgebrütet sind, solle man eine der Matten herausnehmen und sie der Sonne aussetzen, bis sie im Westen untergeht. Dann breite man sie wieder auf dem Boden aus, nehme am nächsten Tag die andere Matte heraus und behandle sie in gleicher Weise.» Diese Praktik des Mattenwechsels wird ständig wiederholt. Denn es ist wirtschaftlich und praktisch zugleich, den Sonnenschein zur Desinfektion der übrigen Seidenraupengeräte auszunutzen.

Zur Verhütung und Heilung von Seidenraupenkrankheiten kennt man zwei medizinische Methoden. Eine besteht aus dem Zusatz von Medizin zur Nahrung, die andere aus medizinischem Ausräuchern. Die erstere ist in China 800 Jahre lang praktiziert worden. Im *Shi Nong Bi Yong* heißt es, daß «Seidenraupenkrankheiten von hitziger Art vertrieben werden können» durch Maulbeerblätter, die im Begriff sind, abzufallen, und die «zerstampft und zu Pulver gemahlen worden sind». Später berichteten das *Yang Yu Yue Ling (Monatlicher Führer der Seidenraupenzucht)* von 1633 und das *Yang Can Mi Jue (Geheimnisse der Seidenraupenzucht)* ebenfalls über die Verhütung und Heilung von verschiedenen Seidenraupenkrankheiten durch Fütterung der Raupen mit Maulbeerblättern, besprengt mit Lakritzenwurzellösung, Knoblauchsaft und weißem Spiritus. Darauf folgte dann die Anwendung von spezifischen Rezepten zur Behandlung verschiedener Seidenraupenkrankheiten.

Nach dem Bericht in dem Kapitel *Nai Fu Pian (Über Kleidungsstoffe)* aus Song Yingxings *Tian Gong Kai Wu (Werke der Natur und der Arbeit)* waren seit der Ming-Dynastie (1368–1644) relativ gute Kenntnisse von gewissen infektiösen Seidenraupenkrankheiten wie Abszessen, Erweichung und Verhärtung vorhanden. Auch die Verhütung von Infektionen und deren Verbreitung durch Ausmerzung und Isolierung war bekannt.

Da gezüchtete Seidenraupen lange Zeit hindurch überzüchtet und ausgelesen worden waren, hatten sich ihre Eigenschaften stark verändert; sie hatten sich zudem in verschiedenen Regionen während verschiedener historischer Perioden zu verschiedenen Züchtungssorten entwickelt. Während der Song- und Yuan-Zeit, als Seidenraupenzüchter in Nordchina noch vor allem «Frühe Seidenraupen» mit drei Reifungsphasen züchteten, hatten jene in Südchina schon begonnen, die «Frühe» oder «Späte» Seidenraupe mit vier Reifungsstufen zu züchten. Seidenraupen mit drei Reifungsphasen sind widerstandsfähiger gegen Erkrankungen als die mit vier Phasen und daher leichter aufzuziehen. Jedoch ist die Seide von den Kokons vierstufiger Seidenraupen von besserer Qualität. Diese Art kam bereits während der Nördlichen Wei-Dynastie (386–534) im Süden vor. Nach einer langen Züchtungsperiode wurden somit in den südlichen Provinzen Chinas, Jiangsu und Zhejiang, große Mengen Seide in vielen ausgezeichneten Qualitätsvarianten erzeugt. Die erfolgreiche Fortpflanzung der Seidenraupe mit vier Reifungsphasen kennzeichnete einen wichtigen Fortschritt in der Seidenraupenzucht.

Zur Förderung der Seidenproduktion züchteten die Bauern im alten China neben der «Frühlingsraupe» auch die «Sommerseidenraupe» und die «Herbstseidenraupe»; so wurden mehrere «Ernten» pro Jahr möglich. Mehr als 1600 Jahre lang benutzten die Chinesen mehrfachbrütende Arten zur natürlichen Wiederholung mehrere Ernten pro Jahr. Sie erfanden auch eine Methode zur Verzögerung der Reifung von Eiern der Seidenraupe durch Verwendung von tiefen Temperaturen. Daher konnte dieselbe Brut von Eiern in mehreren aufeinanderfolgenden Schüben in einem Jahr ausgebrütet werden, was mehrfache

Ausbeuten ergab. Dies kann als eine weitere bemerkenswerte Erfindung im Seidenbau des alten China eingestuft werden.

Besondere Erwähnung verdienen die Seidenraupenzüchter in der Ming-Dynastie, welche die positiven Eigenschaften von Seidenraupen-Hybriden entdeckten, während sie die Sommerraupe zur Fortpflanzung züchteten. Den frühesten Bericht darüber erstattete Song Yingxing in seinem *Tian Gong Kai Wu:*

«Kürzlich haben einige Züchter von kleinen Seidenraupen eine ‹frühe› (einfachbrütende) männliche Art mit einer ‹späten› (zweifachbrütenden) weiblichen Art gekreuzt, in der Hoffnung, so eine ausgezeichnete Zucht zu erzeugen. Das ist ein ungewöhnliches, bemerkenswertes Ereignis.»

Die Verbreitung der Seidenkultur in andere Länder

Alle ursprünglichen Seidenraupeneier und Raupenzuchtmethoden im Seidenbau wurden direkt oder indirekt aus China eingeführt.

Antike Bücher berichten über die Einführung von chinesischen Seidenmotteneiern und Seidenraupenzüchtungsmethoden bei Chinas engem Nachbarn Korea im 11. Jahrhundert v. Chr. In der Legende heißt es, daß die Seidenkultur ihren Weg von China nach Japan während der Regierung von Shi Huang Di fand (Erster Kaiser der Qin-Dynastie). Begierig, die Seidenraupenzüchtung zu fördern, schickten die Japaner infolgedessen Sendboten nach China und Korea zum Erlernen dieser Kunst und luden chinesische Seidenzüchter zur Übermittlung ihrer Erfahrungen in ihr Land ein.

Ein steter Zustrom der schönen, von den Werktätigen im alten China erzeugten Seiden nach Persien und Rom war sehr früh feststellbar. Im Jahre 138 v. Chr. befahl der Kaiser Wu Di der Han-Dynastie seinem Botschafter Zhang Qian, die westlichen Regionen zu erschließen. Zhang Qian machte sogar den weiten Weg nach Zentralasien. Seiner Route folgte man später beim Seidentransport. Diese Route begann am nördlichen Fuß des Tianshan-Gebirges und verlief westwärts, den Pamir überquerend entlang der weltberühmten «Seidenstraße». Seidenmotteneier und Seidenbau fanden ihren Weg ebenfalls in späteren Zeiten aus Chinas inneren Provinzen nach Xinjiang, von wo aus sie durch diese «Seidenstraße» nach Arabien, Afrika und Europa geliefert wurden.

Der Seidenbau verbreitete sich nach Arabien und Ägypten im 7. Jahrhundert, nach Spanien im 10. und nach Italien im 11. Jahrhundert. Seidenmotteneier und Maulbeersämlinge wurden nach Frankreich im 15. Jahrhundert gebracht, als Frankreichs Seidenindustrie ihren Anfang nahm. England übernahm diese von Frankreich aus.

In die amerikanischen Länder soll die Seidenraupenzüchtung durch die
Mexikaner in der Mitte des 16. Jahrhunderts weitervermittelt worden sein. Sie
wurde in diesen Ländern bis ins 17. Jahrhundert jedoch nicht in großem Ausmaße gefördert; dann allerdings hielt England es für vorteilhaft, die Seidenindustrie in seinen amerikanischen Kolonien anzusiedeln, wo das Klima milde
und der Boden fruchtbar war.

Gartenbau, Gemüse- und Obstkulturen im alten China

DONG KAICHEN

Intensiver und sorgfältiger Gemüseanbau

Gemüse ist seit sehr alten Zeiten in China angepflanzt worden. Unter den Ruinen des neolithischen Dorfes bei Banpo in der Nähe von X'ian sind außer Getreidekörnern Samen von Senf oder Kohl in einem tönernen Gefäß entdeckt worden. Nach den vorliegenden Untersuchungen kann man diese Samen einer etwa 6000 Jahre zurückliegenden Periode zuordnen. Ca. 3 Jahrtausende später, in der Zhou-Dynastie (ca. 11. Jahrhundert bis 221 v. Chr.), war der Anbau von Gemüsesorten bereits weit verbreitet. Berichte über die Erzeugung von Gemüse sind im *Shi Jing (Buch der Oden)* zu finden. Das Gedicht *Qi Yue (Siebter Monat)* in dem Kapitel *Bin Feng (Oden von Bin)* beschreibt das so:

Im siebten Monat ißt man Melonen,
Im achten Monat beschneidet man die Kürbisse,
Im neunten bereitet man die Gemüsegärten vor,
Und im zehnten bringt man die Ernte ein.

Mit der Zunahme von großen und mittleren Städten erfolgte eine Arbeitsteilung zwischen dem Anbau von Ackerfeldern und Gemüsekulturen, so daß der Anbau von Gemüse schon während der Frühlings- und Herbstperiode (770–476 v. Chr.) und der Zeit der Streitenden Reiche (475–221 v. Chr.) zu einem speziellen Beruf wurde.

Die vernünftige Ausnutzung von Zeit und Raum zur Steigerung der Bodennutzung ist beim Anbau von Gemüse von großer Wichtigkeit. Im *Qi Min Yao Shu (Wichtige Fertigkeiten für die Wohlfahrt des Volkes)* wird erwähnt, daß die Malve *(Malva verticillata),* die im alten China *kui* genannt wurde, jährlich zweimal ausgesät und Schnittlauch nicht mehr als fünfmal geerntet werden könne; das zeigt, daß Gemüse mehrfach auf einer einzigen Bodenparzelle gesät und geerntet wurde. Hinsichtlich der Aussaat von Schalotten oder roten Bohnen zwischen Melonen und den gemeinsam wachsenden Korinthen und grünen Zwiebeln bedeutet das, daß das Zwischenpflanzen zu jener Zeit beim Anbau von Gemüsen bereits praktiziert wurde. Im *Qi Min Yao Shu* sind auch in den *Vermischten Notizen* Bemerkungen über den Anbau einer großen Vielfalt von Gemüsen angegeben:

«An Standorten in der Nähe von großen und mittleren Städten sollten mehr Melonen, Früchte, Auberginen u. dgl. angepflanzt werden, denn was nicht durch die Familie verbraucht wird, kann leicht verkauft werden. Wenn man 10 *mu*[1] Boden hat, so wähle man die fünf fruchtbarsten Einheiten aus, benutze 2,5 *mu* zum Pflanzen von grünen Zwiebeln und die andere Hälfte zur Aussaat von verschiedenen Gemüsesorten, wie Kürbis, Rettich, Malve, Kopfsalat, weiße Bohnen, rote Bohnen und Auberginen, jeweils im zweiten, vierten, sechsten, siebten und achten Monat.»

Dies läßt ein relativ hohes Niveau beim damaligen Anbau von Gemüse vermuten. Etwa zur Zeit der Song-Dynastie (960–1279) beschreibt Meng Yuanlao in seinem *Dong Jing Meng Hua Lu (Memoiren der Östlichen Hauptstadt)* bei der Schilderung des auffallenden Anbaus von Gemüse am Außenrande von Kaifeng in der Provinz Henan: «Es gab fast überall Gärten von 100 *li*[2] rund um die Hauptstadt und kein Stück Boden lag ungenutzt.» Die kaiserliche Familie besaß ihre besonderen Gemüsegärten zur Versorgung mit dem täglichen Bedarf. «Die Westlichen Kaisergärten sorgten für Wintervorräte fünf Tage vor Winterbeginn.»

Um hohe Erträge und eine ausgeglichene Versorgung das ganze Jahr hindurch zu gewährleisten, ist es notwendig, die richtigen Gemüsesorten auszuwählen und einen geeigneten Wechsel beim Anbau zu sichern. Da intensiver Anbau in China seit langem eine Tradition der landwirtschaftlichen Produktion darstellt und die chinesischen Bauern bei der Züchtung einer breiten Palette von Abarten erfolgreich waren, ist es möglich, viele Gemüsesorten in ein festes Anbausystem einzuordnen. Die Begriffe «Landwirtschaft im Gartenstil» oder «Garten-Landwirtschaft» wurden denn auch oft verwendet, um die Landwirtschaft Chinas zu beschreiben, weil der intensive Gemüseanbau die landwirtschaftliche Produktion des Landes charakterisiert.

Zahlreiche und vielfältige Gemüsesorten

Die Gemüsesorten in China sind sehr vielfältig (insgesamt ca. 160 Sorten). Etwa 100 Sorten werden im ganzen Land angebaut. Einheimische und eingeführte Sorten betragen etwa je die Hälfte von diesen 100 Sorten. Der älteste Bericht über einheimisches Gemüse erscheint im *Shi Jing*. Dort werden 10 Arten, darunter Melone, Kürbis, Schnittlauch, Malve, weiße Rübe, Lotus, Sellerie und Wicke aufgeführt. Jedoch ist es gegenwärtig ungewiß, welche von

---

[1] 1 *mu* = ¹⁄₁₅ Hektar.
[2] 1 *li* zur Zeit der Song-Dynastie = ca. 540 Meter.

diesen Pflanzen angepflanzt wurden und welche zu jener Zeit noch wild wuchsen. Jia Sixie berichtet in seinem *Qi Min Yao Shu* von über 31 Gemüsesorten, die im Gebiet des Huanghe (Gelben Flusses) wuchsen, darunter Melone, Wachskürbis, Schlangenmelone, Gurke, Eierpflanze, Malve, Rübe, Rettich, grüne Zwiebel, Schnittlauch, Senfsamen, Korinthen und sogar Luzerne. Von diesen werden 21 noch heute in Küchengärten angepflanzt, während 10 nicht mehr angebaut werden oder aber anderweitig benutzt werden. Unter den noch bestehenden Sorten sind Kohl, Rettich und Senf zu allen Zeiten sorgfältig gezüchtet worden, so daß Kohl und Rettich zu Hauptgemüsen wurden; Senf wurde zu vielfacher Verwendung in zahlreichen Abarten entwickelt.

Kohl, genannt *baicai* (Weißgemüse) und im alten China auch als *song* bezeichnet, wird sehr verbreitet angebaut und gelagert, so daß er zu jeder Jahreszeit verfügbar ist. Seine Eignung für das chinesische Essen und sein zarter Duft machen ihn zu einem allgemein beliebten Gemüse. Der bekannteste *baicai* ist der langstielige Chinakohl aus Nordchina mit fest zusammengefalteten Blättern. In Gebieten südlich des Unterlaufs des Changjiang-Flusses (Yangtse) und in den Provinzen Jiangsu und Zhejiang wurde in der Vergangenheit vor allem eine kleine *baicai*-Sorte mit losen Blättern angebaut; die lange, festblättrige Art war eine Seltenheit. Auch ist diese kleine Sorte nicht in Gartenbauberichten Nordchinas vor der Jin-Dynastie (265–420) erwähnt. Die große nördliche Sorte erscheint jedoch in Schriftstücken der Südlichen und Nördlichen Dynastien (420–589). Zum Beispiel finden wir im *Nan Qi Shu (Geschichte der Südlichen Qi-Dynastie)* «frühen Schnittlauch des frühen Frühjahrs, späten *song* des Spätherbstes» als das von allen Gemüsen am besten schmeckende beschrieben. Bei der Behandlung des Anbaus von Rüben ist im *Qi Min Yao Shu* nebenbei erwähnt, daß «die Methode des Anbaus von *song* und Rettich dieselbe ist wie die des Anpflanzens von Rüben». Später in der Song-Dynastie bemerkt Su Song in seinem *Tu Jing Ben Cao (Illustriertes Kräuterhandbuch)*:

«Nach alten Berichten gab es im Norden keinen *song*. Heute wird er in der Hauptstadt Luoyang ebenso wie im Norden angebaut, aber er ist dort nicht so groß und fleischig.»

Zur Zeit der Ming-Dynastie (1368–1644) erklärt Li Shizhen in seinem *Ben Cao Gang Mu (Abriß der Arzneimittelkunde)* ebenfalls:

«Wir können wohl annehmen, daß es im Norden vor der Tang-Dynastie [618–907] keinen *song* gegeben hat, aber heute sind purpurroter und weißer *song* im Norden wie im Süden üblich.»

So sehen wir, daß der Kohlanbau zwar im Süden in den Südlichen und Nördlichen Dynastien hochentwickelt war, im Norden aber bis zur Tang-Dynastie und der Song-Dynastie nicht intensiviert wurde. Die loseblättrigen und halbloseblättrigen Arten des *song* waren Zwischenstufen der Züchtung vor der Entwicklung der festköpfigen Art. Chinakohl ist bestimmt eines der im *Shun Tian Fu Zhi (Berichte der Shuntian-Präfektur)* aus der Qing-Dynastie (1644–1911) verzeichneten Produkte. Durch intensive Züchtung gibt es jetzt mehr als 500 örtliche Abarten in Nordchina. Einige sind mit guten Anbauresultaten in den Süden eingeführt worden. Da der kleine Kohl und der große feste Typ beide ihren Ursprung in China haben, werden sie lateinisch *Brassica sinensis* bzw. *Brassica pekinensis* genannt.

China ist auch eine der Heimstätten der Rüben. Der älteste Bericht darüber findet sich im *Er Ya (Wörterbuch der korrekten Ausdrucksweisen)*. Su Gong aus der Tang-Dynastie schreibt in seinem *Xin Xiu Ben Cao (Revidierte Materia Medica)*:

«Eine große Menge von Rüben werden im Gebiet nördlich des Unterlaufes des Changjiang-Flusses, in der Provinz Hebei, in den Provinzen Shaanxi und Shanxi und häufig in Denglai angepflanzt.»

Und zur Zeit der Song-Dynastie schreibt Su Song:

«Es gibt Rüben auf beiden Seiten des Changjiang-Flusses ... In dem Gebiet nördlich des Huanghe-Flusses sind Rüben üblich, und in den Kreisen südlich des Unterlaufes des Changjiang-Flusses, wie in Anzhou, Hongzhou und Xinyang, gedeihen sie sehr gut. Manche wiegen fünf, sechs *jin*[3] oder mehr» *(Tu Jing Ben Cao [Illustriertes Kräuterhandbuch])*.

Da sie lange Zeiten hindurch gezüchtet und in verschiedenen Wohngegenden angepflanzt wurden, gibt es in China weit mehr Abarten als in irgendeinem Land der Welt.

Senf ist ein Spezialerzeugnis Chinas und wurde in vielen Varianten gezüchtet, einige der Wurzel wegen, einige wegen des Stiels und andere der Blätter wegen. Zuerst wurden nur die Samen von wildem Senf als Gewürz verwendet. Li Shizhen vermerkt in seinem *Ben Cao Gang Mu*, daß es außer scharfem Senf, der als Medizin benutzt werden kann, auch Pferde-Senf, Stein-Senf, roten Senf und buntfarbigen Senf gibt, deren Blätter als Gemüse für den menschlichen Verbrauch geeignet sind. Gegenwärtig gehören zu den Senfabarten, die ihrer

---

[3] 1 *jin* = 0,5 Kilogramm.

Blätter wegen gegessen werden, Küchenkraut-Senf und großblättriger Senf; unter jenen mit eßbaren Knollen befindet sich die berühmte, beißend scharfe Senfknolle *(zhacai)* der Provinz Sichuan. Diese Vielfältigkeit ist eine Errungenschaft der chinesischen Gemüsebauern, aus der Veränderung der Pflanzen durch Züchtung hervorgegangen.

Zusätzlich zu den domestizierten Gemüsen hat China auch seit frühen Zeiten neue Arten eingeführt und sie durch sorgfältigen Anbau allmählich akklimatisiert, wodurch viele neue Arten und Abarten gezüchtet worden sind. Die Gurke zum Beispiel, die von kleinem Wuchs und wenig fleischig war, ist in Form und Qualität verbessert worden, neue Abarten wurden entwickelt und verschiedenen Jahreszeiten und klimatischen Bedingungen angepaßt, so daß die Versorgung ohne Beihilfe von Treibhäusern vom Frühjahr bis zum Herbst gewährleistet ist. Die Aubergine, die aus Indien stammte, hatte anfänglich die Größe eines Hühnereis. Nach China eingeführt, wurde sie vor langer Zeit in eine ovale Form mit einer Länge von 20–30 Zentimetern umgezüchtet; runde Auberginen wogen dann mehrere *jin*. Die große dunkelrote Eierpflanze Nordchinas ist ihrerseits wiederum in viele Länder eingeführt worden. Der Pfeffer oder Paprika, in Amerika einheimisch, wurde in China über Europa erst vor 300 oder 400 Jahren eingeführt, dennoch besitzt China die größte Vielfalt von Pfefferpflanzen in der Welt. So besitzen die Chinesen neben der langen scharfen Paprika viele Abarten der süßen Paprika.

Verschiedene Methoden des Gemüseanbaus

Die Gegend am Mittel- und Unterlauf des Huanghe-Flusses ist eine von Chinas ältesten landwirtschaftlichen Regionen. Hier sind die Winter lang und trocken. Eine das ganze Jahr über ausgeglichene Versorgung mit frischem Gemüse ist sicherlich sehr schwierig. In ihrem Bemühen, größere und frühere Ernten zu erringen, entwickelten die chinesischen Bauern im Laufe der Jahrhunderte verschiedene Anbaumethoden für Gemüse neben dem offenen Feldanbau. Dazu gehörte vor allem der Anbau auf geschütztem Boden, aber auch die Verarbeitung durch Dörren und Einlagern verbesserte die Versorgung. Die alten Methoden, wie Windschutzgürtel, Wärmegruben, Kälterahmen, Mistbeete und Treibhäuser, werden bis auf den heutigen Tag verwendet.

China war wahrscheinlich das erste Land, das einen Bodenschutz für Gemüsekulturen verwendete, eine Praktik, die wohl spätestens in der Westlichen Han-Dynastie (206 v. Chr.–24 n. Chr.) begonnen hat. Das Buch *Yan Tie Lun (Gespräche über Salz und Eisen)* erwähnt «Winter-Melone und Treibhaus-Schnittlauch» als eine der Delikatessen, die von den Reichen jener Zeit genossen wurden. Das *Han Shu (Geschichte der Han-Dynastie)* drückt sich noch konkreter aus: «Tag und Nacht mit einem mäßigen Feuer geheizte Bauten sind zum Wachstum von grünen Zwiebeln, Schnittlauch und anderen Gemüsen für den Winter im Taiguan-Garten angelegt worden.» Dieses Zitat beschreibt winterliche Gemüseanlagen im Kaiserpalast jener Zeit. Der Legende nach sollen während der Regierung von Qin Shi Huang Di (221–207 v. Chr.) Melonen, die in einem warmen Klima wachsen, im Winter bei Lishan, wo es heiße Quellen gibt, angepflanzt worden sein. Zur Zeit der Tang-Dynastie begannen eingehende Berichte über die Ausnutzung dieser heißen Quellen zur Erwärmung von Gemüseanlagen zu kursieren. Beispielhaft für solche Berichte sind diese Zeilen von Wang Jian:

> *Früh inmitten des zweiten Monds*
> *Werden Melonenstengel schon gesetzt,*
> *Einfach weil des Kaisers Garten*
> *Mit heißem Quellwasser gespeist ist.*

Im *Wang Zhen Nong Shu (Wang Zhens landwirtschaftliche Abhandlung)* aus der Yuan-Dynastie (1271–1368) findet sich folgender Bericht über den Gebrauch von Kälteschutzrahmen zur Pflege von Schnittlauch:

> «Sämlingsbeete mit Windschutzrahmen, bedeckt mit Pferdemist, werden im Winter auch zum Anbau von Schnittlauch benutzt, der früh im Frühjahr zum Essen bereit sein wird, wo er 2 oder 3 *cun*[4] hoch gewachsen ist.»

Da es viel billiger ist, Gemüse in Kälterahmen als in Treibhäusern anzupflanzen, «wurden Kälterahmen-Produkte in den Städten und Präfekturen als Nahrung für das gemeine Volk verwendet».

Aber die in Kälterahmen und Treibhäusern wachsenden Gemüse waren in Art und Menge beschränkt. Zudem ist es durchaus nicht angenehm, während der langen Wintermonate Tag für Tag gelagerte Rüben und Kohl zu essen. Diese Situation machte es erforderlich, mit einer einfachen Methode gebleichtes Gemüse herzustellen. Den ältesten Bericht über Bleichmethoden gibt das *Shan Jia Qing Gong (Frische Nahrung eines Bergbewohners)*, geschrieben von Lin Hong in der Song-Dynastie. Sojabohnensprossen, die man durch Bleichen mit den Samen in Abwesenheit von Sonnenlicht sprossen ließ, sind ein einzigartiger kulinarischer Beitrag der chinesischen Gemüsebauern. Saubohnen und Erbsen können ebenfalls durch Bleichen zum Sprossen gebracht werden. Zart,

---

[4] 1 *cun* zur heutigen Zeit = 3,33 Zentimeter.

knusperig, schmackhaft und nahrhaft, sind gebleichte Bohnensprossen ein äußerst beliebtes Nahrungsmittel.

Gebleichtes Gemüse ist nicht nur auf Bohnensprossen beschränkt. Auch die Sämlinge von Schnittlauch, grünen Zwiebeln, Knoblauch und sogar von Sellerie können durch Bleichen behandelt werden. Gebleichte Knoblauchblätter wurden sogar sehr geschätzt. In der Song-Dynastie schrieb Su Shi in einem Gedicht über «schmackhafte grünkronige Gänseblümchen-Chrysanthemen und gelben gebleichten Schnittlauch im Frühling». Meng Yuanlao vermerkt in seinem *Dong Jing Meng Hua Lu* ebenfalls, daß zu seiner Zeit gebleichter Schnittlauch auf den Straßen der Hauptstadt Kaifeng im 12. Monat verkauft wurde.

Wang Zhens *Nong Shu* beschreibt das Wachstum von gebleichtem Schnittlauch mit den folgenden anschaulichen Worten:

«Heutzutage werden Schnittlauchwurzeln in Treibhäusern angepflanzt und mit Pferdemist umhüllt. Die Wärme läßt die Wurzeln schnell sprossen, wobei die Keime etwa 1 *chi*[5] hoch wachsen. Sie werden «gelber Schnittlauch» genannt wegen der hellgelben Färbung ihrer Blätter, da sie in Abwesenheit von Wind und Sonnenschein erzeugt worden sind.»

Neben der traditionellen Methode des Einmietens oder Vergrabens können frische Gemüse auch durch Einhüllen gelagert werden. In Band 9 des *Qi Min Yao Shu* heißt es:

«Man grabe eine vier oder fünf *chi* tiefe Grube zwischen dem 9. Monat und der Mitte des 10. Monats auf der Seite der Mauer, wo es viel Sonnenschein gibt. Dort lagere man die verschiedenen Gemüse getrennt, eine Schicht Gemüse abwechselnd mit einer Schicht Erde, bis die Grube bis auf ein *chi* zum Oberrand hin gefüllt ist. Dann decke man die Grube mit einer dicken Schicht Stroh zu. Bei solcher Behandlung können die Gemüse gut überwintern. Sie können jederzeit zum Verbrauch herausgenommen werden und bleiben dennoch so frisch wie Gemüse zur Sommerzeit.»

Bei dieser Methode benutzt man auch dem Kälterahmen ähnliche Hilfsmittel zum Lagern und Aufbewahren von Gemüsen wie Sellerie, Raps und Kopfsalat.

---

[5]   1 *chi* = 10 cun.

Obstanbau im alten China

In Nord- und Südchina befinden sich die wichtigsten Anbaugebiete von Obst-
laubbäumen der gemäßigten Zone bzw. von immergrünen Obstbäumen der
subtropischen Zone. In seinem Werk *Ursprung, Abänderungen, Immunität
und Züchtung der Kulturpflanzen* (*Chronica Botanica,* Band 13, Nr. 1/6,
1951) vermerkt N. I. Wawilow: «China nimmt die erste Stelle hinsichtlich der
Fülle der Obstarten Pyrus, Malus, Prunus ein. Viele Zitrusfrüchte haben ihren
Ursprung in China.» Unter den Obstpflanzen chinesischer Herkunft sind
einige wenigstens 3000 Jahre lang angebaut worden. Die meisten haben ihren
Weg in alle Teile der Welt gefunden. Zu den in China gewachsenen Obstbäumen gehören der Pfirsich, die Chinesische Pflaume, die Aprikose, die China-
Birne, die Persimone, die Dattel, die Kastanie, die Zitrusfrüchte, die Longane,
die Litchifrüchte und die Mispel. Einige davon sind nicht nur chinesischer
Abstammung, sondern bis heute ausschließlich chinesische Produkte. Vor
einiger Zeit hat China Yangtao (*Actinidia chinensis*) in einige Länder eingeführt, wo diese Früchte in weiten Gebieten auf riesigen Plantagen angebaut
worden sind. Jetzt werden sie und andere derartige Früchte auf dem Welt-
markt hoch geschätzt. Hier wollen wir nun einiges über den Pfirsich und über
Zitrusfrüchte berichten.

Der Pfirsich, eine seit der Antike angebaute Frucht, stammt ursprünglich
aus Nordwestchina. In der Vergangenheit glaubte der Westen irrtümlich, er
sei in Persien heimisch, und nannte ihn deshalb Persica, wovon das deutsche
Wort Pfirsich abgeleitet ist. Durch Forschungen und Untersuchungen konnte
jedoch nachgewiesen werden, daß dies ein Obstbaum chinesischer Herkunft
ist. Bei der Beschreibung des Pfirsichbaumes in einer Ode heißt es im *Shi Jing:*
«Welch eine Schönheit der Pfirsich, und wie wundervoll seine Blüten!» Im *Er
Ya* werden auch folgende Sorten erwähnt: «der *mao,* was Winter-Pfirsich
bedeutet» und «der *ce,* ein anderer Name für David-Pfirsich». Dies sind nur
zwei der sehr frühen Hinweise auf diesen Baum. Eine ausführliche Schilde-
rung seiner Eigenschaften, seiner Fortpflanzung und seines Anbaus sind im *Qi
Min Yao Shu* zu finden, was beweist, daß der Anbau von Pfirsichen zu jener
Zeit bereits fortgeschritten war. Das *Qun Fang Pu (Schöne Blumen)* aus der
Ming-Dynastie (1368–1644) gibt eine recht eingehende Beschreibung von
Pfirsichbaum-Abarten.

In den letzten Jahren haben auch Untersuchungen solcher Abarten bestätigt, daß der Pfirsich aus China stammt. Wilde Arten und eng verwandte Arten
dieser Pflanze, wie der David-Pfirsich und der Gansu-Pfirsich, sind in
Gebirgsgegenden von West- und Nordwestchina entdeckt worden, während
die verschiedenen Sorten von heute angepflanzten Arten, wie der Clingstone
und der Freestone, der weichfleischige und der hartfleischige, der gespitzte

und der flachköpfige und zwei Abwandlungen, der flache Pfirsich und der Nektar-Pfirsich, zu den in China angebauten Arten gehören.

Der Pfirsich wurde während des 2. und 1. Jahrhunderts v. Chr. wahrscheinlich von Nordwestchina aus über Zentralasien in den Iran eingeführt. Von dort gelangte er nach Griechenland und von dort nach Europa.

Der Anbau von Pfirsichen gelangte bereits im 10. Jahrhundert zur Blüte. In der zweiten Hälfte des 19. Jahrhunderts wurden Chinas Honig-Pfirsich und Flach-Pfirsich nach Japan und in die Vereinigten Staaten von Amerika exportiert, wo weitere neue Abarten gezüchtet wurden.

Zitrus ist ein Oberbegriff für viele Arten, Abarten oder veredelte Sorten. Die süße Apfelsine, die Mandarine, die Pampelmuse und die Zitrone sind von wirtschaftlicher Bedeutung und von chinesischer Abstammung. Die Mandarin-Orange und die Mandarine werden beide *Citrus reticulata blanco* genannt. Der einzige Unterschied zwischen ihnen ist eine leichte Abweichung in der Gestalt ihrer Frucht und der größere Widerstand gegen tiefe Temperaturen bei der letzteren Frucht.

Die Dauer des Zitrusanbaus in China ist aus einem Hinweis im *Yu Gong (Tribut an Yü)* ersichtlich, wonach «die Mandarine und die Pampelmuse Tributwaren geworden sind» zur Zeit der Zhou-Dynastie (ca. 11. Jahrhundert bis 221 v. Chr.). In der Han-Dynastie (206 v. Chr.–220 n. Chr.) wurden diese zwei Sorten verbreitet angepflanzt. Im *Shi Ji (Historische Aufzeichnungen)* ist vermerkt, daß die Einkünfte von «eintausend Mandarinenbäumen im Kreis Jiangling des Königreiches von Shu Han [221–236]» vergleichbar sind mit den eingezogenen Einkünften von «einem Marquis über tausend Familien». Später schrieb Han Yanzhi in der Song-Dynastie (1178) eine Monographie über Zitrusarten, das *Yong Jia Ju Lu (Zitrus-Gartenbau)*, worin er 27 Zitruspflanzen behandelte, darunter die Mandarin-Orange, die Mandarine und die Apfelsine. Der letzte Band der Monographie gibt einen genauen Bericht mit neun Kapiteln über den Zitrusanbau: 1. Samenbehandlung; 2. Anpflanzung; 3. Pflege; 4. Heilung von Krankheiten; 5. Bewässerung; 6. Pflücken; 7. Lagerung; 8. Verarbeitung und 9. Verwendung als Medikament. Seit dem Erscheinen des *Ju Song (Zum Lob der Mandarine)* in *Chu Ci (Elegien von Chu)* gibt es zahllose literarische Werke über die Zitrusfrucht.

Heute werden Zitruspflanzen in allen 15 Provinzen und Kreisen südlich des Changjiang-Tales in großem Umfang angepflanzt. Obwohl diese Pflanzen ein warmes Klima lieben, verstärkten die chinesischen Bauern alter Zeiten die Widerstandskraft der Zitruspflanzen durch sorgfältige Züchtung und erzielten gegen tiefe Temperaturen widerstandsfähige Abarten. Sie führten ferner Verbesserungen wie die Anpassung von eingeführten Sämlingen, die Erhöhung der Ruhezeit und das Einhüllen der Wurzeln ein. Weil es im alten China bereits bekannt war, daß Zitrushaine an wind- und frostgeschützten Stellen

liegen müssen, entwickelte sich der Zitrusanbau trotz zeitweiliger Fröste im
Tale des Changjiang-Flusses. In seinem *Zhong Shu Shu (Buch der Aufforstung)* schreibt Yu Zongben aus der Ming-Dynastie: «Obwohl in Dongting
gewöhnlich Frost herrscht, sind keine Schäden erfolgt, und die Mandarine
gedeiht äußerst gut und trägt jedes Jahr Früchte.»

In Europa wurde die Zitrone in alten Zeiten nur als Medizin verwendet; erst
nach dem 10. Jahrhundert waren die Limone und die Apfelsine bekannt. Im
Jahre 1545 wurde die Apfelsine aus China durch die Portugiesen nach Lissa-
bon gebracht. Danach begannen westliche Länder mit umfangreichen An-
pflanzungen und verbreiteten den Anbau allmählich in andere Teile der Welt.

Die Wunderwirkungen des Pfropfens

Das Pfropfen ist von großer Wichtigkeit bei der Fortpflanzung von Obstbäumen und anderen wirtschaftlichen Bäumen, da Pflanzen früher reifen und viel
schneller Früchte tragen, wenn sie durch das Wachstum fördernde Mittel statt
durch geschlechtliche Besamung fortgepflanzt werden. Pfropfen, also die
ungeschlechtliche Fortpflanzung, hat den Vorteil der Beibehaltung aller
ursprünglichen Eigenschaften der angepflanzten Arten. Anscheinend wurde
Pfropfen schon zur Spätzeit der Streitenden Reiche (475–221 v. Chr.) praktiziert. Ein genauer Bericht über die Prinzipien und Methoden des Pfropfens
erschien im *Qi Min Yao Shu*. Darin wird im Kapitel 37, das den Anbau von
Birnen behandelt, hervorgehoben:

> «Propfreiser tragen schneller Früchte als Sämlinge. Man benutze die Bir-
> kenblatt-Birne als Stamm. Die beste Zeit zum Pfropfen ist gekommen,
> wenn die Blattknospen leicht geöffnet sind. Es ist jedoch darauf zu achten,
> daß die grüne Rinde nicht verletzt wird, da sie sonst abstirbt, und dafür zu
> sorgen, daß Rinde und Holz des Pfropfreises den Stamm auch wirklich
> berühren.»

Da das Gedeihen beim Pfropfen abhängig von einer völligen Vereinigung der
Rinde und des Holzes ist, behält das Zitat aus dem *Qi Min Yao Shu* auch im
Lichte der heutigen Kenntnisse seine Gültigkeit. Um die Vorteile der Fortpflanzung durch Pfropfen zu betonen, wird im *Qi Min Yao Shu* zum Vergleich
auch die Fortpflanzung von Obstbäumen durch Sämlinge behandelt. Es wird
unterstrichen, daß wilde Birnbäume und Sämlinge, die nicht überpflanzt worden sind, sehr spät Früchte tragen und daß Sämlinge immer der Zerstörung
ausgesetzt sind. Nur zwei von den etwa zehn Samen in jeder Birne werden sich
zu veredelten Birnbäumen entwickeln, während alle übrigen Samen Birken-
laub-Birnbäume werden. Diese Beobachtung zeigt, daß man zu jener Zeit

bereits die ernsthafte Zerstörung und Entartung von Sämlingen sowie die genetische Spaltung infolge geschlechtlicher Fortpflanzung bemerkt hatte. Bei ungeschlechtlicher Fortpflanzung durch Pfropfen werden alle Tochterpflanzen mit den Elternpflanzen identisch, so daß sie besser die wünschenswerten elterlichen Eigenschaften bewahren.

Im Laufe der Zeit wurden die Pfropfmethoden auch verbessert. Im *Qi Min Yao Shu* finden wir im Kapitel 37 einen Hinweis auf das Zweigpfropfen von Birnbäumen durch Verwendung eines Stammes und eines oder mehrerer Pfropfreiser, und im Kapitel 40 über *Persimonenanbau* wird über Wurzelpfropfen durch «Abnehmen eines Zweiges und Aufpfropfen auf eine Dattelpflaumen-Persimone» berichtet. Das Kapitel 13, *Essay über den Anbau,* in Wang Zhens *Nong Shu* aus der Yuan-Dynastie faßt die Methoden so zusammen: «Es gibt sechs Pfropfmethoden, nämlich 1. Stammpfropfen; 2. Wurzelpfropfen; 3. Rindepfropfen; 4. Zweigpfropfen; 5. Grübchen- oder Knospenpfropfen und 6. Spaltpfropfen.» Das Stammpfropfen ähnelt dem heutigen Kopfpfropfen; das Wurzelpfropfen unterscheidet sich vom jetzigen Wurzelpfropfen und ähnelt dem Pfropfen an unteren Stellen des Stammes. Eine derartige Einteilung ist wegen der Unbeständigkeit ihrer Grundlagen fehlerhaft. Einige sind gemäß den Methoden klassifiziert, nach denen sie gepfropft sind, wie es der Fall beim Spaltpfropfen ist, während andere nach den Pfropfstellen des Stammes und des Schößlings wie beim Stammpfropfen, Wurzelpfropfen und Zweigpfropfen klassifiziert sind. Jedoch wurde diese Einteilung, da sie kurz gefaßt und gut geordnet dargelegt ist, auch in späteren Jahren noch bei der Abfassung von landwirtschaftlichen Werken verwendet. Heute werden einige der Pfropfbegriffe nicht nur in China weiterhin als Fachwörter benutzt, sondern auch in Japan.

Die geeignete Anwendung einer adäquaten Pfropftechnik zur Sicherung des Gedeihens einer gepfropften Pflanze ist von entscheidender Bedeutung und kann als Zeichen des Fortschritts beim Pfropfen angesehen werden. Xu Guangqi aus der Ming-Dynastie äußert im Band 37 des *Nong Zheng Quan Shu (Vollständige Abhandlung über landwirtschaftliche Verwaltung),* der sich mit Anbaumethoden beschäftigt:

«Es gibt drei Erfolgsgeheimnisse beim Pfropfen eines Baumes: 1. Tue es, wenn die Rinde grünfarbig ist, das heißt, wenn sie noch jung und zart ist; 2. wähle den Teil, wo es einen Knoten gibt; 3. achte darauf, daß der Schößling und der Stamm an ihrer Verbindungsstelle gut zusammenpassen. Wenn man dies beachtet, wird keine Gefahr bestehen, daß etwas nicht klappt.»

Das Buch behandelt ferner in knappen und klaren Wendungen Pflanzenalter, Pfropfstellen und andere beachtenswerte Punkte. Da die Wachstumszellen am besten an Stellen eines Knotens entwickelt sind, ist es wissenschaftlich begründet, diese Stellen zum Pfropfen auszuwählen.

Das *Hua Jing (Blumenspiegel)*, geschrieben von Chen Haozi in der Qing-Dynastie (1644–1911), erforscht die Physiologie des Pfropfens. Während das *Nong Shu* von Wang Zhen, um den inneren Mechanismus zu veranschaulichen, nur die Passage enthält: «einmal gepfropft und verbunden, verbinden sich die zwei Atem miteinander», erklärt das *Hua Jing*, daß «der Saft eines Baumes durch seine Rinde fließt, und wenn die Vereinigung erfolgt ist, wird der Schößling weiterwachsen». Diese Erklärung des Überlebens beim Pfropfen in physiologischen Begriffen folgt dem Prinzip, daß das Überleben der Pflanze durch die Beförderung von Nährstoffen durch Rinde und Holz von Pfropfreis und Unterlage gewährleistet wird.

Die Blumenkunde machte im alten China ebenfalls bemerkenswerte Fortschritte, wofür die Pfingstrose als typisches Beispiel gelten mag. Bei der Behandlung der Funktion künstlicher Auswahl in seinem Werk *The Variation of Animals and Plants under Domestication* (1868) weist Charles Darwin darauf hin: «Der chinesischen Überlieferung nach ist die *P. moutan* 1400 Jahre lang gezüchtet worden. Zur Zeit gibt es etwa 200–300 Arten davon in China.»

Die Pfingstrose stammt aus Nordwestchina. Ihre großen hellfarbigen Blüten sind elegant und verschiedenartig. Zuerst wurde die Pfingstrose nur wegen ihrer medizinischen Eigenschaften benutzt; erst in der Sui-Tang-Zeit (581–907) wurde sie als Schmuckpflanze gezüchtet. Das Pfropfen als Methode zur Fortpflanzung war zur Beschleunigung von Veränderungen in Form und Farbe der Blumen sehr wirksam, so daß viele neue Abarten erhalten wurden. Darüber gab es schon in der Song-Dynastie ausführliche Berichte. Das Buch *Luo Yang Hua Mu Ji (Blumen und Bäume aus Luoyang)*, im Jahre 1082 von Zhou Shihou zusammengestellt und bis heute überliefert, verzeichnete 109 Abarten der Pfingstrose. Zhou behandelte auch die Kunst des Pfropfens von Pfingstrosen in seinem Buch *Luo Yang Mu Dan Ji (Pfingstrosen aus Luoyang)*. Das Pfropfen von Pfingstrosen wurde zum Lebensunterhalt vieler Familien in Luoyang, und gepfropfte Pfingstrosen wurden eine Spezialität. Zu anderen gepfropften Blumen gehörten die Chrysantheme, die Japanische Aprikose *(Armeniaca mume)* und der chinesische, blühende Holzapfel *(Malus spectabilis)*, um nur einige der von den chinesischen Gärtnern und Bauern in alten Zeiten geschaffenen, prächtigen Blumenarten zu nennen.

Der Teeanbau

Zhang Binglun

Herkunft und Anbau

China ist die Heimstätte des Teestrauches. Dort wurde der Tee entdeckt, und als erstes Land verwendeten die Chinesen seine Blätter. Die vielen Sorten des chinesischen Tees und seine ausgezeichnete Qualität sind stets gelobt worden. Tee erzeugende Länder der ganzen Welt haben Teepflanzen direkt oder indirekt aus China erhalten. Das *Cha Jing (Kanon vom Tee)*, von Lu Yu gegen das Jahr 780 während der Tang-Dynastie (618–907) geschrieben, ist der Welt erstes Buch über Tee.

Der Gebrauch von Tee in China hat eine lange Geschichte. In alten Zeiten wurde Tee *tu*, oder mit anderen Namen *jia*, *she*, *ming* und *chuan* genannt. Ungefähr im Jahre 50 v. Chr. erwähnt Wang Bao in seinem *Tong Yue (Kontrakt mit einem Diener)* das Kochen von *tu*, der von Wudu, einem Berg in einer der Tee-Gegenden von Sichuan gekauft worden war. Dieser relativ frühe Beleg von Kauf und Kochen von Tee hat zu der Ansicht geführt, daß das Teetrinken in Sichuan seinen Anfang nahm.

Die frischen Blätter von wilden Teebäumen wurden zuerst als Medikament oder Getränk benutzt, und später erst wurden Teebäume angebaut; dennoch ist der Anbau von Tee in China ca. zwei Jahrtausende alt. In der Tang-Dynastie wurde Tee in den jetzigen Provinzen Jiangsu, Anhui, Jiangxi, Sichuan, Hubei, Hunan, Zhejiang, Fujian, Guangdong, Yunnan, Shaanxi und Henan angepflanzt. In jenen Gegenden pflegten Teebauern Teebäume in entlegenen Winkeln und auf Bergrücken[1] anzupflanzen, während erst allmählich recht große Teeplantagen von der Regierung betrieben wurden. Eingehende Berichte über den Teeanbau sind im *Cha Jing* von Lu Yu und im *Si Shi Zuan Yao (Überblick über die vier Jahreszeiten)*, verfaßt in der Tang-Dynastie, aber auch im *Si Shi Lei Yao (Klassifizierter Überblick über die vier Jahreszeiten)* aus der Yuan-Dynastie (1271–1368) zu finden. Der Teebaum ist eine kurztägige Pflanze, die am besten an schattigen Stellen wächst. Song Zi'an vermerkt in seinem *Shi Cha Lu (Tee-Probenkunst)*, daß «Tee den Schatten hoher Berge gern hat und die frühe Morgensonne liebt». Eine angemessene Menge Sonnenschein läßt ihn üppig wachsen, aber zu starke Sonne gilbt die Blätter zu schnell, so

---

[1] Die guten Felder wurden zunächst dem Gemüse- und Getreideanbau vorbehalten (Anmerkung des Bearbeiters).

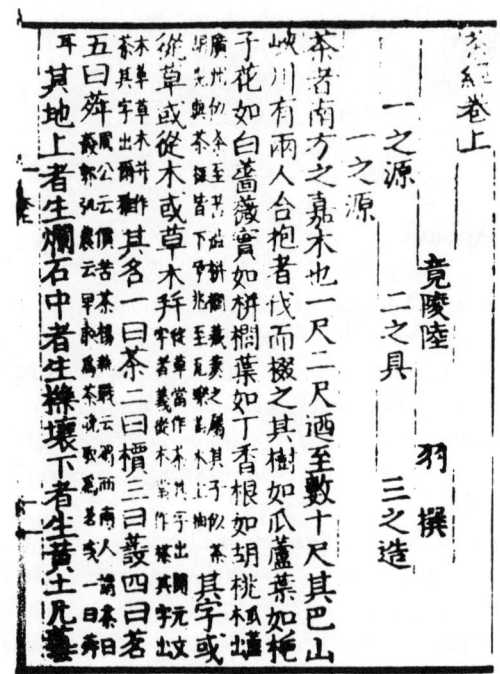

Abb. 74
Eine Seite aus Lu Yus *Cha Jing (Kanon vom Tee)*.

daß sie keinen guten Tee ergeben. Tee, auf Bergen mit Wolken und Nebel, hat zarte und duftende Blätter. Daher heißt es, daß «berühmter Tee von hohen Bergen stammt». Die Schattenseite von Hügeln oder natürlich beschattete, mit Tee bepflanzte Abhänge sind stets als Stätten für Teepflanzungen bevorzugt worden, da solche Orte eine gute Bewässerung gewähren, die Lebensdauer der Teebäume steigern und die Qualität der Blätter verbessern.

Teesamen müssen eine gewisse Zeit bei bestimmten Bedingungen von Temperatur und Feuchtigkeit ruhen, bevor das Sprossen möglich wird. Teebauern in der Tang-Zeit benutzten «die Sproßmethode des Vergrabens von Teesamen im Sand». Sie vermischten den reifen Teesamen mit feuchter kieseliger Erde und legten sie in einen mit Strohhalmen bedeckten Korb zur Verhütung von Frostschäden. Im folgenden Jahr wurden die Sämlinge büschelweise in Löcher eingepflanzt, die vorher gegraben und mit gemeinem Dünger gut ausgelegt worden waren. Die Sämlinge wurden intensiv gepflegt, mit organischem Dung versorgt und begossen, wenn sie zu trocken waren.

«Dann wird nach drei Jahren jedes Büschel acht Unzen Tee einbringen. Da auf einem mu^2 240 Büschel wachsen, wird der Gesamtbetrag an Tee pro mu 120 Pfund ergeben. Männlicher Hanf, Hirse und Ginster werden zwischen die Büschel gepflanzt, wenn diese noch nicht ganz hoch gewachsen sind» *(Si Shi Zuan Yao)*.

Dies ergab bereits in der Tang-Dynastie einen ziemlich hohen Ertrag an Tee und belegt, daß das Zwischenpflanzen mit Getreide praktiziert wurde. Das Pflücken von Teeblättern war seit alters her eine hoch entwickelte Fertigkeit. Lu Yu bemerkt in seinem *Cha Jing:* «Man wird sicherlich krank, wenn man Tee trinkt, der nicht zur rechten Jahreszeit gepflückt ist, unpassend verarbeitet wurde oder wenn ranzige Gräser beigemischt sind.» Die Zeit zum Teepflücken ist in Gegenden mit höheren Temperaturen gewöhnlich eine andere als in Landstrichen mit niedrigeren. In der Tang- und der Song-Dynastie wurden die frühen Morgenstunden und bewölkte Tage für die richtige Pflückzeit gehalten. Ferner mußten die Fingernägel, nicht die Finger selbst diese Arbeit besorgen. «Kein Schaden wird durch Abreißen mit Nägeln verursacht werden, während die Finger wegen ihrer Wärme den Blättern beim Pflücken Schaden zufügen werden.» Bei der Herstellung von erstklassigen Teesorten sollten die Teeblätter ihrem Alter nach gesondert gepflückt werden, die «Knospen wie die Zunge eines Sperlings oder wie ein Korn» getrennt von «Speer und Flagge» (d. h. von Knospe mit einem Blatt), diese wieder gesondert von «ein Speer mit zwei Flaggen» usw. Die Behandlung der Blätter und die Temperaturkontrolle bei der Verarbeitung wird dadurch erleichtert werden, so daß die Einheitlichkeit der Form gewährleistet wird.

Zhang Yi aus dem Staat Wei (220–265) stützt sich während der Zeit der Drei Reiche auf Lu Yus Bericht, als er in seinem *Guang Ya (Erweitertes Wörterbuch korrekter Ausdrucksweisen)* hinsichtlich der Teeverarbeitung schreibt:

«In der Gegend der Provinzen Hubei und Sichuan werden die Blätter gepflückt und zu Tafeln geformt, jene aus alten Blättern werden mit Reis vermischt. Um Tee als Getränk herzustellen, bäckt man die Tafeln, bis sie rötlich aussehen, zerbröckelt sie in kleine Stückchen, steckt diese in einen Porzellantopf, gießt kochendes Wasser darüber und fügt Zwiebeln, Ingwer und Orange hinzu. Das Gebräu wirkt nach Alkoholgenuß ernüchternd und hält wach.»

---

[2] 1 *mu* = $\frac{1}{15}$ Hektar.

Während der Tang-Dynastie wurden bei der Verarbeitung Änderungen vorgenommen, die das Getränk stark verbesserten. Es wurde das «Abdämpfen» der «grünen» Farbe erfunden. Das Dämpfen erfolgte als erster Prozeß der Verarbeitung. Wenn die frischen Blätter eingebracht wurden, wurden sie zerbröckelt und in Tafeln mit Löcherung geformt, zusammengebunden und gebacken. Ihre vorher aufdringlich «grüne» Farbe war dann beseitigt, und sie befanden sich in einem Zustand, der zur Lagerung und Verschiffung geeignet war. Zwischen dem 7. und 10. Jahrhundert regte dieser Fortschritt den Transport und Verkauf von großen Teemengen nach Nordchina an, die südlich des Changjiang-Flusses und außerhalb der Großen Mauer erzeugt worden waren.

In der Song-Dynastie (960–1279) wurden die frischen Teeblätter vor dem Dämpfen gewaschen. Ihr Saft wurde dann durch Ausziehen entfernt, bevor sie zu Tafeln geformt wurden. Um die Teeverarbeitung zu vereinfachen und den echten Duft des Tees zu bewahren, ersetzten Teehändler im 10. bis 14. Jahrhundert allmählich die festen Tafeln und den ballförmigen Tee durch die lose Form der Blätter, die dann weder gerollt noch zerbröckelt, sondern nach dem Abdämpfen des «Grün» direkt geröstet wurden. Dadurch wurde ganzblättriger Tee erzeugt, während die alte Herstellungsweise weitgehend abgeschafft wurde.

In den letzten Jahren der Yuan-Dynastie (1271–1368) und in der frühen Ming-Dynastie (1368–1644) wurde die mühe- und zeitsparende Methode des *haoqing* oder «Ausrösten des Grün» erfunden, was Farbe, Aroma, Duft und Form der Teeblätter noch erheblich verbesserte. Wohlriechender Tee und schwarzer Tee kamen erst nach der Ming-Dynastie zustande.

Wohlriechende Teesorten werden durch Vermischung frischer, stark duftender Blüten mit erstklassigem grünem Tee zubereitet. Und in der Song-Dynastie wurden noch andere aromatische Stoffe dafür verwendet. Cai Xiang schreibt in seinem *Cha Lu (Abhandlung über Tee)*: «Obwohl Tee einen natürlichen Duft hat, wird sein Duft als Tribut für den Kaiser verstärkt durch Beimischung einer winzigen Menge von Borneol und anderen Extrakten.» Der Gebrauch von Tee mit Blumenblüten begann mit der Ming-Dynastie. Nach einem Bericht von Gu Yunqing in seinem *Cha Pu (Handbuch über Tee)* gibt es zwei Arten von wohlriechendem Tee – der Lotusblumen-Tee und Teesorten, die mit verschiedenen süßen Blüten aromatisiert wurden.

«Reseda, süßer Osmanthus, Jasmin, Rose, Kletterrose, Orchidee, Orangenblüte, Geranie, Banksia-Rose und Pflaumenblüte können zum Aromatisieren von Tee verwendet werden. Halbgeöffnete und intensiv duftende Blüten werden in einer der Teemenge entsprechenden Quantität gepflückt, wobei das Verhältnis von Tee und Blüten drei zu eins betragen soll. Tee und Blüten werden abwechselnd in einen Porzellantopf geschichtet. Dann wird der Topf mit breiten Bambusblättern verschlossen und in heißem Wasser gekocht, wonach der Inhalt herausgenommen und abgekühlt wird, dann in Papier gehüllt und über einem Feuer geröstet, bis er trocken genug zum Gebrauch ist.»

Der starke Duft von frischen Blüten, vermischt mit dem erfrischenden Geruch des Tees, verleiht dem wohlriechenden Tee die ausgeprägte Eigenschaft der gegenseitigen Verstärkung von Wohlgeruch und Aroma.

In der frühen Tang-Dynastie gab es schon «eine große Anzahl von berühmten Teesorten», weil «sie dann bereits hoch geschätzt wurden». Dazu gehörten der *shihua* aus Mongding, *shisun* aus Guzhu, *luya* aus Fangshan in Fuzhou sowie *huangya* aus Huoshan. In der Song-Dynastie gab es allein in der Provinz Fujian die 41 «Tributtees», «Silberblätter von zehntausend Frühlingen» und «Gepflückten Tee von erster Qualität». Heute gibt es zu viele berühmte Teesorten, um sie alle aufzuzählen; eine große Anzahl von diesen hochgepriesenen Tees findet man auf den einheimischen und auf ausländischen Märkten. Es befinden sich darunter der schwarze *qimen*-Tee aus der Provinz Anhui, der *maofeng* von Huangshan, *guapian* aus Qiyun, *houkui* aus Taiping und *longjing* aus Shifeng in der Provinz Zhejiang, der *pingshui*-«Schießpulver»- und *wuyi*-«Felsentee» aus der Provinz Fujian, *biluochun* aus Jiangsu, der schwarze und Pu'er-Tee aus der Provinz Yunnan, Sichuans *erui*, *maojian* aus Guizhous Douyun, der *yulucha* der Provinz Hubei, die «Silbernadel» und die «Silberne Schwertschneide» der Provinz Hunan, Lushans «Wolken»- und «Nebel»-Tee aus der Provinz Jiangxi, der *oolong* aus der Provinz Taiwan und andere erstklassige, duftende Tees aus verschiedenen Provinzen.

Die in alten Büchern beschriebene Wirksamkeit von Tee

Teetrinken ist von alters her in der ganzen Welt beliebt gewesen, da Tee ein köstliches, der Gesundheit förderliches Getränk ist. Sobald der Tee seinen Weg nach Europa fand, wurde er neben Kaffee und Kakao eines der Hauptgetränke der Menschen. Hinsichtlich der Wirksamkeit von Tee wurde in alten chinesischen Büchern viel geschrieben. Das *Shen Nong Ben Cao Jing (Shen Nongs Materia Medica)* behauptet zum Beispiel, daß Shen Nong, als er an einer Vergiftung litt, verschiedene Kräuter probierte und daß er «schnell durch Tee als Gegenmittel gerettet wurde», weiter, daß «Tee weniger schlaftrunken macht, kräftigt und erheitert». Hua Tuo, ein berühmter Physiker und Chirurg, der im Jahre 208 v. Chr. starb, vermerkte in seinem *Shi Lun (Über die Nahrung)*: «Ständig bitteren *tu* zu trinken, läßt einen besser denken.» Gu Yunqing aus der Ming-Dynastie schreibt in seinem *Cha Pu:*

«Echten Tee zu trinken, hilft den Durst zu löschen und fördert die Verdauung, zügelt Phlegma, wehrt Schläfrigkeit ab, regt die Nierentätigkeit an, verbessert die Sehfähigkeit und geistige Stärke, vertreibt den Stumpfsinn und löst fettige Nahrung auf. Man kann nicht einen einzigen Tag ohne Tee auskommen.»

Li Shizhen schreibt im *Ben Cao Gang Mu (Abriß der Arzneimittelkunde)*:

«Tee ist bitter und kühl . . . kann am besten innere Hitze lindern, welche die Wurzel aller Krankheiten ist. Man ist in vollem Besitz seiner Fähigkeiten, sobald man die innere Hitze los wird . . . Innere Hitze wird durch die Kühlwirkung von Tee gehemmt, wenn er warm getrunken wird, und vertrieben mit heißem Tee.»

Die moderne Forschung beweist tatsächlich, daß Teetrinken die innere Hitze vertreibt, bei der Verdauung hilft, den Schleimauswurf fördert, die Nieren anregt, gewisse Krankheiten lindert, erfrischend wirkt und das Gemüt beruhigt, gegen Müdigkeit hilft und körperliche Stärke wiederherstellt. Die Erfahrung belegt die aufmunternde Wirkung einer Tasse heißen Tees nach körperlicher oder geistiger Anstrengung. Der Teeingehalt regt die Nerven an, macht die Muskeln geschmeidig, erleichtert die Muskelanspannung und fördert den Stoffwechsel. Sogar an einem heißen Sommertag ist eine Tasse heißen Tees erfrischend. Nach einem Festessen hilft starker Tee bei der Verdauung. Das erfolgt durch das ätherische Öl im Tee, das Fett auflöst. Experimente und Tierversuche erweisen zwei Drittel weniger Fettsäure in den Exkrementen von Tieren, denen man nach jeder Mahlzeit 10 Milliliter Tee gegeben hatte. Es ist auch bewiesen worden, daß Tee-Extrakt infolge seiner Verwandtschaft mit Protein und Fett Säurevergiftungen neutralisiert. Starke Fleischesser sollen gesagt haben: «Besser einen Tag ohne Öl und Salz leben als ohne Tee.» Kurzum, die moderne Wissenschaft unterstützt die Ansichten alter Bücher hinsichtlich der Wirksamkeit von Tee.

Tee enthält die Vitamine C und P gegen Skorbut und Gehirnbluten, Aminosäuren und Minerale. Der Tannin-Gerbstoff im Tee wirkt auf Protein und verhindert das Wachstum von Dickdarm-Bazillen, Streptokokken und Bakterien, die Lungenentzündungen auslösen können. Er hat auch eine wohltuende Wirkung bei Darminfektionen und sogar bei Typhus und Cholera. Tee fördert die Elastizität der Blutgefäße und wirkt so gegen Arterienverkalkung. Forscher in China und anderen Ländern sind der Meinung, daß Tee als Getränk chronische Nierenleiden, Leberentzündung und durch Radioaktivität verursachte Schäden verbessert. Tee ist in China seit alten Zeiten oft in traditionellen medizinischen Rezepten verordnet worden. *Songluocha*, ein in Anhui erzeugter Tee, wird sogar noch heute von praktischen Ärzten der chinesischen Medizin in Jinan, Provinz Shandong, verwendet. Es mangelt nicht an wissenschaftlichen Grundlagen dafür, daß Teetrinken von alters her als gesundheitsfördernd und als Heilmittel gegen Krankheiten betrachtet wird.

Tee ist nicht nur das traditionelle Getränk des chinesischen Volkes gewesen, er ist auch in anderen Teilen der Welt sehr beliebt.

Chinesischer Tee fand seinen Weg in andere asiatische Länder während des 5. Jahrhunderts. Im 17. Jahrhundert wurde er in verschiedene Länder Europas und Amerikas transportiert, wo er als beliebtes Getränk bald sehr geschätzt wurde. Wirksamkeit und Gebrauch von Tee verbreiteten sich von Land zu Land, die Sitte des Teetrinkens nahm in der ganzen Welt zu. Tee stieg auf der Liste von Chinas Exportwaren rapide an, erreichte 1886 einen Rekord von 134 000 Tonnen und rangierte zu jener Zeit als beliebteste unter den chinesischen Exportwaren.

Seit der Befreiung ist chinesischer Tee in etwa 100 Länder und Gebiete der fünf Kontinente exportiert worden. Im Interesse der Freundschaft mit den asiatischen und afrikanischen Völkern hat die chinesische Regierung in Mali, Guinea, Marokko und Afghanistan Hilfe beim Anbau von chinesischem Tee geleistet. Diese Teesträucher der Freundschaft sind gut gewachsen und brachten erfolgreiche Ernten ein.

Zwei berühmte medizinische Werke

Yu Yingao

Die traditionelle chinesische Medizin hat eine lange und selbständige Geschichte, da sie die angesammelten Erfahrungen des chinesischen Volkes in seinem jahrtausendelangen Kampf gegen Krankheiten darstellt. Chinas Schatzkammer medizinischer Werke ist nicht nur umfangreich, sondern hat auch einen wertvollen Inhalt, da ihre Werke einen wichtigen Platz in der alten und traditionsreichen Zivilisation des Landes einnehmen. Sie haben als Medium bei der Verbreitung von Informationen gedient, die durch verschiedene Schulen von Ärzten zwecks Feststellung, Beobachtung, Analyse und Behandlung einer großen Reihe von Krankheiten gesammelt wurden. Die unvermeidlich unvollständigen Statistiken führen nahezu 8000 solche Werke auf, von denen die meisten die allgemeine und klinische Medizin behandeln.

Inschriften auf Schildkrötenpanzern und Knochen, ausgegraben in den Ruinen des 13. Jahrhunderts v. Chr. nahe Anyang, Provinz Henan, berichten über von Parasiten ausgelöste Krankheiten, Zahnfäulnis und verschiedene andere Leiden. Sie geben auch eine rudimentäre Einteilung der Krankheiten je nach Ort des Auftretens am Körper. Als man im Jahre 1973 bei Mawangdui in Changsha, Provinz Hunan, im Grab Nr. 3 eine Sammlung von Seide-Büchern entdeckte, waren darunter medizinische Schriften, datiert aus dem 3. und sogar aus dem 8. Jahrhundert v. Chr. wie das *Wu Shi Er Bing Fang (Rezepte für 52 Krankheiten)*, *Zu Bi Shi Yi Mai Jiu Jing (Elf Kanäle für Moxibustion an Armen und Füßen)* und *Yin Yang Shi Yi Mai Jiu Jing (Elf Kanäle für Moxibustion im Yin- und Yang-System)*. Die archäologische Forschung hat den Zeitraum vom 11. bis 3. Jahrhundert v. Chr. als die Zeit bezeichnet, in der zum ersten Mal medizinische Schriften verbreitet wurden. Die Aufteilung des Landes in Feudalstaaten mit verschiedenen politischen Systemen und kalligraphischen Schriftstilen sowie die Mühsal des Kopierens behinderten die Reproduktion und weite Verbreitung dieser Bücher. Das *Huang Di Nei Jing (Des Gelben Kaisers Kanon der inneren Medizin)*, auch einfach als *Nei Jing (Kanon der inneren Medizin)* bekannt, und das *Shang Han Za Bing Lun (Abhandlung über fiebrige und andere Krankheiten)* sind die zwei wichtigsten noch vorhandenen Schriftstücke.

Das *Nei Jing* (Kanon der inneren Medizin)

Der *Kanon der inneren Medizin*, das älteste und umfangreichste medizinische Werk, sowohl in theoretischer als auch in klinischer Hinsicht, wurde etwa um das 3. Jahrhundert v. Chr. zusammengestellt. Da dies eine Sammlung von Abhandlungen verschiedener Verfasser aus verschiedenen Zeiten ist, besteht der Kanon aus 18 Bänden. Eine Hälfte ist *Su Wen (Fragen und Antworten)* betitelt, die andere *Zhen Jing (Kanon der Akupunktur).* Sie wurde im 7. Jahrhundert in *Ling Shu* umbenannt.

Diese fragmentarische Sammelschrift hob die grundlegenden Theorien der traditionellen chinesischen Medizin hervor. Sie behandelte die Erhaltung der Gesundheit (Prophylaxe), klinische Symptome, Rezepte, Akupunktur und die Moxibustion. Diese Sammlung wies den Weg für die zukünftige Erweiterung und Entwicklung der systematischen Theorie der traditionellen chinesischen Medizin.

Die Theorie von *yin* und *yang,* eine altchinesische, auf einer einfachen dualistischen Dialektik basierende Weltanschauung, gelangt im *Kanon der inneren Medizin* als Versuch zur Erklärung der Struktur des menschlichen Körpers, physiologischer und pathologischer Phänomene und der Gesetze, die das Auftreten und die Entwicklung verschiedener Krankheiten beherrschen, zur Anwendung. Diese Theorie ist das Leitprinzip für die klinische Diagnose und Therapie. Sie betrachtet die Veränderung und Entwicklung der Dinge im Lichte des Gegensatzes, der Abhängigkeit, des gegenseitigen Konfliktes und der Umstellung und gegenseitigen Zustandsänderung in den Beziehungen von Wechselwirkungen zwischen dem Positiven *(yang)* und dem Negativen *(yin).* Sie behauptet, das relative Gleichgewicht und die Übereinstimmung von *yin* und *yang* im menschlichen Körper seien die Vorbedingung für die Erhaltung der Gesundheit, und folgert umgekehrt, daß die Störung des Gleichgewichtes und die Nichtübereinstimmung dieser Kräfte zur Krankheit führen. Fieber kann zum Beispiel durch unangemessene Steigerung von *yin* oder von *yang* entstehen. Mit anderen Worten, Ursache und Pathologie des Fiebers können verschiedenartig sein. Eine allseitige Analyse ist daher notwendig, bei der die besondere Eigenart des Fiebers und andere klinische Erscheinungen berücksichtigt werden. Diese Art der Analyse, wie sie zur Zeit der Abfassung des *Kanon der inneren Medizin* aufkam und seitdem entwickelt worden ist, bleibt eine Hauptmethode bei der Behandlung und Erforschung verschiedener Krankheiten.

In dem einzigartigen System der chinesischen Medizin sind die Theorie der inneren Organe und die der Kanäle und Seitenkanäle wichtige Zweige bei der Behandlung von physiologischen und pathologischen Problemen. Der *Kanon der inneren Medizin,* der ausführliche Informationen über die inneren

Organe und die Kanäle und Seitenkanäle liefert, enthält im *Su Wen* eine äußerst wichtige Abhandlung in einem Kapitel mit der Überschrift *Abhandlung über die Kanäle und Seitenkanäle.* Darin wird festgestellt, daß einge-
nommene Eßwaren und Getränke vom Magen und von anderen Organen
des Verdauungssystems absorbiert werden. Die «leichteren der aus den Eßwaren und Flüssigkeiten ausgezogenen Elemente» werden dann in die
Leber verteilt, während die schweren zum Herz geschickt werden. Das
Herz seinerseits liefert diese schweren Elemente in das Blut, das sie in
die Lunge und alle anderen Körperteile, einschließlich der Haut, des Haars
und der Eingeweide befördert. Diese Schilderung des allgemeinen und des
Atmungskreislaufs ist im wesentlichen richtig. Das *Su Wen* enthält ferner
einen Abschnitt, der darlegt, daß «das Herz das Hauptorgan für den Blutkreislauf ist» und daß der «Blutstrom konstant und kreisförmig ist». So
wird die Beziehung zwischen dem Herzen und dem Blut und dessen Kreislauf richtig dargestellt.

Hinsichtlich der Anatomie vermerkt ein Kapitel über Akupunktur, betitelt
Jing Shui:

> «Die anwendbare Methode zur Untersuchung eines menschlichen Körpers
> von durchschnittlichem Wuchs besteht darin, die Pulszahl zu messen und
> den Pulsschlag abzufühlen, wenn noch Leben besteht. Bei einem leblosen
> Körper muß die Öffnung der Leiche erfolgen. Die Starre und Größe eines
> jeden Organs, der Inhalt des Verdauungssystems, die Größe der Blutgefäße
> und die Reinheit des Blutes können in Zahlen angegeben werden.»

Dieser Abschnitt läßt erkennen, daß Ansätze zur pathologischen Anatomie
bekannt waren und anatomische Angaben in der medizinischen Forschung
geschätzt wurden. In einem anderen Kapitel mit der Überschrift «Magenun-
tersuchung» ist die Länge der Verdauungsstrecke und jeder ihrer Abschnitte
von der Rachenhöhle bis zum Mastdarm angegeben. Diese Angaben stimmen
weitgehend mit denen der modernen Anatomie überein.

Hinsichtlich der Diagnose faßten die Mitarbeiter des *Kanon der inneren
Medizin* Kenntnisse zusammen, die seit der Zeit des berühmten Arztes Bian
Que (ein Pionier der medizinischen Untersuchung und des Pulsfühlens) aus
dem 5. Jahrhundert v. Chr. gesammelt wurden, überarbeiteten sie und steuer-
ten einige Ergänzungen bei. Die Erörterungen dieser Mitarbeiter über das
Pulsfühlen betrafen das Abfühlen der Temporal-(oder Schläfen-)Arterien auf
dem Kopf und der vorderen Tibial-(oder Schienbein-)Arterien der Beine
neben dem Abfühlen der Radialarterie auf dem Handgelenk, wie es heutzutage
fast ausschließlich praktiziert wird. Der *Kanon der inneren Medizin* gab ferner
eine Zusammenfassung von Untersuchungserfahrungen. Die Notwendigkeit,

das Pulsfühlen mit anderen Untersuchungen zu verbinden, um bei der Diagnose Einseitigkeit zu vermeiden, wird herausgestellt.

Das uralte medizinische Werk behandelt insgesamt 311 Krankheiten in 44 Kategorien; dazu gehören verschiedene Fieberarten, Hitzschlag, Malaria, Husten, Asthma, Durchfall, Parasiten-Krankheiten, Nierenentzündung, gelbsüchtige Leberentzündung, Zuckerkrankheit, Ziegenpeter, verschiedene Magenleiden, Epistaxis und Blut in den Exkrementen, Blutharnen, Hämatemesis und andere Blutleiden sowie Angina pectoris, rheumatische Arthritis, Neurasthenie, Geisteskrankheiten, Epilepsie, Lepra, Furunkel, Hämorrhoiden, die Bürgersche Krankheit, Halsdrüsentuberkulose, Speiseröhrengeschwülste, eine Reihe von Frauenleiden sowie Kehlkopf-, Augen- und Zahnkrankheiten. Das Werk beinhaltet informative und tiefgehende Abhandlungen über Ursachen, Symptome und Behandlung von verschiedenen Krankheiten. Eine dieser Abhandlungen beschäftigt sich mit Kehlkopfleiden und sogar mit Speiseröhrengeschwulsten, wobei das Hauptkennzeichen ist, daß «Essen und Trinken kaum möglich sind». Hinsichtlich der Drüsentuberkulose wird erläutert, daß «die Erkrankung in der Halsgegend oder der Achselhöhle auftritt und ihre Wurzel in den Eingeweiden liegt». Dies beschreibt ganz richtig die Beziehung zwischen diesem Zustand der Tuberkulose und den inneren Organen. Der *Kanon der inneren Medizin* hat mit seinen pathologischen Abhandlungen wertvolle Informationen für die Forscher späterer Generationen geliefert.

Bei der Behandlung der Therapie legt dieser großartige medizinische Text den Akzent auf die «Behandlung von potentiellen Krankheiten», modern formuliert auf die medizinische Vorsorge. In einem besonderen Kapitel des *Su Wen* gibt es einen interessanten Vergleich: Die Behandlung einer Krankheit nach ihrem Ausbruch wird mit dem Graben eines Brunnens verglichen, nachdem der Durst bereits aufgetreten ist. Ein weiterer Aspekt der «Behandlung von potentiellen Krankheiten» ist die Vorbeugung gegen Nachwirkungen. Ein erfahrener Arzt, heißt es, sollte eine Krankheit wirksam in ihrem ersten Stadium behandeln. «Das beste Heilmittel ist das, welches vor dem Wachstum der Krankheit verabreicht wird.» Ein anderes Kennzeichen des *Kanon der inneren Medizin* ist seine Auseinandersetzung mit dem Aberglauben. «Es ist sinnlos, mit denjenigen über medizinische Wissenschaft zu reden, die Anhänger des Glaubens an Übernatürliches sind», wird schon in diesem alten Buch erklärt.

Es finden sich Analysen, beruhend auf der Forderung, daß «die Behandlung auf die Wurzel der Krankheit ausgerichtet sein solle», ferner auch Darlegungen über die Beziehung zwischen radikaler und nur lindernder Behandlung. Das Buch erörtert viele Behandlungsmöglichkeiten, u. a. die Einnahme von Medizinen durch den Mund, Diät, chirurgische Eingriffe, Moxibustion, Akupunktur, Massage und Flüssigkeitsentnahme. Bemerkenswert ist ein ausführlicher Bericht über die Behandlung von Ascites durch Unterleibs-Parazentese, wobei die frühe Erwähnung besonders bemerkenswert ist. Diese Parazentese wurde durch Einführung einer Nadel in den Unterleib an einem *guanyuan* genannten Punkt (Ren 4), 10 Zentimeter unterhalb des Bauchnabels, ausgeführt; die Flüssigkeit wurde mit einer Sonde eingeführt, bis eine gewisse Menge abgelassen war. Die Bauchgegend wurde dann fest bandagiert, damit der Patient kein Gefühl der Erstickung wegen der Veränderung des Unterleibsdruckes spüre. Dies alles wirft ein bezeichnendes Licht auf die Einsichten und Geschicklichkeit der chinesischen Ärzte in alten Zeiten.

Ein anderes Kapitel mit dem Titel «Karbunkel» lehrt, daß die fortgeschrittene Bürgersche Krankheit durch Amputation des infizierten Blutgefäßes als Notmaßnahme zur Vorbeugung der Verbreitung auf Oberarm oder Oberschenkel behandelt werden kann. Es ist somit offenbar, daß der *Kanon der inneren Medizin* wissenschaftliche und dialektische Ansichten zur Vorbeugung und Behandlung verschiedener Krankheiten darbietet und einen Schatz an praktischer klinischer Erfahrung darstellt. Das hat gewiß zu der nachfolgenden Entwicklung der modernen Medizin in China beigetragen.

Das *Shang Han Za Bing Lun*
(Abhandlung über fiebrige und andere Krankheiten)

Die *Abhandlung über fiebrige und andere Krankheiten*, verfaßt von Zhang Zhongjing früh im 3. Jahrhundert, wurde später überarbeitet und in zwei Bücher aufgeteilt, das *Shang Han Lun (Abhandlung über fiebrige Krankheiten)* und das *Jin Gui Yao Lue (Jingui-Sammlung von Rezepten)*. Das erste Werk faßte systematisch zeitgenössische Kenntnisse über Diagnose und Behandlung von akuten Fieberkrankheiten und eine Reihe von anderen Beschwerden zusammen. Zhang war ein Fürsprecher des sorgfältigen Studiums der verfügbaren Rezepte und ein Feind von Hexerei. In dem Vorwort seines Buches befürwortet er, «eifrig die alten Anweisungen zu studieren und weitgehend bekannte Rezepte zu sammeln». Und er befolgte seinen eigenen Ratschlag. Zhangs Gewissenhaftigkeit, seine Hochachtung für die Leistungen seiner Vorgänger, seine umfangreiche Zusammenfassung von im Volk kursierenden medizinischen Regeln und Behandlungsmethoden und seine eigenen Experimente machten sein Buch in der klinischen Praxis wichtig.

Der Hauptwert dieser Abhandlung für die Heilkunde besteht in ihrer dialektischen Diagnosemethode und in ihrer Eigenschaft als Kompendium erprobter Behandlungen und Rezepte.

In der Diagnostik schlug Zhang «Vier Methoden» vor – Untersuchung, Abhorchen, Befragung und Pulsfühlen. Er teilte die akuten Fieber in sechs Gruppen ein, nach Meridianen benannt, und benutzte das typische Symptom jeder Gruppe als Grundlage für die dialektische Diagnose. Die Entwicklung der Krankheiten wurde beobachtet, um ihre Varianten und ihr Wesen zu begreifen. Dieses Vorgehen wurde später als «Erkenntnis von Krankheiten durch die sechs Meridiane» bezeichnet. Eine rudimentäre Vorstellung der «Acht Schlüssel» zur Diagnostik ist in Zhangs Abhandlung ersichtlich. Jene «Schlüssel», d. h. die verschiedenen Aspekte, die beim Analysieren von Krankheiten eine Rolle spielen, wurden als *yin* und *yang* zusammengefaßt, äußere und innere Faktoren, Fieberhitze und Kälte, Mangel und Überfluß. Solche dialektischen Prinzipien und Methoden verhalfen zu einem besseren Verständnis der Eigenart einer Krankheit, ihrer verschiedenen Symptome und der Widerstandskraft des Patienten. So gaben sie dem Arzt eine systematische Kenntnis des speziellen Falles.

Durch Kombination einer Vielzahl von Theorien, die nach dem 3. Jahrhundert v. Chr. bekannt wurden, als der *Kanon der inneren Medizin* zusammengestellt wurde, und durch Kombination der pathogenetischen Theorien der «Meridiane und Querverbindungen» mit den «Vier Methoden» und «Acht Schlüsseln» schuf der Verfasser ein allgemeines System von therapeutischen Methoden, heute bekannt als «Die acht Therapien». Dies sind die Methode des Schwitzens für Unstimmigkeiten an der Oberfläche von Muskeln, das Herbeiführen von Erbrechen bei träger Verdauung, bei Aufstoßen, bei Verschleimung in der Luftröhre und ähnlichen Leiden, Abführmittel für Ascites (= abdominale Wassersucht) infolge von Darmblockaden, die milde Behandlung von Leiden in «mittelmäßiger Tiefe» des Organismus, Erwärmungsmaßnahmen bei Erfrierungserscheinungen, Reinigung bei Fieber, Stärkungsmittel bei Schwäche und Beseitigung von Stockungen, Schwellungen und ähnlichen Störungen. Diese spezifischen, umfassenden und systematischen Gesetze der Heilkunde ergeben praktische Regeln, die getrennt oder in Kombination angewandt werden können, um verschiedenen Symptomen und Krankheiten entsprechend zu begegnen. Zhang Zhong schlug ferner vor, die diagnostische Theorie, therapeutische Gesetze und die Verschreibung und Verabreichung von Medikamenten bei der Behandlung eines besonderen Zustandes miteinander zu verbinden. Seine Prinzipien und Theorien legten den Grundstein für die klinische Therapie der traditionellen chinesischen Medizin.

Die *Abhandlung über fiebrige und andere Krankheiten* enthält mehr als 300 Rezepte, die für spezielle Krankheiten wohlgeordnet und klar dargelegt sind. Diese Rezepte werden als Vorläufer moderner Rezepturen «klassische Rezepte» genannt. Manche sind von hoher klinischer Wirksamkeit und haben als Grundlage für die in der chinesischen Pharmakologie erfolgten Fortschritte gedient.

Neben den oral einzunehmenden Arzneien behandelt diese Abhandlung auch Akupunktur, Moxibustion, das Abkochen, die örtliche Erwärmung, das Einreiben betroffener Körperstellen, die Verwendung von Zäpfchen, Bäder,

Fußbäder, Einflößen von Wasser oder Luft in die Ohren und die Einnahme von Medikamenten. Wir möchten die Anweisungen zur Rettung einer Person, die sich gerade aufgehängt hat, aus diesem Buch zitieren:

«Der Selbstmörder sollte abgeschnitten und hingelegt, dann der Strick entfernt werden. Nach Bedeckung des Patienten mit einer Steppdecke zu seiner Erwärmung sollte der Retter mit je einem Fuß auf den Schultern des Selbstmörders stehen und dessen Hals strecken, indem er ihn an den Haaren zieht. Ein anderer Mann sollte dann mit seinen Händen wiederholt die Brust des Patienten pressen. Eine dritte Person sollte die Arme und Beine massieren, sie abwechselnd beugen und strecken und dabei die Schwingweite allmählich vergrößern. Der Druck sollte auch auf den Unterleib des Patienten erfolgen... Zimt-Dekokte oder Brei können eingeflößt werden, und zugleich kann beobachtet werden, ob der Patient schlucken kann. Falls ja, sollte ihm Luft in seine Ohren eingeblasen werden.»

Die zitierte Passage ist tatsächlich eine knappe, aber angemessene Anleitung zu koordinierten Erste-Hilfe-Maßnahmen, die den modernen wissenschaftlichen Prinzipien entsprechen.

Die *Abhandlung über fiebrige und andere Krankheiten* war das erste medizinische Werk, das eine allseitige Erläuterung des gesamten Prozesses einer kombinierten Analyse von Symptomen mit Hilfe aller verfügbaren diagnostischen Mittel beschrieb und daraufhin die richtige Behandlung in Übereinstimmung mit den therapeutischen Prinzipien der traditionellen chinesischen Medizin herausfand. Dieser von späteren Generationen in der Heilkunde als Leitprinzip übernommene Prozeß veranschaulicht das für die traditionelle chinesische Medizin charakteristische dialektische Verfahren.

Der *Kanon der inneren Medizin* war eines aus einer Reihe von klassischen medizinischen Werken, die vor dem 3. Jahrhundert bestanden. Das *Shen Nong Ben Cao Jing (Shen Nongs Materia Medica)*, Chinas älteste, systematische pharmakologische Abhandlung, und das *Nan Jing (Klassiker der schwierigen Fälle)*, das die medizinischen Theorien und eine Anzahl von Krankheiten neben Akupunktur-Punkten erörtert, sind zwei andere einflußreiche medizinische Werke, die uns bis heute überliefert sind. Nach dem 3. Jahrhundert erschienen mehr und mehr medizinische Schriftstücke mit einer großen Anzahl von Themen – allgemeine medizinische Theorie, Physiologie, Pathologie, Diagnostik, Pharmakologie, Moxibustion und Akupunktur. Es gab auch Sammlungen von Rezepten und klinische Abhandlungen über besondere Krankheiten wie Lepra und Tuberkulose. Zu diesen kamen medizinische Enzyklopädien hinzu, die Gerichtsmedizin, die Tiermedizin u. a. Alle leisteten Beiträge zur Verbesserung der Gesundheit der Menschheit.

Akupunktur und Moxibustion

MA JIXING

Akupunktur und Moxibustion sind einzigartige, im alten China entwickelte Therapien, deren Anwendung keine Medikamente erfordert. Die Heilwirkung wird einfach durch Punktieren oder Wärmewirkung auf gewisse «Punkte» des menschlichen Körpers erzielt.

Die Akupunktur entwickelte sich im Neuen Steinzeitalter aus der Praxis, verschiedene Teile des Körpers mit Steinsplittern, *bian* genannt, zu stimulieren. Die Moxibustion, das Abbrennen von Moxa in Hautnähe, wurde ungefähr zum gleichen Zeitpunkt gebräuchlich. Doch erst im 8. Jahrhundert v. Chr. begann man, Metallnadeln zu verwenden. Goldnadeln, die für diesen Zweck bestimmt waren, wurden kürzlich im Kreis Mancheng, Provinz Hebei,

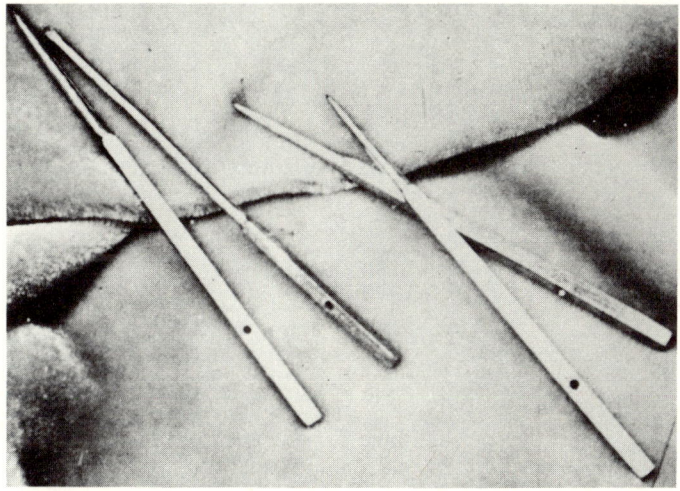

Abb. 75
Goldene Akupunkturnadeln des 3. Jahrhunderts v. Chr., die im Kreis Mancheng, Provinz Hebei, ausgegraben wurden.

in einer Grabstätte ausgegraben, die dem 3. Jahrhundert v. Chr. zugeschrieben wird. Dies beweist also, daß Akupunktur und Moxibustion in der traditionellen chinesischen Medizin mehrere Jahrtausende lang wichtige Plätze unter den Heiltechniken eingenommen haben.

Die Vorteile von Akupunktur und Moxibustion können folgendermaßen zusammengefaßt werden:

1. Sie sind auf eine große Zahl von Krankheiten anwendbar und entsprechen therapeutischen Erfordernissen der inneren Medizin, Chirurgie, Gynäkologie, Pädiatrie, Augenheilkunde, Hals-Nasen-Ohren-Heilkunde sowie
der Vorsorge-Medizin.

2. Sie bewirken schnelle und wirksame Heilung, steigern den Widerstand
gegen Krankheiten durch Stimulation gewisser Punkte und mildern oder
beseitigen Schmerzen.

3. Sie sind leicht praktizierbar und erlernbar.

4. Sie verursachen geringe Unkosten.

5. Sie erzeugen keine oder geringe Nebenwirkungen, sind im allgemeinen
sicher und können zusammen mit anderen Therapien angewendet werden.

Geschichte der Akupunktur und der Moxibustion

Archäologische Funde aus dem Grab des 3. Jahrhunderts v. Chr. bei dem Dorf
Mawangdui, Provinz Hunan, belegen, daß chinesische Ärzte klinische Erfahrungen sowohl in Akupunktur als auch in Moxibustion vor mehr als zwanzig
Jahrhunderten systematisiert hatten. Im Jahre 1973 ausgegraben, enthüllte dieses Grab eine Reihe von medizinischen Werken. Zwei von diesen mit den Titeln
Zu Bi Shi Yi Mai Jiu Jing (Elf Kanäle für die Moxibustion an Armen und Füßen)
und *Yin Yang Shi Yi Mai Jiu Jing (Elf Kanäle für Moxibustion im Yin- und
Yang-System)* handeln von Schmerzen, Krämpfen, Starrheit und Schwellungen, die entlang der Kanäle auftreten können, Symptomen an Mund und Sin-
nesorganen sowie von allgemeinem Unwohlsein, Kältegefühl und Schlaflosig-
keit. Alle Beschwerden sind für die Behandlung durch Moxibustion geeignet.

Später, im 3. Jahrhundert v. Chr., behandelte das *Nei Jing (Kanon der inneren Medizin)* verschiedene Aspekte von Krankheiten, die durch Akupunktur
und Moxibustion geheilt werden konnten, und veranschaulichte die Anwendung dieser Therapien auf verschiedene Krankheiten der inneren Organe, auf
Fieber, Malaria und Karbunkel. Der *Kanon* lieferte auch eingehende Erörterungen über gewisse Techniken bei diesen Behandlungen. Als Beispiel dafür:
die Verstärkung oder Schwächung der inneren Pneumata *(qi)* durch die
Behandlung und das Punktieren der entsprechenden Punkte abwechselnd auf
der linken und rechten Seite. Zu den Ärzten, die sich auf Akupunktur und
Moxibustion spezialisierten, gehörte Bian Que, dessen Biographie im *Shi Ji
(Historische Aufzeichnungen)* enthalten ist. Von diesem Arzt heißt es, er sei im
Staate Guo, jetzt Baoji in der Provinz Shaanxi, zu der Zeit angekommen, als
der Kronprinz jenes Staates gerade verstorben war. Bian Que eilte mit seinen
Jüngern zu dem Königspalast, erkundigte sich nach den Krankheitssym-
ptomen des Kronprinzen und erklärte, dessen «Tod» rückgängig machen zu
können. Der König wurde informiert und bat sofort um Bian Ques Hilfe

zur Rettung seines Sohnes. Der Arzt prüfte und befühlte den Puls des Patienten, fragte nach weiteren Symptomen und folgerte, daß der Prinz in einem Zustand der Bewußtlosigkeit oder des Schockes sei und durchaus nicht tot. Akupunktur und Moxibustion wurden in die Rettungsmaßnahmen einbezogen, was die völlige Wiederherstellung des Kranken herbeiführte; die Nachricht über Bian Ques «Wiedererweckung des Toten» verbreitete sich schnell. Diese Berichte zeigen, daß zwischen dem 5. und 6. Jahrhundert v. Chr. nicht nur eine weitgehende Anwendung von Akupunktur und Moxibustion erfolgte, sondern daß auch die Methoden inzwischen beträchtlich verbessert worden waren.

Zwei medizinische Werke, das *Huang Di Ming Tang Jing (Des Gelben Kaisers Kanon der Akupunktur und Moxibustion)*, geschrieben gegen Ende des 3. Jahrhunderts v. Chr., und das *Zhen Jiu Jia Yi Jing (Kanon der Akupunktur und Moxibustion)*, zusammengestellt im 3. Jahrhundert v. Chr., gaben zuverlässigere und umfangreichere Informationen über die bei der Behandlung von Kranken mit diesen Therapien gewonnenen Erfahrungen. Diese Werke lieferten eine systematische Darstellung der Auswahl von «Punkten» bei der Behandlung verschiedener Krankheiten und der therapeutischen Eigenschaften der Punkte. Außer diesen Büchern, auf denen die Entwicklung dieser Therapien in den nachfolgenden Jahrhunderten beruhte, gab es eine Anzahl anderer wichtiger Schriften, deren Illustrationen die für Akupunktur und Moxibustion geeigneten Punkte zeigten.

Zwischen dem 4. und dem 10. Jahrhundert nahmen Werke über diese therapeutischen Techniken nicht nur zahlenmäßig zu; auch die Zahl der behandelten Themen stieg an. Diese Jahrhunderte erlebten ebenfalls die Veröffentlichung von farbigen Karten und Diagrammen über Akupunktur und Moxibustion, von besonderen Büchern über Moxibustion und von Schriften über die tierärztliche Anwendung dieser Techniken. Sun Simiao (581–682) und Wang Tao (702–772) waren berühmte Ärzte, deren Werke *Qian Jin Yao Fang (Die tausend goldenen Formeln)* und *Wai Tai Mi Yao (Von einem Beamten bewahrte medizinische Geheimnisse)* besonders nachdrücklich Akupunktur und Moxibustion empfahlen. Sun zeichnete drei großformatige Karten, die Vorder-, Rück- und Seitenansichten des menschlichen Körpers zeigten. Die zwölf Hauptkanäle *(zhengjing)* waren mit farbigen Linien markiert, die acht Sonderkanäle *(qijing)* mit Grün. Wang Tao zeichnete zwölf Karten, deren Linien zur Darstellung der regulären und Sonderkanäle ebenfalls in verschiedenen Farben eingezeichnet sind. Zu jener Zeit waren Akupunktur und Moxibustion amtlich anerkannt und Teil des Lehrplans der Kaiserlichen Medizinischen Hochschule, während der *Kanon der inneren Medizin* und *Des Gelben Kaisers Kanon der Akupunktur und Moxibustion* zu den ausgewählten Lehrbüchern gehörten. Titel wie Meister, Assistenz-Meister, Lektor, Techniker und Lehrling der Akupunktur wurden Ärzten des Kaiserlichen Medizinischen Amtes verliehen.

Eine noch größere Anzahl von Schriften über Akupunktur und Moxibustion wurden vom 10. Jahrhundert bis zur Neuzeit veröffentlicht. Unter diesen waren das *Tong Ren Yu Xue Zhen Jiu Tu Jing (Illustriertes Handbuch der Akupunktur und Moxibustion anhand der Bronzefigur)*, zusammengestellt unter der Oberaufsicht des Kaiserlichen Arztes Wang Weiyi aus dem 11. Jahrhundert, und das *Zhen Jiu Da Cheng (Kompendium der Akupunktur und Moxibustion)* von Yang Jizhou aus dem 16. Jahrhundert besonders verbreitet.

Als Wang Weiyi sein *Illustriertes Handbuch* im Jahre 1027 vorbereitete, leitete er eine Gruppe, die zwei Bronzefiguren, beschriftet mit den Akupunktur-Kanälen und versehen mit Löchern an den Akupunktur-Punkten goß. Neben der Benutzung als Lehrmaterial wurden diese Figuren auch für Studenten bei Akupunktur-Prüfungen verwendet. Der Prüfling wurde aufgefordert, die an den Akupunktur-Punkten mit Quecksilber gefüllte, mit Wachs überzogene und bekleidete Figur zu punktieren. Die Genauigkeit der Punktur des Studenten konnte leicht festgestellt werden, indem man beobachtete, ob das Quecksilber austropfte oder nicht.

Solche Bronzefiguren gab es in großen Mengen; manche wurden von Kaiserlichen Hospitälern, andere von Privatärzten oder Apothekern gegossen. Viele dieser wertvollen Figuren wurden in Kriegen zerstört, einige von Angehörigen fremder Völker bei Eroberungsfeldzügen in China entwendet. Eine dieser Figuren wurde um die Mitte des 15. Jahrhunderts vom Kaiserlichen Hospital gegossen und gehörte zu den Beutestücken der russischen Armee, die 1900 gemeinsam mit sieben anderen imperialistischen Mächten in China einfiel. Diese unschätzbare Bronzefigur wird noch immer durch das Leningrader Museum in der Sowjetunion zurückbehalten.

Zu den späten Verbesserungen der bei Akupunktur und Moxibustion benutzten Materialien und Techniken gehören das heiße Punktieren, das warme Punktieren sowie die «Pflaumenblüte-Punktur». Die Moxibustion wurde durch das Abbrennen von Kegeln aus Arzneimitteln oder Wasserpflanzen und durch die Benutzung von «Moxa-Rollen» bereichert.

Die Theorie der Kanäle *(jing)* und Querverbindungen *(luomo)*

Die Wirksamkeit von Akupunktur und Moxibustion bei der Behandlung einer großen Reihe von Krankheiten hängt unter anderem von der Eigenart und Intensität der durch Punktieren oder Wärmeerzeugung bewirkten Reizung ab, ferner von den ausgewählten Punkten und der Fähigkeit des Organismus, die durch Akupunktur oder Moxibustion entstandene Reizung zu über-

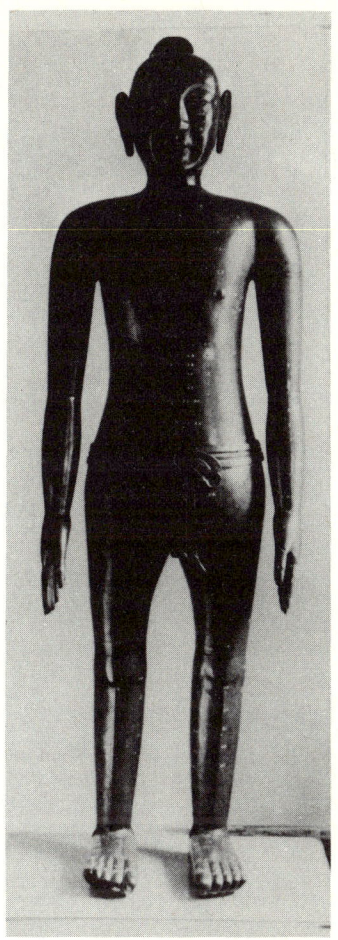

Abb. 76
Reproduktion einer Bronzefigur aus dem 18. Jahrhundert, versehen mit den Akupunktur-
Punkten.

mitteln. Die traditionelle chinesische Theorie der Kanäle und Querverbindungen erläutert dies.

In den medizinischen Büchern, die im 3. Jahrhundert v. Chr. in dem Grab
bei dem Dorf Mawangdui gefunden wurden, wurden der «Zahn-Kanal», der
«Ohr-Kanal» und der «Schulter-Kanal» genannt, alle abgeleitet von dem
Hauptübertragungsweg der Reizung, die durch Akupunktur und Moxibu-
stion an einem gewissen Punkt auf einem der Kanäle erzeugt wurde. Diese
Namensbezeichnung war der Vorläufer der Theorie der Kanäle und Querver-

bindungen. Die Verfasser alter medizinischer Bücher wie *Elf Kanäle für die Moxibustion an Armen und Füßen* waren Pioniere, die erstmals mit den Kanälen systematisch umgingen und die elf damals bekannten beschrieben. Sie führten die Systematisierung durch Umbenennung und Einteilung der Kanäle weiter und stützten sich dabei auf die Theorie der oberen und unteren Gliedmaßen des Körpers sowie auf die Theorie von *yin* und *yang*.

Der *Kanon der inneren Medizin* hob diese Forschungen auf eine neue Höhe durch die Feststellung, daß es in Wirklichkeit zwölf Kanäle gab. Er spezifizierte auch die Erläuterungen über den besonderen Weg jedes Kanals und seine diagnostische und therapeutische Bedeutsamkeit. Dieser *Kanon* legte die wissenschaftlichen Prinzipien von Akupunktur und Moxibustion durch die Entwicklung der Theorie der Kanäle und Querverbindungen fest.

Die Haupteigenart dieser Theorie besteht in der Annahme, daß diese Wege über den ganzen menschlichen Körper vernetzt sind und ihre Funktion als Übermittler von Lebensenergie und als Koordinatoren der verschiedenen Körperteile haben. Da das gesamte Netzwerk von Kanälen und Querverbindungen jeden Teil des Körpers erreicht, erstreckt es sich tief in die inneren Organe. Entlang dieser Wege besteht ein Kreislauf, wobei die Kanäle die Stämme sind, während die Querverbindungen und dendritischen Zweige *(sunluo)* ihre Verbindungskanäle und Seitenzweige bilden. Außer diesem System von zwölf Kanälen gibt es acht Sonderkanäle *(qijing)*.

Die Ärzte benannten die Akupunktur-Punkte des Körpers aufgrund dieser Theorie von Kanälen und Querverbindungen. Die Verfasser des *Kanon der inneren Medizin* legten alle diese Punkte entlang der Kanäle fest. Der *Kanon der Akupunktur und Moxibustion* errechnete insgesamt 654 dieser Punkte.

Chinesische Ärzte späterer Generationen vertieften die Kenntnisse über den therapeutischen Wert jedes Punktes sowie die Beziehungen zwischen den Punkten und den inneren Organen. Eine weitere Verbesserung in der therapeutischen Wirksamkeit von Akupunktur und Moxibustion erfolgte durch die Identifizierung von zusätzlichen Punkten.

Die Verbreitung von Akupunktur und Moxibustion

Akupunktur und Moxibustion spielten nicht nur beim Fortschritt der chinesischen Medizin, sondern auch bei der Förderung des medizinischen Niveaus in der gesamten Welt eine Rolle.

Chinas freundschaftliche Handelsbeziehungen und sein kultureller Austausch mit Korea, Japan sowie den südöstlichen und zentralasiatischen Ländern gehen auf das 3. Jahrhundert v. Chr. zurück. Die chinesische Medizin, insbesondere Akupunktur und Moxibustion, wurde zu jener Zeit in diese Länder eingeführt und gewann bei den Herrschern wie auch beim Volk Anerkennung. Der chinesische Arzt Yang Er ging im Jahre 513 nach Japan als Lehrer der Medizin. Zhi Cong nahm medizinische Schriften sowie Akupunktur- und Moxibustions-Diagramme mit, als er im Jahre 550 nach Japan reiste. Im Jahre 552 schenkte der Kaiser Wen Di aus der Liang-Dynastie dem japanischen Hof das *Zhen Jing (Kanon der Akupunktur)*. Daraufhin erfolgten Besuche von japanischen Studenten der Medizin (die auch Akupunktur und Moxibustion studierten) in China. Der im Jahre 701 von der Kaiserlichen Regierung Japans verkündete Taihō-Kodex setzte fest, daß medizinische Institute Pflichtkurse auf der Grundlage von *Des Gelben Kaisers Kanon der Akupunktur und Moxibustion* sowie des *Kanons der Akupunktur und Moxibustion* veranstalteten. Es wurden Maßnahmen hinzugefügt, um die Durchführung dieser Forderung zu gewährleisten. Auf diese Weise entwickelte sich in Japan ein Kreis japanischer Ärzte und medizinischer Schriftsteller, die sich auf diese Methode spezialisierten, und es wurden Institute der Akupunktur und Moxibustion gegründet.

Wo heute Korea liegt, führten die alten Königreiche von Silla, Paekche und Koguryo ein öffentliches Prüfungssystem ein, das demjenigen Chinas zwischen dem 7. und 10. Jahrhundert vergleichbar war, und machten den *Kanon der Akupunktur, Des Gelben Kaisers Kanon der Akupunktur und Moxibustion* sowie den *Kanon der Akupunktur und Moxibustion* zur Pflichtlektüre für Studierende der Medizin.

Die Entwicklung der Seefahrt nach dem 10. Jahrhundert begünstigte Chinas Handel und kulturellen Austausch mit Afrika und Europa. Akupunktur und Moxibustion gehörten zu den Techniken, die auf diesem Wege dorthin gelangten. Englische, französische, deutsche, holländische und österreichische Ärzte übernahmen später diese Techniken in ihre klinische Praxis und Forschung. Lehrbücher über diese Zweige medizinischer Wissenschaft wurden aus dem Chinesischen in eine Reihe anderer Sprachen übersetzt.

Errungenschaften der altchinesischen Pharmakologie

CAI JINGFENG

Die chinesische Pharmakologie, die aus den Erfahrungen von Generationen von Ärzten gewachsen ist, war ein wichtiger Zweig der traditionellen chinesischen Medizin.

Geschichte

Es gibt eine Legende, nach der ein archaischer Kaiser, Shen Nong, auf seiner Suche nach neuen Medizinen Kräuter ausprobierte. In der Regierungszeit jenes Kaisers, der nach der Überlieferung im späten Neolithikum lebte, wird traditionell der Anfang des Ackerbaus angesiedelt. Die Menschen begannen damals, die Eigenschaften von Getreide und anderen Pflanzen zu untersuchen und zu verstehen, und lernten die pharmazeutischen Funktionen einiger dieser Pflanzen kennen. Das «Ausprobieren» von Kräutern durch jenen legendären Kaiser kann man als antike Fassung der Geschichte jener Forschenden verstehen, die persönlich die Heilwirkungen von Kräuterarzneien untersuchten. Eine Reihe von Kräutern wie asiatischer Wegerich, Kaiserkrone, Mutterwurz und andere sind im *Shi Jing (Buch der Oden)* erwähnt. Im *Shan Hai Jing (Klassisches Werk über Berge und Flüsse)*, vor mehr als 2000 Jahren verfaßt, ist eine Gesamtzahl von 120 Arzneien pflanzlichen, tierischen und mineralischen Ursprungs verzeichnet, ihre Wirkung bei der Behandlung und Vorbeugung von Krankheiten beschrieben sowie ihre Herstellung und Anwendung aufgeführt. Obwohl weitere archäologische Forschungen noch erfolgen müssen, um viele der genannten Arzneien zu identifizieren, belegen diese alten Werke den Fortschritt pharmazeutischer Untersuchungen jener Zeit.

Um das 2. Jahrhundert v. Chr. erschien das *Shen Nong Ben Cao Jing (Shen Nongs Materia Medica)*, Chinas ältestes pharmazeutisches Werk. Es behandelte 365, in drei Kategorien eingeteilte Arzneien. Diese *Materia Medica* erörterte eingehend die geographische Herkunft, die Eigenschaften und den Heilwert jedes medizinischen Krautes sowie alles, was beim Sammeln beachtet werden muß. Es wurde darin ferner berichtet, wie man die Kräuter verarbeiten, verschreiben und einnehmen solle. Besonders bemerkenswert ist, daß die alten Chinesen durch lange klinische Erfahrung besondere Arzneien für bestimmte Krankheiten herausfanden, wie Arten der *Ephedra* gegen Husten und Asthma, Rhabarber als Abführmittel und die Dichroa-Wurzel gegen

Malaria. Die Wirksamkeit dieser Mittel ist durch moderne Pharmazeuten bestätigt worden.

Gegen das 6. Jahrhundert jedoch war Shen Nongs *Materia Medica* den medizinischen Erfordernissen nicht mehr gewachsen. Um diese Lücke zu füllen, revidierte ein berühmter Arzt jener Zeit, Tao Hongjing, in umfassender Weise alle bekannten Arzneien, gestützt auf die zuvor gewonnenen empirischen Kenntnisse. Er schuf sein *Ben Cao Jing Ji Zhu (Kommentare zur Materia Medica)*, worin er 730 medizinische Substanzen beschrieb, das ist die doppelte Anzahl der in dem Originalwerk behandelten. Er verbesserte ebenfalls das Klassifizierungssystem der Arzneien durch Einteilung in sieben Gruppen: Kräuter, Baumpflanzen, Getreidepflanzen, tierische Erzeugnisse, Minerale, Gartenprodukte und Mittel mit ungewissen Wirkungen. Seine Klassifikation, die jene seiner Vorgänger, die nur den Giftgehalt der Arzneien beachtet hatten, weitaus übertraf, wurde zum Standardwerk für Ärzte und Forscher während der folgenden zehn Jahrhunderte. Tao wirkte auch wegweisend durch seine Einteilung der medizinischen Substanzen gemäß ihrer jeweiligen Heilwirkung; so teilte er z. B. Arzneien zur Milderung von rheumatischen Schmerzen und Erkältungen wie *fangfeng (Saposhnikovia divaricata)*, großblättrigen Enzian, *fangji (Stephania tetrandra)* und *duhuo (Angelica grosseserrata)* einer einzigen Kategorie zu. Eine derartige Klassifikation entsprach den therapeutischen Erfordernissen und erleichterte den Fortschritt der medizinischen Wissenschaft und der Pharmakologie.

Die Tang-Dynastie (618–907) war das goldene Zeitalter von Chinas Feudalgesellschaft, in dem sich die Kultur sehr stark entwickelte. Ein von dem kaiserlichen Hof gefördertes pharmazeutisches Sammelwerk wurde im Jahre 659 veröffentlicht. Es verzeichnete 844 Arzneien in neun Kategorien mit Illustrationen, die auf Musterproben, gesammelt in verschiedenen Teilen Chinas, beruhten. Dieses großartige Werk, *Xin Xiu Ben Cao (Revidierte Materia Medica)*, war eine Zusammenfassung der durch mehr als zehn Jahrhunderte gesammelten pharmazeutischen Kenntnisse und Chinas erste Enzyklopädie der Arzneikunde. Seine Veröffentlichung regte die spätere Entwicklung der pharmazeutischen Wissenschaft durch Standardisierung der Namensgebung der Arzneien und Revision ihrer Beschreibungen an.

Im 16. Jahrhundert erlebte Chinas Pharmakologie einen beispiellosen Aufschwung. Der Wechselverkehr mit dem Ausland wurde bereits durch verbesserte Transportmittel sowie durch die Entwicklung der Wirtschaft erleichtert, und die Wissenschaft des Ackerbaus machte es sowohl notwendig als auch möglich, pharmazeutische Kenntnisse aufs neue zusammenzufassen. Der berühmte Naturforscher Li Shizhen (1518–1593) war derjenige, der diese Aufgabe erfüllte. Infolge seiner langen klinischen Praxis konnte Li sein *Ben Cao Gang Mu (Abriß der Arzneimittelkunde oder Materia Medica)*, ein in der

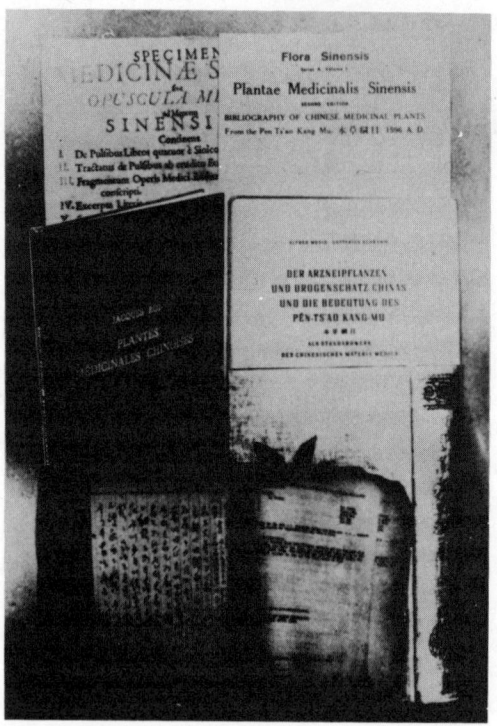

Abb. 77
Li Shizhens *Ben Cao Gang Mu (Abriß der Arzneimittelkunde)* in verschiedenen Sprachen.

ganzen Welt bekanntes Meisterwerk, verfassen. Im Jahre 1578 fertiggestellt, enthielt diese 52bändige Enzyklopädie nicht nur Beschreibungen von 1892 Arzneien mit Illustrationen, sondern auch 11 000 Rezepte in 16 verschiedenen Unterklassen. Es revidierte die Abhandlungen von früheren Pharmazeuten und widerlegte die taoistischen Alchimisten, die das Erlangen von Unsterblichkeit mittels Zauberpillen predigten. Dieses umfangreiche Werk gab späteren Generationen starke Anregungen, da es viele Zweige der Naturwissenschaften berührte, wie Zoologie, Botanik, Chemie, Mineralogie, Geologie, Agronomie, Astronomie und Geographie. Ganz oder teilweise übersetzt ins Japanische, Englische, Deutsche, Französische, Lateinische, Russische und in einige andere Sprachen, genoß es Anerkennung von Medizinern vieler Länder. Es gibt Belege dafür, daß der englische Wissenschaftler Charles Darwin sich hauptsächlich auf dieses großartige Werk bezog, als er aus einem von ihm *Altchinesische Enzyklopädie* genannten Buch zitierte. Sein Verfasser Li Shizhen war tatsächlich einer der glänzendsten Wissenschaftler seiner Zeit.

Bisher haben wir nur einige typische Werke aus der umfangreichen Schatz-kammer altchinesischer Literatur über Arzneikunde behandelt, doch diese wenigen genügen, um die lange Geschichte und die Weltbedeutung der chine-sischen Pharmakologie deutlich zu machen.

Das einzigartige System der chinesischen Pharmakologie

Die chinesische Arzneimittellehre ist in ihrer Theorie ohne Beispiel. Als selb-ständiges System beruht sie auf der Kenntnis der Krankheiten sowie der natür-lichen Eigenschaften und Heilwirkungen der Arzneimittel. Die Arzneien sind gemäß ihrer Temperatur («kalt», «kühl», «warm» und «heiß»), ihres Geschmacks («scharf», «bitter», «salzig», «sauer» und «süß») sowie ihrer Eigenart, «ansteigend» oder «abklingend» zu sein, eingeteilt. Die «kalten» oder «kühlen» Arzneien sind gegen Fieber, die «heißen» oder «warmen» zur Anwendung bei Krankheiten mit den Symptomen Schwäche oder zu tiefe Temperatur, besonders gegen starke Erkältungen. Eine Arznei wird als «ansteigend» bezeichnet, wenn sie Schwitzen bewirkt (wie *Ephedra*) oder das Druckgefühl am Mastdarm erleichtert (wie *Cimicifuga foetida*). Kräuter wie die Magnolien-Lilie oder *Perilla*, deren Blüten oder Blätter als Arznei benutzt werden, sind gewöhnlich «ansteigend» in ihrer Wirkung, während Samen wie diejenigen der dreiblättrigen Orange oder Minerale wie roter Ocker meistens «abklingend» wirken. Moderne Experimente und Analysen beweisen, daß eine solche Einteilung auf klinischen Erfahrungen beruhte. In den «bitteren» und «kalten» Medizinen *Coptis* und Baikalsee-Helmkraut *(Scutellaria)* sind zum Beispiel Desinfektions- und Bakteriostase-Substanzen nachgewiesen worden, die eine fiebersenkende Wirkung haben. Bei der Betelnuß-Palme, aus der man eine Arznei als Wurmmittel gewinnt, hat man festgestellt, daß sie Are-cain enthält, das ein wirksames Lähmungsmittel gegen Parasiten, vor allem gegen Bandwürmer ist.

Auch in der Zubereitung ihrer Arzneien erweist sich die chinesische Pharmakologie als einzigartig. Man unterscheidet die Techniken «flüssiger Behandlung», «heißer Behandlung» und «flüssig-heißer Behandlung» der Arzneimittel. «Flüssige Behandlung» bedeutet Einweichen in Wein oder Essig oder Waschen in Wasser. Braten, Backen und Absengen sind verschie-dene Methoden der Hitzebehandlung. Zu den Techniken kombinierter «flüs-sig-heißer Behandlung» gehören Dämpfen und Abkochen. Medizinische Kräuter oder andere Substanzen werden zwecks Entgiftung bearbeitet, wobei ihre Wirkung gefördert, ihre Eigenschaften verändert oder ihre Anwendung erleichtert werden. Daher werden z. B. die Kräuter Eisenhut und die Knolle von *Pinellia ternata*, die giftig sind, in Wasser, Ingwer und Vitriol eingeweicht, um sie zu entgiften, ohne ihr therapeutisches Potential zu schädigen. Klebrige

Rehmannia, die ihrer Natur nach «kalt» ist und in unbearbeitetem Zustande fiebrige Krankheiten heilt, wird nach mehrmaligem Dämpfen und Trocknen «warm» und «blutbildend». Andere Kräuter und Substanzen werden zwecks Reinigung bearbeitet oder zu Pillen oder Tabletten verarbeitet, um eine lange Lagerung zu gewährleisten.

Weitere bedeutsame Spezialitäten der chinesischen Pharmakologie sind ihre kombinierten Rezepte und die Verwendung von verschiedenen Kräuterteilen für verschiedene therapeutische Zwecke. Chinesische Spezialärzte verordnen mehrere oder sogar Dutzende von verschiedenen Stoffen für eine Medikation, wobei alle zusammen eine koordinierte Wirkung hervorrufen. Verschiedene Proportionen ihrer Bestandteile in einem Rezept und verschiedene Mengen ergeben verschiedenartige Wirkungen. Zusammengesetzte Rezepte fand man zuerst im *Nei Jing (Kanon der inneren Medizin),* im 3. Jahrhundert v. Chr. verfaßt. Im 3. Jahrhundert zählt dann Zhang Zhongjing eine Reihe von kombinierten Rezepten in seinem *Shang Han Za Bing Lun (Abhandlung über fiebrige und andere Krankheiten)* auf. Er verordnete Kassia-Zweige (eine Art Zimt) mit *Ephedra* zum Schwitzen bei der Behandlung von Grippe oder Erkältung, und er verwendete *Ephedra* mit Mandeln und Pflaster bei Asthma und Husten mit hohem Fieber, während dasselbe *Ephedra,* vermischt mit dem Wurzelstock von großköpfigen *Atractylodes macrocephala* und Ingwer, Kranken gegeben wurde, die an Schwellungen litten. Chinesische Engelwurz ist, wie richtig in Zhangs Buch angegeben, ein blutbildendes Mittel, wenn die ganze Pflanze benutzt wird, ihre Spitzen jedoch aktivieren den Blutkreislauf. All diese Entdeckungen waren das Ergebnis langjähriger Praxis.

Es sind verschiedene Formen von bearbeiteten Arzneien entwickelt worden. Viele der Dekokte, Pillen und Pulver, die wir jetzt benutzen, hatten ihren Ursprung vor mehr als 2000 Jahren; schon damals gab es über ein Dutzend Arzneiformen für die innere und äußere Anwendung.

Viele spezifische Arzneimittel wurden im alten China entdeckt. Neben denjenigen, die in dem obenerwähnten Buch, *Shen Nongs Materia Medica,* verzeichnet sind, sind *Java brucea* gegen Amöben-Ruhr, China-Beere und steinartige *Omphalia* gegen Schmarotzerleiden, Meeresalge gegen Kropf, Tierleber gegen Nachtblindheit u. a. hinzuzufügen. Die Wirksamkeit dieser besonderen Substanzen ist durch die moderne Forschung bestätigt worden.

Besondere Erwähnung verdient ein Brausepulver, *mafeisan* genannt, das im 3. Jahrhundert von dem großartigen Chirurgen Hua Tuo als Betäubungsmittel verwendet wurde (vgl. das Kapitel *Chirurgie im alten China*).

In alten Zeiten trug auch die Alchimie zum Fortschritt der Pharmakologie bei, obwohl dies nicht das von den Alchimisten verfolgte Ziel war. Alchimistische Erzeugnisse wie Quecksilberbichlorid und Quecksilberoxid sind bis heutigen Tages für die Chirurgie nützlich geblieben.

Die Diagnose durch Pulsfühlen in der traditionellen chinesischen Medizin (Sphygmologie)

Ma Kanwen

Zur Heilung einer Krankheit ist eine richtige Diagnose notwendig. Heutzutage gibt es viele diagnostische Methoden, die auf fortgeschrittener Technologie beruhen, aber in alten Zeiten mußten sich die Ärzte auf körperliche Untersuchungen, Nachfragen (Anamnese), Abhorchen, Riechen und Fühlen verlassen. Neben anderen diagnostischen Maßnahmen ist das Pulsfühlen unerläßlich zur Erlangung der notwendigen Informationen für die Unterscheidung der Symptome des Kranken.

Eine lange Geschichte

Das Pulsfühlen beruht in China auf jahrhundertelanger klinischer Erfahrung. Ein Kapitel im *Shi Ji (Historische Aufzeichnungen)*, 104–91 v. Chr. geschrieben, berichtet darüber, wie der berühmte Arzt Bian Que, der im 5. Jahrhundert v. Chr. lebte, vor allem die diagnostische Methode des Pulsfühlens benutzte. Sima Qian, Verfasser des obigen Buches, schrieb: «Bian Que war der erste, der das Pulsfühlen in diesem Land anwandte.» Es gibt jedoch Beweise dafür, daß das Pulsfühlen schon von Ärzten vor Bian Que praktiziert wurde. Die legendären Ärzte aus vorhistorischen Zeiten, Jiudai Ji und Guiyu Qu, verfaßten Abhandlungen über das Pulsfühlen. Das *Nei Jing (Kanon der inneren Medizin)*, zusammengestellt während der Zeit der Streitenden Reiche (475–221 v. Chr.), und das später geschriebene *Nan Jing (Klassiker der schwierigen Fälle)* enthalten eingehende Erörterungen über diese Methode. Die auf Seide geschriebenen Bücher, betitelt *Mai Fa (Methoden des Pulsfühlens)* und *Yin Yang Mai Zheng Hou (Symptome der Yin- und Yang-Pulsmuster)*, die in dem im Jahre 1973 ausgegrabenen, 2100 Jahre alten Grab bei dem Dorf Mawangdui in einem Vorort von Changsha, Provinz Hunan, gefunden wurden, liefern ebenfalls wertvolle Informationen über die uralte diagnostische Technik des Pulsfühlens. Aus diesem Material ersehen wir, daß das Pulsfühlen als Mittel klinischer Untersuchung bereits vor dem 5. Jahrhundert v. Chr. gut in die chinesische Medizin eingeführt worden war.

Chunyu Yi (205–? v. Chr.) auch Cang Gong genannt, ein anderer Arzt, dessen Biographie in den *Historischen Aufzeichnungen* enthalten ist, studierte das Pulsfühlen drei Jahre lang bei Gongcheng Yangqing, der ihm das *Bian Que*

Mai Shu (Bian Ques Pulsdiagnose-Buch) schenkte. Berichte von Chunyu Yi in den *Historischen Aufzeichnungen* bezeugen, daß er die Untersuchung eines Kranken durch Fühlen seines Pulses begann.

Zhang Zhongjing (150–219), ein hervorragender Arzt der Östlichen Han-Dynastie, äußerte in seinem *Shang Han Za Bing Lun (Abhandlung über fiebrige und andere Krankheiten)*, daß das Pulsfühlen bei klinischen Untersuchungen zu seiner Zeit schon ziemlich gut entwickelt war. Chinas erstes, besonders dem Pulsfühlen gewidmetes Buch erschien jedoch erst, als Wang Shuhe (180–270) sein *Mai Jing (Puls-Klassiker)* zusammenstellte. Dieser großartige Arzt beschrieb eingehend 24 verschiedene Muster des Pulsschlags und ihre diagnostische Bedeutung. Er behandelte auch verschiedene Methoden der Pulsuntersuchung, wodurch er die praktische Anwendung dieser diagnostischen Maßnahme erleichterte. Weitere Puls-Werke folgten, und die Ärzte begannen, sich auf diesen Zweig der Medizin zu spezialisieren. Unter ihnen ist Li Shizhen (1518–93) besonders hervorzuheben, der neben anderen Büchern eines mit dem Titel *Bin Hu Mai Xue (Bin Hus Lehre der Pulsdiagnose)* schrieb. Man schätzt, daß bis zu Beginn des jetzigen Jahrhunderts mehr als 100 Werke über den Puls geschrieben worden sind. Diese dokumentieren die chronologische Abfolge der Entwicklung dieser medizinischen Methode.

Beim Pulsfühlen zu beachtende Faktoren

Kenntnisse von Anatomie und Physiologie sind beim Pulsfühlen unbedingt erforderlich. Und in der Tat sind wertvolle Hinweise zu diesen Gebieten in der alten medizinischen Literatur Chinas zu finden.

Als erstes ist beim Pulsfühlen die Beziehung zwischen Herz, Blut und Blutgefäßen zu beachten. Der Puls reflektiert direkt den Zustand des Blutes und der Herzfunktion. Im *Kanon der inneren Medizin* wird beschrieben, daß Blut und Blutgefäße vom Herzen kontrolliert werden. Die Blutgefäße sind Kanäle, durch die das Blut fließt, Herz und Puls beeinflussen sich wechselseitig. Der Puls halte mit dem Herzschlag Schritt und ist erst mit dem Erlöschen des Blutkreislaufes, wenn das Herz aufhört zu schlagen, nicht mehr vorhanden. In dem Buch wird ferner erläutert, daß die durch das Verdauungssystem absorbierte Nahrung zur Leber übermittelt wird, von wo sie über das Herz zur Lunge geht und dann zum Herzen zurückkehrt, um in alle Organe und Gewebe getragen zu werden. Der *Kanon der inneren Medizin* vergleicht den Blutkreislauf durch die Gefäße mit einem Lauf durch einen endlosen Ring. Obwohl rudimentär, war diese Theorie zu jener frühen Zeit sehr wichtig, da sie als wissenschaftliche Grundlage für die Untersuchung des Pulses und des Pulsfühlens diente.

Als zweites ist beim Pulsfühlen die Geschwindigkeit des Blutkreislaufes zu berücksichtigen. Die Ärzte im alten China schenkten diesem Faktor gebührende Aufmerksamkeit. Der *Klassiker der schwierigen Fälle* vermerkte, daß das Blut drei *cun*[1] beim Einatmen zurücklegt und weitere drei *cun* beim Ausatmen, eine Gesamtzahl von sechs *cun* in einem einzigen Atemzug. Somit wurde, wenn auch ungenau, erkannt, daß die Geschwindigkeit des Blutstroms ein wichtiges Kennzeichen für den Zustand des Blutkreislaufes ist. Zur modernen klinischen Untersuchung von Herzgefäßkrankheiten gehört gewöhnlich ebenfalls die Zeitmessung für eine Runde in den Körpersystem- und Lungenkreisläufen.

Drittens ist die Beziehung zwischen Atmungshäufigkeit und Pulszahl von Bedeutung. In einem Abschnitt des *Kanon der inneren Medizin* wird festgestellt, daß zwei Pulsschläge beim Einatmen gefühlt werden und zwei weitere beim Ausatmen folgen; wenn also ein Durchschnitt von 18 Atemzügen pro Minute angenommen wird, gibt es 72 Pulsschläge, eine Proportion von 1:4. Das Buch enthält auch Angaben über die normale Frequenz der Pulszahl, die mit modernen physiologischen Beobachtungen übereinstimmt. Ferner wird ausgeführt, daß ein Mißverhältnis zwischen der Atmungsfrequenz und derjenigen des Kreislaufes auf eine Abnormität hinweist. So sind gemäß den alten Ärzten die extremen Verhältnisse von 1:2 bzw. 1:6 Pulsschlägen für einen Atemzug Anzeichen für eine Erkrankung. Wie bereits erwähnt, reflektiert das Verhältnis zwischen diesen Frequenzen die Koordination zwischen Herz- und Lungen-Funktionen. In der klinischen Praxis sehen wir oft, daß Kranke mit Schwankungen im Puls Unstimmigkeiten verraten, die aus abnormaler Lungenzirkulation und Sauerstoffmangel im Blut der Arterien stammen.

Als viertes ist die ideale Stelle zum Pulsfühlen wichtig. Man benötigt eine sehr lange Versuchsperiode, um diese herauszufinden. Die älteste Praktik war das Abfühlen von allen Arterien, wo ein Pulsschlag fühlbar ist, einschließlich derjenigen auf dem Kopf, am Nacken und an den Wangen, der radialen Arterien in den Armen, am hinteren Schienbein und am Fußrücken. Auch die poplitealen, unter der Haut liegenden und die femoralen, über dem Knochen liegenden Arterien der Beine wurden abgefühlt. Es war hauptsächlich diese Art des Pulsfühlens, die in dem *Kanon* behandelt wurde. Ferner gibt es da auch das «dreistellige Pulsfühlen», das an den Schläfen-, Arm- und Fußrücken-Arterien erfolgt. Das letztere wird in der modernen Medizin praktiziert und allgemein als Radialarterien-Pulsfühlen bezeichnet. Abhandlungen über diese besondere Art des Pulsfühlens sind in medizinischen Werken wie dem *Klassiker der schwierigen Fälle*, dem *Puls-Klassiker* und im *Kanon der inneren Medizin* zu finden.

Obwohl selten ausgeübt, ist das allgemeine Pulsfühlen nicht abgeschafft

---

[1] 1 *cun* zu jener Zeit = ca. 2,29 Zentimeter.

worden. Da die durch Herzkontraktion entstehende Pulswelle oder der Blutdruck durch die Arterien in alle Körperteile übermittelt wird, schwankt dieser
Druck je nach den Veränderungen des Kreislaufsystems und kennzeichnet
Herzfunktion und Elastizität der Arterienwände. Den Puls an mehr als einer
Stelle zu fühlen, befähigt den Arzt daher, eine zuverlässigere und ausgedehn-
tere Grundlage für die Diagnose zu erlangen. Lokale Anämie in den Armen
oder Beinen, die zum Beispiel aus Schäden an Hauptarterien wie dem Aorten-
bogen stammen, erschweren das Pulsfühlen an den Gliedmaßen. Krankhafte
Blutgefäße können deshalb durch allgemeines Pulsfühlen bestätigt werden,
ferner ist es auch zur Diagnose von Herzkrankheiten oder Thromboseentzün-
dung nützlich.

Der *Kanon der inneren Medizin* verzeichnet weitere zum Pulsfühlen gehö-
rige Faktoren, wie z. B. die Tageszeit, wobei der Morgen als beste Zeit empfohlen wird, weil die Lebenskräfte im Gleichgewicht funktionieren; dazu
gehören ebenfalls Jahreszeitänderungen, Disposition, Konstitution, Gewicht
und Geisteszustand, wobei Angst, Kummer und körperliche Überanstren-
gung im Puls Schwankungen bewirken. Spätere medizinische Schriften
erwähnen zudem Faktoren wie Geschlecht, Alter und Körperbau. Die
moderne Physiologie zählt verschiedene für die Herzfunktion wirksame Faktoren hinzu, so Pulszahl und Blutversorgung. Letztere zum Beispiel ist nach
der Nachtruhe gewöhnlich stabil. Wirksam für die vom Herzen gelieferte
Blutmenge sind auch Geschlecht, Alter, Körperhaltung, Tätigkeit und Geisteszustand. Chinesische Ärzte in alten Zeiten stellten also bereits ausführliche Beobachtungen an, die zur Unterscheidung von normalen und abnorma-
len Pulsschlägen notwendig waren.

Die klinische Relevanz des Pulsfühlens

Altchinesische Heilkundige waren imstande, durch Pulsfühlen zu erkennen,
ob eine Krankheit ihrer Natur nach «kalt» oder «warm» war und ob die
Lebenskraft des Kranken im Zunehmen oder Abnehmen war. Sie waren auch
fähig, die Ursache einer Krankheit sowie den gestörten Körperteil und die pro-
gnostischen Anzeichen zu bestimmen. Der *Kanon der inneren Medizin* hebt
hervor, daß jeder Arzt im Pulsfühlen geschickt sein müsse, weil es die Beurtei-
lung der Gefährlichkeit einer Krankheit erleichtere. Das Pulsfühlen hilft,
einen adäquaten Heilungsplan zur Regulierung der Lebenskraft und zur Wiederherstellung der Gesundheit aufzustellen. Ferner wird auch festgestellt, daß
die Pulseigenart nicht nur den körperlichen Ursprung einer Krankheit angibt,
sondern auch ihre Ursache. Dieser Gedanke entstammt der Vorstellung, daß
der menschliche Körper als ein Ganzes betrachtet werden sollte – eine Vorstellung, die auf der Theorie der altchinesischen Medizin beruht, wonach die

Haupt- und Verbindungskanäle im Körper diejenigen Wege sind, an denen entlang die Lebenskraft kreist und welche die inneren Organe mit den Gliedmaßen, den Muskeln, der Haut und den Gelenken zu einem organischen Ganzen vereinen. Der Puls als Teil des Ganzen reflektiert dann physiologische Veränderungen innerhalb des Ganzen. Die Feststellung des *Kanon*, daß, «was innen existiert, unvermeidlich von außen entdeckt werden wird», ist eine Zusammenfassung dieser Vorstellung.

Der Puls ist ein bedeutsamer Indikator der Funktionen im Kreislaufsystem. Er gibt an, ob die Herzklappe normal funktioniert und der Herzschlag in geeignetem Rhythmus erfolgt, ebenso ob die Elastizität der Arterien gewährleistet ist. Darüber hinaus ist das Kreislaufsystem so eng mit den verschiedenen inneren Organen verbunden, daß jede Veränderung im Stoffwechsel der Gewebe und alle größeren Abnormitäten im Organismus den Blutkreislauf beeinflussen. Die Pulseigenart kennzeichnet deshalb nicht nur Veränderungen im Kreislauf selbst, sondern auch in den anderen Systemen und einzelnen Organen. Fieber und Entzündung erzeugen eine größere Anzahl weißer Blutkörperchen; Leberschwellung, die Zuckerkrankheit und gewisse andere Krankheiten bewirken strukturelle Änderungen im Blut, die ihrerseits eine Veränderung im Pulsschlag hervorrufen. Das Nervensystem ist dem Kreislaufsystem am engsten verbunden. Das äußert sich darin, daß die Blutgefäße von krankheitsbedingten funktionellen Veränderungen in den sympathischen und para-sympathischen Nerven abhängig sind, welche die Blutgefäßwände kontrollieren.

Wie wir jetzt erkennen können, waren die altchinesischen Ärzte auf der richtigen Spur, sich bei der Diagnose vor allem auf das Pulsfühlen zu verlassen, obwohl sie sich verständlicherweise nur nach ihren praktischen Erfahrungen richteten.

Zur Eigenart des Pulsschlages – oder zu den vom Arzt gefühlten Kennzeichen – gehören Tiefe, Frequenz, Stärke, Rhythmus usw. Der Puls einer gesunden Person ist in diesen Hinsichten normal und wird von den chinesischen Ärzten als Durchschnittspuls bezeichnet. Ein kranker Mensch hat einen auffälligen Puls, der bei verschiedenen Krankheiten jeweils anders ausgeprägt ist. Altchinesische praktische Ärzte betrieben sorgfältige Forschungen über Pulseigenarten; mehr als ein Dutzend verschiedene Pulsarten werden allein im *Kanon der inneren Medizin* beschrieben, 24 im *Puls-Klassiker* und 30 oder mehr in späteren medizinischen Werken. Von besonderem Interesse ist das Buch mit dem Titel *Cha Bing Zhi Nan (Führer zur Diagnose)*, geschrieben im Jahre 1241 von Shi Fa, das 33 Diagramme zur Darstellung verschiedener Pulsarten enthält. Moderne Diagramme von Pulsarten datieren erst nach 1860, als der französische Arzt Etienne Jules Marey den Sphygmographen erfand, während Jahrhunderte vor jener Erfindung chinesische Ärzte bereits ebenso sorgfältige sphygmographische Diagramme gezeichnet hatten, nur indem sie den Puls der Kranken fühlten.

Von den etwa zwei Dutzend Pulsarten, die gewöhnlich in alten medizinischen Werken verzeichnet sind, werden wir nur die folgenden behandeln:

Die «schwankenden» und «sinkenden» Pulse sind zuerst im *Kanon der*

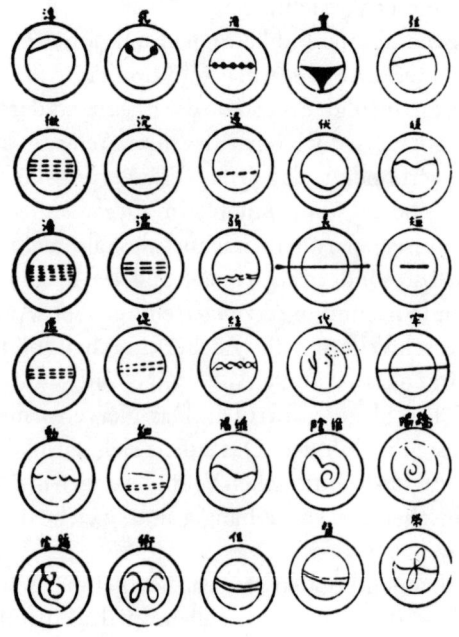

Abb. 78
Diagramme verschiedener Pulsarten.

inneren Medizin erwähnt und ausführlich im *Klassiker der schwierigen Fälle* und in der *Abhandlung über fiebrige und andere Krankheiten* behandelt worden. Sie unterscheiden sich nach der «Tiefe», das heißt nach der besonderen Tiefe der besten Stelle zum Pulsfühlen. Ein «schwankender» Puls ist einer, den der Arzt leicht fühlt, wenn er die Arterie des Kranken nur wenig drückt, der aber schwächer wird, wenn er sie stärker drückt. Diese Erscheinung deutet gewöhnlich eine «äußerliche» Krankheit an, nämlich einen Konflikt zwischen dem Organismus und äußeren pathologischen Faktoren, ein charakteristisches Phänomen einiger Krankheiten in ihrem Frühstadium. Physio-pathologisch ausgedrückt, ist ein solcher Puls in den meisten Fällen eine Folge der Schwächung der Elastizität und des Widerstandes der Blutgefäße sowie auch eine Folge der Entspannung der Radialarterie durch gesteigerte Blutzufuhr vom Herz und Beschleunigung des Blutkreislaufes. Ein «sinkender» Puls ist einer, den man nur fühlt, wenn die Arterie ziemlich stark gepreßt wird, und der eine «innerliche» Schwäche signalisiert. Da er durch verringerte Blutzufuhr, niedrigen Blutdruck, wenig Blutbewegung durch die Arterienenden und stärkeren Widerstand der Blutgefäßwände bewirkt wird, kann diese Erscheinung als ein Symptom von Herzkrankheiten angesehen werden.

Der Puls kann auch als «verzögert» oder «schnell» gefühlt werden. Dieser Begriff wurde zum ersten Mal im *Kanon der inneren Medizin*, später auch in anderen klassischen Werken erwähnt und bezieht sich auf die Pulszahl. Eine Pulszahl von weniger als 60 Schlägen pro Minute wird «verzögert» genannt und deutet eine ihrer Natur nach «kalte» Krankheit an. Moderne Forscher schreiben eine solche Abnormität im Blutkreislauf der Übererregung des *Nervus vagus* und einer Störung der ventrikuloatrialen Transmission zu. Eine ihrer Natur nach «warme» Störung, nämlich die Überfunktion des Organismus, wird durch schnellen Puls von mehr als 90 Schlägen pro Minute angezeigt.

Was der *Kanon der inneren Medizin* einen «aussetzenden» Puls nennt, wird in der modernen Diagnostik als zweischlägiger, dreischlägiger oder vierschlägiger Puls bezeichnet. Dieser ist durch einige langsame Schläge charakterisiert, denen eine Unterbrechung gleicher Länge folgt, und weist auf Hemmungen im Stoffwechsel, die von einer Herzkrankheit herrühren, auf Herzversagen oder auf eine Krisis in der Funktion des Organismus hin.

Der Begriff «entglittener» oder «unebener» Puls bezieht sich auf eine abnormale Schwankung im «Rhythmus». Ein «schlüpfriger» Puls, zuerst im *Kanon der inneren Medizin* erwähnt, wurde im *Puls-Klassiker* als «flüssig» beschrieben, während der berühmte Arzt Sun Simiao (581–682) ihn mit «einem Strom von Perlen» verglich. «Schlüpfriger» Puls zeigt eine Überfunktion der Schilddrüse, Arterienverkalkung oder andere Krankheiten mit Symptomen wie beschleunigtem Stoffwechsel und Gefäßerweiterungskontraktionen an, ferner starkes Fließen des Blutes, was auf gesteigerte Menge und Zufluß von Blut hinweist. Das erfolgt normalerweise nach dem dritten Schwangerschaftsmonat; Chinas Ärzte fühlten daher seit langem den Puls als Schwangerschaftstest.

Ein «unebener» Puls wird im *Kanon der inneren Medizin* als «schwankend auf einem unebenen Weg» und als Symptom von «Herzensschmerz» beschrieben. Dies kann entweder einen Mangel an Lebenskraft oder Kreislaufstörungen infolge von Aufregung, Verdauungsstörungen oder übermäßiger Ausscheidung in den Atmungswegen anzeigen. Anämie, Blutsturz oder Herzversagen, welche den Zufluß und das Fließen des Blutes verzögern, verursachen gewöhnlich diesen «unebenen» Pulsschlag.

Altchinesische Ärzte faßten ihre Erfahrungen mit dem Pulsfühlen so zusammen:

«Ein Fall von Vergiftung ist leicht heilbar, wenn der Puls des Kranken kräftig ist, aber kritisch bei schwachem Puls; ein Fall von Hemmung oder Stillstand im Blutkreislauf des Abdomens ist leicht heilbar, wenn des Kranken
Puls glatt ist, aber kritisch, wenn er schwach ist; ein Schlaganfall ist leicht zu
heilen, wenn des Kranken Puls fließend und verzögert ist, aber kritisch,
wenn er kräftig und schnell ist.»

Sie registrierten auch verschiedenartige Pulsschläge, die verschiedene Krankheiten anzeigten. Alle ihre Berichte bleiben auch für die moderne Medizin
wertvoll, da sie die Ursache, die Eigenart, den Verlauf und die Nachwirkung
einer Krankheit behandeln.

Pulsfühlen soll jedoch nicht für ein umfassendes diagnostisches Hilfsmittel
gehalten werden. Die alten medizinischen Werke betonten zu Recht, daß das
Pulsfühlen nur in Verbindung mit weiteren körperlichen Untersuchungen wie
Abhorchen, Riechen und Anamnese praktiziert werden sollte.

Pulsfühlen über Chinas Grenzen hinaus

Die Einführung der chinesischen Technik des Pulsfühlens in verschiedene
andere Länder hat eine sehr lange Geschichte. Medizinische Klassiker wie der
Kanon der inneren Medizin und der *Puls-Klassiker*, die Abhandlungen über
das Pulsfühlen enthalten, wurden bereits zu Beginn des 7. Jahrhunderts nach
Japan und in andere Nachbarländer Chinas gebracht. Gemäß den Quellen, die
in der *Geschichte der japanischen Medizin* von Fukuji Fujikawa zitiert wer-

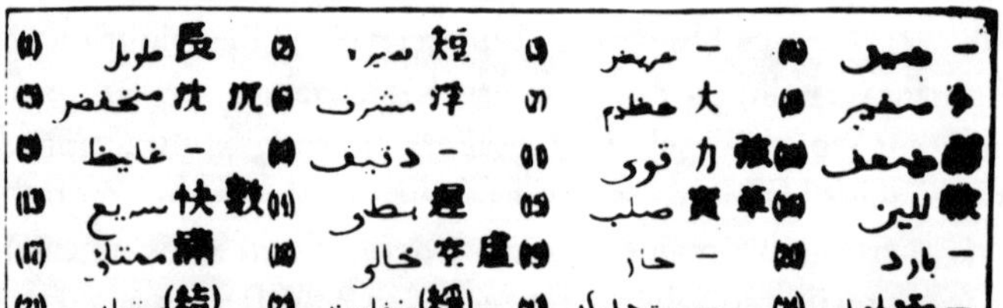

Abb. 79
Liste von Namen verschiedener Pulsarten in Arabisch und Chinesisch.

den, haben die buddhistischen Mönche E-Nichi und Fukuyin, die als Studenten nach China gekommen waren, medizinische Werke mitgenommen, als sie 632 heimkehrten. Im Jahre 702 verzeichnete die japanische Regierung in einem *Dekret über Medizin* den *Puls-Klassiker* unter den zu verwendenden medizinischen Lehrbüchern.

Wissenschaftler behaupten, daß chinesische Einflüsse hinsichtlich der Pulskenntnisse in dem umfangreichen arabischen Werk *Kanon* des berühmten Arztes Abu Ali al-Husain ibn Abdula ibn Sina (Avicennius) sichtbar sind.

Die chinesische Kunst des Pulsfühlens wurde im 14. Jahrhundert in Persien eingeführt, als eine dort veröffentlichte Enzyklopädie Abhandlungen über chinesische Medizin und insbesondere über das Pulsfühlen aufnahm. Dieses Werk erwähnte auch den chinesischen *Puls-Klassiker* und seinen Verfasser Wang Shu Khu (Wang Shuhe).

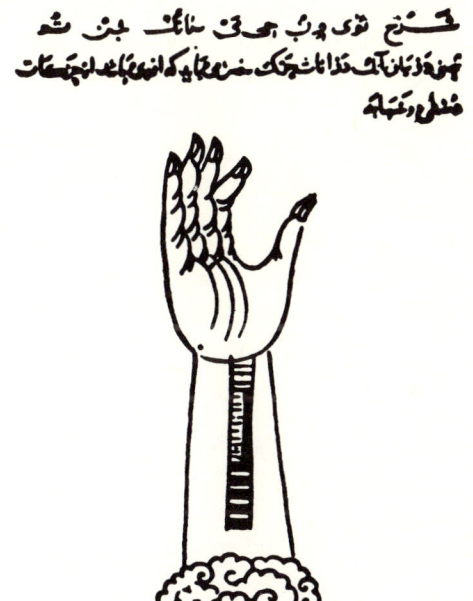

Abb. 80
Illustration der chinesischen Methode des Pulsfühlens in einem persischen Lehrbuch der Medizin.

Die erste detaillierte Beschreibung der Akupunktur, welche in Europa veröffentlicht wurde, befand sich im Buch *Specimen Medicinae Sinicae ...*, herausgegeben 1682 in Frankfurt vom deutschen Chirurgen in Batavia Andreas Cleyer; seine Informationen über Akupunktur hatte er höchstwahrscheinlich von einem Jesuiten aus Guangzhou (Canton) erhalten. Ein Jahr später, 1683, wurde die *Dissertatio der Arthritide ... de Acupunctura ...* des holländischen Arztes Ten Rhijne gleichzeitig in London, Den Haag und Leipzig veröffentlicht. Erwähnenswert ist ebenfalls das 1686 veröffentlichte *Clavis Medica ad Chinarum ...* des polnischen Arztsohns und Missionars Michael Boym. Besonders bemerkenswert ist jedoch ein Werk des bekannten englischen Arztes John Floyer (1649–1734), der Pulsforschung betrieb, wobei er ganz offensichtlich Kenntnisse der traditionellen chinesischen Medizin verwendete. Er erfand auch ein Instrument, mit dem der Arzt den Puls des Patienten messen konnte, und verfaßte *Des Arztes Puls-Taschenuhr,* einen Essay zur Erklärung der alten Kunst des Pulsfühlens und ihrer Verbesserung mit Hilfe seiner Puls-Taschenuhr. Dieser Essay wurde 1707 in London herausgegeben. Floyers Erfindung und sein Buch werden von westlichen Wissenschaftlern mit großer historischer Bedeutsamkeit versehen. Die Verbreitung chinesischer Kenntnisse über das Pulsfühlen erfolgte seit dem 17. Jahrhundert in über einem Dutzend Werken in einer Reihe von westlichen Sprachen.

Chirurgie im alten China

LI JINGWEI

Das *Zhou Li (Riten der Zhou-Dynastie)*, geschrieben zur Zeit der Streitenden Reiche (475–221 v. Chr.), enthält einen medizinischen Beitrag, der die «Heilung von Wunden» als Zweig dieser Wissenschaft bezeichnet. Das läßt vermuten, daß der Chirurgie schon zu jener Zeit Bedeutung beigemessen wurde. Ausführliche Abhandlungen über Chirurgie finden sich in Chinas frühestem medizinischem Werk, dem *Nei Jing (Kanon der inneren Medizin)*, das im 3. Jahrhundert v. Chr. verfaßt wurde; von jener Zeit an hat China keinen geringen Anteil an Forschung, Literatur und Praxis der Chirurgie gehabt.

Unterleibsoperation und Anästhesie

Im 2. Jahrhundert gab es in China einen Arzt Hua Tuo, der wegen seiner chirurgischen Operationen berühmt war. Seine Tätigkeit ist im *Hou Han Shu (Geschichte der Späteren Han-Dynastie)* wie folgt beschrieben: Wenn eine Erkrankung ein abdominales Organ betraf und sich weder oral verabreichte Medikamente noch Akupunktur als wirksam erwiesen hatten, so gab Hua Tuo dem Kranken eine Dosis der Kräutermischung *mafeisan*, in Wein aufgelöst, und der Kranke wurde bewußtlos. Dieser frühe Chirurg öffnete dann des Kranken Bauchhöhle und entfernte die «angesammelte Masse», die sehr wohl ein Geschwulst bzw. ein Tumor gewesen sein mag. Hua behandelte einen Magen- oder Darmkranken durch Öffnung des Magens oder der Därme, nahm den «schmutzigen Stoff» heraus, reinigte und vernähte die Wunde und applizierte ein Pflaster. Die Wunde schloß sich nach einigen Tagen und der Kranke konnte innerhalb eines Monats zu seinem normalen Leben zurückkehren. Diese Berichte deuten an, daß Hua erfolgreich Unterleibsgeschwülste entfernte und dabei auch Magen und Därme aufschnitt. Heutige Chirurgen werden bestätigen, daß dies in jenen Tagen keine geringe Leistung war.

Anästhesie ist ein Hauptfaktor bei Sicherheit und Erfolg einer größeren Operation. Huas Erfolg vor 1700 Jahren war eine Folge seiner Fähigkeit, eine Narkose herbeizuführen. Das in Wein aufgelöste *mafeisan* war eine großartige Entdeckung. Wir wissen, daß Alkohol an sich ein Betäubungsmittel ist, zu dem Chirurgen selbst in modernen Zeiten manchmal Zuflucht nehmen mußten. Unglücklicherweise ist die Zusammensetzung von *mafeisan* schon vor langer Zeit verlorengegangen. Moderne Forscher haben gefolgert, daß es wahrscheinlich ähnlich zusammengesetzt wie *shuishengsan, caowusan* oder *menghanyao* war, die von den Chirurgen Dou Cai im 12. Jahrhundert, Wei Yilin im frühen 14. Jahrhundert und Li Shizhen im 16. Jahrhundert beschrieben wurden. Dou Cai erwähnte in seinem Buch *Bian Que Xin Shu (Meine Auffassung von Bian Que)*, veröffentlicht im Jahre 1146, das Betäubungsmittel *shuishengsan* und riet zur Verwendung vor einer Moxibustion, die eine örtliche Brandwunde verursachen kann. Man glaubt, daß der wirksame Bestandteil dieses Betäubungsmittels die Blüte einer Stechapfelart *(Datura innoxia)* ist. Dieselbe Substanz wurde von Wei Yilin als wirksamer Bestandteil seines Betäubungsmittels, das er *caowusan* nannte, bei Operationen von Knochenbrüchen verwendet. Dem japanischen Chirurgen Hanaoka Seishu wird zugeschrieben, als erster die *Datura*-Blüte als wirksamen Bestandteil eines Betäubungsmittels im Jahre 1805 verwendet zu haben. In Wirklichkeit aber waren die obengenannten chinesischen Chirurgen seine Vorläufer.

Kürzlich wurden bei Experimenten von chinesischen Chirurgen, welche die Wirksamkeit von *Datura*-Blüten als Betäubungsmittel testeten, sehr befriedigende Ergebnisse erzielt. Das Experiment bewies nicht nur die Zuverlässigkeit und Sicherheit dieses Betäubungsmittels, sondern auch seinen Wert zur Verminderung der Gefahr von Schock und Infektion. Vor allem die zweite dieser beiden Eigenschaften ist sehr wichtig, da Schock in vielen Fällen eine bekannte Bedrohung darstellt.

Beispiele von Operationen, die Hua Tuo unter Narkose vornahm, ließen sich überall in der chinesischen Geschichte finden. Das *Zhu Bing Yuan Hou Lun (Diskussion der Ursachen und Symptome von Krankheiten)*, geschrieben von Chao Yuanfang im 7. Jahrhundert, und das *Shi Yi De Xiao Fang (Erprobte Rezepte des erfahrenen Arztes)*, von Wei Yilian im 14. Jahrhundert zusammengestellt, berichten über Betäubung bei Leistenbrüchen. Hervorragende Chirurgen wie Fang Gan, der zwischen dem 8. und 9. Jahrhundert lebte, und Gu Shicheng im 19. Jahrhundert waren wegen ihrer Erfolge bei der chirurgischen Korrektur von Hasenscharten bekannt. Von Wang Kentang (1549–1613) und Chen Shigong (1555–1636) wurde berichtet, daß sie erfolgreich abgetrennte Ohren wieder ansetzen und die Luftröhre flicken konnten.

Die Behandlung von Brüchen und Verrenkungen

Alte Dokumente berichten von der chirurgischen Behandlung von Brüchen und Verrenkungen als Teil des medizinischen Systems vor dem 3. Jahrhundert. In einer «Verwundeten-Liste» von Militärlagern des 2. Jahrhunderts gibt es Beschreibungen von Fällen mit Knochenbrüchen, ein Beweis dafür, daß die Behandlung von Brüchen schon zu jener Zeit heranreifte.

Das im Jahre 841 veröffentlichte *Xian Shou Li Shang Xu Duan Mi Fang*

(Geheimnisvolle Heilung von Wunden, Brüchen und Verrenkungen) ist das früheste chinesische Werk zu diesen Themen. Es zählt 10 notwendige Maßnahmen bei der Behandlung von Brüchen oder Verrenkungen auf, zu denen Methoden des Waschens und Untersuchens der Wunde, die Praxis des Knochenziehens und Knocheneinrenkens, der Gebrauch von Schienen und die Verabreichung von Arzneien gehören. Von späteren Chirurgen als Leitprinzipien befolgt, erweisen sich diese Maßnahmen weiterhin als nützlich zur kombinierten Behandlung von Brüchen oder Verrenkungen durch Ärzte der westlichen und der traditionellen chinesischen Schule. Ein Abschnitt der *Geheimnisvollen Heilung* über komplizierte Brüche hebt hervor:

«Wenn ein gebrochener Knochen den Muskel oder die Haut durchbohrt oder einfache Einrichtungsoperationen mißlungen sind, kann der Chirurg die Spitze des gebrochenen Knochens mit einem scharfen Messer wegschleifen oder den Muskel ausschneiden, um den Bruch vor dem Einrenken bloßzulegen.»

Diese Technik wird noch heute verwendet.

Die Behandlung von Rückgratbrüchen durch Wei Yilin im 14. Jahrhundert gibt ein Bild von dem Niveau chirurgischer Erfahrung zu jener Zeit. Die von diesem Chirurgen dargelegten Prinzipien stimmen weitgehend mit modernen Theorien überein. Seine Verwendung von großen Stücken der Maulbeerbaumrinde zur Ruhigstellung des Knochens ist besser geeignet als die westliche Technik der Gipsverbände.

Sun Simiao, ein berühmter Arzt des 7. Jahrhunderts, fand eine wegweisende Methode zur Einrenkung von Kieferverrenkungen, die auch mit den modernen Regeln übereinstimmt. Eine noch umfangreichere Untersuchung solcher Einrenkungen erfolgte im 17. Jahrhundert durch den Chirurgen Chen Shigong. Später, im 18. Jahrhundert, stellten chinesische Chirurgen eine Serie von Illustrationen mit Abbildungen verschiedener Einrenkungsoperationen zusammen, von denen diejenigen zur Behandlung von Verrenkungen der Schulter- und der Hüftgelenke am bemerkenswertesten sind.

Im frühen 19. Jahrhundert führte der chinesische Orthopäde Jiang Kaoqing Knochenverpflanzungen durch. Das Besondere an seiner Operationsmethode bestand darin, ein Stück von einem gesunden Knochen des Patienten in das Gewebe des verkürzten Knochens zu verpflanzen. Diese Herstellung einer Brücke zur schnelleren Heilung ist eine häufig bei der heutigen Militär-Chirurgie benutzte Technik. Der Arzt Luo Tianpeng erfand zur gleichen Zeit ein «Schaukelbett», das dem modernen Schwungbett zur Erleichterung der Pflege von Kranken mit Lähmungen der Gliedmaßen oder schwierigen Brüchen ähnelt. Es ist auch zur Vorbeugung gegen sekundäre Störungen geeignet.

Abb. 81
Die Abbildung aus dem alten medizinischen Werk *Yi Zong Jin Jian (Goldener Spiegel der Medizin)* illustriert die Behandlung eines Rückgratbruches.

Abb. 82
Eine Abbildung in dem medizinischen Werk *Shang Ke Hui Zuan (Gesammelte Abhandlungen über Chirurgie)* aus dem 18. Jahrhundert, die die Behandlung einer Kieferverrenkung darstellt.

Das Ausziehen von getrübten Augenlinsen
(grauer Star oder Katarakte)

Die Katarakte – d. h. die Trübung der Augenlinse – ist eine Augenkrankheit, die in China in Guangxi und Fujian ziemlich häufig vorkommt. Lange Erfahrungen in der Katarakte-Behandlung führten zum Ausziehen der kranken Augenlinse mit Hilfe einer Nadel als wirksamste Operationsmethode. Diese Technik wurde bereits im 5. Jahrhundert angewendet.

Wang Tao (702–772) gab in seinem Buch *Wai Tai Mi Yao (Von einem Beamten bewahrte medizinische Geheimnisse),* veröffentlicht im Jahre 752, die früheste klinische Katarakte-Beschreibung und unterschied zwischen den angeborenen und den traumatischen Arten. Er verfaßte auch die erste systematische Abhandlung über die Operation des Ausziehens von erkrankten Augenlinsen mittels einer Nadel, eine Operation, die im 16. und 17. Jahrhundert so populär geworden war, daß sogar ältere heilkundige Frauen sie erfolgreich ausübten. Einfach und ohne Erfordernis komplizierter Geräte ist diese Methode in den vergangenen zwei Jahrzehnten so verbessert worden, daß sie zu einer neuen Technik der Staroperation mit Benutzung nur einer Nadel und einer Röhre geworden ist. Diese Methode ermöglicht es dem Arzt, die undurchsichtige Linse abzulösen und zu entfernen. Diese Technik ist anderen überlegen, da hierzu ein einfacheres Verfahren, eine kürzere Operationszeit gehören und sie einen kleineren Einschnitt und weniger Schmerz verursacht.

Kleinere Operationen

Im folgenden sind einige Beispiele von interessanten kleineren, im alten China oft ausgeübten Operationen beschrieben:

1. **Das Ausschneiden von Nasenpolypen.** Obwohl nicht gefährlich, verursachen Nasenpolypen Schlafstörungen, Verzerrungen bei der Aussprache und sogar Entstellungen der Nase. Der Arzt Chen Shigong beschreibt in seinem 1617 veröffentlichten *Wai Ke Zheng Zong (Orthodoxes Handbuch der Chirurgie)* ein von ihm selbst erfundenes Instrument zum Ausschneiden solcher Wucherungen. Es war dies ein Paar von Kupferdrähten mit einer Schlinge an einem Ende jedes Drahtes, durch die ein feiner Seidenfaden gezogen war. Nach Verabreichung einiger Tropfen Betäubungsmittel in das Nasenloch des Kranken führte er die Drähte zum Boden des Polypen, einen kleinen Raum zwischen ihnen freilassend. Dann umschloß er den Polypen mit dem Seidenfaden dicht am Ende der Drähte und entfernte die Wucherung mit einem einzigen schnellen Ruck.

2. **Ein einfacher Katheter.** Hemmung des Urinierens infolge gewisser Krankheiten verursacht Schmerzen und eventuell sogar eine Säurevergiftung

infolge von Ansammlung schädlicher Rückstände im Organismus, was lebensgefährlich sein kann. Im 7. Jahrhundert benutzte der Arzt Sun Simiao das röhrenförmige Blatt der Schalotte als Katheter, indem er das Blatt stutzte und es behutsam bis zu einer Tiefe von 10 Zentimetern in die Harnröhre des Kranken einführte. Am anderen Ende blies er in die Röhre hinein, um sie aufzublähen, woraufhin Urin durch seinen «Katheter» ausfloß. Sun beschrieb sein erfolgreiches Experiment in einem Buch mit dem Titel *Qian Jin Yao Fang (Die tausend goldenen Formeln)*.

3. Abzapfen. Der *Kanon der inneren Medizin* (3. Jahrhundert v. Chr.) enthält einen Abschnitt über das Abzapfen des Unterleibs mit einer röhrenartigen Nadel; allerdings ist diese Beschreibung unklar. Der Arzt Zhang Zihe (ca. 1156–1228) erfand eine «Sickernadel» zum Abzapfen des Hodensacks, der Brusthöhle oder des Unterleibs. Tatsächlich war diese «röhrenartige Nadel» oder «Sickernadel» eine alte Form der Sonde.

4. Entfernung eines Fremdkörpers im Kehlkopf. Ein Fremdkörper im Kehlkopf, in der Luft- oder Speiseröhre ist ein gewöhnlicher Vorfall bei Kindern. Es kann jedoch der Tod eintreten, wenn ein Fremdkörper in der Luftröhre zu Erstickungen führt. Um bei einem solchen Unfall Erleichterung zu schaffen, wurden von chinesischen Ärzten verschiedenartige Instrumente entworfen und verschiedene Operationen durchgeführt. Ein Alchimist namens Ge Hong führte im 4. Jahrhundert die Benutzung eines Magneten im Mund des Kranken ein, um eine Nadel aus der Kehle zu entfernen. Chirurgen verbesserten die Methode durch Abschleifen des Magneten auf die Größe eines Dattelkerns, befestigten eine Schnur an ihm und ließen ihn den Kranken schlucken. So konnte eine Nadel oder ein Nagel, zufällig verschluckt, mit Hilfe des Magneten entfernt werden, sogar dann, wenn der Fremdkörper seinen Weg in die Speiseröhre genommen hatte, indem der Arzt an der Schnur zog. Im 13. Jahrhundert fand der Arzt Zhang Zihe eine Technik zur Entfernung einer gelöcherten Münze aus der Luftröhre oder oberen Speiseröhre. Er fertigte dazu zwei Papierröhren so dick wie Eßstäbchen an, beschnitt eine Röhre an einem Ende zu einem weichen Büschel und befestigte am Ende der anderen Röhre einen winzigen Haken. Dann führte er die beiden Röhren in die Kehle des Patienten hinab, bis er sicher war, daß er die Münze mit dem Haken an der ersten Röhre geangelt hatte, und wickelte die Münze in das Büschel am Ende der anderen Röhre ein. Auf diese Weise brachte er den Fremdkörper heraus, ohne die Wand des Kehlkopfes oder der oberen Speiseröhre zu verletzen. Obwohl primitiv und einfach, funktionierte dieses Experiment vor mehr als 700 Jahren nach dem gleichen Prinzip, auf dem auch das moderne Äsophagoskop beruht.

Das Konzept der altchinesischen Chirurgie

Chinesische Chirurgen betonten die Untersuchung des Patienten als Ganzheit, indem sie mehr auf die im ganzen Organismus des Kranken erfolgenden Veränderungen achteten, als ihre Aufmerksamkeit allein auf die pathologische Seite zu richten. Der Stärkung des organischen Widerstandes gegen Erkrankung oder Infektion wurde größere Bedeutung zugemessen als einem chirurgischen Eingriff. Erörterungen im *Kanon der inneren Medizin* verweisen auf die Wechselwirkung zwischen gestörtem Blutkreislauf, Trunkenheit und übermäßigem Essen einerseits und Geschwüren andrerseits. Gleichfalls wird auf die Zusammenhänge zwischen einer verbesserten Kreislauffunktion und einer dadurch verhinderten Verschlimmerung von Entzündungen hingewiesen.

Der Verfasser des Werkes *Geheimnisvolle Heilung von Wunden, Brüchen und Verrenkungen* behandelte eingehend die Wichtigkeit des straffen Anlegens von Schienen und Verbänden, betonte aber gleichzeitig die Notwendigkeit einer begrenzten Beweglichkeit des geschienten oder bandagierten Glieds. Chen Ziming im 13. Jahrhundert, Qi Dezhi im 14. Jahrhundert und Wang Ji im 16. Jahrhundert erörterten in ihren Büchern ausführlich die Notwendigkeit medizinischer Maßnahmen in der Chirurgie. Sie vermerkten, daß die Wahrnehmung des inneren Zustandes des Patienten eine Voraussetzung für die Erkenntnis einer äußeren Erkrankung ist und latente Krankheiten so unvermeidlich sichtbar werden. Diese Ärzte verwarfen die Einstellung, nur örtlich und oberflächlich pathologische Veränderungen zu untersuchen als eine Betrachtungsweise, die sich Kleinigkeiten widmet, während die Hauptursache vernachlässigt wird. Die Verbesserung von Verdauung und Ernährung wurde von dem Arzt Chen Shigong im 17. Jahrhundert herausgestellt. Altchinesische Experten der Behandlung von Brüchen und Verrenkungen stimmten darin überein, daß man dem Körper gegenüber von einer ganzheitlichen Einstellung ausgehen müsse. Einer von ihnen schrieb: «Wenn es eine äußerliche Unstimmigkeit gibt, dann sind die Lebenskraft und der normale Kreislauf der Betreffenden geschädigt.» Von verschiedenen Chirurgen wurde bemerkt, daß für die Heilung von Brüchen und Verrenkungen ein Höchstmaß an Bewegung und funktionellem Training erforderlich ist, das in Verbindung mit der Einnahme von Medikamenten zur Verbesserung des Blutkreislaufes und der organischen Funktionen zu sehen ist.

Die ältesten gerichtsmedizinischen Werke der Welt

GAO MINGXUAN UND SONG ZHIQI

In dem sehr alten *Li Ji (Buch der Riten)* befindet sich ein königlicher Befehl an höfische Richter, daß sie bei der Untersuchung von Kriminalfällen mit tödlichem Ausgang ihr Urteil auf sorgfältige Überprüfung der Verletzungen des Opfers stützen müssen. Solche Untersuchungen waren die früheste Form der medizinischen Rechtswissenschaft. Angaben über eine Leichenschau (Autopsie) sind im *Nei Jing (Kanon der inneren Medizin),* Chinas erstem systematischem medizinischem Werk, enthalten, zusammengestellt im 3. Jahrhundert v. Chr. Schon im 1. Jahrhundert wird von einem kaiserlichen Chirurgen berichtet, daß er eine Leichenschau an einem Mordopfer vorgenommen habe. Der Chirurg Wu Pu, der im frühen 3. Jahrhundert lebte, untersuchte den ausgegrabenen Leichnam des Ehemanns einer Sängerin und zog die Schlußfolgerung, daß das Fäulnisgift in einem alten Brunnen seinen Tod verursacht habe. Bis zum 10. Jahrhundert gab es jedoch keine der Gerichtsmedizin gewidmeten Bücher. Chinas frühestes, noch vorhandenes gerichtsmedizinisches Werk, das *Yi Yu Ji (Bericht schwieriger Fälle),* wurde von He Ning und seinem Sohn He Meng im Jahre 951 geschrieben. Werke wie das *Nei Shu Lu (Das reine Gewissen)* eines unbekannten Verfassers, das *Ping Yuan Lu (Berichtigtes Unrecht)* von Zhao Yizhai, das *Jian Yan Ge Mu (Gerichtsmedizinische Untersuchungen)* von Zheng Xingyi, das *Zhe Yu Gui Jian (Beispiele von Fehlurteilen)* von Zheng Ke und das *Tang Yin Bi Shi (Im Schatten eines Holzapfelbaumes)* von Gui Wanrong, alle zwischen dem 10. und 13. Jahrhundert erschienen, sind zwar wissenschaftlich (wie der *Bericht schwieriger Fälle*) geschrieben, aber es fehlt ihnen die notwendige Sorgfältigkeit und Systematisierung. Erst dem *Xi Yuan Ji Lu (Handbuch der Gerichtsmedizin),* geschrieben von Song Ci im Jahre 1247, gebührt der Verdienst, als Chinas erstes systematisches Werk über Gerichtsmedizin bezeichnet zu werden. Um mehr als 350 Jahre nimmt es das Werk des italienischen Autors Gortunato Fedeli von 1602 vorweg, die früheste bekannte Veröffentlichung zu diesem Thema im Westen.

Song Ci (1186–1249), der viermal als hochrangiger Richter für Kriminalfälle fungierte, ist von Historikern wegen seiner sorgfältigen Forschung und seinen wiederholten Untersuchungen von größeren Verbrechen als ein scharf nachforschender, eifriger und vorsichtiger Prüfer beschrieben worden. Er nahm an den Untersuchungen der Leichenbeschauer teil und leistete ihnen oft Hilfe bei dem Prüfungsverfahren. Bei einem angeblichen Selbstmordfall bemerkte er, daß das Messer, mit dem sich der Mann, ein Bauer, angeblich getötet haben sollte, lose in seiner Hand lag, während die Stichwunde bezeugte, daß mehr Kraft beim Herausziehen des Messers gebraucht worden war als beim Hineinstoßen. Diese Indizien und sorgfältige Nachforschungen sowie Analysen führten zu dem Urteil, daß ein Mord begangen worden war, und zwar durch einen Adligen, der die anmutige Ehefrau des Opfers begehrte. Der Mörder inszenierte die Mordszene und bestach einige Beamte, den Tod als Selbstmord darzustellen, aber die Intrige wurde mit schlagender Beweiskraft von Song Ci aufgedeckt.

Dieser Richter Song Ci gewann seinen Erfahrungsschatz und seine Kenntnisse über Gerichtsmedizin mittels vieler Untersuchungen von Todesopfern, die auf verschiedene Weise getötet worden waren. Er las auch viel über diesen

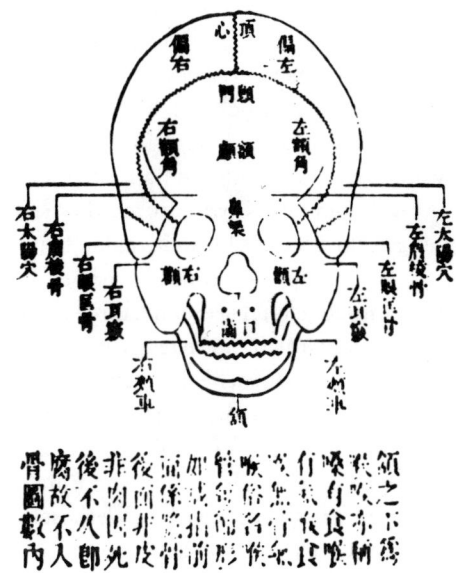

Abb. 83
Die Illustration aus dem *Xi Yuan Ji Lu (Handbuch der Gerichtsmedizin)* zeigt einen Schädel.

Gegenstand und suchte außerdem Informationen von alten Gerichtsbeamten zusammen. Sein eigenes, im Jahre 1245 begonnenes Werk faßte die Leistungen seiner Vorgänger zusammen. Im Vorwort dazu schrieb er:

«Ich habe oft bemerkt, daß ein falsches Urteil gewöhnlich aus fehlerhafter Untersuchung stammt, die auf Mangel an Erfahrung beruht. Diese Überzeugung veranlaßte mich zu ausgedehntem Studium von Büchern über dieses Thema, unter denen das *Nei Shu Lu* das älteste Werk dieser Art war. Ich nahm Berichtigungen und Ergänzungen vor und schuf so das vorliegende Buch, das ich *Xi Yuan Ji Lu* benannt habe. Es ist meine Hoffnung, daß dieses Sammelwerk zur Verhütung falscher Urteile beitragen und unschuldigen Angeklagten helfen wird, die andernfalls ungerecht zum Tode verurteilt werden könnten.»

Dieses Buch wurde zwei Jahre später auf kaiserlichen Befehl hin veröffentlicht und wurde zum Handbuch für Gerichtsbeamte der nachfolgenden Generationen.

Song Cis Handbuch, das in Ausgaben von vier und fünf Bänden überliefert wurde, ist von großem Umfang. Es enthält sorgfältige Abhandlungen über Anatomie, Physiologie, Pathologie, Pharmakologie, Diagnostik und Therapeutik. Es erforscht Notbehandlungen und behandelt tiefgehend Aspekte der inneren Medizin, der Chirurgie, der Gynäkologie, der Pädiatrie und Orthopädik. Songs Forschungen stimmen weitgehend mit der modernen Gerichtsmedizin überein, nicht nur hinsichtlich der behandelten Themen, sondern auch in bezug auf die Methodologie. Beispiel für die solide Grundlage des Handbuches in Physiologie, Pathologie und allgemeiner Medizin ist Songs Behauptung, daß rote Flecken am Körper durch die Festsetzung von Blut infolge des plötzlichen Blutkreislaufstillstandes entstehen, auch die Form seiner Beweisermittlung, die von der Beziehung zwischen Leichenflecken und der Haltung des Leichnams abgeleitet werden kann, spricht für Songs Werk. Heutzutage ist von den Gerichtsmedizinern festgestellt worden, daß Leichenflecken als Hinweise auf die Todesursache dienlich sind. Das Buch vermerkte auch, daß die Leiche vor der Untersuchung nach dem Tode gebadet werden muß und daß man die Wunden mit einer Dekokte von Essig, Brauereihefe und unreifen Galläpfeln reinigen muß, um Infektion und Entstellung der Wunden zu verhindern. In diesem gerichtsmedizinischen Werk ist bereits festgehalten, daß der Leichnam bei Typhus als Todesursache purpurrote Flecken aufweist und daß es bei Tetanus als Todesursache Anzeichen von Schrumpfungen der Muskeln am Mund, an den Augen, Händen und Füßen gibt. Erste-Hilfe-Maßnahmen, ähnlich der modernen Technik künstlicher Beatmung, sind für Selbstmörder, die sich erhängt haben, aufgezählt.

Die Struktur des Skeletts und die Funktion seiner verschiedenen Glieder sind ausführlich beschrieben, ebenfalls Methoden zur Behandlung von frischen Wunden, einschließlich ihrer Säuberung. Über die Erste Hilfe für ein Schlangenbiß-Opfer erklärt der Verfasser: «Es ist notwendig, schnell die gebissene Stelle mit einem scharfen Messer auszuschneiden.» Die Heilung von Knochenbrüchen und die Fixierung mit Hilfe von Schienen sind ebenfalls dargelegt.

Song berichtet auch über seine Untersuchung unsichtbarer Knochenverletzungen eines Mordopfers unter einem gelben Schirm, wodurch diese Verletzungen sichtbar wurden. Das optische Prinzip dieser Erfindung von Song war dem Prinzip der modernen Ultraviolettuntersuchung nicht unähnlich.

Auf dem Gebiet der Giftlehre (Toxikologie) verzeichnet Songs Handbuch verschiedene giftige Elemente, darunter Illicium lanceolatum, Kroton, Arsenik, Giftpilze und das Kugelfischgift. Es erwähnt auch Vergiftungssymptome und Kriterien zur Unterscheidung zwischen Mord und Selbstmord.

In einem Abschnitt dieses Buches heißt es kurz und bündig: «Der Leichnam eines durch Gas aus dem Kohleofen Getöteten ist weich und zeigt keine Verletzung an.» Offensichtlich wußten die Chinesen zu jener frühen Zeit schon über Kohlenoxid-Vergiftungen Bescheid.

Ein anderer Abschnitt behandelt die Entgiftungsmethoden:

«Das Gift der Viper oder anderer Giftschlangen wird eindringen und in kurzer Zeit den Tod verursachen. Man binde die gebissene Stelle deshalb schnell mit einer Schnur oder einem Handtuch ab, um das weitere Eindringen des Giftes zu verhindern. Eine andere Person soll, mit Essig oder Wein im Mund, das Gift absaugen und ausspucken. Das muß wiederholt werden, bis es keine Anzeichen mehr von Entzündung und Anschwellung an der Wunde gibt. Die das Gift absaugende Person hüte sich davor, Gift zu schlucken.»

Vor mehr als 700 Jahren geschrieben, ist dieser Abschnitt bemerkenswert aktuell. Noch heute wird die zu der gebissenen Stelle führende Arterie abgebunden, um die Verbreitung des Giftes zu verhindern. Das Absaugen des Giftes ist natürlich nicht ungefährlich, obwohl bei Einhaltung der erwähnten Vorsichtsmaßregeln die Gefahr weniger groß ist.

Als Gegenmittel gegen Arsen-Vergiftung empfiehlt Song:

«Die Methode, jemanden zu retten, der gerade weißes Arsen zu sich genommen hat, besteht darin, ihm löffelweise mehr als ein Dutzend geschlagene Eier, mit drei *qian*[1] Alaun vermischt, einzuflößen. Diese Fütterung, die sofortiges Erbrechen zur Folge hat, sollte wiederholt werden, bis der Patient alles geschluckte Arsen ausgebrochen hat. Das muß geschehen, bevor das Arsen Zeit zum Eindringen findet.»

---

[1] 1 *qian* = 0,05 Gramm.

Weißes Arsen, d. h. Arsentrioxid, das leicht durch die Magenwand hindurch in das Blut hinein difundiert, bewirkt einen schnellen Tod. Der Eiweißstoff in den Eiern verbindet sich jedoch chemisch mit Arsen, einen festen und in Wasser unlöslichen Niederschlag bildend, während Alaun Erbrechen hervorruft. Songs Rezept aus dem 13. Jahrhundert wird deshalb von der modernen Medizin anerkannt.

In dem Handbuch findet sich ferner der folgende Text, der sich ebenfalls mit Vergiftungen befaßt:

«Nimm eine silberne Haarnadel, reinige sie in einem Aufguß aus Honig der unechten Akazie und stecke das Silberende in die Kehle des Opfers; bedecke dabei dessen Mund mit Papier. Entferne die Haarnadel nach einer Weile. Wenn sie dann dunkelblau gefärbt und das Blau nicht abwaschbar ist, so ist Gift eingenommen worden, andernfalls nicht.»

Diese Methode ist besonders zum Nachweis von Vergiftungen durch Schwefelverbindungen wirksam.

Songs *Handbuch der Gerichtsmedizin* blieb vom 13. bis zum 19. Jahrhundert von Nutzen und diente als Hauptquelle für spätere gerichtsmedizinische Werke. Zu diesen gehören, mit Revisionen oder Ergänzungen zu Songs Buch, mit hinzugefügtem Material aus weiteren theoretischen Forschungen, die Schriften *Wu Yuan Lu (Die juristische Unfehlbarkeit)*, 1308 von Wang Yu verfaßt, *Xi Yuan Lu Jian Shi (Erläuterungen zum ‹Handbuch der Gerichtsmedizin›)* aus der Mitte des 17. Jahrhunderts, geschrieben von Wang Kentang, *Xi Yuan Hui Bian (Beispiele von Regreßfällen)* aus der Mitte des 17. Jahrhunderts von Zeng Shenzhai, *Xi Yuan Lu Ji Zheng (Zur Verteidigung des «Gerichtsbuchs der Medizin»)*, 1796 von Wang Youhuai verfaßt, *Xi Yuan Lu Bian Zheng (Berichtigungen zum «Handbuch der Gerichtsmedizin»)*, 1827 von Qu Zhongrong, und *Bu Xi Yuan Lu (Ergänzung zum ‹Handbuch der Gerichtsmedizin›)* aus dem frühen 20. Jahrhundert von Shen Jiaben.

Jenseits der Grenzen Chinas wurden von Songs Werk 1862 eine holländische und 1908 eine französische Fassung herausgegeben. Das Buch ist auch ins Koreanische, Japanische, Englische, Russische sowie in andere Sprachen übersetzt worden.

Erfindung und Entwicklung der Druckkunst und ihre Verbreitung im Ausland

Xing Runchuan

Die Kunst des Druckens, von großer Tragweite für die Entwicklung der menschlichen Zivilisation, hat bekanntlich in China ihren Anfang genommen. Sie ist ein Beweis für die Erfindungsgabe des chinesischen Volkes.

Die Ursprünge der Druckkunst

Vor der Erfindung der Druckpresse hing die Verbreitung von Kultur hauptsächlich von handschriftlichen Büchern ab. Da sich Wirtschaft und Kultur jedoch rasch entwickelten, konnte die spärliche Versorgung mit von Hand geschriebenen Büchern den wachsenden Bedarf bei weitem nicht befriedigen, so daß ein dringendes Verlangen nach einer Druckmethode bestand.

Die Grundidee zum Druck stammte aus dem sehr frühzeitigen Gebrauch von Siegeln und Steinschnitten zur Herstellung von Inschriften. Das Siegel aber, dessen positives Abbild mit Hilfe von negativem Eingravieren erzeugt wird, druckte nur eine beschränkte Anzahl von Worten ab. Der Steinschnitt wurde zu einer Erweiterung des Siegels. Die zehn Steintrommeln, die aus dem Qin-Staat zur Zeit der Streitenden Reiche (475–221 v. Chr.) stammen, sind die ältesten noch vorhandenen Inschriften-Steine. Der älteste «Buchdruck» erfolgte aus vielen dieser Steingravierungen und lieferte Lehrblätter für altchinesische Gelehrte.

Um das 4. Jahrhundert wurden unter Verwendung von Papier Abreibungen auf gravierten Steintafeln hergestellt. Papier von dünner und fester Beschaffenheit wurde angefeuchtet und über dem Stein ausgebreitet, dann behutsam geklopft, bis es überall in die Vertiefungen der Gravierung eindrang. Wenn das Papier trocken war, wurde Druckerschwärze aufgetragen. Nach der Entfernung des Blattes von der Steintafel hoben sich auf dem Blatt die eingeprägten Schriftzeichen in Weiß gegen den von der Druckerschwärze erzeugten, schwarzen Grund ab. So wurden positive Kopien von eingravierten positiven Schriftzeichen erzielt; dies führte zu der Erfindung des Blockdrucks.

Der Holzblockdruck (Xylographie)

Das *Sui Shu (Geschichte der Sui-Dynastie)* und das *Bei Shi (Geschichte der Nördlichen Dynastien)* enthalten Hinweise, daß die Kunst des Holzstockdruckes während der Sui-Dynastie (581–618) erfunden wurde, das heißt vor etwa 1300 Jahren.

Die Platte für den Druckstock wurde gewöhnlich aus dem Holz des Dattel- oder des Birnbaums geschnitzt, das zum Gravieren geeignet war. Der Text wurde zuerst auf ein Blatt aus feinem, durchsichtigem Papier geschrieben, das umgekehrt auf die Platte geklebt wurde. Die Schriftzeichen wurden dann mit einem Messer in ein Relief eingeschnitzt. Zum Druck wurde die Platte mit Tusche geschwärzt, ein Bogen Papier darauf ausgebreitet und dieser sanft und gleichmäßig gebürstet, so daß die Schriftzeichen in positiver Form auf das Papier eingedruckt wurden. Blockdruck war von Anfang an eng mit dem Leben und der Produktion des Volkes verbunden, da die meisten gedruckten Rollen oder Bücher von Religion, Landwirtschaft oder Heilkunde handelten; es gab auch Kalender und Kalligraphie-Hefte, Klassiker- und Sutrensammlungen usw. Nach 762 wurden diese Erzeugnisse in steigender Zahl gedruckt und von Händlern in Changan, der Hauptstadt der Tang-Dynastie (jetzt X'ian in der Provinz Shaanxi), auf dem Ostmarkt, dem Geschäftszentrum der Stadt, verkauft.

Etwa 20 Jahre später tauchten «Druckschriften» auf den Märkten auf. Sie dienten als Schriftstücke des Geschäftsverkehrs oder als Steuerbescheinigungen. In dem 824 geschriebenen Vorwort zu den gesammelten poetischen Werken von Bai Juyi erwähnte Yuan Zhen, ein anderer berühmter Dichter jener Zeit, daß gedruckte Kopien jenes Buches gegen Wein und Tee ausgetauscht wurden. Das kennzeichnet die Verbreitung beliebter Gedichte mittels des Druckverfahrens.

Um das Jahr 835 wurde der Almanach (Bauernkalender), von den Bauern zur Berechnung der landwirtschaftlichen Tätigkeiten benutzt und daher allgemein verlangt, xylographisch gedruckt und in den Gebieten von Sichuan und dem nördlichen Jiangsu auf dem Markt zum Verkauf angeboten. Das erregte die Aufmerksamkeit von Feng Su, dem Militärgouverneur von Dongchuan, der vermerkte, daß privat gedruckte Almanache «weit verbreitet unter dem Himmel waren». Da Feng Su dies als schädlich für das Ansehen des Kaisers als «Leiter der Volkstätigkeiten in Verbindung mit den Jahreszeiten» erachtete, schlug er diesem vor, daß der Druck verboten werden solle.[1] Dies allein bezeugt die Beliebtheit des Blockdrucks bereits zu jener Zeit, und obwohl die Tang-Herrscher ein Verbot der Drucke verfügten, wurde diese Kunst fortgesetzt.

Nach dem Ende der Tang-Dynastie, im 10. Jahrhundert, nahm die Anzahl von Blockdruck-Büchern immer stärker zu. Zu jener Zeit war Sichuan das

---

[1] Bis zu diesem Zeitpunkt war die Herausgabe des Almanachs, unter der Verantwortung des kaiserlichen Astronomiebüros, ein kaiserliches Monopol gewesen (Anmerkung des Bearbeiters).

Zentrum des Blockdruck-Handels. Die Buddhisten hatten seit den Anfängen die Erfindung des Blockdrucks zur Reproduktion großer Mengen von buddhistischen Schriften, von Buddha-Bildnissen und anderen religiösen Bildern ausgenutzt.

In Berichten heißt es, daß Xuanzang, ein bekannter Mönch der frühen Tang-Dynastie, eine Unmenge Papier zum Druck der Buddha-Porträts verbrauchte. Im Jahre 1900 fand man einen ausgezeichnet gedruckten Band der *Diamant-Sutra* in der Tausend-Buddha-Grotte von Dunhuang, Provinz Gansu, mit dem Datum: «Fünfzehnter Tag des vierten Mondes im neunten Jahr von Xiantong» (868 n. Chr.). Dies ist das älteste in der Welt bekannte Druckwerk, das ein klares Herstellungsdatum trägt. Die *Diamant-Sutra* hat die Form einer mehr als fünf Meter langen Rolle, die aus sieben geklebten Druckbogen zusammengesetzt ist. Das Titelbild ist ein Bildnis von Sakyamuni, der die buddhistische Doktrin lehrt; dem Bildnis folgt der vollständige Text. Der Druck ist vorzüglich und beweist die großartige Meisterschaft in der Kunst des Druckstockgravierens. Sowohl Druck wie Schönschrift sind stark

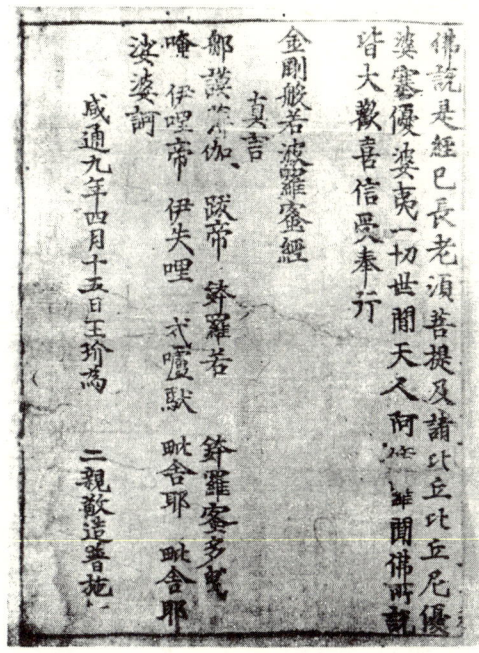

Abb. 84
Das älteste gedruckte Schriftstück, das uns überliefert ist: die *Diamant-Sutra* mit dem Datum des 9. Regierungsjahres von Xiantong (868), Tang-Dynastie.

verfeinert, obwohl dezent. Die Deutlichkeit des Drucks konnte nur mit hochwertiger Druckerschwärze und großer Erfahrung in ihrer Verwendung erreicht werden. Dieses Meisterwerk der frühen Druckkunst wurde 1907 für wenige Silberdollars vom britischen Archäologen Aurel Stein aufgekauft. Es steht seither in London in der British Library den Fachwissenschaftlern aus aller Welt zu Forschungs- oder Ausstellungszwecken zur Verfügung.

Zur Zeit der Fünf Dynastien und Zehn Königreiche (907–979) wurden von den Kulturabteilungen der kaiserlichen Regierung große Mengen alter Klassiker im Holzblockdruck hergestellt. Der Privatdruck von Büchern war gleicherweise beliebt. Kaifeng in der Provinz Henan war ein Druckzentrum, ebenso das westliche Gansu, das östliche Shandong, Nanjing (Provinz Jiangsu) und Fujian. Die größten Mengen gedruckter Bücher wurden in den Gebieten von Sichuan und Zhejiang hergestellt.

In der Song-Dynastie (960–1127) erreichte die Technik des Blockdruckes ihren Höhepunkt. Unter Tausenden von perfekten Blockdruckern zeichnete sich der Graveur Jiang Hui besonders aus. Die Produkte aus Hangzhou in der Provinz Zhejiang, aus Fujian und aus Sichuan waren der Qualität nach am besten. Die zahlreichen während der Song-Dynastie gedruckten Bücher waren von hoher Kunstfertigkeit, so daß die Song-Ausgaben von Klassikern am höchsten geschätzt werden.

Im vierten Jahr der Kaibao-Periode während der Regierung des Kaisers Song Taizu (971) ließ Zhang Tuxin den vollständigen Text der *Da Zang Jing* *(Tripitaka)* in Chengdu, Sichuan, drucken. Für die Fertigstellung der 1076 Bände mit 5048 Kapiteln benötigte man 12 Jahre. Insgesamt 130 000 Tafeln wurden für dieses umfangreichste der frühen Blockdruck-Bücher graviert.

Der Kupferplattendruck, der nach der Song-Dynastie aufkam, wurde vor allem zur Herstellung von Banknoten benutzt. Die höchst komplizierten Muster aus den sehr feinen Strichen auf den Kupferplatten machten es möglich, Banknoten zu drucken, die nicht leicht zu fälschen waren.

Die bemerkenswerteste Leistung bei der nachfolgenden Entwicklung des Blockdrucks war der Farbdruck, der in China spätestens im 14. Jahrhundert praktiziert wurde. Das älteste farbig gedruckte Buch der Welt, die *Anmerkungen zur Diamant-Sutra*, hergestellt im 14. Jahrhundert in Zhongxinglu (jetzt Kreis Jiangling, Provinz Hubei), war in Rot und Schwarz angefertigt. Die Farbblock-Technik kam jedoch nicht vor dem Ende des 16. Jahrhunderts in allgemeinen Gebrauch. In den Jahren der Wanli-Ära, während der Regierung des Kaisers Shen Zong der Ming-Dynastie (1368–1644), gelangte eine Anzahl von Farbblockdruck-Spezialisten zu Ruhm, unter ihnen Min Qiji, Shan Zhaoming, Ling Ruxiang, Ling Mengchu und Ling Yingchu. Diese Technik erfuhr weitere Entwicklungen in der nachfolgenden Qing-Dynastie (1644–1911).

Im Zusammenhang mit der Holzschnitzerkunst brachte der Farbblockdruck ausgezeichnete Reproduktionen von Malereien hervor. Die besten wurden im *Jian Pu (Dekorierte Briefpapiere)* und im *Shi Zhu Zhai Hua Pu (Malereihandbuch der Zehn-Bambus-Halle)* aufgenommen, die gegen Ende der Ming-Dynastie geschaffen wurden. Mit großer Perfektion in der Verwendung von dunklen und hellen Farbtönen brachten diese Farbdrucke ihre Themen zu vollem Leben, und einige dieser alten Reproduktionen stellen wirkliche Kunstschätze dar.

Beginn und Entwicklung des Drucks mit beweglichen Typen

Der Blockdruck hatte gegenüber Abschriften von Hand den ungeheuren Vorteil, Hunderte oder sogar Tausende von Kopien sehr schnell zu erzeugen. Das Gravieren der Holzplatten selbst war jedoch eine zeitraubende Aufgabe. Jede Seite eines Buches erforderte das Gravieren einer Platte oder eines Blocks, und für ein längeres Buch benötigte man mehrere Jahre, währenddessen besondere Lagerräume zum Aufbewahren der Tafeln besorgt werden mußten. Falls irgendein anderes Buch gleichzeitig gedruckt werden sollte, so mußte parallel dazu der ganze Prozeß ein zweites Mal stattfinden. Man kann sich leicht die damit verbundenen Probleme hinsichtlich der Zeitdauer, der Suche von geschickten Graveuren und der Anschaffung von Druckmaterial vorstellen.

In der Zeit der Song-Dynastie lebte in einer Gegend, wo der Blockdruck in seiner Blüte stand, ein Bürger namens Bi Sheng, der sich jahrelang mit Blockdruck beschäftigte und den weltweit ersten Druck mit beweglichen Typen (Lettern) ausführte. Durch Abschaffung des traditionellen Verfahrens, Platten zu gravieren, und durch die damit verbundene Verringerung der für einen Buchdruck erforderlichen Zeit war die neue Methode – die sogenannte Typographie – sowohl wirtschaftlich wie bequem. Sie war allerdings vor allem bei alphabetischen Sprachen von Vorteil; im chinesischen Raum dagegen, in welchem die Schrift eine riesige Anzahl Ideogramme aufweist, ist der Rationalisierungsvorteil der Typographie nicht so groß, weshalb sie sich in China nicht richtig durchsetzen konnte. Die Erfindung Bi Shengs hat allerdings im westlichen Ausland eine Revolutionierung des Buchdrucks hervorgerufen.

Bi Shengs Leistung ist im *Meng Xi Bi Tan (Traumstrom-Essays)* von Shen Kuo, einem hervorragenden Wissenschaftler der Song-Dynastie, beschrieben. Nach dem Bericht von Shen Kuo begann Bi Sheng in den Jahren 1041–1048, Tontypen herzustellen, eine Type für jedes Schriftzeichen. Um diese zu härten, wurden sie gebrannt. Um den Schriftsatz festzuhalten, wurde ein rechteckiges Blech mit einer darauf verteilten Schicht von Harz, Wachs und Papierasche vorbereitet, und das Gemisch wurde mit einem eisernen Rahmen umgeben. Eine Druckplatte war fertig, wenn dieser Rahmen vollständig mit Typen ausgefüllt war. Dann wurde diese Platte über einem Feuer erhitzt,

bis das Gemisch schmolz. Inzwischen wurden die Typen mit einem Holzbrett
bis auf die Höhe des Rahmens niedergepreßt, dann war die Platte zum Druk-
ken bereit. Aus Gründen der Effizienz wurden zwei Eisenbleche benutzt,
eines zur Vorbereitung eines neuen Satzes, während der Druckvorgang mit
dem anderen stattfand; so stand eine neue Platte bereit, bevor die festgesetzte
Anzahl von Kopien von der ersteren entstanden war. Für jedes Schriftzeichen
wurden mehrere Duplikat-Typen angefertigt, deren Anzahl von der Häufig-
keit ihres Gebrauchs abhing. Selten benötigte Schriftzeichen wurden je nach
Bedarf geschnitten und gebrannt und sofort benutzt. Bi Shengs Methode war
wegen ihrer Schnelligkeit äußerst wirkungsvoll, wenn Hunderte oder Tausende von Kopien herzustellen waren.

Während der Regierung des Kaisers Dao Guang (1821–1850) aus der Qing-
Dynastie lebte im Kreis Jingxian, Provinz Anhui, ein Schulmeister namens
Zhai Jinsheng, der über 100 000 Tontypen herstellte, nachdem er die *Traumstrom-Essays* gelesen hatte. Für diese Arbeit brauchte er mehrere Jahre und
druckte dann mit seinen Tontypen das *Ni Ban Shi Yin Chu Bian (Einführung
im Drucken mit Tontypen)* und andere Titel. Weitere Bücher, die nach derselben Methode gedruckt sind, wurden in den letzten Jahren in der Beijing-
Bibliothek ausfindig gemacht; sie beweisen die Genauigkeit der Berichte in
den *Traumstrom-Essays* hinsichtlich Bi Shengs Typographiemethode.

In der Yuan-Dynastie (1271–1368) hatte Wang Zhen, ein Agronom, Erfolg
bei der Probeherstellung von Holztypen. Er erfand auch den Rotationstisch
als Typenbehälter, einen einfachen Mechanismus, der die Leistungsfähigkeit
beim Schriftsetzen steigerte. Ausführliche Beschreibungen dieser Herstel-
lungsmethode von Holztypen und ihres Gebrauchs beim Drucken sind in
seinem *Wang Zhen Nong Shu (Wang Zhens landwirtschaftliche Abhandlung)*
zu finden. Wang Zhens Methode war die folgende:

Die Schriftzeichen wurden aus amtlich genehmigten Wörterbüchern ausgewählt, dem Ton nach eingeteilt und mit der Hand so auf Papier geschrieben,
daß Zwischenraum zwischen den Schriftzeichen blieb. Diese handschriftlichen Bögen wurden auf Holzplatten geklebt, die Buchstaben wurden auf den
Platten nach der Handschrift geschnitzt und die Schriftzeichen mit einer sehr
feinzahnigen Klinge zu kleinen Würfeln abgesägt. Der letzte Schliff erfolgte
dann mit Hilfe eines Hobels, um zu gewährleisten, daß alle Typen von einheitlicher Höhe waren.

Das Schriftsetzen wurde auf Holztabletts durchgeführt, wobei die Typen
von Hand mit Bambus-Pinzetten eingesetzt wurden. Wenn das Tablett voll
war, wurde der Schriftsatz durch Einfügen von Holzkeilen festgehalten und
dann durch einen Holzriegel gesichert, so daß sich beim Druck keine Type
lockern konnte. Bestehende Unterschiede in der Höhe einer Type wurden
durch Unterlegen von kleinen Bambusscheiben unter die niedrige Type korri-

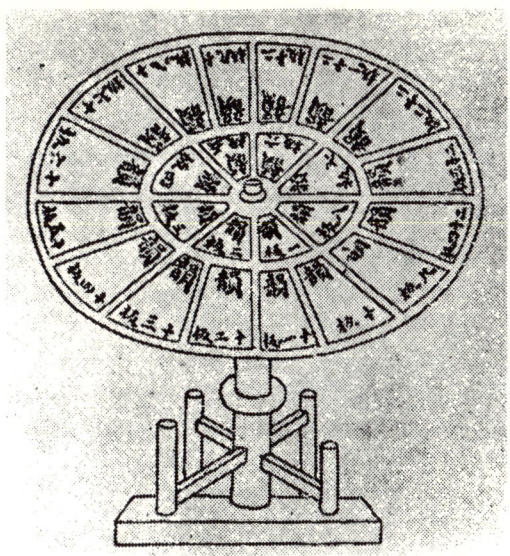

Abb. 85
Drehbarer Typenrahmen, erfunden von Wang Zhen in der Yuan-Dynastie (1271–1368).

giert. Dann war die Platte gebrauchsfertig. Die Druckerschwärze wurde mit Bürsten in vertikalen Strichen aufgetragen, parallel zu den Typenlinien. Die Bürste zum Anpressen des Papiers während des Druckens wurde in derselben Richtung gehandhabt.

Ein großer hölzerner Drehrahmen wurde zum Aufbewahren der Typen verwendet. Er sah wie ein runder Tisch von etwa 2,3 Metern Durchmesser aus, mit einer Achse von ungefähr einem Meter Länge. Beide waren aus leichtem Holz gefertigt. Die Typen wurden in Bambusbehälter (oder «Körbe») gesteckt, die an dem runden Rahmen befestigt waren, wobei sie nach Reimen angeordnet wurden. Die Schriftzeichen konnten aber auch der Reihe nach numeriert und gekennzeichnet werden. Es wurden oft zwei Drehrahmen verwendet, einer für spezifische Schriftzeichen zu dem in Druck befindlichen Werk, der andere für die am häufigsten benutzten Schriftzeichen, wobei diese Einteilung die Grundlage für zwei Index-Bücher bildete. Das Schriftsetzen selbst wurde von zwei Personen ausgeführt: Die erste rief die Zahlen der gewünschten Schriftzeichen auf, während die andere, zwischen den zwei runden Drehscheiben sitzende Person, die Typen gemäß ihrer Serienzahl aufnahm und sie in ein Setztablett steckte. Da sich beide Rahmen frei drehten, hatte der Schriftsetzer nur zwischen ihnen zu sitzen und «diesen oder jenen

Typenrundtisch anzustoßen und die richtige Type zu pflücken» – wie die
Worte von Wang Zhen lauten. Weiter schrieb er: «Nach den Schriftzeichen zu
sehen ist eine sehr anstrengende Arbeit für den Schriftsetzer, aber es ist viel
leichter, wenn sie beweglich gemacht sind. Die Drehrahmen ermöglichen dem
Schriftsetzer, die Schriftzeichen im Sitzen zu erreichen, und wenn der Druck
beendet ist, kann er die Typen ebenso leicht an ihre ursprünglichen Plätze
zurücksetzen.»

Im Jahre 1298 unternahm Wang Zhen nach dieser Methode einen Probe-
druck des *Jing De Xian Zhi (Chronik des Kreises Jingde)*. Obwohl sich das
Buch auf einige 60 000 Wörter belief, wurden 100 Kopien in weniger als einem
Monat gedruckt – eine hohe Leistungsfähigkeit, mit einer für jene Zeit guten
Qualität. Wang Zhens Methode des Schriftsetzens und Druckens bedeutete
eine weitere große Neuerung in der Geschichte der Druckkunst.

Nach Wang Zhen erlebte die Typographie in China eine gewisse Blüte und
erreichte den Höhepunkt ihrer Entwicklung in den Dynastien der Ming und
Qing. Im 18. Regierungsjahr des Kaisers Qian Long (1773) ließ die Regierung
253 500 Typen von verschiedener Größe aus Dattelbaumholz anfertigen. Im
Laufe der Jahre erschienen im Druck die *Wu Ying Dian Ju Zhen Ban Cong Shu
(Erstausgaben der Wuying-Halle)*, eine Sammlung von 138 Büchern verschiedener Autoren, die sich auf insgesamt 2300 Hefte belief – der umfangreichste,
jemals in China gedruckte Holztypen-Schriftsatz. Doch wurde nach wie vor
in den Provinzen die Mehrzahl der Bücher xylographisch (mit Blockdruck)
gedruckt.

Eine Weiterentwicklung erfuhr die Typographie mit der Herstellung von
Metalltypen. Bereits vor Wang Zhens Zeit waren Versuche unternommen
worden, Zinntypen herzustellen – die frühesten Metalldrucktypen der Welt.
Diese Versuche mußten jedoch mißlingen, weil die Zinntypen die Drucker-
schwärze nicht annahmen. Erst während der Regierung des Ming-Kaisers
Xiao Zong (1488–1505) kamen Kupfertypen in den an Kupfer reichen Gebie-
ten von Wuxi, Suzhou und Nanjing in der Provinz Jiangsu weithin in
Gebrauch. Das längste, mit Kupfertypen gedruckte Werk in China war das *Gu
Jin Tu Shu Ji Cheng (Sammlung alter und zeitgenössischer Bücher)*, eine in der
Qing-Dynastie veröffentlichte Enzyklopädie.

Chinas Druckkunst im Ausland

Chinas Druckkunst gab vielen Ländern der Welt die Anregung, einen eigenen
Buchdruck zu entwickeln.

Blockdruck-Bücher der Tang-Dynastie wurden nach Japan mitgenommen,
wo spät im 8. Jahrhundert erfolgreich der Blockdruck der *Anrufungssutra*
erfolgte. Etwa um das 12. Jahrhundert oder sogar früher wurde die Kunst des

Blockdrucks nach Ägypten gebracht. Im 13. Jahrhundert durchquerten die meisten nach China reisenden Europäer Persien, den jetzigen Iran, wo die chinesische Drucktechnik beherrscht und zur Herstellung von Papierbanknoten benutzt wurde. Persien war der eigentliche Vermittler der chinesischen Druckkunst in den Westen. Gegen Ende des 14. Jahrhunderts tauchten deshalb in Europa Spielkarten in Blockdruck, Christusbilder und lateinische Bücher für Schulkinder auf.

Um das 14. Jahrhundert wurde Chinas Typographie ebenfalls nach Korea und Japan übertragen. Auf dieser Grundlage entwickelten die Koreaner die frühesten Kupfertypen der Welt, ein großer Beitrag zur Druckkunst des ganzen Planeten. Vom 15. Jahrhundert an bewirkten die koreanischen Kupfertypen ihrerseits weitere Entwicklungen in Chinas Drucktechnik.

In der Yuan-Dynastie wurde die Typographie auch von Chinas nationalen Minderheiten verwendet. Auf den uygurischen Buchstabierregeln beruhend, schufen die Uyguren Drucktypen von ganzen Wörtern statt von Einzelbuchstaben. Das war möglicherweise der Welt älteste Typographie für eine das Alphabet benutzende Sprache. Im Laufe der Zeit verbreitete sich der chinesische Schriftzeichendruck von Xinjiang aus durch Persien und Ägypten nach Europa.

Die Ausbreitung des Drucks in Europa beendete das Monopol der Geistlichen auf Lernen und höhere Bildung. Dadurch wurden wichtige Voraussetzungen für den schnellen Fortschritt der Wissenschaften nach dem Mittelalter geschaffen. In einem Brief an F. Engels vom Januar 1863 wies Karl Marx auf die Entdeckung von Schießpulver, Kompaß und Druckkunst als «notwendige Vorbedingung für die Entwicklung der bürgerlichen Klasse» hin, eine Bemerkung, die der Druckkunst eine bedeutende Rolle in der Geschichte zuweist.

Metallurgie

He Tangkun

Die Eisengewinnung

Die Erfindung von Gußeisen

In frühen Zeiten erfolgte die Verhüttung des Eisens bei Temperaturen von 800–1000°C, wobei die Erze direkt mit Holzkohle reduziert wurden. Das durch diese Methode erzeugte Weicheisen wurde Eisenschwamm oder Luppeneisen genannt und war eine schwammige Masse, wenn es aus dem Ofen herauskam. Dieser Eisenschwamm war in folgender Hinsicht schlechter als Gußeisen: 1. Er floß nicht aus dem Ofen heraus, sondern mußte nach der Feuerlöschung mechanisch entfernt werden, was die Ofenwandung beschädigte. Da die Gewinnung unterbrochen wurde und der Ofen klein war, war eine geringe Produktion die Folge. 2. Gewöhnlich enthielt er große Mengen von nichtmetallischen unreinen Stoffen (Schlacke usw.), die nur durch Schmieden beseitigt werden konnten. 3. Das Luppeneisen hatte meistens einen sehr niedrigen Kohlenstoffgehalt und war infolgedessen sehr weich. Gußeisen wurde bei höheren Temperaturen von 1150–1300°C geschmolzen und floß in flüssigem Zustande aus dem Ofen, so daß die Produktion kontinuierlich fortgesetzt und die Produkte in Gußformen gegossen werden konnten. Es war härter und leichter zu gießen, so daß es sowohl nach Quantität wie Qualität überlegen war. Die Umstellung von dem schwammigen Luppeneisen zu Gußeisen bedeutete einen großen Schritt vorwärts bei der Eisengewinnung.

Das Verhütten von flüssigem Eisen entwickelte sich in China anders als in anderen Ländern. Obwohl weiches Eisen (schmiedbares Eisen) seit alten Zeiten im Ausland erzeugt wurde, produzierte Europa erst im 14. Jahrhundert sein erstes Gußeisen, während ausgegrabene eiserne Werkstücke beweisen, daß in China die Eisen-Metallurgie nicht später als in der Mitte der Frühlings- und Herbstperiode (770–476 v. Chr.) ihren Anfang nahm; kurz danach wurde bereits Gußeisen produziert. Dies ist nicht sehr früh, die Verhüttung von flüssigem Eisen entwickelte sich in China jedoch schneller als in anderen Ländern.

Ein Stück weißes Gußeisen aus der späten Frühlings- und Herbstperiode, ausgegraben in der Mittelschule Chengqiao im Kreis Luhe, Provinz Jiangsu, wurde als Chinas und der Welt frühester Gegenstand aus Gußeisen bestimmt. Die meisten zur Zeit der Streitenden Reiche (475–211 v. Chr.) gefundenen eisernen Gegenstände waren aus Gußeisen. Während der späteren Mittelperiode der Streitenden Reiche wurden Eisengeräte in China in großer Zahl

gebraucht; allein mehr als 16 Arten von Produktionsgeräten, die meisten von
ihnen aus Gußeisen, waren unter den ausgegrabenen Gegenständen aus dieser
Periode. Schmiedbares Eisen hatte schon den zweiten Rang hinter Gußeisen
eingenommen, was den großen Fortschritt in der Produktion von Gußeisen
während dieser Periode beweist.

Temperguß

Das älteste in China entdeckte tempergußähnliche Gußeisen stammt aus der
Zeit der Streitenden Reiche und hat die Form eines eisernen Spatens. Es wurde
in Luoyang ausgegraben. Eine Gefügeuntersuchung hat bewiesen, daß der
Spaten teilweise aus schwarzem, tempergußähnlichem Gußeisen bestand,
obwohl sein Hauptbestandteil Ferrit mit geglühten Graphit-Flocken war. Die
Herstellung des Tempergusses entwickelte sich in der zweiten Hälfte der Periode der Streitenden Reiche weiter, als immer mehr Gußstücke zwecks Verbesserung der Elastizität geglüht wurden. Beispiele dafür sind ein eiserner Spaten,
der in Changsha gefunden wurde und aus der mittleren Periode der Streitenden Reiche stammt, ferner eiserne Balkenenden und Hacken aus der späteren
mittleren Periode der Streitenden Reiche, die im Kreis Yixian, Provinz Hebei,
ausgegraben wurden. Das Verfahren des Tempergusses erlangte seine Reife
zur Zeit der Han-Dynastie (206 v. Chr.–220 n. Chr.). Eine in Xuecheng
gefundene eiserne Axt der Westlichen Han-Dynastie (206 v. Chr.–24 n. Chr.)
und einige Spitzhacken, Spaten und Pflugscharen, die in Kellern aus der Han-
Dynastie (206 v. Chr.–220 n. Chr.) und der Wei-Dynastie (220–265) in Mianchi gelagert waren, sind zweifellos einer geeigneten Wärmebehandlung unterzogen worden. Einige dieser Geräte waren aus weißem Temperguß, andere
aus schwarzem Temperguß gefertigt. Beide Gußarten waren über weite
Gebiete verbreitet.

Die Umstellung von Gußeisen auf Temperguß ist von großer Bedeutung.
Bei normalen Temperaturen ist Kohlenstoff im Gußeisen in zwei Formen vorhanden: Zementit und freier Graphit (in Form von Fasern, Flocken oder
Kügelchen). Diese verschiedenen Formen des Kohlenstoffs geben dem Gußeisen derselben Zusammensetzung verschiedene Eigenschaften. In weißem
Gußeisen ist der gesamte Kohlenstoff in Form von Zementit, einem sehr har-
ten Bestandteil von wenig Dehnbarkeit, vorhanden. Weißes Gußeisen ist deshalb hart und spröde. Im Temperguß befindet sich der größte Teil des Kohlenstoffs im Zustand von freiem Graphit, was ihm verhältnismäßig große Härte
und bessere Dehnbarkeit verleiht. Nach der mittleren Periode der Streitenden
Reiche förderten Erfindung und Entwicklung von Temperguß den weitreichenden Gebrauch von eisernen Geräten in der Landwirtschaft, im Handwerk
und im Alltagsleben.

Kugelgraphitgußeisen

Im Jahre 1974 wurde ein Keller der Nördlichen Wei-Dynastie (386–534) in Mianchi, Provinz Henan, geöffnet, und etwa 4000 eiserne Geräte aus dem Zeitraum zwischen der Han-Dynastie und der Nördlichen Wei-Dynastie kamen ans Tageslicht. Dazu gehörten Waffen, Werkzeuge, Haushaltsgeräte, Gußformen sowie eiserne Materialien. Unter ihnen war eine Axt, die durch Entkohlungsglühung behandelt worden war und deren Struktur zum großen Teil aus Stahl mit 0,4 % Kohlenstoff ohne Graphitausscheidung bestand. Der Teil der Axt (Wange), der die Schneide mit dem Stiel verbindet, enthielt dagegen Graphitkugeln, wie man sie im heutigen Kugelgraphitgußeisen findet, 20 Microns im Durchmesser und verteilt über einen U-förmigen Querschnitt von 3,2 Millimeter Dicke und 50 Millimeter Länge. Es gab 30 Graphitkugeln, alle von regelmäßiger Form. Einige Forscher glauben, daß diese Graphitknötchen dem Glühen des weißen Gußeisens entstammen könnten.

Viele Jahre lang hatten Eisenarbeiter versucht, kugeligen statt flockigen Graphit zu erhalten, waren aber auf Schwierigkeiten gestoßen. Lange Zeit hatte Gußeisen im alten China einen sehr niedrigen Siliziumgehalt, dennoch waren die alten Chinesen fähig, große Mengen von Temperguß mit flockigem Graphit durch Glühen zu erzeugen. Sie haben auch Temperguß mit etwas Kugelgraphit hergestellt: Eisengeräte dieser Art, die aus der Han-Dynastie stammen, wurden in Tieshenggou im Kreis Gongxian und in Wafangzhuang im Kreis Nanyang gefunden – etwas Seltenes in der Geschichte der Metallurgie.

Stahlfrischen

«Hundertfach geschmiedeter Stahl»

«Hundertfach geschmiedeter Stahl» ist ein altes chinesisches Stahlerzeugungsverfahren. Im Jahre 1961 wurde ein Stahldegen aus der Zhongping-Regierungszeit der Östlichen Han-Dynastie (184–189) auf einem alten Friedhof beim Todai-Tempel von Ichinomoto in Nara, Japan, ausgegraben. Eine in Gold eingelegte Inschrift auf diesem Degen lautet: «Hundertfach geschmiedeter Blaustahl.» Im Jahre 1974 grub man einen anderen Stahldegen in Cangshan, Provinz Shandong, aus, der im 6. Regierungsjahr von Yongchu aus der Östlichen Han-Dynastie (112) gefertigt worden war und die mit Gold eingelegte Inschrift trug: «Dieser Degen wurde dreißigmal geschmiedet.» Das Beijing-Institut für Eisen und Stahl analysierte den Stahl in diesem Degen und stellte fest, daß er aus Puddelstahl mit 0,6–0,7 % Kohlenstoffgehalt besteht. Er ist wiederholt gefalzt und geschmiedet worden. Im Vergleich zu den Schwertern und Degen, die im Grab des Prinzen Liu Sheng aus der mittleren Westlichen Han-Dynastie gefunden wurden, hat dieser Degen mehr Falzschichten und weniger Verunreinigungen und diese sind gleichmäßiger verteilt. Auch gibt es eine gleichmäßigere Verteilung des Kohlenstoffs (das heißt, es gibt keine Schicht von abweichendem Kohlenstoffgehalt). Dies zeigt an, daß wiederholtes Frischen die Qualität des Stahls verbessert.

Das *Meng Xi Bi Tan (Traumstrom-Essays)* von Shen Kuo beschreibt ausführlich den «Hundertfach geschmiedeten Stahl». Es wird von «feinem Eisen» erzählt, das hundertmal geschmiedet und nach jedem Schmieden gewogen wurde. Über reinen Stahl wurde gesagt, daß er dabei im Gewicht nicht mehr abnähme. Es heißt ferner, daß es Stahl in Eisen gibt, genauso wie Gluten im Mehl, und daß nach mehrmaligem Waschen das Gluten hervortreten wird. Das sogenannte «feine Eisen» war wahrscheinlich weder Gußeisen noch Weicheisen in modernem Sinne, sondern ein schmiedbares Eisen, das aus Stahl und Weicheisen hergestellt wurde. Es pflegte viele Verunreinigungen zu enthalten, und die Gewichtsverminderung nach jedem Schmiedevorgang wurde durch Heraushämmern der Schlacke verursacht. Die Gewichtsabnahme kam also nicht zum Stillstand, denn durch wiederholtes Erhitzen und Schmieden entstehen auch Eisenoxid-Schichten, die beseitigt werden müssen. Die Aufkohlung hängt von dem Kohlenstoffgehalt und der Eigenart des Eisenproduktes ab und ist nicht nötig bei Stahl mit hohem Kohlenstoffgehalt; bei Stahl mit niedrigem Kohlenstoffgehalt oder bei Weicheisen ist die Zementation jedoch erforderlich, damit diese nicht zu weich werden. Die meisten Stähle aber haben einen hohen Kohlenstoffgehalt.

Das Hauptmerkmal des «Hundertfach geschmiedeten Stahls» ist das wiederholte Erhitzen und Schmieden, wobei letzteres von besonderer Bedeutung bei der alten Stahlerzeugung war. Neben der Entkohlung von Gußeisen ist das Schmieden immer ein wichtiger Verarbeitungsschritt bei den altchinesischen Stahlherstellungsverfahren gewesen. Das Schmieden beseitigte die Verunreinigungen, verminderte die Korngröße der restlichen Rückstände, machte die Zusammensetzung homogener, die Kristallstruktur feiner und steigerte die Festigkeit. Das war das Geheimnis und die technische Bedeutung des «Hundertfach geschmiedeten Stahls».

Der Rohstoff für die Herstellung bestand entweder aus aufgekohlten Eisenblöcken oder aus Puddelstahlluppen, wobei letztere häufig verwendet wurden. Stahl aus aufgekohlten Eisenblöcken wurde zwischen dem 4. und 5. Jahrhundert v. Chr. entwickelt, die Technik des zehn- bzw. dreißigmaligen Schmiedens im 1. Jahrhundert v. Chr. eingeführt. Der älteste Beweis für das hundertfache Schmiedeverfahren konnte am berühmten Zhongping-Schwert erbracht werden. Dieses Verfahren wurde in der ersten Hälfte des 3. Jahrhunderts allgemeine Praxis. Cao Cao, König des Staates Wei, befahl, fünf «Waffentypen durch hundertfaches Schmieden» anzufertigen. Der König Sun Quan des Staates Wu hatte drei wertvolle Schwerter, genannt *bailian* («Hundertfach geschmiedetes Schwert»), *qingdu* («Blaufarbiges Schwert») und *louying* («Wolkenmuster-Schwert»). Liu Bei, König des Staates Shu, befahl Meister Pu Yuan, 5000 solcher Schwerter mit der Inschrift «72mal geschmiedet» anzufertigen. Die Herstellung des «Hundertfach geschmiedeten Stahls» erreichte ihren Höhepunkt in der Wei-Dynastie (200–265) und der Jin-Dynastie (265–420), verfiel aber mit der Entwicklung anderer Stahlherstellungsverfahren. Dieser Stahl wurde vor allem zur Produktion wertvoller Schwerter und Degen verwendet.

Stahlpuddeln[1]

Das Puddeln erhielt seinen Namen von dem fortwährenden Rühren beim entsprechenden Stahlfrischverfahren. Das Rohmaterial von Puddelstahl ist Gußeisen, das zuerst zu knapp flüssigem oder halbflüssigem Zustand erhitzt wird. Das Silizium, Mangan und Kohlenstoff enthaltende Erz wird dann durch Windgebläse und/oder Hinzufügung von feinem Erzpulver oxidiert, so daß der Kohlenstoffgehalt der Stahlzusammensetzung vermindert wird. Puddelstahl weist meistens einen niedrigen Kohlenstoffgehalt auf. Wenn das Verfahren gut reguliert wird, kann es auch Stahl mit mittlerem oder hohem Kohlenstoffgehalt oder Weicheisen erzeugen.

Der älteste chinesische Gegenstand aus Puddelstahl, der bisher entdeckt wurde, ist das «Große dreißigmal geschmiedete Schwert», das 1974 in Cangshan, Provinz Shandong, ausgegraben wurde. Dieses Schwert wurde unmittelbar aus Puddelstahl geschmiedet. Seine Klinge mit gleichmäßiger Struktur besteht vor allem aus Perlit mit einer nur kleinen Menge von Martensit. Es ist ein hoch kohlenstoffhaltiger Stahl. Puddelstahlgegenstände wurden auch in der Eisenschmelzstätte der Han-Dynastie in Tieshenggou, Kreis Gongxian, gefunden. Sie enthalten einige nichtmetallische Verunreinigungen, vor allem Silikate.

Der älteste Bericht über Stahlpuddeln findet sich im Band 72 des *Tai Ping Jing (Kanon des großen Friedens)*, geschrieben in der Östlichen Han-Dynastie; seine Erfindung geht aber wahrscheinlich bis auf das Ende der Westlichen Han-Dynastie zurück.

Eine verhältnismäßig ergiebige Produktion und bessere Qualität sind die Vorteile des Stahlpuddelns. Der Prozeß des Stahlpuddelns erfolgt in zwei Stu-

---

[1] Es muß angemerkt werden, daß das hier beschriebene Verfahren insofern kein «Puddeln» ist, als Puddeln strenggenommen ein Verfahren ist, das Steinkohle, nicht Holzkohle verwendet; man müßte also hier eher von einem Frischherdverfahren sprechen (Anmerkung des Bearbeiters).

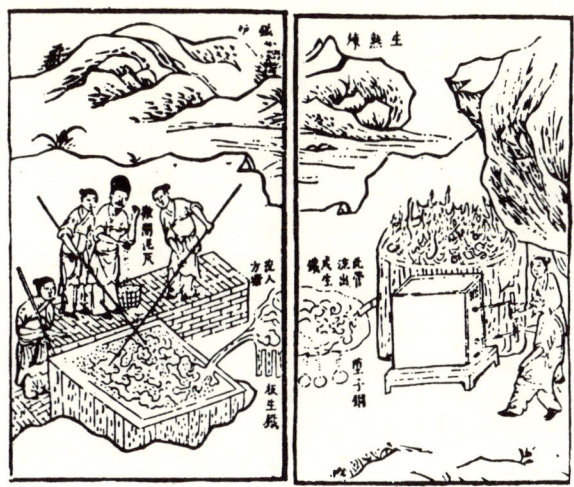

Abb. 86
Die beiden Abbildungen sind dem *Tian Gong Kai Wu (Werke der Natur und der Arbeit)* aus dem
Jahre 1637 entnommen und stellen die Schmelzprozesse von Gußeisen und Weicheisen dar.

fen: Zuerst wird das Gußeisen aufgeweicht, dann zu Stahl gefrischt. Das Stahlpuddeln kann also als Vorläufer der zweistufigen Stahlherstellung angesehen
werden und ist als solcher von großer Bedeutung. Englands Erfindung des
Stahlpuddelns in der Mitte des 18. Jahrhunderts spielte eine wichtige Rolle in
der industriellen Revolution. Marx drückte seine große Bewunderung für dieses Verfahren mit der Bemerkung aus, kein Kompliment übertreibe die außerordentliche Wichtigkeit dieser Neuerung.

Stahl aus entkohltem Gußeisen

Die Stahlproduktion durch Entkohlung von Gußeisen erfolgte schon früh in
der Zeit der Streitenden Reiche. Zuerst wurde weißes Gußeisen hergestellt,
dieses dann in einer oxidierenden Atmosphäre einem entkohlendem Glühen
unterworfen, damit der Kohlenstoffgehalt soweit vermindert wurde, bis nur
noch sehr wenig oder kein Graphit mehr abgesondert wurde. Die Kristallstruktur dieses Stahls war derjenigen von modernem Stahl ähnlich. Sicheln,
Äxte, kleine eiserne Pflugscharen, alle Eisengeräte, die in den Kellern der Han-
und der Wei-Dynastie in Mianchi gelagert waren, waren einem Entkohlungsglühen unterzogen worden. Einige davon sind gut erhalten, zum Beispiel eine
kleine Pflugschar (Nr. 197), deren Schneide aus Ferrit besteht. Ihr Kern ist aus
Ferrit und Perlit zusammengesetzt. Sie weist einen Kohlenstoffgehalt von ca.
0,3 % auf, körniges Perlit, aber keine Graphitabsonderungen. Eine der Sicheln

(Nr. 528) ist von nicht ganz so guter Qualität. Sie besteht aus Ferrit und Perlit mit ein wenig Graphit. Alle diese Geräte bezeugen eine verhältnismäßig fortgeschrittene Technik. Eine ganze Anzahl der Eisengeräte ist kerntief entkohlt worden, und ihre Schneiden sind danach zementiert und geschmiedet worden. Die Blattoberfläche einer Axt (Nr. 471) weist ein 0,7–0,8 % Kohlenstoff enthaltendes Perlit auf; etwas unterhalb der Oberfläche findet sich feines Perlit mit 0,5–0,6 % Kohlenstoff, während der Kern weniger Perlit, mit nur 0,3–0,4 % Kohlenstoff, und kein nennenswertes Graphit enthält. Die verschiedenen Teile der Geräte waren verschiedenen Prozessen der Entkohlung und Zementation gemäß den verschiedenen Erfordernissen im Gebrauch unterworfen worden, so daß jeder Teil seine eigene Zusammensetzung und Struktur besaß. Im alten China besaß man also einige Vorstellung von der Wirkung des Kohlenstoffgehalts auf Metalle.

Die eisernen Breitbeile der frühen Periode der Streitenden Reiche, ausgegraben aus einem Kalkofen in Luoyang, Provinz Henan, waren einer unvollständigen Entkohlung unterzogen worden, mußten also zu der frühen Periode der Stahlherstellung durch Gußeisenentkohlung gehören. Diese Technik reifte in der Han-Dynastie heran, wie viele Ausgrabungen bewiesen.

Die Bedeutung der Erfindung der Stahlherstellung durch Entkohlung von Gußeisen läßt sich aus der Tatsache ersehen, daß die alte Welt kein Gußeisen besaß und die Eisenherstellung mit anschließender Bearbeitung zu geschmiedetem Stahl sehr unzureichend war, zumal das Produkt sehr viele Verunreinigungen enthielt. China hat sehr früh (5.–4. Jh. v. Chr.) die Überlegenheit des Gußeisens wegen seiner leichten Formbarkeit und seinen kleineren Verunreinigungen ausgenutzt. Das Entkohlungsglühen der alten chinesischen Eisenarbeiter befähigte sie, Stahlwaren zu erzeugen, die in Zusammensetzung und Ausführung den heutigen ähneln.

«Kofusion-Stahl»[2]

Der sogenannte «Kofusion-Stahl», durch teilweises Verschmelzen von Gußeisen mit Weicheisen hergestellt, wurde für die Klingen von Degen und Schwertern benutzt. Es ist dies ein Stahl von hoher Qualität mit hohem Kohlenstoffgehalt. Gußeisen hat im Vergleich zu Stahl einen sehr hohen Kohlenstoffgehalt und einen niedrigen Schmelzpunkt, Weicheisen enthält viele sauerstoffhaltige Verunreinigungen. Bei der Schmelztemperatur von Gußeisen treten diese beiden Legierungen in Wechselwirkung und werden nach dem

---

[2] Dieses Verfahren sollte richtig «Kodiffusion-Stahl» heißen, weil es nur teilweise in der flüssigen Phase ausgeführt wird. Vgl. Jean-Pierre Voiret: «Needham on Chinese Steel...», in: Asiat. Studien XXXIX (1985), 1–2 (Anmerkung des Bearbeiters).

partiellen Schmelzen zu Stahl. Die Proportion von Guß- und Weicheisen konnte zur Erzielung der erforderlichen Zusammensetzung von «Kofusion-Stahl» geändert werden. Die Reaktion fand manchmal ohne Schmelzen durch reine Diffusion statt.

Es gab viele unbekannte Pioniere bei dieser frühen Tätigkeit, aber einer, dessen Namen aus historischen Dokumenten bekannt ist, war Qiwu Huaiwen, der um 550 lebte. Er schmolz Gußeisen und goß es auf Weicheisen, bis Stahl erzeugt wurde. Die von ihm gemachten Schwerter wurden *su*-Eisenschwerter genannt. In tierischen Fetten und Urin schnell abgeschreckt, konnten diese Schwerter – so sagt die Überlieferung – 30 Panzerrüstungen durchschneiden. Der älteste Bericht über «Kofusion-Stahl» wurde von Tao Hongjing aus der Liang-Periode der Südlichen Dynastien geschrieben. Tao erklärte, daß der «Kofusion-Stahl» ein «Mischen und Schmelzen von Guß- und Weicheisen zur Erzeugung von Schwertern und Sicheln» ist.

Es gab einige verschiedene Prozesse zur Herstellung des «Kofusion-Stahls». Eine Methode war, Bleche von Guß- und Weicheisen unter einer dichten Tonschicht zusammenzubinden und sie dann in einem Ofen zu schmelzen. Eine weitere Methode, beschrieben von Shen Kuo in seinen *Traumstrom-Essays,* bestand darin, Gußeisen oben auf das Weicheisen zu setzen, wobei das Gußeisen zuerst schmolz und auf das Weicheisen tröpfelte. Die Beschreibung dieses Verfahrens ist im *Tian Gong Kai Wu (Werke der Natur und der Arbeit)* von Song Yingxing wiedergegeben. Die dritte Methode gehörte zu einer höheren Stufe der Entwicklung von «Kofusion-Stahl», *su*-Stahl genannt.

Die Hauptschritte beim Herstellen von *su*-Stahl waren folgende: Weicheisen wird in den Schmelzofen gesteckt und mit heißen Gasen erhitzt, dann wird ein Ende von einem Gußeisenblock schräg in der Ofenöffnung erhitzt. Der Heißgasstrom wird so gehandhabt, daß die Temperatur weiter ansteigt. Wenn etwa 1300°C erreicht sind, beginnt das Gußeisen zu schmelzen und zu tröpfeln, während das Weicheisen weich wird. Dann wird der Gußeisenblock von außen her mit einer Zange so gehalten, daß die geschmolzenen Gußeisentropfen gleichmäßig auf das Weicheisen tröpfeln; das Weicheisen seinerseits wird stetig gerührt, um eine starke Oxidation zu verursachen. Nach dem Tröpfeln wird die Heißgasströmung abgestellt, die Stahlmasse wird herausgeholt und zwecks Beseitigung von Verunreinigungen gehämmert. Das Tröpfeln sollte gewöhnlich zweimal erfolgen. Die Herstellung von *su*-Stahl hat zwei Vorteile: 1. Während des «Gießprozesses» gibt es eine starke Oxidation, die die Trennung von Schlacke und Eisen bewirkt, da das kohlenstoffarme Eisen strukturell weich ist und große Mengen von Oxid-Verunreinigungen, aber auch von Silizium, Mangan und Kohlenstoff enthält. 2. Nachdem die Oxide des Weicheisens den Kohlenstoff des Gußeisens oxidiert haben, wird das Eisen selbst desoxidiert, was eine verbesserte Metallausbeute ergibt.

In Band I des *Wu Hu Xian Zhi (Annalen des Kreises Wuhu)* aus dem Jahre 1522 gibt es eine Erklärung über «anfänglich geschmiedetes Weicheisen», die sich wahrscheinlich auf diese Art Eisen bezieht. Der Hauptunterschied zwischen dem *su*-Stahl und dem eigentlichen «Kofusion-Stahl» aus den zuvor beschriebenen zwei Prozessen ist, daß diese zwei Verfahren Weicheisenplatten verwenden. Da Platten eine dichtere Struktur aufweisen müssen, konnten sie nicht «anfänglich geschmiedetes Eisen» gewesen sein.

Vor der Erfindung des Schmelztiegel-Stahlfrischens im Jahre 1740 wurde Stahl in teilweise festem oder in halbflüssigem Zustande in allen stahlerzeugenden Ländern hergestellt, und es war schwer, Eisen von Schlacke zu trennen. Chinas «Kofusion-Stahl» mit höherer Produktivität, besserer Kontrolle der Zusammensetzung und guter Trennung von Schlacke und Eisen war damals ein überlegenes Stahlherstellungsverfahren.

Die Verhüttung von Nichteisenmetallen

Die «Sechs Legierungen»

Die «Sechs Legierungen» sind sechs Regeln für die Herstellung von Bronzelegierungen, die im *Kao Gong Ji (Aufzeichnungen des Handwerkers)* formuliert worden sind. Das Originalzitat lautet:

> «Bronze hat sechs Legierungen: 6 Teile Kupfer mit 1 Teil Zinn werden zur Herstellung von Glocken und großen Kochkesseln, 5 Teile Kupfer mit 1 Teil Zinn zur Herstellung von Äxten, 4 Teile Kupfer mit 1 Teil Zinn zur Herstellung von Streitäxten und Hellebarden, 3 Teile Kupfer mit 1 Teil Zinn zur Herstellung größerer Schwertklingen, 5 Teile Kupfer mit 2 Teilen Zinn zur Herstellung von Pfeilspitzen, 2 Teile Kupfer mit 1 Teil Zinn zur Herstellung von Spiegeln verwendet.»

Die Archäologie dokumentiert Chinas Meisterschaft in der Technik des Kaltschmiedens und des Gießens von Kupfer von der Xia-Periode (ca. 21.–16. Jh. v. Chr.) an. Gegen Ende der Xia-Periode und zu Beginn der Shang-Periode (16.–11. Jh. v. Chr.) hat China schon Kupfer verhüttet und gegossen, so daß das Land in der Mitte der Shang-Dynastie bereits eine hoch entwickelte Bronze-Kultur beginnen konnte. Zu den bisher ausgegrabenen Gegenständen aus Bronze gehören viele zeremonielle Geräte, Waffen, Gegenstände des alltäglichen Lebens und einige Produktionswerkzeuge (einschließlich Handwerksgeräten und landwirtschaftlichen Utensilien). Die prächtigen *si mu wu ding*-Kochkessel und ein mit vier Ziegen reich verzierter Weinkrug sind die schönsten Kunstgegenstände aus Bronze. Auf der Grundlage dieser Ausgrabungsgegenstände kann man die Beschreibung der «Sechs Legierungen» als das Zeugnis ältester Kenntnis der Kunst des Legierens betrachten. Sie gibt auch die erste Formulierung der Beziehung zwischen Zusammensetzung und Verwendung der jeweiligen Legierung.

Die Idee der «Sechs Legierungen» stimmt grundsätzlich mit modernen wissenschaftlichen Prinzipien überein. Eine etwa 14 % Zinn enthaltende Legierung ist hart, elastisch und hat gute Ton-Qualität. Wird eine solche Legierung bei etwa 600°C in kaltem Wasser abgeschreckt, so wird ihre Ton-Qualität noch verbessert; sie weist eine geeignete Zusammensetzung und Struktur zur Herstellung von Glocken oder großen Kesseln auf. Äxte aber, die mehr Widerstand gegen Schlagbeanspruchung als Glocken leisten müssen, enthalten weniger Zinn als die Glocken und Pfeilspitzen. Streitäxte und Hellebarden sind Waffen, die mehrfache Beanspruchung aushalten müssen, einschließlich Zug, Druck und Biegung, so daß sie sehr dehnbar sein müssen, während es notwendig ist, daß Degen und Schwerter sowohl fest als auch scharf sind. Pfeilspitzen sind klein und dürfen nicht so leicht brechen; die Spitze ist das wichtigste, und deshalb haben sie den höchsten Zinngehalt aller Waffen.

Chinas «Sechs Legierungen» waren technisch und gesellschaftlich wichtig. Obwohl die Herstellungstechnik für Bronze in China ziemlich spät aufkam, entwickelte sie sich dann aus zwei Gründen sehr schnell (neben dem Faktor natürlicher Bodenschätze): 1. Frühe Beherrschung der Technologie der Metallverhüttung unter hohen Temperaturen. 2. Kenntnis des Legierens. Ohne diese Kenntnis über Legierungen hätte nur Kupfer durch desoxidierende Verhüttung von Erzen hergestellt werden können. Wenn dabei zufällig etwas Bronze entstanden wäre, so wäre das nur ein grobes Produkt gewesen.

Das Verhütten von Messing und Zink

Historische Dokumente und ausgegrabene Gegenstände lassen den Schluß zu, daß der Gebrauch von Zink in China in drei Stufen eingeführt wurde:

Die erste Stufe umfaßt die Periode vor der Han-Dynastie, wo Zink als begleitendes Erz der Kupferlegierung beigegeben wurde. Kupfergeräte dieser Zeit enthalten nur einige Zehntausendstel Zinkanteile, und nur wenige Gegenstände haben einen höheren Zinkgehalt.

Die zweite Stufe umfaßt die Periode von der Westlichen Han-Dynastie bis zu der Song-Dynastie (960–1279) und der Yuan-Dynastie (1271–1368). Zinkoxide (Galmei), die in den Kupfer-Verhüttungsofen zugegeben, reduziert und in dem Kupfer aufgelöst wurden, erzeugten auf diese Weise Messing.

Auf der dritten Stufe, das heißt nach der Ming-Dynastie (1638–1644), wurde metallisches Zink aus Galmei gewonnen. In dem *Kapitel über Metalle* des *Tian Gong Kai Wu,* geschrieben in der Ming-Dynastie, gibt es einen ausführlichen Bericht über den Produktionsprozeß von metallischem Zink. Zehn *jin*[3] Galmei werden in einen Tonkrug gefüllt, der mit Tonerde abgedichtet wird. Der Krug und die Abdichtung werden anschließend getrocknet und das Ganze wird angeheizt. Der Galmei schmilzt zu einer Metallmasse. Nach Abkühlung wird der Krug aufgebrochen und das Zink herausgenommen. Das Gewicht verringert sich dabei um 20 %. Dieser Bericht ist unvollständig, denn es fehlt die Erwähnung des reduzierenden Agenten, aber das Grundprinzip und die Geräte ähneln der modernen Methode des Zink-Schmelzens.[4]

Offenbar wurde metallisches Zink in China während der Ming-Dynastie in großem Maßstab produziert. Die Produktion von Messing und Zink hatte besondere Bedeutung: Messing hat gute mechanische Eigenschaften, ist leicht zu bearbeiten und zu gießen und hat einen schönen metallischen Glanz.

Kupfer-Nickel-Legierungen

Der Gebrauch von Kupfer-Nickel-Legierungen oder «China-Silber» reicht sehr weit in die Geschichte Chinas zurück. Zur Herstellung wurde zuerst eine Art Kupfer-Nickel-Mineral gebraucht, dann wurden später Nickel-Erz und Kupfer gemischt und gemeinsam verhüttet.

Der Ausdruck *baitong* (Weißmessing) erscheint zuerst im *Hua Yang Guo Zhi (Bericht über das Land südlich des Huashan-Gebirges)*, geschrieben von Chang Qu aus der Jin-Dynastie (265–420). Dieses Buch berichtet, daß im Dongchuan-Bezirk der Provinz Yunnan der Tanglang-Berg liegt, der «Silber, Blei, Weißmessing und Medizin» hervorbringt.

In Band 10 des *Chun Zhu Ji Wen (Bericht von Dingen, gehört auf der Frühlings-Insel)*, von He Wei aus der Song-Dynastie abgefaßt, wird berichtet, daß «weißes arsenhaltiges Pulver» fähig wäre, «zwei Unzen Kupfer in eine silberähnliche Substanz aufzulösen» – der älteste Bericht über von Menschen gemachtes Neusilber.

Nach der Yuan- und der Ming-Dynastie entwickelte sich die Produktion von Kupfer-Nickel-Legierungen rasch. Das *Ge Wu Cu Tan (Einfache Abhandlung über die Erforschung der Natur)* besagt, daß Kupfer und «arsenhaltiges Gestein gemischt werden könnten, um Weißmessing zu verhütten». Das *Ben Cao Gang Mu (Abriß der Arzneimittelkunde)* erklärt: «Kupfer und arsenhaltiges Gestein können zu Weißmessing verhüttet werden.» Das *Tian*

---

[3] 1 *jin* = ½ Kilogramm.
[4] Diese Behauptung ist etwas gewagt. Die Reihenfolge der Operationen ist die folgende: durch Rösten vollständiges Überführen des Erzes in Zinkoxid, Reduktion, Gewinnung des Rohzinks durch Destillation. Anschließend Umwandlung des Rohzinks zu Raffinadezink im Flammofen (Anmerkung des Bearbeiters).

Gong Kai Wu äußert: «Arsenhaltiges Pulver und andere Stoffe werden benutzt, um Weißmessing herzustellen.» Einige Wissenschaftler glauben, daß das obenerwähnte arsenhaltige Gestein und «Pulver» das weiße Nickelerz ($NiAs_2$) ist, andere aber denken, es sei Arsentrioxid (As_2O_3).

Viele Wissenschaftler in China und anderen Ländern untersuchen zur Zeit die Produktion und Verwendung von Kupfer-Nickel-Legierungen im alten China. Einige Gelehrte glauben, daß wahrscheinlich bereits in der Qin- und in der Han-Dynastie die chinesische Nickel-Kupfer-Legierung in das alte Land Baktrien zur Herstellung von Münzen exportiert wurde. Analysen von erhaltenen Münzen haben eine Zusammensetzung offenbart, die jener der klassischen chinesischen Kupfer-Nickel-Legierung (77 Prozent Kupfer und 20 Prozent Nickel) ähnlich ist. Im 18. Jahrhundert versuchten viele Metallurgen im Westen, die chinesischen Kupfer-Nickel-Legierungen zu imitieren, was schließlich 1723 in England und Deutschland gelang. Viele Imitationen folgten auf dem Markt, unter denen «Deutsches Silber» die beliebteste war. Die Transmission der chinesischen Kupfer-Nickel-Legierung förderte im Abendland die Entwicklung neuer Kupfer-Nickel-Legierungen und moderner chemischer Verfahren.

Aufblasetechniken und Verhüttungsbrennstoffe

Wasserkraftblasebälge (hydraulische Winderzeuger)

Wasserkraftblasebälge sind eine Art von Winderzeuger, die im alten China bei der Verhüttung von Eisen benutzt wurden. Die ältesten Winderzeuger waren gewöhnlich Lederbeutel, die man *tuo* (Beutel) nannte. Ein einziger Schmelzofen brauchte viele dieser Beutel in einer Reihe, daher wurde das Gerät auch *paituo* (Beutelreihe) genannt. Falls sie von Wasserkraft betrieben wurden, wurden diese Systeme abgekürzt *shuipai* («Wasserreihe») genannt.

Die chinesischen Wasserkraftblasebälge wurden von Du Shi, Gouverneur von Nanyang in der frühen Östlichen Han-Dynastie erfunden, nachdem er die Arbeitspraxis beobachtet hatte. Diese Blasebälge wurden benutzt, um die Produktivität zu steigern. Während der Zeit der Drei Reiche (220–265) führte Han Ji diese Erfindung in den Staat Wei ein und verwendete sie in der staatlichen Eisenhütte. Die Wasserkraftblasebälge, welche die von Hand und von Pferden betriebenen Blasebälge ersetzten, konnten ununterbrochen benutzt werden, sparten Menschen- und Tierkraft ein und erhöhten die Produktivität der Eisenverhüttung auf das Dreifache. Nach der Han-Dynastie bis hin zur Gründung der Volksrepublik wurden hydraulische Winderzeuger in großer Menge in China benutzt, während ständige Verbesserungen an ihrem strukturellen Aufbau erfolgten.

Nur wenige Berichte sind über den Aufbau der Wasserkraftblasebälge der Han-Dynastie vorhanden. Aus dem Konzept hydraulischer Schlaghämmer und Bewässerungsräder der gleichen Zeit kann man schließen, daß die Wasserkraftblasebälge von Wasserrädern über eine geeignete Antriebseinheit mit Wellen und Hebeln angetrieben wurden. Der früheste Bericht über eine solche Struktur erschien im *Wang Zhen Nong Shu (Wang Zhens landwirtschaftliche Abhandlung)*, geschrieben in der Yuan-Dynastie. Es gab zwei Rädertypen: das horizontale und das vertikale. Mit Hilfe von Wellen, Hebeln und teilweise Treibriemen wurde die Kreisbewegung in eine lineare Bewegung umgewandelt, um das winderzeugende «Fächerblatt» zu öffnen und zu schließen. Eine einzige Umdrehung des Wasserrads öffnete und schloß den Windfächer mehrmals, was die Luftblasegeschwindigkeit erhöhte.

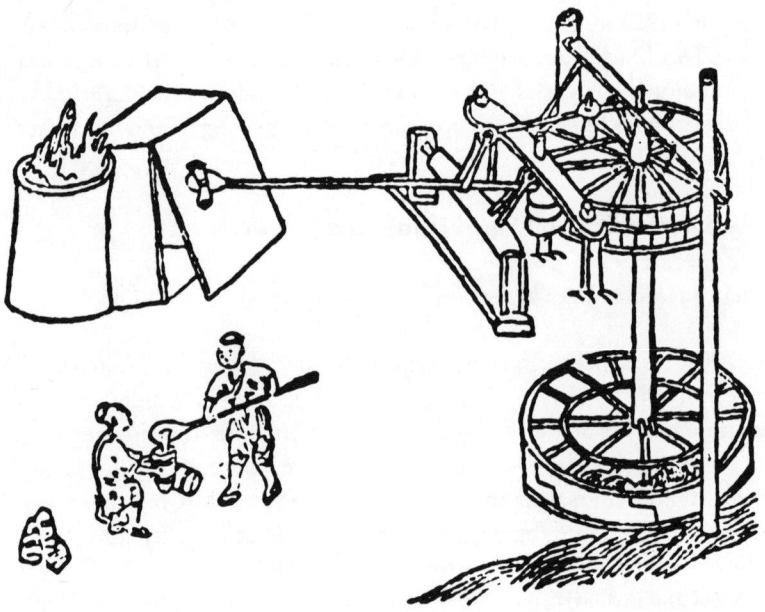

Abb. 87
Wasserkraftblasebälge mit horizontalem Rad im *Wang Zhen Nong Shu (Wang Zhens landwirtschaftliche Abhandlung)* aus der Yuan-Dynastie (1271–1368).

Die winderzeugenden Geräte entwickelten sich durch verschiedene Stufen, von den ältesten Lederbeuteln zum Windblasefächer und schließlich zu den Kolbenblasebälgen. Der Windfächer wurde wahrscheinlich vor dem 10. Jahrhundert erfunden. Der bewegliche Tiegelofen, der im 1044 geschriebenen *Wu Jing Zhong Yao (Sammlung der wichtigsten Militärtechniken)* erwähnt wurde, sowie der Wasserkraftblasebalg in *Wang Zhens landwirtschaftlicher Abhandlung* wiesen Windfächer, natürlich mit Strukturverbesserungen auf. Die erste Erwähnung eines Kolbenwinderzeugers befindet sich im Buch *Werke der Natur und der Arbeit* aus dem Jahre 1637.

Die hydraulische Winderzeugung steigerte die Blasekapazität, den Druck und das Eindringen der Luft in den Schmelzofen, verbesserte daher die Schmelzgeschwindigkeit und erlaubte eine Vergrößerung der Ofenkammer, so daß dadurch die Produktion gesteigert wurde. Da die Produktion von Gußeisen einen adäquaten Wind und eine angemessene Ofenkapazität erfordert, war die Erfindung hydraulisch angetriebener Winderzeuger ein wichtiger Beitrag zur Entwicklung der Verhüttungstechnologie.

Entwicklung der Verhüttungsbrennstoffe

Holzkohle ist der früheste von Menschen für die Verhüttung von Metallen benutzte Brennstoff und hat viele Vorzüge: 1. Sie ist leicht erhältlich; 2. sie ist porös, so daß die Materialsäule innerhalb des Ofens dem Wind weniger Widerstand entgegensetzt, was die Arbeit der Winderzeuger erleichtert; 3. Holzkohle hat einen relativ niedrigen Schwefel- und Phosphorgehalt und ist deshalb sogar heute noch der ideale Brennstoff zur Herstellung von hochgradigem Gußeisen. Der Nachteil der Holzkohle ist ihr beschränktes natürliches Vorkommen, und so suchten die Menschen seit uralten Zeiten nach neuen Brennstoffen.

Steinkohle, die man verhältnismäßig früh für das Handwerk und zur Heizung verwendete, wurde in China für die Metallurgie erst ziemlich spät benutzt. Es scheint, daß man Steinkohle in einer Eisenhütte aus der Han-Dynastie in Tienshenggou im Kreis Gongxian gefunden hat, ein Anzeichen dafür, daß man damit bei der Eisenverhüttung experimentierte. Der früheste schriftliche Bericht über den Gebrauch von Kohle bei der Verhüttung von Eisen findet sich in dem Kapitel über Flüsse im *Shui Jing Zhu (Kommentar zu dem ‹Klassiker der Wasserwege›)*, der von Li Daoyuan aus der Nördlichen Wei-Dynastie geschrieben wurde. Es wird dort von einem Berg 100 Kilometer nördlich von Kuqa in Zentral-Xinjiang berichtet, dessen Kohle zur Eisenverhüttung verwendet wurde und der die umliegende Gegend mit diesem Eisen versorgte. Weitere Berichte über den Gebrauch von Kohle beim Eisenschmelzen erschienen während der Song-Dynastie. Diese sind Dokumente für den Beginn der weitreichenden Verwendung von Kohle zum Eisenschmelzen in China.

Aber Steinkohle ist kein vollkommener Brennstoff für die Metallurgie: 1. Sie enthält große Mengen von Verunreinigungen, wie Schwefel und Phosphor, die sich mit dem Eisen verbinden und es spröde machen. 2. Die vielen Verunreinigungen erzeugen eine große Menge von Schlacke, die den Ofen beschädigt. 3. Kohle ist nicht porös und läßt daher den Wind nicht so leicht durch; sie ist bei hohen Temperaturen unbeständig, und ihre Gase explodieren leicht.

Kokskohle, durch Trockendestillation von Kohle gewonnen, besitzt die Vorzüge von Kohle, hat jedoch nicht ihre Mängel. So ist Kokskohle noch heute der Hauptbrennstoff der Metallurgie.

Den ältesten Bericht über den Gebrauch von Kokskohle in China findet man in dem Buch *Wu Li Xiao Shi (Kleine Enzyklopädie der Prinzipien der Natur)*, geschrieben von Fang Yizhi im Jahre 1664. Es heißt darin, daß man überall Kohle finden kann und daß sie zu Koks wird, wenn sie gegen das Ausströmen von «Gestank» abgedichtet und ohne Luft verbrannt wird. Ferner ist dort vermerkt, daß Koks sowohl für die Verhüttung wie auch für das Alltagsleben brauchbar sei. Es gibt ebenfalls Berichte über die Koksherstellung im *Jie An Lao Ren Man Bi (Essays des alten Mannes von Jie An)*, im *Yan Shan Za Ji (Bericht vom Yan-Berg)* und im *Hui Li Zhou Ji (Annalen der Huili-Präfektur)*.

Die Übergänge vom Gebrauch der Holzkohle zu Kohle und von der Kohle zur Kokskohle kennzeichneten die großen Wandlungen in der traditionellen Metallurgie.

Metallgießen

HUA JUEMING

Feuer flammte in tausend Öfen,
Erz ward geschmolzen zu Werkzeugen.

Dies sind oft zitierte Zeilen aus der *Yong Ye Fu (Ode auf das Gießen)*, geschrieben von dem Dichter Cao Pi aus der Jin-Dynastie (265–420), welche die schwungvolle Szenerie des Metallgießens im alten China gut beschreiben. Die Gießerei spielte eine hervorragende Rolle bei der Metallbearbeitung jener Tage und hatte weitreichende gesellschaftliche Auswirkungen. Chinesische Schriftzeichen, wie *mofan* (Muster, Model), *taoye* (Gießform), *rongzhu* (Schmelzen) und *jiufan* (Formen, Gießen), sind aus der Terminologie des Gießens abgeleitet. Die alten Handwerker erfanden eine typisch chinesische Technik des Gießens, welche von Generation zu Generation weitergereicht und überliefert wurde. Die drei wichtigsten Zweige dieses traditionellen Handwerks waren Lehm- bzw. Tonformenguß, Kokillenguß und Schmelzformenguß («Verlorenes-Wachs-Methode»).

Tonformenguß

Nach der späteren neolithischen Periode trat China in ein Zeitalter ein, in dem sowohl Stein- wie auch Kupferwerkzeuge benutzt wurden. Unter den in Tangshan, Provinz Hebei, ausgegrabenen frühen Kupfergeräten waren einige geschmiedete und einige gegossene. Das beweist, daß Formenguß in China sehr früh erfolgte.

Es gibt nicht wenige Berichte in der altchinesischen Literatur über die Kun Wu (ein Stamm, der im Norden des jetzigen Kreises Puyang in der Provinz Henan lebte), die Töpferei und Kupferguß betrieben, sowie über Yü den Großen, der neun *ding* (große Opfergefäße) gegossen hatte. Kürzlich durchgeführte Ausgrabungen bezeugen ebenfalls, daß das chinesische Volk in der Xia-Dynastie (ca. 21.–16. Jahrhundert v. Chr.) Bronzen gegossen hat. Die frühesten Gießformen waren aus Stein gefertigt. Aber Stein war ein schwer in Gießformen zu gestaltendes Material und bei hohen Temperaturen nicht hitzebeständig. So kamen, als sich die Töpferei entwickelte, Lehm- bzw. Tonformen in Gebrauch. Für die folgenden 3000 Jahre war das Gießen mittels Lehm- und Tonformen die hauptsächlich praktizierte Methode; später wurde in Sandformen gegossen – eine Methode, die in der modernen Maschinenherstellung ihre Blüte erreicht hat.

In der frühen Shang-Dynastie (ca. 16.–11. Jahrhundert v. Chr.) wurden Lehmformen schon zum Gießen kleiner Kupfergeräte benutzt – Breitbeile, Meißel, kleine Glocken und Gefäße wurden hergestellt. Diese Periode des Gießens ist durch Gegenstände gekennzeichnet, die in Erlitou, Kreis Yanshi, Provinz Henan, ausgegraben wurden. Bronzeguß entwickelte sich später, wie durch die Ausgrabungen in Erligang bei Zhengzhou bewiesen wird.

Zwei große quadratische Kessel von jeweils 64,25 und 82,25 Kilogramm Gewicht wurden vor kurzem in Zhanghai, ebenfalls bei Zhengzhou gelegen, ausgegraben und sind Indiz dafür, daß die Technik des Kupfergießens in der mittleren Shang-Dynastie hochentwickelt war. Von einteiligen und zweiteiligen Formen ausgehend, entwickelte sich das Handwerk zum Gebrauch von mehrteiligen Formen und zur Gestaltung von komplizierten Gießformen, die den Guß von Stücken mit mehr als 50 Kilogramm Gewicht ermöglichten.

Nachdem König Pan Geng die Hauptstadt der Shang-Dynastie im 14. Jahrhundert v. Chr. nach Yin verlegt hatte, erreichte die Technik des Bronzegießens ihren Höhepunkt, was durch die in Xiaotun bei Anyang ausgegrabene Yin-Stätte bezeugt wird. Zehntausende von überlieferten Bronzegegenständen sind wichtige Kunstwerke, die das Talent und die Intelligenz der Gießer bezeugen. Sie werden noch heute aufgrund ihres künstlerischen Wertes und ihrer handwerklichen Meisterschaft in der ganzen Welt hochgeschätzt.

Um einen Bronzeguß von komplexer Gestaltung und hervorragendem Relief erzeugen zu können, mußten die damaligen Gießer wichtige technische Entscheidungen, wie die Auswahl von reinem und hochfeuerfestem Sand aus der örtlichen Umgebung für die Gießformen treffen. Der auf die Oberfläche der Formen aufzutragende Sand wurde gewaschen und in Wasser sedimentiert, was einen feinen rein-grünen Lehm von hoher Plastizität und Festigkeit ergab. Die daraus angefertigten Gießformen ergaben Gegenstände, die fein und genau in der Detailherstellung waren. Das Lehmsubstrat war von rauherer Textur oder mit Sand und Pflanzenfasern gemischt, um die Schrumpfung zu reduzieren und die Durchlässigkeit zu steigern. Alles Tonmaterial wurde langen Trockenzeiten in schattiger Umgebung sowie wiederholtem Schlagen unterzogen, um es höchst homogen zu machen und Risse während des Formens und Erhitzens zu vermeiden.

Das Gießen des Dekors beruhte auf dem Prinzip des stufenweisen Gießens zur Erzielung komplexer Gestaltung. Das heißt, der Hauptkörper wurde zuerst gegossen, dann Zusätzliches (wie Tierköpfe, Säulen u. a.) auf den Körper aufgegossen. Oder aber die Nebenteile (wie Henkel oder Füße großer Gefäße) wurden zuerst getrennt gegossen und dann mit dem Hauptteil neu zusammengegossen. Der berühmte «Vier-Ziegen-Weinkrug» (ausgegraben im Ningxiang-Kreis der Provinz Hunan) wurde stufenweise gegossen, eine bis zur Erligang-Periode zurückverfolgbare Methode, die aber erst in der Xiaotun-Periode ihre volle Entwicklung erreichte. Während der Frühlings- und Herbstperiode (770–476 v. Chr.) bestand die stufenweise Gießmethode vornehmlich darin, zuerst die Nebenteile und dann den Körper des Gerätes zu gießen. Opfergefäße von Xinzheng und die großen Opfergefäße und -kessel aus der Zeit der Streitenden Reiche (475–221 v. Chr.) wurden hauptsächlich auf diese Weise gegossen, ein Beweis für die einzigartige Kunstfertigkeit der damaligen Metallgießer, die durch Anwendung einfacher Arbeitsprinzipien komplizierte Fabrikate herstellen konnten. Diese Methode ist auch ein Schlüssel zum Verständnis der Bronzeguß-Technik in der Shang- und der Zhou-Dynastie (ca. 11. Jahrhundert bis 221 v. Chr.). Es ist unrichtig, ein komplexes Gerät wie den «Vier-Ziegen-Weinkrug» als einen Guß nach der «Verlorenes-Wachs-Methode» zu klassifizieren. Ebenso falsch ist es, die Bronzegefäße der Shang- und der Zhou-Dynastie als Wunderwerke zu preisen, deren Kunstfertigkeit nicht übertroffen werden konnte. Das Trocknen, das Erhitzen und das Zusammensetzen von Gießkernen, das Erzielen einer konstanten Wanddicke zwecks Gleichförmigkeit beim Erstarren sowie das Vorheizen der Formen zwecks lunkerfreien Gießens waren insgesamt schon ausgereifte Herstellungsmethoden der Shang- und der Zhou-Dynastie – also Methoden, welche die technische Grundlage nicht nur für das Gießen mit Lehm- bzw. Tonformen festlegten, sondern auch für das Gießen in den Metallformen und Schmelzformen der nachfolgenden Generationen.

Die Bronzen der Shang- und der Zhou-Dynastie waren meistens zeremonielle Gegenstände, Musikinstrumente, Waffen oder Pferdewagen; sehr wenige waren Produktionsmittel. Viele Bronzegußstücke wurden mit den Toten vergraben, sowie sie hergestellt waren. Während mehrerer Jahrhunderte blieben die Gießformen aus Lehm bzw. Ton auf der Stufe der Einweggießformen. Dies dauerte bis zur Frühlings- und Herbstperiode, bis man zum Gießen von Spitzhacken aus Kupfer die ersten dauerhaften Lehmformen erfand.

Die frühe und weitverbreitete Anwendung der Methode des «Stapelgießens» ist eine hervorragende Weiterentwicklung des altchinesischen Gießens in Tonformen. Diese Methode entstand aus dem Zusammensetzen vieler Gießformenblöcke oder Gußplattenpaare, die in Serie geschichtet waren. Das Gießen erfolgte durch einen gemeinsamen Gießtunnel. Zehn oder sogar hundert Gußstücke konnten so in einem einzigen Gießvorgang angefertigt werden. Eine moderne Entwicklung dieser Methode erfolgte erst mit der Entstehung der maschinellen Massenproduktion, in welcher große Mengen von kleinen Gußstücken (z. B. Kolbenringe und Kettenglieder) produziert werden. Infolge ihrer relativ hohen Produktivität, geringeren Kosten und Wirtschaftlichkeit hinsichtlich der Gießformenherstellung und der Gießfläche ist die Methode des «Stapelgießens» noch heute weitgehend in Gebrauch. Die frühesten chinesischen Stapelgußstücke waren die messerförmigen Münzen des Staates Qi zur Zeit der Streitenden Reiche. Äußerst symmetrische und somit auswechselbare flache Formen wurden aus kupfernen Schablonenkästen gemacht, je zwei Platten wurden zu einer Schicht verbunden. Die messerförmigen Münzen erhielt man dann durch «Stapelgießen» in die übereinandergelagerten Formenschichten. In der Han-Dynastie (206 v. Chr.–220 n. Chr.) wurde dieses Verfahren weithin zur Herstellung von Münzen und Bestandteilen von Pferdewagen verwendet.

Kürzlich sind viele solcher Gießformen und Schmelzöfen in den Provinzen Shaanxi, Henan und Shandong ausgegraben worden. In einem Brennofen zum Vorwärmen von Gießformen wurden in einer Gießereistätte der Han-Dynastie im Dorf Xizhaoxian des Kreises Wenxian, Provinz Henan, 16 Typen von Stapelgießformen, bestehend aus mehr als 500 Sätzen in 36 Modellen gefunden; sie liefern wertvolle Angaben für das Verständnis dieses Fertigungsverfahrens. Von sorgfältiger Struktur, vorzüglich bearbeitet und leicht zu reini-

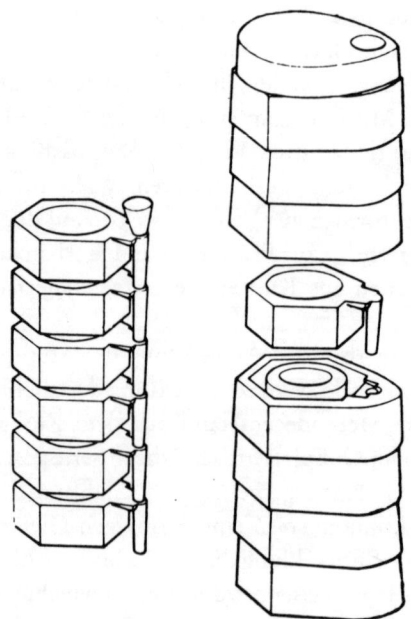

Abb. 88
Rekonstruktion von sechseckigen Stapelgießformen der Han-Dynastie, ausgegraben im Kreis Wenxian, Provinz Henan.

gen, haben diese Formen innere Gießhohlräume von nur 2–3,5 Millimeter Dicke. Die Produkte dieser Gießformen hatten eine Oberflächenfeinheit des 5. Grades (die gesamte Skala der Oberflächenfeinheiten reicht bis 14) und eine Metallausbeute von 90 Prozent, was dem Niveau der Manufaktur von Foshan, Provinz Guangdong, in modernen Zeiten sehr nahekommt.

In der Tang-Dynastie (618–907) und der Song-Dynastie (960–1279) entwickelte sich die Fabrikation großer und massiver Gußstücke mittels Tongießformen rasch. Der eiserne Löwe der Fünf Dynastien (907–960) in Cangzhou, Provinz Hebei, der eiserne Turm der Nördlichen Song-Dynastie (960–1127) in Dangyang, Provinz Hubei, und die Riesenglocke der Ming-Dynastie (1368–1644) in Beijings Großem Glockentempel sind riesige, in der ganzen Welt bekannte Gußstücke.

Song Yingxing (1587–?) berichtet in seinem Buch *Tian Gong Kai Wu (Werke der Natur und der Arbeit)* über zwei Gießmethoden für große Gußstücke. Eine besteht darin, viele bewegliche Öfen zu benutzen, die ihren Inhalt nacheinander gießen, während bei der anderen der Inhalt vieler Öfen in einen Trog gegossen wird. Unter Bedingungen manueller Produktion sind diese Methoden ein raffiniertes Herstellungsverfahren, die geschickte Arbeit und gute Synchronisation erfordern. Sogar noch heute ist das erfolgreiche Gießen eines Gußstückes von 40 Tonnen keine einfache Sache. Coghlan, der englische Metallurgie-Historiker, rühmte daher auch diese außerordentliche Fähigkeit der alten Chinesen.

Gießen mit Metallgießformen

Das Herstellungsmaterial für Gießformen hat sich von Stein, Ton oder Lehm und Sand zu Metall entwickelt. Die Gießformen wurden zunehmend dauerhafter und entwickelten sich von Formen zum einmaligen Gebrauch zu Formen für den mehrmaligen Gebrauch, bis ein dauerhafter Typus aus Metall aufkam, was eine äußerst bedeutsame Entwicklung in der Geschichte der Gießerei darstellte. Im Jahre 1953 grub man eiserne Gießformen in Xinglong, Provinz Hebei, aus, die den Beweis erbrachten, daß China bereits zur Zeit der Streitenden Reiche Metallgießformen aus Weißeisen zum Gießen benutzte. Diese Metallformen enthielten 87 Hacken, Sicheln, Meißel und Wagenbestandteile. Die Sicheln und die Meißel paßten in eine einzige Gießform, die Hacken und Äxte wurden mit Hilfe von Metallgußkernen gegossen. Gießformen wiesen eine dichte Struktur sowie besondere Eigenarten auf: Die Gestalt der Gießformen paßte eng zu den Gußstücken, so daß die Dicke der Wandung regelmäßig und gut geeignet für die Wärmeverteilung war. Den Gießformen waren Henkel angefügt, die den Zugriff erleichtern und die Formen verstärken. Dies waren typische chinesische Metallformen, wie sie in jener Zeit ihre endgültige Gestaltung annahmen. In den vergangenen Jahren wurden noch viele Eisengießformen der Han-Dynastie ausgegraben, und zwar in Nanyang, Zhengzhou und Zhenping in der Provinz Henan, in Mancheng, Provinz Hebei, und in Laiwu, Provinz Shandong. Die Vielfalt ihrer Gestaltung steigerte sich beträchtlich während der Zeit der Streitenden Reiche, aber dem Typ nach blieben sie unverändert. Die Lagerkeller der Han- und der Wei-Dynastie (220–265) in Mianchi, Provinz Henan, enthalten Eisengießformen zum Gießen von Eisenplatten und Pfeilspitzen sowie eine große eiserne Pflugscharform von einem halben Meter Länge.

Außer eisernen Gießformen wurden zur Zeit der Streitenden Reiche und der Han-Dynastie Formen aus Kupfer für das Gießen von Münzen angefertigt (z. B. Kupferformen für Fünf-*zhu*[1]-Münzen, wie sie überliefert und ausgegraben wurden). Obwohl die Metallformen in der Produktion eine größere Rolle spielten, sind sehr wenige Berichte über sie in Schriftstücken erhalten. Das *Han Shu (Geschichte der Han-Dynastie)* weist die Worte auf, «[Formen] ... aus Metallen, wie die Schmelzer auch gießen», mit der zusätzlichen Bemerkung, «das sind die Gießformen zum Gießen von Metallen». Das ist möglicherweise der früheste Bericht über Gießen mit Metallformen.

Einstmals dominierte die Theorie, daß die eiserne Gießform in China sehr früh erfunden worden sei, daß aber dieses Verfahren verlorenging und erst kürzlich aus einem anderen Land nach China wiedereingeführt worden sei – eine Theorie, die nicht stimmt. Denn obwohl kleine landwirtschaftliche Geräte wie Hacke und Sichel infolge der Erfindung und Verbreitung des Schmiedens nach der Tang- und der Song-Dynastie geschmiedet, statt gegossen wurden, hat man Geräte wie Pflugscharen bis auf den heutigen Tag in eisernen Gießformen gegossen. Von der Zeit der Streitenden Reiche an blieb das chinesische Gießverfahren während der Qin-Dynastie und der Han-Dynastie weitgehend unverändert: Gußeisenformen wurden mit Hilfe von Tonformen gegossen, und Eisengußstücke wurden in Serie in diesen eisernen Gießformen hergestellt. Eine Reihe von entsprechenden Betriebsoperationen entwickelte sich nach und nach in adäquater Art und Weise: Der Gebrauch von geschmolzenem Eisen zum Vorheizen der Gießformen (die ersten wenigen Gußstücke konnten als Ausschußwaren gerechnet werden), die Verwendung einer doppelten Lehmschicht auf der Oberfläche der Form, das Öffnen des Gußformkastens zur rechten Zeit nach dem Eingießen des geschmolzenen Metalls, die Verwendung von Tonwaren zusätzlich zum Metallkern und der Gebrauch einfacher Vorrichtungen als Be-

---

[1] 1 *zhu* im alten China = ca. 2 Gramm.

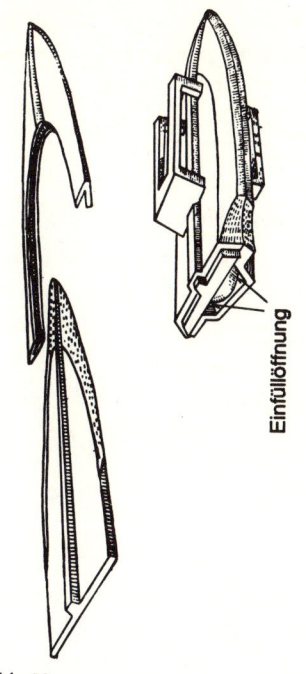

Einfüllöffnung

Abb. 89
Rekonstruktion einer
kürzlich ausgegrabenen
Pflugschar-Gießform aus der
Han-Dynastie.

festigungsbeschläge – all das sind Beispiele dafür. Die Benutzung von Metallgießformen hatte die folgenden Vorteile: höhere Produktivität, längere Gebrauchsdauer (sie konnten hundertfach zur Herstellung kleinerer Gußstücke verwendet werden), gleichförmige Spezifizierung, dazu die Gewißheit der Gewinnung einer Weißeisenstruktur (beim Gießen eiserner Gegenstände). Dies spielte in Verbindung mit dem Glühen von Gußeisen eine wichtige Rolle beim Gießen von landwirtschaftlichen Geräten im alten China. Das Kapitel *Bewässerungs-Berichte* im *Han-Shu* beschreibt die Konstruktion von Bewässerungsdeichen so: «Wenn Männer die Spaten anheben, sieht es wie Wolken aus[2]; wenn das Wasser den Deich entlang steigt, sieht es wie Regen aus.» Die Untersuchung der vielen eisernen Geräte, die man in den letzten Jahren ausgrub, führte zu dem Schluß, daß große Mengen davon in Metallgießformen gegossen worden waren.

Das Gießen von Kanonen mit Hilfe eiserner Gießformen ist eine Erfindung des Eisenformgießers Gong Zhenlin, Waffeninspektor im Maschinenbauamt der Provinz Zhejiang. Er schlug während des Ersten Opium-Krieges (1840–1842) den Gebrauch von eisernen Gießformen zur Herstellung von Kanonen vor, um ihre Produktion zwecks Abwehr der Aggressoren zu beschleunigen, und dieser Vorschlag wurde befolgt. Sein Artikel *Schematische Darstellung des Kanonengießens mittels Eisengießformen* fand Aufnahme in dem Buch *Hai Guo Tu Zhi (Illustrierter Bericht von den Küstenprovinzen)* von Wei Yuan (1794–1857) und ist bis heute in diesem Werk erhalten geblieben. Diese früheste wissenschaftliche Beschreibung über das Gießen mit Metallformen faßt deren Vorzüge folgendermaßen zusammen: vielfache Verwendbarkeit der Gießformen, geringe Kosten, hohe Leistungsfähigkeit, leichtes Reinigen der Gießhohlräume, trockene Gießformen, keine Blasen oder Poren in

---

2 Weil die – in großen Serien in Eisenformen gegossenen – Spaten so zahlreich sind : sie verdunkeln den Himmel wie Wolken (Anmerkung des Bearbeiters).

den Gußstücken, leichte Lagerung und Instandhaltung, Bereitschaft für Notfälle im Krieg u. a. Diese Berichte sind realistisch und stimmen mit modernen Gießereiverfahren überein.

Schmelzkerngießen

Das traditionelle Schmelzkerngießen wird gewöhnlich «Verlorenes-Wachs-Methode» genannt, auch *chula* (Wachsabfließverfahren), *niela* (Wachsknet-verfahren) oder *bola* (Wachsabziehverfahren). Dieses Verfahren ist sehr ver-schieden vom modernen Schmelzkerngießen hinsichtlich des verwendeten Wachses, des Formens, des Materials und der Operationen, die z. B. zur Herstellung von Turbinenflügeln, Werkzeugen und anderen Präzisionsguß-stücken im Einsatz sind. Dennoch sind dessen Funktionsprinzipien die gleichen; das moderne Schmelzkerngießen hat sich aus dem traditionellen entwickelt.

Gui Fu (1736–1805) aus der Qing-Dynastie erklärte: «Die Siegel der Han-Dynastie waren meistens nach dem Wachsabziehverfahren gemacht.» Jene Han-Siegel mit tierförmigen Griffen, die hervorragend gestaltet und reichver-ziert entworfen sind, weisen keine Meißelspuren auf und sind wahrscheinlich mit Hilfe der «Verlorenes-Wachs-Methode» hergestellt worden. Der Deckel eines Muschelbehälters der Han-Zeit aus dem Dian-Reich, ausgegraben in Shizhaishan, Provinz Yunnan, ist höchstwahrscheinlich ebenfalls nach diesem Verfahren angefertigt worden.

Band 89 des *Tang Hui Yao (Verwaltungs-Statuten der Tang-Dynastie)* äußert, daß *kaiyuan*[3]-Münzen von Wachsmodellen gemacht wurden. Das ist wohl der früheste urkundliche Bericht von der «Verlorenes-Wachs-Methode». Unter den aus jener Periode überlieferten oder ausgegrabenen Münzen befindet sich ein Typ mit Eindrücken von Fingernägeln, die angeb-lich in Wachsmodelformen hinterlassen wurden.

Das *Dong Tian Qing Lu Ji (Aufklärung seltsamer Dinge)*, geschrieben von Zhao Xihu aus der Song-Dynastie, beschreibt dieses Herstellungsverfahren ausführlich: Das Wachs wurde zunächst zu einem Modell der gewünschten Figur oder des gewünschten Objekts geformt und ergab ein sogenanntes Ori-ginal oder Modell. Sodann wurde durch Anpressen von mit Hilfe von Wärme aufgeweichten Hartwachsschichten eine abtrennbare Dauerform oder «Matrize» vom Original abgedruckt. Von der Innenseite der «Matrizen» wur-den nun mit Hilfe von Bienenwachs dünnwandige Abdrücke gemacht, die

---

[3] *Kaiyuan* ist ein Regierungstitel des Kaisers Xuan Zong aus der Tang-Dynastie, der zwischen 713 und 741 benutzt wurde.

man zu einer Arbeitsform zusammensetzte, welche im Gegensatz zur Originalfigur hohl war. Die Wachsfigur (Arbeitsform) wurde als nächstes mit einem einige Zentimeter dicken Tonmantel umgeben, wobei diese Operation oft in einem eimerförmigen Behälter stattfand. Auf der Innenseite der hohlen Wachsfigur wurde von Hand ein dünner Tonmantel aus einer Mischung von Ton, Salz und Seidenpapierfetzen angebracht. Dadurch war die Arbeitsform innen und außen dicht mit Ton umhüllt. Nach Auftragen und Trocknen der letzten Tonschicht erwärmte der Gießer die Figur auf einem Ofen und schlug ein Loch an der unteren Seite des Tonmantels, aus dem das geschmolzene Wachs herausrann. Nach dem Ausfluß des Wachses wurde die Figur, bzw. was davon übrigblieb (die Gießform, bestehend aus äußerem und innerem Tonmantel), in einem Ofen stark erhitzt, so daß die Form hart wurde. In der Zwischenzeit schmolz der Gießer die gewünschte Metallegierung und goß sie – sobald sie dünnflüssig genug war – in den Hohlraum zwischen dem erwärmten inneren und äußeren Tonmantel. Nach Erstarrung des Metalls wurde der äußere und meistens auch der innere Tonmantel entfernt, und so ergab sich ein Duplikat des Wachsmodells aus Metall.

Diese «Verlorenes-Wachs-Methode» wurde für kleine Gußstücke verwendet und während der Ming- und der Qing-Dynastie (1144–1911) benutzt.

Das moderne Schmelzkerngießen erfolgt vor allem für kleine Gußstücke, da die Präzision schwer zu wahren ist, wenn das Gußstück zu groß ist. Das alte Schmelzkerngießen wurde meistens zur Herstellung von Kunstwerken wie Glocken verwendet, die nicht die hohe Genauigkeit von modernen Maschinenbestandteilen erforderten. Im *Tian Gong Kai Wu* gibt es einen Bericht über das Gießen der «Zehntausend *jun*»[4]-Glocke gemäß der «Verlorenes-Wachs-Methode». Als Gießform wurde ein Loch in die Erde gegraben; das Wachs bestand aus 10 Teilen pflanzlichen «Talges» und 8 Teilen gelben Wachses.

Holzkohlenpulver wurde dem Ton zugesetzt, um die Schrumpfung zu vermindern, die Durchlässigkeit zu steigern und eine gute Oberflächenqualität zu sichern. Man benötigte einen Teil Wachs für zehn Teile Kupfer.

Zur Überwachung des Gießens nach der «Verlorenes-Wachs-Methode» wurde in der Yuan-Dynastie (1271–1368) ein entsprechendes Amt eingerichtet. Die Fabrikationssektion der Abteilung des Kaiserlichen Haushalts der Qing-Dynastie beschäftigte berufsmäßige Kunsthandwerker. Die jetzt im Palastmuseum und im Sommerpalast in Beijing aufbewahrten Bronzelöwen, -elefanten, -kraniche und -leoparden sind typische Gußstücke der «Verlorenes-Wachs-Methode» und sind von hohem künstlerischem Wert. Gewisse Strukturen im Bronzepavillon des Sommerpalastes sind ebenfalls nach diesem

---

[4] 1 *jun* im alten China = ca. 15 Kilogramm.

Abb. 90
Herstellung von Glockengußformen – eine Abbildung aus dem *Tian Gong Kai Wu (Werke der Natur und der Arbeit)*, 1637.

Verfahren geschaffen worden, wie Wandinschriften mit den Namen der Künstler Yang Guozhu, Zhang Cheng, Han Zhong und Gao Yonggu beweisen.

Die obigen Berichte stellen anschaulich dar, daß die «Verlorenes-Wachs-Methode» eine lange Geschichte in China erlebte und ihre eigenen Besonderheiten und Kunststile aufwies.

Landwirtschaftliche Maschinen

Zhao Jizhu

Während der 4000jährigen Kulturgeschichte Chinas hat die Landwirtschaft den Hauptteil der Gesamtproduktion bestritten. Als die Wirtschaft sich zu entwickeln begann, wurden von den Werktätigen sehr früh verschiedene Arten landwirtschaftlicher Geräte hergestellt. Hier werden wir einige davon vorstellen.

Der Pflug seit der Han- und der Tang-Dynastie

Die alten Chinesen benutzten den Spaten für Ackerbau und Samenaussaat. Im Laufe der Zeit wurde der Spaten zu einem Pflug weiterentwickelt. Aber vor der Zeit der Streitenden Reiche (475–221 v. Chr.) waren Stein, Holz, Knochen und etwas Bronze die einzigen Materialien, die zur Herstellung von Geräten zur Bodenbearbeitung benutzt wurden. Später, während der Streitenden Reiche, als Ochsen die menschliche Arbeit beim Pflügen übernahmen und als immer mehr Eisen gewonnen wurde, wurde der eiserne Pflug entwickelt. Dies war eine aufsehenerregende Leistung, da sie eine neue Ära in der Geschichte des Menschen und seines Kampfes um die Gestaltung der Natur kennzeichnete.

Als während der Han-Dynastie (206 v. Chr.–220 n. Chr.) zu jener Zeit fortschrittliche Produktionsgeräte und Anbaumethoden in größerem Umfang angewendet wurden, wurde auch der Pflug weiter verbessert und verbreitete sich durch das ganze Land. Unter den seit der Gründung des neuen China mehr als hundert ausgegrabenen Han-Pflügen befinden sich eisenbeschlagene, doppelflüglige, zungen- und trapezförmige sowie besonders große Pflugscharen. Die Struktur und Formgebung von Pflügen der Han-Dynastie kann man auf Gemälden sehen, die aus Han-Grabstätten im Kreis Pinglu, Provinz Shanxi, ausgegraben wurden. Es sind Pflugscharen, die schon mit Streichbrettern versehen sind. Eiserne Streichbretter aus der Han-Dynastie wurden im Kreis Anqiu, Provinz Shandong, im Kreis Zhongmou, Provinz Henan, sowie in Xi'an, Xianyang und Liquan in der Provinz Shaanxi gefunden. Die Erfindung des am Pflug befestigten Streichbretts ersparte zusätzliche Arbeit mit Hacke und Spaten zum Aufbrechen und Lockern des Bodens und zum Furchenziehen in den Getreidefeldern. Nur Pflüge, die mit Streichbrettern ausgestattet sind, können den Boden aufbrechen und aufwerfen, Unkraut als Düngemittel vergraben und zur Vernichtung von Insektenschädlingen beitragen. Der hölzerne Teil der Pflüge besteht aus Schaft, Griff, Bettung, Ausrichter und Stange. Dieses Standard-Pflugmodell existierte schon in der Han-Dynastie. Es gab auch einen Pflügtieferegler, um die Tiefe des Pflügens festzulegen. Pflüge der Han-Dynastie hatten eine oder zwei Deichseln und wurden gewöhnlich von zwei Ochsen gezogen. Obgleich er wegen seiner langen und geraden Deichsel unwirksam beim Aufwerfen des Bodens und schwerfällig beim Umwenden war, stellte der Pflug der Han-Dynastie eine großartige Verbesserung gegenüber dem der Streitenden Reiche dar.

Zur Zeit der Tang-Dynastie (618–907) beschrieb das *Lei Si Jing (Buch der Spaten)*, geschrieben von Lu Guimeng, ausführlich die verschiedenen Teile eines Pflugs mit seinen Ausmaßen und Funktionen. Der Tang-Pflug bestand aus Metallpflugschar und Streichbrett, hölzerner Bettung, Presser, Pflügtieferegler, Pflock, Griff, Hauptachse usw. – 11 Teile insgesamt, jedes mit besonderer Funktion und Form. Das Streichbrett war auf der Pflugschar befestigt, ein abgefedertes, ebenes Kombinationsgerät bildend, dessen Funktion es war, den Boden umzuwenden und aufzuwerfen. Die Pflugbettung und der Presser erhöhten die Arbeitsgeschwindigkeit des Pflugs und gaben ihm Stabilität, der Verstärker schützte das Streichbrett, während Tieferegler und Pflock durch Kontrolle des Winkels zwischen Pflugdeichsel und Bettung die Pflügtiefe regulierten. Die Breite der Furche wurde durch den Pfluggriff kontrolliert. Die Deichsel war kurz und gekrümmt, und ihre Spitze hatte eine drehbare Kopfachse. Das Zugtier zog den Pflug mittels eines Pflugseils. Das alles ergab einen strukturell vollkommenen und sehr manövrierfähigen Pflug. Er war leicht zu steuern, die Pflügtiefe war kontrollierbar, und der Pflug warf den Boden ohne viel Mühe auf. Kurzum, es war ein leistungsfähiger Pflug.

Was Lu Guimeng so beschrieb, war ein chinesischer Pflug, der also komplexer als seine Vorgänger der Qin- und Han-Zeit war. Im wesentlichen war er dem modernen Pflug ähnlich.

Nach der Song-Dynastie (960–1279) und der Yuan-Dynastie (1271–1368) wurde eine Anzahl neuer Pflugtypen erfunden, den verschiedenen geographischen Gegebenheiten in China entsprechend. In den Wasserreisfeldern des Südens war eine kleinere Pflugschar nützlicher als eine größere, die für die trockenen Felder des Nordens besser geeignet war. Mit Gras und Unkraut überwuchertes Brachland wurde durch Verwendung eines Pflügmessers aufgebrochen; auf schwammigem Boden wurde mit einem Säpflug gearbeitet.

Der Säpflug der Han-Dynastie – ein Dreifachsäpflug

Die Chinesen benutzten Sämaschinen schon zur Zeit der Streitenden Reiche. Während der Regierungszeit des Han-Kaisers Wu Di (140–85 v. Chr.) wurde auf der Grundlage des Einzel- und Doppelsäpflugs von Zhao Guo ein Dreifachsäpflug erfunden, der drei Reihen eines Ackers gleichzeitig besäen konnte. Dieser Pflug wurde von einem Ochsen gezogen, den eine Person antrieb, während eine andere den Säpflug festhielt. Damit konnten 6,6 Hektar Boden an nur einem Tag besät werden – eine großartige Leistungssteigerung. Der Kaiser Wu Di verfügte, daß dieser fortgeschrittene Säpflug im ganzen Land verwendet werde.

Ein rekonstruiertes Modell des Dreifachsäpflugs der Han-Dynastie ist jetzt Ausstellungsstück im Beijinger Museum der chinesischen Geschichte. Die drei unteren kleinen Pflugscharen oder Pflugfüße wurden zum Graben benutzt; der Abstand zwischen den Pflugscharen entsprach einer Furche. Die unteren Teile der drei hölzernen Pflugfüße mit ihren Öffnungen wurden in die Rinne eingefügt, und ihre Oberteile waren mit dem Sätrog verbunden. Dessen Unterteil hatte vorne ein quadratisches Loch, verbunden mit dem Sätrichter auf der Vorderseite. Der Unterteil des Trichterrückens besaß eine Öffnung mit einem durch einen Keil befestigten Brett. Um zu verhindern, daß die Samen sich anhäuften und an der Öffnung blockiert blieben, war ein Bambusstreifen auf einen Pflock am Pfluggriff angehängt, dessen vorderes Ende in den Unterteil des Pflugtrichters eingefügt und befestigt war, in der Mitte war ein Stück Eisen angebracht. Die Deichseln waren auf den zwei Seiten des Säpflugs so montiert, daß sie von zwei Ochsen gezogen werden konnten. Dahinter befand sich der Säpfluggriff.

Vor dem Säen mußte das Brett vor der Öffnung des Pflugtrichters je nach Art des verwendeten Trichters, Größe der Samen und Feuchtigkeit des Bodens reguliert werden, um eine geeignete Samenmenge in den Pflugtrichter fließen zu lassen. Der den Säpflug bedienende Mann kontrollierte auch den Pfluggriff und die Tiefe des Pflügens – und somit die Tiefe der Aussaat. Während sich der Säpflug also vorwärts bewegte, schüttete der Arbeiter den Samen aus dem Trichter in drei Strömen durch die Pflugfüße und den Unterteil der Pflugschar in den Boden. Danach wurde der Boden eingeebnet und der Samen durch eine viereckige Platte überdeckt, die durch zwei Seile an einen Holzrahmen hinter dem Pflug angehängt war; diese Platte lag quer über dem Furchenrücken und harkte den Boden bei der Vorwärtsbewegung des Säpflugs glatt. Auf diese Weise erfolgten Aufbrechen, Säen und Eingraben des Samens in einem Arbeitsgang. Zuletzt folgte ein Roller zum Feststampfen des Bodens, um das Wachstum des Samens zu gewährleisten.

Die Funktionen der allermodernsten Sämaschinen sind noch heute Aufbrechen, Säen, Vergraben und Stampfen in eben dieser Reihenfolge. Der vor mehr als zweitausend Jahren entwickelte Dreifachsäpflug kann also durchaus als Meilenstein in Altchinas landwirtschaftlicher Geschichte bezeichnet werden.

Bewässerungs-Maschinerie – Das quadratische Paternosterwerk

Das quadratische Paternosterwerk, *long gu shui che* («Drachenrückgrat-Wasserrad») genannt, war eines der bekanntesten landwirtschaftlichen Bewässerungsgeräte des alten China. Es bestand grundsätzlich aus einer geneigten, quadratischen Rinne, in die zahlreiche nach oben gezogene, dem Querschnitt der Rinne eng angepaßte, quadratische Bretter (= Schaufeln) das Wasser von einem tieferen zu einem höher gelegenen Punkt beförderten. In altchinesischen Büchern wurde es mit *fanche* («Kippende Schaufelkette») bezeichnet. Nach dem *Hou Han Shu (Geschichte der Späteren Han-Dynastie)* wurde diese Bewässerungseinrichtung gegen Ende der Östlichen Han-Dynastie erfunden (25–220). Zuerst trieb Menschenkraft die Radwelle direkt an und hob so das Wasser zur Bewässerung. Später wurde infolge der Entwicklung der verlängerten Radwelle mit Zahnräderwerk das durch Tier-, Wind- oder Wasserkraft angetriebene quadratische Paternosterwerk erfunden, das nach und nach im ganzen Land Verbreitung fand. Je nach Art des Antriebs unterscheidet man also die folgenden Typen von quadratischen Paternosterwerken:

1. Das mit Menschenkraft angetriebene quadratische Paternosterwerk (vgl. Abb. 91). Dieser Paternostertyp wird mit den Füßen gedreht – in einigen Fällen auch von Hand. Lin Qing aus der Qing-Dynastie (1644–1911) verfaßte das *He Gong Qi Ju Tu Shuo (Illustrierte Abhandlung vom Wasserbau)*, worin eine ziemlich eingehende Beschreibung des quadratischen Paternosterwerks enthalten ist. Abgesehen vom Haltegeländer und dem Gerüst bestand der Maschinenkörper aus einer Holzrinne mit quadratischem Querschnitt. In der Mitte der Rinne war eine Schiene montiert, an deren Ende sich zwei Räder drehten: oben ein den Antrieb bildendes Triebrad, unten ein Umlenkrad. Über die Schiene drehte sich eine Holzkette, die zahlreiche quadratische Schaufeln nach oben zieht, was wie ein riesiges Rückgrat aussah und deshalb zu der Bezeichnung «Drachenrückgrat-Wasserrad» führte. Vier hölzerne Trittbretter (Pedale) waren auf jede Seite der Radwelle montiert und konnten durch einen Menschen, der sich an dem hölzernen Geländer festhielt und die Pedale trat, angetrieben werden. Dies bewegte die quadratischen Schaufeln in der Rinne, wodurch das Wasser bis zur Uferhöhe befördert wurde, von wo es in die Getreidefelder verteilt wurde. Die Schaufeln des Paternosters bewegten sich dann über das obere Rad zurück nach unten, drehten sich um das untere Umlenkrad und pumpten erneut Wasser nach oben. Dieser Kreislauf wiederholte sich so lange, wie das Tretrad getreten wurde. Die Leistung des von Muskelkraft angetriebenen quadratischen Paternosterwerks war durch die menschliche Kraft beschränkt, aber diese Art von Pumpe konnte in der Nähe jeder Wasserquelle benutzt und von einer oder zwei Personen betrieben wer-

Abb. 91
Ein durch Menschenkraft betriebenes quadratisches Paternosterwerk mit Quadrat-Drehscheibe.

den – Vorzüge, die durch die häufige Anwendung dieser Bewässerungsanlage dokumentiert sind.

2. Das von Tierkraft betriebene quadratische Paternosterwerk. Eine neue Entwicklung setzte ein, als man schon früh in der Südlichen Song-Dynastie (1127–1279) begann, das Werk von Zugtieren bewegen zu lassen. Die Struktur seines Wasserhebesystems war dem von Menschen betriebenen Paternoster gleich, aber der Antriebsmechanismus war verschieden. Auf der oberen horizontalen Welle der Kettenpumpe war ein vertikales Zahnrad montiert; daneben war eine große vertikale Welle installiert und in ihrer Mitte ein großes horizontales Zahnrad, wobei die Zähne der horizontalen und vertikalen Zahnräder ineinandergriffen. Eine große, mit der vertikalen Welle verbundene, horizontale Stange wurde von einem Ochsen um die Welle herumgezogen.

Die Übertragung der Bewegung durch die zwei Zahnräder trieb die Kettenpumpe und schöpfte so das Wasser hinauf. Die dem Menschen überlegene
Stärke des Zugtiers konnte mehr Wasser in größere Höhen heben.

3. Das hydraulische quadratische Paternosterwerk. Dieser Pumpentyp ist
im *Wang Zhen Nong Shu (Wang Zhens landwirtschaftliche Abhandlung)*
beschrieben worden, geschrieben im Jahre 1313, wodurch diese mechanische
Erfindung auf den Beginn der Yuan-Dynastie, das heißt auf einen nahezu 700
Jahre zurückliegenden Zeitpunkt datiert werden kann. Im wesentlichen von
ähnlichem Konzept wie die bereits beschriebenen Antriebe, wurde das Trieb-
werk dieser Pumpe neben reißenden Flüssen installiert. Als erstes wurde ein
sehr großer Holzrahmen errichtet und eine rotierende Welle an seinem mittleren Teil montiert, worauf ein oberes und ein unteres großes horizontales Rad
befestigt wurden. Das untere horizontale Rad bildete das Wasserrad mit
Schaufelbrettern, die das Wasserrad drehten, wenn sie auf das fließende Wasser trafen. Das obere horizontale Rad war ein großes Zahnrad, das in das vertikale Zahnrad auf der oberen Welle des Paternosters griff, wobei letzteres sein
Wasser aus einer tief in den Fluß gegrabenen Rinne bezog. Das fließende Wasser trieb das Wasserrad an, das horizontale Zahnrad versetzte das vertikale
Zahnrad in Rotation, und dieses wiederum drehte das Paternosterwerk. Auf
diese Weise wurde Wasser aus der tiefen Rinne ans Ufer gehoben, von wo es
zur Bewässerung in die Felder strömte. Wenn der Wasserspiegel hoch genug
war, konnte ein großes vertikales Wasserrad die Achse des Paternosters direkt
antreiben und so die Verwendung des Zahnräderpaares überflüssig machen.
Dieser Gebrauch eines Paares großer hölzerner Zahnräder zur Übertragung
der Rotationsbewegung des Wasserrades auf die Welle eines Paternosterwerks
stellte einen bemerkenswerten Fortschritt der mechanischen Künste der
Yuan-Periode dar und bedeutete eine wesentliche Entlastung der menschlichen Arbeitskraft.

Eine fortgeschrittene Getreidebearbeitungsmaschine – der hydraulische Schlaghammer und die Wassermühle

Nach dem Dreschen muß das Getreide poliert oder gemahlen werden, um für
den Menschen eßbar zu werden. In alten Zeiten benutzten die Chinesen dafür
Getreidebearbeitungsvorrichtungen wie die Drehmühle, die Walzenmühle,
den Schlaghammer, den Getreideworfler und das Sieb. Später erfanden sie den
hydraulischen Schlaghammer und die Wassermühle. Das waren wichtige
Erfindungen, da diese Geräte leistungsfähiger waren und weitaus häufiger
benutzt wurden als frühere landwirtschaftliche Maschinen.

Der hydraulische Schlaghammer zum Reisenthülsen trat am Ende der
Westlichen Han-Dynastie (206 v. Chr.–24 n. Chr.) in Erscheinung. Das *Huan*

Zi Xin Lun (Neue Abhandlungen von Meister Huan), geschrieben von Huan Tan in der Han-Dynastie, beschreibt diesen Enthülser.

Der Antrieb des hydraulischen Schlaghammers erfolgte durch ein großes vertikales Schaufel-Wasserrad. Die Länge der vom Rad angetriebenen Welle hing von der Hammeranzahl ab, da eine entsprechende Anzahl Nocken auf der Welle montiert war. Wenn ein Schlaghammer zum Beispiel von vier Nocken betätigt wurde (vier Hebebewegungen pro Rotation), so mußte eine Vierhammeranlage 16 Nocken aufweisen. Jeder Schlaghammer bestand aus einem Hebelarm und aus einem Holzhammer, an deren Ende ein kegelförmiger Stein montiert war. Das zu dreschende Getreide wurde in den Steinmörser unterhalb des Steinhammers eingefüllt, das fließende Wasser drehte das Wasserrad, und die Nocken der Welle hoben alternierend den Hebelarm des Hammers hoch, wonach dieser unter dem eigenen Gewicht auf den zu enthülsenden Reis niederfiel. Dieser Mechanismus wies eine kontinuierliche Funktion auf.

Der hydraulische Schlaghammer konnte am Ufer von Flüssen und großen Strömen aufgebaut werden, wobei die Installation je nach lokalem Wasserkraftpotential verschiedenartig war. Wenn dieses relativ gering war, wurde der Wasserlauf durch Holzbretter eingeengt, um die Strömungsgeschwindigkeit auf der Höhe des Wasserrades zu beschleunigen. Die Anzahl der zu benutzenden Hämmer wurde durch die Wasserkraft bestimmt: war diese stärker, konnten mehr Schlaghämmer installiert werden, war sie schwächer, dann entsprechend weniger. Wenn mehr als zwei Schlaghämmer von der gleichen Welle angetrieben wurden, so sprach man von einer Verbundanlage; Verbundanlagen mit vier Hämmern waren verbreitet.

Die Drehmühle wurde zum Mahlen von Reis, Weizen, Bohnen u. a. verwendet. Sie bestand aus zwei aufeinandergelegten zylindrischen Steinen von einer gewissen Dicke. Im Zentrum des unteren Steines war eine kurze senkrechte Eisenstange, und in der Mitte des oberen Mahlsteines war ein Loch von entsprechendem Durchmesser. Wurde die Mühle angetrieben, blieb der untere Mühlstein fest, während sich der obere um die Stange drehte. Höhlungen auf beiden Oberflächen der Mühlsteine – Mahllöcher genannt – liefen übereinander; zudem waren Zähne in die Steine gemeißelt. Der obere Mühlstein hatte ein Loch, durch welches das Getreide in die Höhlungen floß und gleichmäßig verteilt wurde. Das gemahlene Getreide gelangte durch die Lücken zwischen den Zähnen und floß in die Mahlpfanne. Nach Aussieben der Kleie blieb das Mehl übrig. Es gab Drehmühlen, die von Hand, von Tier- oder Wasserkraft betrieben wurden. Der letztere Typ, die Wassermühle, wurde bereits in der Jin-Dynastie (265–420) erfunden. Die von einem horizontalen Wasserrad angetriebene Wassermühle hatte den oberen drehbaren Mühlstein auf einer vertikalen Welle montiert. Dieser Mühlentyp war für Örtlichkeiten mit reichlich Wasserkraft geeignet. Für Stellen, wo die Wassergeschwindig-

Abb. 92
Eine Wasserkraftmühle in Funktion.

keit gering, aber die Wassermenge groß war, wurde die Wassermühle mit
einem senkrechten Schaufelrad als Antriebsrad ausgerüstet. In diesem Fall
wurde ein Zahnrad auf der Welle des vertikalen Rades montiert, wobei dieses
Zahnrad mit einem unterhalb der Mühlenwelle angebrachten horizontalen
Zahnrad ineinandergriff. Die Rotationsbewegung des Wasserrades wurde
durch das Zahnräderpaar zur Mühle übertragen. Beide Typen waren von einfacher Konstruktion und deshalb sehr verbreitet.

Dank des technologischen Fortschritts wurde mit der Zeit eine komplexere
Wassermühle entwickelt, bei welcher ein einziges Wasserrad mehrere Mühlen
gleichzeitig antrieb. Dieser Mühlentyp wurde als Getriebe-Wasserkraftmühle
bezeichnet. In *Wang Zhens landwirtschaftlicher Abhandlung* ist diese Mühle
erwähnt. Ihr großes Wasserrad war senkrecht montiert und erforderte zu seinem Antrieb eine große Menge von schnell fließendem Wasser, weswegen die
Radwelle sehr dick und von geeigneter Länge war. Drei Hauptzahnräder
waren auf der Welle in spezifizierten Abständen montiert, jedes Zahnrad war
mit einem Zahnrad auf jeder der drei mittleren Mühlen verbunden. Die drei

Zahnräder der mittleren Mühlen griffen ihrerseits jeweils mit den hölzernen Radzähnen der seitlichen Mühlen ineinander; das Wasserrad drehte also die Mühlen in der Mitte durch die Hauptzahnräder seiner Welle, und die so angetriebenen mittleren Mühlen drehten wiederum die seitlichen. Auf diese Weise trieb ein einziges Wasserrad neun Mühlen gleichzeitig an (vgl. Abb. 92).

Verschiedene Wagentypen; der «Südwärts weisende Wagen» und der «Odometer»

Zhou Shide

Vor mehr als 4600 Jahren kannte das chinesische Volk bereits Wagen, und schon vor etwa 4000 Jahren war für die Herstellung dieser Wagen die Xue-Familie berühmt. Das Buch *Zuo Zhuan (Zuo Qiumings Chroniken)* berichtet, daß Xi Zhong aus der Xue-Familie zur Zeit der Xia (ca. 21.–16. Jahrhundert v. Chr.) den Posten eines *chezheng* (Der für Wagen zuständige Beamte) inne-hatte. Das *Mo Zi (Mohistischer Kanon)*, *Xun Zi (Buch des Meisters Xun)* und das *Lü Shi Chun Qiu (Meister Lüs Frühlings- und Herbst-Annalen)* behaup-ten, daß «Xi Zhong Wagen baute», woraus man ersieht, daß er in diesem Handwerk berühmt geworden war.

Während der Shang-Dynastie (ca. 16.–11. Jahrhundert v. Chr.) fertigten chinesische Wagenbauer schon ziemlich hochentwickelte zweirädrige Wagen an, eine auch durch chinesische Schriftzeichen belegbare Tatsache. Das Wort *che* (Wagen) sah auf Orakelknochen- und Schildkrötenpanzer-Inschriften so aus: ⟨Schriftzeichen⟩ , ⟨Schriftzeichen⟩ und ⟨Schriftzeichen⟩ . Dies bedeutet, daß die Wagen der Shang-Zeit zwei Räder mit Speichen hatten ⊕ , einen Wagenkasten *(yu)* ⊔ , eine Deichsel *(yuan)* | , eine Querstange *(heng)* ⌒ sowie ein Joch *(e)* 人 .

Ausgrabungsstücke aus der Shang-Dynastie haben die Existenz dieser sorgfäl-tig entworfenen zweirädrigen Wagen mit Deichsel, Querstange, zwei Jochs und Wagenkasten bestätigt.

Die im Dorf Dasikong, Provinz Henan, ausgegrabenen Wagen der Shang-Zeit wiesen Räder mit 18 Speichen und rechteckige Wagenkästen auf. Die Qualität der Wagen der Shang-Dynastie wurde noch in der Frühlings- und Herbstperiode (770–476 v. Chr.) gepriesen. Das im Beijinger Museum der chinesischen Geschichte ausgestellte, rekonstruierte Modell eines Shang-Wagens ist ein kunstvoll konstruierter zweirädriger Wagen, dessen Herstel-lung eine recht hohe Wagenbautechnik erforderte. Der altchinesische Zwei-radwagen wurde gewöhnlich von zwei oder vier Pferden gezogen, von zwei Wagenpferden direkt an der Deichsel oder von zwei weiteren mit zusätzli-chem seitlichem Zuggeschirr.

Zur Zeit der Frühlings- und Herbstperiode und der Streitenden Reiche (770–221 v. Chr.) kam der Wagen mit hohem Fahrgestell auf, *chaoche* be-zeichnet. In der *Zuo-Zhuan*-Chronik heißt es: «Der Prinz von Chu kletterte auf den *chaoche*, um die Truppen des Staates Jin zu beobachten.» Der *chaoche* war ein Wagen mit einem hohen Chassis und kleinem turmartigem Aufbau. Der Festigung schwacher Stellen des Wagens wurde durch Verwendung von *jiafu* (Verstärkungen) an den Rädern besondere Aufmerksamkeit geschenkt; die meisten der aus Gräbern der Streitenden Reiche ausgegrabenen großen Wagen haben diese *jiafu*. Alle Wagenradspeichen waren schräg an den Radnaben befestigt – eine für jene Zeit ziemlich fortgeschrittene Konstruktion.

Der Schubkarren, ein einrädriger Karren, fand bereits während der Östlichen Han-Dynastie (25–220) und zur Zeit der Drei Reiche (220–280) Verbreitung, da er ein sehr praktisches Transportmittel war, insbesondere für enge Gassen sowie auf schmalen Feldpfaden geeignet, aber auch nützlich für breite Straßen. Der Schubkarren war tatsächlich eine sehr wichtige Erfindung in der Geschichte des Transportwesens. Nach Studien vieler Gelehrter waren die in dem historischen Roman *San Guo Yan Yi (Romanze der Drei Reiche)* als kunstfertig beschriebenen «hölzernen Ochsen und gleitenden Pferde» nichts anderes als eine Art von Schubkarren. Historische Berichte bestätigen, daß zur Zeit der Drei Reiche ein gewisser Pu Yuan einen Schubkarren für Kriegszwecke erfand. Pu Yuan war ein niederer Beamter unter Zhuge Liang, dem Ministerpräsidenten des Staates Shu. Als Zhuge Liang seine Truppen auf einem Marsch nach Norden anführte, fertigte Pu Yuan «Holzochsen» zum Transport von Lebensmitteln und Pferdefutter für das Heer an.

Während dieser Zeit kam auch der vierrädrige Wagen auf. Das Buch *Gu Yue Fu (Alter Liederschatz)* enthält folgende Verse:

Einen Wagen mit vier Rädern schuf ich dir;
zum Luoyang-Palast wird er dich fahren.

Während der Südlichen und Nördlichen Dynastien (420–589) erschienen große, von 12 Ochsen gezogene Wagen. Das *Hou Wei Shu (Geschichte der Späteren Wei-Dynastie)* berichtet: «Der große *lounian* (Hochwagen) wird von 12 Ochsen gezogen, der kleine *lounian* ebenfalls von 12 Ochsen.» Etwa um die gleiche Zeit wurde der *moche* (Mühlenwagen) entwickelt. Dieser Wagen hatte einen Mühlstein aufmontiert, der sich während der Fahrt des Wagens drehte. Im *Gu Jin Tu Shu Ji Cheng (Sammlung alter und zeitgenössischer Bücher)* heißt es: «Shi Hu hat einen Mühlenwagen mit einem aufmontierten Mühlstein auf dem Wagen. Wenn der Wagen 10 *li*[1] gefahren ist, dann werden 10 *hu*[2] Getreide gemahlen sein.» Es gibt auch Berichte über die Verwendung von Erdöl als Wagenschmiere. Das *Shui Jing Zhu (Kommentar zu dem*

---

[1] 1 *li* zu dieser Zeit = ca. 440 Meter.
[2] 1 *hu* = 100 Liter.

‹Klassiker der Wasserwege›) berichtet: «Im Kreis Gaonu gab es den Weishui-Fluß, der Öl auf der Oberfläche führte, das zum Schmieren der Wagen verwendbar war.» Wahrscheinlich wurde dieses Erdöl als Schmiermittel für Wagenzapfenlager und für den hydraulischen Schlaghammer benutzt. Laut *Liang Shu (Geschichte der Liang-Dynastie)* hat Hou Jing, der aus einer einfachen Familie der Liang-Dynastie (502–557) (Südliche Dynastien) stammte, einen 10 *chi*[3] hohen *louche* (Turmwagen) erfunden, außerdem einen *dengchengche* («Stadtmauer-Kletter-Wagen»), einen *jiedaoche* («Treppenwagen») und einen *huoche* («Feuerwerferwagen»), die alle einige Meter hoch waren.

Den dreirädrigen Wagen kommentierend, der zur Zeit der Fünf Dynastien (907–979) aufkam, heißt es im Band 30 des *Lei Shu Zuan Yao (Bibliographie nach Themen):* «Lin Zhiyuan fuhr manchmal auf einem dreirädrigen Wagen, den er von einem Diener ziehen ließ.» Es handelte sich offensichtlich um einen alten Vorläufer der Riksha, eines von Menschen gezogenen Dreiradwagens.

Während der Ming-Dynastie (1368–1644) konstruierten chinesische Wagenbauer achträdrige Wagen zum Transport von Baumaterial. Das *Gu Jin Tu Shu Ji Cheng* berichtet, daß Mao Bowen, als Arbeitsminister zuständig für das Bauprojekt *tian shou shan,* zur Beförderung der für dieses Projekt benötigten Steinsäulen achträdrige Wagen entwarf und bauen ließ. Dieses neuartige Fahrzeug war sowohl zum Transport großer Steinblöcke wie auch zur Fahrt auf Bergstraßen geeignet.

Der Segelkarren, der in der Qing-Dynastie (1644–1911) in Erscheinung trat, nutzte die Windkraft zur Fortbewegung des Fahrzeuges aus. Zur gleichen Zeit wurde ein eisengepanzerter Wagen hergestellt, *tiejiao* genannt. Im *Nan Yue You Ji (Reisen im Süden)* heißt es in Band 1: «In einem großen Gebäude in Shiziiao gab es einen *tiejiao.*» Dieser Wagentyp hatte vier Räder, jedes davon mit einem *chi* Durchmesser. Das Wagengehäuse war mit Eisenplatten bedeckt. Solch ein Wagen wurde speziell zum Zwecke der Sicherheit entworfen.

Der mechanischen Struktur nach besonders wichtig waren der «Südwärts weisende Wagen» und der «Odometer». Seit der Zeit der Drei Reiche erwähnen fast alle chinesischen Historiker diese Typen. Jedoch erst in der Yuan-Dynastie (1271–1368) wurde im *Song Shi (Geschichte der Song-Dynastie)* eine ausführliche Beschreibung ihres inneren Zahnrädersystems gegeben.

Der «Südwärts weisende Wagen» ist zweirädrig mit nur einer Deichsel (vgl. Abb. 93). In dem Wagen steht eine menschliche Holzfigur mit einer nach Süden ausgestreckten Hand; infolge des eingebauten Zahnrädersystems bleibt der Arm nach Süden gerichtet, ganz gleich, in welche Richtung der Wagen sich bewegt. Schon während der Song-Dynastie (960–1279) konstruierte Yan Su

---

[3] 1 *chi* zur Zeit der Liang-Dynastie = 0,244 Meter.

Abb. 93
Rekonstruktion eines «Südwärts weisenden Wagens».

im Jahre 1027, dann Wu Deren 1107 einen «Südwärts weisenden Wagen». Das
Prinzip des Entwurfes von Yan Su basierte auf der Grundidee des Differen-
tialgetriebes. Es gab zwei Fußräder von jeweils 6 *chi*[4] Durchmesser und 18 *chi*
Umfang, ferner zwei kleine Räder von je 3 *cun*[5] Durchmesser. Mit den Fußrä-
dern sind zwei vertikale Seitenzahnräder mit je 2,4 *chi* Durchmesser und 7,2 *chi*
Umfang verbunden. Diese haben je 24 Zähne im Abstand von jeweils 3 *cun*.
Auf der rechten und der linken Seite befinden sich ferner auch zwei kleine hori-
zontale Zahnräder von 1,4 *chi* Durchmesser und 12 Zähnen. In der Mitte befin-
det sich ein großes horizontales Zahnrad von 4,8 *chi* Durchmesser und 14,4 *chi*
Umfang mit 48 Zähnen, die jeweils 3 *cun* auseinanderliegen.
   Die Wagenräder standen also nur indirekt über zwei selbsttätig ein- und
auskuppelnden «Planetengetrieben» mit dem Hauptzahnrad, das die nach
Süden weisende Holzfigur trug, im Eingriff. Dabei wurde das Ein- und Aus-

---

[4] 1 *chi* zur Zeit der Song-Dynastie = 0,319 Meter.
[5] 1 *cun* = ¹⁄₁₀ *chi*.

kuppeln der kleinen horizontalen Zahnräder der «Planetengetriebe» von der Lage der Deichsel gesteuert. Beim Geradeausfahren in Richtung Süden war das Hauptzahnrad nicht in Eingriff, und die Holzfigur zeigte ebenfalls nach Süden. Schwenkte der Wagen nach rechts, ging das linke «Planetengetriebe» in Eingriff und drehte das Hauptzahnrad so weit nach links, bis die Holzfigur die nötige Korrekturdrehung Richtung Süd ausgeführt hatte; bei einem Schwenk nach links funktionierte der Mechanismus entsprechend in umgekehrter Weise.

Der «Südwärts weisende Wagen» war seiner Struktur nach also einfach. Der entscheidende Faktor war das große horizontale Zahnrad in der Mitte und die Idee, die mit den Wagenrädern verbundenen Seitenräder ein- oder auszukuppeln. Dennoch bewies dieser Entwurf die Geschicklichkeit und Erfindungsgabe der altchinesischen Maschinenkonstrukteure.[6]

Ji li gu che (Der *li*-zählende Trommelwagen) ist der ursprüngliche chinesische Ausdruck für «Odometer». Es gibt über die Herstellung des «Odometers» zwei Berichte im *Song Shi (Geschichte der Song-Dynastie)* in dem Teil *Berichte von Fahrzeugen und Kleidung*. Lu Daolong konstruierte den «Odometer» im Jahre 1027, und Wu Deren rekonstruierte ihn zwischen 1107 und 1110. Zu Lu Daolongs «Odometer» gehörten:

  2 Fußräder, jedes mit 6 *chi* Durchmesser und 18 *chi* Umfang;
  1 vertikales Zahnrad mit 1,38 *chi* Durchmesser und 14,4 *chi* Umfang, dazu 18 Zähne, je 2,3 *cun* auseinander;
  1 unteres horizontales Zahnrad mit 4,14 *chi* Durchmesser und 12,42 *chi* Umfang, dazu 54 Zähne, je 2,3 *cun* auseinander;
  1 Zahnrad, «wirbelnd wie der Wind», mit 3 Zähnen, je 1,2 *cun* auseinander;
  1 mittleres horizontales Zahnrad mit 4 *chi* Durchmesser und 12 *chi* Umfang, dazu 100 Zähne, je 1,2 *cun* auseinander;
  1 kleines horizontales Zahnrad mit 10 Zähnen und 1 oberes horizontales Zahnrad mit 100 Zähnen.

In dem Buch treten jedoch einige Ungenauigkeiten auf. Das ganze Zahnradsystem in dem «Odometer» bewegt sich oder steht mit dem Wagen still. Sobald die Räder sich zu drehen beginnen, wird das ganze Zahnräderwerk in Bewegung gesetzt, und mit dem Stillstand der Räder stoppt es.

Die Fußräder haben 6 *chi* Durchmesser, wobei eine Umdrehung 18 *chi* beträgt. Wenn die Fußräder 100 Umdrehungen machen, so wird der Wagen 1800 *chi* durchlaufen, was in der Song-Dynastie genau einen *li* ausmacht. Die Anzahl der Zähne der vertikalen, unteren, horizontalen, «windschnellen» und mittleren horizontalen Zahnräder beträgt jeweils 18, 54, 3 und 100 Zähne.

---

6 Denn im Westen wurde die rechtwinklige Kraftübertragung mit epizyklischem Getriebe erst 1575, das eigentliche Differentialgetriebe sogar erst 1720 erfunden (Anmerkung des Bearbeiters).

Abb. 94
Rekonstruktion eines «Odometers».

Wenn der Wagen einen *li* zurücklegt, wird deshalb das mittlere horizontale Zahnrad $100 \times 18/54 \times 3/100 = 1$ Umdrehung machen. Ein wie eine Nockensteuerung wirkender Hebel ist an dem mittleren horizontalen Zahnrad befestigt, um die Arme der Holzfigur, die ihrerseits die Trommel schlagen wird, zu bewegen. Folglich wird die Holzfigur für jeden *li* zurückgelegte Distanz einmal die Trommel schlagen. Wenn ein kleines horizontales Zahnrad mit 10 Zähnen sowie ein oberes horizontales Zahnrad mit 100 Zähnen dem Zahnräderwerk hinzugefügt werden, so wird das obere horizontale Rad für je 10 durchlaufene *li* eine Umdrehung machen, und ein dem oberen horizontalen Zahnrad beigefügter Hebel wird den Arm einer anderen Holzfigur ziehen, damit diese einmal die Glocke anschlägt.

In der Diktion des modernen Maschinenbaus würde man sagen: Der «Odometer» weist zur Übertragung «Distanz zu Distanzmesser» ein Reduktionsgetriebe auf, das die letzte Welle einmal dreht, wenn der Wagen einen *li* bzw. zehn *li* zurückgelegt hat.

Das «Differentialgetriebe» im «Südwärts weisenden Wagen» ist einfacher, aber seine Fähigkeit, das Getriebesystem automatisch ein- oder auszukuppeln, macht es raffinierter als das des «Odometers». Historische Berichte datieren diese zwei Wagentypen in frühe Zeiten wie die Han- und die Wei-Dynastie, als China sich noch am Anfang seiner Entwicklung als vereintes Kaiserreich befand.

Diese Wagen beweisen das hohe Niveau von Chinas Maschinenbauwesen vor 2000 Jahren und verkörpern die hervorragenden Leistungen altchinesischer Technologie.

Die Große Mauer

Zhang Yuhuan

Die Große Mauer schlängelt sich über das weite Gelände Nordchinas, zieht sich von Osten nach Westen durch Lößplateaus und Wüstenebenen, steigt zu Berggipfeln empor und sinkt zu Flußbecken hinab. Sie ist eines der architektonischen Weltwunder, sowohl wegen ihrer Großartigkeit wie auch wegen der für ihren Bau benötigten, ungeheuren Arbeitsleistung.

Der Bau der Großen Mauer begann vor mehr als 2000 Jahren zur Zeit der

Abb. 95
Die Große Mauer zieht sich über Berg und Tal.

Streitenden Reiche (475–221 v. Chr.). Eine Reihe von Städten waren schon entstanden, wie Xianyang im Staate Qi, Handan in Zhao, Xiadu in Yan und Daliang im Staate Wei. Die weit ausgedehnte nördliche Ebene wurde für die Herrscher nomadischer Stämme zum Kampfplatz, da sie bestrebt waren, sich nach Süden auszudehnen. Zu diesen Stämmen gehörten die Xianyun[1], Linhu[2], Loufan[3], die Östlichen Hus und die Hunnen. Kriege zwischen den Feudalstaaten, die einander zu verschlucken versuchten, wurden immer häufiger.

Die ältesten Mauern wurden von den Feudalherrschern der streitenden Staaten entlang der nördlichen Grenzen zur Verteidigung gegen Überraschungsangriffe aus Norden errichtet. Diese Mauern wurden später zu Grenzen zwischen den Staaten und zu Verteidigungslinien ausgeweitet.

Überreste von Mauern, erbaut von den Staaten Yan, Zhao, Wei und Qi, sind bis auf den heutigen Tag zu besichtigen. Die Mauern von Yan, die von Dushikou ostwärts bis über Liaoning hinaus reichen, bestanden zur Verteidigung gegen die Hunnen und die Östlichen Hus. Diejenigen des Staates Zhao, die sich vom Kreis Linhe in der Inneren Mongolei im Westen bis zum Kreis Yuxian in Hebei in den Osten erstrecken, dienten zur Abwehr der Linhus und der Loufans. Der Staat Wei errichtete eine Mauer, die sich von der großen nördlichen Schleife des Gelben Flusses im Norden abwärts bis zum nordwestlichen Shaanxi und weit südlich bis zum Huashan-Gebirge erstreckte, um sich vor Einfällen der Hunnen und Angriffen des Staates Qin zu schützen. Die Mauern von Qi, die westlich vom Gelben Fluß in Shandong beginnen und sich entlang des Taishan-Gebirges hinab zum Kreis Zhucheng ziehen, waren zur Vorsorge gegen mögliche Angriffe seitens der Staaten Wu und Chu errichtet worden.

Nachdem er alle sechs außerhalb seines Gebietes gelegenen Staaten erobert hatte, errichtete Qin Shi Huang Di (der «Erste erhabene Kaiser von Qin») das erste feudalistische Kaiserreich unter zentralistischer Herrschaft in der chinesischen Geschichte. Zur Verteidigung gegen mögliche Aggressionen durch die Hunnen ließ Qin Shi Huang die Mauern von Yan, Zhao und Wei zur Bildung einer einzigen großen Barriere miteinander verbinden. Die Vollendung des Grundbauwerks erforderte 10 Jahre Arbeit von 300 000 Männern und bildete schließlich das, was als die «Große Mauer von 10 000 li»[4] bekannt werden sollte.

Die noch bestehenden Mauern des Staates Wei sind typisch für die Mauerstruktur zur Zeit der Streitenden Reiche. Unweit des Dorfes Süd-Maliangzhuang im Kreis Hancheng, Provinz Shaanxi, gelegen, sind sie als parallele Nord-Süd-Mauern angelegt, die sich 100 Meter voneinander entfernt erstrecken. Die

---

[1] Xianyun, zu jener Zeit auch bekannt als Rong oder Di, in der Qin- und der Han-Dynastie als Xiongnu oder Hunnen bezeichnet.
[2] Linhu, ein nomadischer Stamm, auch Zhanlin genannt, der zur Zeit der Streitenden Reiche das Gebiet des heutigen Shuoxian in Shanxi und der Inneren Mongolei bewohnte.
[3] Loufan, ein alter Stamm im heutigen Shanxi.
[4] 1 *li* = ½ Kilometer.

südliche Mauer hatte eine Dicke von sieben Metern am Boden und von vier Metern oben. Die Höhe der noch heute erhaltenen Mauer beträgt vier Meter. Die kleinere Mauer nach Norden hin war am Fundament fünf Meter dick und an der Krone 3,5 Meter breit. Ihre heutige Höhe beträgt etwa drei Meter. Diese Mauern sind vollständig aus gestampfter Erde hergestellt. Der etwa 250 Meter südlich der Südmauer gelegene Warnfeuerturm ist ebenfalls mit Erde errichtet worden. Er hat eine quadratische Form; jede Seite mißt sieben Meter und spitzt sich zu einer Höhe von neun Metern zu. Auf jeder Seite des Wachturms befinden sich, vom Boden aus gemessen in der Mitte, die Enden von drei sichtbaren, quadratischen Balken, die wahrscheinlich zum Zwecke der Verstärkung eingebaut wurden.

Die angrenzende Mauer der Qin-Dynastie (221–207 v. Chr.) ging vom Kreis Lintao (Minxian), Provinz Gansu, im Westen aus und verfolgte den Lauf des Gelben Flusses bis nach Linhe in der Inneren Mongolei, bog dann nördlich zum Yinshan-Gebirge ab und verlief weiter nach Süden bis nach Yanmenguan, Daixian und Yuxian in Shaanxi, wo sie sich an die Mauern der nördlichen Grenze des Staates Wei anschloß. Von dort verlief sie durch Zhangjiakou ostwärts zum Yanshan-Gebirge, nach Jinzhou und weiter zum östlichen Liaoning.

Das westliche äußere Ende der Mauer bei Lintao war aus gestampfter Erde gebaut, an manchen Stellen mit geringen Mengen von Felsgestein vermischt. Diese Mauer hatte unten eine Dicke von 4,2 und oben von 2,5 Metern; die heutige Höhe beträgt noch etwa drei Meter. Die Mauern sind offensichtlich festgestampft worden, wahrscheinlich mit Stampfern von handlicher Größe, wie aus den noch bemerkbaren kleinen Stampfspuren ersichtlich ist.

Die Mauern der nachfolgenden Han-Dynastie (206 v. Chr.–220 n. Chr.) waren ihren Vorläufern bei weitem an Größe und Aussehen überlegen. Längere Abschnitte dieser Mauern (und viele Wachtürme) haben bis heute überlebt. Zusätzlich zum Wiederaufbau der Qin-Mauern errichteten die Han-Herrscher andere Mauern bei Shuofang (Ordos Rechtes Nachtrab-Banner, Innere Mongolei), begannen die großangelegte Konstruktion der Großen Mauer westlich von Liangzhou und richteten die vier Präfekturen von Liangzhou (jetzt Wuwei), Ganzhou (jetzt Zhangye), Suzhou (jetzt Jiuquan) und Shazhou (jetzt Dunhuang) ein.

Die Han-Herrscher verwendeten ungeheure Mengen von Arbeitskräften und Materialien für den Bau dieser «Großen Mauer westlich von Liangzhou». Sie verfolgten einen doppelten Zweck: Sicherung des Verkehrs entlang des Gansu-Korridors einerseits, um die Herrschaft über nationale Minderheiten in den westlichen Regionen aufrechtzuerhalten, sowie Abschneidung der Verbindungslinien, welche die Hunnen mit den Westgebieten hatten, andererseits.

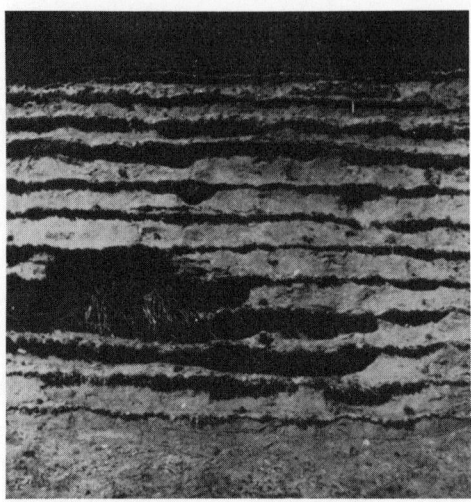

Abb. 96
Ausschnitt der Großen Mauer aus der Westlichen Han-Dynastie (206 v. Chr.–24 n. Chr.).

Die Große Mauer westlich von Liangzhou war in drei Abschnitten errichtet worden, alle lagen innerhalb der Provinz Gansu. Der nördliche Teil erhob sich im Ejin-Banner und verlief südwestwärts durch Dafangcheng zum Kreis Jinta, von wo aus der mittlere Teil über Pochengzi und Qiaowancheng bis zum Kreis Anxi fortlief. Der südliche Teil erstreckte sich vom Kreis Anxi aus, verlief bis in den Norden von Dunhuang und senkte sich dann abwärts nach Dafangpancheng und zum Yumenguan-Paß bis nach Xinjiang hinein. Die Beschreibung dieser drei Teile der Großen Mauer begann während der Regierung des Kaisers Wu Di in der Han-Dynastie, denn die im Kreis Juyan ausgegrabenen und beschrifteten Bambusstreifen besagen, daß sie «durch einen Wachturm nach je fünf *li*, durch eine Plattform nach je 10 *li*, eine Festung nach je 30 *li* und ein Bollwerk nach je 100 *li* unterbrochen wurden». Die Wachtürme sind zwar gefunden worden, jedoch ein jeder kaum drei *li* vom anderen entfernt. Die Bollwerke lagen sogar nur jeweils wenige Dutzend *li* auseinander.

Die Mauern der Han-Dynastie waren von denen der Qin sehr verschieden. Der Abschnitt bei Yumenguan, südwestlich von Dunhuang, ist zum Beispiel am Boden 3,5 und oben 1,1 Meter dick; die Überreste sind z. T. noch vier Meter hoch. Zum Widerstand gegen alkalinische Korrosion wurden, ab einer Höhe von 50 Zentimetern, 6 Zentimeter dicke Schichten aus Schilfrohr eingebaut. Diese lagen kreuzweise in Zwischenräumen von 15 Zentimetern gelagert. Sie sind bis heute noch unversehrt. Die Mauern waren aus der Erde der

Umgebung erbaut und mit Felsgestein durchsetzt worden, das Ganze war durch Rammen gefestigt worden.

Mehrere Hunderte der Wachtürme, die teils innerhalb, teils außerhalb der Mauer errichtet wurden, sind erhalten geblieben. Von diesen befinden sich etwa 200 im Kreis Jinta und im Ejin-Banner, Provinz Gansu; ihr Fundament ist quadratisch und hat eine Länge von 17 Metern auf jeder Seite. Die vier Seiten sind oben nach innen geneigt. Die Spitze befindet sich 25 Meter über dem Boden. Einige der Wachtürme sind aus gestampfter Erde, andere aus Tonerdeziegeln, wieder andere sind aus einer Kombination dieser Materialien erbaut worden. Die Tonziegel sind 38 × 20 × 9 Zentimeter groß und mit einer Zwischenschicht aus Schilfrohr nach je drei Ziegelschichten in Schichten angeordnet. Die meisten Wachtürme stehen noch heute, nur ihre Ecken zerbröckeln, ein Anzeichen dafür, daß die Schilfeinlage die Mauern gegen die Zerstörung durch die Witterung festigte.

In den Mauern der Wachtürme zurückgebliebene Löcher deuten auf den Gebrauch von Gerüsten während des Baus hin. Zwei Reihen solcher Löcher, vier in jeder Reihe, sind in der Mauer eines Wachturms im Kreis Jinta sichtbar. Die erste Reihe ist 14 Meter oberhalb des Fundaments, die zweite 0,8 Meter über der ersten Reihe zu finden. Die Löcher in Abständen von 1,2 Metern voneinander stammen anscheinend von einem Baugerüst, das auf der Außenseite von einer Reihe von aufgestellten Holzpfählen gestützt war. Sicherlich stieß man auf ungeheure Schwierigkeiten beim Bau von Schuppen, bei der Versorgung der Arbeiter mit Lebensmitteln und Schutzhütten sowie beim Transport von Zubehör und Baumaterial für die riesige Mauer durch die kahle Gobi-Wüste, wo Hunderte von Meilen im Umkreis unbewohnt waren. Noch größeres Ungemach müssen die Erbauer im Nordwesten erlitten haben, wo fast das ganze Jahr hindurch wegen undurchsichtiger Sandstürme miserable Wetterverhältnisse und Frosttemperaturen herrschten. Ein unsagbarer Aufwand an qualvoller Arbeit muß den Bau der Großen Mauer begleitet haben.

Die erhabene, unvergeßliche Große Mauer, wie man sie heute bei Badaling und Juyongguan nahe Beijing erblickt, ist das Ergebnis einer großangelegten, 100 Jahre andauernden Rekonstruktion während der Ming-Dynastie (1368–1644).

Die in der Ming-Dynastie gebaute Mauer beginnt bei Jiayuguan, Provinz Gansu, im Westen und endet mit einer Gesamtlänge von 12 700 *li* bei Shanhaiguan an Nordchinas östlicher Küste. Aus vier Abschnitten bestehend, war die Große Mauer zur Ming-Zeit in vier Garnisonszonen eingeteilt:

Die Liaodong-Garnisonszone mit dem Hauptquartier bei Liaoyang in der Provinz Liaoning beschützte den Abschnitt von Fenghuangcheng bis zum Endpunkt Shanhaiguan im Westen mit einer Länge von 1950 *li*.

Die Zone der Xuanfu-Garnison mit dem Hauptquartier bei Xuanhua in der

Provinz Hebei umfaßte mit einer Gesamtlänge von 1023 *li* den Teil von Juyongguan im Osten bis Datong im Westen. Da dieser Teil im Norden die Hauptstadt Beijing flankierte, war er von so lebenswichtiger Bedeutung, daß neun ineinander angelegte Mauern errichtet wurden.

Die Datong-Garnisonszone, deren Hauptquartier in Datong, Provinz Shanxi, lag, war verantwortlich für die 647 *li* der Mauer von Pianguan im Osten bis Tianzhen, ebenfalls in Shanxi.

Die vierte Zone der Yulin-Garnison hatte ihr Hauptquartier in Yulin, Provinz Shaanxi und befehligte die 1770 *li* der Mauer zwischen Qingshuihe, Innere Mongolei, im Osten und dem westlich davon gelegenen Kreis Yanchi in Ningxia.

Zur Verstärkung der Verteidigung wurden später drei weitere Garnisonszonen angelegt:

Die Ningxia-Garnisonszone mit dem Hauptquartier in Yinchuan, Ningxia, zur Überwachung des 2000-*li*-Abschnitts von Yanchi in Ningxia bis Jingyuan in der Provinz Gansu;

Die Gansu-Garnisonszone mit dem Hauptquartier in Zhangye. Diese kontrollierte den Abschnitt von Lanzhou aus westwärts bis zum Beginn der Großen Mauer bei Jiayuguan in einer Gesamtlänge von 1600 *li;*

Die Jizhou-Garnisonszone mit dem Hauptquartier im Kreis Jixian in der Provinz Hebei sicherte die 1200 *li* von Shanhaiguan bis Juyongguan.

Die Mauern in der Jizhou-Garnisonszone waren vor allem zur Verteidigung der Hauptstadt Beijing errichtet worden. Die Gegend um Juyongguan war von dreifachen Mauern geschützt, in welchen sich die drei «Äußeren Pässe» Pianguan, Ningwuguan und Yanmenguan sowie die drei «Inneren Pässe» Juyongguan, Zijingguan und Daomaguan befanden.

Die Ming-Mauern wurden in eine «Ostmauer» und in eine «Westmauer» unterteilt:

Die «Ostmauer», die sich östlich von Shanxi erstreckt, war zum größten Teil im Gebirge errichtet worden. Sie verlief wellenförmig an dessen Gipfeln und Schluchten entlang. Die Mauerstruktur hat eine Dicke von sechs Metern am Boden und neigte sich nach oben auf 5,4 Meter nach innen. Der obere Rand der Mauer ist auf der Außenseite – der Nordseite, von der die Gefahr drohte – mit Zinnen von zwei Metern Höhe flankiert und auf der Innenseite mit Brüstungen von einem Meter Höhe. Die Mauer selbst erhebt sich zu einer Höhe von 8,7 Metern. In Abständen von 70 Metern befinden sich Wachtürme in der Mauer. Einige sind hohl und dienten als Baracken für die Garnisontruppen, während andere festummauerte Blocks bilden. Wasserrinnen innen und Öffnungen in der Mauer sorgten für Sammlung und Abfluß des Regenwassers. Treppenaufgänge sind in Abständen von 200 Metern auf der inneren südlichen Seite der Mauer gebaut. Beide Seiten und der Mauerrand sind mit Ziegeln über

der gestampften Erde verkleidet. Ziegelbrennöfen waren zur Versorgung mit
Ziegeln möglichst in der Nähe errichtet worden. Obwohl der Transport all der
Ziegel auf die Berge sehr mühsam war, sind die Anstrengungen nicht mit den
Schwierigkeiten des Mauerbaus bei Badaling und anderen Teilen der Mauer zu
vergleichen, wo diese aus 18 Schichten von riesigen Steinfliesen besteht. Die
Mühen und Schwierigkeiten dort sind kaum vorstellbar.

Die «Westmauer» bestand während des Wiederaufbaus in der Ming-Zeit
vollständig aus gestampfter Erde ohne Ziegelverkleidung. Sie war vier Meter
dick am Boden und oben 1,6 Meter breit mit Zinnen von 0,8 Metern Höhe. Ein
Durchgang von 1,2 Metern Breite oben auf der Mauer erlaubte Truppenbewe-
gungen. Die Gesamthöhe der Mauer betrug 5,3 Meter.

Die Wachtürme zu beiden Seiten der Mauer, manche standen isoliert auf
Berggipfeln, während andere Bestandteile der Mauer bildeten, waren 12 Meter
hoch und quadratisch, die Seiten von acht Metern Basislänge neigten sich
gegen den oberen Rand hin nach innen.

Die umfangreichen Erdarbeiten, die zum Mauerbau erforderlich gewesen
sind, mögen durch einige Zahlenangaben verdeutlicht werden: Die hölzernen
Stampfrahmen waren jeweils vier Meter lang. Auf dieser Länge wurden acht-
zig Kubikmeter Erde festgestampft. Jeder Wachturm verschlang 800 Kubikmeter Erde.

Die Erbauer der Ming-Mauern waren laut einer Steintafel mit der Aufschrift
Erste Brigade in Brigaden organisiert. Diese Tafel wurde im 19. Jahr der Jiaqing-Periode (1540) an der Nordmauer von Jiayuguan ausgegraben. Sechs solcher Brigaden bildeten eine Bauarbeiter-Einheit.

Diese wiederaufgebaute Große Ming-Mauer weist durch Bollwerke befestigte Pässe auf, die sich an strategischen Schlüsselstellen befinden. Die zwei
berühmtesten Pässe sind der Jiayuguan und der Shanhaiguan an den beiden
Mauerenden. Der westliche Endposten bei Jiayuguan liegt 70 *li* westlich von
Jiaquan auf der nach Xinjiang führenden Landstraße. Die Festung ist quadratisch mit einer gesamten Seitenlänge von 660 Metern. Auf den östlichen und
westlichen Mauern der Festung gibt es Stadttore; jedes wird durch eine zusätzliche Mauer geschützt. Die Mauern der Festung sind 12 Meter hoch und haben
Wachhäuser an den Ecken. Wachtürme bewachen die Süd- und Nordseiten
der Anlage, während die Stadttore, wie das Guanghua-Tor, das Rouyuan-Tor
und das Tor des Jiayuguan-Passes von eigenen Türmen gekrönt sind. Diese
stattlichen und eindrucksvollen Tortürme erlauben einen Überblick über die
Ebene unter ihnen. Der Mauerrand, die Brüstungen, die Zinnen und die nach
oben führenden Stufen sind ziegelverkleidet, während andere Teile der Mauer
gestampfte Erdwälle sind. Die Große Mauer steigt vom Fuße des Qilian-
Gebirges an und erreicht nach einigen hundert gewundenen Metern die
Festung Jiayuguan. Das Zusammenwirken von Bodengestalt, Mauer und

Abb. 97
Ein Teil der in der Ming-Dynastie (1368–1644) rekonstruierten Großen Mauer mit Wachturm.

Toren bildet einen gewaltigen Verteidigungsschild, bekannt als das «Mächtig-ste Bollwerk unter dem Himmel».

Das Ostende der unter den Ming-Herrschern rekonstruierten Großen Mauer bei Shanhaiguan befindet sich an der Provinzgrenze zwischen Hebei und Liaoning. Die Festung Shanhaiguan selbst, mit Bergen im Westen und dem Bohai-Meer im Osten, ist von den oberen Hügeln aus mit der Großen Mauer verbunden. Das ist eine Hauptverbindungsstelle, ein enger Paß auf der Hauptverkehrslinie zwischen Nordchina und den nördlichen Provinzen. Die Shanhaiguan-Festung ist ein quadratisch ummauertes Gelände mit einem Tor an jeder der vier Seiten; allerdings ist nur das Osttor durch eine Außenmauer abgeschirmt. Einen Torturm besitzt jedes der vier Tore. Die Festungsmauern von 12 Metern Höhe sind aus gestampfter, ziegelverkleideter Erde gebaut und stehen bis auf den heutigen Tag. Vom Torturm aus kann man nach Norden hin die welligen Bergketten und gegen Osten das Meer erblicken. Seit uralten Zei-ten ist Shanhaiguan berühmt gewesen als das «Erste Tor unter dem Himmel».

Die Große Mauer ist ein gigantisches Bauwerk, das den Arbeitseifer und die technischen Kenntnisse des alten Chinas repräsentiert und dem daher die größte Bewunderung und Hochachtung der Besucher gebührt.

Brücken

HUANG MENGPING

Der Brückenbau war in der technischen Zivilisation des alten China eine sehr wichtige Komponente. Jahrhunderte hindurch arbeitete das chinesische Volk mühevoll am Bau von unzähligen Brücken zur Verbindung der ausgedehnten Landmassen Chinas. Unpassierbare Flüsse und unzugängliche Canyons wurden zu Verkehrswegen, wobei die größere Anzahl von Brücken sich in Zentral- und Südchina befindet, wo Flüsse, große Ströme und Bäche reichlich vorhanden sind. «Geh aus der Tür deines Hauses, und du wirst zwei Brücken erblicken», sagen die Bewohner von Suzhou in der Provinz Jiangsu, bekannt als «das Land der Gewässer». Beliebte Gedichte wie *Bei Nacht an der Ahorn-Brücke vor Anker, Ode an Weide im Schnee an der Brücke über den Ba-Fluß* und andere poetische Werke beschreiben beredt die von anmutigen Brückenbogen umrahmte Schönheit der Landschaften.

Große Vielfalt äußert sich seit jeher im chinesischen Brückenbau. Außer den drei Hauptstilen Balken-, Bogen- und Hängebrücken gibt es die Sprengwerk-, Steinbalken- und Dreh- oder Klappbrücken sowie viele Arten von Fachwerkbrücken. Nicht wenige von ihnen sind von solcher Originalität der Bautechnik, daß sie wissenschaftliche Studien rechtfertigen. Viele aus alten Zeiten überlebende Brücken werden noch heute benutzt. Ihre Konstruktion stimmt mit modernen Bauprinzipien überein und widerspiegelt die Kenntnisse altchinesischer Brückenbauer in Baustatik, Ziergiebelkunst und Wasserbau.

Die Entwicklung der Brückenbautechnik

Das *Chu Xue Ji (Elementare Anthologie),* eine klassische Literaturauswahl, welche von der Zhou- bis zur Tangzeit reicht, zusammengestellt von Xu Jian und anderen in der Tang-Dynastie (618–907), enthält den folgenden Bericht: «König Wen von Zhou baute eine Schiffsbrücke über den Weishui-Fluß.» Das war vor 3000 Jahren der erste Bericht der chinesischen Geschichte über eine Brücke. Es war dies eine Pontonbrücke, die König Wen bauen ließ, damit seine Braut den Fluß überqueren konnte, und die nach der königlichen Hochzeit entfernt wurde. Um 257 v. Chr. baute König Zhaoxiang von Qin eine große Schiffsbrücke über den Gelben Fluß, die eine relativ hohe Technik im Brückenbau schon zu jener Zeit aufwies. Sie bewies, daß in großen Flüssen, wo

Wassertiefe und rasche Strömung die Anlage von Pfeilern erschwerten, Pontonbrücken eine Alternative darstellen konnten.

Die leicht auf- und abzubauende Pontonbrücke war für vorübergehenden oder militärischen Gebrauch geeignet. Sehr oft ging sie der Konstruktion einer dauernden Brücke voraus, da Bau und Gebrauch von Brücken des Pontontyps zum Verständnis der Flüsse und ihrer jeweiligen Veränderungen verhalf. Es gab zahlreiche Beispiele von Fachwerk- oder Steinbogenbrücken, denen solche mit Pontons vorangingen. In den vergangenen 1000 Jahren haben viele große Schiffsbrücken den Yangtse und den Gelben Fluß überspannt. Ihre Planung und ihr Entwurf richteten sich nach den örtlichen Gegebenheiten. Das örtlich vorhandene Material wurde genutzt, die Bauten waren den Schwankungen der Jahreszeiten angepaßt.

Die frühesten nichtschwimmenden Brücken waren die des horizontalen Holzsprengwerktyps. Da das Material der Fahrbahn ohne Unterstützung für immer größere Spannweiten nicht stark genug war, wurden Holzbalken kreuzweise auf die Pfeiler gehäuft und jede Schicht weiter nach außen gestreckt, um die obere Balkenlänge auszumachen und die Spannweite zu vergrößern. Das ähnelte der modernen Sprengwerkbrücke, die große Spannweiten mit dünnen, durch das Tragwerk gestützten Fahrbahnbalken hat. Wenn die Anzahl der Schichten größer war, als es die Pfeiler aushalten konnten, wurden statt dessen diagonale Holzstützen zwischen die Fahrbahnbalken und die Pfeiler gesteckt. Das schräge Sprengwerk diente dem doppelten Zweck der Verstärkung des Balkens und der Befestigung des Fahrbahnträgers. Dieser Brückentyp mit diagonalen Streben war der Vorläufer der modernen Sprengwerkbrücke.

Als nächstes wurden Brücken aus Stein gebaut; chinesische Steinbrücken spielen eine hervorragende Rolle in der Geschichte des Weltbrückenbaus. Der erste Bericht über Steinbrückenbau erschien vor mehr als 2000 Jahren. Im *San Fu Jiu Shi (Geschichte von drei Städten)* heißt es:

«Im Norden der Stadt Changan, zwei *li* vom Stadttor entfernt, gibt es eine Brücke, erbaut durch den Ersten Kaiser von Qin. Die in der Han-Dynastie gebauten Brücken befolgten das Qin-Modell. Jene Brücke ist 60 *chi*[1] breit und 280 *bu*[2] lang und hat 68 Bögen, 750 Pfeiler und 220 Balken. Sie wird Steinpfeilerbrücke genannt.»[3]

---

[1] 1 *chi* zur Zeit der Tang-Dynastie = 0,294 Meter.
[2] 1 *bu* zur Zeit der Tang-Dynastie = 1,47 Meter.
[3] Es ist unverständlich, wie man nur 68 Bögen, aber 750 Pfeiler gleichzeitig haben kann – es sei denn, die Brücke wiese eine gemischte Bauweise (Bögen in der Nähe der Auflager, horizontales

Damit war offenbar die 400 Meter lange Brücke mit 68 Steinbogenpfeilern von Changan, dem jetzigen Xi'an in der Provinz Shaanxi gemeint.

Archäologen konnten mit Hilfe von Ausgrabungen belegen, daß außer Brücken mit Steinpfeilern und Holzbalken auch Steinbogenbrücken mindestens seit 250 v. Chr. existierten. Das wird unterstützt durch die Rundbogenstruktur eines Tors in der Grabstätte von Han Jun, einem gegen Ende der Zhou-Dynastie (770–221 v. Chr.) lebenden Adligen, entdeckt bei Luoyang in Henan. Fünf Jahrhunderte später ist eine Steinbogenbrücke, «Brücke der Reisenden» genannt, zum ersten Mal in dem Kapitel über Flüsse im *Shui Jing Zhu (Kommentar zum ‹Klassiker der Wasserwege›)* erwähnt worden:

«... dann biegt der Fluß ostwärts ab und mündet in eine Bergschlucht, die als «Bach von Sieben *li*»[4] bekannt ist ... Er war überspannt von einer Steinbrücke, welche die ‹Brücke der Reisenden› ist ... Einige sechs oder sieben *li* vom Luoyang-Palast gelegen, ist die Brücke vollständig aus großen Steinblöcken gebaut. Sie ist gebogen, so daß nicht nur das Wasser durchfließt, sondern auch große Boote durchfahren können.»

Steinbogenbrücken mit runden Bögen wurden in großen Mengen vor allem wegen der Eigenschaften des Steines, nicht zu verfaulen und druckfest zu sein, gebaut. Jedoch stieg infolge des Bedürfnisses nach größeren Spannweiten das Eigengewicht traditioneller Brücken immer höher. Mit der zusätzlichen Last des Verkehrs verteilte sich die verformende Spannung in einer ungünstigen Weise auf den Bogen. Um dem entgegenzuwirken, schufen chinesische Brückenbauer einen neuen Typ der Steinstruktur – den Segmentbogen. Ein hervorragendes Beispiel dafür ist die Steinbrücke bei Anji, Zhaozhou (jetzt Kreis Zhaoxian, Provinz Hebei). Dies brachte die Steinbrückenbautechnik auf ein neues hohes Niveau.

Außer Holz und Stein verwendeten die alten Brückenbauer Materialien wie Ziegel, Bambus, Rohr und Eisen. Die Seilhängebrücke, die zuerst im südwestlichen China auftauchte, war ein Produkt von leicht erhältlichen örtlichen Baumaterialien.

Im Laufe von Jahrhunderten entwickelte sich so die aus der Praxis kommende altchinesische Brückenbautechnik zu einer großen Vielfalt ausgezeichneter Brücken.

Sprengwerk in der Mitte) auf. Diese Bauweise ist aber für die Qinzeit höchst unwahrscheinlich; der in klassischer Sprache geschriebene *San Fu Jiu Shi*-Text muß vom Autor mißverstanden worden sein (Anmerkung des Bearbeiters).

[4] 1 *li* zu dieser Zeit = 540 Meter.

Bogenbrückenmodelle

Die Anji-Brücke im Kreis Zhaoxian in Hebei, die Lugou-Brücke südwestlich von Beijing und die «Juwelengürtel»-Brücke über den Daidai-Fluß südlich von Suzhou sind drei durch die Jahrhunderte gerühmte klassische Bogenbrükken. Höchst eigenartig im Stil, aber elegant und großartig, verkörpern diese Brücken wahrhaftig die altchinesische Brückenbautechnik.

Die Anji-Brücke, auch als Zhaozhou-Brücke bekannt, überspannt den Xiaohe-Fluß. Sie ist eine große Steinbrücke mit einem Bogen, erbaut zur Zeit von Daye (605–616) in der Sui-Dynastie (581–618). Über 1300 Jahre alt, hat sie neun heftige Kriege überstanden, acht größere Erdbeben und zahllose Überschwemmungen. Sie steht noch heute, fest und unversehrt.

Abb. 98
Die Anji-Brücke in der Provinz Hebei.

Die Anji-Brücke ist einzigartig nach Entwurf und Konstruktion. Die Spannweite des Segmentbogens beträgt 37,37 Meter, der Anstieg von der Wasserlinie bis zur Spitze 7,23 Meter; das Verhältnis der Spannweite zur Bogenhöhe ist nicht mehr als 5 : 1, womit die Brückenhöhe weitaus kleiner ist als der Bogenradius. Die gesamte Brücke selbst liegt innerhalb des Bogens, ein sehr praktischer Bogentyp.

Der allmähliche Anstieg der Brücke ist vorteilhaft für Fußgänger wie Fahrzeugverkehr. In China und anderen Ländern wird die Anji-Brücke bewundert wegen ihrer Ausgeglichenheit und Stattlichkeit. Die Konstruktion mit einem Brückenbogen war zu jener Zeit beispiellos.

Die Großartigkeit der dazugehörigen Bautechnik erweist sich jedoch am besten durch die zwei kleinen Löcher an jedem Ende des Bogens. Dies stand im Gegensatz zu der damals üblichen Praktik, den Hohlraum zwischen Bogen und Fahrbahn mit Erde auszufüllen. Damit schuf Li Chun der Welt erste Flachbogenbrücke etwa 1200 Jahre früher als im Westen. Dr. Joseph Needham aus England hob hervor, daß das Werk des Brückenbauers Li Chun «einen Vorsprung von mehr als einem Jahrtausend hat, denn erst seit den siebziger Jahren des 19. Jahrhunderts geschah Vergleichbares, als – allerdings größere – westliche Brücken entstanden...»[5] Needham lobt die «Schule der Segmentbögen» sehr, die ihren Anfang mit der Anji-Brücke nahm und einen außerordentlichen Einfluß auf den Brückenbau ausübte. In Dr. Needhams Worten: «Li Chuns Segmentbogenkonstruktion war so der Vorläufer von jenen vielen Brücken aus Eisenbeton, die ohne jede Füllung zwischen dem Bogen und der Fahrbahn auskommen, die sie nur durch vertikale Pfeiler oder eine netzartige Konstruktion von Betongliedern verbinden.»[6]

Die mehr als 1000 Jahre alte Anji-Brücke weist als Vorbild im Brückenbau die folgenden Vorzüge der Segmentbogenkonstruktion auf: 1. Das Brückengewicht wird vermindert und Füllungsmaterial erspart. 2. Die Nebenbögen erlauben größeren Wasserdurchfluß in Zeiten des Hochwassers. 3. Die Brücke ist eleganter im Aussehen als eine mit gefüllten Bögen. 4. Ihre Struktur entspricht den Prinzipien moderner Mechanik, indem sie die günstigste Statik, sowohl was Eigengewicht wie Belastbarkeit anbelangt, aufweist. Die strukturelle Segmentbogentechnik, erstmalig bei der Anji-Brücke verwendet, führte in der Geschichte des Steinbogenbrückenbaus in eine neue Ära.

Wo der Fluß zu breit für eine einzige Spannweite ist, wurden vielbögige Segmentbrücken entworfen, wofür die Lugou-(Marco-Polo-)Brücke ein hervorragendes Beispiel ist, die vor 800 Jahren in der Kin-Dynastie (1038–1227) gebaut wurde. Sie liegt südwestlich von Beijing und überspannt den Yongding-Fluß mit 11 Bögen und einer Gesamtlänge von 265 Metern. Ihre Struktur ist einzigartig, da sie das darstellt, was als «fortlaufende Brücke» bekannt ist. Jedes Paar benachbarter Bögen ruht auf einem gemeinsamen Pfeiler. Alle Bögen sind zur Bildung eines vollständigen Ganzen verbunden, so daß ein einzelner Bogen bei Belastung von allen anderen «assistiert» wird. Also wird ein kleiner Teil der Belastung von der «gesamten Brücke» mitgetragen.

---

[5] J. Needham: *Science and Civilisation in China,* Cambridge University Press, Vol. 4; 3, London 1971, S. 180.
[6] ebenda, S. 179.

Abb. 99
Die Lugou-(Marco-Polo-)Brücke bei Beijing.

Der Yongding-Fluß, den die Lugou-Brücke überspannt, heißt in Überset-
zungen «Immer fester Fluß». Wegen seiner häufigen unheilvollen Überflu-
tung hat man ihm jedoch einen anderen Namen gegeben – *wuding*, also «Unsi-
cherer Fluß». Im Winter überfroren, können seine Eisschollen im Frühjahr
katastrophal wirken. Die Brückenbauer berücksichtigten dies und konstruierten die Pfeiler entsprechend. Neben der sicheren «Verwurzelung» im Flußbett besitzen die Pfeiler der Lugou-Brücke zugespitzte «Schnäbel» auf der
Strömungsseite, was ihnen ermöglicht, mit der Wucht des Hochwassers im
Sommer und den Eisschollen im Winter fertig zu werden. Sie haben das 1000
Jahre lang getan, und die Brücke steht heute noch unversehrt. Obwohl der von
ihr überspannte Fluß mit Recht «unsicher» genannt wird, hat sich die Brücke
als unbedingt «sicher» erwiesen.
     Unter den zahllosen klassischen chinesischen Bogenbrücken ist die Baodai-
(«Juwelengürtel»-)Brücke, in Suzhou während der Tang-Dynastie gebaut,
besonders erwähnenswert. Mit seiner blühenden Wirtschaft und Kultur war
Suzhou damals ein Ort mit sehr geschäftigem Verkehr zu Wasser und zu
Lande. Daher war das Gebiet besonders wegen seiner Brücken und Landstra-
ßen berühmt. Das ist äußerst lebendig in der beliebten Verszeile von Bai Juyi,
dem großen Tang-Dichter, wiedergegeben: «Dreihundertneunzig Brücken
mit karmesinroten Geländern.»
     Mit 53 Bögen und einer Gesamtlänge von 317 Metern war die Baodai-

Brücke derartig originell geplant, daß sie sowohl dem Verkehr auf der Brücke
wie auch dem unter den Bögen gerecht werden konnte. Während der Dynastien der Tang, Song, Ming und Qing, als die Brücke repariert und umgebaut
wurde, schenkte man dem Entwurf der drei mittleren Spannweiten besondere
Aufmerksamkeit. Um die Durchfahrt von Schiffen zu gewährleisten, überrag-
ten sie alle anderen. Diese Brücke ist aufgrund ihrer vielen Steinbögen einzigartig.

Verschieden von der Lugou-Brücke, bei der jeder Bogen mit dem nachfolgenden auf einem einzigen gemeinsamen Pfeiler ruht, hat die Baodai-(«Juwelengürtel»-)Brücke jeden ihrer Bögen durch zwei Auflager an jedem Ende
unterstützt, so daß eine Beschädigung an einem Bogen allein nicht den benachbarten beeinflußt und Reparaturen getrennt erfolgen können. Gleichzeitig

Abb. 100
Die Baodai-(«Juwelengürtel»-)Brücke bei Suzhou.

ruht jedes Paar von Auflagern auf einem Pfeiler, wodurch die Bögen verbunden sind und die Brücke zu einem einheitlichen Ganzen machen.

Fünf Beispiele von Balkenbrücken

Die Balkenbrücke hat in China wie in anderen Ländern die längste Geschichte
im Brückenbau. Von den Steinbalkenbrücken in China mögen drei Meister-
werke genannt werden, die Luoyang-Brücke, die Anping-Brücke in Fujian
sowie die Ba-Brücke in Xi'an, Shaanxi.

An der Gezeitenmündung des Luoyang-Flusses liegt die Luoyang-Brücke
auf der Landstraße zwischen Fuzhou und Xiamen. In der Nördlichen Song-

Dynastie (960–1127) gebaut, hat die Brücke eine Gesamtlänge von 834 Metern und einen sieben Meter breiten Verkehrsweg. Die Grundlegung der Brücke bedingte viele Risiken, da sie das reißende Gewässer des Flusses dort überspannen sollte, wo seine Strömung mit der Gezeitenflut des Meeres zusammenstößt. Zehntausende Quadratmeter von Steinen wurden in dem Fluß versenkt und bildeten einen Unterwasserdamm, der als Fundament diente. Dieser über 20 Meter breite und einen halben Kilometer lange Damm hob das Flußbett mehr als drei Meter. Auf ihm wurden dann die Pfeiler errichtet. Diese Methode hat sich zu den Kreuzbalken-Fundamenten des modernen Brückenbaus weiterentwickelt.

Die Luoyang-Brücke kennzeichnet eine neue Stufe in der Geschichte des chinesischen Balkenbrückenbaus. Nach ihrem Vorbild wurden viele ähnliche Brücken in verschiedenen Teilen Chinas gebaut. Der Brückenbau gelangte also vor 900 Jahren in der Song-Dynastie zur Blüte.

Ein Jahrhundert später entstand dann eine fünf *li* lange Brücke über Meereswasser. Das war die Anping-Brücke in Jinjiang, Provinz Fujian. Sie ähnelt der Luoyang-Brücke darin, daß sie einen Meeresarm überquert, aber sie ist viermal so lang und ruht auf etwa 300 Pfeilern. Es ist bemerkenswert, daß solch ein Riesenprojekt in einem einzigen Jahr vollendet wurde, was die Brücke nicht nur wegen ihrer Länge, sondern auch wegen ihrer Bauzeit beispiellos macht. Die Gestaltung der Pfeiler erfolgte gemäß ihrer Lage im Fluß. Diejenigen, die

Abb. 101
Die Luoyang-Brücke in der Provinz Fujian.

sich in der Hauptströmung befinden, haben einen spitz zulaufenden, horizontalen Querschnitt (auf einer oder auf beiden Seiten), um den Widerstand der Strömung zu reduzieren. Die übrigen sind im horizontalen Querschnitt rechteckig. Fünf Pavillons auf dem Brückendeck versorgen die Fußgänger mit Halte- und Ruheplätzen. Diese sowie andere Eigenschaften der Brücke beweisen, daß sie trotz der kurzen Bauzeit mit großer Umsicht und mit Blick für das Detail entworfen und gebaut wurde.

Die berühmteste Steinbalkenbrücke ist die Ba-Brücke in Xi'an. 20 *li* östlich vom Stadtzentrum gelegen, wurde die Brücke ursprünglich zur Zeit der Qin- und der Han-Dynastie vor mehr als 2000 Jahren errichtet. Während verschiedener Dynastien repariert und rekonstruiert, wurde die Brücke in ihrer jetzigen Gestalt in der letzten Dynastie, der Qing-Dynastie, gebaut. Im Jahre 1955 wurden die Balken der Fahrbahn durch Eisenbeton ersetzt. Jetzt hat die Brücke eine Gesamtlänge von 386 Metern mit 64 Balken, von denen keiner mehr als vier bis sieben Meter lang ist. Diese große Pfeilerdichte bietet jedoch der Strömung nicht übermäßigen Widerstand, denn alle 64 Pfeiler sind aus vertikal gesetzten flachen Steinen und parallel zur Strömungsrichtung angebracht, was allerdings das Unterspülen des Fundaments verhindert. Das erklärt, warum das Fundament der Ba-Brücke nach 2000 Jahren noch unversehrt ist, obwohl die Oberflächenstruktur mehrere Male umgebaut oder ersetzt wurde.

Hängebrücken und Drehbrücken

Im südwestlichen China sind viele reißende Ströme und Bergschluchten nicht schiffbar und können nicht durch pfeilergestützte Brücken überspannt werden. Zur Verbindung der zwei Ufer benutzte man daher zuerst Spannseile, die Vorläufer der Hängebrücken. Diese Bauweise wurde nach den Bogen- und Balkenbrücken der dritte Konstruktionstyp. Altchinesische Beispiele für Hängebrücken sind die Luding-Eisenkettenbrücke und die Zhupu-Bambusseilbrücke.

Die Luding-Brücke im Kreis Luding, Provinz Sichuan, wo die Rote Armee den Dadu-Fluß 1935 auf dem Langen Marsch bewältigte, überspannt den Dadu-Fluß, der zwischen den steilen Felsklippen und Abgründen der Erlang- und Schneeberge hindurchströmt. Mit einer Gesamtlänge von 101 Metern und einer Breite von drei Metern wurde die Brücke aus neun Ketten, bestehend aus Eisengliedern mit neun Zentimetern Durchmesser, hergestellt. Diese Ketten hingen von den Klippen der Flußufer herab. Auf ihnen wurden Holzplanken zur Bildung der Decke befestigt. Zwei zusätzliche Ketten auf jeder Seite dienten als Geländer. Alle 13 Ketten waren an Eisenpfählen befestigt, die in den Widerlagern verankert waren, und bildeten eine Riesenkettenbrücke mit nur einer Spannweite.

Abb. 102
Die Luding-Eisenkettenbrücke in der Provinz Sichuan.

Die Brückenbauer versuchten zuerst, zum Transport der Eisenketten über
den Fluß Boote zu benutzen, mußten aber wegen des zu großen Lastenge-
wichtes diesen Versuch aufgeben. Nachdem alle Versuche gescheitert waren,
wurden die Ketten schließlich befördert, indem man kräftige Seile ans andere
Ufer warf, die Ketten dann an hohlen Bambusrohren befestigte, die man über
die Seile gestreift hatte, und die Ketten so durch Ziehen der Bambusrohre an
den Seilen bewegte. Auf diese Weise wurden die schweren Ketten zum Gegen-
ufer befördert.

Die Zhupu-Brücke, am Oberlauf des Dujiangyan-Kanals in der Provinz
Sichuan gelegen, wurde nach ihrer Zerstörung gegen Ende der Ming-Dynastie
(1368–1644), durch den Qing wiederaufgebaut. Sie besteht aus 10 Bambusseilen, jedes etwa 10 Zentimeter dick, mit quergelegten Holzplanken als Decke
und drei zusätzlichen Bambusseilen auf jeder Seite als Geländer. Die Brücken-
länge beträgt 320 Meter. Um in der Mitte übermäßiges Durchhängen der Seile
zu verhindern, waren acht, je eine Holzstütze tragende Zwischenpfeiler auf
den acht tief in das Flußbett hineingetriebenen Fundamenten errichtet. Diese
Pfeiler markierten die Aufteilung der Brücke in neun Spannweiten, von denen
die größte 61 Meter breit war. Ein Bambushain in der Nähe lieferte Material
zum Seilersatz.

In Chaozhou, Provinz Guangdong, befindet sich die Guangji-Brücke, die man als Vorläufer der beweglichen Drehbrücke ansehen kann, wie man sie in vielen Teilen der Welt sieht. Sie konnte zur Durchfahrt hoher Schiffe geöffnet werden. Die Guangji-Brücke, auch als Xiangzi-Brücke bekannt, wurde in der Tang-Dynastie gebaut. Diese 580 Meter lange Brücke liegt an einem Verkehrsschlüsselpunkt, wo die drei Provinzen Fujian, Jiangxi und Guangdong eine gemeinsame Grenze haben. Da die Schiffahrt auf dem Hanjiang-Fluß, den die Brücke überspannt, rege ist, teilten die Brückenbauer die Konstruktion der Brücke in drei Abschnitte, von denen der mittlere ein beweglicher Ponton ist, der zum Passieren von Schiffen gedreht werden konnte, während die zwei anderen Endabschnitte unbeweglich waren.

Der Hanjiang-Fluß ist bekannt für seine Stromschnellen und gefährliche Fluten in der Regenzeit. In der Trocken- und der Flutzeit ändert sich zudem seine Strömung ständig. Der Pfeilerbau verursachte daher offensichtlich äußerst schwierige Probleme mit den Fundamenten. Man benötigte 57 Jahre zur Anlage der neun Pfeiler auf dem Westteil und weitere 16 für die neun auf dem Ostteil. Der Ponton in der Mitte bestand aus 24 Booten. Dies erleichterte nicht nur den Schiffsverkehr, sondern ersparte den Brückenbauern weitere Jahre mühevoller Arbeit zur Konstruktion von Pfeilern in der Mitte der Strömung.

Brücken von besonderer Struktur

Altchinesische Brücken bieten eine große Mannigfaltigkeit eleganter Formen, da sie unter Berücksichtigung sowohl des praktischen Nutzens wie auch der Ästhetik entworfen wurden. Mehrere Brücken von eigenartiger Struktur bringen dies besonders gut zum Ausdruck.

Eine Holzbrücke von einzigartigem Stil ist auf dem antiken Gemälde *Flußuferszenerie am Qingming-Festtag* sichtbar, das jetzt im Beijinger Palast-Museum aufbewahrt wird. Dargestellt ist eine Szene glückseliger Festlichkeit zu Qingming (Reine Klarheit) in Bianjing (jetzt Kaifeng, Henan), der Hauptstadt der Nördlichen Song-Dynastie. Die «Regenbogen» benannte Brücke erweckt den Anschein einer echten Bogenbrücke, in Wirklichkeit ruht sie jedoch auf einem aus 12 Reihen von je 5 Holzstreben bestehenden falschen Bogen, wobei jede zweite Strebe die Funktion eines Spannriegels für die zwei daran befestigten Nachbarstreben übernimmt. Darauf ist eine Holzplankendecke kunstvoll gelegt. Zhang Zeduan, der Maler des Bildes, bezeichnet die «Regenbogen»-Brücke als «einen Bogen aus angereihten Balken». Dieser meisterhafte Entwurf ergab eine weitspannige Brücke aus kurzen Einzelbalken, ein einzigartiges Beispiel in der chinesischen und in der Weltgeschichte des Holzbrückenbaus.

Vor dem Jinci-Tempel, einem antiken Bau in Taiyuan, Provinz Shanxi, steht

im Schatten von 3000 Jahre alten Zedern eine seltsame, kreuzweise geformte
Steinbalkenbrücke mit dem phantastischen Namen «Hängende Balken über
dem Fischteich». Diese Brücke besteht aus zwei Steinbalken mit den Maßen
von 18 × 6 Meter und 6 × 4 Meter, die auf zwei Reihen von Steinsäulen ruhen,
jeweils ostwestwärts und südnordwärts angeordnet. Es heißt, daß die Brücke
von oben gesehen einem Vogel mit ausgebreiteten Flügeln über dem Fischteich gleiche, daher der Brückenname. Mit Geländern aus weißem Marmor an
beiden Seiten befindet sich die Brücke in vollkommener Harmonie mit der
Landschaft, ein prächtiges und ungewöhnliches Bild.

Ein anderer einzigartiger Brückentyp charakterisierte die Vielfalt der Brük-
kenachsen bei der Wanshou-Brücke («Brücke der Langlebigkeit»), die in
Fujian zu sehen ist. Bereits in der Yuan-Dynastie (1271–1368) gebaut, hat diese
Brücke eine Länge von 800 Metern und besitzt 36 Bögen. Ihre Achse ist konvex
in Strömungsrichtung gebogen, so daß die Brücke leicht kurvig scheint. Ursache hierfür sind die im Flußbett befestigten Steine, die das Fundament bilden,

Abb. 103
Die «Hängende Balken über dem Fischteich»-Brücke vor dem Jinci-Tempel in Taiyuan.

das infolge des Wasserdrucks der Strömung von einer geraden Linie abweicht.
Auf diesem Fundament wurden die Stützpfeiler errichtet. Die nicht beabsichtigte Eigenart ergab sich aus der Situation bei Anlage des Fundaments.

Eine L-förmige Brücke der Südlichen Song-Dynastie (1127–1279), gebaut
in Shaoxing, Provinz Zhejiang, war ebenfalls das Resultat besonderer Um-
stände. Die Brückenbahn wurde nämlich fünf Meter höher als die Straßen zu

beiden Seiten hergestellt, um Schiffen die Durchfahrt zu ermöglichen. Der traditionelle Brückenbau hätte gerade von der Brücke herabführende Rampen erfordert. Dafür aber wäre an einem Brückenende der Abriß vieler Wohnstätten nötig gewesen. Um das zu vermeiden, gaben die Erbauer der Brücke eine Biegung und legten die Rampe an jenem Ende parallel zum Flußufer an. Daraus ergab sich die L-Form der Brücke.

Sehr malerisch sind die Konstruktionen verschiedener «Zickzack-Brücken», die man über Teiche oder Seen chinesischer Gartenanlagen errichtete. Über den Kunming-See des Sommerpalastes in Beijing ist die Xing-Brücke so angelegt worden, daß sie die Form eines umgekehrten Hakenkreuzes (Svatiska) hat. Dies stellt ein *wan*-Piktogramm dar, das Glück bedeutet hat. Deshalb ist sie auch als *Wan*-Brücke bekannt. Am Osttor des Zhongshan-Parks in Xiamen, Provinz Fujian, gibt es eine Brücke, die wie das chinesische Schriftzeichen für Mensch (人) gestaltet ist. In Schanghai befindet sich am Stadtgott-Tempel eine Brücke mit neun Biegungen, und eine weitere gleicher Art befindet sich am Westsee von Hangzhou, während der Zhuozheng-Garten in Suzhou durch eine Brücke mit nur fünf Biegungen geschmückt ist. Viele ähnliche sehenswerte Brücken finden sich in verschiedenen Teilen Chinas.

Noch eindrucksvoller sind die über dem Meer angelegten «Zickzack-Brücken». Der an der Südspitze der Gulang-Insel befindliche Shuzhuang-Garten ist berühmt wegen seiner Brücke, die sich in vielen Biegungen in das Meer hinaus erstreckt. An diesen Biegungen befinden sich Pavillons, in denen Gartenbesucher Schatten finden und dabei den Anblick der Meereswogen oder den Sonnenuntergang genießen können. Zum Lob dieser Brücke wurden die folgenden Zeilen geschrieben:

Über dreitausend Faden hinweg
Spannt sich unsre schöne Brücke;
Über ihre Steinbrüstung
Ergießt der Mond seine Strahlen.

Die Schönheit der Steinbrücken Chinas

Durch die Jahrtausende wurden wohl an die drei Millionen Steinbrücken in China angelegt. Ihren Namen erhielten diese Brücken oft aufgrund ihrer Formgebung, so die «Regenbogen»-Brücke im Kreis Wuxian, Provinz Jiangsu, und die «Juwelengürtel»-Brücke bei Suzhou. Die erstere ist besungen durch den Vers:

Ein Regenbogen schwebt über den Wogen;
Einer Taube Rücken reicht in die Wolken hinauf.

Die «Jadegürtel»-Brücke im Sommerpalast, die man als ein Juwel unter den Bogenbrücken schätzt, ähnelt einem Kamelhöcker. Bahn und Geländer sind aus weißem Marmor. Der Palastpark bietet, von dieser Brücke aus gesehen, eine ganz andere Aussicht als von unten.

Außerhalb des Osttors der Stadt Guilin in Guangxi, Südchina, befindet sich, berühmt als Sehenswürdigkeit, eine Steinbrücke mit neun Bögen, die von zwei Pavillons auf ihrer Bahn (oder Deck) gekrönt ist. In Harmonie mit der feuchten Landschaft ringsum, hat man sie die «In Nebelregen verschleierte Brücke» genannt.

Die Baiquan-Brücke («Hundert-Quellen»-Brücke) im Kreis Xinxiang, Provinz Henan, sieht aus wie eine zart über den Wellen schwebende Linie. Wer sie überquert, hat das Gefühl, als wandle er auf den Wogen. Sie wird daher auch als «die Brücke, die wie eine Linie aussieht», bezeichnet.

Dr. Joseph Needham schreibt mit Hochachtung vor der ästhetischen Qualität chinesischer Brücken folgendes:

«... kein geringer Teil der Genialität ihrer [der chinesischen] Zivilisation lag in einer feinsinnigen Vereinigung des Rationalen mit dem Romantischen, und dies fand seinen Ausdruck in der Baustruktur. Keiner chinesischen Brücke mangelte es an Schönheit, und viele waren auffallend schön.»[7]

Eine weitere künstlerische Eigenart chinesischer Steinbrücken sind die Skulpturen, welche alle großen und mittelgroßen Brücken verschönern. Neben solchen berühmten Meisterwerken wie die Lugou-Brücke, die Luoyang-, die Anping- und die Zhaozhou-Brücke sind ferner auch die Jimei-Brücke über den Xiaohe-Fluß (Kreis Zhaoxian, Hebei), die Steinbogenbrücke im Kreis Huoxian, Shanxi, die Tianxian-(«Feen»-)Brücke in Tongzi, Sichuan, die *jin-ao-yu-dong*-(«Goldene Turteltauben- und Jadesäulen»-)Brücke in Beijing und die «Siebzehn-Bogen»-Brücke in Beijings Sommerpalast von großer Schönheit.

Besonders bemerkenswert sind die Steinskulpturen auf der Lugou-Brücke. Eine alte Redewendung Beijings lautet: «Die Löwen auf der Lugou-Brücke kann man nicht zählen.» Denn von diesen ausgezeichnet bearbeiteten Löwen gibt es einige Hunderte. Wie Wachen auf den Brüstungen und auf den gewaltigen Säulen an den Brückenköpfen blicken sie, jeder auf seine Art, auf die Vorbeigehenden herab. Man wird so bezaubert von ihnen, daß man nicht daran denkt, sie zu zählen. Die Lugou-Brücke wurde von Marco Polo in seinem Rei-

---

[7] J. Needham: *Science and Civilisation in China,* Cambridge University Press, Vol. 4; 3, London 1971, S. 145.

sebericht aus dem 13. Jahrhundert als die schönste Steinbrücke der ganzen
Welt gepriesen. Und portugiesische Reisende des 16. Jahrhunderts äußerten
die Meinung, daß «es in der ganzen Welt keine besseren Bauarbeiter gebe als
die Bewohner Chinas.»

Einen weiteren künstlerischen Vorzug chinesischer Steinbrücken bilden die
zusätzlichen Bauten. Dazu gehören Pavillons auf Brückenbahnen, große
Brückentürme und Monumente auf den Rampen, die, abgesehen von ihrem
künstlerischen Wert, auch praktischen Zwecken dienen. Die «Fünf-Pavil-
lon»-Brücke an dem Schmalen Westsee in Yangzhou, Provinz Jiangsu, hat
fünf Pavillons auf ihrer Decke. Diese Brücke ruht auf fünfzehn Bögen. Quer
über den Linxi-Fluß bei Sanjiang in Guangxi spannt sich die Chengyang-
Brücke. Mit hölzerner Strebenstruktur ist jeder Pfeiler der 100 Meter langen
Brücke mit einem fünfstöckigen, einer Pagode ähnlichem Turm von mehr als
zehn Metern Höhe auf einer Bodenfläche von fünf Quadratmetern gekrönt.
Diese gewähren den Reisenden ausgezeichnete Aussichten.

Hier sind nur wenige Beispiele aus Tausenden alter chinesischer Brücken
aufgeführt worden. Allen gemein ist jedoch, daß ihre Struktur durchaus wissenschaftlichen Prinzipien folgt und auch heute noch grundlegende technolo-
gische Erfordernisse befriedigt. Mit den ihnen zu jener Zeit zur Verfügung stehenden Werkzeugen und Methoden schufen altchinesische Baumeister wahre
Wunderwerke beim Bau zahlloser Brücken. So wurde z. B. auf die alte Jiang-
dong-Brücke bei Zhangzhou, Provinz Fujian, ein Monolith-Balken von 20
Metern Länge und einem Gewicht von 200 Tonnen erfolgreich nur mit Menschenkraft gehoben und in die richtige Lage gebracht.

Unzählige alte Brücken haben seit der Zeit ihrer Erbauung bis heute
schwere Belastungen ausgehalten, und auch die Unbilden der Natur hat sie
nicht leistungsunfähig gemacht. Viele dieser uralten Brücken ertragen heute
weitaus schwerere Verkehrslasten von Kraftwagen und Autobussen als jemals
vorausgesehen werden konnte.

Changan – Hauptstadt der Tang-Dynastie

MA DEZHI

Changan, die Hauptstadt der Tang-Dynastie (618–907), war weltberühmt wegen ihrer Größe und der sorgfältigen Stadtplanung. Vom 7. bis zum 9. Jahrhundert war Changan ein wichtiges Zentrum des Welthandels und der Kultur. In der Mitte der fruchtbaren Guanzhong-Ebene gelegen, umfaßte die Stadt das jetzige Xi'an und mehrere naheliegende Ortschaften. Die große Tang-Hauptstadt lag südlich des berühmten Wei-Flusses, nördlich des Zhongnan-Gebirges, östlich vom Feng-Fluß und westlich der Ba- und Chan-Flüsse. Mildes Klima, reiche Bodenschätze und eine anmutige Landschaft machten die Guanzhong-Ebene zu einem wirtschaftlichen Zentrum im alten China.

Acht Jahrhunderte zuvor, im Jahre 221 v. Chr., war nach der Einigung Chinas der erste nationale Feudalstaat von Qin Shi Huang, dem Ersten Qin-Kaiser, gegründet worden. Xianyang, die Hauptstadt der Qin, befand sich auf dem Nordufer des Wei-Flusses. Vierzehn Jahre später (207 v. Chr.) brach das Qin-Kaiserreich zusammen, und das Reich der Westlichen Han mit seiner Hauptstadt Changan, die man südlich des Wei-Flusses erbaute, wurde errichtet. Dies war die erste Erwähnung des Namens Changan in der Geschichte. Im Jahre 25 wurde diese Hauptstadt von der Östlichen Han-Dynastie nach Luoyang verlegt. Etwa 200 Jahre später brach die Staatsmacht in China mit dem Niedergang der Han wieder auseinander, und erst im Jahre 581 wurde China unter der Sui-Dynastie, die ihre Hauptstadt südwestlich der Ruinen der Westlichen Han-Hauptstadt Changan anlegte, erneut geeint. Yang Zian, der auch als Kaiser Wen Di aus der Sui-Dynastie bekannt ist, beauftragte Yuwen Kai, einen berühmten Architekten jener Zeit, mit ihrer Planung und Konstruktion. Die Arbeit begann im Jahre 587 und wurde sehr rasch beendet, worauf im folgenden Jahr die kaiserliche Familie und Hofbeamte in die neuen Paläste der Hauptstadt einzogen, die man Daxing benannte. Daxing umfaßte das beispiellos große Stadtgebiet von 84 Quadratkilometern, siebenmal so groß wie das jetzige Xi'an, das nach 1368 während der Ming- und Qing-Dynastie gebaut wurde. Daxing, in Changan umbenannt, wurde bei der Gründung der Tang-Dynastie im Jahre 618 zur Hauptstadt gemacht. Die Stadt erfuhr während der Tang-Regierungszeit lediglich einige unbedeutende Veränderungen bzw. Erweiterungen. Allerdings nahm der Wohlstand in der aufblühenden Tang-Dynastie zu. Die Sui-Dynastie in Wirtschaft, Kultur und Außenhandel übertreffend, zählte die Hauptstadt Changan bald zu den größten und reichsten Städten der Welt. Das Changan der Tang-Dynastie ist wegen seiner Planung, Konstruktion und Verwaltung ein interessanter Gegenstand internationaler Forschung geblieben.

Palast und Kaiserstadt

Der Bau von Changan begann mit dem Palastbezirk, wurde mit dem sogenannten Kaiserlichen Stadtteil fortgesetzt und endete mit dem Bau der Außenstadt. Der Palast, die kaiserliche Residenz, befand sich auf halbem Wege zum nördlichsten Teil der Stadt Changan. Archäologische Vermessungen beweisen, daß sich der Palast bei einem gesamten Umfang von 8600 Metern 2820 Meter von Osten nach Westen und 1492 Meter von Norden nach Süden erstreckte (vgl. für das Folgende Abb. 104). Nach historischen Berichten waren die Palastmauern 35 *chi*[1] hoch, während der Palast selbst durch innere Mauern in drei Teile aufgeteilt war. Im Westteil, Yeting-Palast genannt, erlernten die Hofdamen ihre Kunstfertigkeiten. Im östlichen Teil, dem Ostpalast, lebte der Kronprinz und widmete sich den Staatsangelegenheiten. Der mittlere Teil wurde in der Sui-Dynastie als Daxing-Palast bezeichnet und in der Tang-Zeit in Taiji-Palast umbenannt. Er war ferner auch als der Westliche Kaiserpalast und als der Hauptpalast bekannt. Er bestand aus mehreren Haupthallen, in denen die Kaiser lebten, ihre Staatsgeschäfte abwickelten und hohe Beamte empfingen. Der große Thronsaal wurde Taiji-Halle genannt. Nördlich davon lagen die Liangyi- und die Ganlu-Halle sowie eine Menge anderer Palastbauten. Das größte südliche Tor zum Palast war das Chengtian-Tor. Dieses, das Zhuque-Tor der Kaiserstadt sowie das Mingde-Tor der Außenmauer lagen auf der Zentralachse der Stadt. Im Norden des Palastes befanden sich die zum Westlichen Verbotenen Garten führende Xuanwu- und Anli-Tore.

Der Daxing-Palast (Taiji-Palast zur Tang-Zeit) ist der einzige aus der Sui-Dynastie verbliebene Palast. Zwei weitere Paläste, der Daming-Palast (oder Östliche Kaiserpalast) und der Xingqing-Palast (oder Südliche Kaiserpalast) wurden in der Tang-Dynastie gebaut; die drei kaiserlichen Bauwerke sind unter dem Namen «Drei Kaiserpaläste» bekannt.

Nachdem Li Zhi als Tang Gao Zong den Thron bestiegen hatte, wurde der Daming-Palast zum Ort, an dem sich die Kaiser den Staatsgeschäften widmeten. Der Hauptkrönungsraum war die Hanyuan-Halle, wo auch andere wichtige Staatszeremonien abgehalten wurden. Nördlich der Hanyuan-Halle lagen die Xuanzheng- und die Zichen-Halle, wo die Kaiser ihre eigentlichen

---

[1] 1 *chi* zur Zeit der Tang-Dynastie = 0,294 Meter.

Staatsgeschäfte erledigten. Daneben gab es noch 30 weitere große Bauten, einschließlich der Yanying- und der Linde-Halle. Die geräumige Linde-Halle diente dem Kaiser zum Empfang von ausländischen Gesandten sowie zur festlichen Bewirtung der großen Schar von Hofbeamten. Die ausgegrabenen Überreste des Daming-Palastes kennzeichnen ihn als Meisterwerk des Palastbaus der Tang-Dynastie.

Li Longji, Prinz von Jin, der im Jahre 713 den Thron bestieg, machte aus seinem früheren Wohnsitz in Xing Qing Fang im zweiten Jahr der Kaiyuan-Regierung (714) einen Palast und nannte ihn Xingqing-Palast. Die Erweiterung der früheren Residenzhallen zu einer Reihe von Thronhallen begann im Jahre 726 und wurde zwei Jahre später beendet.

Im Süden des Palastes wurde die Kaiserstadt, auch bekannt als Zicheng, das heißt Kleinere Stadt, von den verschiedenen Ministerien der Zentralregierung und anderen Ämtern in Anspruch genommen. Zicheng erstreckte sich in gleicher Breite wie der Kaiserpalast, 2820 Meter von Osten nach Westen, mit einer Länge von 1843 Metern und einem Umfang von mehr als 9000 Metern. Es gab drei Tore auf der Südseite der Kleineren Stadt, das Zhuque-Tor in der Mitte sowie die Anshang- und Hanguang-Tore nach Osten bzw. Westen. In der Ostmauer der Kaiserstadt befanden sich das Yanxi- und das Jingfeng-Tor, während in der Westmauer das Anfu- und das Shunyi-Tor lagen. Fünf Nord-Süd- und sieben Ost-West-Fahrwege bildeten ein rechteckiges Netzsystem von Straßen innerhalb der Kaiserstadt. Die nördlichste der Ost-West-Straßen, die zwischen dem Palast und der Kaiserstadt lag, war als Hengjie (Kreuzungsstraße) bekannt. Nach historischen Berichten war jene Hengjie ein Boulevard von 300 bu^2, also 441 Metern Breite, obwohl Ausgrabungen feststellten, daß diese Allee später auf 220 Meter verengt worden ist. Der breiteste Boulevard in der Hauptstadt, der Straßenteil vor dem Chengtian-Tor, wurde als öffentlicher Platz benutzt, wo wichtige Zeremonien im Freien abgehalten wurden.

Es war eine Neuerung der Sui-Stadtplaner, den Palast und die Kaiserstadt an das nördlichste Ende der Mittelachse der Hauptstadt zu verlegen, anstatt sie inmitten der Wohnviertel des gemeinen Volkes anzusiedeln wie in den Hauptstädten früherer Dynastien. Die genaue Trennung des Hofes von den gewöhnlichen Stadtbewohnern wurde offensichtlich aus Rücksicht auf die Sicherheit der Herrscher vollzogen. Die Reihe ummauerter Anlagen auf gemeinsamer Achse, der Palast und die Kaiserstadt auf der Mittelachse waren ein Symbol für die höchste Autorität des Feudalherrschers.

---

[2] 1 *bu* zur Zeit der Tang-Dynastie = 1,47 Meter.

«Schachbrett und Gemüsefelder»

Die Außenstadt war auch als Luocheng (Größere Stadt) bekannt und grenzte an die Ost-, Süd- und Westseite der Kaiserstadt, wobei sie als Rechteck angelegt war. Bei Ausgrabungen fand man heraus, daß die Ausdehnung von Osten nach Westen 9721 Meter betrug und die von Norden nach Süden 8651 Meter. Die vier Seiten der Außenstadt umfaßten eine Gesamtlänge von etwa 36,7 Kilometern, mit Mauern von sechs Metern Höhe. Im ganzen gab es ein Dutzend Tore, drei auf jeder Seite. Da der mittlere Teil der Nordmauer den Palast begrenzte, befanden sich die drei Tore in der Nordmauer westlich des Palastes. Das Mingde-Tor hatte fünf Torbögen, alle anderen drei. Der linke Torbogen war der Eingang und der rechte der Ausgang. Das entsprach der Vorschrift, den Verkehr rechtsseitig zu führen, da jede Straße zweispurig war. Elf Straßen verliefen von Norden nach Süden und vierzehn von Osten nach Westen. Die Straße, welche die Mittelachse der Hauptstadt bildete, war die berühmte Zhuque-Straße mit 150 Metern Breite. Alle anderen zu den Toren führenden Straßen waren mehr als 100 Meter breit; diejenigen, die entweder an den Mauern entlang oder innerhalb der Stadtmauern verliefen, waren wenigstens 25 Meter breit.

Auf beiden Straßenseiten wurden Abflußgräben angelegt. Die Gräben entlang der Zhuque-Straße waren 3,3 Meter breit und 2,1 Meter tief. Da es offene Gräben waren, mußte an jeder Kreuzung ein Brückenübergang sein. An den Grabenseiten gab es gepflegte Baumreihen; die geraden, reichlich von Bäumen beschatteten großen Alleen trugen viel zu dem großartigen Aussehen von Changan bei.

Das rechteckige Straßennetz teilte die Hauptstadt in Blöcke ein, die in der Sui-Dynastie *li* (Bezirk) und in der Tang-Zeit *fang* (Viertel) genannt wurden. Die *fang* auf den Seiten der Kaiserstadt hatten in ihren vier Mauern mittlere Öffnungen, an denen Querstraßen zusammenstießen. Es gab auch schmale Straßen und enge Gassen entlang der Mauern. Viele fürstliche Wohnsitze, Wohnungen von hohen Beamten sowie Tempel waren in den *fang* mitten zwischen gewöhnlichen Häusern gebaut. Die Privilegierten aber lebten entweder in gepflegten Bezirken in kurzer Entfernung vom Palast, von den Ministerien und den Marktplätzen oder in landschaftlich schönen Gegenden.

Es gab sehr viele Tempel in Changan, denn jeder *fang* hatte zumindest einen buddhistischen oder taoistischen Tempel, einige hatten sogar drei oder vier. Für Kaufleute und Reisende aus Persien oder anderen fremden Ländern wurden auch Gebetsstätten gebaut, die rege besucht wurden. Die Tempel in der Hauptstadt waren groß und prächtig. Zu den berühmtesten gehörten der Xingshan-Tempel im Jingshan-*fang* und das Xuandu-Kloster im Chongye-Fang, beide an der Zhuque-Straße gelegen und beide gesuchte Ausflugsziele.

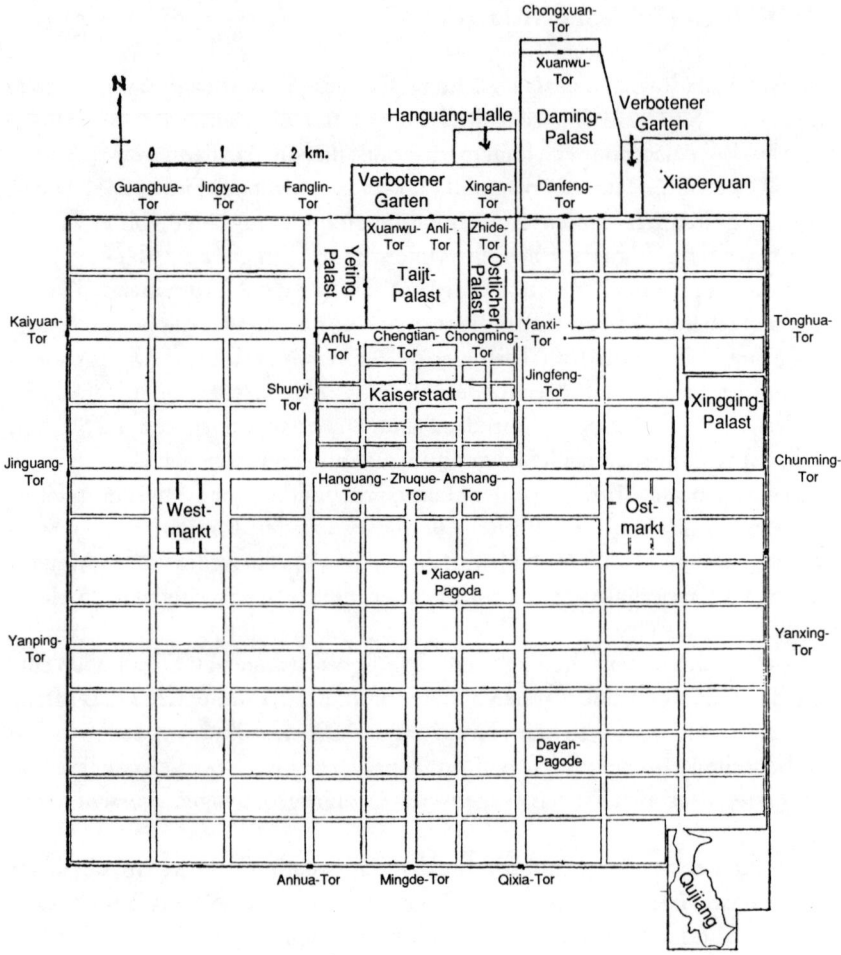

Abb. 104
Rekonstruierter Stadtplan der Stadt Changan in der Tang-Dynastie (618–907).

Der Qinglong-Tempel, der die buddhistische esoterische Lehre verbreitete, befand sich im Xinchang-*fang* innerhalb des Yanxing-Tores im südöstlichen Teil der Stadt. Dieser Tempel war wegen seiner erhabenen Umgebung bemerkenswert. Dort studierten die zwei japanischen Priester Kukai und Ennin, die später als Lehrer der esoterischen Lehre nach Japan zurückkehrten. Pagoden waren bei buddhistischen Bauten wichtig, und noch heute entzücken die Dayan-Pagode im Ci'en-Tempel und die Xiaoyan-Pagode im Jianfu-Tempel die Besucher.

Jeder *fang* war mit einer Anzahl von kleinen Läden für den täglichen Bedarf wie Eß- und Trinkwaren ausgestattet. Auch Wirtshäuser und Handwerksbetriebe waren vorhanden. Im Jinggong-*fang* gab es eine Gasse namens Zhangqu, wo Filzwaren hergestellt und angeboten wurden. Mit anderen Worten, jeder *fang* war eine unabhängige kleine «Stadt». Aus mehr als hundert solcher «Kleinstädte», durch Mauern und schattige Allen voneinander getrennt, bestand die Tang-Hauptstadt. Bai Juyi (772–846), ein berühmter Dichter der Tang-Dynastie, schrieb über die Stadtanlage:

Alleen und Straßen wie ein Schachbrett gewürfelt,
hundert fang *gleich Gemüsefeldern hübsch begrünt.*

Die zwei großen Geschäftszentren in Changan waren der Ostmarkt und Westmarkt, in der Sui-Dynastie Duhuishi (Hauptstadtmarkt) und Lirenshi (Märkte der Profiteure) genannt. Diese zwei geschäftigen Märkte lagen an der Zhuque-Straße. Der Ostmarkt offerierte Waren aus 220 Handelszweigen, zumeist wertvolle Dinge oder Raritäten. Der Westmarkt besaß sogar noch mehr Geschäfte, die Kleidung, Seidenwaren und ledernes Pferdegeschirr feilboten. Die meisten Kaufleute aus westlichen Gebieten betrieben Handel auf dem Westmarkt. Der Geschäftsverkehr auf beiden Märkten erfolgte unter Überwachung der Regierungsämter Shishu (Handelskammer) und Pingzhunju (Amt für Qualitäts- und Preis-Stabilität).

Die vier Hauptstraßen quer durch die zwei Märkte teilten beide in je neun rechteckige Parzellen ein, zwischen denen sich meterbreite Gänge befanden und in denen neun verschiedene Warenzweige untergebracht waren. Einige der Gänge hatten ziegelverkleidete Abflußrinnen, die zu den offenen Straßengräben führten. Da der größte Teil des Handels auf diesen zwei Märkten stattfand, drängten sich dort die Menschenmassen; beide Stätten dienten zugleich als Erfrischungszentren für Changans Bewohner.

Das Handwerk gelangte in Changan zu großer Blüte. Außer den von der Regierung eingerichteten Werkstätten gab es in den *fang* viele von Privatpersonen betriebene.

Wasserwege in Changan

Mehrere Kanäle sind gegraben worden, um Wasser zum Waschen (Trinkwasser kam aus einem Brunnennetz in den *fang*), zur Bewässerung, zum Befahren mit Booten, zum Schmuck der Grünanlagen und zur Klimaverbesserung bereitzustellen. Zwei Wasserzuflüsse wurden von Süden aus hergeleitet. Der vom Jiaoshui-Fluß abgeleitete wurde Yongan-Kanal genannt. Dieser schlängelte sich im Osten am Westmarkt entlang und floß durch die nördliche Stadtmauer in die Verbotenen Gärten hinaus, um schließlich in den Weishui-Fluß im Norden der Hauptstadt zu münden. Seine beiden Ufer waren mit Weiden begrünt. Der Kanal aus dem Xueshui-Fluß, als Qingming-Kanal bekannt, lag östlich vom Yongan-Kanal und floß westlich vom Anhua-Tor (Westtor in der südlichen Stadtmauer) in die Stadt hinein, dann nordwärts in die Kaiserstadt und den Palast. Er mündete in die von Menschenhand westlich vom Taiji-Palast angelegten «Drei Seen».

Ein weiterer Kanal wurde gegraben, um Wasser aus dem Chanshui-Fluß abzuleiten, und dieser wurde Longshou-Kanal oder «Drachenkopf-Kanal» genannt. Dieser Kanal gabelte sich bald, wobei ein Ast nahe dem Chunming-Tor durch die Ostmauer floß, sich dann nach Norden wendete und sich in den Drachen-See ergoß. Danach floß er weiter westwärts in den Kaiserpalast, wendete sich wieder nach Norden in den Taiji-Palast und mündete in den Shan-shui-See. Schließlich floß er weiter nordwärts in einen der «Drei Seen» – den Ostsee. Der andere Kanalzweig verlief nach Norden zur Stadt hinaus, vorbei an der Nordostecke der Stadtmauer, dann nach Westen in den Östlichen Ver-botenen Garten im Daming-Palast, wo er sich in den Longshou-See verbrei-terte. Dieser zweite Kanal floß westwärts durch den Daming-Palast in den Westlichen Verbotenen Garten hinein, dann an der Stadtmauer weiter, bis er sich nahe dem Guanghua-Tor mit dem Yongan-Kanal verband.

Die Kanäle waren in der Sui-Dynastie zunächst gegraben worden, um Was-ser für dekorative Flüßchen, Teiche und kleine Wasserfälle in die königlichen Gärten zu leiten. Der überreichliche Wasserzufluß regte städtische Adlige, Bürokraten und wohlhabende Kaufleute an, dem Beispiel Folge zu leisten und sich ebenfalls dem Gartenbau zu widmen, wobei das Wasser bei der Gestal-tung eine führende Rolle spielte. Diese Privatgärten wurden bald beliebte Ver-gnügungsstätten für Beamte und Gelehrte. Im ersten Jahr der Tianbao-Regie-rung (742) in der Tang-Dynastie wurde ein Schiffahrtskanal angelegt, um einen Zweigarm des Jueshui-Flusses ostwärts durch die westliche Stadtmauer dicht am Jinguang-Tor zu leiten. Dieser Kanal verlief beim Westmarkt und endete in einem großen Teich entlang der den Markt östlich begrenzenden Straße. Holzkohle und Bauholz aus dem Zhongnan-Gebirge wurden auf dem Kanal durch Schiffe zur Hauptstadt befördert.

Aufstieg und Niedergang von Changan

Die Planung und Konstruktion von Daxing wurde in der Sui-Dynastie begon-nen, nachdem China zum zweiten Mal geeinigt worden war.

Nach Vollendung des Baus von Daxing als Sui-Hauptstadt wurde es eine der größten Städte der Welt. Die Planung war weitblickend erfolgt, dazu umfas-send und sorgfältig in den vorgesehenen Stufen vollzogen worden. Eine

Menge von Faktoren hatte man berücksichtigen müssen: Bodenrelief, Wasserversorgung, Baumpflanzung, Verkehrsverbindungen, Verteidigung, Verwaltung und städtisches Wirtschaftsleben. Der ursprüngliche Plan, ersichtlich
aus gefundenen Überresten, hatte verschiedene Probleme der Hauptstadt
eines neu vereinigten Feudalstaates vorausgesehen und gelöst, was nur mit
einem hohen Grad an Kultur und technischem Wissen gelingen konnte. Der
Plan beruhte auf mehr als tausendjähriger reicher Erfahrung im Städtebau, die
vor allem beim Bau von Luoyang in der Östlichen Han-Dynastie (25–220),
von Yecheng im Königreich Wei (220–265) und wiederum von Luoyang unter
der Nördlichen Wei-Dynastie (386–534) gesammelt wurde und aus der die
Sui-Hauptstadt nun Nutzen ziehen konnte.

Changan erreichte in der Tang-Dynastie den Höhepunkt feudaler Großartigkeit. Die Stadt war weltberühmt wegen ihrer majestätischen Anlage, ihrer
prächtigen Bauten, ihrer reinlichen Blocks der städtischen Bezirke, ihrer grad-
linigen Boulevards und üppigen Bäume, ihres klaren Wassers, ihrer dichten
Bevölkerung sowie ihres großartigen Angebots von chinesischen und ausländischen Waren. Sie wurde ein Vorbild florierender Wirtschaft und hochste-
hender Kultur, das die Bewunderung vieler Nachbarländer gewann. Ihr hoch-
entwickeltes Handwerk und ihr Wirtschaftssystem waren die Grundlage für
eine Vielzahl reger und anspruchsvoller städtischer Aktivitäten. Die Stadt
Changan der Tang-Dynastie war die vortrefflichste, aber auch die letzte
nationale Hauptstadt, die aus einzelnen abgeschlossenen Stadtbezirken
bestand.

Allerdings lauerten mitten im Wohlstand Changans bereits die Ursachen
für den Niedergang der Stadt.

Hinter diesen zinnoberroten Toren
  Verschwendung von Fleisch und Wein,
Aber die Straßen entlang Knochen
  von zu Tode erfrorenen Menschen.

Diese unvergeßlichen Verszeilen von Du Fu (712–770) künden von den Grau-
samkeiten hinter der Fassade dieser feudalen Hauptstadt in übermütigem
Rausch. Die von Huang Chao und anderen angeführten Bauernaufstände sollten die Herrschaft der Tang-Kaiser in ihren Grundfesten erschüttern.
Changan geriet in Verfall. Zu Beginn des 10. Jahrhunderts wurde diese großartige Hauptstadt durch Aufruhr und Streitigkeiten der Bürger verwüstet.

Eine 900 Jahre alte Pagode

Yang Hongxun

Die Sakyamuni-Pagode, erbaut vor mehr als 900 Jahren im Kreis Yingxian, Provinz Shanxi, ist die älteste Holzpagode in China. Im 11. Jahrhundert Yingzhou genannt, liegt der Kreis Yingxian am Rande von Pingcheng (jetzt die Stadt Datong), damals die Hauptstadt des Staates Liao (916–1125). Diese Pagode wurde auf Befehl des Xing-Zong-Kaisers von Liao gebaut und 1056, im zweiten Jahr der Qingning-Regierung, fertiggestellt. Die schöpferischen Fähigkeiten der mittelalterlichen Baumeister verkörpernd, ist die Pagode der Hauptbau in dem Gebäudekomplex des Fo Gong Si, des Buddha-Palast-tempels. Die Pagode mit achteckigem Grundriß mißt 30,27 Meter zwischen je zwei vorderen «Veranda»-Säulen auf zwei gegenüberliegenden parallelen Sei-ten. Von außen gesehen, ist die Pagode ein fünfstöckiger Bau mit sechs Dach-vorsprüngen (das unterste Stockwerk mit doppeltem Dachvorsprung), mit je einem Zwischenboden vom ersten bis zum vierten Stockwerk, so daß sich innen insgesamt neun Stockwerke ergeben. Mit 67,31 Metern Höhe ist diese Pagode der höchste noch heute gut erhaltene Holzbau. Fast tausend Jahre den Unwettern mongolischer Sandstürme ausgesetzt und Erdbeben sowie Kriege überstehend, ist die Pagode ein bautechnisches Wunderwerk altchinesischer Kultur.

Der Buddha-Palasttempel lag früher im Zentrum der Liao-Stadt von Ying-zhou als Symbol der dem Buddhismus von den Liao-Herrschern erwiesenen Hochachtung. Die noch heute sichtbare Stadtmauer in Yingxian wurde wäh-rend der Hongwu-Regierung (1368–1398) in der Ming-Dynastie (1368–1644) errichtet. Die West- und Nordseiten der Ming-Mauer wurden gegenüber der früheren Liao-Mauer etwa einen halben Kilometer in Richtung Zentrum bewegt, so daß der Tempel jetzt im Nordwesten der Stadt liegt.

Die Holzpagode hat die traditionelle Eigenart der vielstöckigen Han-Bau-ten bewahrt. In der Han-Dynastie (206 v. Chr.–220 n. Chr.) und in den nach-folgenden Dynastien entstand eine große Zahl von buddhistischen Tempeln infolge der Verbreitung jenes Glaubens in China. Doch haben sich chinesische Tempelbauten – vielleicht mit Ausnahme der indisch beeinflußten – niemals stark von gewöhnlichen Profanbauten unterschieden. Nach dem *Luo Yang Qie Lan Ji (Beschreibung der buddhistischen Tempel von Luoyang)* (547) wur-den die üblichen Typen der Holzpagoden aus der Zeit der Drei Reiche (220–280) von der Yingxian-Pagode übertroffen, da die früheren bloß qua-dratische mehrstöckige Bauten waren, jedes Stockwerk zudem kleiner als das untere war. Die beiden obersten Teile glichen meist den säkularen quadratischen vielstöckigen Bauten, wie sie in der Han-Dynastie modern waren. Während der Südlichen und Nördlichen Dynastien (420–589) blühte der Buddhismus unter der Ägide verschiedener Herrscher auf. Da sich die Holzbautechniken ständig verbesserten, wurden Holzpagoden immer größer. Ein Beispiel dafür war die früher wohlbekannte Holzpagode des Yong Ning Si (des Tempels der ewigen Ruhe) in Luoyang, die angeblich mehr als 100 Meter hoch gewesen sein soll. Sie wurde in der Nördlichen Wei-Zeit (386–534) gebaut. Die Yingxian-Pagode jedoch übertrifft den Luoyang-Bau insofern, als der Entwurf von Pagoden seit dem Ende der Tang-Dynastie (618–907) meist achteckig geworden war (so auch der der Yingxian-Pagode), eine Bauweise, die eine ausgeglichenere Verteilung der statischen Lasten erlaubte. Außerdem

Abb. 105
Diese Holzpagode in Yingxian, Provinz Shanxi, wurde vor mehr als 900 Jahren erbaut.

gab es nun keine den Raum durchbrechende Mittelsäule mehr. Konsolensysteme aus Verbindungsbalken, -pfeilern und -pfetten, die sich parallel oder
quer zu der vertikalen Mittelachse hin verzweigten, versehen mit Zapfen und
Zapfenlöchern, wurden als Zusammenhalt der Säulen und Kreuzbalken
benutzt. Dabei wurden Holzpflöcke und -stifte verwendet, so daß alle Teile
untereinander wie ein Riesenkäfig verbunden waren, während der freie Raum
in der Mitte der Aufstellung von Buddha-Statuen und Ornamenten vorbehalten blieb. Diese Tragstruktur mit offenem Mittelraum sorgte auch für eine größere Festigkeit gegen Scherkräfte und führte so eine neue Epoche im Holzbau
herbei.

   Die Yingxian-Pagode ist auf einem zweistufigen Plattformfundament aus
ziegelverkleideter und gestampfter Erde erbaut. Die unter größere Stufe ist
quadratisch, während die obere achteckig gestaltet ist. Drei Säulenreihen stehen auf dem oberen Achteck – die inneren Hauptsäulen, die äußeren Hauptsäulen und die kürzeren, die Dachvorsprünge unterstützenden «Veranda»-
Säulen. Wie oben angeführt worden ist, sind die Hauptsäulen durch Querbalken und Konsolen- sowie Schrägarme verbunden und bilden einen riesigen,
hohlen und zylindrischen Bau. Auf dem untersten Boden ist jeder der inneren
und äußeren Hauptsäulen in den acht Ecken eine zusätzliche Säule hinzuge-

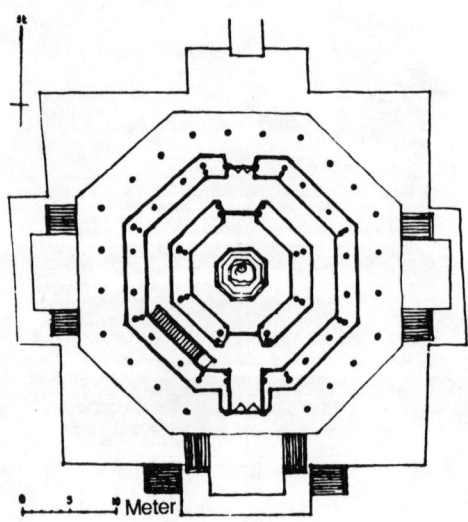

Abb. 106
Grundriß der Yingxian-Pagode.

fügt.[1] Die inneren und äußeren Hauptsäulen sind in Mauern von einem Meter Dicke vergraben. Die unteren Teile der Mauern sind mit gebrannten Ziegeln verkleidet, während die oberen aus luftgetrockneten Ziegeln bestehen. Es gibt eine feuchtigkeitsbeständige Schicht von imprägnierten Holzplanken zwischen den kompakten Ziegeln und den Luftziegeln. Die zusätzlichen Säulen sollen einen größeren Widerstand gegen Scherkräfte an den Verbindungsstellen von Querbalken und Kragträger-Konsolen oben auf den Hauptsäulen gewährleisten; die Ziegel und Erdwälle wirken gegen Torsionskräfte und geben dem ganzen Konsolenwerk mehr Stabilität.

Wie oben erwähnt, gibt es Zwischenböden zwischen dem Grundboden und den vier eigentlichen Stockwerken innerhalb der Pagode. Die äußeren Hauptsäulen auf den vier Hauptböden haben je eine gemeinsame Achse mit den äußeren, direkt unter ihnen stehenden Hauptsäulen der Zwischenböden, aber diese Säulen mit gemeinsamer Achse sind im Vergleich zu der Stellung der äußeren Hauptsäulen auf dem darunterliegenden Hauptflur etwa um den halben Durchmesser einer Säule zur Mitte hin versetzt. Die eingezogenen äußeren Hauptsäulen oberhalb ruhen auf Querbalken und Kragträger-Konsolen auf den unteren äußeren Hauptsäulen, so daß sich die Zwischenräume der aufeinander folgenden Stockwerke regelmäßig verkleinern, während die Höhe des Bauwerks zunimmt, ein elegantes und schönes Profil. Solch eine Anordnung von Konsolen und Stützbalken steigert die Sicherheit der Pagode erheblich, da weniger Gewicht größere Stabilität für den ganzen Bau bedeutet. Und da die inneren Säulen nicht den ästhetischen Wert der Silhouette beeinträchtigen, sind sie zwecks größerer Stützkraft von unten bis oben durchgehend mit gemeinsamer Achse angeordnet. Außerdem sind sie so gefertigt, daß sie sich ein wenig zur Mitte hin neigen, so daß die Zentripetalkraft des Eigengewichts der Pagode die Struktur beständig zu einer stärkeren Einheit «zusammenpreßt». Die Yingxian-Pagode ist eine vollkommene Einheit aus Stabilität und Schönheit, welche die Baumeister auch heute noch zu begeistern vermag.

Der Holzbau hat sich in China mindestens 6900 Jahre lang entwickelt, wie die Ausgrabung in Hemudu des Kreises Yuyao, Provinz Zhejiang, bewiesen hat. Überreste von langen Hütten, auf Holzkonsolen errichtet, die aus Pfählen und Balken mit Zapfenlöchern und Zapfen bestehen, sind dort ausgegraben worden. Säulen- und Konsolensysteme sind in vieler Hinsicht vorteilhafter als Mauerbauwerk. In einem Haus, dessen Dach durch eine aus Pfählen, Balken und Pfetten bestehende Fachwerkstruktur gestützt wird, bilden die Mauern nur Teilungswände, die keine tragende Funktion im Hause haben. Sie können sogar zusammenbrechen, ohne daß das Dach dadurch einstürzt. Tatsächlich

---

[1] Die zusätzlichen Säulen wurden wahrscheinlich während späterer Reparaturen hinzugefügt.

Abb. 107
Querschnitt der Yingxian-Pagode.

kann das Haus sogar ganz ohne Mauern stehen, und diese Tatsache gibt dem
Architekten volle Freiheit bei der Wahl der Anzahl von Fenstern und Türen
sowie bei deren Plazierung und Gestaltung. Die nichttragenden Wände, die so
gebaut werden können, unterscheiden sich grundsätzlich von tragenden Wän-
den, bei denen Anzahl und Größe der Öffnungen aus Sicherheitsgründen
beschränkt werden müssen und die viel dicker gewählt werden müssen. Die
nichttragenden chinesischen Innenwände können sogar ganz entfernt werden, was dem Erbauer eine ungeahnte Freiheit und Flexibilität bei der Anpassung an verschiedene Nutzungsmöglichkeiten gibt. Außerdem sind Holz-
fachwerkbauten bei Erdbeben viel weniger gefährdet – der Grund dafür,
warum Eisenbeton, Stahl- und Aluminium-Rahmen und Fachwerke vornehmlich bei modernen Wolkenkratzern verwendet werden. Die Benutzung
von Holzfachwerken mit ihrer langen Geschichte in China hat die Entwicklung des modernen tragenden Rahmen- bzw. Fachwerkbaus in mehrfacher
Weise beeinflußt.

Die Yinxian-Pagode ist ein hervorragendes Beispiel der handwerklichen
Meisterschaft im tragenden Holzstrukturenbau im alten China. Sowohl Ent-
wurf wie auch praktische Ausführung hatten in der Zeit der Liao- und der
Song-Dynastie (960–1279) bereits ein ziemlich hohes Niveau erreicht. Liao-

und Song-Baumeister wußten sehr wohl, daß Wind eine ernstliche Bedrohung für mehrstöckige Holzbauten bedeutet. Yu Hao, ein Baumeister der Song-Dynastie, der die Holzpagode im Kaibao-Tempel von Bianliang (jetzt Kaifeng in der Provinz Henan), damals Song-Hauptstadt, konstruiert hat, ließ sie ein wenig in die Hauptwindrichtung neigen, um einen größeren Luftwiderstand zu gewährleisten. Die Yingxian-Pagode, so «turmhoch einladend» für Schnee- und Sandstürme aus der Mongolei, ist nach ihrem Entwurf bestens zum Widerstand gegen diese Unwetter ausgestattet. Der größte Vorteil der für diese Pagode gewählten Bauweise liegt also in der Widerstandskraft, die sie gegen seitliche Belastungen verleiht. Um Querrisse oder Verdrehungen durch Sturm oder Bodenerschütterungen zu vermeiden, sind eine große Anzahl von schrägen Strebebalken zur Festigung der komplizierten Balkenstruktur verwendet worden. Diese Kombinationen von Verstrebungen und Balken verteilt sich je nach Funktion auf zwei Kategorien. Eine dient zur jeweiligen Stabilisierung des inneren und äußeren Säulensystems, die andere dazu, die zwei Systeme in ihren relativen Stellungen festzuhalten. Die verschiedenen Strebeflächen greifen und stützen einander zur Bildung eines vollständigen räumlichen Rahmenwerks, das mit verstärkter Festigkeit reagiert, wenn eines seiner Bestandteile belastet wird.

Unter jedem der Zwischenböden befindet sich ein Ring von Holzbindern. Auf dessen Innenseite liegt ein Gürtel, zusammengesetzt aus vier Schichten von Verbindungsbalken, die der Form der Wände eines quadratischen Blockhauses entsprechen.

Im ganzen bilden die Gürtel unter und über den Zwischenböden einen starren Ring. Vier solche gleichmäßig zwischen die fünf Hauptfußböden gelegte starre Ringe verstärken die Pagode sehr wirksam gegen seitliche Scherkräfte. Nach außen hin scheint jeder Ring einen Gürtel von balkonartigen Dachüberhängen zu bilden – ein genialer Einfall.

In dem hohlen Mittelraum auf jedem der Hauptböden befinden sich ein oder mehrere Abbilder Buddhas. Zwischen den inneren und äußeren Säulen befindet sich ein nicht von schrägen Streben durchkreuzter achteckiger Durchgang. Alle vier Hauptseiten des Oktogons (nach Osten, Süden, Westen und Norden) auf jedem Hauptboden, jede Seite jeweils drei Nischen oder drei Paneele breit, haben je eine Tür sowie vergitterte Fenster, die sich zu einem mit einem Geländer abgeschlossenen Balkon hin öffnen. Auf den anderen vier Seiten des Oktogons gab es früher diagonale, hinter Zwischenwänden aus Matten und Mörtel verborgene Überbrückungen, die natürlich Teile der gesamten hölzernen Tragstruktur waren; die Zwischenwände ergaben einen reizvollen Kontrast zu den anderen, mit Türen und Fenstern ausgestatteten Seiten. Leider wurden die Überbrückungen und Füllwände bei späteren Reparaturen entfernt, um Raum für mehr Türen und Fenstern zu schaffen. Dies wirkte sich

nachteilig auf die Baustruktur aus, und als Folge davon wurde die Pagode
etwas nach Nordwesten verdreht.

Die Treppe innerhalb der Pagode erlaubt einen leichten Aufstieg, ohne
schädlich für die Statik der Baustruktur zu wirken. Damit der Aufgang nicht
zu steil wird, hat man zwei Treppenfluchten statt einer in jedem Stockwerk
angelegt. Es fehlen Verstrebungsbalken auf denjenigen Zwischenböden, wo
die Treppenabsätze durchgehen müssen. Da dies eine strukturelle Schwächung bewirken könnte, sind die Treppen entlang jeder anderen Seite des
Oktogons mit Treppenabsätzen ausgestattet, so daß die gesamte Treppe wie
eine riesige, gleichmäßig unterbrochene Spirale wirkt.

Andere Einzelheiten in der Struktur, wie die optimalen Proportionen der
Tragstrukturelemente und die perfekten Zapfen- und Schwalbenschwanz-
Verbindungen, sind ebenfalls lobenswert. Mehr als 60 Arten von Konsolen-
systemen sind in der Pagode zur Anwendung gekommen – eine reiche Schau
von gelungenem Holzkunsthandwerk. Es sind dies keine sklavischen Nach-
bildungen von Werken früherer Meister, sondern höchst funktionelle, der
jeweiligen Aufgabe adäquate Strukturen, die ihren praktischen Zweck bestens
erfüllen. Sie sind sowohl Kunstwerke als auch technisch befriedigende
Bestandteile der Gesamtstruktur.

Wandgemälde schmücken das Erdgeschoß. Da die zwei Ringe von dickem
Mauerwerk nur nach Norden und Süden offen sind, glänzt die Goldstatue von
Buddha innen im Halbdunkel, was eine mystische, religiöse Atmosphäre
schafft. Die oberen Stockwerkflure sind besser beleuchtet, da es dort weniger
Mauerteile, vor allem aber Türen und Fenster auf allen Seiten gibt. Geländer
zwischen den inneren Hauptsäulen halten Besucher in respektvoller Entfernung von den Abbildern. All diese Plastiken sind wahrscheinlich Liao-Skulp-
turen, obwohl sie jetzt in grellen Farben leuchten, da sie wiederholt übermalt
worden sind.

Die Sakyamuni-Pagode in Yingxian ist ein Wunderwerk der Baukunst, das
reges Interesse sowohl bei bautechnisch interessierten als auch bei religiös
motivierten Besuchern erregt. China besitzt mit der Yingxian-Pagode eine
sehr alte Holzkonstruktion, die das Ergebnis einer sehr langen Erfahrung im
Holzbau ist. Das verwendete Bauholz, das die ungeheure Belastung über mehr
als 900 Jahre schadlos ausgehalten hat, stellt auch ein einzigartiges Studienob-
jekt für Forscher der Bauholzmechanik und -statik dar.

Schiffbau

Zhou Shide

Die Chinesen gehören zu den Nationen mit den größten Erfahrungen im Schiffbau. Holzdschunken, wie sie in historischen Berichten beschrieben wurden, waren sehr verschiedenartig konstruiert. Man schätzte Mitte des 20. Jahrhunderts etwa 1000 verschiedene Typen. Allein für die Küstenfischerei waren 200–300 Typen bekannt. Die bekanntesten Hochseeschiffe im alten China waren das «Sandschiff» *(shachuan)*, das «Vogelschiff» *(niaochuan)*, das Fujian-Schiff *(fuchuan)* und das Guangdong-Schiff (guangchuan). Die bekanntesten von ihnen waren das «Sandschiff» und das Fujian-Schiff.

Das «Sandschiff» stammte aus Chongming, Provinz Jiangsu, sein Urtyp war wahrscheinlich bereits zur Zeit der Streitenden Reiche (475–221 v. Chr.) bekannt. Dieser Typ war in der Song-Dynastie (960–1279) als der «flachbodige Sandschläger», in der Yuan-Dynastie (1271–1368) als das «flachbodige Schiff» ein Begriff, während zur Ming-Zeit (1368–1644) der Name «Sandschiff» populär wurde.

Die Ladekapazität des Schiffes wurde allgemein mit etwa 500–800 Tonnen angegeben. Andere Berichte schätzen seine Ladekapazität auf etwa 250–400 Tonnen. Die großen Hochseeschiffe der Yuan trugen mehr als 1200 Tonnen. In der Dao-Guang-Regierungszeit (1821–1850) der Qing gab es in Shanghai allein 5000 «Sandschiffe», die Gesamtzahl im Lande wurde auf mehr als 100 000 geschätzt. Mit ihrer großen Anpassungsfähigkeit sah man sie sowohl in Inland- als auch in Küstengewässern kreuzen. Zur Zeit der Yuan und Ming, vom 13.–17. Jahrhundert, als die Küstenseefahrt ihre Blütezeit erreichte, überstieg das jährliche Verschiffungsvolumen 0,4 Millionen Tonnen.

«Sandschiffe» waren auch oft in der Seeschiffahrt anzutreffen. Zu Beginn des 10. Jahrhunderts machten chinesische «Sandschiffe» Besuche in Java; Wandgemälde in Indien wie auch in Indonesien stellen verschiedene Arten von chinesischen «Sandschiffen» dar. Zu Beginn des 20. Jahrhunderts nahm man an, daß die damals zwischen Nordchina und Singapore segelnden Schiffe die gleichen seien wie jene chinesischen Schiffe, die im Mittelalter zu Handelszwecken zum Roten Meer und zu ostafrikanischen Häfen segelten.

Zheng He ging im frühen 15. Jahrhundert in die Geschichte der Weltseefahrt ein, als er in 20 Jahren sieben Überseefahrten machte und dabei Häfen in mehr als 30 Ländern aufsuchte. Auf jede Seereise nahm er eine Flotte von 100 bis 200 Schiffen mit, von denen 40 bis 60 «Schatzschiffe» waren. Zur Flotte gehörten mehr als 17 000 Mann. Die in Nanjing gebauten Schiffe sammelten

Abb. 108
Ein fünfmastiges-«Sandschiff».

sich im Hafen von Liujiagang im Kreis Taicang, Provinz Jiangsu, bevor sie in
See stachen. Zheng Hes «Schatzschiffe» waren vom Vordersteven bis zum
Heck etwa 150 Meter lang, ihre Ruderpinne war 11,07 Meter lang; jedes Schiff
trug 12 Segel. Dies waren die größten der «Sandschiffe».

Das «Sandschiff» hatte mehrere Vorzüge: 1. Sein flacher Boden bewahrte es
vor dem Stranden, und es war relativ sicher bei Stürmen. Vor allem, wenn der
Wind gegen die Flut blies, wurde das Schiff mit seinem relativ geringen Tiefgang weniger von der Flut angegriffen; 2. es war unabhängig von der Windrichtung und konnte gegen den Wind und die Strömung segeln; 3. breit auf der
Höhe der Deckbalken und für Kursstabilität getakelt, war es ziemlich stabil;
4. das «Sandschiff» war ein schnellsegelndes Fahrzeug, seine vielfachen
Masten und großen Segel trieben es wirksam unter dem Wind, während der
Widerstand gering war, da es wenig Tiefgang hatte.

Viereckig im Bug und im Heck, wurde das «Sandschiff» gewöhnlich als
«Quadratschiff» bezeichnet. Sein geräumiges Deck neigte sich nach Backbord
und nach Steuerbord, damit eingedrungenes Wasser rasch abfließen konnte.

Hinter dem Heck befand sich ein «falsches Heck», auch «falsches Querholz» genannt, das das Steuerruder trug und zur Hilfe bei der Betätigung der Segel diente. Das Steuerblatt war groß, und das Steuer konnte nach oben und nach unten bewegt werden. Wenn das Schiff Segel setzte, wurde ein Teil des Steuerblatts unter den Rumpf gesenkt, um die Steuerwirksamkeit zu steigern und das Schiff vor seitlichem Abtreiben zu bewahren; in flachem Gewässer jedoch konnte das Steuer hochgezogen werden.

Das «Sandschiff» hatte einen flachen und ziemlich schwachen Kiel, der nur etwa halb so dick wie bei anderen Schiffstypen ähnlicher Größe war. Dafür waren es die vier bis sechs soliden, vom Vordersteven bis zum Deck verlaufenden Längsholme sowie die starken, auf die Schotten genagelten Längsplanken, die dazu beitrugen, dem «Sandschiff» die nötige – z. T. höhere als bei anderen Schiffstypen – Festigkeit zu verleihen. Wasserdichte Schotte sicherten das Schiff, so daß es sogar bei Windstärke 7 sicher segelte. So ausgerüstet, war das Pendeln zwischen China und Afrika für das «Sandschiff» kein großes Problem.

Das *fuchuan* oder Fujian-Schiff hatte einen runden Boden und war in der Südsee berühmt wegen seiner Hochseetauglichkeit. In der Song-Dynastie wurde anerkannt, daß «Fujian unübertroffen ist im Bau von Hochseeschiffen». Fujian-Schiffe bildeten den Hauptanteil der chinesischen Seeflotte in der Ming-Dynastie.

Hoch wie eine Pagode, war das Fujian-Schiff am Kiel zugespitzt und breit am Deck. Es war an Bug und Heck nach oben gebogen, die Seiten des Rumpfes wurden durch schützende Holzplanken verstärkt. Das Schiff hatte vier Decks: das unterste trug Ballast zur Stabilisierung; das zweite diente als Unterkunft der Seeleute; das dritte sorgte für Raum zur Betätigung der Masten und Segel durch die Matrosen, und das oberste Deck diente den Bogenschützen und Kanonieren, die von dort feindliche Schiffe beschießen konnten.

Mit seinem gebogenen Bug und der starken Panzerung konnte das Fujian-Schiff mit voller Kraft feindliche Schiffe rammen und versenken; auf diese Weise wurde häufig eine Seeschlacht gewonnen. Mit vier Metern Tiefgang war das Fujian-Schiff ein ideales Kampfschiff.

Ein Hochseeschiff der Song-Dynastie wurde im Sommer 1974 im Houzhu-Hafen in der Quanzhou-Bucht, Provinz Fujian, gefunden. Der Rumpf hatte einen in Richtung Kiel gespitzten Querschnitt und war flach und breit am Deck. Sein Längsschnitt war fast elliptisch, am Bug zugespitzt und rechteckig am Heck. Vierzehn Reihen Bohlen vom Kiel bis zum Heck bildeten den Rumpf. Die ersten zehn Reihen bestanden aus doppelschichtigen Brettern, während die übrigen dreischichtig, mit einer gesamten Dicke von 18 Zentimetern (8 cm für die innerste Schicht, 5 cm für die mittlere und 5 cm für die äußere Schicht) angefertigt waren. Die dreischichtigen Bohlen verstärkten den

Rumpfteil bis auf die Wasserlinie, wobei das Prinzip dem Gebrauch von Längsholmen auf dem Sandschiff ähnelte. Die an den Enden verdoppelten Planken trafen an mehreren Stellen zusammen. Die Nahtstellen waren mit Hanf, Flachs oder Bambus sowie einer Mischung aus Kalk und Tungöl abgedichtet.

Das in Quanzhou entdeckte Schiff wurde rekonstruiert. Es ist 34,5 Meter lang, 9,9 Meter breit und 3,27 Meter hoch, mit einer Wasserverdrängung von 374,4 Tonnen.

Um das 7. Jahrhundert waren chinesische Hochseeschiffe wegen ihrer Größe, Ladekapazität, Strukturstärke und Hochseetauglichkeit schon wohlbekannt. Von arabischen Händlern weiß man, daß sie entlang der Küsten Südostasiens auf chinesischen Segelschiffen gereist sind. Seit der Mitte des 9. Jahrhunderts segelten mehr und mehr Asiaten und Afrikaner auf großen, in China gebauten Hochseeschiffen, und der Schiffbau entwickelte sich in der Song- und der Yuan-Dynastie so stark, daß die Chinesen als «die fortgeschrittensten Schiffbauer in der Welt» angesehen wurden.

Die altchinesischen Schiffbauer besaßen die bemerkenswerte Fähigkeit, eine große Vielfalt von Modellen und Typen zu entwickeln, die den jeweiligen Aufgaben und Bedingungen angepaßt waren. Ein Beispiel dafür war das *fangchuan* («Quadratschiff») zur Zeit der Streitenden Reiche. Dieses hatte einen doppelten Rumpf, hergestellt aus zwei Seite an Seite festgemachten Dschunken. Stabilität und Ladekapazität von Fracht sowie von Passagieren wurden dadurch erhöht. Ähnliche Schiffe mit doppeltem Rumpf waren die *fangzhou* («Quadratschunken») der Zhou-Dynastie vor 781 v. Chr. Das *louchuan* («betürmtes Schiff») der Han (206 v. Chr.–220 n. Chr.) war hoch und stattlich, während zur Zeit der Drei Reiche (220–280) Hochseeschiffe mit mehr als 70 Metern Länge vom Vordersteven bis zum Heck entwickelt wurden. Lu Xun, ein Schiffbauer der Jin-Dynastie (265–420), baute ein Kriegsschiff mit acht wasserdichten Schotten, und Zu Chongzhi, der große Wissenschaftler der Südlichen und Nördlichen Dynastien (420–589), baute das «Tausend-*li*-Schiff»[1]. In der Tang-Dynastie (618–907) gab es den *haiguchuan* («Seefalken») und einen neuen Typ eines Getreidefrachters. Die Song produzierten Schaufelradschiffe. Die größten waren 110,5 Meter lang und 12,6 Meter breit. Außer den «Schatzschiffen» von Zheng He schuf die Ming-Dynastie doppelköpfige Schiffe, sogenannte «Tausendfüßler-Schiffe», zusammengefügte Gelenkdschunken, Boottransporter und eine Reihe anderer Schiffe von neuartigem Entwurf. Die zusammengefügte Gelenkdschunke war ein Kriegs-

---

[1] Ein *li* zur Zeit der Südlichen und Nördlichen Dynastien = 540 Meter. Der Name bezieht sich auf die pro Tag zurückgelegte Distanz und ist natürlich zumindest eine poetische Übertreibung; vgl. den Schluß dieses Kapitels (Anmerkung des Bearbeiters).

schiff mit zwei Teilen, die als Tandem gekuppelt waren. Das Vorderteil war mit Sprengstoffen beladen und konnte gegen ein feindliches Schiff gelenkt werden, während der hintere Teil sich abtrennte und zurücksegelte. Der Boot-träger hatte eine Höhlung nahe dem Heck zur Unterbringung eines kleinen Rettungsbootes, in das sich die Besatzung zurückzog, während das mit Sprengstoff und Brennmaterial beladene Vorderteil das feindliche Schiff angriff. Das zusammengefügte Gelenkboot wurde auch im Ziviltransport benutzt, weil es fähig war, in einem gewundenen Strom Kurven auszuführen.

Die chinesischen Schiffbauer verstanden sich darauf, neue Schifftypen zu entwerfen, indem sie die guten Eigenschaften bestehender Modelle kombi-nierten. Ein sowohl in der Binnen- wie auch der Seeschiffahrt benutztes Schiff der Song-Dynastie kombinierte den Boden eines Teichbootes, das Deck eines Kriegsschiffes sowie Bug und Heck eines Hochseeschiffes. Während der Regierung des Kaisers Kang Xi in der frühen Qing-Zeit (1644–1911) gab es einen Frachtertyp, gebaut in Fuzhou zur Verschiffung von Bauholz, der als «Die drei Ungleichen» bekannt war und nicht dem «Sandschiff», dem «Vogel-schiff» oder dem «Eischiff» glich, sondern ein neues Modell darstellte, das die Vorzüge aller drei Typen in sich vereinte.

Der Entwurf von Schiffen

Die Worte «Zeichnungen von Schiffen» erschienen zuerst in den amtlichen Archiven der Song-Zeit:

> «Die Wenzhou-Präfektur hat bekanntgegeben, daß sie zwei Bände von Schiffszeichnungen vom Amt des Militärgouverneurs erhielt. Es wird ange-ordnet, daß in jedem Magistrat unter der Gerichtsbarkeit dieser Präfektur Beamte zum Einkauf von Bauholz für den Bau von 25 Hochseeschiffen ent-sandt werden.»

Die hier erwähnten «Zeichnungen» bezogen sich wahrscheinlich auf Skizzen und die Quoten für Arbeitskräfte und Material.

Im *Nan Chuan Ji (Bemerkungen über Schiffe des Südens)*, im *Long Jiang Chuan Chang Zhi (Berichte der Drachenfluß-Schiffswerft)* und im *Cao Chuan Zhi (Bericht über den Getreidetransport zu Schiff)* sind ausführliche Berichte über die Zahl der benötigten Arbeitskräfte sowie über die Menge und Maße der zum Bau von Schiffen notwendigen Bauhölzer zu finden, aber von einem Entwurf ist dabei nichts erwähnt. Erst in der frühen Qing-Zeit behan-delte die historische Literatur Schiffsentwürfe. Dabei ging man traditionellen chinesischen Schiffsentwürfen des späten Feudalzeitalters nach, die jedoch Scharfsinn und Originalität bewiesen.

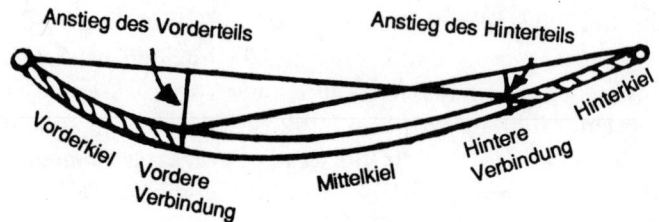

Abb. 109
Längsschnitt des Kiels eines «pfeilförmigen Schiffs». Für jeden *zhang* (3,33 Meter) des Kiels gab es
einen vorderen Anstieg von 5–5,2 *cun* (16–17 Zentimeter) und einen hinteren Anstieg von 2,6 *cun*
(8 Zentimeter). Ein übermäßiger Anstieg der Kurve war unerwünscht.

Der Entwurf der «Pfeilfregatte» *(ganzengchuan)* in der frühen Qing-Zeit
bildete den Höhepunkt der Schiffsentwürfe der alten Fujian-Schule. Der Kiel
des Schiffes war bis zu einem durch die Kiellänge bestimmten Grad gebogen.
Die Schiffslänge, die stark variieren konnte, bestimmte ebenfalls die Länge des
Kiels, der proportional zur gesamten Länge in drei Teile eingeteilt war. Als
nächstes war der Anstieg der Kurve festzusetzen, wobei die Kurve des gesamten Kiels durch den Anstieg seines Vorderteils und Hinterteils bestimmt
wurde.

Der Längsschnitt des Kiels wurde wie folgt konstruiert: Man zeichne ein
Dreieck, den Anstieg des Vorderteils als Höhe, den vorderen Kiel und den hinteren Kiel als die zwei Seiten nehmend; dann zeichne man ein weiteres Dreieck
mit dem Anstieg des hinteren Teils als Höhe und dem mittleren und hinteren
Kiel als den zwei Seiten. Danach lege man die gemeinsame Seite (den mittleren
Kiel) der beiden Dreiecke übereinander und verbinde die Winkel mit einer
sanften Kurve, wie in Abb. 109 gezeigt. Das Resultat ist der Längsschnitt des
Kiels. Der Querschnitt der «Pfeilfregatte» ist wie folgt entworfen: Man nehme
die Oberteilbreite des Schotts (bzw. des Deckbalkens quer über das Schiff) als
die Länge der oberen horizontalen Linie. Dann zeichne man die untere horizontale Linie parallel dazu entsprechend kürzer, verbinde darauf die Enden
der oberen und unteren Horizontale, um die Sehne des Schiffsflankenbogens
zu erhalten. Die Distanz zwischen der oberen und unteren horizontalen Linie
ist gleich der Tiefe des Rumpfes minus der Bilgentiefe. Dann ergibt sich der
Flankenabstand aus dem Abstand vom Kreuzungspunkt der Bogensehne und
der unteren horizontalen Linie zur äußeren Kurve des Rumpfes (senkrecht zu
Sehne gemessen). Wie in Abb. 110 gezeigt, zeichne man die obere und untere
Horizontale und die Sehnenlinien, messe die Bilgentiefe und den Flankenabstand ab. Danach verbinde man die fünf Punkte – die zwei Enden der oberen

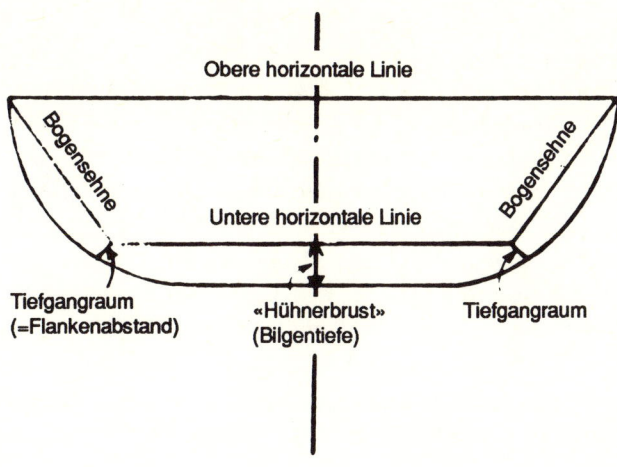

Abb. 110
Querschnitt eines «pfeilförmigen Schiffes».

und unteren Horizontale, das untere Ende der Bilgentiefe und die zwei äußeren Enden des Flankenabstands – mit einer sanften Kurve. Diese Kurve bildet
zusammen mit der oberen horizontalen Linie den Querschnitt des Schiffes.

Die vier Querschnitte an den vier Schotten – das Vorschiffschott, das Vor-
derdeckschott, das offizielle Schott des Empfangsraumes und das Heck-
schott – und der Längsschnitt des Kiels bilden gemeinsam den Umriß der
«Pfeilfregatte».

Zusätzlich kann man eine kurze Linie von der Mitte der Flankensehne und
senkrecht zu ihr ziehen. Diese Linie nennt man «Brustlinie»; sie gibt die Flan-
kenwölbung auf der Höhe der Wasserlinie an.

Diese traditionelle Methode des Entwurfs, geschaffen von altchinesischen
Schiffbauern, ist charakteristisch für den nationalen chinesischen Stil, der
durch Schlichtheit, Ausdruckskraft und kluge Verschmelzung der Einzelheiten in ein Ganzes gekennzeichnet ist. Der Querschnitt zum Beispiel würde
durch eine Änderung an dem Trapez, das durch die untere und obere Horizontale und die Flankenbogensehne dargestellt ist, völlig verändert werden, während eine Änderung des Flankenabstands oder der Bilgentiefe nur teilweise
Anpassungen bedeuten würde. Die Änderung des Ganzen, verbunden mit
teilweiser Anpassung, stellt eine Methode des Entwerfens dar, die nicht nur
einfach ist, sondern gegenüber den spezifischen Anforderungen höchst anpassungsfähig ist.

Schiffbau

Das Dorf Zhongbaocun bei Sanchahe, zwischen dem Hanzhong- und Yijiang-
Tor außerhalb Nanjings gelegen, soll der Legende nach die Stätte der alten
Schiffswerft gewesen sein, wo «Schatzschiffe» gebaut wurden. Dieser Ort ist
durch Reihen von großen rechteckigen Teichen unterteilt, die gemäß ihrer
Anordnung erster Teich, zweiter Teich usw. genannt werden. Einige der Teiche sind 200–240 Meter lang, 27–35 Meter breit und etwa einen Meter tief.
Ortseinwohnern ist dies als die Stelle bekannt, wo «Schatzschiffe» gebaut
wurden. Bezeichnungen wie Shangsiwu (Obere vierte Werft) und Xiasiwu
(Untere vierte Werft), die noch heute gebräuchlich sind, liefern den Beweis
dafür. Eine riesige Steuerruderpinne von 11,07 Metern Länge und die Überreste einer Winde (die nach ihrer Wiederherstellung 4,75 Meter lang war) sowie
andere Bestandteile eines Schiffes wurden 1953 und 1965 auf dem Gelände dieser ehemaligen Werft ausgegraben.

In historischen Archiven finden sich nicht wenige Berichte über den Bau
von Schiffsmodellen und über den Schiffbau in Werften. Die Geschichte der
Song-Dynastie erwähnt einen Schiffbauer namens Huang Huaixin, der die
Reparatur schwerer Dschunken in großen Werften ausführte, während ein
Ming-Bericht bestätigt: «. . . von der Werft am 25. Tag des Monats abgeliefert.
Die Werft ist eine Stelle, wo Schiffe gebaut werden.» Ein Bericht von Zhang
Zhongyan aus der Kin-Dynastie (1115–1234), der «von Hand ein kleines
Boot, gerade wenige *cun*[2] lang machte», schildert die Herstellung von Model-
len zur Vorbereitung des Baus von Schiffen. Zhangs Bericht beschreibt den
Entwurf und Bau von Schiffen ausführlicher, als das bei früheren Schilderun-
gen von Holzmodellen für Kriegsschiffe der Fall war. Noch ältere, in Gräbern
aus der Han-Dynastie entdeckte bootförmige Holz- und Porzellan-Opferge-
genstände erinnern an Schiffsmodelle und bezeugen zumindest, daß man
Schiffsmodelle zum Bau von Schiffen hergestellt haben könnte. Ferner bestätigen die in der Stadt Guangzhou ausgegrabenen Werften der Qin- und der
Han-Dynastie den Gebrauch von Docks zum Bau von Schiffen sowie von
Gleitbahnen zum Stapellauf.

Ende 1974 in der Stadt Guangzhou ausgegraben, befindet sich in den Ruinen
der Qin-Han-Werft eine riesige Werkhalle für den Schiffbau, dazu drei paral-
lel nebeneinander liegende Docks sowie eine Werkstätte zur Bearbeitung von
Bauholz. Zu der Werft gehört ferner eine Gleitbahn mit Schienen, die der einer
Eisenbahn ähnelt. Sie besteht aus Schwellen, Gleitbrettern und hölzernen
Bilge-Gestellen zur Stützung des im Bau befindlichen Schiffes. Es gibt Schwel-

---

[2] 1 *cun* zur Zeit der Kin-Dynastie = 3,19 Zentimeter.

Abb. 111
Die Ruinen einer Werft der Qin- und der Han-Dynastie in Guangzhou.

len von zweierlei Breiten, so daß die Gleitbretter daher der notwendigen Breite
der Gleitbahn angepaßt werden können. Auf Dock Nr. 1 ist die Gleitbahn 1,8
Meter breit, was für Schiffe von 3,6–5,4 Meter Breite genügt. Die Gleitbahn
auf Dock Nr. 2 ist 2,8 Meter breit für Schiffe mit 5,6–8,4 Meter Breite. Zwei
parallele Reihen von hölzernen Bilge-Blocks auf den Gleitbrettern stützen die
im Bau befindlichen Schiffe. Die 13 Paare dieser Blocks, in Gegenlage aufgestellt, haben eine Höhe von ca. 1 Meter, was für die erforderlichen Bearbei-
tungstätigkeiten des Drillens, Nagelns, Abdichtens u. a., welche die Arbeiter
unterhalb des Schiffsrumpfes betreiben müssen, sehr geeignet war.

Südlich des Docks Nr. 1 wurde eine Werkstätte zur Holzbearbeitung vorgefunden, mit einem «Holzbiege-Ochsen» (ein Holzbiegegestell) zum Heizen und Biegen von Holzplanken und -balken für die im Bau befindlichen
Schiffe. Gleichzeitig wurden auch Bleilote zum Schneiden der Planken gefunden. Bei der Werft wurden schließlich auch Meißel, kurze Beile und Kalfater-
messer aus Eisen sowie viereckige Holzgewichte zur Bestimmung der lotrech-
ten Schiffslage ausgegraben.

Chinas schon während der Qin- und der Han-Dynastie zu einer beträchtlichen Kapazität entwickelte Schiffbauindustrie schuf später große Flotten von
Hochseeschiffen zur Zeit der Tang und Song, was China mehr als ein Jahrtausend lang den Ruhm verschaffte, mit hölzernen Segelschiffen seetüchtig den
Indischen und den Stillen Ozean zu durchsegeln.

Eigenschaften chinesischer Schiffe

Schnelligkeit kennzeichnete sowohl die Hochsee- als auch die Binnenschiffe Chinas. Das «Sandschiff» aus Jiangsu erzielte große Geschwindigkeiten mit Hilfe seiner vielen hohen Masten und Segel, die ihm die Fahrt mit vollen Segeln ermöglichten, aber auch infolge seines geringen Tiefgangs, der den Widerstand verringerte. Das «Vogelschiff» mit seinem zugespitzten Vorderstern und seinem langen stromlinienförmigen Rumpf gehörte zur gleichen Geschwindigkeitsklasse wie das «Sandschiff» und das «tapfere Schiff». Binnenschiffe der Ming- und Qing-Zeit wie das «Expreßboot» von Huaiyang und das «Rote Boot» von Jiangxi waren ebenfalls von bemerkenswerter Schnelligkeit.

Eine zweite Eigenart altchinesischer Schiffe war ihre Sicherheit. Schiffe aus der Tang-Zeit, gut abgedichtet mit einer Mischung aus Kalk und Tungöl, leckten nicht. Kriegsschiffe der Jin-Dynastie (265–420) bestanden vermutlich aus acht wasserdichten Schotten. Obwohl es dafür keinen stichhaltigen Beweis gibt, ist gewiß, daß die technischen Möglichkeiten zum Bau von Schiffen mit Schotten vorhanden waren. Vom 10. bis 14. Jahrhundert waren die wasserdichten Schotte als Eigenart chinesischer Schiffe sowohl in China als auch im Ausland bekannt. Sie wurden wegen ihrer Sicherheit infolge ihrer Konstruktion, die das Schiff über Wasser hielt, selbst wenn eines oder sogar zwei der Schotte beschädigt waren, oft empfohlen. Eine ähnliche Schiffskonstruktion existierte im Westen vor dem 18. Jahrhundert nicht.

Die Anpassungsfähigkeit an verschiedene Aufgaben und Gewässer war ein dritter Vorzug altchinesischer Schiffe, wie durch die vielen Schiffstypen bezeugt wird. Das flachbodige «Sandschiff» war das Beispiel eines Schiffes, das für die nordchinesischen Küsten, wo es eine Unmenge von Sandbänken gibt, besonders geeignet war. Selbst nach einer Strandung blieb das «Sandschiff» meistens seetüchtig. Auch andere Typen von Schiffen für Binnengewässer erwiesen sich als sehr anpassungsfähig.

Stabilität war ein vierter Vorzug. Das «Große Drachenboot» der Song-Dynastie trug in seinem Rumpf bis zu 400 Tonnen Eisenballast, um das Schiff stabil zu halten. Das Fujian-Schiff hatte vier Decks, von denen das unterste mit Erde und Steinen als Ballast gefüllt war, womit trotz der beträchtlichen Höhe des Schiffs ebenfalls genügend Stabilität erreicht wurde.

Vor dem 9. Jahrhundert, während der Tang-Dynastie, wies das «Seefalkenschiff» auf jeder Seite eine oder mehrere Schwimmflossen auf, um das Schiff zu stabilisieren. Das waren die Vorläufer der Breitflossen oder Leeflossen. Die Anzahl dieser die Schwimmeigenschaften verbessernden Bretter betrug später, in der Song-Zeit, vier bis sechs auf jeder Seite. In der Ming-Zeit wurden sie auf ein Paar beschränkt, woraus in China die als *qiaotou* bekannte Leeflosse

(Leeschwert) entstand. In der Ming- und Qing-Zeit wurden am Boden des Schiffsrumpfes zur Stabilisierung des Schiffes zwei Stabilisationsschwerter montiert, ähnlich den Bilgekielen an modernen Schiffen. Das Aufkommen der Stabilisierungsschwerter stellte einen großen Fortschritt im Schiffbau dar. Die «Sandschiffe» führten Sicherheitskörbe aus Bambus mit sich, die gewöhnlich am Heck aufgehängt waren. Bei Sturm wurden diese mit Steinen gefüllt und unter den Wasserspiegel gesenkt, um ein zu starkes Schwanken zu vermindern.

Der Antrieb der Schiffe

Ein weiteres Merkmal altchinesischer nautischer Technologie war die wirksame Ausnutzung der Windkraft.

Beim Antrieb mit Hilfe von Menschenkraft war die Entwicklung von langen Ruderriemen und Paddeln zum kurzen Ruder eine wichtige Neuerung, da das letztere wesentlich effizienter ist. Die Ruinen der Werften der Qin und Han, die betürmten Han-Schiffe, die Erfindung des kurzen Ruders als verbessertes Antriebsmittel, die Einführung des Kielaxialsteuers und die Nutzung von Segeln – all das weist auf eine entwickelte Schiffbautechnik in der Han-Dynastie hin.

Chinesische Seeleute hatten bereits zur Zeit der Han- und Wei-Dynastien gelernt, ihre Segel in verschiedene Winkelrichtungen zu setzen, um unter optimaler Windausnutzung kreuzen zu können.

Ein Schriftsteller der Song-Dynastie äußerte im 13. Jahrhundert: «Von allen acht Himmelsrichtungen, aus denen der Wind wehen kann, gibt es nur eine einzige – Gegenwind –, die nicht zum Segelsetzen benutzt werden kann.»

In Wirklichkeit waren chinesische Seeleute vor mehr als 400 Jahren schon fähig, gegen den Wind zu segeln, wobei der erste Bericht darüber sich auf das «Sandschiff» bezieht: «Das ‹Sandschiff› ist imstande, gegen den Wind zu kreuzen.» Das Schiff muß beim Segeln gegen den Wind einen Zickzack-Kurs verfolgen, um vorwärtszukommen. Segeln gegen den Wind erforderte deshalb ein enges Zusammenwirken der Segel mit dem Leeschwert und dem Hecksteuerruder.

Das zweimastige «Sandschiff» war auf jeder Seite mit einem seitlichen Schwert ausgerüstet, das beim Kreuzen zur Anwendung kam. In das Wasser unter dem Rumpfboden gesenkt, diente das Schwert dazu, dem Abdriften entgegenzuwirken und den seitlichen Vortriebsverlust zu vermindern.

Chinesische Schiffbauer glaubten an die Vielfalt in der Gestaltung der Segel. Das «Sandschiff» zum Beispiel war mit verschiedenartigen Segeln für verschiedene Zwecke versehen. In Binnengewässern segelnde «Sandschiffe» hatten lange schmale Segel, während die Hochseeschiffe zweimal so breite Segel

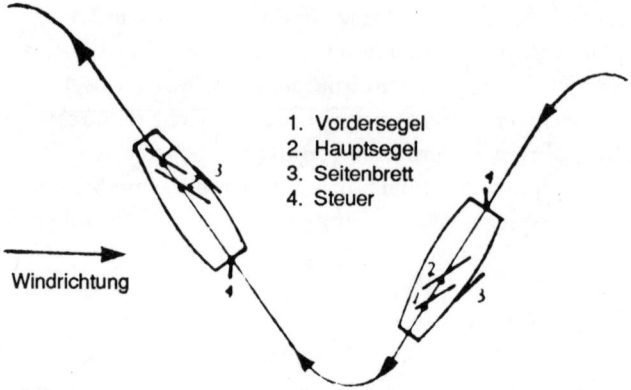

1. Vordersegel
2. Hauptsegel
3. Seitenbrett
4. Steuer

Windrichtung

Abb. 112
In den Wind kreuzen.

hatten, die jedoch ein Drittel kürzer waren. Das Ziel war offensichtlich, den Angriffspunkt des Windes tiefer zu legen, sind doch die Hochseewinde stärker als die Inlandwinde. Diese Segelform wird noch heute im Südchinesischen Meer benutzt, um das Schiff vor dem Kentern in einer Sturmböe zu bewahren.

Der Gebrauch des Segels begann mit Einmastern, kleinen Schotten also, die nur ein Segel hatten und sich langsam fortbewegten. Später stieg die Anzahl der Segel auf zwei und mehr und konnte bis zu 12 erreichen. Man fand auch heraus, daß das Segel am wirksamsten war, wenn es an die Spitze des Mastes gehißt wurde, wie es die folgende Redewendung wiedergibt: «Der Turban obenauf kann das Schiff anheben und es leicht und schnell machen.» Bei ungünstigem Wind wurde der «Turban obenauf» zur Erhöhung der Geschwindigkeit verwendet, während kleine, den heutigen Spinnakern ähnliche «aufgesetzte Blumen» an den Seiten des Hauptsegels aufgezogen wurden, um dem Schiff bei Seitenwind extreme Schräglagen zu ersparen. Bei Rückenwind wurde eine «Segelschürze» am Fuße des Hauptsegels zugesetzt, um den Angriffsschwerpunkt des Windes tiefer zu halten und um den Wirkungsgrad des Segelwerks zu verbessern.

Die gesteigerte Zahl der Segel bei Ausnutzung der vollen Windstärke machte die Tätigkeit an den Masten komplizierter und vermehrte die Arbeit der Schiffsmannschaft. Fehler beim Einholen der Segel in einem plötzlichen Sturm konnte den Bruch der Masten und das Kentern des Schiffes bewirken. Die Schiffbauer begannen daher, die Struktur des Segelwerks auf ein Segel für jeden Mast zu vereinfachen, während das Segel selbst vergrößert wurde. Das machte eine volle Ausnutzung der Windstärke möglich, während die Mannschaftsarbeit vermindert wurde. Diese Vereinfachung auf chinesischen Schiffen begann im 15. Jahrhundert, später folgte allerdings ein erneuter Prozeß der Komplizierung – vom Einfachen zum Komplizierten und wieder zurück also. Doch ist nicht dieser Verlauf die allgemeine Regel in der historischen Entwicklung?

Chinesische Schiffe alter Zeiten waren besonders bei langen Seefahrten vor allem vom Wind als Antrieb abhängig, während Riemen und Ruder auf kurzen Strecken verwendet wurden. Die Konstruktion des Schaufelradschiffes wurde zum Ereignis eines Jahrtausends im Schiffbau. In den Südlichen und Nördlichen Dynastien (420–589) baute Zu Chongzhi das «Tausend-*li*-Schiff», das tatsächlich immerhin einige hundert *li* an einem Tag zurücklegte. Es war anscheinend eine Art von Schaufelradboot. Später, in der Tang-Dynastie, erfand Li Gao abermals ein Schaufelradboot, das in historischen Berichten besonders erwähnt wird. «Ein Kriegsschiff wurde gebaut, das durch zwei Tretmühlen-Schaufelräder vorangetrieben wird. Es fliegt durch Stürme, so schnell wie mit gehißten Segeln.» Zur Zeit der Südlichen Song-Dynastie (1127–1279) hatten sich Schaufelradschiffe bereits beträchtlich entwickelt. Eine Flotte solcher Schiffe wurde von Gao Xuan gebaut, einem General unter Yang Yao, der eine rebellische Bauerntruppe auf dem Dongting-See befehligte. Die größten Schaufelradschiffe der Song waren 70–100 Meter lang und beförderten 700–800 Mann. Das Schaufelradschiff von Yang Yao hatte wahrscheinlich sogar einen zwei- bis dreistöckigen Deckturm, und es war mit mehr als 1000 Mann bemannt. Es hatte einen Tiefgang von 3–4 Metern. Die Anzahl der Schaufelräder steigerte sich von vier bei frühen Schiffen dieser Art auf acht, 24 und schließlich 32. Das Kriegsschiff «Fliegender Tiger», mit demselben Antrieb zur gleichen Zeit gebaut, war ein vierrädriges Schiff mit zwei Achsen; jedes Schaufelrad war mit acht Propellerflügeln ausgerüstet. Noch bis in das frühe 20. Jahrhundert hinein waren Schaufelradschiffe gelegentlich in südchinesischen Gewässern zu sehen. Von Menschenkraft betrieben, war das Schaufelradschiff kostspielig im Vergleich mit Segelschiffen. Aus diesem Grunde erfreute es sich niemals großer Beliebtheit, obwohl einstmals eine große Anzahl gebaut wurde.

Das Schaufelradschiff, auch bekannt als Außenradschiff, wurde infolge der Weiterentwicklung von Rudern zu Schaufelrädern eingeführt, wobei sich die alternierende Antriebstätigkeit in diejenige ununterbrochener Rotation verwandelte. Dies kennzeichnete einen großen Schritt vorwärts in der Technik des Schiffsantriebs.[3] Datiert aus der Zeit von Li Gao in der Tang-Dynastie, war

---

[3] Die unmittelbare Motivation zum Bau von Schaufelräder-Kriegsschiffen war aber die windunabhängige Bewegungsfähigkeit und Manövrierbarkeit auf engen Binnengewässern zur Verteidigung der Jiangnan-Provinzen gegen Kin-Tartaren und gegen Mongolenangriffe gewesen (Anmerkung des Bearbeiters).

Chinas erstes Schaufelradschiff seinem Gegenstück im Westen um sieben- bis achthundert Jahre voraus.

　　Neben der Frage des Antriebs war für die Seefahrt die Frage der Orientierung ein gleicherweise schwerwiegendes Problem. Es war eine Frage mit zwei Aspekten: Steuerung des Schiffs einerseits, Peilung seiner Position andererseits. Aus einem Grab der Han-Dynastie in Guangzhou ausgegrabene Tonmodellschiffe hatten bereits ein radiales Steuerruder am Heck, ein Anzeichen dafür, daß Hecksteuer in China zum Beginn des christlichen Zeitalters schon in Gebrauch waren. Weitere Entwicklungsstufen waren das Hilfssteuer und das zweite Hilfssteuer. Chinesische Schiffbauer schufen inzwischen verschiedenartige Steuerkonstruktionen, um ein Steuersystem herzustellen, das angehoben oder gesenkt werden konnte, ein Steuer mit Stabilisator, ein kompensiertes Steuer und andere Typen. Das Stabilisator- und das kompensierte Steuerblatt erlaubten die Verkürzung der Ruderpinne bzw. die Verminderung des zur Betätigung des Ruders notwendigen Drehmoments. Stabilisationssteuerruder gelangten in China nach der Song-Dynastie allgemein zur Anwendung.

Die Technik der Hochseenavigation

Yan Dunjie

Die sehr lange Küstenlinie, die Chinas riesiges Territorium begrenzt, zwang das chinesische Volk schon in sehr frühen Zeiten, die Kunst des Segelns auf hoher See zu entwickeln.

Navigation mit Hilfe der Himmelskörper

In alten Zeiten lernten chinesische Seeleute, sich auf dem Meer durch Beobachtung der Himmelskörper zu orientieren. Im *Huai Nan Zi (Buch des Fürsten von Huai Nan)* ist erwähnt, daß man bei Seereisen Osten und Westen unterscheiden konnte, indem man den Polarstern ausfindig machte. Eine ähnliche Bemerkung findet sich im *Bao Pu Zi (Buch von Meister Baopu)* von Ge Hong (284–364) aus der Jin-Dynastie (265–420). Ge Hong äußert, daß Reisende zu Land, die ihren Weg verloren hatten, durch den «Südwärts weisenden Wagen» geleitet wurden und, wenn sie sich auf dem Meer verirrt hatten, nach dem Polarstern Ausschau hielten. Fa Xian, ein Mönch der Östlichen Jin-Dynastie (317–420), der zu Wasser von einer Reise aus Indien zurückkehrte, berichtete, an Bord eines Schiffes «waren wir inmitten grenzenlosen Wassers nicht mehr in der Lage, Osten von Westen zu unterscheiden. Wir fuhren dann weiter, indem wir die Sonne, den Mond und die Sterne beobachteten.» Diese «Abhängigkeit von den Sternen bei Nacht und von der Sonne tagsüber» dauerte bis in die Zeit der Nördlichen Song-Dynastie (960–1127), als der chinesische Seemann lernte, «an einem bewölkten Tag nach dem Kompaß zu sehen». Zur Zeit der Yuan-Dynastie (1280–1368) und der Ming-Dynastie (1368–1644) hatte die Entwicklung der nautischen Astronomie einen Grad erreicht, der es ermöglichte, den geographischen Breitengrad aufgrund der Höhe von Sternen zu bestimmen. Dies war der Ursprung der altchinesischen nautischen Astronomie. Die Methode wurde als «Sternzielende Technik» bekannt, zu deren Anwendung ein Gerät, das man «Sternzielende Tafeln» nannte, benutzt wurde (vgl. S. 27–29).

Aus Ebenholz angefertigt, bestand dieses Gerät aus 12 quadratischen Tafeln, die man in einer festen Entfernung vom Auge hielt. Von diesen Tafeln maß die größte ca. 24 Quadratzentimeter, von den übrigen war jede um zwei Zentimeter kleiner als die nächstgrößte. Die kleinste war nur etwa zwei Quadratzentimeter groß. Es gab auch ein kleines, an den Ecken abgeschrägtes Elfenbeintäfelchen, das man gleichzeitig zwecks «Feinab-

lesung» vor die Augen hielt; die Abschrägung erlaubte das Ablesen von Bruch-
teilen eines *chi*.

Um die Höhe des Polarsterns mit Hilfe der «Sternzielenden Tafeln» herauszufinden, hielt der Seemann mit ausgestrecktem Arm verschiedene Tafeln an
der Mitte einer Seite hoch, während er zum Himmel emporblickte. Er hielt
dabei den oberen Rand der Tafel auf die Höhe des Polarsterns und ihren
unteren Rand zum Horizont, wobei eine Schnur es erlaubte, den Abstand zwischen der Platte und seinem Auge konstant zu halten. Die passende Tafel
zeigte die Höhe des Polarsterns an jenem besonderen Standort an. Den verschiedenen Höhen des Sterns entsprachen verschiedene Tafeln, die man
zwecks genauer Ablesung mit den Seiten des Elfenbeintäfelchens in Übereinstimmung brachte. Der Breitengrad der Schiffsposition wurde dann aus der so
bestimmten Höhe des Polarsterns berechnet.

Während der Yuan-Dynastie reiste Marco Polo zu Lande nach China, wo er
über 20 Jahre blieb, dann über Persien nach Italien zurückkehrte. Er segelte auf
einem chinesischen Schiff, das den Indischen Ozean kreuzte, und sich dann
nach Westen wandte. In dem Buch der Reisen Marco Polos *(Il Milione)* ist das
Segeln auf dem chinesischen Hochseeschiff beschrieben worden. Dabei wurde
erwähnt, daß die Höhe des Polarsterns gemessen wurde, als das Schiff von der
Malacca-Straße aus in den Indischen Ozean segelte. Sicherlich wurde dabei die
«Sternzielende Technik» angewandt.

Auf allen sieben der von Zheng He und seiner Flotte im frühen 15. Jahrhundert gemachten Seereisen «wurden auf den Hin- und Rückfahrten Tagebücher
mit den Ergebnissen des Sternzielens geführt», wie aus zeitgenössischen Vermerken hervorgeht, die die Meisterschaften der chinesischen Navigatoren in
dieser Technik bezeugen. Seeleute der Ming-Zeit benutzten also gewöhnlich
den Polarstern als Führer; aber wenn er nicht mehr sichtbar war – d. h. bei
Breiten unterhalb 6° N – vermaßen sie die *huagai* (die Zwillingssterne β und
γ des Kleinen Bären). Für die Bestimmung des Längengrades richteten sich
die Seeleute der Ming-Zeit nach verschiedenen Leitsternen, indem sie die
Position des Schiffes bei Nacht vom Azimut und von der Höhe des gewählten Leitsterns ableiteten. Dies nannte man damals «Sternepeilen» und gehörte auch in den Bereich der «Sternzielenden Technik».

Die Seereise von Guli (Calicut) an der Westküste Indiens nach Dhufar in
Oman an der Ostküste der arabischen Halbinsel möge hier als Beispiel für die
Navigation der «Sternzielenden Technik» in der Ming-Zeit zitiert werden. Als
das Schiff aus Calicut absegelte, wurde die Höhe des Polarsterns mit 6°24′
gemessen (in modernen Zahlen). Das Schiff wendete sich nordwestwärts und
fuhr 900 Kilometer nach Mangalore an der Westküste Indiens, wo die Polar-
sternhöhe mit 8° gemessen wurde. Dann segelte es nordwestlich bis Nord,
legte 1500 Kilometer zurück, wobei die Höhe des Polarsterns mit 10° gemes-

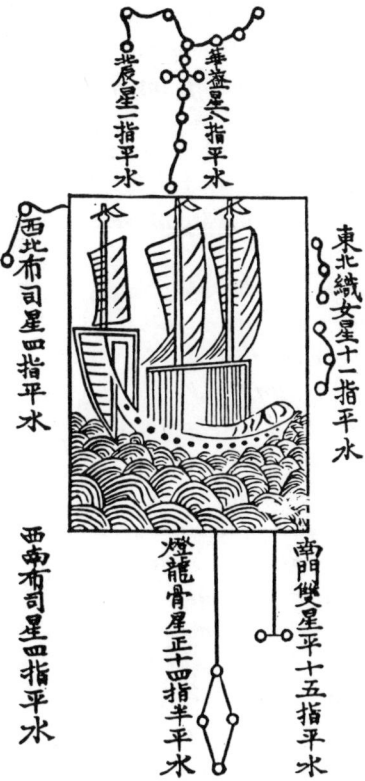

Abb. 113
Das Diagramm zeigt die Höhen der Leitsterne zwischen Sri Lanka (Ceylon) und Sumatra auf der Rückreise nach China.

sen wurde. Hierauf segelte das Schiff westwärts und ein wenig nach Norden, legte 2100 Kilometer zurück, um Dhufar zu erreichen, wo schließlich die Höhe des Polarsterns mit 12°48′ gemessen wurde.

Die diesen Höhen entsprechenden Breitengrade, berechnet nach der den chinesischen Lotsen damals bekannten Methode, stimmen im wesentlichen mit dem Breitengrad der obigen Positionen auf einer modernen Seekarte überein. Ebenso ähnelt die Route der Seereise derjenigen, die moderne Schiffe verfolgen, was auf das hohe Niveau der nautischen Astronomie in der Ming-Dynastie hinweist.

Seeleute der Ming-Zeit formulierten die Regeln hinsichtlich des Aufgangs und Untergangs von Himmelskörpern. Die Zeittabellen für die Sonne und den Mond, die man in einem späten Ming-Manuskript über Routen der Seefahrt gefunden hat, sind erhalten geblieben. Die Matrosen verfaßten Lieder, die folgende Titel trugen: *Zeitbestimmung von Sonnenaufgang und -untergang* sowie *Zeitbestimmung von Mondaufgang und -untergang*. Das erste Lied lautet:

Auf um sieben und um fünf unter
Die Sonne im ersten und neunten Mond kreist munter.
Im Monat zwei und acht
Auf um sechs und unter um sechs gegen Nacht.
Im dritten und im siebten die Sonne glüht
Von fünf an, bis um sieben sie flieht.
Von vier bis acht ist dunkel ihr Kleid
Im vierten und sechsten Mond zur Sommerzeit.
Von neun bis drei nur Licht sie beschert
In Wintermitte, so halt sie wert!
In den Monden zehn und zwölf sie schenkt mehr Licht –
Auf um acht, doch um vier schon scheint sie nicht.
Von drei bis neun hindurch sie tagsüber kreist,
So ist der Monat fünf ganz hell zumeist.

Auf solche Weise berechnete man die Zeit für die zwölf Mondmonate nach der Sonne in Knittelversen. Obwohl diese Angaben ungenau waren, dienten sie doch als Faustregel für Seefahrer.

Ming-Bücher über die Seefahrt berichten von Schiffspersonal, dem neben verschiedenen anderen Pflichten an Bord chinesischer Hochseeschiffe speziell auch die astronomische Beobachtung oblag. Das *San Bao Tai Jian Xia Xi Yang Ji Tong Su Yan Yi (Volkserzählung von der Seefahrt des Drei-Juwelen-Eunuchen in den Westlichen Meeren)*, ein sehr beliebter Roman der Ming-Zeit, berichtet von «10 Astronomen zum Beobachten der Sterne» an Bord des Schiffes des Admirals. «Auf jedem Schiff», heißt es, «gibt es drei übereinander angeordnete Plattformen zur Beobachtung des Himmels. Auf jeder sind 24 Matrosen stationiert, deren Pflicht es ist, tagsüber Wetterveränderungen und bei Nacht Sterne und Sternbilder zu beobachten.» Diese Romanstelle spiegelt zweifellos die tatsächliche Praxis in der Seefahrt während der Ming-Dynastie wider.

Navigation mit Hilfe erdgebundener Beobachtungsmittel.
Seefahrttechnik mittels Bodenbeobachtung

Zu den technischen Leistungen der altchinesischen Seefahrt auf dem Gebiet erdgebundener Beobachtungsmethoden gehörten die Erfindung und Verwendung von Navigationsmitteln wie dem magnetischen Kompaß, der Log-Leine, des Senkbleis sowie des Kompaßkurses mit Navigationskarten. Die «Südwärts weisende Nadel» wurde einige Jahrhunderte nach ihrer Erfindung in China von der Seefahrt in Gebrauch genommen. Die schwimmende «Südwärts weisende Nadel» der Nördlichen Song-Zeit entwickelte sich später zu dem, was als Wasserkompaß bekannt wurde. Gemäß Zhu Yu in der Song-Dynastie (960–1279) begannen chinesische Hochseeschiffe mit dem Gebrauch des Kompasses zwischen 1099 und 1102. Xu Jing, der 1123 von einer Seereise nach Korea zurückkehrte, berichtete, daß das Schiff sich nachts an den Sternen orientierte und bei Bewölkung die schwimmende Nadel verwendet wurde. Diese Berichte über den Gebrauch des Kompasses in der Seefahrt sind anscheinend die frühesten der Welt.

Ein Bericht der Han-Dynastie (206 v. Chr.– 220 n. Chr.) erwähnt, daß der Geomanten-Kompaß in 24 gleiche Teile eingeteilt war. Diese Einteilung erscheint auf einer Seekarte von Shen Kuo aus der Nördlichen Song-Zeit. Es handelte sich um die Aufteilung des 360°-Kompasses in 24 Richtungspunkte, mit einem Zwischenraum von 15° zwischen je zwei Punkten. Wurde der Kompaß benutzt, unterteilte man erneut jeden der 24 Teile, was im ganzen 48 Richtungen ergab: jeder Teil umfaßte 7°30′. Diese Unterteilungen wurden «Zwischenpunkte» genannt. Ein solcher Kompaß war viel genauer als ein in der späten Ming-Zeit aus dem Westen importiertes Gerät, und chinesische Lotsen zogen ihren eigenen dem importierten Kompaß vor.

In alten Zeiten wurde der Schiffskompaß in einem Abteil aufbewahrt, das «Nadelraum» genannt wurde und nur für den zuständigen Offizier zugänglich war. Das *Xi Yang Fan Guo Zhi (Berichte über Länder der Westlichen Meere)* aus der Ming-Zeit berichtet, daß dieser Offizier stets ein erfahrener Seemann war. Er war der Chefnavigator, der für den Kompaß, das Logbuch, die Seekarten u. a. verantwortlich zeichnete. «Dies ist eine lebenswichtige Sache, die nicht leichtfertig behandelt werden sollte», warnt der Bericht, die Bedeutsamkeit des Kompasses für Hochseeschiffe betonend.

Über eine logähnliche Messung wird ebenfalls schon früh berichtet. Zur Zeit der Drei Reiche (220–280) schrieb ein Seemann des Staates Wu ein Buch mit dem Titel *Nan Zhou Yi Wu Zhi (Seltsame Dinge des Südens)*, als er von einer Seereise in die Südsee zurückkehrte. Darin berichtet er über Geschwindigkeitsmessungen an Bord: man wirft ein Stück Holz vom Bug aus ins Meer und läuft dann schnell zum Heck, um zu sehen, wie lange das Stück Holz braucht, bis es das Heck erreicht hat. Dies war die primitive Methode des Loggens, die bis zur Ming-Dynastie in Gebrauch blieb. In der Ming-Zeit bekam die Methode einen anderen Namen, weil es üblich geworden war, die 24 Stunden eines Tages in 10 «Wachen» einzuteilen, wobei man die Zeit durch Abbrennen einer bestimmten Zahl von Weihrauchstäbchen maß. Als Stan-

dardgeschwindigkeit wurde die Distanz von 30 km für eine «Wache» gewählt.
Zum Schätzen der Geschwindigkeit wurde nach wie vor ein Stück Holz ins
Wasser geworfen, während gleichzeitig eine Person vom Bug zum Heck lief.
Trafen beide gleichzeitig am Heck ein, so hatte man die Standardgeschwindig-
keit eingehalten. Kam das Holz später als die Person an, so sprach man von
einer Geschwindigkeit «unterhalb Wache», erreichte das Holz vor der Person
das Heck, nannte man die Geschwindigkeit «oberhalb Wache». Auf diese
Weise wurden Geschwindigkeit und zurückgelegte Distanz grob geschätzt.
Diese Methode war dem in der europäischen Seefahrt benutzten Logscheit
(oder Logbrett) im Prinzip vergleichbar:

Mit dem Log mißt man den Weg, den das Schiff in 14 bzw. 28 Sekunden, der
Auslaufzeit einer Sanduhr – des sogenannten Logglases –, von einem festen
Punkt im Wasser aus zurücklegt. Diesen festen Punkt bildet das Logscheit
oder Logbrett, ein hölzerner Viertelkreisausschnitt, der so beschwert ist, daß
er mit der Spitze nach oben im Wasser schwimmt. Das Logscheit ist an einer
Leine, der Logleine, befestigt, die in etwa 50 m Abstand vom Logscheit durch
einen weißen Tuchlappen gekennzeichnet ist. Von hier aus ist sie in gleiche
Teile geteilt, deren Länge sich zu einer Seemeile (1852 m) verhalten wie 14 bzw.
28 Sekunden zu einer Stunde und deren Endpunkte durch Bindsel mit entsprechender Zahl von Knoten kenntlich gemacht sind (Knotenlängen = 6,84
Meter). Die Logleine ist auf einer Logrolle aufgerollt, die beim Loggen von
einem Mann hochgehalten wird. Das Logscheit wird hinten über Bord geworfen, die Logleine rollt ab; sobald der weiße Lappen außenbords geht, wird das
Logglas umgedreht. Sobald es ausgelaufen ist, wird die Leine festgehalten. Die
Knotenzahl, die eben außenbords ist, gibt die Fahrt des Schiffes in Seemeilen
(auch Knoten genannt) pro Stunde an.

Mit dem sogenannten Grundlog kann man zudem die Fahrt des Schiffes
über den Grund messen; der feste Punkt hier ist ein Lot. Durch gleichzeitiges
Loggen mit beiden Logs findet man Richtung und Fahrt der Strömung.

Spätestens in der Tang-Dynastie (618–907) benutzten auch chinesische
Lotsen Tiefenlote. Ein Typ wird als «Senkhaken» und ein anderer als «Leine
mit Eigengewicht» bezeichnet. Beide konnten allerdings nur Tiefen bis zu
20 m loten (Flachwasserloten). Bald danach, so wird berichtet, lotete man mit
Schnüren, die eine Länge bis zu 170 m hatten (Tiefloten).

Nach Angaben von Wu Zimu aus der Südlichen Song-Zeit im *Meng Liang
Lu (Berichte von einem Traum der Größe)* führten chinesische Handelsschiffe
auf hoher See Lotungen bis zu 700 *chi*[1] Tiefe durch.

In der Song-Zeit erschienen auch Seekarten mit Angaben von Kompaß-

---

[1] 1 *chi* zur Zeit der Song-Dynastie = 0,319 Meter.

kursen (sogenannte Portolankarten) für verschiedene Strecken. Sie wurden «Nadelführer» genannt und leiteten die Seefahrt mit Hilfe der Kompaßkurse. Auf diese jahrelang gesammelten Seekarten wurde in China später unter den Namen «Nadelschriften», «Nadelanmerkungen» oder «Nadelbücher» hingewiesen.

In diesen «Nadelführern» waren gewöhnlich verzeichnet: Abfahrtshafen, Segelrichtungen, zurückgelegte Entfernung vor einem Richtungswechsel und erreichte Orte. Die Segelrichtung wurde als «Einzelpeilung» oder «direkte Peilung» markiert, wenn die Nadel direkt auf Azimutpunkte des Kompasses hinwies. Wenn die Nadel zwischen zwei benachbarte Azimutpunkte zeigte, so wurde die Richtung mit beiden Punkten angegeben und «Zwischenpeilung» genannt. Es gab vier verschiedene Möglichkeiten, zwei gemeinsame Nachbarrichtungen zur Angabe des Segelkurses zu bezeichnen: 1. direkt–zwischen, 2. zwischen–direkt, 3. direkt–direkt und 4. zwischen–zwischen. In einzelnen Fällen wurde die Richtung mit mehr als zwei Orientierungen definiert.

Die zurückgelegte Entfernung wurde in «Wachen» gemessen. Die Ankunft eines Schiffes an seinem Bestimmungsort konnte folgendermaßen berichtet werden: «auf der Höhe von», «vorbei an», «in Sicht von» und «angekommen in».

Zum Kompaßkurs gehörten auch die Sternpeilungsberichte der Nacht und die durch Lot festgestellten Seetiefen.

Das Folgende sind Beispiele aus den «Nadelführern» (Portolankarten) der Strecke zwischen Taicang in der Provinz Jiangsu und Japan, entnommen dem *Chou Hai Tu Bian (Illustrierte Seeküsten-Strategie)*, einer Sammlung der Ming-Dynastie:

> «...Segel gesetzt vom Hafen Taicang aus. Die Nadel benutzt, die direkt auf *yi*[2] weist. Eine Wache gesegelt. Schiff auf der Höhe der Mündung des Wusong-Flusses.
>
> – Die Nadel benutzt, die direkt auf *yi* weist und dann zwischen *yi* und *mao*. Eine Wache gesegelt bis auf die Höhe von Baoshan. Nanhuizui erreicht.
>
> – Die Nadel benutzt, die nun zwischen *yi* und *chen* ausschlägt. Aus dem Hafen gesegelt. Tiefe bei 60–70 *chi* gelotet. Die Route via Shanidi genommen. Drei Wachen gesegelt. In Sicht von Chashan.

---

[2] Der altchinesische Schiffahrtskompaß ist mit vier von acht Trigrammen der Bagua (Acht Diagramme) markiert, mit acht von den zehn *gan*-Schriftzeichen des Zehner-Zyklus und zwölf *zhi*-Schriftzeichen des Zwölfer-Zyklus. Der Kompaß hat 24 Punkte, die den Kreis in Segmente von je 15° einteilen. Daher ist *yi* etwa 105°, *mao* 90°, *chen* 120°, *kun* 225°, *shen* 240°, *ding* 195°, *wei* 210°, *wu* 180°.

– Von dort aus die Nadel benutzt, die zwischen *kun* und *shen*, dann zwischen *ding* und *wei* pendelt. Drei Wachen gesegelt. Die Großen Sieben Berge und die Kleinen Sieben Berge erreicht. Tanshan im Nordosten gefunden. Unterhalb Tanshan war die Tiefe sieben bis acht *tuo*.[3]

– Die Nadel benutzt, die zuerst direkt auf *ding* weist und dann zwischen *ding* und *wu* pendelt. Drei Wachen gesegelt. Huoshan erreicht...»

Mehrere von Hand kopierte Manuskripte solcher «Nadelführer» sind jetzt entdeckt worden, darunter Kurse von Seefahrten sowohl in die östlichen als auch in die westlichen Meere. Diese Manuskripte werden noch weiterhin untersucht. Es ist bekannt, daß «Nadelführerberichte», von chinesischen Seeleuten kompiliert, im frühen 16. Jahrhundert auch von portugiesischen Seefahrern auf Fahrten nach Südostasien benutzt worden sind.

Seekarten sind auch im *Gao Li Tu Jing (Illustrierter Bericht einer Gesandtschaft nach Korea)* von Xu Jing aus der Nördlichen Song-Zeit erwähnt. Diese Seekarten sind leider im Laufe der Generationen verlorengegangen. Die älteste noch vorhandene chinesische Seekarte ist die Illustration, die dem *Hai Dao Jing (Handbuch der Segelnavigation)* aus der frühen Ming-Zeit beigefügt ist.

Zu dem *Wu Bei Zhi (Abhandlung über Waffentechnik)* gehört eine Seekarte mit dem Titel «Seekarte, die den Kurs von Schiffen zeigt, die Segel setzten von den Werften der ‹Schatzschiffe› aus, bei Longjiangguan in See stachen und verschiedene fremde Länder erreichten». Dies ist nichts anderes als die Seekarte von Zheng He. Die auf der Karte bezeichneten Seerouten und geographischen Positionen stimmen mit der Geschichte von Zheng Hes letzter Reise in die westlichen Meere im fünften Jahr von Xuande (1430) überein, wie Zhu Yunming aus der Ming-Zeit im *Qian Wen Ji (Überlieferung von Vergangenem)* berichtet. Man glaubt, daß diese Seekarte in der Mitte des 15. Jahrhunderts angefertigt wurde. Die Seekarte von Zheng He ist also für das Studium der Geschichte der Verkehrsverbindungen zwischen China und der Außenwelt sowie der Seefahrttechnik im 15. Jahrhundert von großer Bedeutung.

In manchen Klassikern der späten Ming-Zeit finden sich erwähnenswerte kartographische Darstellungen, wie die «Karte mit Angabe topographischer und hydrographischer Besonderheiten auf der Route von Lingshan nach Java», die «Karte mit topographischen und hydrographischen Besonderheiten auf der Route von Xincun und Java nach Manlajia», die «Karte mit Angabe von topographischen und hydrographischen Eigenheiten von Pengkeng» u. a. Alle diese Seekarten sind verlorengegangen, nur die Erklärungen und Legenden sind erhalten geblieben. Sie enthalten Warnungen vor gefährlichen Stellen

---

[3] 1 *tuo* = 5 chi oder 1,6 Meter.

auf See («Hier ist eine mit Gras überwucherte Insel», «Hier liegt ein Schilfdik-kicht»), vor Untiefen («Vorsicht vor Untiefen in der Bucht», «Hier ist ein Ton-erde-Strand»), vor Riffen («Riff an der Hafenmündung. Distanz halten», «Dort sind Riffe mit tosenden Wellen»), vor Sandbänken («Hier ist eine San-drinne im Wasser»), vor Felsen («Hier sind uralte Felsen», «Hier ist eine alte Felsbank») u. a. m. Diese Anmerkungen ähneln durchaus modernen Seekar-ten.

Uns sind zwei Seekarten der frühen Qing-Dynastie (1644–1911) überlie-fert. Eine davon ist eine Portolankarte für die Seefahrt in Länder im westlichen und südlichen Meer – eine farbig gezeichnete Papierkarte, hergestellt zwi-schen 1711 und 1715 –, die andere ist eine Karte des östlichen und südlichen Meeres, ebenfalls eine farbige Papierkarte aus der Zeit von 1712–1722. Beide Seekarten sind jetzt im Beijinger Palastmuseum aufbewahrt.

Spinnrad und Webstuhl

GAO HANYU UND SHI BOKUI

In alten Zeiten hatte China eine hochentwickelte Textiltechnik, und die feine chinesische Seide gewann weltweiten Ruhm. Dieser Umstand ist nicht nur der hohen Geschicklichkeit der chinesischen Handwerker zu verdanken, sondern auch ihrer Erfindungsgabe und der ständigen Erneuerung von Textilgeräten und anderen Ausrüstungsgegenständen. Hier werden wir eingehend nur die Entwicklung des Spinnrads und des Webstuhls behandeln.

Das Spinnrad

Im Altertum war bereits bekannt, daß Naturfasern wie Hanf, Seide, Wolle und Baumwolle in Garn gesponnen werden mußten, bevor man sie zu Stoffen verarbeiten konnte. Seit undenklichen Zeiten benutzten die Chinesen das, was als der Spinnrocken bekannt ist, ein primitives Spinngerät, das in großen Mengen in neolithischen Ruinen entdeckt worden ist, die man in vielen Teilen Chinas ausgegraben hat. Dieses Gerät war eine kleine Platte aus Lehm oder Gestein, die man Spinnscheiben nannte und die ein Loch in der Mitte hatte, in welches man eine Spinnstange hineinschob. Zum Spinnen wurde eine kleine Menge Hanf oder anderes Fasermaterial auf die Stange aufgedreht und zusammengewickelt. Dazu hielt der Spinner die Stange mit einer Hand fest und drehte mit der anderen Hand die Scheibe, so daß die Fasern durch das Zusammendrehen in Garn gesponnen wurden. Es ist erwähnenswert, daß dies eine frühe Anwendung des mechanischen Prinzips der Drehverbindung und des Schwerkraftgesetzes bei der Gewebeherstellung ist. Wenn das gesponnene Garn eine gewisse Länge erreichte, so wurde es auf die Spinnstange gewickelt. Dieser Vorgang wurde wiederholt, bis die Stange vollgewickelt war.

Später, nach Jahrhunderten der Produktionsentwicklung, kam das Einzelspindel-Handspinnrad auf, das sehr bald den Spinnrocken ersetzte und ein wichtiges Werkzeug für die frühe Textilproduktion wurde.

Der genaue Zeitpunkt der Einführung des ersten Spinnrads ist noch nicht bestimmt worden. Seine früheste Beschreibung in chinesischen Geschichtsberichten findet sich im *Fang Yan (Wörterbuch lokaler Ausdrücke)* von Yang Xiong (53 v. Chr.–18 n. Chr.) aus der Westlichen Han-Dynastie (206 v. Chr.–24 n. Chr.), in dem Begriffe wie «Spinnrad» und «Raupenkette» erwähnt werden. Die früheste Darstellung des Spinnens mit dem Einzelspindel-Spinnrad sah man auf Seidengemälden der Westlichen Han, die in Yinqueshan im Kreis Linyi, Provinz Shandong, gefunden wurden. Ähnliche Abbildungen fand man auf Steingravierungen der Han-Zeit, von denen bisher nicht weniger als acht entdeckt worden sind. All diese Tafeln stellen Vorgänge der Textilerzeugung dar, vier davon Spinnräder. Ein gravierter Stein, ausgegraben 1956 in dem Dorf Honglou, Kreis Tongshan in der Provinz Jiangsu, der das Textilhandwerk in der Han-Zeit darstellt, zeigt Bilder von Arbeitern beim Weben, Spinnen und Verarbeiten von Seide. Es ist also offenbar, daß das Spinnrad in der Han-Dynastie schon ein gebräuchliches Gerät bei der Garnerzeugung geworden war und daß es viel früher aufgekommen sein muß.

Abb. 114
Spinnen mit einem Einzelspindel-Spinnrad, wie es auf einem in Yinqueshan gefundenen Seidengemälde der Westlichen Han-Dynastie (206 v. Chr.–24 n. Chr.) zu sehen ist.

Dieses Spinnrad auf den Steingravierungen hat Ähnlichkeit mit demjenigen, das im *Tian Gong Kai Wu (Werke der Natur und der Arbeit)*, verfaßt in der Ming-Dynastie (1368–1644), beschrieben wurde. Obwohl einfach im Bau, war das Spinnrad 20mal leistungsfähiger als der Spinnrocken. Ein Seilantrieb ist an dem Gerät sichtbar, was den Gebrauch dieser Kraftübertragungsmethode für die Produktionsmaschinerie vor bereits 2000 Jahren beweist.

Ein Spinnrad dieses Typs produzierte Seidengarn oder Saiten für Musikinstrumente von verschiedener Dicke mit gleichmäßiger Feinheit durch Zwirnen oder Verdoppelung der Fasern. Eine chinesische Zither der Han-Zeit (206 v. Chr.–220 n. Chr.), ausgegraben 1972 aus dem Grab Nr. 1 in Mawangdui, Changsha, Provinz Hunan, hat Saiten, die vermutlich auf einem Spinnrad dieser Art hergestellt worden sind. Die dickste Saite mit einem Durchmesser von 1,9 Millimetern wurde wahrscheinlich aus 37 Seidenfäserchen erzeugt und in einen Faden gezwirnt, der dann zu einem vierfachen Garn zweimal gedoppelt wurde. Vier von diesen Garnen wurden zuletzt zusammengedreht, um die Saite herzustellen. Das bedeutet, daß die Baßsaite dieser Zither aus ursprünglich 592 Seidenfäserchen besteht. Die 25 Saiten auf diesem Instrument sind von jeweils verschiedener Dicke, fein und gleichmäßig gesponnen, und erzeugen einen melodischen Ton. Die Entwicklung solcher Spinnräder ist für die Geschichte der Garnspinnerei von großer Bedeutung.

Doch nicht nur für das Garnspinnen war das Spinnrad förderlich. Es steigerte auch die Produktivität beträchtlich, weil es für die Vorbereitung der Spule zum Weben mit einem Weberschiffchen nützlich war, eine Arbeit, die bis dahin mittels eines besonderen Gerätes verrichtet wurde.

Seit den Dynastien der Han und der Tang (618–907) erwarb sich die ausgezeichnete chinesische Seide, die auf der Seidenstraße in den Westen befördert wurde, weltweite Bewunderung. An vielen Orten entlang dieser uralten Handelsstraße hat man Altas-, Damast-, Seidenflor- und andere Seidenstoffe von sehr feiner Qualität ausgegraben. Das Spinnrad hat offensichtlich zur Herstellung dieser Gewebe viel beigetragen. Das handbetriebene Spinnrad wurde in zwei Typen entwickelt, die mittels eines Tretrades bzw. mit Wasser angetrieben wurden, wodurch Chinas Garnspinntechnik eine neue Stufe erreichte.

Auf dem Exzentrikprinzip beruhend, war das Tretspinnrad eine Neuerung bei den Garnspinngeräten. Der genaue Zeitpunkt der Einführung des ersten Tretspinnrads ist noch nicht sicher festgestellt. Jedoch besitzen wir ein Gemälde der Östlichen Jin-Dynastie (317–420) von Gu Kaizhi (ca. 345–406), auf dem ein fußbetriebenes Dreispindel-Spinnrad zu sehen ist. Später beschrieb das *Wang Zhen Nong Shu (Wang Zhens landwirtschaftliche Abhandlung)*, 1313 von Wang Zhen verfaßt, Spinnräder für Baumwolle mit drei Spindeln und andere für Hanf mit drei oder fünf Spindeln. Sie alle sind Pedalspinnräder, ein Beweis dafür, daß das Tretspinnrad bereits zu jener Zeit in Gebrauch war.

Das Spinnrad ist über lange Zeit und in großer Verbreitung zum Baumwollspinnen benutzt worden. Chinas nationale Minderheiten trugen zum Anbau und zur Verarbeitung der Baumwolle viel bei. Zu diesem Zweck entwickelten sie besonders in der Provinz Yunnan und auf der Insel Hainan eine ganze Reihe von Techniken. In der Spinnereitechnik verwendeten sie mit viel Geschick Spinngeräte mit Bambusrädern von 61 Zentimetern Durchmesser und solche mit 30–40 Zentimetern Durchmesser. Diese kleineren Spinnräder benutzten

sie für die Stapelfasern von Baumwolle, die viel kürzer als Seiden- oder Hanffasern sind.

Während der Übergangsperiode zwischen den Dynastien der Song
(960–1279) und Yuan (1271–1368) gelangte Frau Huang Daopo mit ihren
Innovationen zu großem Ansehen. Geboren in dem Dorf Wunijing, Kreis
Songjiang, Provinz Jiangsu, lebte sie später in Yazhou (jetzt Yacheng) auf der
Insel Hainan, wo sie von dortigen Frauen der Li-Nationalität Kenntnisse in
der Fertigung von Textilien aus Baumwolle erwarb. Gegen 1295 in ihren
Heimatort zurückgekehrt, beschäftigte sie sich weiter mit dem Textilhand-
werk und verwandelte in Zusammenarbeit mit örtlichen Weberinnen das
Hanf-Tretspinnrad in einen neuartigen Baumwollspinnrahmen mit drei Spin-
deln. Sie verbesserte auch die Geräte zum Entkörnen und Fadenspinnen der
Baumwolle. Ihre Erfindungen bewirkten einen beträchtlichen Anstieg in der
Baumwollgarnproduktion. Sie vervollkommnete die Fertigkeiten im Weben
und die der Farbanpassung, Garnverschlingung und des Musterwebens. Bald
wurde der Kreis Songjiang zum Baumwolltextilgebiet, und seine elegante
«Wunijing-Steppdecke» wurde eine gut verkäufliche Ware im ganzen Land.

Wang Zhen gab in seiner *landwirtschaftlichen Abhandlung* einen vollständigen Bericht über das handbetriebene Spinnrad und das Tretspinnrad und
schrieb ferner über zwei andere, neue Typen von Spinnrädern, das Riesen- und
das Wasserspinnrad. Das erstere unterschied sich von früheren Typen durch
seine Anzahl von Spindeln, die auf 32 erhöht wurde, was die Kapazität gewaltig steigerte. Ein gewöhnliches Einzelspindel-Spinnrad konnte täglich nur
3–5 *liang*[1] Baumwollgarn herstellen, und sogar ein Dreispindelrad ergab nicht
mehr als 7–8 *liang*. Auch die Produktion von Hanfgarn mit Fünfspindelausrü-
stung überstieg kaum ein Kilogramm (20 *liang*) pro Tag. Das speziell für Hanf
benutzte Riesenspinnrad erzeugte jedoch 50 Kilogramm Garn in 24 Stunden,
so daß sich viele Bauernhaushalte gezwungen sahen, ihre ganze Herbsternte
zusammenzutragen, um nur ein einziges Riesenspinnrad in Betrieb zu halten.
Später wurde das Riesenrad mit einem Krafttransmissionssystem ausgestattet,
ähnlich dem Treibriemenwerk moderner Maschinen.

Vor der Erfindung des neuartigen Spinnens war das mechanisierte Spinnen
niemals frei von Spindeln und ihrer Drehbewegung. Der einzige Unterschied
zwischen den einzelnen Typen lag lediglich in der Zahl der verwendeten Spindeln und der durch einen starken Kraftantrieb erhöhten Geschwindigkeit. Ein
Vergleich des uralten Spinnrads mit der modernen Spinnmaschine ergibt,
daß das Bambusrad des ersteren durch einen dünnen Zylinder ersetzt worden ist, der die Spindeln bewegt, während der Seilantrieb auf dem Riesen-

---

[1] 1 *liang* = 50 Gramm.

spinnrad dem modernen Tangentialtreibriemenantrieb sehr ähnelt. Die beiden obenerwähnten Antriebstypen arbeiten im wesentlichen nach demselben Prinzip.

Der Webstuhl

Es gibt keine zuverlässige Information über die tatsächliche Gestaltung eines primitiven Webgerätes. Viele kürzlich von chinesischen Archäologen zusammengetragenen Informationen liefern jedoch ein allgemeines Bild des alten Webehandwerks. Unter den 1975 in Hemudu, Kreis Yuyao in der Provinz Zhejiang, entdeckten neolithischen Ruinen waren Spinnrocken, röhrenartige Knochennadeln, Abschlagmesser aus Holz und Knochen, Haspelstangen u. a.

Abb. 115
Deckel eines Topfes, der zur Aufbewahrung von Muscheln diente, ausgegraben in Shizhaishan, Kreis Jinning, Provinz Yunnan.

Wie lernte der Mensch, Stoffe zu weben? Untersuchen wir zunächst einige dieses Handwerk betreffende Zitate: Liu Xi berichtet im *Shi Ming (Erklärung der Namen)*, daß «Stoff aus zwei Schichten Garn – der Webkette und dem Webeinschuß – gemacht wird, wobei letzterer von der Webkette durchflochten ist». Das bedeutet, daß ein einfacher Stoff gewebt wird, indem eine Schicht von Fäden (die Kette für die Länge) mit einer anderen Schicht (dem Schußfaden für die Breite) durchflochten wird.

Eine Webereiszene ist plastisch dargestellt durch geformte Figuren auf dem Deckel eines Topfes zur Aufbewahrung von Muscheln, der in Shizhaishan im Kreis Jinning, Provinz Yunnan, ausgegraben wurde. Die Figuren stellen Sklaven der Dian-Nationalität bei der Arbeit für den Sklavenhalter dar. Eine Frau in einer an der Brust zugeknöpften Tunika aus grobem Stoff, einen Gürtel um die Hüfte geschlungen, sitzt webend auf dem Boden. Den Webebalken unter ihren Füßen tretend, spannt sie den Schußfaden mit dem Schlagmesser in ihrer rechten Hand, während sie ihn mit ihrer Linken einschießt. Sie beugt sich tief über ihre Arbeit; das von ihr benutzte Gerät wird «Hockweb-

Abb. 116
Figuren von Sklavinnen beim Spinnen oder Weben, die auf dem in Shizhaishan ausgegrabenen Topfdeckel (vgl. Abb. 115) dargestellt sind. Figuren II, III, IV und V beim Weben.

stuhl» oder «Hüftwebstuhl» genannt. Diese Figuren belegen auch, daß der primitive Webstuhl schon über Bewegungsmöglichkeiten in drei Richtungen verfügte – auf- und abwärts zum Anschalten, nach rechts und links zum Einschießen des Schiffchens sowie vor- und rückwärts zum Abschalten des Schußfadens. Das kann als der älteste Vorläufer des modernen Webstuhls angesehen werden.

Im Laufe der weiteren Entwicklung wurde ein Tretwebstuhl konstruiert, der durch einen schrägen Teil zum Anheben und Senken des Webrahmens gekennzeichnet ist. Er ist auf einer Steingravierung aus der Han-Zeit abgebildet, ausgegraben im Dorf Caozhuang, Kreis Sihong in der Provinz Jiangsu, die ein Reliefbild zeigt, betitelt *Eine Mutter arbeitet an ihrem Webstuhl*. Es zeigt einen Webstuhl mit einem Rahmen, der das Anscherblatt unterstützt, und zwar mit einem Neigungswinkel von 50°–60° im Vergleich zu dem horizonta-

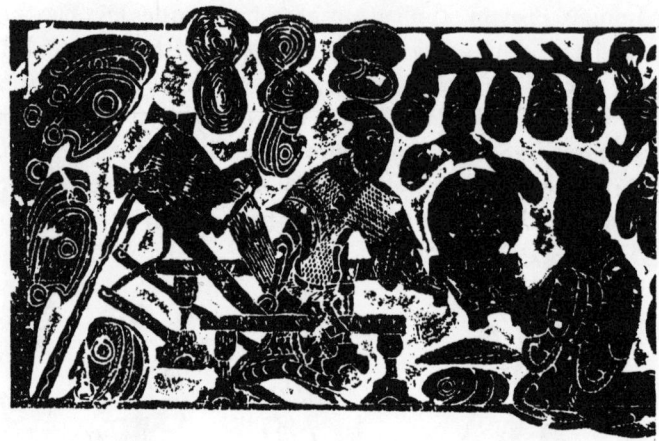

Abb. 117
Eine Frau arbeitet an ihrem Webstuhl – eine Steingravierung aus der Han-Zeit, ausgegraben im
Dorf Caozhuang, Kreis Sihong in der Provinz Jiangsu.

len Fußgestell. Dies ist ein Gerät, das der Weberin zu sitzen ermöglicht und ihr
einen guten Überblick über die Weboberfläche gibt, so daß sie kontrollieren
kann, ob die Garnspannung gleichmäßig ist oder ob beim Weben Fäden zerrissen worden sind. Der Webstuhl ist ferner mit einem Tretmechanismus als
Antrieb ausgerüstet. Das Bild zeigt deutlich, daß die Weberin auf zwei unterschiedlich lange Pedalhebel tritt, um die Webbäume auf und ab zu treiben. Der
Rahmen ist mit dem Pedal durch ein Seil verbunden, das durch die Pedalbewe-
gung den «Pferdekopf» (d. h. den Schwunghebel, dessen Vorderteil kleiner ist
als der hintere und einem Pferdekopf ähnelt) anzieht und eine Auf- und Abbewegung zur Trennung des Kettfaches in zwei Schichten bewirkt. Daraus resul-
tiert ein Abwurfantrieb in Dreiecksform. Die Weberin kann das Abwerfen mit
den Füßen statt mit den Händen betreiben, was die Arbeit erleichtert und
beide Hände zum gleichzeitigen Einschießen und Abschalten des Schußgarns
freiläßt. Der geneigte Rahmen war zehnmal leistungsfähiger als die früheren
Webgeräte, und er trug viel zur Erhöhung der Stoffproduktion bei.

Historische Berichte bezeugen, daß die Monarchen zur Zeit der Streitenden
Reiche (475–221 v. Chr.) Seidengeschenke in weitaus größerer Menge aus-
tauschten als in der vorhergehenden Frühlings- und Herbstperiode (770–476
v. Chr.). In den Dynastien der Qin (221–207 v. Chr.) und der Han (206
v. Chr.–220 n. Chr.) war der schräge Webstuhl bereits überall in den weiten
ländlichen Gebieten entlang den Becken des Huanghe (Gelben Flusses) und
des Changjiang (Yangtse) beliebt.

Auf dem oben erwähnten Bild ist schließlich noch ein kleines Instrument sichtbar, das an beiden Enden zugespitzt ist. Es ist ein Weberschiffchen, das winzige, handliche Werkzeug, das zum Durchgleiten durch das Kettfach benutzt wird, wodurch die Webgeschwindigkeit beschleunigt wird. Als große Neuerung in der Webtechnik ist das Schiffchen seither Generationen hindurch in Gebrauch gewesen.

Im 13. Jahrhundert wurde der Webstuhl weiter verbessert. In seinem *Zi Ren Yi Zhi (Traditionen des Tischlerhandwerks)* erklärt Xue Jingshi, einstmals Tischler im Kreis Wanquan (jetzt Kreis Wanrong), Provinz Shanxi, die Gestaltung und die Maße des vertikalen Webstuhls, des Hua-Webstuhls, des Seidenflorwebstuhls und des horizontalen Webstuhls. Damit verbunden sind ausführliche Beschreibungen ihres Baus und ihrer Betriebsprinzipien. Die dreidimensionalen Diagramme in dem Buch sind leicht verständlich und können, um den Autor zu zitieren, «90 % der Kenntnisse liefern, die ein Tischler zum

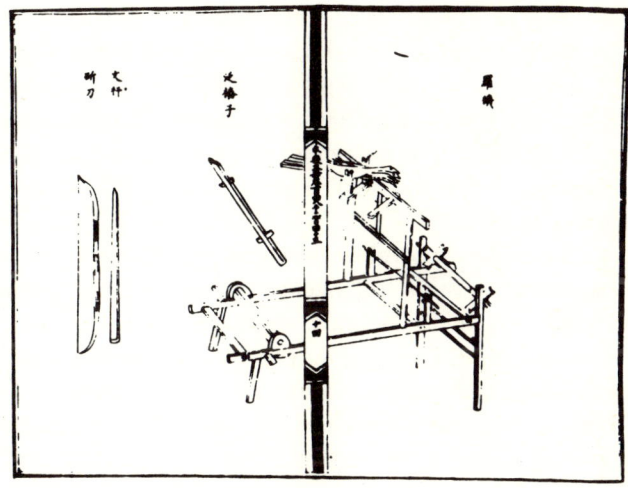

Abb. 118
Der Seidenflorwebstuhl, wie er im *Zi Ren Yi Zhi (Traditionen des Tischlerhandwerks)* abgebildet ist. Die Abbildung ist dem *Yong Le Da Dian (Große Enzyklopädie der Yongle-Regierung)* entnommen.

Bau eines Webstuhls braucht». Dieses Buch, das eine Geschichte chinesischer Textiltechnik darstellt, liefert wertvolle Informationen für das Studium der Entwicklung des Webstuhls.

Die Webstühle der Bauernhaushalte wurden in jenen Zeiten meistens von einzelnen Tischlern hergestellt und waren nach Form und Größe stark verschieden. «Jeder hat seine eigenen Eigenschaften», erklärt Xue Jingshi. Das bewirkte große Schwierigkeiten bei der Installation und Reparatur. Xue vollendete sein Buch daher erst, als er lange Erfahrungen in der Herstellung und Reparatur von Webstühlen erworben hatte, und faßte auch die Verdienste anderer Webstuhlbauer zusammen. So entstand ein Buch mit eingehenden Erklärungen und reichlichen Abbildungen über den Bau von Webstühlen. «Jeder Teil eines Webstuhls», sagt der Autor, «ist gesondert beschrieben.» Wie beim Entwurf einer Maschine in einer modernen Fabrik wurden Zeichnungen der Einzelteile und Skizzen ihrer Montage mit ausführlichen Angaben der Maße jedes Teils angefertigt, die auch ihren Ort im gesamten Gefüge markierten. Im Vorwort des Buches heißt es: «Alle Einzelteile haben ihre eigenen Bezeichnungen und bilden eine vollständige Maschine, wenn sie zusammengesetzt werden.» Ausführliche Entwürfe wurden zum Beispiel von dem Seidenflorwebstuhl gezeichnet, der zum Weben von feinen durchsichtigen Stoffen mit verschiedenen Mustern benutzt wurde. Dieser Webstuhl war 7–8 *chi*[2] lang und verfügte über einen Webbaum von 2,4–2,8 *chi* zwischen seinen zwei äußersten Enden. Die Anlaßstange auf dem Webstuhl, wegen ihrer Ähnlichkeit mit der Vogelgestalt «Krähenflügel» genannt, gestattet eine regelmäßige Auf- und Abbewegung der Kettenden sowie das Kreuzen nach rechts und links, um so die Grundkettenfäden in die den Entwürfen entsprechenden Muster zu bringen.

Im *Zi Ren Yi Zhi* sind die Strukturprinzipien des Hua-Webstuhls und des horizontalen Stoffwebstuhls sehr eingehend erklärt. Weniger genau werden der «Hüftwebstuhl» und der Seidenflorwebstuhl von Xu Guangqi (1562–1633) aus der Ming-Dynastie in seinem *Nong Zheng Quan Shu (Vollständige Abhandlung über landwirtschaftliche Verwaltung)* und von Song Yingxing (1587–?) in seinem *Tian Gong Kai Wu (Werke der Natur und der Arbeit)* erläutert. Standardmaße für das Schiffchen sind im *Zi Ren Yi Zhi* zum Beispiel spezifiziert auf 1,3–1,4 *chi* Länge und 1,5 *cun*[3] Breite sowie 1,2 *cun* Dicke in der Mitte, wobei der Durchlaß des Schußfadens im Schiffchen enthalten ist. Dank der weiteren Verbesserung bei den drei Bewegungen – Anlassen, Schiffchen-Durchwurf und Abketten – wurde bei der Stofferzeugung eine beträchtliche Steigerung der Produktivität und eine Verbesserung der Qualität erzielt. Abwandlungen von Webstühlen und anderen Webgeräten, entworfen und gebaut von Xue Jingshi, waren in der Präfektur von Lu'an, Pro-

---

[2] 1 *chi* = 0,321 Meter.
[3] 1 *cun* = 1/10 *chi*.

vinz Shanxi, wohlbekannt, wo der häufige Gebrauch dieser Webstühle eine große Entwicklung der Textilproduktion in dieser schon ziemlich wohlhabenden Gegend herbeiführte, was das Lu'an-Gebiet hinsichtlich der Textilproduktion auf gleiche Höhe mit den Provinzen Jiangsu und Zhejiang brachte. Damals gab es die allgemein bekannte Redewendung: «Alle unter dem Himmel sind entweder mit den Produkten aus Songjiang im Süden oder aus Lu'an im Norden bekleidet.»

Der «Jacquard-Webstuhl»[4]

Die chinesische Eigenart des Webstuhls zum Weben von gemusterten Stoffen wurde im Altertum erfunden und trug viel zu den eleganten und farbenreichen, von alters her in China erzeugten Stoffen bei. Unigewebe mit einfachen geometrischen Mustern wurden frühzeitig – vor ca. 4000 Jahren bereits – gewebt. Ein Überrest von gemustertem Seidenstoff mit einem Spiralmuster wurde als Hülle einer Streitaxt aus Bronze gefunden, ausgegraben aus einem Grab der königlichen Familie der Shang-Dynastie (ca. 16.–11. Jahrhundert v. Chr.) in dem Dorf Dasikong, Anyang, Provinz Henan. Es war ein auf der Rückseite einfarbiger, einfacher Stoff mit Köperkettenmustern, bekannt als *qi*, Damast. Während der Zhou-Dynastie (ca. 11. Jahrhundert–221 v. Chr.) schufen chinesische Weber schon *jin* (Brokat), ein mehrfarbiges, gemustertes Seidenmaterial. Historische Berichte wie auch die folgende Bemerkung aus dem *Yi Jing (Buch der Wandlungen)* bezeugen seine Existenz sogar vor der Qin-Dynastie: «Verwandle alle drei und fünf Jahre, verändre die Anzahl fort und fort und schaffe das Muster unter dem Himmel.» Aus dieser Textstelle wird ersichtlich, daß die Weber zu jener Zeit bereits wohlüberlegte Webstühle des Damast- und Brokatwebstuhl-Typs besaßen, die allgemein zum Weben komplizierter Muster benutzt werden konnten, gemäß dem Prinzip der «Veränderung alle drei und fünf Jahre».

Das Seiden-Textilhandwerk blühte in der Qin- und der Han-Dynastie auf. Die Regierung richtete die Östlichen und Westlichen Textilämter ein und wählte für königliche Gewänder zuständige Beamte aus, so daß die Werkstätten des Textilhandwerks Tausende von Arbeitern beschäftigten und die Technik des Webens von Mustern ein hohes Niveau erreichte. Unter den Funden in dem Han-Grab in Mawangdui, Changsha in der Provinz Hunan, befand sich

---

[4] Die Übersetzer benutzten fälschlicherweise den Terminus «Jacquard-Webstuhl». Der Terminus tecnicus «Jacquard-Webstuhl» bezieht sich jedoch ganz spezifisch auf denjenigen Webstuhltyp, der mit der von Charles-Marie Jacquard (1752–1834) erfundenen Steuerung mit Lochkarten und Harnisch ausgerüstet ist. Es gab also vor 1801 keine «Jacquard-Webstühle» und im folgenden Text wird der Terminus Damast- und Brokatwebstuhl verwendet (Anmerkung des Bearbeiters).

Abb. 119
Stoffüberrest mit geometrischem Muster, ausgegraben aus einem Shang-Grab in Anyang.

seidener *qi* mit Vogelmustern und Brokat mit Mustern von Vögeln, Wellen, Drachen und Leoparden. Ebenfalls zum ersten Mal wurde Brokat mit Noppenschlingen entdeckt, was einen Durchbruch in der Technik des Webens von Brokat kennzeichnete. Diesen Noppenschlingenstoff hält man für den Vorläufer des modernen *zhangrong*[5] und des Samtes.

Die weitere Erforschung der genauen Bau- und Webart des Damast- und Brokatwebstuhls in der frühen Han-Zeit ist nötig, obwohl man sich die strukturelle Eigenart durch Analysen des Brokats mit Noppenschlingen in etwa vorstellen kann. Offenbar ist der Webstuhl von höchst komplizierter Technik, denn dieser Brokat ist ein eleganter, zweiseitig gemusterter Seidenstoff mit einer Doppelkette, die aus den vier Enden in jeder vollständigen Kettenreihe besteht. Sie ist 50 cm breit und weist 8800–12 000 Kettfäden auf. Diese hätte nicht ohne ein Tretschnur-Zuggerät sowie ein Doppelwebbaumsystem gemacht werden können, da die Grund- und Kettennoppen getrennt anzuheben waren. Außerdem wurde eine Schlinge (mit Noppe-auf-Noppe) auf dem Stoff gebildet, die einen dreidimensionalen Effekt bewirkt, was mit Recht «Blumen dem Brokat hinzufügen» (also etwas Schönes noch schöner machen) genannt werden kann, ein Anzeichen für die hohe Geschicklichkeit in der Musterweberei bereits in der frühen Westlichen Han-Dynastie. Folgender

---

[5] Ein Stoff mit Noppen auf einer Seite, hergestellt in Zhangzhou, Provinz Fujian.

Bericht wurde im *Xi Jing Za Ji (Vermischte Berichte von der Westlichen Hauptstadt)* gefunden, der die Manufaktur von Brokat und Damast in dieser Zeit betrifft:

«Huo Guangs Frau beschenkte Chunyu Yan mit 24 Ballen Katzenschwanz-Brokat und 25 Ballen Streublumen-Damast. Dies waren damals berühmte Waren der Chen-Baoguang-Familie. Chens Frau hatte die Textiltechnik von ihm gelernt und war in Huos Haus beschäftigt, wo man sie weben ließ. Auf ihrem Webstuhl gab es 120 Haken. Eine Bahn Stoff stellte sie in 60 Tagen fertig, jede Bahn war 10 000 Kupfermünzen wert.»

In diesem einfachen Bericht fehlt jede Information über die Struktur des Webstuhls, den Chen Baoguangs Frau benutzte.

Ausführlicher in dieser Hinsicht ist das *Ji Fu Fu (Ode an die Weberinnen)* von Wang Yi, einem Dichter der Östlichen Han. Die Zeile über «hohe Türme einander gegenüber» bezieht sich anscheinend auf den hohen Zug-Mechanismus gegenüber dem Zugrahmen des Webbaums. Auf dem drei *chi* hohen Rahmen des Damastwebstuhls sitzend, handhabe die Frau, die die Muster webte, den Mechanismus gemäß dem Entwurf von «Insekten, Vögeln und wilden Tieren». Von oben her beobachtete sie die einförmigen und glänzenden Kettfäden, und es wurde ihr, laut Wang Yi, ein Gefühl vermittelt, «als beuge sie sich über einen kristallklaren Teich» und erblicke die Muster ihres Schaffens. Ein «Fisch, der den Köder schluckt», das beschreibt ihre Tätigkeit, die tausendfachen Antriebsseile anzuheben, von denen jedes an einer Bambusstange am unteren Ende befestigt ist. Ihre Hand bewegt sich mit der Schnelligkeit eines Fisches, der an der Wasseroberfläche nach Nahrung schnappt. Da einige der Kettfäden beim Anheben gespannt waren, während andere locker lagen, ähnlich den zur Han-Zeit populären Diagrammen der Astronomen, könnte dies die Zeile angeregt haben: «Beugen, strecken und sich bewegen wie Sternbilder.» Die Hin-und-Herbewegung des Umschaltmechanismus ist wie eine abwechselnde Stoß- und Ziehtätigkeit beschrieben. Auf diese Weise sind Prinzip und Bewegung des Damast- und Brokatwebstuhls in Versen wiedergegeben.

Der Damast- und Brokatwebstuhl mit derartig komplexem Bau konnte kaum weitverbreitet sein, noch konnte er den Erfordernissen der sich schnell entwickelnden Feudalwirtschaft entsprechen.

Damals, zur Zeit der Drei Reiche (220–280) erkannte ein junger Mann namens Ma Jun, der in Fufeng (jetzt Kreis Xingping, Shanxi) lebte, daß der Damast- und Brokatwebstuhl seiner Zeit zu kompliziert und nicht leistungs fähig genug war und zuviel Arbeitsintensität erforderte. «Er kam auf den Einfall», heißt es in einer Lebenserinnerung, «daß der Seidenwebstuhl erneuert werden könnte, und dies sei so einfach, daß jedermann es ohne Erklärung auf

Abb. 120
Ausschnitt einer Tapete aus dem 18. Jahrhundert, die die Herstellung von Seidengewebe zeigt.
Diese Tapete ist Teil der Sammlung der Abegg-Stiftung in Riggisberg, Bern, die freundlicherweise
die Vorlage zu dieser Illustration zur Verfügung gestellt hat.

den ersten Blick hin verstehen könnte. Der übliche Seidenwebstuhl hatte 50
Antriebe mit 50 Klammern oder 60 Antriebe mit 60 Klammern. Meister Ma
fand das zu schwerfällig und zu langwierig. So vereinfachte er ihn auf 12
Antriebe mit derselben Anzahl von Klammern.» Der auf dem verbesserten
Webstuhl hergestellte gemusterte Seidenstoff zeichnete sich durch seine her-
vorragenden Muster und die große Mannigfaltigkeit dieser Muster aus; zudem

war dieser Webstuhl viel leistungsstärker. Wie nun Ma Juns neuer Webstuhl konstruiert war, ist jedoch nicht bekannt. Der Anzahl seiner Antriebsstangen nach zu urteilen, ähnelte er dem Webstuhl, der auf dem Gemälde *Geng Zhi Tu (Bild von Ackerbau und Weberei)* abgebildet ist, das von Lou Shu aus der Südlichen Song-Dynastie (1127–1279) gemalt wurde. Die damals geschaffenen Seidenstoffe im Königreich Wei waren an Schönheit bereits dem im ganzen Lande berühmten Sichuan-Brokat gleichwertig. Im Jahre 283 schickte Himiko, die Kaiserin von Japan, einen Gesandten nach China, der mit großen Mengen von Seidenbrokat, Drachenmuster auf violettem Grund, zurückkehrte. Damals wurde die chinesische Kunstfertigkeit des Webens, Bedruckens und Färbens nach Japan übermittelt.

Die umfangreichste und ausführlichste jetzt noch vorhandene Beschreibung des altchinesischen Damast- und Brokatwebstuhls ist im *Tian Gong Kai Wu* enthalten:

«Der Damast- und Brokatwebstuhl mißt 16 *chi* von vorn bis hinten. Er hat einen hohen Rahmen für den Zugmechanismus; die Hechelplatte ist in der Mitte montiert und die Tretpedale sind unten angehängt... Der Weberjunge sitzt oder steht auf dem Zugrahmen. Hinten auf dem Webstuhl befindet sich ein Schlußbalken zum Wickeln der Kettfäden. In der Mitte davon haben zwei hölzerne doppelrippige Stangen von etwa vier Fuß Länge ihre Endteile in die zwei Enden des Webbaums gesteckt.»

Hier ist die «Hechelplatte» das moderne «Kammbrett», die «Tretpedale» werden jetzt «Greifarme» genannt, der «Schlußbalken» ist jetzt der Webbaum, und die «doppelrippigen Stangen» sind die Stangen zum Abwickeln. Der ausgezeichnete Sichuan-Brokat und der «Wolkenbrokat» aus Nanjing sind auf solchen Brokatwebstühlen hergestellt.

Der schwierigste Teil der Webtechnik von Mustern ist jedoch das «Verbinden des Mustergrundes», nämlich das Anordnen der Garne durch das Hebewerk. Im *Tian Gong Kai Wu* heißt es:

«Den scharfsinnigsten Handwerkern wird aufgetragen, den Mustergrund zu verbinden. Zuerst zeichnet ein Musterzeichner das geplante Muster auf Papier. Dann mißt ein Planzeichner gemäß dem Entwurf sorgfältig alle Seidenfäden aus, verknüpft sie und hängt sie auf den Zugturm.»

Dieser Abschnitt beschreibt, daß es zwecks Wiedergabe des gezeichneten Musters auf dem Stoff nötig ist, solche Vorkehrungen zu treffen, damit Tausende von Kettfäden regelmäßig eingefügt sowie Einschüsse mit Dutzenden von Varianten in der richtigen Querreihenfolge angeordnet werden können;

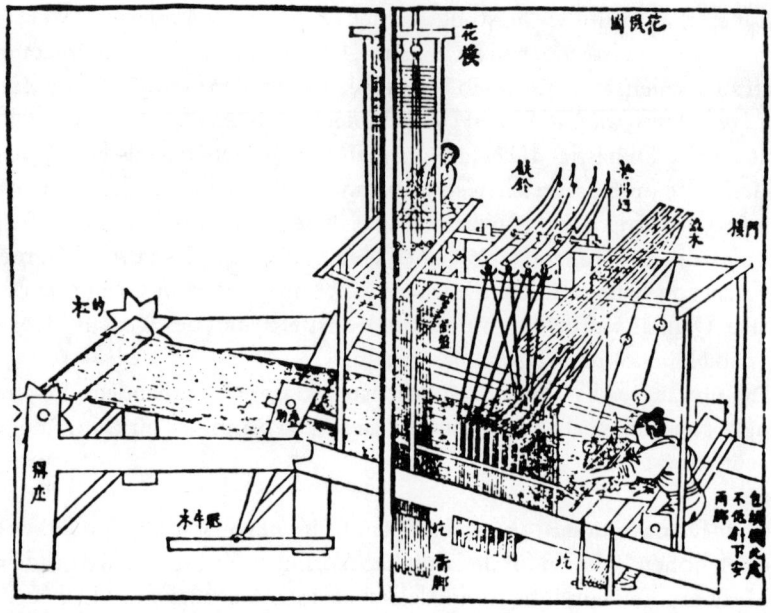

Abb. 121
Damast- und Brokatwebstuhl, wie er im *Tian Gong Kai Wu (Werke der Natur und der Arbeit)*
abgebildet ist.

auf diese Weise wird ein vollständiges «Gedächtnissystem» für das Muster-
weben gebildet, nach welchem die Weber arbeiten können. Der Anscherer
und der Musterweber, in enger Übereinstimmung und gemäß dem vorbereite-
ten Musterungsplan arbeitend, übernehmen es, die Schußgarne Faden um
Faden einzuschießen, und so wird der elegante, ausgezeichnet gemusterte
Stoff durch den Webstuhl hervorgebracht.

Das «Verbinden des Mustergrundes» stellt daher eine der Hauptleistungen
der altchinesischen Textilproduktion dar.

Die Seide und die Technik der Seidenherstellung

ZHAO CHENGZE

Seidenstoff ist eines von Chinas traditionellen Produkten, das weltberühmt geworden ist. Über Generationen entwickelten chinesische Textilarbeiter seit der Herstellung des ersten Seidengewebes Fertigkeiten und Techniken, die in der Welt des Altertums unübertroffen waren und weitreichende Auswirkungen auf die Technologie der Welt hatten.

Die Rolle der Seide im alten China und der Welt

Chinas erste Seidenstoffe wurden aus wilden Seidenraupen hergestellt, die man später zähmte. Geschichtsberichten zufolge wurde der Seidenbau seit mindestens 4000 bis 5000 Jahren in China betrieben (vgl. S. 285–294).

Inschriften auf Knochen und Schildkrötenpanzern aus der Shang-Dynastie (ca. 16.–11. Jahrhundert v. Chr.) enthalten Schriftzeichen wie «Seide», «Maulbeere», «Seidengewebe» u. a., welche die Bedeutsamkeit der Seide zu jener frühen Zeit angeben. Das Handwerk entwickelte sich seit der Zhou-Dynastie (ca. 11. Jahrhundert–221 v. Chr.) und der Qin-Dynastie (221–207 v. Chr.) in einem solchen Ausmaß, daß den Bauern in einigen nachfolgenden Dynastien befohlen wurde, Land von einer bestimmten Größe mit Maulbeerbäumen zu bepflanzen und ihre Steuern in Seide zu zahlen. Von Dynastie zu Dynastie erhöhte sich die Produktion, und obwohl die exakten Ertragszahlen fehlen, geben uns die Quellen einige Vorstellung vom Umfang der Produktion. In einem frühen Geschichtsbuch heißt es, daß die Ausgaben einer einzigen Inspektionsreise nach Shanxi und Shandong seitens des Han-Kaisers Wu Di auf «mehr als eine Million Ballen Seide» anstiegen. Die als Steuer eingetriebene Seide im Zhejiang-Gebiet belief sich allein während der Regierung des Kaisers Gao Zong von Song auf 1,17 Millionen Ballen. Es ist also leicht ersichtlich, von welcher Wichtigkeit die Seide im Gesellschaftsleben und in der Produktion des alten China war.

Chinas Seidenstoffe genossen hohen Ruhm wegen ihrer Feinheit und Schönheit. Sie dienten als Bekleidungsmaterial zur Versorgung vieler Menschen und waren ein wesentlicher Posten im Außenhandel des alten China. Sehr frühzeitig schon wurde Seide durch die Route, die im Westen als «Seidenstraße» bezeichnet wird, sowie von Häfen im südöstlichen China ins Ausland befördert. In Westasien, Europa und Afrika, wo man sie kaufte, wurde die chinesische Seide bewundert und geschätzt. Im alten Rom und in Ägypten wurden chinesische Seidenstoffe als eine Kostbarkeit angesehen, «so erstaunlich hervorragend, daß ihre Herstellung die menschliche Intelligenz erschöpft haben muß». Man hielt es für eine Ehre, sich mit einem so ausgezeichneten Material zu bekleiden. Selbst Cäsar soll, als er einst in Rom in eine Toga aus chinesischer Seide gekleidet im Theater erschien, wegen dieses beispiellosen Luxus in den Brennpunkt des Interesses geraten sein.

Chinesisches Seidengarn, über weite Entfernungen als Haupthandelsartikel für die Kaufleute vieler Länder befördert, konnte für ein einziges Pfund 12 Unzen Gold einbringen. Selbstverständlich war Seidenstoff noch kostspieliger. Auf dem westlichen Markt herrschte bis nach dem 13. Jahrhundert eine starke Nachfrage nach chinesischer Seide.

Eigenschaften chinesischer Seide

Die meisten Seidenstoffe des alten China waren aus dem Gewebe der Maulbeerseidenraupe hergestellt. Als wertvoller Rohstoff in der Textilindustrie hat diese Seide ausgezeichnete Eigenschaften, die allen anderen Naturfasern fehlen. Die Seiden der Tussah-Seidenraupe und die der mit Blättern von Bibergeil oder vom Himmelsbaum gefütterten Raupe haben nicht diese besonderen Eigenschaften. Eine bedeutende Textilleistung des alten China war es, die Faser der Maulbeerseidenraupe aus allen anderen Naturseiden auszusondern. Fein und weich, ist diese Seide der chinesischen Seidenraupe glänzend, elastisch, sehr aufnahmefähig für Farben und läßt sich leicht in Fibrillen ausziehen. Bei allen im Laufe der verschiedenen Zeitalter erzeugten Seidenstoffen stammen diese Eigenschaften von der chinesischen Seidenraupe.

Einige Stoffe sind so dünn und durchsichtig wie Altweibersommerfäden, wie kaum sichtbare Zikadenflügel. Ein seidenes Überziehgewand, 1972 gefunden, als ein Han-Grab in Mawangdui außerhalb Changshas in der Provinz Hunan geöffnet wurde, ist zwar 128 Zentimeter lang mit Ärmeln von 190 Zentimetern, wiegt aber bloß 49 Gramm. Ein arabischer Reisender des 9. Jahrhunderts namens Sulleiman hat niedergeschrieben, daß er in China einen Eunuchen traf, der sechs Schichten Seide übereinander trug, dessen Muttermale aber trotzdem erkennbar waren.

Andere Stoffe haben Glanz und Farbe in übermäßiger Weise. Geschickte Handwerker mit scharfem Blick für die Farbzusammenstellung entwarfen erstaunlich glänzende Stoffarten. Um den Effekt gediegener und dezenter Gestaltung hervorzurufen, wurden einige Stoffe mit Gold- oder Silberfäden durchwebt. Einige dieser mit eingewebten Goldfäden versehenen Stoffballen aus Atlas und Brokat, die in der Qing-Dynastie (1644–1911) und sogar schon in der Ming-Dynastie (1368–1644) hergestellt wurden, sind im Beijinger

Palastmuseum aufbewahrt. Das Gold glänzt noch immer, und bis zum heutigen Tag sieht der Stoff kostbar und prächtig aus, als ob er frisch vom Webstuhl stamme.

Andere Stoffe sind wahre Wunder kaleidoskopischer Mannigfaltigkeit, einer mit einer tiefen, feinen Noppe, ein anderer mit Relief-Kreppmuster. Die Eigenart eines dritten sind offen gearbeitete Rauten, während ein vierter mit Schußfäden von verschiedener Breite und Dicke gemustert ist. Chinesische Seide ist ihrer Eleganz, Musterung und Färbung nach für jede Art der Verwendung und jede Jahreszeit geeignet, da diese Seide leicht, weich und angenehm zu tragen ist, wärmend im Winter und kühl im Sommer.

Die ausgezeichneten traditionellen Designs der chinesischen Seide, die Nutzen aus den Besonderheiten dieses Textilhandwerks ziehen, machen die Seidenstoffe zu einem Material nicht nur für Kleidung, sondern auch für das Kunsthandwerk der Möbelüberzüge. Darüber hinaus haben prächtig gemusterte Stoffe ihre Wirkung auf architektonische Entwürfe und auf andere Kunstbereiche ausgeübt. Traditionelle Freskengemälde auf Bauten der Ming- und der Qing-Dynastie, bekannt als *biandijin* (Brokatgrundierung), und Grundierungen, die gewöhnlich auf Steinskulpturen zu sehen waren, waren nachgeahmte Muster von altchinesischen Seidenkreationen.

Die Herstellungstechnik chinesischer Seidengewebe

Hohe Geschicklichkeit ist bei den komplizierten Verfahren der chinesischen Seidenherstellung erforderlich. Die Hauptstufen sind das Abkochen der Seidenkokons im Verspinnbecken der Hasplerei, Haspeln des Seidenfadens, Abkochen der Seidenstränge, Zwirnen, Rohraufteilung (Kettherstellung), Schiffchen-Durchschuß, Einrichtung des Muster-Webmechanismus und Verbinden des Mustergrundes.

Abkochen des Seidenkokons und Haspeln des Seidenfadens

Der erste Prozeß nach Bildung der Kokons besteht im Schlagen der Kokons und im Abwickeln der Seide. Gewisse Unreinheiten, vor allem das Sericin (das Seidengummi) müssen durch sorgfältige Reinigung entfernt werden, bevor die Seide zum Weben bereit ist, um die Weichheit, die Garnlänge und den Glanz des Seidenfäserchens hervorzubringen.

Seit den Anfängen der Seidenherstellung verstanden Handwerker in China das Kokon-Schlagen und Seidenhaspeln. Berichte aus der Zeit der Streitenden Reiche (475–221 v. Chr.) beschreiben das Schlagen von Kokons in Wasser zur Entfernung des Klebstoffs, wobei zu beachten war, daß die Temperatur des Wassers eingehalten und die geringe Dichte des Sericin bewahrt wurde. Das

Feuer muß langsam brennen, sagte man, auch sollte zuweilen zur Abkühlung des Bodens klares Wasser zugefügt werden, damit das Sericin gleichmäßig entfernt wird und die Seide unversehrt bleibt. Beständig hohe Wassertemperatur löste die Kokons auf, zerriß die feinen Fäden, erschwerte das Abwickeln und ergab minderwertige Seide. Später wurde festgestellt, daß das Wasser beim Kokonhaspeln wie «die Augen von Krebsen» aussehen solle. Es wurden Anweisungen erteilt, das Wasserbad häufig zu wechseln, um glänzende weiße Seide zu erzielen. Seltener Wasserwechsel bewirkte oft genug eine blanke Kokonseide von dunklem Farbton.

Beim Haspeln wird das lose Ende eines jeden Kokons mit einer Rute oder einem Bambusreisig (heute mit einer mechanisch kreisenden Bürste) angehoben. Dann werden mehrere dieser feinsten Fasern zur Bildung von Fäden zusammengedreht (filiert), die Rohseide («Einzelseide») genannt werden.

Auf einem Kokon mit einer Fadenlänge von 2500–3500 Metern unterscheidet man je nach Qualität drei Kategorien von Fäden: der dünnste Faden besteht aus der kleinsten Anzahl von langen und feinen Fasern (ca. 1200 Meter); ein mittlerer Faden weist eine größere Anzahl von Fasern auf, die zerrissen, jedoch relativ lang sind (Schappe); der dickste Faden enthält noch mehr zerrissene Fäden (Bourette). Zur Zeit der Sechs Dynastien (222–589) bestanden die feinsten Einzelseidenfäden aus fünf Fasern. In der Song-Dynastie (960–1279) wurde diese Faserzahl auf drei reduziert.

Abkochen der Seidenstränge[1]

Das Abkochen verwandelt die Rohseide in gekochte Seide. Dazu gehören, einschließlich Bleichen, die folgenden Verfahren: Die gehaspelte Seide wird entweder in einer Lösung von Chinabeerenholz, Venusmuschel-Asche oder in einer Lösung der dunklen Pflaume eingeweicht, ähnlich dem oben beschriebenen Verfahren. Vor der Han-Dynastie wurde lauwarmes Wasser benutzt, das in der Östlichen Han-Dynastie (25–220) durch kochendes Wasser ersetzt wurde. Die gekochte Seide wird dann in der Sonne getrocknet und erneut in der Lösung eingeweicht. Dieser Prozeß bewirkt zweierlei: Das Alkali der Asche und die Sonnenbestrahlung bleichen die Seide und machen sie weiß; das heiße Säure- oder Laugensalzbad beseitigt das restliche Sericin aus der Seide, wodurch sie weicher wird und besser zum Färben geeignet ist.

---

[1] Man unterscheidet hier grundsätzlich ungekochte, halb abgekochte und stark abgekochte (d. h. vollständig von Sericin befreite) Seide (Anmerkung des Bearbeiters).

Rohraufteilung und Schiffchen-Durchschuß (Webvorbereitung)

Die Rohraufteilung erfolgt mit kleinen Bambusrohrstäben auf dem Kett-trennrahmen (heute: Webblatt, Riet oder Kamm) des Webstuhls. Dazu gehört das Aufteilen der Webfäden, um für das Schiffchen (Fachöffnung) die für das gewünschte Muster erforderlichen Öffnungen zu schaffen.

Als Aufteiler dient ein schmaler rechteckiger Rahmen aus Bambus mit klei-nen Bambusstäbchen, die in gleichen Zwischenräumen herabhängen. In alten Zeiten wurde dies verschieden benannt: *zhu, cheng* und *kun.* Der Kett-trenn-rahmen ist rechteckig und besteht aus Holzbrettern mit einem Holzbalken in der Mitte. Zwei Seile sind auf jeder Seite und parallel dazu aufgehängt. Balken, Seile sowie obere und untere Rahmenseiten sind durch Seidenschnüre verbun-den, die zwei ineinandergreifende Schlingen bilden. Dies ist derjenige Teil des Webstuhls, den ein Schriftsteller vor den Südlichen und Nördlichen Dyna-stien (420–589) als «gekrümmte Seile, die den Webstuhl lenken, ihn öffnen und schließen» beschreibt. Das war in alten Zeiten als *fanzi* («Purzelbaum-schläger») bekannt. Es gibt nur einen Rohraufteiler, während die Anzahl der Ketttrennbretter (Schäfte)[2] von zwei bis acht schwankt. Sie wurde auf einem Damast- und Brokatwebstuhl verdoppelt.

Rohraufteilung bedeutet, die Schußfäden durch alle Rohrlücken hindurch, wie es vom Muster vorgegeben ist, gruppenweise zu überwinden. Kettfaden-trennen bedeutet, das Schiffchen dem Muster entsprechend durch den Kett-trennrahmen durchzulenken.

Einrichten des Muster-Webmechanismus,
Verbinden des Mustergrundes (Bindungen)

Berichte der Han-Dynastie beschreiben den Muster-Webmechanismus des Webstuhls folgendermaßen: Es gibt einen hohen (heute «Jacquard-Turm» genannten) Rahmen mit dem vertikal darauf montierten Muster-Webmecha-nismus. Dieser Mechanismus besteht aus dem Zugseil, dem Krempelbrett, den Kettzeilen, Zuteilungs- und Aufteilungsarmen. Das Zugseil, *daxian,* also «Hauptpfaden» genannt, ist dasselbe wie ein Trennseil auf einem gewöhnlichen Webstuhl. Die Zuteilungsarme dienen zum Anheben der Kettfäden. Jeder von ihnen geht durch alle Kettfäden. Die Anzahl der Zugseile wird durch den Muster-Zyklus bestimmt. Jedes Zugseil kann zwei bis sieben Kettfäden heben und entspricht dem «Verbinder» in der modernen «Jacquard-Technik».

---

[2] Die heutigen Begriffe sind: 2 oder mehrere Schäfte (auch Flügel genannt), die zusammen das Geschirr bilden (Anmerkung des Bearbeiters).

Verbinden des Musters ist das, was direkt das Zeichenmuster auf der gemusterten Seide erzeugt. Es ist deshalb heute bekannt als der «Jacquard-Grund». Davon gibt es zwei Typen: den «Jacquard-Grund gemäß Muster» und den «Grund für den Zugturm».

Wir umreißen kurz, wie der «Jacquard-Grund gemäß Muster» eingerichtet wird. Zuerst wird das Muster auf ein quadratisches Stoffstück mit gleicher Anzahl von Kett- und Schußfäden aufgezeichnet. Es kann auch zuerst auf Papier und dann auf Stoff wiedergegeben werden. Eine weitere Reihe von Kettfäden werden zusammengefaßt und Faden auf Faden mit denen des Stoffs verbunden. Dann wird, gemäß den Stellen und Maßen im Muster, eine ganze Reihe von Schußfäden benutzt, um die Schußfäden des Stoffs zu ersetzen. So wird das Muster wiedergegeben. Song Yingxing beschreibt dies in seinem Buch *Tian Gong Kai Wu (Werke der Natur und der Arbeit)* mit diesen Worten: «Zuerst zeichnet ein Musterzeichner das beabsichtigte Muster auf Papier. Dann mißt der Planer sorgfältig nach dem Muster alle Seidenfäden ab und verbindet [heute: patroniert] sie.»

Der «Grund für den Zugturm» unterscheidet sich von dem obigen darin, daß die Kettfäden des «Jacquard-Grundes gemäß Muster» mit einer gleichen Anzahl herabhängender Zugseile von dem Zugturm verbunden werden. Dann wird eine weitere Reihe etwas dickerer Schußfäden durch die Zugseile in der Art und Weise hindurchbewegt, wie der Schußfaden beim «Jacquard-Grund gemäß Muster» gehandhabt wird. So werden die Muster auf das Zugturmsystem übertragen.

Der Tretschnur-Zugmechanismus und der Vorgang des Verbindens des «Jacquard-Grundes» arbeiten koordiniert. Wenn der Grund für den Zugturm fertig ist, werden die schwebenden Kettfäden (die mit den Zugseilen die Muster auf dem Turm hervorbringen) angehoben, was den gesamten Mechanismus in Bewegung setzt.

Hauptseidenstoffe, ihre Struktur und Entwicklung

Chinesische Seidenstoffe sind verschiedenartig, jeder ist jedoch einzigartig in Stil und Struktur. Die wichtigsten Arten sind: *jin* (Brokat), *sha* (Seidenflor), *luo* (Leno), *ling* (Seidendamast), *duan* (Atlas), *rong* (Samt), *chou* (Seide) und *kesi* (Seidenstoff mit großen, hervorstehenden Mustern).

Jin (Brokat). Was ist *jin*? Dieser Begriff findet sich oft in chinesischen Klassikern, und er bezieht sich auf Stoffe mit buntgewebten Mustern oder auf mehrfarbige Stoffe mit besonderen Kettfäden oder besonderen Schußfäden, die durch kompliziertes Weben hervorgerufen werden. Da seine Herstellung eine relativ hohe Technik bedingte, war *jin* der teuerste Seidenstoff. In einem alten Bericht heißt es: «*Jin* 锦 (Brokat) ist nichts anderes als *jin* 金

(Gold). Seine Herstellung verlangt ungeheure Mühe. So ist er so teuer wie Gold.»

Von *jin* gibt es zwei Sorten: den mit Hilfe von Kettfäden gemusterten und den mit Hilfe von Schußfäden gemusterten, Ketten-*jin* und Schuß-*jin* genannt. Der erstere wird mit zwei oder mehr Gruppen von Kettfäden gefertigt und mit einem einzigen Schußfaden gewebt. Eine Kettgruppe besteht aus zwei, drei oder mehr Fäden, jeder von anderer Farbe. Falls noch mehr Farben verwendet werden, wird eine andere Methode des Farbstreifenwebens angewandt. Die Schußfäden können einfarbig oder sogenannte Einlage-Schußfäden sein. Die letzteren dienen zur Trennung des vorderseitigen Kettwebens von dem Grund-Kettweben, wobei das Muster beim Weben der Vorderseite ausgearbeitet wird. Ein typischer Ketten-*jin* der Han-Dynastie, der *Wan Nian Ru Yi Jin* (Brokat ewigen Glücks) aus der Östlichen Han-Zeit, der in Minfeng (Niya), Xinjiang, im Jahre 1959 ausgegraben wurde, hat 12 farbige Längsstreifen in Karmesinrot, Weiß, Dunkellila, Hellblau und Smaragdgrün.

Der Schuß-*jin* besteht aus zwei oder mehr Schußgruppen, die in eine Kettgruppe gewebt sind, die vom Zwischenweben- oder Einlagetyp sein können, wobei das Muster mit dem einfarbigen Schußfaden auf der Oberfläche hervortritt. Eine Musterprobe davon sind die Brokatstrümpfe der Tang-Dynastie (618–907), 1969 ausgegraben in Astana, Xinjiang, die auf karmesinrotem Grund Vogel-, Blumen- und Wolkenmuster haben.

Verschiedene Textileffekte im Ketten-*jin* sind aus denjenigen im Schuß-*jin* erzeugt. Mit einer geringen Schußdichte ist der Ketten-*jin* mit nur einem Schiffchen gearbeitet. Der Schuß-*jin* ist zeitraubender und mühevoller zu weben, aber durch den Gebrauch von zwei oder mehr Schiffchen ist eine größere Vielfalt in Farbe und Muster möglich. Beide Brokatarten sind in China sehr früh aufgetreten, vor dem dritten Jahrhundert zumeist mit Kettmuster, während bei dem nach der Sui-Dynastie (581–618) und der Tang-Dynastie (618–907) hergestellten Typ das Muster vor allem durch den Schußfaden hervorgebracht wurde. Einige ausländische Gelehrte nahmen an, daß Schuß-Brokat aus dem Ausland nach China eingeführt wurde. In Wirklichkeit aber entwickelte China diesen Typ selbständig, wie die kürzliche Entdeckung von chinesischen Seiden aus der Zeit der Streitenden Reiche in Bazarek, Sowjetunion, bezeugt. Unter diesen Seiden befanden sich Brokate mit einem Schußfaden-Muster von eingewebten roten und grünen Fäden.

Sha (Seidenflor) und *Luo* (Leno). Je nach Webart gab es auch von dem altchinesischen *sha* zwei Arten. Die Webart mit der geringen Kettendichte entsprach der Baumwoll-Gaze von heute. Vor der Tang-Zeit nannte man dies quadrat-löchrige Gaze. Die andere Webart, der *luo*, gehörte zu der *sha-luo-*

Webgestaltung, da hierbei das vorderseitige Weben mit dem Grund-Weben verflochten wurde, beides von ziemlich geringer Dichte. In einigen Geweben wurden zwei Kettfäden verflochten, in anderen drei. Einfarbige Gaze wurde vor den Südlichen und Nördlichen Dynastien erzeugt, während seit der Tang-Zeit einige gemusterte Gaze mit dem Zugmechanismus hergestellt wurde.

Im Gegensatz zum modernen *luo* wurde der altchinesische mit vier Kettfäden in einer Gruppe hergestellt. Zwei Paare, jedes Paar aus nebeneinander gereihter Vorder- und Grundkette bestehend, wurden bei jedem Durchgang des Schiffchens verflochten. Die zwei Kettenpaare bilden einen Webzyklus, der zwischen den Zyklen eine Lochreihe erzeugt. Das «Jacquard-Muster» eines solchen *luo*-Stoffs wurde nicht mit dem eigentlichen Muster-Mechanismus geschaffen, sondern durch Benutzung verschiedener besonderer Zugseile bewirkt.

Der moderne chinesische *luo*, der wahrscheinlich zuerst in der Ming-Zeit produziert wurde, entsteht gewöhnlich beim einfarbigen Weben durch einmaliges Zwirbeln der Kette bei allen drei bis sieben Durchgängen des Schiffchens, wobei die Löcher in größeren Zwischenräumen auftreten. Während die alte *luo*-Gaze zart war, ist ihr modernes Gegenstück derber, und so hat jede ihre eigenen Vorzüge.

Ling (Seidendamast) und **Duan** (Atlas). *Ling* ist ein Köpergewebe, dessen Kennzeichen die Bildung von fortlaufend schrägen Linien ist. *Ling* unterscheidet sich jedoch von einfachem Köper und ist in der modernen Textiltechnologie als «Wechselköpergewebe» bekannt, das sich durch ein Schachbrettmuster oder doppelseitiges Köpermuster auszeichnet. Laut *Shi Ming (Erklärung der Namen)* bedeutet *ling* wörtlich «Eiszapfen». Der Begriff bezeichnet die Ähnlichkeit seiner Muster mit Eisrändern, sein Glanz verstärkt diese Ähnlichkeit.

Duan, der Atlas, ist benannt nach seiner Atlas-Weberei. Obwohl auf der Grundlage von Köper entwickelt, hat Atlas keine auffälligen Köperlinien. Seine Kennzeichen sind weitere Zwischenräume zwischen den Oberflächenpunkten, die ihrerseits durch die langen Vorderfäden von Kette und Schußfaden auf ihren Seiten überdeckt sind. Das macht den Stoff glatt und glänzend und gibt ihm eine ausgesprochen stereoskopische Wirkung, während die Grundfarbe nicht matt wird. Aus diesem Grunde nimmt *duan* mehrfarbige komplizierte Muster besonders gut auf. Diese Stoffart kam zuerst zur Zeit der Song (960–1279) auf, als sie *zhusi* (Zweigseide) genannt wurde. *Duan* (Atlas) ist eine spätere Bezeichnung.

Rong (Samt). *Rong* ist ein Noppengewebe, im alten China gewöhnlich kettengenoppt gewebt. Die Weberei wurde als Grund- oder Noppenweben klassifiziert, wobei das Schiffchen alle drei oder vier Runden die Noppenkette für das Grundgewebe herstellte. Metalldrähte oder dünne Bambusstreifen, die vorher zubereitet wurden, werden in den Einlaß des Schiffchens gesteckt, so daß die Noppenkette kleine Schlingen bildet, die mit einem Messer aufgeschnitten werden, was den Samt ergibt. Nach dem Buch *Werke der Natur und der Arbeit* von Song Yingxing aus der Ming-Dynastie gab es eine Stoffart *(rong)*, die wie folgt gewebt wird: «Verbergen von Fädchen in der Vorderkette und Aufschneiden mit einem Messer nach wenigen Zoll, um glänzende Seide zu bilden.» Was Song «Fädchen» nennt, sind Bambusstreifen oder Metalldrähte.

China begann sehr früh mit der Noppenweberei, übernahm aber diese Kunstfertigkeit nicht von Japan, wie angenommen wurde, weil einige Leute den Samt mit *woduan* (Japanischer Atlas) bezeichneten. Unter den frühen Han-Stoffen, die 1972 in Mawangdui, Changsha, in der Provinz Hunan ausgegraben wurden, befanden sich Noppengewebe, die jedoch nicht aufgeschnitten waren. Von der Ming-Dynastie an wurde die beste Qualität von *rong* in Zhangzhou, Fujian, hergestellt. Die besten Sorten waren Zhang-*rong* (Zhang-Samt), Zhang-*duan* (Zhang-Atlas) und *tianerong* (Schwanensamt). Der Zhang-Samt war einfarbig, während der Zhang-Atlas und Schwanensamt «Jacquard-Samte» waren. Die Muster des Zhang-Atlas waren durch den Zugmechanismus auf einem Atlas-Grund ausgearbeitet, während Schwanensamt weder auf einem Damast- und Brokatwebstuhl hergestellt wurde, noch einen Atlas-Grund hatte. Das Aufschneiden der Noppen wurde beim Zhang-Samt und beim Zhang-Atlas während der Webzeit bewerkstelligt, während das des Schwanensamts erfolgen mußte, nachdem der Weber den Webstuhl verlassen hatte, wobei das Muster auf den musterlosen Grund gezeichnet und dann entsprechend mit Messern aufgeschnitten wurde.

Chou **(Seide).** Die älteste in China erzeugte Seidenart ist *chou*, ein einfaches Gewebe, das mit jeweils zwei Kett- und Schußfäden gekreuzt wurde. Man glaubt, daß es zuerst ausschließlich aus Seidenabfall gefertigt wurde. Seit der Song-Dynastie jedoch ist feine Seide zur Herstellung von *chou* mit einfarbigem Aussehen benutzt worden, und dies war als *anhuachou* (Seide mit verdecktem Muster) bekannt. Seit jener Zeit wurden alle einfachen dünnen, einfarbigen Seidenstoffe *chou* genannt, während ähnlicher, aus gesponnenem Garn gemachter Stoff als *fangchou* (gesponnene Seide) bekannt war.

Kesi **(Seidenstoff mit großen, hervorstehenden Mustern).** Der älteste dieser Seidenstoffe, bekannt als *kesi* vor der Tang-Dynastie, wurde später mit *zhicheng* (Webstoff) und ähnlichen Namen bezeichnet.

An sich ein einfach gewebter Stoff, ist *kesi* nur im Kettfaden anderen einfachen Stoffen ähnlich, während der Stoff einen eigentümlichen Schußfaden aufweist. Statt über seine ganze Breite mit einem Schiffchen gewebt zu werden, ist der Schußfaden von *kesi* in eine Anzahl von Teilstücken gemäß der Entwurfsfarbe unterbrochen und wird dementsprechend mit einer mehrfachen Anzahl von kleineren Schiffchen hergestellt. Im *Ji Lei Pian (Hühnerrippen-Essays)* von Zhuang Zhuo aus der Song-Zeit heißt es:

> «*Kesi* wird in Dingzhou hergestellt . . . Der Weber hängt die raffinierte farbige Seide auf den Webbaum und zeichnet Blumen, Vögel, Tiere oder andere Muster wie gewünscht. Der Schußfaden wird mit kleinen Schiffchen gewebt. Einige Stellen werden leer gelassen und dann mit verschiedenfarbigen Seidenfäden ausgefüllt, um die Muster zu bilden. Sogar wenn 100 Blumen gemacht werden, können sie alle verschieden gestaltet werden, weil der Schußfaden nicht über die Breite des Stoffes hinweg geschossen wird.»

Die letzte Bemerkung bezieht sich auf den aufgeteilten Schußfadenteil.

Technisch ist die Herstellung von *kesi* ziemlich einfach, dennoch macht der aufgeteilte Einschuß jede gewünschte Variante und sehr zarte Muster möglich. Insbesondere seit der Song-Dynastie, welche die Reifezeit der Malerei erlebte, haben *kesi*-Bilder Originalgemälde genau reproduziert. Manch ein Meisterwerk wurde in seiner Gesamtheit und mit allen Einzelheiten gewebt. Diese chinesische Kunstform gewann Weltruhm.

Die Verbreitung von Chinas Seidenherstellung im Ausland

Schon sehr frühzeitig wurde die Technik der chinesischen Seidenherstellung in anderen Ländern übernommen, und sogar schon vor der christlichen Zeitrechnung gab es erste Verbindungen mit der Außenwelt; Chinas Seidenherstellung hatte großen Einfluß auf die Entwicklung der Textiltechnik der Welt.

Von japanischen Gelehrten wird bestätigt, daß die Fertigkeiten des Abwikkelns und des Webens von *juan* (ein Rohseidengespinst) und von *luo* (Leno) ihren Weg nach Japan ungefähr in der Zeit der Qin-Dynastie (221–206 v. Chr.) und der Westlichen Han-Dynastie (206 v. Chr.–24 n. Chr.) fanden. Damals, so heißt es, erreichten die vier legendären Japaner Anihime, Otohime, Gofuku und Anaori, von denen man glaubt, daß sie Japans Seidenherstellung begründeten, von China kommend, Japan auf dem Seeweg. Ähnliche Berichte sind in Chinas historischen Archiven vorhanden. Das *Wei Zhi (Geschichte des Wei-Königreiches)* äußert in dem Kapitel *Wo Ren Zhuan (Geschichte Japans)*, daß sich Japan zu jener Zeit mit Seidenbau und mit der Herstellung von *jianmian* (Seidenwatte) beschäftigte – offensichtlich entwickelt aus dem Seidengewerbe früherer Zeiten.

Der Einfluß von Chinas Seidengewerbe auf den Westen begann wahrscheinlich zur gleichen Zeit. Infolge der Erforschung der westlichen Regionen durch Zhang Qian in der Westlichen Han-Dynastie begannen die Chinesen mit dem Seidentransport auf der «Seidenstraße» nach Westen, und führten dieses Produkt Chinas in einige der zentralasiatischen und europäischen Länder ein. Alte westliche Stoffe, gewebt aus Flachs oder Wolle, waren gewöhnlich grob und schwerfällig. Beeindruckt von der durchscheinenden chinesischen Seide, suchten die westlichen Weber, ihre Produkte zu verbessern, indem sie das chinesische Seidengewebe auseinandernahmen und die Farbfäden mit ihren Flachs- und Wollfasern zusammenwebten. Dies ist im Kapitel 13 der *Geschichte des Königreiches Wei* in den Anmerkungen von Pei Songzhi berichtet, der das *Wei Lue (Denkwürdiges aus dem Wei-Königreich)* zitiert: das Land Da Qin (das römische Kaiserreich) «verschaffte sich oft chinesische Seidengarne zur Herstellung seiner eigenen Stoffe».

Chinesischer Einfluß wurde später beim Bau der Webstühle bemerkbar. Der alte westliche Webstuhl (Webrahmen) war ein vertikaler Typ gewesen und konnte nicht, wie der chinesische Webstuhl, viele Ketteneinschüsse durchführen, war auch nicht mit einem Tretmechanismus zur Kontrolle der Kettentrennbewegung ausgerüstet. Das Weben eines Stoffes von komplizierter Struktur war darauf unmöglich. In dem Bemühen, ihr Produkt zu verbessern, indem sie chinesische Seide zum Vorbild nahmen, ersetzten die westlichen Weber rechtzeitig ihren Webstuhl durch den chinesischen horizontalen Typ.

Im 5. und 6. Jahrhundert erlebte China eine lange Zeit politischer Unruhen und Kriege, aber dennoch steigerte das Land durch die Entwicklung seiner Verkehrsverbindungen seinen kulturellen Austausch mit anderen Ländern. Unter den nicht wenigen Ausländern, die als Reisende und zum Studium nach China kamen, gab es, wie westliche Quellen berichten, zwei persische Sendboten, die zur Untersuchung der Seidenherstellung ausgesandt waren. Diese Männer kehrten mit Eiern der Seidenraupe, die ausgebrütet werden sollten, nach Persien zurück. Ein japanischer Historiker berichtete, daß Beamte von der japanischen Regierung geschickt wurden, um im Küstengebiet von Zhejiang Seidenhandwerker anzuwerben, die ihre Kunstfertigkeiten in Japan lehren sollten. Inzwischen waren auch einige Chinesen aus Nordchina nach Japan ausgewandert, wo sie in der Seidenherstellung Beschäftigung fanden. Diese wurden später als Qinshi und Hanshi (Leute aus Qin und Han) bekannt und sind in die japanische Geschichte als die Hauptstütze des Landes im Textilgewerbe eingegangen.

Die Einwirkung chinesischer Textilfertigkeiten auf andere Länder wurde besonders seit dem 7. Jahrhundert spürbar. In der Zeit zwischen der späten Sui-Dynastie (518–618) und der frühen Song-Dynastie (960–1279) importierte Japan große Mengen von chinesischer Seide. Reste davon sind jetzt im Shosoin-Museum und in anderen japanischen Museen aufbewahrt. Hakataori, der bekannte japanische Seidenstoff, wurde unter Ausnutzung der von China gelernten Fertigkeiten hergestellt.

Zwischen dem 7. und 8. Jahrhundert wurden persische Textilien auch in der westlichen Welt berühmt. Diese wurden jedoch durch Übernahme chinesischer Textiltechnik und Beschäftigung chinesischer Handwerker erzeugt. Du Huan, ein chinesischer Reisender der Tang-Dynastie, schreibt in seinem *Jing Xing Ji (Bericht über meine Reisen)*, daß er, als er im 10. Jahr der Tianbao-Regierung (751) in Da Shi (jetzt Iran) war, selbst gesehen hat, wie zwei chinesische Handwerker namens Yue Huan und Lü Li, beide aus der Gegend östlich des Gelben Flusses, sich mit dem Weben von *luo*, jetzt *chou* (Seidenstoff) genannt, beschäftigten. Qiu Chuji, ein taoistischer Mönch aus der frühen Yuan-Dynastie (1279–1368), der auf Befehl von Ginghis Khan einen Teil von Zentralasien durchreiste, traf dabei Tausende von chinesischen Arbeitern, die dort zur Herstellung von *ling* (Seidendamast), *luo* (Leno), *jin* (Brokat) und *qi* (eine Seide mit unifarbigem Aussehen) angestellt waren.

Die letzte und wichtigste nach Europa vermittelte chinesische Textilfertigkeit war der Gebrauch des Muster-Webstuhls und des Mustergrundes. Vor dem 6. Jahrhundert war im Westen nicht bekannt, wie Seidenstoffe mit großen Webmustern hergestellt werden. Und erst im 6. und 7. Jahrhundert, als der chinesische Muster-Webstuhl und die Mustergrund-Technik ihren Weg in den Westen fanden, begannen westliche Weber, gemusterte Stoffe von komplizierter Art zu erzeugen. Webstuhl und Webtechnik, von China geschaffen, sind seitdem, von geringfügigen Änderungen abgesehen, über Jahrhunderte unverändert benutzt worden. Sogar der jetzt in der ganzen Welt benutzte, vom Franzosen Jacquard mit einer neuartigen Steuerung ausgerüstete französische Webstuhl ist ein naher Verwandter des chinesischen Muster-Webstuhls. Der Mustergrund wurde von der Mustertafel abgelöst. Ansonsten ist die Struktur noch immer die gleiche, das Arbeitsprinzip unverändert.

Chronologie der chinesischen Dynastien
(Wichtige Dynastien sind hervorgehoben)

Xia	etwa 21. Jh.–16. Jh. v. Chr.
Shang	etwa 16. Jh.–11. Jh. v. Chr.
Westliche Zhou	etwa 11. Jh.–770 v. Chr.
Östliche Zhou	770–221 v. Chr.
Frühlings- und Herbstperiode	770–476 v. Chr.
Streitende Reiche	475–221 v. Chr.
Qin	221–207 v. Chr.
Han	206 v. Chr.–220 n. Chr.
Westliche Han	206 v. Chr.–24 n. Chr.
Östliche Han	25–220
Drei Reiche	220–280
Wei	220–265
Shu	221–263
Wu	222–280
Jin	265–420
Westliche Jin	265–316
Östliche Jin	317–420
Südliche und Nördliche Dynastien	420–589
Südliche Dynastien	420–589
Song	420–479
Qi	479–502
Liang	502–557
Chen	557–589
Nördliche Dynastien	386–581
Nördliche Wei	386–534
Östliche Wei	534–550
Westliche Wei	535–557
Nördliche Qi	550–577
Nördliche Zhou	557–581
Sui	581–618
Tang	618–907
Fünf Dynastien und Zehn Königreiche	907–979
Song	960–1279
Nördliche Song	960–1127
Südliche Song	1127–1279
Liao	916–1125
Kin	1115–1234

Yuan	1271–1368
Ming	1368–1644
Qing	1644–1911

Bibliographie A
(Chinesische Literatur)

Bao Pu Zi
Buch von Meister Baopu.

Bao Zang Chang Wei Lun
Diskurs über den Gehalt der kostbaren Schatzkammer der Erde.

Bei Shi
Geschichte der Nördlichen Dynastien.

Ben Cao Gang Mu
Abriß der Arzneimittelkunde oder Materia Medica.

Ben Cao Jing Ji Zhu
Kommentare zur Materia Medica.

Ben Cao Yan Yi
Ausführungen über Materia Medica.

Bian Min Tu Zuan
Illustriertes Sammelwerk für die Wohlfahrt des Volkes.

Bian Que Mai Shu
Bian Ques Pulsdiagnose-Buch.

Bian Que Xin Shu
Meine Auffassung von Bian Que.

Bin Feng Guang Yi
Bemerkungen zu dem ‹Buch der Oden›.

Bin Hu Mai Xue
Bin Hus Lehre der Pulsdiagnose.

Bo Wu Zhi
Bemerkungen zur Naturkunde.

Bu Xi Yuan Lu
Ergänzung zum ‹Handbuch der Gerichtsmedizin›.

Cai Lun Zhuan
Biographie von Cai Lun.

Can Fa
Methoden der Seidenraupenzucht.

Can Sang Ji Yao
Schwerpunkte der Seidenraupenzucht.

Can Shu
Buch der Seidenraupenzucht.

Cao Chuan Zhi
Bericht über den Getreidetransport zu Schiff.

Ce Yuan Hai Jing
Umfassender Spiegel der Kreismessung.

Cha Bing Zhi Nan
Führer zur Diagnostik.

Cha Jing
Kanon vom Tee.

Cha Lu
Abhandlung über Tee.

Cha Pu
Handbuch über Tee.

Chao Ye Jian Zai
Kurzbericht über aktuelle Neuigkeiten.

Chen Fu Nong Shu
Landwirtschaftliche Abhandlung von Chen Fu.

Cheng Chu Tong Bian Ben Mo
Ursprünge und Einzelheiten verschiedener Methoden in Multiplikation und
Division.

Cheng Hua Shi Lu
Tatsächliche Begebenheiten von Chenghua.

Chou Hai Tu Bian
Illustrierte Seeküsten-Strategie.

Chu Ci
Elegien von Chu.

Chu Jian Pu
Information über Philosamia und Cynthia.

Chu Xue Ji
Elementare Anthologie.

Chun Qiu
Frühlings- und Herbst-Annalen.

Chun Zhu Ji Wen
Bericht von Dingen, gehört auf der Frühlings-Insel.

Da Yuan Hai Yun Ji
Berichte über Seetransporte in der Yuan-Dynastie.

Da Zang Jing
Tripitaka.

Dan Fang Xu Zhi
Unentbehrliches Wissen für das Alchimie-Laboratorium.

Dan Jing
Elixier-Handbuch.

Dao De Jing
Das Buch vom Weg und von der Weisheit.

Dao Guang Zun Yi Fu Zhi
Chronik der Präfektur Zunyi während der Daoguang-Periode.

Dao Zang
Taoistische Patrologie.

Di Jing Jing Wu Lu
Beschreibung von Dingen und Sitten in der kaiserlichen Hauptstadt.

Di Jing Tu
Bebilderter Spiegel der Erde.

Di Zhen Ji
Aufzeichnung von Erdbeben.

Dian Nan Xin Yu
Neue Gespräche über Süd-Yunnan.

Ding Ju Suan Fa
Ding Jus arithmetische Methoden.

Dong Guan Han Ji
Han-Geschichte, verfaßt in Dongguan.

Dong Jing Meng Hua Lu
Memoiren der Östlichen Hauptstadt.

Dong Po Zhi Lin
Tagebuch und Vermischtes von Dongpo.

Dong Tian Qing Lu Ji
Aufklärung seltsamer Dinge.

Duo Neng Bi Shi
Verschiedene Künste im alltäglichen Leben.

Er Shen Ye Lu
Berichte über Ershen.

Er Ya
Wörterbuch der korrekten Ausdrucksweisen.

Fan Sheng Zhi Shu
Das Buch von Fan Shengzhi.

Fang Yan
Wörterbuch lokaler Ausdrücke.

Gan Qi Shi Liu Zhuan Jin Dan
Qi-Wechselwirkungen bei der Zubereitung des sechzehnfach verwandelten
Gold-Elixiers.

Gao Li Tu Jing
Illustrierter Bericht einer Gesandtschaft nach Korea.

Ge Wu Cu Tan
Einfache Abhandlung über die Erforschung der Natur.

Ge Yuan Mi Lü Jie Fa
Schnelle Methode zur Bestimmung von Segmentflächen.

Geng Zi Xin Chou Ri Ji
Tagebuch, geschrieben in den Jahren 1180–1181.

Gou Gu Yuan Fang Tu Shuo
Illustrierte Theorie des rechtwinkligen Dreiecks mit Benutzung von Kreisen
oder Quadraten.

Gu Jin Tu Shu Ji Cheng
Sammlung alter und zeitgenössischer Bücher.

Gu Yue Fu
Alter Liederschatz.

Guan Yin Zi
Buch des Meisters Guan Yin.

Guan Zi
Buch des Meisters Guan.

Guang Can Sang Shuo
Abhandlung über Seidenraupenzucht.

Guang Ya
Erweitertes Wörterbuch korrekter Ausdrucksweisen.

Guang Yang Za Ji
Vermischte Berichte von Guangyang.

Gui Gu Zi
Buch des Teufelstal-Meisters.

Guo Yu
Abhandlung der Königreiche.

Hai Dao Jing
Handbuch der Segelnavigation.

Hai Dao Suan Jing
Rechenhandbuch der Meeresinsel.

Hai Guo Tu Zhi
Illustrierter Bericht von den Küstenprovinzen.

Han Fei Zi
Buch des Meisters Han Fei.

Han Shu
Geschichte der Han-Dynastie.

He Gong Qi Ju Tu Shuo
Illustrierte Abhandlung vom Wasserbau.

He Yi Bian Huo
Über Flüsse: Einige irrtümliche Darstellungen.

Hou Han Shu
Geschichte der Späteren Han-Dynastie.

Hou Wei Shu
Geschichte der Späteren Wei-Dynastie.

Hua Jing
Blumenspiegel.

Hua Yang Guo Zhi
Bericht über das Land südlich des Huashan-Gebirges.

Huai Nan Wan Bi Shu
Die zehntausend unfehlbaren Künste des Fürsten von Huai Nan.

Huai Nan Zi
Buch des Fürsten von Huai Nan.

Huan Zi Xin Lun
Neue Abhandlungen von Meister Huan.

Huang Di Jiu Ding Shen Dan Jing Jue
Kanon des Neun-Kessel-Geistigen Elixiers des Gelben Kaisers.

Huang Di Jiu Zhang Suan Fa Xi Cao
Lösungen zu den Problemen der neun Mathematikkapitel des Gelben Kaisers.

Huang Di Ming Tang Jing
Des Gelben Kaisers Klassiker über Akupunktur und Moxibustion.

Huang Di Nei Jing (oder Nei Jing)
Des Gelben Kaisers Kanon der inneren Medizin.

Hui Li Zhou Ji
Annalen der Huili-Präfektur.

Hun Tian Xiang Shuo
Abhandlung über uranographische Formen.

Ji Fu Fu
Ode an die Weberinnen.

Ji Gu Suan Jing
Fortsetzung alter Rechenkunst.

Ji Lei Pian
Hühnerrippen-Essays.

Jia Qing She Hong Xian Zhi
Chronik des Kreises Shehong während der Jiaqing-Periode.

Jian Pu
Dekorierte Briefpapiere.

Jian Yan Ge Mu
Gerichtsmedizinische Untersuchungen.

Jie An Lao Ren Man Bi
Essays des alten Mannes von Jie An.

Jin Dan Da Yao
Grundzüge der metallischen Enchymoma.

Jin Gui Yao Lue
Jingui-Sammlung von Rezepten.

Jin Hua Chong Bi Dan Jing Yao Zhi
Vertrauliche Hinweise über das Handbuch des himmlischen Goldenen-
Blumen-Elixiers.

Jin Shu
Geschichte der Jin-Dynastie.

Jin Yu Tu Pu
Illustriertes Buch über Goldfische.

Jing De Xian Zhi
Chronik des Kreises Jingde.

Jing Shi Min Shi Lu
Praktische Verwaltung und Wohlfahrt des Volkes.

Jing Xing Ji
Bericht über meine Reisen.

Jing Xiu Xian Sheng Wen Ji
Gesammelte literarische Werke von Meister Jingxiu.

Jiu Huan Jin Dan Miao Jue
Wundervolle Unterweisungen über das neunfach zyklisch verwandelte
Goldelixier.

Jiu Huang Ben Cao
Kräuter für Hungersnot.

Jiu Tang Shu
Alte Geschichte der Tang-Dynastie.

Jiu Zhang Suan Shu
Neun Kapitel der Rechenkunst.

Jiu Zhang Suan Shu Zhu
Anmerkungen zu den Neun Kapiteln über die Rechenkunst.

Ju Jia Bi Yong Shi Lei Quan Shu
Leitfaden für häusliche Tätigkeiten.

Ju Pu
Buch über die Chrysantheme.

Ju Song
Zum Lob der Mandarine.

Kai Yuan Zhan Jing
Astrologie-Klassiker der Kaiyuan-Regierungszeit.

Kang Xi Hai Zhou Zhi
Chronik der Präfektur Haizhou während der Kangxi-Periode.

Kang Xi Ji Xia Ge Wu Bian
Kangxis Untersuchung der Prinzipien der Natur.

Kang Xi Zhen Jiang Fu Zhi
Chronik der Präfektur Zhenjiang während der Kangxi-Ära.

Kao Gong Ji
Aufzeichnungen des Handwerkers.

Kin Shi
Geschichte der Kin-Dynastie.

Lei Shu Zuan Yao
Bibliographie nach Themen.

Lei Si Jing
Buch der Spaten.

Li Ji
Buch der Riten.

Liang Shu
Geschichte der Liang-Dynastie.

Lie Zi
Buch des Meisters Lie.

Ling Shu (oder Zhen Jing)
Kanon der Akupunktur.

Ling Xian
Die geistige Struktur des Kosmos.

Liu Bin Ke Jia Hua Lu
Abhandlung von Liu, dem Gefährten des Fürsten.

Long Jiang Chuan Chang Zhi
Berichte der Drachenfluß-Schiffswerft.

Lu Ban Mu Jing
Lu Bans Tischlerei-Handbuch.

Lü Shi Chun Qiu
Meister Lüs Frühlings- und Herbst-Annalen.

Lun Heng
Wohlerwogene Abhandlungen.

Lun Qi
Abhandlung über Pneuma.

Luo Yang Hua Mu Ji
Blumen und Bäume aus Luoyang.

Luo Yang Mu Dan Ji
Pfingstrosen aus Luoyang.

Luo Yang Qie Lan Ji
Beschreibung der buddhistischen Tempel von Luoyang.

Mai Fa
Methoden des Pulsfühlens.

Mai Jing
Puls-Klassiker.

Meng Liang Lu
Berichte von einem Traum der Größe.

Meng Xi Bi Tan
Traumstrom-Essays.

Min Guo Shou Guang Xian Zhi
Chronik des Kreises Shouguang zur Zeit der Republik.

Ming Shi
Geschichte der Ming-Dynastie.

Ming Shi Lu
Wahrhaftige Berichte der Ming-Dynastie.

Ming Yi Bie Lu
Zwanglose Berichte von berühmten Ärzten über Materia Medica.

Mo Jing (oder Mo Zi)
Mohistischer Kanon.

Nan Chuan Ji
Bemerkungen über Schiffe des Südens.

Nan Jing
Klassiker der schwierigen Fälle.

Nan Qi Shu
Geschichte der Südlichen Qi-Dynastie.

Nan Yue You Ji
Reisen im Süden.

Nan Zhou Yi Wu Zhi
Seltsame Dinge des Südens.

Nei Jing, siehe *Huang Di Nei Jing*.

Nei Shu Lu
Das reine Gewissen.

Ni Ban Shi Yin Chu Bian
Einführung im Drucken mit Tontypen.

Nong Pu Bian Lan
Ackerbau- und Gartenbau-Handbuch.

Nong Sang Ji Yao
Grundlagen von Landwirtschaft und Seidenraupenzucht.

Nong Sang Yao Zhi
Grundlagen der Landwirtschaft und der Seidenraupenzucht.

Nong Sang Yi Shi Cuo Yao
Wesentliches über Ackerbau, Seidenraupenzucht, Kleidung und Ernährung.

Nong Zheng Quan Shu
Vollständige Abhandlung über landwirtschaftliche Verwaltung.

Pan Zhu Suan Fa
Arithmetische Zählrahmenmethoden.

Ping Yuan Lu
Berichtigtes Unrecht.

Ping Zhou Ke Tan
Pingzhou-Tischgespräche.

Qi Jing
Buch vom Lack.

Qi Min Yao Shu
Wichtige Fertigkeiten für die Wohlfahrt des Volkes.

Qian Gong Jia Geng Zhi Bao Ji Cheng
Kompendium über den vervollkommneten Schatz von Blei, Quecksilber, Holz und Metall.

Qian Jin Yao Fang
Die tausend goldenen Formeln.

Qian Jin Yi Fang
Nachtrag zu den tausend goldenen Rezepten.

Qian Tang Ji
Anmerkungen über den Qiantang.

Qian Wen Ji
Überlieferung von Vergangenem.

Qing Mi Cang
Geheime Sammlungen.

Qing She Yi Wen
Erinnerungen vom grünen Dorf.

Qing Wu Xu Yan
Einführung zu dem Blauen-Raben-Handbuch.

Qiu Yi Shu Tong Jie
Gründliche Erklärung der Methode der Einheitssuche.

Qun Fang Pu
Schöne Blumen.

Ri Gao Tu Shuo
Illustrierte Theorie der Sonnenhöhe.

Ri Yong Suan Fa
Rechenmethoden für den täglichen Gebrauch.

San Bao Tai Jian Xia Xi Yang Ji Tong Su Yan Yi
Volkserzählung von der Seefahrt des Drei-Juwelen-Eunuchen in den Westlichen Meeren.

San Fu Jiu Shi
Geschichte von drei Städten.

San Guo Yan Yi
Romanze der Drei Reiche.

Shan Hai Jing
Klassisches Werk über Berge und Flüsse.

Shan Jia Qing Gong
Frische Nahrung eines Bergbewohners.

Shang Han Lun
Abhandlung über fiebrige Krankheiten.

Shang Han Za Bing Lun
Abhandlung über fiebrige und andere Krankheiten.

Shang Ke Hui Zuan
Gesammelte Abhandlungen über Chirurgie.

Shang Shu
Buch der Geschichte.

Shen Nong Ben Cao Jing
Shen Nongs Materia Medica.

Shi Cha Lu
Tee-Probenkunst.

Shi Ji
Historische Aufzeichnungen.

Shi Jing
Buch der Oden.

Shi Lin Guang Ji
Durch das Dickicht der Geschäfte.

Shi Lun
Über die Nahrung.

Shi Ming
Erklärung der Namen.

Shi Nong Bi Yong
Unentbehrliches Buch der Landwirtschaft.

Shi Shi Xing Jing
Shis klassisches Werk über Sterne.

Shi Yao Er Ya
Synonymen-Wörterbuch der anorganischen Stoffe.

Shi Yi De Xiao Fang
Erprobte Rezepte des erfahrenen Arztes.

Shi Zhu Zhai Hua Pu
Malereihandbuch der Zehn-Bambus-Halle.

Shu Jian Pu
Handbuch über Sichuan-Schreibpapier.

Shu Jing
Buch der Geschichte.

Shu Qu Zi
Buch des Hanfsamen-Meisters.

Shu Shu Ji Yi
Erinnerung an einige Traditionen der mathematischen Kunst.

Shu Shu Jiu Zhang
Mathematische Abhandlung in neun Teilen.

Shu Xue Tong Gui
Regeln der Mathematik.

Shui Jing Zhu
Kommentar zu dem ‹Klassiker der Wasserwege›.

Shun Tian Fu Zhi
Berichte der Shuntian-Präfektur.

Shun Zhi Deng Zhou Zhi
Chronik der Präfektur Dengzhou während der Shunzhi-Periode.

Si Min Yue Ling
Monatliche Verordnungen für die vier Klassen des Volkes.

Si Shi Lei Yao
Klassifizierter Überblick über die vier Jahreszeiten.

Si Shi Zuan Yao
Überblick über die vier Jahreszeiten.

Si Yuan Yu Jian
Jadespiegel der vier Elemente.

Song Hui Yao
Verwaltungsstatuten der Song-Dynastie.

Song Shi
Geschichte der Song-Dynastie.

Song Shu
Buch der Liu-Song-Dynastie.

Su Wen
Fragen und Antworten.

Suan Fa Quan Neng
Unübertreffliche Rechenmethoden.

Suan Fa Tong Zong
Systematische Abhandlung der Rechenkunst.

Suan Jing Shi Shu
Zehn mathematische Handbücher.

Suan Shu
Rechenkunst.

Suan Xue Qi Meng
Einführung in die Mathematik.

Suan Xue Xin Shuo
Eine neue Abhandlung über die Rechenlehre.

Sui Shu
Geschichte der Sui-Dynastie.

Sun Bin Bing Fa
Sun Bins Kriegskunst.

Sun Zi Bing Fa (oder Sun Zi)
Meister Suns Kriegskunst.

Sun Zi Suan Jing
Meister Suns Rechenhandbuch.

Tai Ping Jing
Kanon des großen Friedens.

Tai Ping Yu Lan
Die Taiping kaiserliche Enzyklopädie.

Tai Qing Shi Bi Ji
Berichte aus der Felskammer.

Tai Xi Shui Fa
Westliche Hydraulik.

Tan Yuan
Gespräche im Garteneck.

Tang Hui Yao
Verwaltungs-Statuten der Tang-Dynastie.

Tang Yin Bi Shi
Im Schatten eines Holzapfelbaumes.

Tao Shuo
Über Töpferei.

Tian Gong Kai Wu
Werke der Natur und der Arbeit.

Tian Wen
Astronomie.

Tong Ren Yu Xue Zhen Jiu Tu Jing
Illustriertes Handbuch der Akupunktur und Moxibustion anhand
der Bronzefigur.

Tong Yue
Kontrakt mit einem Diener.

Tu Jing Ben Cao
Illustriertes Kräuterhandbuch.

Wai Ke Zheng Zong
Orthodoxes Handbuch der Chirurgie.

Wai Tai Mi Yao
Von einem Beamten bewahrte medizinische Geheimnisse.

Wan Li Shi Lu
Getreue Schilderung der Wanli-Periode.

Wang Zhen Nong Shu (auch *Nong Shu* genannt)
Wang Zhens landwirtschaftliche Abhandlung.

Wei Lue
Denkwürdiges aus dem Wei-Königreich.

Wei Shu
Geschichte der Wei-Dynastie.

Wei Zhi
Geschichte des Wei-Königreiches.

Wu Ben Xin Shu
Neues Buch über die Grundlagen.

Wu Bei Zhi
Abhandlung über Waffentechnik.

Wu Cao Suan Jing
Mathematisches Handbuch der fünf Regierungsabteilungen.

Wu Hu Xian Zhi
Annalen des Kreises Wuhu.

Wu Jiang Kao
Bemerkungen zum Wujiang-Fluß.

Wu Jing Suan Shu
Rechenhandbuch der fünf Klassiker.

Wu Jing Zong Yao
Sammlung der wichtigsten Militärtechniken.

Wu Li Xiao Shi
Kleine Enzyklopädie der Prinzipien der Natur.

Wu Shi Er Bing Fang
Rezepte für 52 Krankheiten.

Wu Xian Zhan
Astrologie von Wu Xian.

Wu Xing Zhi
Berichte über die fünf Elemente.

Wu Ying Dian Ju Zhen Ban Cong Shu
Erstausgaben der Wuying-Halle.

Wu Yuan Lu
Die juristische Unfehlbarkeit.

Xi Jing Za Ji
Vermischte Berichte von der Westlichen Hauptstadt.

Xi Shang Fu Tan
Gesprächsbrocken auf einer Matte.

Xi Yang Fan Guo Zhi
Berichte über Länder der Westlichen Meere.

Xi Yuan Hui Bian
Beispiele von Regreßfällen.

Xi Yuan Ji Lu
Handbuch der Gerichtsmedizin.

Xi Yuan Lu Bian Zheng
Berichtigungen zum ‹Handbuch der Gerichtsmedizin›.

Xi Yuan Lu Ji Zheng
Zur Verteidigung des ‹Gerichtsbuchs der Medizin›.

Xi Yuan Lu Jian Shi
Erläuterungen zum ‹Handbuch der Gerichtsmedizin›.

Xia Hou Yang Suan Jing
Xiahou Yangs Rechenhandbuch.

Xia Xiao Zheng
Kleiner Kalender der Xia-Dynastie.

Xian Shou Li Shang Xu Duan Mi Fang
Geheimnisvolle Heilung von Wunden, Brüchen und Verrenkungen.

Xiang Jie Jiu Zhang Suan Fa
Detaillierte Analyse der mathematischen Regeln in den ‹Neun Kapiteln›.

Xiang Ming Suan Fa
Erklärungen zur Arithmetik.

Xiang Shu Yi Yuan
Gemeinsamer Ursprung von Form und Zahl.

Xin Si Qi Qi Lu
Tränenreiche Berichte über die Schlacht von Qizhou.

Xin Tang Shu
Neue Geschichte der Tang-Dynastie.

Xin Xiu Ben Cao
Revidierte Materia Medica.

Xin Yi Xiang Fa Yao
Neuer Entwurf für eine Armillarsphäre.

Xiu Lian Da Dan Yao Zhi
Wichtigste Hinweise zur Herstellung des Großen Elixiers.

Xiu Shi Lu
Berichte über Lack.

Xu Xia Ke You Ji
Die Reisen des Xu Xiake.

Xuan He Feng Shi Gao Li Tu Jing
Illustrierter Bericht einer Gesandtschaft nach Korea in der Xuanhe-Regierungszeit.

Xun Zi
Buch des Meisters Xun.

Yan Pu
Handbuch über Tuschsteine.

Yan Shan Za Ji
Bericht vom Yan-Berg.

Yan Tie Lun
Gespräche über Salz und Eisen.

Yang Can Mi Jue
Geheimnisse der Seidenraupenzucht.

Yang Hui Suan Fa
Yang Huis Rechenmethode.

Yang Yu Yue Ling
Monatlicher Führer der Seidenraupenzucht.

Yang Zhou Shao Yao Pu
Pfingstrosen von Yangzhou.

Ye Can Lu
Informationen über wilde Seidenraupen.

Ye Cai Pu
Handbuch über eßbare Wildkräuter.

Yi Gu Yan Duan
Neue Schritte in der Kunst des Rechnens.

Yi Gu Gen Yuan
(Abhandlung über die alten Quellen).

Yi Jing
Buch der Wandlungen.

Yi Li
Riten und Zeremonien.

Yi Yu Ji
Bericht schwieriger Fälle.

Yi Zhou Shu
Verlorene Bücher der Zhou-Dynastie.

Yi Zong Jin Jian
Goldener Spiegel der Medizin.

Yin Chuan Xiao Zhi
Kurze Chronik Yinchuans.

Yin Hua Lu
Abhandlung über die Ursachen.

Yin Yang Mai Zheng Hou
Symptome der Yin- und Yang-Pulsmuster.

Yin Yang Shi Yi Mai Jiu Jing
Elf Kanäle für Moxibustion im Yin- und Yang-System.

Ying Zao Fa Shi
Methoden der Architektur.

Yong Jia Ju Lu
Zitrus-Gartenbau.

Yong Le Da Dian
Große Enzyklopädie der Yongle-Regierung.

Yong Ye Fu
Ode auf das Gießen.

Yong Zheng Dong Chuan Fu Zhi
Chronik der Präfektur Dongchuan während der Yongzheng-Periode.

You Huan Ji Wen
Gesehenes und Gehörtes auf meinen Dienstreisen.

You Yang Za Zu
Vermischtes über die Youyang-Berge.

Yu Xiang Xian Zhi
Chronik des Kreises Yuxiang.

Yuan Qu Xuan ·
Ausgewählte Yuan-Dramen.

Yü Gong
Tribut an Yü.

Yue Ling
Monatliche Riten.

Yue Ling Zhang Ju
Anmerkungen zu den monatlichen Riten.

Yun Lin Shi Pu
Yun Lins Handbuch über Steine.

Zhan Guo Ce
Berichte über die Streitenden Reiche.

Zhang Qiu Jian Suan Jing
Zhang Qiujians mathematisches Handbuch.

Zhe Yu Gui Jian
Beispiele von Fehlurteilen.

Zhen Jing, siehe *Ling Shu*.

Zhen Jiu Da Cheng
Kompendium der Akupunktur und Moxibustion.

Zhen Jiu Jia Yi Jing
Kanon der Akupunktur und Moxibustion.

Zhen La Feng Tu Ji
Beschreibung von Kambodscha.

Zhen Yuan Miao Dao Yao Lue
Wesentliches über die wahrhaft ursprünglichen Methoden.

Zheng De Shi Lu
Wahre Schilderung der Zhengde-Periode.

Zheng He Hang Hai Tu
Seekarten von Zheng Hes Seereisen.

Zhi Pu
Papier-Handbuch.

Zhi Zhi Suan Fa Tong Zong
Systematische Abhandlung über Arithmetik.

Zhong Shu Cang Guo Xiang Can
Wie Bäume zu pflanzen, Früchte zu lagern und Seidenraupen zu beurteilen sind.

Zhong Shu Shu
Buch der Aufforstung.

Zhou Bei Suan Jing
Klassisches Rechenhandbuch der Gnomoi und Kreisbahnen.

Zhou Hou Bei Ji Fang
Handbuch der Medikamente für Notfälle.

Zhou Li
Riten der Zhou-Dynastie.

Zhou Yi Can Tong Qi
Verwandtschaft-der-Drei und das Buch der Wandlungen.

Zhu Bing Yuan Hou Lun
Diskussion der Ursachen und Symptome von Krankheiten.

Zhu Jia Shen Pin Dan Fa
Methoden verschiedener Schulen für magische Elixier-Herstellung.

Zhu Sha Yu Pu
Katalog des zinnoberroten Goldfisches.

Zhu Shu Ji Nian
Die Bambus-Annalen.

Zhuang Zi
Buch des Meisters Zhuang.

Zhui Geng Lu
Gespräche in den Pausen des Pflügens.

Zhui Shu
Verbesserungskunst.

Zi Ren Yi Zhi
Traditionen des Tischlerhandwerks.

Zu Bi Shi Yi Mai Jiu Jing
Elf Kanäle für Moxibustion an Armen und Füßen.

Zuo Zhuan
Zuo Qiumings Chroniken.

Bibliographie B
(Literatur in westlichen Sprachen)

Qian Baocong: *A History of Chinese Mathematics*, Wissenschaftlicher Verlag, Beijing 1964.

Florian Cajori: *A History of Physics*, MacMillan Co., New York 1938.

Charles Darwin: *On The Origin of Species by means of natural selection*, London 1860.
The Variation of Animals and Plants under Domestification, London 1866.

Ulrich Libbrecht: *Chinese Mathematics in the Thirteenth Century*, MIT Press, Cambridge, Mass. & London 1973.

Joseph Needham: *Science and Civilisation in China*, Cambridge University Press, London.
Vol. 1 1954.
Vol. 3 1959.
Vol. 4, 3 1971.
Vol. 5, 4 1980.

Jean-Pierre Voiret: *Needham on Chinese Steel...*, in: Asiatische Studien XXXIX (1985), 1–2.

Stichwortverzeichnis

Namensverzeichnis